普通高等教育茶学专业教材　　中国轻工业"十三五"规划教材

茶 艺 学

主编　黄友谊

中国轻工业出版社

图书在版编目（CIP）数据

茶艺学 / 黄友谊主编 . —北京：中国轻工业出版
社，2024.1
ISBN 978-7-5184-2229-6

Ⅰ.①茶… Ⅱ.①黄… Ⅲ.①茶文化 Ⅳ.
①TS971.21

中国版本图书馆 CIP 数据核字（2020）第 224631 号

责任编辑：贾　磊　　责任终审：劳国强　　封面设计：锋尚设计
版式设计：华　艺　　责任校对：吴大朋　　责任监印：张京华

出版发行：中国轻工业出版社（北京鲁谷东街 5 号，邮编：100040）

印　　刷：河北鑫兆源印刷有限公司

经　　销：各地新华书店

版　　次：2024 年 1 月第 1 版第 4 次印刷

开　　本：787×1092　1/16　印张：30.5

字　　数：690 千字

书　　号：ISBN 978-7-5184-2229-6　定价：68.00 元

邮购电话：010-85119873

发行电话：010-85119832　010-85119912

网　　址：http://www.chlip.com.cn

Email：club@chlip.com.cn

如发现图书残缺请与我社邮购联系调换

232055J1C104ZBQ

本书编写人员

主　编　黄友谊（华中农业大学）

副主编　张　霞（长江大学）

李远华（武夷学院）

朱晓婷（三峡旅游职业技术学院）

程艳斐（漳州科技学院）

参　编（按姓氏拼音排序）

陈应会（重庆市经贸中等专业学校）

范　乔（贵州经贸职业技术学院）

黄晓琴（山东农业大学）

黄莹捷（江西农业大学）

李晓梅（湖北工业职业技术学院）

李亚莉（云南农业大学）

刘　聪（普洱茶研究院）

刘建军（贵州大学）

刘文君（华中农业大学）

速晓娟（宜宾学院）

谢煜慧（西南大学）

严慧芬（浙江旅游职业学院）

郑慕蓉（武夷学院）

主　审　杨　坚（西南大学）

序言

　　茶艺是中华茶文化中的奇葩，曾在唐宋时期成熟而繁荣。然而，茶艺的发展伴随着中华民族的命运坎坷而起伏，至近现代几乎处于停滞状态。随着改革开放和国内外交流的频繁，茶艺重新得到了恢复与发展。当前，茶艺师已成为国家正式的职业，各级学校纷纷设立茶艺课程，社会上也有很多各类茶艺培训机构，越来越多的人开始学习茶艺，茶艺的职业队伍快速壮大。茶艺在修心养性、促进社会文明、带动传统茶业升级等方面均产生了积极的作用，并逐渐成为爱茶人生活的一部分。

　　当前已有很多茶艺相关的教材，但大多数是针对职业院校或非茶学专业的大专或中专学校。这些教材的内容相对单一，且包含一些茶的自然科学内容，未能反映出与时俱进的茶艺学理论。目前，茶艺学理论发展日趋成熟，形成了独立的学科体系，但缺乏一本系统、全面反映茶艺学知识体系的教材，更缺乏一本针对茶学本科教学的茶艺学教材。

　　华中农业大学黄友谊教授组织编写的《茶艺学》教材，全面系统地介绍了茶艺学理论知识构架，且含有大量一线教师的茶艺实践内容。全书结构清晰，内容丰富，系统全面，理论与实践相融。相信该书的出版必将对有效推进我国茶艺学的发展，提升茶学专业人才素质，提高茶艺师的职业技能水平，产生十分积极的效果。

中国工程院院士、湖南农业大学教授

刘仲华

2020 年 3 月

前 言

　　茶艺是茶文化最具活力的部分，且茶艺师已成为一种职业。当前已有不少茶艺著作，但缺乏适于茶学本科复合型人才培养的茶艺教材，为此编写了本教材。

　　本教材全面系统地总结了茶艺学的理论知识，由茶艺发展简史、茶艺组成内容、古代茶艺、茶艺用具、泡茶技艺、品饮技艺、茶艺礼仪、茶艺配饰、茶席设计、茶艺环境、茶艺表演、茶艺编创、茶艺鉴赏、茶艺训练、茶艺实践、茶会举办等组成。本教材在突出理论知识的同时，强化了技能知识的介绍。通过本教材可以全面了解茶艺学理论知识，掌握茶艺技能，并能进行茶艺编创、茶艺培训与茶艺演示。本教材可作为茶学及与茶相关专业的本科和大专的教学用书，也可作为培训机构、茶艺馆、茶叶企业、茶艺爱好者等进行学习的重要参考资料。

　　本教材共分 19 章。编写分工如下：黄友谊编写第一章至第六章、第十七章第三节英国下午茶和第四节俄罗斯茶艺，与李亚莉编写第十七章第一节日本茶道和第二节韩国茶礼；刘聪编写第七章；速晓娟编写第八章；郑慕蓉、李远华共同编写第九章、第十六章《暗香暖意》茶艺、《花香茶韵》茶艺、《外婆的茶》茶艺、《最浪漫的事》茶艺、调饮茶艺；张霞编写第十章、第十六章壶泡法茶艺的基本步骤，与黄晓琴编写第十六章杯泡法茶艺的基本步骤，与谢煜慧编写第十六章盖碗泡法茶艺的基本步骤；黄莹捷编写第十一章；程艳斐编写第十二章、第十八章，与严慧芬编写第十九章；黄晓琴编写第十三章、第十六章《泰山女儿茶》茶艺、白毫银针杯泡法茶艺；刘建军编写第十四章；刘文君编写第十五章第一节至第三节；朱晓婷编写第十五章第四节至第七节；谢煜慧编写第十六章《沱茶情缘》茶艺；李亚莉编写第十六章白族三道茶茶艺、擂茶茶艺、酥油茶茶艺、油茶茶艺；范乔编写第十六章烤茶茶艺；李晓梅编写第十六章宗教茶艺；陈应会编写第十六章长嘴壶茶艺。全书由西南大学杨坚教授主审。

　　本教材配有数字内容，可扫描下方二维码登录学习。

　　本教材参考借鉴了很多前人的著作、论文等文献，得到了相关院校和同仁的大力支持，中国工程院院士、湖南农业大学刘仲华教授欣然作序，华南农业大学茶学系张凌云副教授热情赠送著作，贵州七茶茶业有限公司友情拍摄照片，还得到华中农业大学本科生院和园艺林学学院的支持，特致谢！

　　由于编者水平有限，书中难免存在不足与错误之处，敬请读者批评指正。

编者

2020 年 8 月

目 录

第一章　茶艺发展简史

了解茶艺发展历程，有助于更好地理解茶艺，并促进茶艺更快发展。中国是世界上最早发现、栽培和利用茶叶的国家，茶的故乡在中国。在茶的利用过程中，尽管利用方式在不断衍变，但自始就形成有茶艺。依据茶文化的发展历程，可以初步认为我国茶艺萌芽于春秋时期，成形于晋代，成熟于唐代，昌盛于宋明清，衰于近现代，复兴于 20 世纪 80 年代。而国外的茶文化均源自中国，不同国家的茶文化发展速度不一，像日本、韩国早已形成了成熟的茶艺。

第一节　中国古代茶艺的发展

在中国几千年的茶文化历史中，尽管古代还无明确的"茶艺"一词，但可从对茶利用方式的发展来了解古代茶艺的萌芽与发展。

一、中国茶艺萌芽于春秋时期

中国自古就有"神农尝百草，日遇七十二毒，得荼而解之"的传说，被认为是最早发现茶、利用茶的记录与开端。春秋以前，吃茶作药是最早对茶利用的方式。古人是直接嚼食茶树鲜叶来作药，到今天我国一些少数民族依然保留着凉拌生吃茶树鲜叶的习俗。除了生食，《晏子春秋》记载："晏子相景公，食脱粟之食，炙三弋、五卯、苔菜耳矣"，表明当时茶树鲜叶被加工成菜来食用了。"炙"可以理解为是烘或烤，这种加工方式至今还保留于现代茶叶加工过程中，如茶叶加工需要采用烘或烤的方式干燥茶叶、发展茶叶色香味形等品质。云南少数民族的瓦罐茶在制备时也保留有"炙"的特殊工序，将瓦罐中的成茶于火上烤制一定时间，再加冷水煮饮。此外，当前在我国很多区域都保留有用茶树鲜叶或成茶做菜食用的习俗，如龙井虾仁、大红袍煎烤，在我国云南部分少数民族、泰国、缅甸、老挝、新加坡等地还保留有食用酸茶的习俗。日本抹茶道也依然保留吃茶的习惯，众所周知日本茶道延续的是我国唐宋时期的饮茶特征。茶树鲜叶由生食作药、到熟食作菜，是茶叶加工的开端，也为茶树鲜叶经药食利用进化到饮用提供了基础，因此可以看作是茶艺萌芽的起始。

二、中国茶艺成形于晋代

西汉四川王褒在人口契约——《僮约》中写到家僮的职责有"舍中有客，提壶行酤，汲水作哺。涤杯整案，园中拔蒜，斫苏切脯。筑肉臛芋，脍鱼炰鳖，烹茶尽具，已而盖藏"及"武阳买茶，杨氏池中担荷"等，表明西汉时期茶叶在我国已成为商品进行市场销售了，茶叶也已经开始烹煮饮用；饮茶已成为当时贵族阶层的生活必需，开始对选茶、备具、择水已经有了一定的要求，并且开始有"客来敬茶"的礼仪。《僮约》是当前最早以文字记载饮茶的文章，其中的饮茶法是煮茶法，说明此时茶艺正处于初始发展时期。东汉华佗《食经》中"苦茶久食，益意思"，记录了茶的医学价值，说明在东汉依然保留有吃茶的习惯。《桐君录》记载："巴东别有真香茗，煎饮，令人不眠""茗，西阳、武昌、晋陵皆出好茗"，证明东汉末年茶叶产地已向我国各地传播开来，也说明当时饮茶法为煎茶法。

三国时期，我国江南一带饮茶成为习惯，并开始流传到北方。三国魏代《广雅》记载："荆巴间采叶作饼，叶老者饼成，以米膏出之。欲煮茗饮，先炙令色赤，捣末置瓷器中，以汤浇覆之，用葱、姜、橘子芼之。其饮醒酒，令人不眠"，其中包括了饼茶的制作法，更详细描述了如何制备茶水；泡茶前需先炙茶，使茶叶色赤，即提香；再把茶碾碎成茶末，放入瓷质容器中；用沸水浇到茶末上，并使沸水盖过茶末，然后调入葱、姜等；饮用这种茶，可以醒酒，让人精神而不瞌睡；这表明在三国时期饮茶法是冲泡法，类似于日本抹茶道，但也是一种调饮法，至今都值得借鉴。

晋代郭璞在《尔雅注疏》中卷九·释木记载"槚"为"苦茶"，解释"苦茶"为"树小如栀子，冬生叶可煮作羹饮。今呼早采者为茶，晚取者为茗。一名荈，蜀人名之苦茶"。西晋左思的《娇女诗》中"止为荼荈据，吹嘘对鼎立"，描述了烹茶时烧火候汤的景象。西晋诗人张载的《登成都白菟楼》："芳茶冠六清，溢味播九区。人生苟安乐，兹土聊可娱"，描写了茶叶的芳香和滋味，说明当时诗人们已开始将茶进行艺术欣赏了。东晋杜育作《荈赋》："灵山惟岳，奇产所钟。瞻彼卷阿，实曰夕阳。厥生荈草，弥谷被岗。承丰壤之滋润，受甘露之霄降。月惟初秋，农功少休；结偶同旅，是采是求。水则岷方之注，挹彼清流；器择陶简，出自东隅；酌之以匏，取式公刘。惟兹初成，沫沉华浮；焕如积雪，晔若春敷。若乃淳染真辰，色绩青霜，白黄若虚。调神和内，倦解慵除"。《荈赋》是在陆羽《茶经》之前第一次全面叙述了有关茶树种植、培育、采摘、器具、冲泡、饮用、功能等内容的文章。其中有关于茶艺的描写，如择水："水则岷方之注，挹彼清流"，择取岷江中的清水；选器："器择陶简，出自东隅"，茶具选用产自东隅（今浙江上虞一带）的瓷器；煮茶：茶汤"惟兹初成，沫沉华浮"，泡沫"焕如积雪，晔若春敷"，煮好的茶汤，汤华浮泛，像白雪般明亮，如春花般灿烂；酌茶："酌之以匏，取式公刘"，用匏瓢酌分茶汤，也表明晋代时期的饮茶法为煮茶法；饮茶功效："调神和内，倦解慵除"。可见当时饮茶已经讲究用水、用具，并且煮茶时有一套程序和技艺，煮时要"沫沉华浮"，并且注意泡沫的颜色和形状（白如积雪，艳若春花），最后还指出品茶的功效是可以调解精神、和谐内心、解除倦乏和慵懒。由此可见，此时期茶艺已经基本形成。

三、中国茶艺成熟于唐代

隋代建立统一的帝国后，崇茶之风盛行，南方饮茶和茶文化有了较大发展，有关茶的诗词歌赋问世日渐增多。茶开始脱离作为一般形态的饮食走入文化圈，起着一定的精神作用。隋代的饮茶之风延续至唐代，至唐代中期饮茶之风遍及全国。《封氏闻见记》卷六记载："穷日尽夜，殆成风俗。始于中地，流于塞外"；《旧唐书·李珏传》中载有"茶为食物，无异米盐，于人所资，远近同俗。既祛竭乏，难舍斯须。田闾之间，嗜好尤甚"。唐代的文人们品茶文化氛围浓郁，经常举行茶会，也称"茶宴""茶集"，在会上品茗赋诗，抚琴歌咏，是一种充满诗意的艺术活动。从他们所写的一些茶诗茶文中可以充分体会到，如吕温《三月三日茶宴序》："三月三日，上巳禊饮之日也。诸子议以茶酌而代焉。乃拨花砌，憩庭阴，清风逐人，日色留兴，卧指青霭，坐攀香枝，闻莺近席而未飞，红蕊拂衣而不散。乃命酌香沫，浮素杯，殷凝琥珀之色，不令人醉。微觉清思，虽五云仙浆，无复加也。座右才子南阳邹子、高阳许侯，与二三子顷为尘外之赏，而曷不言诗矣"，对茶宴的优雅气氛和品茶的美妙韵味做了非常生动的描绘。此外，还有钱起的《与赵莒茶宴》、鲍君徽的《东亭茶宴》、李嘉佑的《秋晚招隐寺东峰茶宴送内弟阎伯均归江州》等诗作。茶艺在唐代还进行公开表演，据《封氏闻见记》卷六记载："楚人陆鸿渐为《茶论》，说茶之功效并煎茶炙茶之法，造茶具二十四事，以都统笼贮之。远近倾慕，好事者家藏一副。有常伯熊者，又因鸿渐之论广润色之。于是茶道大行，王公朝士无不饮者。御史大夫李季卿宣慰江南，至临怀县馆，或言伯熊善茶者，李公请为之。伯熊著黄衫、戴乌纱帽，手执茶器，口通茶名，区分指点，左右刮目。茶熟，李公为歠两杯而止。既到江外，又言鸿渐能茶者，李公复请为之。鸿渐身衣野服，随茶具而入。既坐，教摊如伯熊故事。李公心鄙之，茶毕，命奴子取钱三十文酬煎茶博士"。《封氏闻见记》中描述陆羽表演茶艺，犹如今日的茶艺表演，需专门服装、器具等，可见当时的茶艺已成熟。

对茶艺有更为全面的总结，自是陆羽的《茶经》。在《茶经·六之饮》中，将唐代的茶艺概括为九项："茶有九难：一曰造（造茶），二曰别（选茶），三曰器（茶器），四曰火（煮茶之火），五曰水（煎茶用水），六曰炙（炙茶），七曰末（漂沫），八曰煮（煮茶），九曰饮（饮茶）"。其中，又以煮茶最为重要，技术要求也最高；煮茶程序是：炙茶、碾茶、罗（筛）茶、烧水、一沸加盐、二沸舀水、环击汤心、倒入茶粉、三沸点水、分茶入碗、敬奉宾客，整套程序相当完整，技术要求也很明确、具体，使烹茶成为一种生活艺术。《茶经》首次总结了自汉至唐的茶事经验，把饮茶升华为一种文化意韵，并贯之以精、工、美的科学精神，使饮茶过程不再只是一种消渴的物质形态，而是成为一种精神需要与文化追求，这标志着茶艺在唐代已经发展成熟。

四、中国茶艺繁荣于宋、明、清

茶叶生产到了宋代得到空前的发展，饮茶之风非常盛行。宋元时期茶叶已经成为人们的生活必需品，茶馆业非常发达。北宋汴京各类茶馆鳞次栉比，"茶坊每五更点灯，博易买卖衣服图画、花环领抹之类，至晓即散，谓之鬼市子"。在文人中出现了专业品茶社团，有官员组成的"汤社"、佛教徒的"千人社"等。宋太祖赵匡胤是位嗜茶之士，在宫廷中设立茶事机关，宫廷用茶已分等级。茶仪已成礼制，赐茶已成皇帝笼络大臣、眷怀亲族的重要手段，还赐给国外使节。至于下层社会，茶文化更是生机活泼，有人迁徙时邻里要"献茶"，有客来时要敬"元宝茶"，订婚时要"下茶"，结婚时要"定茶"，同房时要"合茶"。

宋代民间斗茶风起，带来了采制烹点的一系列变化。宋代文人雅士对品茗技艺愈加讲究，日益精进。《茗荈录》"生成盏"条载："沙门福全生于金乡，长于茶海，能注汤幻茶，成一句诗。并点四瓯，共一绝句，泛乎汤表"。其"茶百戏"条载："近世有下汤运匕，别施妙诀，使汤纹水脉成物象者，禽兽虫鱼花草之属，纤巧如画"。注汤幻茶成诗成画，谓之茶百戏、水丹青，即宋人所称"分茶"游戏。生成盏、茶百戏均是点茶法的附属，宋代盛行点茶、斗茶、分茶，宋徽宗赵佶精于点茶、分茶。综合蔡襄《茶录》、赵佶《大观茶论》等茶书的记载，宋代点茶技艺的主要环节是：炙茶、碾茶、罗（筛）茶、候汤（烧水）、熁盏（烘茶盏）、调膏、注水、击拂、奉茶等，整套技艺非常成熟。

宋代茶人对茶汤泡沫的高度重视在《大观茶论》中可见一斑："点茶不一。而调膏继刻，以汤注之，手重筅轻，无粟文蟹眼者，谓之静面点。盖击拂无力，茶不发立，水乳未浃。又复增汤，色泽不尽，英华沦散，茶无立作矣。有随汤击拂，手筅俱重，立文泛泛，谓之一发点。盖用汤已故，指腕不圆，粥面未凝，茶力已尽，云雾虽泛，水脚易生。妙于此者，量茶受汤，调如融胶。环注盏畔，勿使侵茶，势不欲猛。先须搅动茶膏，渐加击拂，手轻筅重，指绕腕旋，上下透彻，如酵蘖之起面，疏星皎月，灿然而生，则茶之根本立矣。"对茶汤泡沫如此讲究，可见宋代点茶已经完全成为艺术行为，充满诗情画意和审美情趣。除泡沫之外，宋代茶人对茶汤的真香、真味也非常讲究。如蔡襄《茶录》指出："茶色贵白、茶有真香、茶味主于甘滑。"赵佶《大观茶论》中有："夫茶以味为上，香甘重滑，为味之全；茶有真香，非龙麝可拟；点茶之色，以纯白为上真。"因此，宋代茶人品茶，追求的是茶汤色香味的享受，也是宋代茶艺臻于成熟和繁荣的一个重要标志。

宋代点茶法讲究品尝茶汤的色香味，但宋代点茶所用的是茶饼。由于工艺限制，茶叶的色香味都受到很大损失，于是作为弥补有时会加一些香料，结果使茶失去真香、真味。到了元代末期，社会上大多饮用散茶、末茶为主，茶饼只作贡茶。贫苦农民出身的朱元璋创立明朝后，不喜欢饮用饼茶，下诏废除茶饼，改贡散芽，这直接导致宋元盛行的点茶技艺被散茶冲泡所取代了。

明代有绿茶、黑茶、花茶、乌龙茶和红茶，以叶茶（散茶）独盛。明代时期的制茶工艺开始以炒青为主，各种制作工艺开始渐渐完善，发展至清代已形成较完备的制茶技术。明清两代是中国古代茶叶制造技术的鼎盛时期，茶艺也得到高度的发展。茶类的增多，茶具的款式、质地、花纹千姿百态，泡茶的技艺也有别于宋元。散茶冲泡在明代称为"瀹茶法"，其特点是"旋瀹旋啜"，即将茶叶放在茶壶或茶杯里冲进开水便可直接饮用。因此明代品茶的重点完全放在对茶汤色香味的欣赏，茶汤的颜色从宋代的以白为贵变成以绿为贵。明代的茶书也非常强调茶汤的品尝艺术，如陆树生《茶寮记》的"煎茶七类"中首次设有"尝茶"一则，讲到品尝的具体步骤："茶入口，先灌漱，须徐啜，俟甘津潮舌，则得真味；杂他果，则香味俱失。"罗廪在《茶解》中也专门讲到品尝："茶须徐啜，若一吸而尽，连进数杯，全不辨味，何异佣作。卢仝七碗亦兴到之言，未是实事。山堂夜坐，手烹香茗，至水火相战，俨听松涛，倾泻入瓯，云光缥缈，一段幽趣，故，难与俗人言。"屠隆在《考槃馀事》卷三"茶笺"中强调要"识趣"："茶之为饮，最宜精行俭德之人，兼以白石清泉，烹煮得法，不时废而或兴，能熟习而深味，神融心醉，觉与醍醐、甘露抗衡，斯善赏鉴者矣。使佳茗而饮非其人，犹汲泉以灌蒿莱，罪莫大焉。有其人而未识其趣，一吸而尽，不暇辨味，俗莫大焉。"屠隆所识之"趣"，即是罗廪所说的"幽趣"，都是指品茗活动所追求的高雅艺术情趣。晚明时期，文士们对品饮之境又有了新的突破，讲究"至精至美"之境。张源在《茶录》中记载："造时精，藏时燥，泡时洁。精、燥、洁，茶道尽矣。"明代有不少文人雅士留有饮茶的传世之作，如唐伯虎的《烹茶画卷》《品茶图》，文徵明的《惠山茶会图》《陆羽烹茶图》《品茶图》等。

明清时期乌龙茶的出现，促进了功夫茶艺的发展。功夫茶是以小壶小杯冲泡为特色的，清代文人袁枚在《随园食单·茶酒单》中记载："杯小如胡桃，壶小如香橼，每斟无一两"。喝茶时"上口不忍遽咽，先嗅其香，再试其味，徐徐咀嚼而体贴之"。寄泉《蝶阶外史·工夫茶》中记载："客至每人一瓯，含其涓滴咀嚼而玩味之。"徐珂《清稗类钞》中记载："注茶以瓯，甚小。客至，饷一瓯，含其涓滴而咀嚼之。"梁章钜《归田琐记》中记载："一曰香，花香、小种之类皆有之。今之品茶者，以此为无上妙谛矣。不知等而上之，则曰清，香而不清，犹凡品也。再等而上之，则曰甘，清而不甘，则苦茗也。再等而上之，则曰活，甘而不活，亦不过好茶而已。"这"玩味"、"咀嚼"的就是茶汤的色香味，茶人利用舌上的味蕾能将茶汤的芳香滋味分出香、清、甘、活四个品级，可见清代茶艺已经达到高度成熟的水平。到清朝时，茶书、茶事、茶诗不计其数。

第二节 中国现代茶艺的发展

一、中国近现代茶艺的衰败

茶艺的发展伴随着社会的变化而变化。茶艺在清代繁荣昌盛，但在清末却呈现衰败。清代末期遭到外国的侵略，随着一系列丧国辱权协议的签订，导致中华民族进入屈辱时期，百姓生存都很艰难，自是无法安心品饮茶。从清末到民国时期，中国忍辱负重，民不聊生，茶业一落千丈，茶艺发展几乎停滞。到新中国成立后，百业待兴，各行各业均需重建，全国上下主要为解决生计而努力，后又发生文化大革命，茶艺自是无暇顾及。在这特定历史时期，茶艺不但没得到继承发展，还完全被荒废了。

二、中国现代茶艺的恢复

古代没有专门的"茶艺"名称，茶圣陆羽在《茶经》中虽详细记载了饮茶之程式，但也未提及"茶艺"。不过在古代已有与现代"茶艺"基本同义的相关记载，如宋代陶谷《荈茗录·乳妖》载有"延置紫云庵，日试其艺"，陈师道的《茶经·序》中有"茶之为艺"。据余悦考证，1940 年胡浩川在为傅宏镇辑纂的《中外茶业艺文志》一书作序中，有"津梁茶艺，其大裨助乎吾人者"和"今之有志茶艺者，每苦阅读凭藉之太少"，明确提出了"茶艺"一词。但"茶艺"一词广为人知，主要还是因中国台湾茶文化的发展。在 20 世纪 70 年代，台湾经济发达，物质生活丰富，但在长期追求经济发展的过程中忽略了精神文化，导致台湾人民当时缺乏精神支柱，以至于社会上各种犯罪以及不良现象大面积爆发。当时台湾有识之士意识到非常有必要扭转人们这种颓废的精神状态，寻找各种途径来改善，后来发现唯有重新恢复发展中国传统文化如京剧、书法、茶文化等，才能真正提供一种健康积极的精神支柱。1977 年以台湾民俗学会理事长娄子匡为主的一批茶爱好者，倡议弘扬中华茶文化。日本茶道和韩国茶礼均发展繁荣，为台湾发展茶文化提供了借鉴，但也使台湾最初将茶叶泡饮技艺称为茶道、茶礼等。不过台湾茶文化者经过比较和权衡，确定把茶叶泡饮技艺取名为茶艺。至此，专指茶叶泡饮技艺的"茶艺"就应运而生，茶文化中也正式开始有茶艺之说。

三、中国现代茶艺的发展

台湾恢复茶文化和发展茶艺，早于大陆。1978 年台北市和高雄市分别组织成立了"茶艺协会"，1982 年 9 月代表全台湾地区的茶艺团体"中华茶艺协会"正式成立，代表了"茶艺"在台湾已基本恢复。

中国大陆改革开放后，国内环境趋于稳定，人民生活逐渐安稳，茶文化才又开始得到恢复发展。"茶艺"一词是由台湾茶艺专家范增平于 1988 年随团访问桂林时，正式引入大陆的，此后范增平一直往返于大陆与台湾，广泛推广茶艺。同时日本各种流派的茶道团和韩国的茶礼团频繁到我国大陆各地进行访问和表演示范，也促进了大陆茶艺的发展，并对当时的茶艺发展产生了深刻影响。1982 年在杭州成立了第一个以弘扬茶文化为宗旨的社会团体——"茶人之家"，1983 年湖北成立"湖北陆羽茶文化研究会"，1990 年"中国茶人联谊会"在北京成立，1993 年"中国国际茶文化研究会"在浙江湖州成立，1991 年中国茶叶博物馆在杭州西湖乡正式开放，1998 年中国国际和平茶文化交流馆建成。1999 年 5 月原国家劳动和社会保障部把"茶艺师"列入《中华人民共和国职业分类大典》，正式成为国家一门职业；茶艺师被分为五个等级：初级茶艺师（国家职业资格五级）、中级茶艺师（国家职业资格四级）、高级茶艺师（国家职业资格三级）、茶艺技师（国家职业资格二级）、高级茶艺技师（国家职业资格一级）。2001 年 6 月江西省中国茶文化研究中心举行了首批国家茶艺师考试。江西省南昌女子职业学校从 1992 年开始茶艺教育，1999 年正式获批成立全国第一个中专学历的茶艺专业，同年正式组建茶艺表演队，频繁参加各种茶文化活动，影响很大。2001 年 8 月 6 日至 8 日，首届全国茶道茶艺大奖赛在广西横县举行，参赛的茶艺队有 32 个，约 170 人。2002 年原国家劳动和社会保障部批准实施《茶艺师国家职业标准》，2019 年 1 月 8 日人社部颁布新修订的《茶艺师》国家职业技能标准。2020 年 9 月 30 日茶艺师退出国家职业资格目录，转由第三方机构进行职业技能等级认定。至此，茶艺在大陆得到快速发展，各地茶艺馆数目繁多，茶艺培训、比赛、表演等活动纷繁，茶艺已基本上深入人心。

四、中国现代茶艺发展中的问题

（一）概念相互混淆

在当前茶文化的快速恢复发展中，不断出现一些专用术语，如茶道、茶艺、茶道精神、茶艺精神、茶德、茶礼等。这些术语的出现，应该是源自茶文化自身发展的需要。然而，任何事物在发展之初都易出现混淆不清的现象，尤其我国大陆的茶文化在现代反过来同时受日本、韩国以及我国台湾等多种来源的茶文化传播影响，导致我国茶文化存在很多概念相互混淆不清，明显阻碍了茶文化的传播与交流。以至于在茶文化实践中，经常会出现茶道表演、茶艺表演、茶道茶艺表演，弘扬茶道精神、茶艺精神、茶德，进行茶道培训、茶艺培训等字样，让从业人员和非从业人员均难以区分。

（二）茶艺缺乏精神内涵

当前的茶艺，更多数的还仅停留在演示泡茶技艺层面，未能在演示过程中更好地赋予精神内涵，导致茶艺缺乏生命力。任何事物，如缺乏内涵，很难具备吸引力和保持长久。尽管当前的茶艺一般都会有一个主题，但在体现茶艺主题的精神内涵方面却往往不足，导致更多的茶艺仅具有一定观赏性，而无法使观赏者在精神上升华。实际上，应通过茶叶冲泡技艺和品尝艺术的一系列程序来反映和表现一定的主题内涵，辅以必要的音乐和茶艺背景来烘托。即需要在泡好一杯茶的基础上，充分展现茶艺精神，促使茶艺具有丰富的内涵和旺盛的生命力。

（三）茶艺是否需要表演

茶艺在发展之初，很大程度上是依赖于茶艺表演，即茶艺更多的是借助表演来吸引人们的兴趣才发展起来的。茶艺唯有进行表演，才能展现茶艺的特色与魅力，也才能更好地引导人们向往更美好的生活，这样才能促进茶艺的传播与发展。因此，茶艺进行表演是没有问题的。但是，茶艺是以冲泡和品饮为核心，如何泡好一杯茶就成为茶艺表演中的关键。当前，大家公认茶艺可以分为艺术型、生活型和实用型三大类，艺术型茶艺应该表演，但生活型和实用型茶艺则不应该表演，而且应该鼓励发展贴近普通百姓的生活型和实用型茶艺为主；艺术型茶艺可以更加倾向于艺术表演的同时努力泡好一杯茶，但生活型和实用型茶艺必须要泡好一杯茶。然而在茶艺实践中，很多人却不注意不同类型茶艺的区分，明知是生活型茶艺却非要加入表演型茶艺的成分进去，以至于往往无法泡出一杯好茶。有的不考虑茶艺的本身特性和主题的需要，脱离生活，编造一些夸张性动作，结果成为不伦不类的茶艺表演。有的在茶艺表演中安排许多与茶艺无关的歌舞，将茶艺异化成茶歌舞。这些类型的茶艺表演，常常为人们所诟病。

（四）茶艺缺乏规范

当前除了茶文化核心概念混淆外，茶艺程序的名称混淆也较严重，如功夫茶艺程序的名称多种多样。尽管茶艺师已有国家职业技能标准，但在实际中的茶艺培训和茶艺师分级考核标准等方面因无法具体明确而显混乱。茶艺在发展过程中，主要是依赖于茶艺参与者自身的理解与选择，更多的是处于一种自发的过程，才会导致这些发展中的混乱。尽管茶艺的发展应该鼓励百花齐放、异彩纷呈，但必要的规范是保证茶艺有序发展的基础。非常有必要及时对茶文化尤其涉及茶艺的重要术语进行规范，确定其准确含义，区分不同术语之间的联系与界限。非常有必要将各大类代表性茶艺进行规范，确定基本的泡饮程序，给予每个程序统一的名称，但允许在这些基本程序的基础上进行创新。在国家茶艺师职业技能标准的基础上，非常有必要进一步细化茶艺师培训的内容和考核标准，确保茶艺师人才的有序培养。

（五）茶艺创新不足

当前的茶艺，更多的是仿照现实生活或模仿过去的生活来进行创作的，如仿古茶艺。在这些茶艺中，多数缺乏内涵，仅停留在复制或模仿的阶段，缺乏提炼与创新。茶艺源于生活，但又高于生活。茶艺需要发展，还需要依赖于创新。茶艺需要结合当代的大环境进行创新，需要与时俱进，以满足时代发展的需要。

五、现代茶艺发展的原则

（一）科学性

科学地泡茶是茶艺的基本要求。茶艺所有的程式、技艺、动作，都需围绕着如何泡好一杯茶来设计。每种茶艺的程序、技艺与动作均应围绕如何最大限度地发挥所冲泡茶叶的品质进行设计，以使茶叶的品质特性发挥得淋漓尽致。衡量茶艺是否科学，则以所泡茶汤质量的好坏为标准。艺术型茶艺在演示过程中，同样需要遵循泡茶的科学性。

（二）标准化

茶艺需要逐步规范化，并做到标准化。同一种茶艺，可以在茶类、冲泡器具、冲泡程序、冲泡技艺、品饮技艺、茶艺环境等方面的选择，做到统一标准化，使茶艺能相对固定化。

（三）继承性

中华茶文化博大精深，底蕴深厚。茶艺在发展过程中，应继承传统茶文化中的精髓，并进一步发展延伸，以使中华茶文化能得到延续与传承。同时，善于从传统文化中挖掘茶艺素材，尤其是民俗民风以及地域性特色文化均可以作为茶艺的素材。通过茶艺，在继承传统茶文化的同时，也不断发展和延伸中国文化。

（四）创新性

创新是茶艺发展的动力和灵魂。在坚持科学性和继承性的基础上，茶艺需要创新，需要在茶艺的程式、动作设计中不墨守成规，敢于创新，创造出茶艺的新形式、新内容。茶艺创新与茶艺标准化并不矛盾，二者可以相辅相成。

六、现代茶艺发展的趋势

（一）茶艺逐步实现规范化发展

茶艺学的理论将进一步发展和完善，并发展成熟，从而形成茶艺完整的理论体系和实践体系，可以支撑茶艺更快更好地发展。茶文化中的重要术语得到厘清，不同术语之间的界限和联系清晰明确，并广为人们所接受，消除了茶文化传播中的混淆障碍。不同类型的代表性茶艺实现标准化，在器具选择、冲泡程序、冲泡技艺、品饮技艺、茶艺环境布置等方面实现统一的规范，有利于促进茶艺的传播与发展。同时国家茶艺师职业技能等级标准得到进一步的细化，并形成可操作的技能标准。茶艺师培训的理论内容和实践内容也实现标准化，考核方式和标准也实现统一标准化，确保专业人才的技能与素质达到同一技能水平。此外，我国茶艺师职业培训体系和高等院校茶学专业人才的茶艺教学体系发展成熟，并实现分类标准化，可以保质保量培养出合格茶艺专业人才。

（二）以生活型茶艺为主的基础上，茶艺实现多类型共同发展

条件要求不高、操作简单的生活型茶艺因更贴近百姓生活，而被人们广为接受，并成为人们生活的一部分，成为茶艺发展的主流，有力地促进茶艺的推广与传播。与此同时，艺术型茶艺因具有较高的艺术性和可观赏性，在一定范围内得到发展，成为茶会、晚会等活动中的节目内容。而实用型茶艺因同时具有生活型茶艺和艺术型茶艺的特点，也具有较强的生命力，在茶艺馆、茶庄、茶叶体验馆、茶叶店等场所使用较多。在以生活型茶艺为主的基础上，茶艺将实现多种类型共同存在，共同发展。

（三）茶艺深入普通百姓的生活，并更加普及

随着我国经济进一步的快速发展和全民素质的显著提升，人们对精神方面的追求会更加需要与迫切。茶文化得到不断推广与传播，人们对茶更加了解更加熟悉更加需要，中国饮茶人数将随着茶文化知识的普及而显著增加。茶艺会像日本、韩国等发达国家一样，成为人们用来修身养性、陶冶情操的最主要追求方式。生活型茶艺将深入普通百姓的生活，全国其他省市区也将像福建、广东等地一样，人们在生活中随时都以喝茶来交流。

（四）茶艺带动茶文化和传统茶产业发展繁荣

茶艺因自身的特色与魅力，已成为茶文化最重要的一部分，并是茶文化中最有活力的部分。茶艺引领茶文化的发展，并推动茶文化的发展与传播。茶艺发展繁荣，可以带动茶诗、茶书画、茶歌等方面的发展，从而带动茶文化的发展繁荣。当前茶艺已在促进茶叶销售与饮用方面产生了巨大作用，随着茶艺的普及与发展繁荣，必将带动更多的人饮茶、买茶，尤其在当前打造茶产业三产融合的趋势下，茶艺自然更加可以带动传统茶产业发展繁荣。

第三节　国外茶艺的发展

中国茶文化对海外的影响极深，特别是对日本与韩国。16世纪初，荷兰海船从我国贩茶至印度尼西亚爪哇岛，再辗转运至欧洲，中国饮茶之风由荷兰波及英、法等国。17世纪中叶我国茶叶又由荷兰人贩运至北美，从而开创了欧美饮茶之风。茶叶的贸易带动了饮茶国的茶艺发展，在此以日本、韩国、英国、俄罗斯为例介绍国外茶艺发展情况。

一、日本茶道的发展

日本茶道源于中国，其形成过程就是中国茶文化不断在日本本土化、民族化的过

程。中国的饮茶习俗从唐代就传入日本，在奈良（710—794 年）、平安时代（794—1185 年）饮茶成为天皇、贵族、高僧们模仿中国唐文化的时髦雅事之一，镰仓时代（1192—1333 年）茶文化逐渐由寺院普及到民间，室町时代（1338—1573 年）斗茶流行后书院茶成为主流，安土桃山时代（1573—1603 年）平民化的日本茶道形成，江户时期（1603—1867 年）完全形成抹茶道和煎茶道。下面分这四个时期来介绍日本茶道的形成与发展。

（一）奈良、平安时代的茶道

日本最初没有茶树，没有饮茶的习惯。日本《古事记》《奥仪抄》等书中记载，日本圣武天皇天平元年（729 年）四月天皇召集百名僧人入宫诵《大般若经》，事毕赐众僧粉茶，表明日本饮茶始于奈良时代（710—794 年）初期。《日吉神道密记》记载，805 年最澄从中国带回茶籽种在了日吉神社的旁边，成为日本最古老的茶园。日本弘仁六年（815 年）嵯峨天皇过崇福寺时，在唐朝生活了三十多年的大僧都永忠亲自煎茶供奉，嵯峨天皇对茶饮赞美有加，下诏在宫廷内东北角开辟茶园，设立造茶所，专供宫廷。806 年空海从中国带回了制茶的石臼和更多的茶种，还带回了唐人的制茶工艺和饮茶方法。这一时期的茶文化是以嵯峨天皇、都永忠、最澄、空海为主体，以日本弘仁年间（810—824 年）为中心而展开的，构成了日本古代茶文化的黄金时代，被称为"弘仁茶风"，但弘仁茶风随嵯峨天皇的退位而衰退。在奈良、平安时代，饮茶因僧人从唐朝引入，首先在宫廷贵族、僧侣和上层社会中传播并流行，也开始种茶、制茶，在饮茶方法上则仿效唐代的煎茶法。

（二）镰仓、室町、安土、桃山时代的茶道

镰仓时代（1185—1333 年）日本再次从中国宋朝学习饮茶方法，饮茶活动以寺院为中心，并逐渐由寺院普及到民间。日本天台宗僧人荣西将大量中国茶籽与佛经带回日本，在佛教中大力推行"供茶"礼仪，并将中国茶籽遍植，还写出了日本第一部茶书《吃茶养生记》。这部书中介绍了茶树的栽培方法、制茶工艺以及点茶法，荣西被称为日本的"茶祖"。自荣西渡宋回国再次输入中国茶、茶具和点茶法，茶又风靡了日本僧界、贵族、武士阶级而及于平民，使日本的饮茶文化不断普及扩大。镰仓时代后期，受中国宋代"斗茶"习俗的影响，在日本上层武士阶层中"斗茶"开始兴起，通过品茶区分茶的产地的斗茶会后来成为室町茶的主流。这时日本的茶文化逐渐演化为禅宗和律宗两大流派，其中禅宗流派以荣西和拇尾高山寺的明惠为主，律宗流派则以西大寺的叡尊、极乐寺的忍性为主。镰仓时代，日本接受了中国的点茶道文化，茶文化以寺院茶院为中心普及到了日本各地，寺院茶礼确立。

室町时代（1338—1573 年）前期，豪华的"斗茶"开始在日本新兴的武士阶层、官员和富人中流行起来，并更为娱乐化、复杂化和系统化，成为日本茶文化的主流。日本的"斗茶"经过形成、鼎盛之后，逐渐向高雅化发展，为"书院茶"的诞生创造了条件。小笠原长秀、今川氏赖、伊势满忠协主持完成了武家礼法的古典著述《三义一统大双纸》，这一武家礼法是后来日本茶道礼法的基础。室町幕府的第八代将军足利义政（1436—1490 年）隐居于京都的东山，修建了书院式建筑银阁寺和同仁斋，由能阿弥（1397—1471 年）改良传统的点茶法开创了在书院式建筑里进行的一种茶会——

"书院茶"，具有一定茶室、茶人、茶具、茶礼，并开始成为日本茶文化的主流，形成了东山文化。"书院茶"是一种气氛严肃的贵族茶仪，没有品茶比赛的内容，茶室里绝对安静，主客问茶简明扼要，举行茶会时主客都跪坐，主人在客人面前庄重地为客人点茶，点茶时要穿武士的礼服——狩衣，点茶用具放在"极真台子"（涂有黑漆的茶具架）上面，对茶具的位置、拿法、动作的顺序、移动的路线、进出茶室的步数都有严格的规定，一扫室町斗茶的杂乱、拜物的风气。"书院茶"将站立式的禅院茶礼改成了纯日本式的跪坐茶礼，形成了日本现代茶道的基本雏形，日本茶道的点茶程序在"书院茶"时代基本确定。室町末期，村田珠光（1423—1502年）在参禅中将禅法的领悟融入饮茶之中，提出"禅茶一味"的观点，提倡清贫简朴，开创了独特的尊崇自然、尊崇朴素的"四铺半草庵茶"，形成了日本现在茶道的精神宗旨和形式雏形，成为日本茶道史上的开山者。而村田珠光的再传弟子武野绍鸥（1502—1555年）将日本的歌道理论中表现日本民族特有的素淡、纯净、典雅的思想导入茶道，对珠光的茶道进行了补充和完善，促进了日本茶道进一步民族化、正规化，使日本茶道达到"茶中有禅""茶禅一体"的意境。室町时代末期，茶道在日本获得了异常迅速的发展。室町时期日本茶会形式多样，既有以茶会友的交际茶会，又有以茶布道的宗教茶会，还有解决纠纷的茶会法厅。举行茶会时，人们将中国的茶亭改为室内的铺席客厅，称为"座敷"，上层贵族采取"殿中茶"，下层平民则称"地下茶"。在室町时代后期，云脚茶会逐渐取代了烦琐的斗茶会。而淋汗茶会是云脚茶会的典型，其茶室建筑采用了草庵风格，成为后来日本茶室的风格。

安土、桃山时代（1573—1603年），以村田珠光为鼻祖、武野绍鸥为中兴的日本茶文化，经千利休（1522—1591年）的发展而达到了前所未有的昌盛阶段。千利休总结了书院茶和草庵茶文化，删去其中的繁文缛节，使茶文化更加深化，以禅道为中心的"草庵茶"发展而成贯彻"平等互惠"的利休茶道，使茶道摆脱了物质因素的束缚，还原到了淡泊寻常的本来面目上，成为平民化的新茶道，并在此基础上总结出以"和、敬、清、寂"为日本茶道的精神。至此，日本茶道初步形成。千利休是日本茶道史上最具权威的集大成者，其创立的千家流茶道直到今天仍是日本茶道的主流与代表。

总之，镰仓、室町、安土、桃山时代日本吸收反刍中华茶文化，民族特色形成，日本茶道完成了草创。

（三）江户时代的茶道

江户时代（1603—1867年）时日本茶文化继续繁荣发展，日本在吸收中国茶文化精髓的基础上结合本土特点，最终将饮茶发展为一种较为讲究的文化修养，并将其提升到了一种艺术水平，进而发展为具日本特色的茶道艺术。这一时期茶道已普及到日本社会的各个阶层，饮茶、品茶文化也出现了不同特点，形成了百花争鸣的局面。由村田珠光奠基、武野绍鸥的发展、千利休集大成的日本茶道又称抹茶道，在此时期成为日本茶道的主流。由千利休的孙子分别创建了表千家流派、里千家流派、武者小路千家流派茶道，世称三千家，四百年来三千家是日本茶道的栋梁与中枢。除了三千家之外，继承"千家茶道"的还有利休的七个大弟子：蒲生化乡、细川三斋、濑田扫部、芝山监物、高山右近、牧村具部、古田织部，被称为"利休七哲"。与此同时，原有的煎茶道也得到一定的发展，引入了抹茶道的一些礼仪规范和明清泡茶法的技艺；经过"煎茶道中兴之祖"卖炭翁柴山元昭（1675—1763年）的努力，煎茶道在日本立住了脚，后又经田中鹤翁、小川可进二人使得煎茶确立茶道的地位。

江户时期是日本茶道发展的灿烂辉煌时期，日本吸收、消化中国茶文化后终于形成了具有本民族特色的日本抹茶道、煎茶道。

（四）日本现代的茶道

日本的现代是指1868年明治维新之后。日本的茶在安土、桃山、江户盛极一时之后，于明治维新初期一度衰落，但不久又进入稳定的发展期。明治维新以前，茶道被视为男人的专利。明治维新后，女性开始参与茶道。1875年在女子学校设立了"点茶"科目，茶道才在女性中普及；第二次世界大战后，日本妇女参与茶道的意识更强，1955年后日本女性在茶道中渐占了核心地位。当时，日本茶道被认为是女子修身养心、陶冶情操的必修功课而普及起来，学习茶道的绝大多数都是女性，持有一定级别的茶道修习证书常被认为是有教养的表现；日本茶道是日本中小学生课余学习的重要科目，作为一门提高国民文化素质的礼仪教育课程；日本茶道作为心理辅导的重要一课，是白领阶层缓解压力、寻找心理平衡、消除疲劳的好方法。20世纪80年代以来，中日间的茶文化交流频繁，日本茶道的许多流派均到过中国进行交流。

1. 日本现代社会中的饮茶方式

现在日本茶道可分为两大类，一类为抹茶道，另一类为玉露茶道和煎茶道；玉露茶道和煎茶道的程序和手法类同，只是选用的茶不一样。在现代日本社会中，茶道虽很普遍，但其主要作为一种礼仪，侧重于表演，只在接待贵宾或在爱好茶道的人们聚会的特殊场合进行。

"二战"后快速简便的罐装茶水饮料逐渐受到人们的青睐，近年来日本又开始流行喝中国式的泡茶。日本人日常饮的多是蒸青绿茶和乌龙茶，饮用方式与中国闽南地方功夫茶相似；饮茶时，用小紫砂壶和酒杯大小的白瓷碗，先将茶叶放入紫砂茶壶内，放至五分满左右，再用刚烧开的水冲泡1min，将茶汤斟入小茶碗中饮用。目前，中国式泡茶已普及到一般的日本家庭。

日本人在一定形式下举行茶会，根据待客的时间和场合的不同制定出"茶事七式"，现在已成为日本推行茶事的标准。一是拂晓茶事，为三九天夜里接近黎明时参加集会的茶事；二是清晨茶事，为喝早茶，可欣赏夏日清爽的清晨气氛；三是正午茶事，为中午聚集饮茶，不论时节，是最广泛实行的茶事；四是夜话茶事，为日落时聚会欢度冬天长夜的茶事，也叫入夜；五是意外茶事，为不速之客和珍品的到来而举办的茶事；六是点心茶事，也叫饭后茶事，在不合时宜的饭后招待客人；七是后继茶事，根据未能与会的客人的要求，在清晨茶事和正午茶事结束后，继续举行和前会一样的茶事。

2. 日本茶道流派

日本茶道演变至今，已形成各种流派。日本茶道主要分两大宗系：一为抹茶道；二为煎茶道。抹茶道的代表为千家流派，千家流派又分为表千家、里千家和武者小路千家（即三千家），成为日本最有名的茶道流派。数百年来，三千家一直保持着日本茶道正宗的地位，是日本茶道的栋梁和中枢，三家互相合作扶持，为日本茶道的发展和传播作出了重大贡献。目前，三千家以里千家人数最多，其次是表千家和武者小路千家。千利休的7位弟子创立了"利休七哲"流派，分别为织部流派、远州流派、薮内流派、宗偏流派、松尾流派、庸轩流派、不昧流派等。千家流派四百多年来形成了20余个流派，继承发展了抹茶道。尽管抹茶道的流派众多，但各流派的茶道思想均为"和、敬、清、寂"，只是点茶动作及茶会细则有所不同，而制作方法、待客形式却大同小异。煎茶道发展至今，其流派也有百家以上，以京都的黄檗山万福寺为总部，成立有"全日本煎茶道联盟"。与抹茶道相比，煎茶道的文化内涵虽浅，但其适世能力极强，可谓应变得宜，风流典雅，故能补传统抹茶道之不足，成为日本重要的文化典范。

3. 日本家元制度

日本茶道各流派能得以继承与发展，在于建立有家元制度。日本的每个茶道流派都有自己的"家元"（家主），所谓"家元"就是掌门人，负责继承上代的茶艺，向外传授茶艺，在茶道上有绝对的权力和威望。家元的职位是世袭的，在继位之前，从小修习茶道，稍长即到佛寺参禅，以体验禅茶一味的真谛，家元的人格、茶艺、言行等都对茶道流派的发展有巨大的影响。家元拥有许多弟子，经过从师从艺阶段，获得家元发给的证书，凡获取准师范、师范证书的人都接受过茶道的启蒙教育。

4. 日本茶道内涵

日本茶道追求"天人合一、物心一体"的禅道精神，"和敬清寂"是日本茶道文化的主要精神内涵。"和敬清寂"被称为日本茶道的四谛、四规或四则，是日本茶道思想中最重要的理念。"和"代表人与人、人与自然之间的和谐；"敬"是人与人、人与物的尊敬、谦恭、有礼有节；"清"是指茶道过程中由物的洁净最后直至心灵的纯净；"寂"是指茶事上恬静，并进入一种隐寂、清寂和静穆的心境。和、敬是处理人际关系的准则，通过饮茶做到和睦相处，以调节人际关系；清、寂是指环境气氛，要以幽雅清静的环境和古朴的陈设，造成一种空灵静寂的意境，给人以熏陶。日本茶道的精神实质是追求人与人的平等相爱和人与自然的高度和谐，而在生活上恪守清寂、安雅，讲究礼仪。

二、韩国茶礼的发展

韩国从新罗时代开始就有茶文化，经历了新罗时代的煎茶，高丽时代的点茶，到朝鲜李朝的泡茶。数千年来，韩国在学习中国饮茶之道的同时，融合禅宗文化、儒家和道教伦理以及韩国民族传统礼节于一体，形成了一整套独具特色的韩国茶礼。自古以来，韩国在家庭、社会生活的各个方面都非常重视礼节，礼仪教育是韩国用儒家传统教育民众的一个重要方面，于是形成了以"茶礼"为特色的韩国茶文化。

（一）新罗时代的茶艺发展

新罗时代（公元前57—935年，为中国的唐代时期）历经56个朝代，共992年，是韩国茶礼的起始阶段。日本《东大寺要录》里有韩国百济的归化僧行基（668—748年）为众僧种下茶树的记录，这是百济的茶传到日本的记录。茶树开始在韩国栽种，比较明确的记载是新罗兴德王三年（828年），由出访唐朝的使臣金大廉带回茶籽。早在《三国遗事》中就能查阅到"茶礼"一词，新罗 765 年也是"茶礼"一词诞生之时，茶礼则是通过佛教忠胆大师在春节与中秋节为弥勒菩萨供奉茶水而得以发扬。由此可知，最迟到公元 7 世纪，韩国已经开始了种茶和饮茶的历史，当时的饮茶法主要仿效唐朝的煎茶法，饮茶主要在贵族、僧侣和上层社会中传播并流行，且主要用于宗庙祭礼和佛教茶礼。当时形成有严谨的五步煎茶法，是最标准的饮茶方法，即备器、选水、取火、候汤、习茶，对煎茶时间和茶水的色泽更为讲究。

（二）高丽时代的茶艺发展

高丽时代（918—1392 年）历经 34 个朝代，共 475 年，是韩国茶礼形成时期。韩国茶礼形成并普及于王室、官员、僧道和普通百姓中，初期流行煎茶道，中晚期流行点茶道，这时的茶礼主要有官府茶礼、佛教禅宗茶礼、儒道茶礼、平民茶礼。据《高丽史》记载，高丽官府茶礼有以下九种：燃灯会、八关会、重刑奏对仪、迎北朝诏使仪、贺元子诞生仪、为太子分封仪、为王子王姬分封仪、公主出嫁仪和为群臣设宴仪。佛教禅宗茶礼以中国的禅宗茶礼为主流，中国唐代的《百丈清规》、宋代的《禅苑清规》、元代的《敕修百丈清规》和《禅林备用清规》等传到高丽，其僧人就仿效中国禅门清规中的茶礼，建立自己的佛教茶礼，分为大礼、小礼、灵山作法三种仪式。儒家茶礼以朱子（朱熹）的"家礼"为依据，主要是在成年（冠礼）、成亲（婚礼）、丧事（丧礼）、祭祀（祭礼）人生四大礼仪中使用。道教茶礼是以白瓷的茶盅（茶碗，上有绿色的"茶"字）为主要道具，用饼、茶汤、酒作为祭品来祭祀诸路神仙，还要以冠笏礼服行祭，并焚香百拜。另外高丽时代百姓也可买茶而饮，在冠礼、婚丧、祭祖、祭神、敬佛、祈雨等典礼中均用茶，也行茶礼。

高丽时代设有茶房、茶所、茶院、茶店等，还有司宪府的茶时制度，为茶礼提供保障。茶房为官厅，是朝廷或宫中举行各种各样活动、准备茶叶及上茶等事情的场所。成众官（看护宫殿和侍候皇常的事）负责八关会、燃灯会等朝廷大小仪式，以及正朝（正月初一）、仲秋等节日祭祀、祭祖坟、迎使臣、皇帝行茶等茶事。茶军士是指附属于茶房在宫外为王族上茶及做准备工作如搬茶具和物品的军人。茶时是司宪府每天都有一次聚在一起喝茶的时间制度，即高丽王在做出判决大臣死刑和归养等重大决定前与大臣们一起喝茶，以利于做出公正的判决。茶院为朝廷客栈，提供茶水。茶店是指百姓用钱和物品买茶和喝茶的地方。茶所是负责生产茶叶上贡给朝廷的区域。

（三）朝鲜时代的茶艺发展

朝鲜时代（1392—1910 年）历经 27 个朝代，共 519 年。朝鲜时代茶礼分王室茶礼、寺院茶礼及两班茶礼（文武两班官吏），品饮方法有煮、点、泡三种。朝鲜时代有关茶的制度和设施，在宫中有茶房、茶时、茶色（茶母的一种）、惠民署的茶母等，民间有男茶母、女茶母和茶市、茶店。

朝鲜初期的朝廷和王室继承了高丽饮茶风俗，同时也重新制定并实行使臣接见的茶礼和书茶礼。朝鲜时代的文人，大体上喜欢朴素自然的茶风。文人们在松树下，小溪中，宽宽的岩石上，竹林里，松树丛中，偶尔荡于大东江之舟上，泡茶饮茶，过着一种安逸知足的茶生活。朝鲜时代也与高丽时代一样，以清茶汤为主，宫廷祭祀时也用茶汤。随着朱子学成为当时的统治思想，形成了朱子家礼。家礼是指家族中需遵守的礼法，大概是指冠、婚、丧、祭礼即四礼。家礼的程序不像做祭祀那样需献饭和上汤，而只是指献茶及简单的食品。祭祀用茶是因为相信鬼神，因为茶能感应到敬茶人的心意。不产茶的地方或饮茶风俗衰退后的地方，一般要上栗子粉茶、水酒或茶食。

在中叶期壬辰倭乱后，饮茶文化开始急速衰退。日俄战争之后，朝鲜沦为日本的殖民地（1910—1945年），在朝鲜推行日式茶道教育，出现了日式茶道的本土化，韩国的茶文化再次受到挫折。朝鲜1945年后获得独立，但形成对峙的两个国家，随后又发生了朝鲜战争（1950—1953年），给茶文化造成严重的损害。

（四）韩国现代茶艺发展

直至20世纪80年代，随着经济高速发展，韩国茶文化开始复兴，茶礼重新出现，并进入复兴时期。韩国的茶文化日趋活跃，活动频繁，并积极开展国际性的活动，与中国、日本及东南亚各国的茶文化界都建立日益密切的联系。目前在韩国有30多个茶会组织，主要有韩国茶人会（现韩国茶人联合会，1979年）、光州窑茶道文化研究会（1980年）、全国大学茶道联合会（1982年）、韩国茶道协会（1983年）、韩国茶文化学会（1985年）、韩国茶文化研究会（1985年）、陆羽茶经研究会（1988年）、韩国茶文化协会（1990年）等，其中影响最大的是总部设在汉城的"韩国茶人联合会"和总部设在釜山的"韩国茶道协会"。为了韩国传统茶文化的振兴，韩国政府于1982年制定了传统茶道的振兴政策及传统茶道教育方案。到1999年诚信女子大学设置了礼仪茶道学硕士学位课程后，10所大学设立了本科专业及硕士、博士课程，从幼儿园到大学都设有茶礼教育，形成了完善的茶文化人才培养体系。

随着茶礼器具及技艺的发展，韩国茶礼的形式被固定下来，更趋完备。韩国茶礼的特点是重仪式，故仪式茶礼盛行，有煮、点、泡多种。韩国传统茶礼主要是演示古代韩国茶叶冲泡程序的品茗技艺，展示以茶会友，以茶联谊的传统美德茶礼仪式。茶礼仪式是指茶事活动中的礼仪、法则。韩国的茶礼仪式是高度发展的，种类繁多、各具特色，主要分仪式茶礼和生活茶礼两大类。仪式茶礼就是在各种礼仪、仪式中举行的茶礼。韩国现在将每年的5月25日定为茶日，举行茶文化盛典，活动内容有韩国茶道协会的传统茶礼表演、韩国茶人联合会的成人茶礼和高丽五行茶礼及新罗茶礼、陆羽品茶汤法等，通过茶礼表演以及成人茶礼等方式继续延续着韩国的茶礼文化。生活茶礼是日常生活中的茶礼，按用茶类型有"抹茶法""饼茶法""钱茶法""叶茶法"四种，统称为接宾茶礼。

韩国的茶礼精神是以新罗时期的高僧元晓大师的和静思想为源头，中间经高丽时期的文人郑梦周等的发展，至李奎报集大成，最后在朝鲜时期高僧西山大师、草衣禅师那里形成完整的体系。元晓是和静思想，李奎报归结为清和、清虚和禅茶一味，草衣禅师对韩国茶礼精神总结为敬、礼、和、静、清、玄、禅、中正。

三、英国茶艺的发展

英国饮茶历史约400年，在自身并不产茶的基础上，利用从中国等国舶来的茶叶与牛乳调制，配用各类点心，形成内容独特、形式优雅的饮茶文化。在英国茶文化发展过程中，得助于女性对饮茶的推崇和组织参与饮茶活动。茶也经历了从皇室饮品到平民饮品的过程，并已成为英国人生活中不可或缺的物品。目前英国是世界头号茶叶消费大国，80%的英国人每天饮茶，上至皇室成员，下至平民百姓，一日喝四次茶是司空见惯之事。

（一）英国茶艺的萌芽

英国在16世纪是以喝咖啡和酒为主的国家，1637年首次直接从中国运去茶叶，喝茶的风俗直到17世纪60年代英王查尔斯二世（King Charles II）时期才开始兴盛起来。1662年葡萄牙公主卡瑟琳嫁给了查尔斯二世，其嗜好饮茶，其嫁妆里就有中国宜昌工夫红茶与精美的茶具，把喝茶的习惯与中国文化一起带到了英国，被誉为"饮茶皇后"。卡瑟琳饮茶的高雅典范被众多英国贵族效仿，使饮茶风尚在英国贵族中很快风行。此后玛丽二世（1662—1694年）与安妮女王（1665—1714年）也不断地推广茶文化，玛丽把荷兰式的茶会带到了英国宫廷，在宫廷内布置具有中国情调的茶具、茶几、银器等，举办社交性茶会，当时家庭茶会成为王公贵族阶层最时髦的奢侈社交礼仪。17世纪英国茶叶进口数量少，茶叶价格十分昂贵，饮茶仅局限于皇室贵族之间，但英国茶文化已经处在萌芽状态，也标志着英国茶艺的萌芽。

（二）英国茶艺的成形

17世纪末英国完成了资产阶级革命，从中国直接购买茶叶的数量逐年增加，并在印度等地成功种植茶树，使茶叶更多更快地运入英国。18世纪30年代中期前英国的茶叶进口以绿茶为主，之后以红茶为主。18世纪初茶叶开始由贵族富人的饮料向平民开放，普通百姓在杂货铺中已经能够购买到茶叶，茶叶逐渐取代咖啡的位置。18世纪上半期英国民众对于饮茶已经十分热衷，茶叶消费呈现出逐步上升的趋势。18世纪中叶以后饮茶逐渐在英国城乡各阶层中普及，茶叶成为英国人日常生活中不可缺少的大宗消费品。

下午茶是英国传统的茶文化精华所在，是在19世纪逐步形成并蔚然成风。最早由英国维多利亚时期（Victorian Era，1819—1901年）贝德福德郡的公爵夫人安娜（Anna Maria Stanhope）在1840年所创，并在19世纪40年代的时候风靡全英国。当时英国人的三餐习惯是早餐与晚餐较为丰盛，午餐则一带而过，而贵族的晚餐通常要到晚上8点才开始，漫长的下午难免会有饥饿之感。而公爵夫人安娜常常在下午4点左右就会感觉到饥饿，一天下午她让仆人为自己准备一些茶、面包、黄油和小蛋糕送到她房间去，吃得甚是惬意。后来安娜邀请几位好友同享午后饮茶，准备了用牛奶加糖调配的香浓红茶，配以精致的三明治和小蛋糕等甜点，整日深居闺中的名媛淑女对这种饮茶形式青睐有加，而后下午茶便在贵族社交圈内流行起来。很多男性同样是下午茶的忠实拥护者，只需要一壶红茶和几盘点心就能让来访的客人有宾至如归的感觉，可以称得上是完美的聚会与议事的形式。

在下午茶发展普及的过程中，英国女王维多利亚也起到了很大作用。在维多利亚时代，维多利亚推崇下午茶，茶会成为当时流行的一种社会活动形式，饮茶不仅形成了独特的礼仪规范，而且上升为一种多姿多彩的文化，此时英国的茶叶贸易和消费也处于鼎盛时期。在19世纪60年代英国饮茶活动开始转变，单纯的家庭形式已经无法满足人们的消费需求，商业性的饮茶场所——茶室开始出现，高雅的旅馆也开始设立茶室，街上有了向公众开放的茶馆，外出饮茶成了英国人时尚生活的表现。1879年后，英国较重要的铁路沿线都有供茶设备，小至简单的茶盘，大至华丽的茶车或茶室，应有尽有，许多人家里也设有专门的茶室。和茶室一起流行起来的是新的娱乐方式——茶舞，顷刻间全英国都爱上了这个新的娱乐形式，戏院、餐厅和旅馆都成立了茶舞俱乐部，甚至开设了很多专门的茶舞培训班。饮茶在这一时期被英国赋予了娱乐的性质，而且涉及的社会层面比以前更加广泛，内容也更加充实。而且市面上出现大量关于泡茶、品茶、举办茶会等方面的茶文化书籍，为民众学习茶艺、提高茶文化素养提供了条件，推动了茶文化的普及。茶叶在19世纪成为英国人每天生活的必需品，饮茶习俗变得更加普及；普通英国人早晨起床饮茶一次，称为"床茶"；上午饮一次，称为"晨茶"；午后饮一次，称为"午后茶"；晚餐后再饮一次，称为"晚茶"。喝茶吃点心的下午茶形成了英国特有的茶文化特色，成为正统的"英国红茶文化"，这也是所谓的"维多利亚下午茶"的由来，标志着英国茶艺的成形。

（三）英国现代茶艺的发展

1. 英国现代茶艺发展状况

20世纪初至第二次世界大战，英国的饮茶之风长盛不衰。第二次世界大战后，英国人的生活习惯有了许多改变，饮茶习俗也不例外。年轻人带来了欧洲大陆和美国的习惯，鸡尾酒和咖啡渐渐流行起来。外出到茶室喝茶的习俗日渐衰落，过去的"休息喝茶"（Tea break）也渐渐被"休息喝咖啡"（Coffee break）所代替。年轻一代逐渐放弃传统的饮茶习惯，这对英国的饮茶传统和茶文化的打击是显而易见的。20世纪70年代以来，英国的人均茶叶年消费量逐渐减少。虽然如此，茶饮仍是英国人们消费量最大的饮料，稳居英国"国饮"的地位。近年来，英国人对健康的茶饮料又产生新一轮的兴趣。

20世纪以来热饮仍是英国最为流行的饮茶方式。英国人冲泡热茶，很讲究烧水，冲泡前先用热水烫壶，再投入适量的茶叶，细茶冲泡时间短，粗茶冲泡时间长。热饮茶又分加奶茶和不加奶茶两种；加奶茶，通常先倒奶入杯，再冲入热茶，可以省掉搅拌；不加奶茶的种类很多，多往茶水中添加糖、水果等。冷饮是20世纪新出现的饮茶方式，冷饮中最为流行的是冰茶。冰茶首先冲泡好茶水，茶水宜浓不宜淡，放入冰块，再加入牛乳和糖即可；这种茶香甜可口，大都在夏季饮用。除了冲泡散条形茶叶外，英国人发明了袋泡茶，而且袋泡茶品类繁多，有草本和果味等。如今英国人饮用最多的便是袋泡茶，并成为现代饮茶的时尚。现代的饮茶工具也逐渐简化，多使用带把手的没有盖子的大瓷杯作为喝茶工具。茶馆多了，也简约时尚了，有时候会有沙龙来活跃气氛。餐点也更大众化，烤鸡腿和墨鱼面也可以就着茶吃，著名的英国茶馆也会供应快餐饮食。英人对茶的迷恋一如既往，并喝出一些新花样，如有人冬天里热衷将威士忌酒倒入滚烫的热茶中做成"鸡尾茶"喝。英国每年出版一本《全英最佳茶屋指南》，专门推荐闻名且有特色的喝茶场所，而伦敦里兹饭店的茶室总以昂贵与尊贵名列前茅。

2. 英国茶艺的特征

英国茶文化更加务实，注重其对生活品质的作用。英国人传统上保守、清高、沉默、严肃和独立，而饮茶充分体现了英国人的性格。英国所特有的下午茶是英国民族精神的体现，"高贵典雅"的休闲文化是英国茶文化的主要内涵，英国人标志性的优雅、高贵完全浓缩在下午茶中。英国人崇尚贵族式的优雅生活，下午茶的严格规范使英国人讲究绅士淑女风采，注重生活细节，秉持淡然平和的处事态度，待人温文尔雅、谦逊礼貌、尊重他人，但又时刻保持自己的尊严和高贵。

四、俄罗斯茶艺的发展

俄罗斯的茶是由中国经西伯利亚传入，饮茶始于17世纪。当前茶已经成为现在俄罗斯人生活中必不可少的饮品，并形成了自己独具特色的茶文化。

（一）俄罗斯茶艺的萌芽

1567年两位哥萨克首领彼得罗夫和亚雷舍夫来到中国，回国后向当时的沙皇贵族描述了中国的茶。1638年，俄国使者贵族瓦西里·斯塔尔可夫遵沙皇之命赠送给蒙古可汗一些珍贵的紫貂皮，蒙古可汗回赠的礼品便是4普特（1普特约16.38千克）的茶，回国之后使者把茶叶献给沙皇；沙皇及大臣们品尝茶后，开始喜欢上了饮茶，从此俄罗斯便开始了饮茶的历史，也标志着俄罗斯茶艺的萌芽。16—17世纪俄罗斯托博尔斯克和托木斯克两个城市先后建立了与中国的贸易，1679年中俄两国签订了《尼布楚条约》，俄国商人和政府官员纷纷组织商队到北京进行茶叶贸易，即"京师互市"，中俄的茶叶贸易大大增加。1728年后，恰克图成为中俄茶叶贸易的主要场所，1753年伊丽莎白女皇为中国茶叶陆路运俄举行典礼，中俄的茶叶贸易额大幅增加。1785—1792年中俄外交关系恶化而关闭了关口，俄罗斯只好从欧洲进口茶叶，后中俄签订了《恰克图市约》，确保中俄茶叶贸易的顺利进行。因中国的茶叶运送到莫斯科需要至少一年的时间，加上数量也有限，茶叶的价格相当昂贵，所以17、18世纪的茶只能成为俄国上流社会的奢侈饮品，能够喝上茶的多是上层贵族和有钱人，喝茶一度成为财富和地位的象征。

（二）俄罗斯茶艺的成形

直至18世纪末，茶叶市场才由莫斯科扩张到少数外省地区，如当时的马卡里叶夫（现下诺夫哥罗德地区）。19世纪初俄罗斯政府还强迫清政府开放新疆的伊犁和塔城，从而使得许多茶叶从新疆进入俄罗斯市场。在鸦片战争期间，俄罗斯强迫中国签订了许多不平等条约，获得了更多的贸易特权，1850年在中国汉口建立茶厂，并购买茶叶回国，1886年有70多艘俄国汽船从汉口运茶到黑龙江。除此以外，欧洲太平洋航线与中国直接通航后，俄国敖德萨和海参崴港与中国天津、上海、汉口和福州等航路畅通，俄商船队相当活跃。后来俄国又增设了几条陆路运输线，加速了茶叶的运销。除此之外，俄国还在其他城市增设茶厂，进行茶叶贸易。随着喜爱饮茶人数的增多，驮运队的数量每年也大量地增加。1880年西伯利亚铁路线部分竣工，开始了从印度和锡兰（现斯里兰卡）购买茶叶。19世纪末，随着铁路的出现和海洋运输业的发展，茶叶开始批量运送到俄国，价格才逐渐下降，并为大多数人所饮用。

进入19世纪，饮茶之风在俄国各阶层开始盛行，以至于茶迅速成为俄国的民族饮料，饮茶已成为俄罗斯人每日不可缺少的一项生活内容，还出现了很多记载茶俗、茶礼、茶会的文学作品，如普希金就曾记述俄国"乡间茶会"的情形，还有些作家记载了贵族们的茶仪。从记载来看，俄罗斯上层社会的饮茶十分考究，使用很漂亮的茶具，叫"沙玛瓦特"的茶炊是相当精致的银制品。茶碟也很别致，俄罗斯人喜欢将茶倒入茶碟再饮用。中国的陶瓷茶具非常受欢迎，式样与花色都与中国壶相似，但瘦劲、高身、流线型纹路带金道的壶身则是欧洲特色，是典型的中西合璧的作品。俄国上层人士在饮茶礼仪上也十分讲究，并且区别于乡间茶会的悠闲自在，而是相当拘谨，有许多浮华做作的礼仪。到19世纪中期莫斯科已经有100多家茶叶专卖商店，300多家茶水作坊——茶馆。

俄国人最爱喝的茶是红茶，更喜欢喝甜茶，因此在喝红茶时一定要加入糖、柠檬片或者牛乳。有人在喝茶时口里爱含一块糖，也有人喜欢把糖放在茶水里，再加上一些牛乳或乳皮、香草等。俄国人还喜欢喝一种不是加糖而是加蜜的甜茶。在俄国的乡村，人们喜欢把茶水倒进小茶碟，手掌平放，托着茶碟，用茶勺送进嘴里一口蜜后含着，接着将嘴贴着茶碟边，带着响声一口一口地吮茶，喝茶人的脸被茶的热气烘得红扑扑的；这种喝茶的方式俄语中叫"用茶碟喝茶"，有时代替蜜的是自制果酱，喝法与伴蜜茶一样，这是从18世纪开始一直到19世纪在俄国乡村比较流行的饮茶方式。

18—19世纪，普通俄国人是以热蜜水（сбитень）的一种热饮作为最喜爱的普通日常饮料，是用水加蜜糖、香料和草药制成。制作时使用特有的器皿——蜜水壶（сбитенник），多为铜制的，其外表像茶壶，也有弯弯的壶嘴，中间焊有直通到顶装木炭的炭筒，木炭也可用刨花和松果代替，底部有灰坑，有水环绕其周围被加热。当时，大街上到处可见推着装有蜜水壶的车卖热蜜水的。到19世纪，热蜜水被茶代替，而蜜水壶也慢慢演变成了茶炊（самовар），而且也多由铜制的转变为不锈钢的。俄罗斯茶炊是饮茶主茶具，分为茶壶型、炉灶型、烧水型三种类型，有大有小，各色各样，有瓶形、桶形、酒杯形、圆形、不规则形等。

随着饮茶之风的盛行，俄国人开始尝试种茶。俄国绝大部分领土地处亚寒带气候区，不适宜种植茶叶，但俄国人并没有放弃。1833年中国茶苗输入克里米亚，1848年又从克里米亚移植到黑海沿岸的高加索地区。索洛沃佐夫1883年在查克瓦开辟茶园，1884年把茶树移植于苏呼米和索格茨基的植物园及奥索尔格斯克县列茹里山村的米哈依·埃里斯塔维植物园，并采摘鲜叶，依照中国制法制成茶。1889年吉洪米罗夫在巴统附近的查克瓦、沙里巴乌尔、凯普烈素等地开辟茶园15公顷，后来扩充到115公顷，在沙里巴乌尔建立了一座小型茶厂。波波夫1888年聘请中国茶师刘峻周和10个茶工在巴统附近建成了较大规模的茶园，并建成了一个茶厂；刘峻周1901年到卡柯夫筹建茶厂，年产茶2000磅（约900千克）。

19世纪饮茶之风开始在俄国各阶层盛行，茶开始成为大众饮品。到20世纪初俄国全社会的饮茶之风已蔚然形成，茶已经成为俄罗斯人最喜欢的一种饮料，茶室几乎取代了昔日的酒店，遍及城市和乡村。由此可见，19世纪是俄罗斯茶文化的形成时期，也是俄罗斯茶艺的形成期。

（三）俄罗斯现代茶艺的发展

1. 苏联时期的茶艺

苏联时期茶室遍及都市、乡镇和农村，不分日夜，可随时饮茶。而且在火车上，清晨饮茶免费供给。此外，苏联各民族也十分酷爱饮茶，并且创造出别具特色的饮茶风格。格鲁吉亚南部是前苏联著名的茶区之一，那里烹茶方式属清饮，做法有点类似中国云南的烤茶；饮茶时先把金属壶放在火上烤至100℃以上，然后按每杯水一匙半左右的用量将茶叶投入炙热的壶底，随后倒温开水冲泡几分钟，一壶香茶便冲好了，这在苏联格鲁吉亚一些民族中很流行。

2. 俄罗斯的饮茶现状

大部分俄罗斯人都很喜欢喝茶，小孩也喝茶，一天会喝茶很多次。不仅一日三餐有茶，还要喝上午茶和下午茶，睡觉之前也喝茶。无论是在家里还是在办公室，上午茶和下午茶几乎是雷打不动的习俗。因此，俄罗斯的许多机关、企业、学校、厂矿都定有饮茶时间，通常是在上午10点和下午4点。俄罗斯人喝茶常常为三餐外的垫补，有时甚至就代替了其中的一餐。俄罗斯人认为喝茶是人生的重要享受，也是交流信息、联络感情的重要手段，喝茶成为招待客人最重要的方式，许多家庭都有以茶待客的习惯。

在俄罗斯，饮茶几乎是宴会或晚餐的必备项目。作为俄罗斯最普及的大众热饮，无论在家还是做客，无论在食品店还是咖啡馆，无论在影剧院的小吃部还是卖热狗的街头小摊上，只要有卖食品的地方，都能喝到茗香四溢的热茶。每个超市都设有专门的茶叶区，琳琅满目的茶叶根据不同的包装、不同的种类、不同的产地摆放在货架上，方便顾客选择，在饮品区也可以发现许多茶饮料。俄罗斯出现了专门的茶馆，在莫斯科初具规模的专业茶馆有十多家，近一半主营中国茶。

3. 俄罗斯的饮茶方式

俄罗斯最喜欢的茶是印度红茶、锡兰红茶以及中国的茉莉花茶，但现在选择绿茶、乌龙茶等茶类的人也越来越多。现代俄罗斯人的家庭生活中仍离不开茶炊，只是传统茶炊逐渐被新式的电茶炊取代，茶炊的用途主要就是烧开水。传统茶炊更多时候只起到装饰品、工艺品的作用，但每逢隆重的节日一定会把茶炊摆上餐桌，而传统茶炊在俄罗斯乡村依然在使用。

俄罗斯人通常会用瓷茶壶泡茶，茶叶量一般一人一茶勺。习惯于先在茶壶中泡好茶，泡3~5min之后，再给每人杯中倒入适量浓茶水，然后从茶炊里接煮开的水冲淡至一定浓度再喝。茶叶通常只泡一次，用后就倒掉，下一次喝茶时就重新放茶冲泡。俄罗斯人喜喝浓茶，更喜欢喝甜茶。喝红茶时习惯于加糖、柠檬片，有时也加牛乳。俄罗斯人喝甜茶有三种方式：一是把糖放入茶水里搅拌后喝；二是将糖咬一小块含在嘴里喝茶；三是看糖喝茶；第一种方式最为普遍，第二种方式多为老年人和农民接受，第三种方式其实常常是指在缺糖的情形下使用。此外，俄国人喝茶的时候，通常会吃一些东西，一般会在餐桌上摆上大盘小碟的蛋糕、烤饼、馅饼、甜面包、饼干、糖块、果酱、蜂蜜等"茶点"。

第二章　茶道、茶艺与茶艺精神及茶德

茶文化随着我国经济的快速发展而复兴繁荣，其理论与实践均得到深化与提高。茶文化在不断发展中，各种理论的内涵都在不断延伸扩大或被完全赋予新的含义，在过去适合的概念到今天不一定适合，国外适合的到国内不一定适合。因此，在继承中国茶文化精髓、借鉴国外茶文化精华的同时，要结合我国茶文化发展的实际情况，进行改革创新，发展繁荣适合我国特色的茶文化理论体系。

第一节　茶道

先了解对茶道已有的理解，再了解茶道的发展过程，有助于梳理对茶道的认知。

一、茶道的定义现状

"茶道"二字从古至今都存在，但国内外对其理解均有所不同，其现有的定义可分为以下五大类：

第一类，茶道是指饮茶的技艺、饮茶的艺术。

童启庆认为茶道是以一定的规范程序进行不同茶类的沏泡和品饮，并具有深刻内涵的泡饮技艺。谷川彻三认为茶道是以身体的动作为媒介而演出的艺术，熊仓功夫认为茶道是一种室内艺能。我国古代所指的茶道基本属于这一类，日本对茶道的理解也多指的是这一类，可归属于物质层面的茶道。

第二类，茶道是礼法教育、道德修养等的一种仪式或手段。

吴觉农在《茶经述评》中认为茶道是把茶视为珍贵、高尚的饮料，饮茶是一种精神上的享受，是一种艺术，或是一种修身养性的手段。庄晚芳在《中国茶史散论》中认为茶道就是一种通过饮茶的方式，对人们进行礼法教育、道德修养的一种仪式。李斌诚也认为茶道乃是饮茶的道德、道理或准则与规范，是啜茗与文化的结合体、陶冶情操的手段和一门高深的饮茶艺术。罗庆江认为中国茶道是糅合中华传统文化艺术与哲理的、既源于生活又高于生活的一种修身活动，是以茶为媒介而进行的一种行为艺术，也是借助茶事彻悟人生的一种途径。丁文认为茶道是一门以饮茶为内容的文化艺能，是茶事与传统文化的完美结合，是社会礼仪、修身养性和道德教化的手段。陈香白提出茶道就是通过茶事过程引导个体在本能和理性的享受中完成品德修养，以实现全人类和谐安乐之道，包括七义一心。这类茶道的理解，已从物质层面完全上升到精神层面，不过只涉及精神层面的一部分。

第三类，茶道是指饮茶过程中的精神内涵。

王玲在《中国茶文化》中认为茶道是指艺茶过程中所贯彻的精神。姜爱芹认为茶道应该是"茶"的精神、道理、规律、本源与本质，是有形的"茶"与无形的"神"的有机结合。陈文华认为茶道是在茶艺进行过程中所追求和体现的精神境界和道德风尚，经常是和人生处世哲学结合起来，成为茶人们的行为准则。游修龄认为茶道是一种高尚的精神修养和境界追求，是借饮茶而相互交流，文明优雅，而且常常同佛教的禅宗有很深的渊源关系。对茶道的这类理解，使茶道在精神层面得到进一步的升华，但又基本仅限于是饮茶过程中的精神内容。

第四类，茶道包含了前三类的含义。

丁以寿认为中国茶道是"饮茶之道""饮茶修道"和"饮茶即道"的有机结合，饮茶之道是饮茶的艺术（道指方法、技艺），饮茶修道是通过饮茶艺术来尊礼依仁、正心修身、志道立德（道指道德、真理），饮茶即道指在日常生活中饮茶修道（道指真理、实体、本源）。董德贤认为中国茶道是指饮茶过程中的技艺、美学观点以及茶礼仪中的哲理和道德原则，其内在本质是儒道佛三家思想的统一。张大为认为茶道包含两方面：一是备茶品饮之道，即备茶的技艺、规范和品饮方法；二是思想内涵，即通过饮茶陶冶情操、修身养性，把思想升华到富有哲理的境界，从而通过茶道将道德和行为规范寓于饮茶的活动中。这类茶道，同时包含了物质层面和精神层面。

第五类，其他的茶道定义。

蔡荣章认为茶道是指品茗的方法、功能及其意境；并认为如要强调有形的动作部分，则使用"茶艺"；强调茶引发的思想与美感境界，则使用"茶道"，指导"茶艺"的理念就是"茶道"。《中国茶叶大辞典》中认为茶道是以吃茶为契机，有关修身养性、学习礼仪和进行交际的综合文化活动，该"道"包含宇宙万物的本原、本体、事理的规律和准则，以及技艺与技术等多种含义。赵天相认为茶道是追求茶美、精神美之道；茶美通过选茶、择水、烹沏、用器、奉茶、品尝、陈设、环境等技艺手段来达到，一般称之为"茶艺"；精神美是传统优秀文化中的思想、精神、美学、哲理在饮茶活动中的融合、体现和发挥，称之为"茶道精神"或"茶德"。藤军认为日本茶道是日本文化的结晶，是日本文化的代表，又是日本人的生活规范，是应用化了的哲学、艺术化了的生活。久松真一认为茶道文化是以吃茶为契机的综合文化体系，其中有艺术、道德、哲学、宗教以及文化的各个方面。仓泽行洋认为茶道包含两个意思：一个是以点茶吃茶为机缘的深化、高扬心境之路的意思；另一个是以被深化、高扬了的心境为出发点的点茶吃茶之路的意思；并认为茶道超出了艺道的范围，成为了"人生之路"，是宗教的一种存在方式。潘根生认为茶道是以茶招待宾客所形成的一整套礼节或仪式，而王钟音认为把饮茶之事与精神境界糅合在一起即为茶道。

以上对茶道的理解，是在不同发展时期、不同层面的反映，在其特定时期都有其合理之处。但当茶文化的内涵不断发展、丰富与深化时，茶道的内涵也需要及时更新，以适应茶文化发展的需要。

二、茶道发展形成的过程

了解茶道发展形成的过程，有助于更好地理解茶道的内涵。

（一）文化形成的规律

人类文明来源于劳动实践，精神文化的产生起源于物质文化。人类为了生存，不得不先通过劳动实践创造各种物质，在创造物质和使用物质的过程中会引发精神的产生；反过来，精神又指导人类的劳动实践，更好地创造出更多更好的物质；二者相辅相成，互相促进，从而不断形成和完善人类的文化体系。物质文化与精神文化在形成发展的过程中，呈现相互依赖、相互依存。茶道作为人类文化中的一部分，必然与其他文化有着相同的进化过程，也必然是实践与精神相互促进、相互推动的一个动态发展过程。

（二）茶道的进化过程

中国是世界上最早发现和利用茶叶的国家，有着几千年的制茶、饮茶的实践，也有着世界上最早的茶道。在长期的制茶和饮茶实践中，形成了各种技艺，尤其是饮茶技艺；同时人们在实践中不断获得精神上的享受，不断在思想上得到升华；这种思想反过来又指导制茶和饮茶的实践，使人们追求更高的境界；制茶、饮茶的技艺和思想的产生与形成，意味着原始茶道的形成。由此可知，茶道无论是指物质还是指精神，最先是起源于制茶和饮茶的实践过程，即最初是指制茶和饮茶等实践过程中的物质文化，然后才是指在制茶与饮茶过程中引发的精神文化。这也符合事物是由初级形态向高级形态发展的基本规律，制茶与饮茶的物质文化是茶道的初级形态，而精神文化应该是茶道进化的高级形态。

目前多认为唐代是茶道的形成期，但此时的茶道主要是指煮茶之道和饮茶之道，仍主要停留于物质文化的层面。"茶道"较早出现在皎然写的《饮茶歌诮崔石使君》："一饮涤昏寐，情思爽朗满天地。再饮清我神，忽如飞雨洒轻尘。三饮便得道，何须苦心破烦恼……孰知茶道全尔真，唯有丹丘得如此。"唐代御史中丞封演的《封氏闻见记》中也记载"楚人陆鸿渐为茶论，说茶之功效，并煎茶炙茶之法，造茶具二十四事，以都统笼贮之。远近倾慕，好事者家藏一副。有常伯熊者，又因鸿渐之论广润色之，于是茶道大行。王公朝士无不饮者。"《封氏闻见记》中的茶道是指煎茶之道，即煎茶技艺。茶道的集大成者唐代茶圣陆羽在《茶经》中，详细记录了茶道的一系列程序、礼法、规则，在陆羽的大力推广下使茶道在唐代逐渐流传并盛行。到宋代斗茶风盛行，煎茶道渐由点茶道所取代，到明代点茶道又渐由泡茶道所取代，成为直至今日仍保留的泡饮法。明代的张源在《茶录》中也提到茶道："茶道：造时精，藏时燥，泡时洁。精、燥、洁，茶道尽也。"这里的茶道，是指造、藏、泡等纯技术层面的要求，无品茗悟道等精神层面的内容。从以上可知，古代的茶道主要是指制茶、泡茶、饮茶的技艺，尽管该技艺随时间的推移在不断衍变，在形式和内容等方面也都在不断地发生变化，但此时的茶道主要是指物质层面的文化。

尽管如此，在古代的茶人中已开始有将茶道提升到精神层面，即由饮茶实践产生饮茶精神。茶圣陆羽在《茶经》中记有"茶之为用，味至寒，为饮最宜精行俭德之人。"已将饮茶与道德品质相联系。皎然的《饮茶歌诮崔石使君》诗中的"三饮便得道",以及卢仝《走笔谢孟谏议寄新茶》诗中写道:"一碗喉吻润,两碗破孤闷。三碗搜枯肠,六碗通仙灵。七碗吃不得也,唯觉两腋习习清风生。"都描述了由喝茶的物质功能到精神功能,即在饮茶活动中获得精神上的升华。唐末刘贞亮"以茶散郁气,以茶驱睡气,以茶养生气,以茶除病气,以茶利礼仁,以茶表敬意,以茶尝滋味,以茶可行道,以茶可雅志"的"十德"之说,也指明饮茶在获得物质功能的基础上还可获得精神功能,并明确提出茶可行道。宋代赵佶在《大观茶论》中记载:"至若茶之为物,擅瓯闽之秀气,钟山川之灵禀。祛襟涤滞,致清导和,则非庸人孺子可得而知矣;冲淡闲洁、韵高致静,则非遑遽之时可得而好尚之。"朱权在《茶谱》序中曰:"予尝举白眼而望青天,汲清泉而烹活火。自谓与天语以扩心志之大,符水火以副内炼之功。得非游心于茶灶,又将有裨于修养之道矣,其惟清哉!"这些均表明在宋代,人们继续将饮茶之事升华到精神层面。道教和佛教在推动茶道由物质层面往精神层面的升华,也起到非常重要的作用。在道教中有"品茶议道"之说,唐代诗人温庭筠所撰的《西陵道士茶歌》描绘了道教煎茶和饮茶情景:"仙翁白扇霜鸟翎,拂坛夜读《黄庭经》。疏香皓齿有馀味,更觉鹤心通杳冥。"一边饮茶,一边读《黄庭经》,齿颊带着茶香,心灵和仙境相通,此为"品茶议道"的境界。明代朱权等尚道教,所撰《茶谱》记载茶"可以倍清淡而万象惊寒","与客清谈款话,探虚玄而参造化,清心神而出尘表"是对"品茶议道"的绝妙注释。在佛教中,《五灯会元》南岳下三世,南泉愿禅师法嗣,赵州从谂禅师,师问新到:"曾到此间否?"曰:"曾到。"师曰:"吃茶去。"又问僧,僧曰:"不曾到。"师曰:"吃茶去。"后院主问曰:"为什么曾到云吃茶去,不曾到也云吃茶去?"师召院主,主应诺,师曰:"吃茶去。"吃茶去,将道寓于吃茶的日常生活中,即茶禅一味,道不用修,吃茶即修道。到明清,茶道在其物质层面不断演化的同时,继续向精神层面升华,这还可以从该时期的许多茶著、茶歌、茶诗等中体现出。

日本的茶道主要是从我国唐代开始传入的,当时引入的主要是物质层面的茶道。经过近千年的发展,日本的茶道逐渐演变成本土特色的茶道,但依然保留有我国唐代茶道的明显特征。日本的茶道发展繁荣,讲究饮茶技艺,对其国民影响深刻。因此日本对茶道的理解,主要认为它是一种吃茶艺能,表明日本茶道更多地停留在物质文化层面。尽管如此,精神层面的茶道在日本依然有所发展。日本茶道的集大成者千利休(1522—1592年)就明确提出"和、敬、清、寂"为日本茶道的基本精神,要求人们通过茶室中的饮茶进行自我反省,彼此思想沟通,于清寂之中去掉自己内心的尘垢和彼此的芥蒂,以达到和敬的目的。久松真一、仓泽行洋在对茶道的定义中,也将其提升到了精神层面。

应该说,自物质层面的茶道形成开始,精神层面的茶道就开始萌芽发展。《茶经》是物质层面茶道形成的标志,也可算是精神层面茶道开始发展的标志。经过千年的发展,无论是物质层面还是精神层面,茶道都基本发展成熟。但长期以来,人们更多的是对茶道的物质层面进行探讨与总结,留下不少茶著,使其形成了理论体系;而茶道的精神层面,却依然散布在各种茶著、茶诗、茶歌、茶画等中,很少有人对其进行系统总结探讨，因此一直未能形成理论体系，远滞后于物质层面茶道的发展。到近二十年才有一些书籍专门涉及茶道精神层面的探讨，如陈香白的《中国茶文化》、梁子的《中国唐宋茶道》。而目前所发表涉及茶道精神层面的研究论文，也多是零零碎碎，还没形成体系。

三、茶道的本质

（一）儒家思想与中国茶道

孔子、孟子和荀子的儒家思想的基本特征是无神论的世界观，是对现实生活积极进取的人生观。儒家思想以心理和伦理相结合为核心和基础，强调情理结合，以理节情，追求社会性、伦理性的心理感受和满足，而不是禁欲性的官能压抑。茶虽然给人以刺激，使人兴奋，但人们对它是乐而不乱，嗜而敬之。仁义礼信是儒家的道德观念，中庸之道是儒家处世信条。唐代刘贞亮讲茶有十德，其中修身、雅志、表敬意、树礼仁四德就是讲发挥中庸原则，协调人际关系。中国茶道提倡俭、清、和、敬、静，即廉俭朴实、心地纯洁、和睦相处、和诚处世、敬爱为人，这些均与儒家思想相吻合。品茶时需要安详静谧的心境，清雅简朴的环境，情洽和谐的茶友，精美协调的茶具，客来敬茶，以茶留客，尊君重礼，尊老爱幼，廉俭育德，和蔼待人，无不体现出儒家思想。儒家思想影响中国已达 2000 多年，历来作为我国人民待人处世的基本准则；这也是儒家思想贯穿于茶文化之中，始终居于核心地位，规定并影响着茶文化发展的重要原因。

（二）道教思想与中国茶道

道教是我国土生土长的宗教，十分强调人与自然的联系与协调。道家核心思想是"人法地，地法天，天法道，道法自然"，强调自然、超凡脱俗。道家欲求长生不死，变化飞升，不信天命，不信业界，以生为乐，在静观默察中，清静无为，坐忘虚心，以素朴人生与诸物本性自然契合。这种与万物为友、天人合一的理念和追求，精神和物质的统一，正是茶文化中的重要内容，也是道教思想与茶道内涵相通的重要基础。茶有性俭、自然、中正、平和等特质，茶艺中表现出的超然空灵，默会于心，"静待"品赏过程，这些都与崇尚虚静自然的道教有着内在的沟通和契合，茶道自然成为这种学说的理想载体之一。道家在饮茶中除了重视其中的药理价值和功能外，同时也注入了道教的理论和精神。道家所说的仙风道骨，有其清高远俗的一面，又有抗拒尘世干扰、追求长生的一面。他们主张摆脱世俗尘垢，清心寡欲，思想精一纯粹，这与茶人奉行的廉洁之风、清虚之怀有着内在的契合。强调自然是道家思想，而中国茶道没有严谨的规范则源于此。因为自然之道乃变化之道，心通造化，使自然妙契，大音希声，大象无形，大法无法，有生命的无秩序。品茶中要求心无杂念，忘却自我和现实世界的存在；喝茶的时候忘记了茶的存在，快乐自足，泡茶不拘于规矩，品茗不拘于特定的环境，一切顺其自然，因势而异。

道教戒酒戒杀生，要求静坐息心，无思无虑，茶有破睡之功，故道教离不开茶。茶之本性清淡幽雅，与道家思想十分贴近，因此道家十分爱茶，栽茶品茗自然成了道士们平日的乐事。同时，宫观道士不但自己以饮茶为乐，而且提倡以茶待客，进而以茶作祈祷、祭献、斋戒的供品。道家十分重视养生，而饮茶对人的机体大有益处，现实的满足感与精神上的追求连在一起。茶人要在大自然山水风光之中体现茶的空灵洁虚。道家也往往要选择深山幽谷炼丹，与茶为伴，以山水自然为助力，虚静守一，返璞归真，融合生命于自然万物，感受其生生不息之律动，与自然为友，求得神光体固。道家喜静，静中喜爱饮茶，视茶为"甘露"和"仙水"，像神物那样尊崇。西汉壶居士《食忌》中有"苦荼，久食羽化"，南朝齐梁时道家人物陶弘景在其《杂录》中说"苦荼轻身换骨"，卢仝七碗茶诗"七碗吃不得也，唯觉两腋习习清风生"，茶成了修道成仙的灵药。茶生于天地之间，采天地之灵气，吸日月之精华，来源于自然，加之泡茶用水选用泉水，高山流水，一杯在手，给人以一种将自身融于秀丽山川感觉，天人合一，飘然欲仙。中国人这种神仙观念是别的民族所没有的，"乐生"精神是中国人所独有的，并反映在茶文化中。由于道家饮茶的普及，对社会上饮茶之风的推广也起到了极大的促进作用。

（三）佛教思想与中国茶道

　　茶与佛教最初的关系是茶为僧人提供了无可替代的饮料，而僧人与寺院促进了茶叶生产的发展和制茶技术的进步，进而在茶事实践中茶道与佛教之间找到了越来越多思想内涵方面的共通之处，即禅茶一味。由于佛教修行，强调五戒，即不杀、不盗、不邪淫、不妄语、不饮酒，加上佛教要求信徒坐禅，静坐息心，无思无虑，入半睡状态。因茶有破睡之功，故有僧家提倡"以茶代酒"，以饮茶防打瞌睡，终使僧人饮茶成风，甚至达到"唯茶是求"地步。由于佛教盛行，僧人"人自怀挟，到处煮饮"，以致世人争相仿效，饮茶遂成风俗。发展至唐代，饮茶已是"煎茶卖之，不问道俗，投钱取饮"了。

　　佛教思想追求纯和境界，"外息诸缘，内心无端，心如墙壁，可以入道"。"教外别传，不立文字，直指本心，见性成佛"。"菩提本无树，明镜亦非台，本来无一物，何处惹尘埃"。禅宗之要义是不借助任何东西，不追求任何东西，不被任何东西所滞累，在一种绝对的虚静状态中，直接进入禅的境界，专心静虑，顿悟成佛。茶的本性质朴、清淡、纯和，与佛教精神有相通之处，因此能被佛家所接受。从茶的苦后回甘，苦中有甘的特性，佛家可以产生多种联想，帮助修习佛法的人在品茗时品味人生，参破"苦谛"。佛教在推动茶叶生产和茶文化的发展方面起到了十分重要的作用，势必会规定和影响着中国茶道精神内涵。中国茶道追求清、静、和、虚，要求心无杂念，专心静虑，心地纯和，忘却自我和现实存在，应是源自于佛家思想。

　　茶道基于儒家的治世机缘，倚于佛家的淡泊节操，洋溢道家的浪漫理想，借品茗倡导清和、俭约、廉洁、求真、求美的高雅精神。可见中国茶道的内在本质就是儒道佛三家思想的统一，并以儒家思想为核心。

四、茶道新定义

（一）茶道新定义的依据

　　1. 饮茶技艺的快速发展形成了独特的茶艺

　　在物质文化引发精神文化产生的初期过程中，因精神文化发展不成熟而二者紧密相连，还无法分别独立出来。当精神文化进入成熟期后，物质文化与其所产生的精神文化已具有各自独立的、可区分的特征，虽其内在依然是紧密相连而无法分开，但却可以从形式上将二者分离开。由物质层面到精神层面的茶道发展至今，均已基本进入成熟期。最初源于物质层面的茶道经过了几千年的发展，经历了不断变革与进化，至今已形成了较为稳定的饮茶技艺，固定了较为规范的泡饮程式与要求，并为广大茶人们所遵循。目前多数人均认为应由"茶艺"术语取代物质层面的"茶道"，而且认为用"茶艺"二字更加贴切。如蔡荣章和赵天相在对茶道的理解中均明确提出以"茶艺"来指饮茶之技艺，以"茶道"来指饮茶中的思想和意境。因此为促进茶道的发展，十分有必要将其物质层面和精神层面分离成两大领域，物质层面的茶道由"茶艺"这个概念取代，精神层面的茶道仍由"茶道"专指，这也符合茶文化发展的现状与需要。

2. 茶道已进化到精神层面

丁以寿对中国茶道的定义，反映了茶道发展演变过程，是由物质层面到精神层面。王玲、姜爱芹、董德贤、陈文华等直接就认为茶道是属于精神内涵，实际上这是茶道发展的最高级形式，即其精神层面。随着茶道由物质层面进化到精神层面，并各自发展成熟，而且目前大家公认可由"茶艺"取代茶道的物质层面，因此可以用"茶道"二字专指其精神层面。

3. 茶文化的发展需要精神层面来指导

从古代到现代，对茶道的论述主要局限于饮茶活动中，而对茶文化其他方面却涉及较少。但茶文化所包括的茶歌、茶诗、茶画等与饮茶活动密切相关，而且很多是由饮茶而创作的，甚至所创作的主题就是与饮茶相关的，应该说这些茶文化形式所具有的精神内涵多少都与饮茶有关，都会涉及茶道。此外，种茶、采茶、制茶、卖茶等方面也是广义茶文化中的重要部分，这些部分同样也需要有精神内涵。与此同时，随着茶文化不断繁荣发展，一些原先由饮茶而产生的茶文化内容现在已发展成熟，形成了自己独特的领域，所涉及的面也不再仅仅局限于饮茶活动，如茶歌、茶舞。尽管如此，茶文化的方方面面都是围绕着"茶"，自然存在着许多共性的方面，可以有共同的精神内涵来指导发展，并且也非常需要有精神内涵的指导。茶文化包括物质层面和精神层面，但至今无人提出其精神内涵。中华文化是儒道佛三家思想的统一产物，茶文化的本质自然也是三家思想的统一。儒道佛三家思想在茶文化中的体现，经过长期的发展早已形成自身的特征，而不再等同于原先的儒道佛三家思想。儒道佛三家思想在茶文化中的这种综合体现，完全可以独立出来，作为专门指导茶文化发展的精神内涵，并以专用术语来特指。

（二）茶道的新定义

据于前面的理由，提出了茶道的新定义。

茶道专指茶文化的精神内涵，是所有茶文化活动中的哲理和道德规范，也是所有茶文化活动中应遵循和体现的精神内涵。

依据以上定义可知，茶道就是一种精神，自然不可能再有"茶道精神"之说，除非该"茶道"是指物质层面的茶道——饮茶技艺才可能会有精神。不同类型的茶文化活动会具有不同的精神特性，如若全部以茶道称之，必将使不同的茶文化活动丧失其多样性、丰富性和特色性，而且不符合茶文化发展的实际情况。因此，茶道针对不同类型的茶文化活动可以再细分，即有茶道分支。如茶道在茶艺活动中的应用与体现，即茶艺的精神内涵，可称为茶艺精神；茶道中对茶人的道德规范，可称为茶德；茶道中对所有茶文化活动中所应遵循的行为礼仪，可称为茶礼。这很好地厘清了茶道、茶道精神、茶艺、茶艺精神、茶德、茶礼等重要概念的区别与联系，有利于推动茶文化理论和茶艺的发展。

第二节　茶艺与茶艺精神

一、茶艺定义的现状

随着"茶艺"的出现并开始使用后，不同的人们对茶艺理解不一，自然对茶艺有不同的阐述与界定。而且茶艺是在不断发展的，在不同发展阶段也会有不同的理解，自然导致存在混淆、界限不清等问题。

了解人们对茶艺的理解，有助于更好地完善与规范茶艺。当前对茶艺的定义主要有以下五种：

第一类茶艺等同于茶文化的概念。

对茶艺的这种理解多存在于茶艺发展的早期阶段，基本将茶艺等同于茶文化。其中最典型的就是范增平在《中华茶艺学》中，认为广义的茶艺是指研究茶叶的生产、制造、经营、饮用的方法和探讨茶业原理、原则，以达到物质和精神全面满足的学问。

第二类茶艺是指制茶、饮茶的技艺。

茶艺的这类定义除了饮茶之外，还包括制茶，甚至种茶。吴振铎较早就在其专著中对茶艺的概念进行了界定，认为茶艺是把茶叶产、制、销的技艺融合在饮茶的生活艺术之中，使它升华。王存礼等在《茶艺图谱》中认为茶艺是制茶、泡茶、饮茶的方法中一部分带有规律性的东西。陈香白等认为茶艺就是人类种茶、制茶、用茶的方法与程式。丁文在《中国茶道》一书中提出茶艺是指制茶、烹茶、饮茶的技术，技术达到炉火纯青便成为一门艺术。王玲在《中国茶文化》一书中也认为茶艺是指制茶、烹茶、品茶等艺茶之术。

第三类茶艺专指泡饮技艺。

范增平在《中华茶艺学》一书中认为狭义的茶艺是指研究如何泡好一壶茶的技艺和如何享受一杯茶的艺术。蔡荣章认为茶艺是指饮茶的艺术。姜爱芹认为茶艺是饮茶的艺术，有名有形，是茶道的外在表现形式。方健提出广义的茶艺是指以茶烹点、品饮为主要内容的一种生活方式，狭义的茶艺是指关于茶烹点的技术。陈文华认为茶艺不宜有广义、狭义之分，并认为茶艺应是专指泡茶的技艺和品茶的艺术。范增平在《台湾茶文化论》中又提出茶艺包括科学和人文两个方面：一是技艺，科学地泡好一壶茶的技术；二是艺术，美妙地品享一杯茶的方式。《中国茶叶大辞典》中将茶艺定义为泡茶与饮茶技艺。

第四类茶艺等同于茶道。

茶叶泡饮技艺在日本称为茶道。在茶艺发展之初，我国受日本茶道影响较深，也把茶叶泡饮技艺称为茶道。

第五类茶艺是指表演技艺。

提出这种茶艺定义的，主要是日本。日本的谷川彻三认为茶道是以身体的动作为媒介而演出的艺术，熊仓功夫认为茶道是一种室内艺能。寇丹也认为茶艺是茶人根据茶道规矩通过艺术加工搬上舞台，向广大茶人和宾客展现茶的冲、泡、饮等的技艺。

从以上茶艺定义可知，有些类似，有些有所差别，有些侧重点不一，但都提到了茶艺涉及制茶、烹茶、品茶，提到了茶艺是一种技艺，是一种艺术，说明这是大多数人对茶艺理解的共识。而范增平、陈文华对茶艺的定义，易让人误解为泡茶讲究技艺而品茶讲究艺术，实际上泡茶同样应讲究艺术，品茶应先讲究技术、技巧后才可再讲究艺术。茶艺定义不一，因此有必要进一步完善与规范。

二、茶艺的新定义

茶文化发展至今，人们已逐渐取得共识：茶艺与茶道是两种完全不同的概念。茶艺体现茶道，是茶道外在表现的一部分，也是宣传发展茶道的一种形式；茶道指导茶艺，是茶艺的内在理念，是茶艺的灵魂。能取得这种共识，是茶艺理论发展中的一大进步，对茶艺的发展与完善有积极的促进作用。为此，结合茶艺定义的现状和我国茶艺发展的实际情况，提出茶艺的新定义为：茶艺是指泡茶、品茶的技艺及其技艺的演示。即茶艺是以茶艺精神为内涵，借助茶、水、器、火、境等元素，通过规范的程序与礼仪来实现泡茶与饮茶的过程，使人在享受茶味的同时感悟美和升华精神。

新定义将茶艺分成技艺与技艺的演示两大部分，泡饮分为泡茶和品茶两部分，而泡茶又分为择器、鉴水、择茶、冲泡；技艺分为技术、技巧和艺术两部分，技术、技巧包含茶艺技艺演示的方法与程式。光有技术、技巧而无艺术不能称为茶艺，但只讲究艺术而不注重技术、技巧也不能称为茶艺。茶艺应先讲究技术、技巧后，才可再讲究艺术，即在技术、技巧的基础上才可建立起茶艺的艺术性。技术、技巧与艺术分别在茶艺中所占的比重不一，可产生效果不一的茶艺，如以技术、技巧为主的生活型茶艺、以艺术为主的表演型茶艺。我们主张茶艺以技术、技巧为主，融入艺术为辅，或二者兼重，艺术超过技术、技巧的茶艺应仅限于发展少数表演型茶艺。除此之外，茶叶泡饮技艺的演示促进了茶艺的发展，唯有茶艺师将茶叶泡饮技艺通过演示而展现出来，茶艺才成活，演示者和观看者才可感受到茶艺的魅力，茶艺也才可以进行交流和传播。

三、茶艺精神

茶艺的精神内涵，往往起源于因茶而联想升华的。

（一）茶树生境与寓意

1. 茶树耐受逆境

茶树适应性很强，从南到北，从低海拔到高海拔，能忍受饥寒、高温、干旱等外来胁迫，淡泊生长条件，依然顽强成长。

2. 茶树胸怀大度

茶树在植物群落中，是阴性植物，立足于灌木或亚乔木层，把优质直射光让给高大乔木伙伴。茶树是深根植物，如胡桃般的根深插底土，帮助扶持根浅、易倒伏的植物，并协助抵抗狂风暴雨。茶树在瘠薄的烂石、砾壤之上依然可以顽强生长，却会把表层肥沃的土壤让给其他植物。

3. 茶树生机旺盛

茶树一生常绿长寿，根深叶茂，四季长青，能不断吐故纳新、自我更新、完善自我，因而生机旺盛，富有朝气，健康长寿，永葆青春。意味着茶树可以不屈不挠，自强不息，顽强拼搏，奋发向上。

4. 茶树注重奉献

一年四季，不论生长环境优劣，自身给养厚薄，只要温度适宜，茶树就会尽情抽发新芽，长出嫩叶，任人不断采摘。茶树除了可以让人采摘鲜叶，茶树花可以芬芳，散发香气，还可以制成花茶饮用；茶树种籽可以榨油食用，茶树枝可以做食用菌的基料；茶树根可以做根雕，还可以作为中药。此外，茶树还可以绿化大地，保护水土，净化空气。茶树把自己的一切都奉献于人类，直到生命尽头。

（二）茶的物性

茶是一种表山川之灵气，集天地之风露，含英咀华，吐香蕴玉，是一种大自然的杰作。茶叶得天地日月滋润，虽内蓄精华却不会急于轻露。茶性平和，淡雅，于清淡之中蕴含着香醇，幽雅之中含蓄激情。茶功致和，茶味清苦，皆主阴。

（三）茶的升华

茶能由物质功能（满足解渴、养生的生理需要）升华到精神功能（满足愉悦身心、陶冶情操的心理需要），是由茶的自身属性和中国人的特性所决定的。中国人以忠信孝仁义等为本，性情温和、谦逊，崇尚先苦后甜，宁静致远，淡泊明志，不求贪欲，恪守本分，清白处世；同时重视教育，自强不息，强调人与人、人与自然的形神相合。茶性俭，茶至清，味恬淡，苦后甘，因此茶具有俭朴、清纯、和静的属性，更贴近中国人的性格。

饮茶可体味人生，醒悟道理。中国人注重内省，注重体验，在品茶时注重体味茶汤，融茶之色、香、味、神、境于一体，融诸多复杂的心理过程为一体，于无形之中完成从生理享受到精神享受的过程。品茶是品味山水之美、自然之美，在饮茶过程中唤醒人之悟性，纯化人的心灵，端正人的信念与行为，强化道德自律，修身养性，优化人的精神品位。可见茶的功能不但涉及身体与心灵、人生与社会的各个层面，而且可以怯病养生、促进身体健康，还可以修身怡情、陶冶人的思想情操，引导人们养成良好的行为习惯，同时也可增长知识，提高审美情趣。作为大自然的产物，茶深得自然之秉性，因茶的功用、茶的情操、茶的本性恰能够与中国人的天性相吻合，能适应各种层次、各个阶层、众多场合，而深得中国人的喜爱。"茶能性淡为吾友，从来佳茗似佳人"，无论在文人雅士的视野中，还是在普通百姓的民俗风情里，茶都被认为是纯洁高尚人格的物质载体，赋予茶"节俭、淡泊、朴素、廉洁"的人格思想。

时至今日，茶早由山野乡径走向人们的日常生活，迎合人们求真向善的心理需要，使整天在快节奏的生活和工作中奔波的人们得以遣兴消闲。饮茶有助于心理轻松，忘忧去烦，保健人生，求美向真，康乐身心。茶以其谦卑至诚之美德寄托人的情操，茶香常伴人情味，茶品人格两相宜。茶的韵致，极得人缘，它使人们在看待现实人生时，持有一种感恩的心态、理性的宽容，以一种高蹈轻扬、波澜不惊、爱心永存的审美眼光来观看世界。以茶为媒，沟通自然，内省自性，完善自我，达到人格的自我完善与超越，于无形中对人净化，实现以茶修身养性，陶冶情操，在茶的品饮中进行人生真正的高级精神享受。

（四）茶艺精神

自古以来，许多仁人志士借茶抒情，托茶言志，以茶修德，以茶明礼，以茶为涵，以茶学廉，以茶清政，以茶会友，以茶礼让，以茶会诗会文等。茶已成为一种精神寄托，宣扬茶树不论生长环境优劣、自身给养厚薄，也不管人间世情冷暖，只要春回大地就尽情抽发新芽嫩叶任人采用，直到生命尽头的无私奉献精神；通过饮茶品味人生，由茶味的先苦涩后回甘体现以苦为乐，先苦后甜的艰苦精神；以茶芽顽强的生命力来激励人要奋发图强、坚韧不拔、百折不挠、开拓进取。茶人十分注重在饮茶过程中对个人内心的体验及通过品茗对精神领域的探求。而茶艺包含物质和精神两方面，是一种物质与文化的交流与融合。茶艺将泡茶的技艺、规范和品饮方法与人的思想进行体验性的考察思维，着重强调人的思想、道德、行为在品茗过程中的陶冶升华，将茶的物质属性转化为社会的、文化的，使茶饮清新雅逸的自然特性与人的益思修身达到哲学上的统一。通过把茶的天然特性、特征升华为一种精神象征，把饮茶活动上升到精神活动来达到育人的目的。

茶艺需要有精神内涵来指导与领引，即茶艺精神。茶艺精神是专指茶艺中所体现和追求的精神理念和道德规范。茶艺都有一套程式的泡茶、敬茶的礼仪，有一种贯穿于饮茶人与敬茶人之间的心灵默契和为他们所共同追求的精神境界，犹如诗中的意境一样，通过外在的演示形式、特殊的茗饮氛围，着重陶冶人格与流露性情，使之升华，这便是茶艺精神。茶艺精神是茶道与茶艺相结合的产物，因此茶艺精神体现出融入茶艺中的茶道，茶道指导茶艺精神，而且茶艺精神是茶道不可缺少的重要组成部分。

现代茶艺精神应吸收古代茶艺以茶艺崇礼、以茶修德、以茶养性等精华，去其糟粕，用以增加和提高人民的修养和文化素质，以适应社会主义精神文明建设的需要。为此，可在茶中挖掘刚健、自强不息（取材于饮茶能给人提神而催人奋进、积极向上）和献身精神（鲜叶采摘后制干—停止生命，经冲泡又复原但为人所利用—再生，即"先死而后生"），这与"民族魂"精神及现在提倡的先进人生观、价值观相一致。茶的"淡泊、清纯、朴实、自然"的品格与社会主义精神文明倡导的"艰苦朴素、廉洁奉公、助人为乐"等精神也是一致的。为此，现代茶艺精神是以"为人民服务"为总原则，倡导"艰苦奋斗，奋发图强，自强不息，开拓创新，和平友爱，爱国爱人民，无私奉献"的精神。茶艺精神符合社会主义精神文明建设的需要，是社会主义精神文明不可缺少的一部分；宣传与发场茶艺精神，可有力地推动社会主义精神文明的发展。

茶艺借助茶艺精神，以茶为载体，以茶育人。重视道德修养，树立无私奉献、勤俭节约、不计得失、对国家对人民负责的优良品质，树立先苦后甜、先人后己，无私奉献、艰苦奋斗、勇于开拓创新的思想觉悟；以茶示礼，以茶联谊，以茶会友，提倡和为贵，增进友谊，调节社会关系，促进世界和平。

第三节　茶德

　　"茶德"二字在古代就有出现，古代茶人们就开始以茶修德，实现在饮茶过程中的自身升华。陆羽在《茶经》中提出茶为饮最宜精行俭德之人。明代周履靖的散文小品《茶德颂》记有"乃掀唇快饮，润喉嗽齿，诗肠濯涤，妙思猛起。友生咏句，而嘲其酒糟；我辈恶醴，啜其汤饮，犹胜啮糟。一吸怀畅，再吸思陶。心烦顷舒，神昏顿醒。喉能清爽而发高声，秘传煎烹瀹啜真形。始悟玉川之妙法，追鲁望之幽情。"唐代末年刘贞亮认为茶有"十德"：以茶散郁气，以茶驱睡气，以茶养生气，以茶除病气，以茶利礼仁，以茶表敬意，以茶尝滋味，以茶养身体，以茶可雅志，以茶可行道。佛教认为茶有"三德"：一是坐禅修行时，通夜不眠；二是满腹时，帮助消化轻神气；三是"不发"，即静坐敛心时抑制情欲，专注一境。日本名僧明惠上人也提出茶有"十德"：一是诸天加护；二是父母孝养；三是恶魔降伏；四是睡眠自除；五是五脏调和；六是无病无灾；七是朋友和合；八是正心修身；九是烦恼消减；十是临终不乱。以上所提及的茶德，是指饮茶对人的功能作用与行为规范，可见茶与德自古以来就紧密联系在一起。

　　现代的一些茶文化论著中，也强调要以茶修德。近代最先提及"茶德"的，是庄晚芳于1989年在上海《茶报》上发表的"中国茶德"一文，这里的"茶德"是指品茶的行为规范。该文发表后，在国内外产生很大影响，"茶德"一词也被普遍接受。"茶德"一词的重新出现与被广泛接受，说明有其存在的必要性。我国开展全国公民道德建设，以促进国民素质的提高和精神文明的建设；茶人们作为公民中的一部分，自然也有必要加强道德建设，因此急需强化茶德的功能与作用，更好地促进茶人们的道德修养。但目前对茶德的理论上还缺乏研究，一些概念定义不清、相互混淆，不利于茶德自身的发展和其功能作用的发挥。为此，有必要先建立起茶德的理论体系。

一、茶德的定义

　　目前对茶德的定义研究不多，未界定茶德的含义是造成当前一些概念相互混淆的主要原因。庄晚芳提出的茶德，是把过去社会历史上道教的"道德"、佛教的"功德"、儒教的"品德"、公关上的"公德"和美学上的"美德"五个德字融合一起，作为当前"茶德"主要的内涵，以促进两个文明的建设。陈舜年、陈惠芳认为如果有"茶德"，必然是从茶的特性中抽象出来的，而且认为"中国茶德"实际上是提倡某种精神、信念；要提倡"中国茶德"，必须认识到道德是一种思想工具，是用以规范行为准则的，是通过社会舆论、传统力量和思想信念对人们起着激励作用和自我约束作用的；并认为茶德必须符合三个"有利于"的基本原则，才能使茶文化促进社会主义物质文明和精神文明的建设。湛晓煜认为茶德是指导我国现实品茶生活向高层次发展的理想性规范原则，包括品茶生活的价值目标和行为守则两个方面；认为茶德具有狭义性、理想性、原则性、包容性以及价值导向和行为约束两重性，认为茶德只适用于品茶过程，并认为"茶德"内容应反映茶性的特点，应合乎人性需要，应体现正确的人生价值观，表达方式既要简洁，又要全面。但湛晓煜所阐述的茶德几乎等同于茶道，无疑扩大了茶德的范围与功能作用，也不利于我国茶文化的建设。

应该说，从古至今人们常通过饮茶活动来达到修德的目的。但随着茶文化的全面发展，其他茶文化活动同样可以达到修德的目的，如茶诗、茶歌、茶舞、茶画等。除了饮茶活动，其他茶文化活动同样需要道德规范的约束；即茶德不应仅局限于品茶过程，而应贯穿所有茶文化（狭义）活动中去。唯有这样，才能全面促进茶文化的健康发展。当前我国已形成了完善的社会主义道德体系，茶文化作为我国文化的一部分，茶德应服从于社会主义道德，应是所有茶人们的行为准则和道德规范。

由此可知，茶德是社会主义道德在所有茶文化活动中的体现，是所有茶文化活动和茶人们所应遵循和体现的行为准则和道德规范。茶德不是社会主义道德在茶文化活动中单纯的体现，而是二者相结合，相互促进、整合而形成适合于茶文化活动和茶人们的行为准则与道德规范；即茶德具有自身独特的特点，是社会主义道德的一部分，只适用于所有茶人们，脱离了茶文化的范围则不再适用。茶德也是茶道的一部分，茶艺精神包含茶德在茶艺中的体现，茶艺需遵循茶道和茶德的要求。

二、茶德的内容

在当前茶文化交流中提到的日本茶道精神、韩国茶礼精神、我国台湾茶艺精神以及我国大陆茶德，均只是在几个字面上所衍生的含义，仅靠几个字是无法全面代表茶艺精神，更无法代表茶道。但这些字多是对茶人们的行为约束和道德要求，实际应归纳于"茶德"的范畴。

（一）我国"茶德"的内容

庄晚芳提出中国茶德为"廉、美、和、敬"，并解释为廉俭育德、美真康乐、和诚处世、敬爱为人。

廉——推行清廉，勤俭育德；以茶敬客，以茶代酒，减少洋饮，节约外汇。

美——茶美水美境美器洁，名品为主，共尝美味，共闻清香，共叙友情，康乐长寿。

和——德重茶礼，和诚相处，助人为乐，搞好人际关系。

敬——敬人爱民，敬老爱幼。

程启坤、姚国坤于 1990 年提出中国茶德可以用"理、敬、清、融"四个字表达：

理——品茶论理，理智和气。即以茶引言，以茶待客；以礼相处，理智和气；以礼服人，明理消气；以茶理思，益智醒脑。

敬——客来敬茶，以茶示礼。即敬茶洗尘，品茗叙旧，增进情谊；敬茶示礼，增进了解；以茶传情，互爱同乐。

清——廉洁清白，清心健身。即清茶一杯，以茶代酒，廉洁奉公；饮茶保健，延年益寿。

融——祥和融洽，和睦友谊。即欢聚一堂，手捧香茗，其乐融融；清茶一杯，交流情感，气氛融洽，水乳交融；协商议事，互谅互让，联合协作。

我国台湾中华茶艺协会于第二届大会上通过了茶艺协会的基本精神为"清、敬、怡、真"，并解释为：

清——即清廉、清洁、清静及清寂之清。"茶艺"的真谛，不仅求事物外表之清洁，更需求心境之清寂、宁静、明廉、知耻。在静寂的境界中，饮水清见底之纯洁茶汤，方能体味饮茶之奥妙。

敬——敬者万物之本，敬乃尊重他人，对己谨慎，敬之态度应专诚一意，其显现于形表者为诚恳之仪态，无轻藐虚伪之意。敬与和相辅，勿论宾主，一举一动，均含有"能敬能和"之心情，敬者宜不流于凡俗。茶味所生，宾主之心归于一体。

怡——怡字含意广博，调和之意味，在于形式与方法；怡乐之意味，在于精神与情感。饮茶啜苦咽甘启发生活情趣，培养宽阔胸襟与远大眼光，使人我之间的纷争，消弭于无形。怡悦的精神在于不矫饰自负，处身于温和之中，养成谦恭的行为。

真——真理之真，真知之真。至善乃真理与真知之总体。至善的境界，是存理性，去物欲，不为权利所诱，格物致知，精益求精。饮茶的真谛，在于启发智慧与良知，使人人在日常生活中澹泊明志，俭德行事，臻于真、善、美的境界。

郑永球 2001 年根据进化层次认为茶文化精神的基本特征为"和、敬、雅、明"：

和——属相处层次，和睦相处，和好，以茶联谊。

敬——属礼貌层次，尊敬长辈，敬重他人，以茶为礼。

雅——属修养层次，雅志，雅量，雅观，以茶修养。

明——属理性层次，明理，明达，以茶悟理。

此外，我国对茶德的内容还有多种理解。台湾林荆南 1982 年概括为"美、健、性、伦"，即"美律、健康、养性、明伦"。台湾范增平 1985 年提出"和、俭、静、洁"，张琳 1991 年认为是"敬、清、和、美"，台湾周渝 1999 年提出"正、静、清、圆"，程良斌 1995 年提出"和、敬、廉、健"，江西省婺源县茶艺表演团 1991 年提出婺源茶德为"敬、和、俭、静"。欧阳勋提出中国茶德为"清、和、俭、怡、健"，董德贤认为是"敬、俭、和、清、静"，湛晓煜 1998 年提出"俭、敬、清、和"，刑湘臣提出"敬、俭、和、乐"，张天福提出"俭、清、和、静"。综合来看，多数认为中国茶德应包括"敬、俭、和、清"。

（二）国外"茶德"的内容

日本茶道的集大成者——千利休（1522—1592 年）明确提出"和、敬、清、寂"为日本茶道的基本精神，要求人们通过茶室中饮茶进行自我反省，彼此思想沟通，于清寂之中去掉自己内心的尘垢和彼此的芥蒂，以达到和敬的目的。"和、敬、清、寂"被称为日本"茶道四规"。和、敬是处理人际关系的准则，通过饮茶做到和睦相处、互相尊敬，以调节人际关系；清寂是指环境气氛，要以幽雅清静的环境和古朴的陈设，造成一种空灵静寂的意境，给人以熏陶。

中国儒家的礼制思想对朝鲜影响很大，儒家的中庸思想被引入朝鲜茶礼之中，形成"中正"精神，而创建"中正"精神的是草衣禅师张意恂（1786—1866 年）。"中正"精神指的是茶人凡事都不可过度，也不可不及，即劝人要有自知之明，不可过度虚荣，知识浅薄却到处炫耀自己，什么也没有却假装拥有很多。人的性情暴躁或偏激也不合中正精神，所以中正精神应在一个人的人格形成中成为最重要的因素，从而使消极的生活方式变成积极的生活方式，使悲观的生活态度变成乐观的生活态度，这种人才能称得上是茶人。中正精神也应成为人与人交往中的生活准则。后来韩国的茶礼归纳为"清、敬、和、乐"或"和、敬、俭、真"四个字，以"和"、"敬"为基本精神；"和"是要求人们心地善良，和平相处；"敬"是尊重别人，以礼相待；"俭"是俭朴廉政；"真"是以诚相待，为人正直。

茶的本性符合于中华民族的平凡实在、和诚相处，重情好客、勤俭育德、尊老爱幼的民族精神，饮茶能用来养性、联谊、示礼、传情、祭祖、育德、陶冶情操、美化生活。继承与发扬茶文化的优良传统，弘扬中国茶德，对促进我国的精神文明建设无疑是十分有益的。

第三章 茶艺与茶艺学

第一节 茶艺的命名与分类

一、茶艺命名

目前茶艺命名的方法种类较多。

有的以地名来命名茶艺，如婺源茶艺、安溪茶艺、武夷茶艺、徽州茶艺。

有的以企业名称来命名茶艺，如盈科泉茶艺、玉皇剑茶艺、大益茶艺。

有的以茶类来命名茶艺，如绿茶茶艺、乌龙茶茶艺、红茶茶艺、花茶茶艺。

有的以茶名来命名茶艺，如黄檗茶艺、宁红茶艺、龙井茶艺、碧螺春茶艺、君山银针茶艺。

有的以泡法来命名茶艺，如盖碗泡法茶艺、玻璃杯泡法茶艺、壶泡法茶艺。

有的以特定人群来命名茶艺，如禅茶茶艺、文士茶茶艺、少儿茶艺、惠安女茶俗。

有的以民族加特色茶来命名，如"畲族宝塔茶""白族三道茶""土家族油茶""藏族酥油茶""蒙古族奶茶"。

有的以地名加茶艺种类来命名，如台湾功夫茶艺、潮汕功夫茶艺。

有的以地名加茶名来命名，如北京香片（盖碗）茶茶艺等。

这些命名有一定的特色，但有些则易引起误解。茶艺命名应尽可能体现出独特的文化特征，体现出茶艺自身的特色与内涵，还应体现茶艺分类的原则与依据，这将有助于茶艺命名的统一与规范。

二、茶艺分类的现状

茶艺近三十年来才开始复兴，种类也逐渐增多。为促进茶艺规范并有序发展，已有人开始进行茶艺分类研究。张宏庸（1988 年）按饮茶的艺术性质将传统茶艺分为六大类型：文人茶，以文人雅士为主导，以淡雅风采怡情悦心为特色；禅师茶，以高雅僧侣为主导，以寂静省净修身养性为特色；富贵茶，以帝王权臣主导，以豪华贵重耀权势为特色；仕女茶，以闺阁仕女为主导，以轻盈婉约柔情慧心为特色；功夫茶，以富商巨贾为主导，以讲究沏泡品赏芳韵为特色；孺子茶，以幼童孺子为主导，以融娱乐与教化为一体为特色。

郭雅玲（1997年）将现代生活中的茶艺表现形式归为两大类：一类是休闲型茶艺，是出于生活习惯、保健、放松、联谊、礼仪等需要的茶艺活动；另一类是表演型茶艺，取材于历史上或生活中的茶俗、茶礼、茶艺，经过加工、提炼的茶艺活动；并认为表演型茶艺按所表现的主题内容以及风格不同又可分为：民族型，以少数民族风情为基调；宫廷型，以古代茶艺活动为基础；地方型，以地方饮茶风俗为特色；文士型，以特定文化或某一文人为主题；寺院型，以寺院为主题；少儿型，以少年儿童为主体；科普型，以介绍茶叶品饮方法为主体。

姜爱芹（1999年）将目前流行的茶艺表演分为三种：第一种是在演出场所由专业人员表演；这一类表演往往高于生活，强调以艺为主，以技辅艺，突出茶艺欣赏功能的表演性茶艺。第二种是表演多发生在茶馆、茶室等场所，表演者和欣赏者多为茶界人士或饮茶爱好者；主要是表演者根据茶类不同，通过一定的泡茶技巧和选用不同的茶具及泡茶用水，充分展示茶叶的内在品质；这一类表演与技艺结合，相得益彰，是表演者和欣赏者都可从中陶冶情操、修养身心的实用性茶艺（是目前最为流行的一种）。第三种是在寻常百姓中，将品茶与泡茶技巧融合在一起，以技为主，以艺辅技，自娱自乐，其乐融融的大众茶艺。

范增平（2000年）按时间将茶艺分为古代茶艺和现代茶艺，按形式分为表演茶艺和生活茶艺，按地域分为民族茶艺和民俗茶艺，按社会阶层分为宫廷茶艺、民间茶艺和寺庙茶艺。林治（2000年）对茶艺的分类比较详细，认为茶艺以人为主体分类，可分为宫廷茶艺、文士茶艺、民俗茶艺和宗教茶艺四大类型，宫廷茶艺是我国古代帝王为敬神祭祖或宴赐群臣进行的茶艺，文士茶艺是在历代儒士们品茗斗茶的基础上发展起来的茶艺，民俗茶艺是各民族不同品茶习俗的茶艺，宗教茶艺是佛教、道教的茶艺；以茶为主体分类，可分为绿茶茶艺、红茶茶艺、乌龙茶茶艺、黄茶茶艺、白茶茶艺、黑茶茶艺、花茶茶艺、紧压茶茶艺；以表现形式分类，可分为表演型茶艺和待客型茶艺两大类：表演型茶艺是指由一个或几个茶艺表演者在舞台上演示艺茶技巧，众多的观众在台下欣赏；待客型茶艺也称为生活型茶艺，是由一个主人与几位嘉宾一同赏茶，一同泡饮。

谢萍娟（2001年）根据表现形式不同，将安溪茶艺分为舞台表演式茶艺和生活待客式茶艺两大类，舞台表演式茶艺是由经过规范训练的表演队员在特定环境中进行表演，而生活待客式茶艺没有比喻形象的流程名称和优美的表演动作。罗庆江（2001年）将澳门的茶艺基本演示法分为席面演示法和桌面演示法两种。陈文华（2001年）综合目前国内的茶艺表演，认为基本上可分为传统茶艺、加工整理和仿古创新三大类型，传统茶艺包括功夫茶、盖碗茶和玻璃杯泡法三种，加工整理型茶艺如台湾功夫茶艺、上海海派功夫茶艺等，仿古创新型茶艺有文士茶、禅茶、擂茶、宫廷茶艺、惠安女茶俗、洞庭茶俗、太极茶道、珠海渔女、龙井问茶、民族茶艺等。

丁以寿（2002年）也对茶艺分类进行了探讨，认为依习茶法可分为：煎茶茶艺、点茶茶艺、泡茶茶艺、煮茶茶艺四大类，并再按所用茶具将泡茶茶艺（为当代茶艺）细分为：功夫茶艺、壶泡茶艺、盖杯泡茶艺、玻璃杯泡茶艺、民俗茶艺等。此外，还有按地区名称来分类的，如武夷山功夫茶艺、安溪功夫茶艺、潮汕功夫茶艺、台湾功夫茶艺、澳门功夫茶艺等。

三、茶艺分类的原则与依据

要对茶艺进行合理分类，首先应确定茶艺分类的原则与依据。

（一）茶艺分类的原则

茶艺分类应全面反映出茶艺的发展现状和特色，应反映出茶艺发展的趋势，应简明易懂，有利于茶艺推广交流，有利于茶艺发展完善，并有利于茶艺的标准化和规范化，还有利于茶艺创新与新类型茶艺的编创，即茶艺分类应具有全面性、高瞻性、规范性和指导性。在此茶艺分类原则的基础上，选择适宜的分类依据对茶艺进行分类。

（二）茶艺分类的依据

目前分别有以时间、茶艺表现形式、地域、饮茶的艺术性质、茶艺的主题、内容和风格、饮茶人群、茶类等作为分类依据，有些茶艺的名称和分类没有严格的科学含义，不能准确反映该茶艺的主要特色，经常与别的茶艺混同。陈文华认为，如茶艺就是茶叶的冲泡技艺和饮茶艺术的话，则以冲泡方式作为分类标准应该是较为科学的，而且认为为突出地区特色，有时可在茶艺名称前冠以地名如安溪功夫茶艺。丁以寿则先按习茶法后按所用茶具来分类。实际上，按一种分类依据是难以将所有种类的茶艺全部分类；而且随着茶艺新种类的增多，对茶艺的分类将更加困难。不过可以选择相对较有代表性的分类依据，对茶艺进行较为全面较合理地分类。此外，茶艺现在还处于发展阶段，许多新创茶艺的科学性、生命力还有待于实践的检验，不能仅仅因其存在就肯定，所以对新创茶艺的分类应慎重。

四、茶艺分类

结合茶艺分类的现状，按照茶艺分类的原则与主要依据，将茶艺进行合理分类。

（一）按茶艺的用茶来分类

1. 初加工茶茶艺

（1）绿茶茶艺　名优茶茶艺、普通绿茶茶艺；

（2）黄茶茶艺　君山银针茶艺；

（3）功夫茶艺（乌龙茶茶艺）　武夷功夫茶艺、安溪功夫茶艺、台湾功夫茶艺；

（4）白茶茶艺　白毫银针茶艺；

（5）红茶茶艺　工夫红茶茶艺、红碎茶茶艺。

2. 再加工茶茶艺

（1）花茶茶艺　北京盖碗茶茶艺；

（2）紧压茶茶艺　普洱茶茶艺；

（3）袋泡茶茶艺；

（4）保健茶茶艺　宋园三清茶、菊花茶、八宝茶等；

（5）民俗茶茶艺　油茶茶艺、擂茶茶艺、奶茶茶艺、白族三道茶。

3. 深加工茶茶艺

（1）速溶茶茶艺　冰茶茶艺；

（2）茶饮料茶艺。

茶艺三级分类法是先按茶艺用料的加工形态分为初加工茶茶艺、再加工茶茶艺、深加工茶茶艺三大类，再按不同加工深度的茶叶制法与品质特点进行第二级、第三级分类。这种茶艺分类方法，有助于初级茶艺学习者更好地理解所用茶叶品质的基础上，选择合适的器具和泡茶方法。

（二）按茶艺中技术、技巧与艺术所占比例分类

（1）艺术（型）茶艺　以艺术为主，技术与技艺为辅，艺术性强，讲究舞台效果，服装多鲜艳华丽，动作可夸张。

（2）实用（型）茶艺　以技术、技巧与艺术兼重，既讲究技术、技巧，又讲究艺术性，动作优美，但不夸张。

（3）生活（型）茶艺　也可称为大众茶艺，以技术、技巧为主，艺术为辅，场所不是特别讲究，茶具相对简单，泡饮动作的艺术性不强。

艺术型茶艺又称为表演型茶艺，是在演出场所由专业人员表演艺茶技巧，众多的观众在台下欣赏；这一类表演往往高于生活，强调以艺为主，以技辅艺，突出茶艺欣赏功能。表演型茶艺的题材往往来源于历史上或生活中的茶俗、茶礼、茶事等，并经过艺术加工。

生活型茶艺，也称为生活茶艺、休闲型茶艺、大众茶艺，是出于生活习惯、保健、放松、联谊、礼仪等需要的茶艺活动，主要包括个人品茗和奉茶待客两个方面。生活型茶艺是由一个主人与几位嘉宾一同赏茶、一同泡饮，没有比喻形象的流程名称和优美的表演动作，但将品茶与泡茶技巧融合在一起，以技为主，以艺辅技，自娱自乐。

实用型茶艺也称为经营性茶艺，主要指在茶馆、茶艺馆、茶叶店、餐饮店、宾馆以及其他经营场所为消费者服务的茶艺。实用型茶艺是根据茶类的不同，选用不同的茶具及泡茶用水，通过一定的泡茶技巧来充分展示泡茶之美和茶叶的内在品质，使表演者和欣赏者都从中陶冶情操、修养身心。实用型茶艺具有表演的性质，具有一定的观赏价值，但其更加侧重于如何泡好一杯茶。

这种茶艺分类法范围较大，比较笼统，但应用性强、概括全面，易为大家所接受，适宜用于茶艺宣传与推广。

（三）按茶艺的目的分类

这种分类方法有利于茶艺编创，目的性强，可适应不同的需要。

（1）文娱茶艺　在大型茶文化交流会上进行的茶艺，主要是艺术型茶艺；

（2）促销茶艺　为经营目的所进行的茶艺，以吸引顾客，如促销茶叶、茶具等；

（3）科普茶艺　主要为宣传普及茶文化和茶科学知识而进行的茶艺；

（4）广告茶艺　为宣传企业品牌或产品所进行的茶艺；

（5）待客茶艺　为接待客人、朋友所进行的茶艺。

（四）按茶艺的主题、内容分类

采用这种方式分类，也有助于对茶艺的理解与宣传，但所分的类型均为大类。

（1）仿古茶艺　以古代饮茶为内容，器具、服装、饮茶方式均仿照古代，如宫廷茶艺等；

（2）宗教茶艺　是以宗教场所饮茶为主题，以高雅僧侣或道士为主导，以寂静省净修身养性为特色。依据宗教类型的不同，可以分为佛教茶艺、道教茶艺等；

（3）民俗茶艺　以各地民俗为题材的茶艺，包括少数民族的民俗，如酥油茶茶艺、白族三道茶；

（4）传统茶艺　民间饮用区域广的茶艺，如盖碗茶艺、功夫茶艺；

（5）海派茶艺　冰茶茶艺、泡沫茶茶艺、果茶茶艺。

（五）其他分类法

茶艺按民族可分为汉族茶艺、蒙古族茶艺、藏族茶艺、土家族茶艺、傣族茶艺等；按茶艺的场所可分为家庭茶艺、茶（艺）馆茶艺、舞台茶艺；按茶艺发展形成的时间可分为古代茶艺、现代茶艺；按茶艺的泡茶用具可分为杯泡法茶艺、壶泡法茶艺、盖碗茶艺；按茶水制备方法可分为煎茶茶艺、点茶茶艺、泡茶茶艺、煮茶茶艺，按国制可分为中国茶艺、日本茶道、韩国茶礼、新加坡茶艺等。

第二节　茶艺的组成与特性

茶艺是一种综合性的文化形式，由很多部分组成。

一、茶艺的组成

（一）已有对茶艺组成的认识

对茶艺的组成内容，有不同的理解。谷川彻三认为茶道包含艺术、礼仪、社交、艺能四个因素。范增平认为狭义茶艺的实际内容包括了技艺、礼法和道三部分，技艺指茶艺的技巧和工艺，礼法指礼仪和规范；道是指一种修行，是一种生活的道路、方向，是人生哲学。姜爱芹认为茶艺包括艺茶、制茶、品茶、论水、择器、意境等内容。而王存礼等认为茶艺大致体现在泡茶和品茶两个方面，同时还必须讲究品茶的环境、氛围以及品茶的程序、内容、礼仪等。寇丹认为茶艺包含七方面的内容：各种茶叶本身的色香味及外形欣赏、冲泡过程（泡好茶叶的必需技艺和泡茶本身的表演艺术）、茶具（是泡茶必需用具和玩赏收藏的艺术品）、修身养性的课程、人际关系的触媒、品茶的环境（包括空间设计、庭园布置、艺术品的陈列、背景音乐及灯光的安排等）、建立宁静与反省的心灵。周洁琳认为当代茶艺内涵讲究六个层面：茶的欣赏、冲泡过程、茶器应用、修身养性、人际交流、品茗环境。综合以上可知，大家多认为茶艺的整个过程均为其组成内容。

（二）茶艺的组成内容

在对茶艺的组成内容进行合理认识的过程中，应防止无限扩大茶艺的组成内容，应防止将茶艺的内容不分主次、不分轻重，同时又应有利于对茶艺的理解与建设。结合茶艺的定义、功能与发展的实际情况，可以认为茶艺的组成内容从宏观角度可分为技艺、礼法和道三个部分。技艺是指茶艺的技能，即茶艺的技术、技巧和艺术；礼法是指茶礼，即茶艺的礼仪与规范；道是指茶艺精神，即茶艺的精神内涵。就茶艺的具体组成内容而言，包括泡饮技艺及其演示、茶艺礼仪、茶艺环境、茶艺精神和修身养性共五大部分。

泡饮技艺及其演示主要由茶艺师来操作完成，包括择茶、配具、鉴水、冲泡技艺及其演示、品饮技艺及其演示。冲泡技艺及其演示是以茶艺师为主体，但茶艺观赏者（即客人）可参与其中。品饮技艺及其演示是客人品饮为主，可由茶艺师辅助。

茶艺礼仪就是茶艺中的礼仪，包括迎客礼、冲泡礼、奉茶礼、饮茶礼、送客礼等，由茶艺师和客人共同完成。

茶艺环境分心境和品饮环境，心境是指茶艺师和客人的心境，品饮环境即茶艺场所环境如背景音乐、服装等。

茶艺精神就是茶艺演示中所体现出来的精神内涵，也是茶艺所要展现的精神理念，包含茶德，是属于茶道的一部分。

修身养性既是茶艺需要实现的功能，也是茶艺中的一个过程。茶艺师尤其是客人在特定的茶艺环境中，通过赏茶、赏具、赏技艺、赏茶水等过程，在产生的一系列美感冲击中进行内心感悟，以实现心灵的升华，达到修身养性的目的。赏茶包括欣赏干茶的外形、色泽和冲泡后的茶舞，主要以客人为主体、茶艺师为辅；赏具是鉴赏茶艺用具，尤其是茶叶泡饮用具，如紫砂器具、陶瓷器具等；赏技艺是指在特定的茶艺环境中，如背景音乐、茶席等的烘托下，欣赏茶艺师精湛的泡茶技艺；赏茶水可以在茶艺师的引导下，客人品饮茶水，并在品饮过程中感受茶水的汤色、香气和滋味给自己带来的美感；感悟是茶艺师尤其是客人在特定的茶艺环境中，在一系列的美感冲击中，进行心灵的洗涤和自我升华。

二、茶艺的特性

茶艺在长期的发展历程中，形成了自身应有的特性。

（一）科学性

茶艺的科学性是指泡饮技艺及其演示符合茶的特性，是茶艺的基本特性。科学性是茶艺的基础，需要科学地选茶，科学地配具，科学地布具，科学地冲泡，科学地品饮，科学地布景，科学地演示等。不同的茶经过不同的工艺加工而成，具有不同的品质特征，如不同的外形、香气、滋味等，需要相对应的泡饮技艺，才能泡出该茶汤应有的品质，也才能感受到茶水带来的美好感觉。如名优绿茶以 85 ~ 90℃的沸水在透明玻璃杯中进行冲泡，才能泡出其茶汤应有的品质特征；若用壶泡法冲泡名优绿茶，很容易导致茶汤的汤色变红、香气沉闷、滋味不佳，完全丧失了该茶应具有的优良品质，自然难以感受到该茶应有的美感。

（二）主题性

每个茶艺都应该有一个主题。茶艺主题是茶艺活动需要表达的主题思想，需要展现茶艺精神、茶礼，最终上升到体现茶道，属于茶艺的精神内涵。茶艺要具有特色和生命力，茶艺主题就需要积极、健康和具有特色。茶艺是来自生活，但高于生活，为此经常需要从生活中进行提炼。中国丰富的历史文化、民族文化和乡土文化为茶艺主题的选择提供了丰富的素材，使茶艺具有多样性和丰富性，也突出了茶艺与人文价值的紧密关联，使茶艺具有强盛的生命力。当前的茶艺多数是经验性的、嫁接性的，理性的文化提炼较少，经常使茶艺主题不清晰、特色不明显，需要加以关注和提升。

（三）技能性

茶艺讲究技能。茶叶的冲泡与饮用需要特定的技术、技巧，并具有对应的程式与礼仪规范，赋予了茶艺的技能特性。我国把茶艺师列为一种职业，作为一种职业必然要求有较强的技能才能胜任。对茶艺的技能要求，突出在以下几个方面：一是位置，主要指茶具与配具的摆放位置，还包括人、景等的位置；二是动作，在茶艺演示过程中的每一步以及每一个动作；三是顺序，主要指泡茶的步骤和先后顺序，还包括敬茶顺序等；四是仪态，茶艺师的坐、站、行的姿势、仪态。在所有的茶艺中，尤以四川长嘴壶茶艺的技能性特征更加突出，几乎达到杂技的技能程度，不是一朝一夕所能掌握的。要能真正掌握茶艺技能，就需要先掌握茶艺学的基础知识，然后大量反复地科学训练，才能做到熟练，并真正形成技能。

（四）艺术性

茶艺本身是指茶叶的泡饮技艺，包含有艺术性要求。此外，茶艺中的茶具、服装、音乐、道具、布景、行为、语言等无不体现美的元素，均可用于展现茶艺的艺术性。具体而言，茶艺中体现的艺术性主要包括两个方面：一是生活艺术，运用茶艺的行为与美来还原生活，在生活中来创造美、表现美；二是舞台艺术，茶艺本身是需要通过审美创造再现饮茶活动的现实，虽来自生活，但更要高于生活，为此强调其他艺术元素在茶艺行为中的结合和运用，用茶艺充分展示美。茶艺的美是实质与形式统一的美，在展示形式的同时也实现了实质美的意义，茶艺以最直接的表现来体现艺术性。茶艺具有艺术性后，可以增强茶艺的美学价值，提高茶艺的观赏价值，促使茶艺具有更强的生命力，能得以不断延续发展。

（五）地域性

我国地域广阔，民族多，各民族与茶都结下不解之缘。不同的民族，不同的区域，具有不同的文化特征，有着不同的饮茶习俗，这导致茶艺具有地域性。饮茶的风俗习惯如同千里不同风、百里不同俗一般，全国各地都有不同的饮茶风俗，主要表现在茶的制作及饮茶技艺方面。而通过茶艺所反映出来的各民族饮茶习俗多姿多彩，如北方蒙古族的咸奶茶（材料为青砖茶或黑砖茶）、西藏的酥油茶（材料为普洱茶或金尖茶、盐、糖、酥油）、新疆维吾尔族的奶茶与香茶（材料为砖茶、牛乳和盐）、回族的罐罐茶和三炮台盖碗茶（材料为炒青乳茶等）、闽南潮汕功夫茶、广东早茶、四川盖碗茶、北方大碗茶等。

（六）感悟性

茶艺能得以延续，很大一部分原因在于茶艺具有感悟性，能用于修身养性。茶艺主题可以感化人，茶艺礼仪可以使人的行为规范。在茶艺的特定环境中，通过习茶或观赏茶艺，在不断思索中进行感悟，感受人生哲学，实现自身精神的升华，达到茶艺修身养性的目的。在佛教中，除了借助饮茶提神解渴的物质功能外，更借助饮茶来明理修身。最有代表性的莫过于从谂禅师的偈语"吃茶去"，通过饮茶的行为过程来感悟而修行。

第三节　茶艺的功能与作用

中国茶艺包含的物质和精神不是简单的重叠和组合，而是一种文化的交流与融合。它将泡茶的技艺、规范和品饮方法与人的思想进行体验性的考察思维，着重强调人的思想、道德、行为在品茗过程中的陶冶升华，将茶的物质属性转化为社会的、文化的，使茶饮清新雅逸的自然特性与人的益思修身达到哲学上的统一。

一、茶艺的功能

客来时，饮杯茶，能增进情谊；口干时，饮杯茶，能润喉生津；疲劳时，饮杯茶，能舒筋消累；空暇时，饮杯茶，能耳鼻生香；心烦时，饮杯茶，能静心清神；滞食时，饮杯茶，能消食去腻。这些十分形象地说明了饮茶的功能，实际上茶艺也具有这些功能。茶艺的功能随着社会的进步日渐丰富。现在的茶艺，可以用作表演，可以用作待客，可以用作营销，还可以用作养生。但是不论它的目的是什么，茶能够被国人深爱还是因为其中包含的深厚文化底蕴。品茶是慢生活的体现，也是文化底蕴的彰显。

茶艺的功能具体综合起来有以下几点：

（一）茶艺可修行养德，陶冶情操

茶艺是高雅艺术，可体现自身的行为水准和道德水平。通过茶艺活动进行修身养性，可以提高个人道德品质和文化修养。通过茶艺，能提高审美情趣，净化心灵，升华人格。演示茶艺是提高个人综合素质的有效途径，扩大知识面，领略茶文化的魅力，对自己的心境进行修炼。通过择器择水择茶，潜心冲泡，静心品饮，进入精神境界，感受茶艺精神，可陶冶情操。演示茶艺，讲究意境，进入茶艺境界，有利于身心的修养，对自己的品行有所提高。茶的平凡，茶的质朴，茶的纯净，茶的中和，统统溶化在清心爽口的玉液之中，以便从品茗中品出人生感悟的生活真谛和生活艰辛的韵味。通过优质茶品及品饮艺术获得物质享受和精神享受，追求茶的韵味和饮茶情趣，以舒心怀，陶冶情操，修身养性，清心脱俗，自乐乐人。

（二）茶艺可净化社会风气

改革开放给中国带来了经济快速发展，也给中国带来了很多负面的东西，如对金钱的观念改变，使中国很多传统的精髓无法很好延续。而茶艺讲究礼仪，注重个人行为规范，以礼待人，尊老爱幼，有助于弘扬中国传统礼节，促进人们遵循社会行为规范。茶艺精神提倡和谐处世，以茶行道，有利于社会风气的净化。茶艺是一种高雅、健康的文化，可以提高和丰富人们的精神生活，和谐社会关系，净化社会心灵，有利于社会和谐发展。

（三）茶艺可协调人际关系

在当今商潮汹涌、物欲剧增、生活节奏加快、竞争激烈的现实生活中，人心容易浮躁，心理容易失衡，极易导致人际关系紧张。以茶艺接待客人，以茶敬客，互爱互敬，可协调人际关系。在茶艺中与朋友坦诚相谈，和诚处世，敬人爱民，增进情谊，增进团结。茶艺可促人平衡心态，化解矛盾，促人静思、奋发，团结友爱，与人为善，助人为乐，无私奉献，有利于建立和睦相处、相互尊重、互相关心的新型人际关系。

二、茶艺的作用

（一）茶艺可提升素质

茶艺中需要挑茶、选水、选器皿、营造意境、冲泡、奉茶等过程，人们通过完成习茶的这一系列过程，有助于修身养性，提升素质修养。在茶艺中，需要了解茶科学、茶具、茶艺环境营造、插花、茶音乐等知识，可拓宽知识面，丰富知识。茶艺意境展现茶艺精神，使人淡泊宁静、胸怀广大、广博深奥，而远离空虚、浮躁、甚至暴戾。茶艺师已成为一个职业，茶艺讲究技能。通过习茶，增强动手能力，使习茶技艺更加精致细腻。喝茶对环境很讲究，都比较安静，处于这种环境中给人一种心旷神怡，感觉自己整个人沉浸于文化之中；长期处于这种环境中，可以改变人的一些不良性格，让浮躁的心态会变得平和安静，在为人处事上从容不迫。可见茶艺可以使人静心神、修身性，自然而然地提高自己的修养和素质。

（二）茶艺可促进茶文化发展

茶艺是茶文化的一部分，当前茶文化的宣传中以茶艺最为活跃。以茶艺为载体，通过各种媒介和活动展现茶艺，广泛地宣传茶文化，并促使人们更好地了解茶文化的各方面，使茶文化得到发展。茶艺作为茶文化中的一朵奇葩，今后依然肩负着推动与促进茶文化发展的重任。

（三）茶艺可促进经济发展

茶艺频繁作为各种经济活动的媒介，充当文化搭台，吸引客户洽谈投资订货，有力地保障了经济活动的顺利进行，推动了经济的发展。全国各地的茶馆、茶艺馆或茶楼快速的发展，不但增加了文化品位，还增加了就业，并促使了"茶艺师"职业的快速发展，带动了茶文化第三产业的繁荣。茶艺的发展，还推动了茶叶的消费，带动了茶产品的生产与销售，促进了茶业经济的发展。

（四）茶艺可促进精神文明建设

茶艺注重礼仪，讲究茶德，展现茶艺精神，弘扬茶道，以茶育人，以茶行道。茶艺精神倡导以苦为乐，艰苦奋斗，奋发图强，自强不息，开拓进取，与人为善，团结友爱，无私奉献的精神。茶艺精神提倡以茶清政，以茶养廉，清廉俭德。发展茶艺，可以促进修身养性、陶冶情操，还可以协调人际关系，净化社会风气，促进社会和谐发展，有利于促进社会主义精神文明的建设。

第四节　茶艺学的概念与任务

茶艺在我国发展迅速，茶艺著作不断出版，加速了茶艺理论的完善与发展，促使茶艺学的出现与形成，至今茶艺学已完全具备一门学科的特点。

一、茶艺学的定义

茶艺学是一门研究茶艺理论与实践的科学，重点在于研究泡饮技艺和茶艺思想内涵。茶艺学是一门自然科学与人文科学交叉的综合性学科，包含有知、情、意的部分，涉及茶科学、史学、社会学、民俗学、礼仪学、美学、表演学、心理学、建筑学、茶艺馆管理经营等多门类与多学科的学科。茶艺学也是一门实践性特别强的学科，需要在实践的基础上加强总结与探索，使茶艺形成一套系统的理论体系，以促进茶艺学不断发展完善。

二、茶艺学的学科特点

茶艺学是一门应用性很强的实践性学科，因此在教学中应突出实践教学。在传授茶艺学基本理论的基础上，强化茶艺技能训练，要求学生开展插花、茶席设计、茶艺编创、茶艺表演、茶艺创新大赛、无我茶会等系列教学实践活动，丰富实践经验，使学生具有较强的茶艺技能。与此同时注意加强实践的总结与提升，于实践中深化茶艺学理论，实现实践与理论相互促进发展。在茶艺学教学过程中，应注意将科学性、艺术性、趣味性融为一体，把茶艺学知识深入浅出地介绍给学生，并不断激发学生的学习兴趣，有效地实现教与学的互动。

三、茶艺学的学科内容

茶艺学的学科内容主要分为茶艺技艺、茶艺礼法和茶艺思想三大部分，包括茶艺发展史、茶道与茶艺等术语的定义、古代茶艺、茶艺用具、泡茶技艺、品饮技艺、茶艺礼仪、茶艺配饰、茶席设计、茶艺环境、茶艺演示与表演、茶艺编创、茶艺鉴赏、茶艺训练、茶艺实践、海外茶艺、无我茶会等。

（1）茶艺发展史　以茶叶的发现与利用为线索，探讨中国茶艺的萌芽、起始、发展、繁荣、衰败与复兴等内容，其中涉及制茶技术的演变、茶产品的进化、饮茶器具和泡饮方式的改变，还涉及国家、制度、民族、社会、经济、习俗等方面。茶艺发展史就是茶文化发展史，更是中华民族文化发展史的缩影。此外，介绍一些茶文化发达国家的茶艺发展，如日本、韩国等，可以更好地了解茶文化的传播以及茶改变世界的功能。

（2）茶道与茶艺等术语的定义　在茶文化发展过程中，不断出现系列特定术语，如茶道、茶艺、茶德、茶礼、茶艺精神等，均是茶文化特别是茶艺发展中所需要的，但不断涌现出的术语及术语内涵不断扩大，造成不同术语之间开始相互混淆和矛盾。为此在茶艺发展过程中，需要不断地丰富和区分这些术语，厘清这些术语的定义，区别不同术语的差异，将有效地促进茶艺的发展。

（3）古代茶艺　中国古代茶文化繁荣昌盛，茶艺也非常发达，至今都值得我们学习借鉴。通过按茶叶煮饮方式的不同来介绍古代不同的茶艺类型，可以了解到茶艺的发展与种茶、制茶、茶具以及茶文化的发展基本是同步进行的，也为现代茶艺的创新与发展提供借鉴。

（4）茶艺用具　茶艺用具的种类在不断丰富，不同的茶艺用具在功能上也不断细分化。了解茶艺用具的种类与特性，合理配置茶具，构成具有特色的茶套。通过科学地布置茶具，对茶叶泡饮、茶艺演示等无疑具有关键作用。

（5）泡茶技艺　结合茶艺的特色，选择合适的茶套、茶叶和泡茶用水，科学地进行冲泡，以泡出一杯好茶。

（6）品饮技艺　了解茶水品饮的内容，介绍品饮的技术方法，并针对不同的茶产品形成适合的品饮技艺，以喝好一杯好茶。

（7）茶艺礼仪　了解茶艺礼仪的基本内容，遵循茶艺过程中的动作规范，倡行茶规。根据不同的茶事活动，遵循不同的礼仪规范，尤其注意不同民族、不同国家之间的风俗习惯。借助礼仪，展现茶艺的魅力，弘扬茶艺精神。

（8）茶艺配饰　茶艺环境需要多种艺术形式来装饰与搭配，如服饰、插花、音乐、茶点、书画、焚香等。通过遵循一定的规则，合理选配这些茶艺配饰，为特定茶艺的氛围营造提供有利条件，有效地烘托茶艺主题，增强茶艺效果。

（9）茶席设计　茶席是茶艺所必需的。如何开展茶席设计，如何进行茶席布置，对茶艺效果具有重要的影响。而设计好的茶席，本身也可独立成为一个艺术品，并带给人们美的享受。

（10）茶艺环境　茶艺的展现需要有合适的环境，从茶艺的主角——人到场景、音乐等方面。通过选配背景音乐、装饰品，配饰与摆放，插花，营造茶艺意境，创造心境，使人在茶艺环境中真正领略到茶艺精髓，实现精神升华。

（11）茶艺表演　茶艺表演是茶艺的重要组成。了解茶艺表演的理念与类型，掌握茶艺表演的要素，对如何开展茶艺表演有着重要的借鉴作用。

（12）茶艺编创　茶艺需要创新，应遵循一定的原则与方法进行编创。编创茶艺可按照一定的程式进行设计与完善，撰写茶艺文案，并在茶艺实践中反复修改提升。

（13）茶艺鉴赏　茶艺全过程中均展现出美，从茶艺的主题、动作、语言、背景等无一不具备美的内涵。了解茶艺美学的特征，熟悉茶艺美的内容，掌握正确的鉴赏方法，利用特定的茶艺氛围，实现精神升华。合理对茶艺进行评价，建立合理的评价体系，有助于茶艺的规范与健康发展。

（14）茶艺训练　茶艺是一个系统性工程，需要有效地进行科学训练，才能掌握茶艺技能。遵循茶艺训练的原则与方法，按照一定的途径与技巧进行训练，从知识体系、仪容仪态、器具配置、茶艺动作、茶艺礼仪等方面进行有序训练，以有效地掌握茶艺技能。

（15）茶艺实践　结合当前茶艺的主流类型，主要按泡茶用具的不同来介绍杯泡法茶艺、盖碗泡法茶艺、壶泡法茶艺，此外还有调饮茶艺、民俗茶艺、点茶茶艺、宗教茶艺和长嘴壶茶艺。每类茶艺突出基本演示步骤，以利于初学者全面掌握当前主要的茶艺。

（16）海外茶艺　日本、韩国、英国、俄罗斯等国的茶文化发达，尤其是日本茶道、韩国茶礼对我国茶文化影响较大。从茶艺种类、程式、礼仪等方面，分别介绍日本茶道、韩国茶礼、英国茶艺、俄罗斯茶艺，以利于初学者能全面了解和掌握国外的主要茶艺。

（17）茶会举办　茶会自古就有，而且形式多样，并在国外得到传播和发展。当前正呈现恢复和发展各种茶会的时候，了解茶会种类、特点和举办规则与方式，有助于促进茶会的发展。

（18）无我茶会　无我茶会是一种特殊形态的茶会。因无我茶会所倡导的精神与形式广为人们所认可，因此得到国内外茶人的追捧与喜爱，并得到广泛和快速的发展。无我茶会有固定的理念和组织形式，需要合理地进行设计和实施，在活动中充分地体现人与人之间的平等与尊重。

四、茶艺学的任务

中国茶艺发展非常快，很多方面都是新的。尽管茶艺学目前已经形成了独立的理论体系，但很多方面还不完整，甚至有不少方面还是空白。同时因当前茶艺缺乏统一与规范，导致在茶艺培训、茶艺比赛、茶艺表演等中乱象较多。而且茶艺从业人员虽众多，但素质参差不齐。在茶艺发展中存在的这些问题，非常不利于茶艺的发展，这就需要茶艺学来承担与开展相关的任务，具体主要有以下几方面：

（一）研究并完善茶艺发展史，为现代茶艺的发展与创新提供依据

依据相关古籍、文物等，以茶叶的发现与利用为主线，从国家、民族、地域、社会、经济、习俗等层面来研究茶艺的萌芽、起始、发展、繁荣、衰败与复兴等内容，其中会涉及制茶技术的演变、茶产品的进化、饮茶器具和泡饮方式的改变。逐步明晰不同历史时期的茶艺内容与形式、茶艺对社会的功能价值、茶艺在茶文化发展中的地位与作用，逐步丰富和完善茶艺发展史，为现代茶艺的发展与创新提供方向与依据。

（二）发展与完善茶艺学理论，为茶艺发展提供理论依据

茶艺的发展需要理论来支撑。了解和探索茶艺发展的客观规律，继续厘清茶道、茶艺、茶德、茶礼、茶艺精神相互之间的区别与联系，并探讨与发展茶道、茶德、茶礼、茶艺精神在茶艺中的功能作用。确定不同时期、不同类型茶艺的精神内涵，剖析体现茶艺精神内涵的环境与条件，形成稳定的茶艺精神。分析确定不同社会、不同阶级对道德的要求，明确现代茶德的内涵与界限，形成现代茶人需遵循的道德规范。分析礼仪的形成条件与功能作用，发展形成现代茶艺礼仪，建立完整的现代茶人礼仪行为规范。同时还需要继续发展茶艺美学，形成茶艺独特的美学体系，领引茶艺实践中充分展现美、鉴赏美。

（三）统一与规范茶艺

当茶艺发展到一定阶段时，就需要进行统一与规范。合理地进行茶艺分类，建立完整的茶艺发展框架体系，统一茶艺的标准与要求，引导茶艺的发展方向，逐步实现茶艺的统一规范。在统一与规范茶艺的同时，允许茶艺特色化发展，促进茶艺健康良性发展。

（四）促进茶艺与其他学科的融合

茶艺在发展过程中，与其他学科方面紧密结合，需要不断明晰并发展茶艺与其他学科之间联系。茶艺会涉及茶自然科学、民俗学、人体工学、表演学、美学、文化学、茶艺馆的经营管理学等相关的学科，明晰这些学科在茶艺中所涉及的内容与功能，探讨更好的融合方式，甚至发展成为完整的交叉学科，如茶艺美学、茶艺音乐、茶艺插花等。在社会政治层面，需要探究茶艺与国家制度、社会阶级、民族、人行为等之间

的联系与相互作用，尤其是茶艺在社会发展中的功能。需要发挥茶艺修身养性、净化社会风气的功能，以发扬传统文化、促进社会文明和经济发展。

（五）创新茶艺

茶艺的生命力就在于实践，实践就需要创新。运用茶艺学理论知识，从中国源远流长的历史文化与现代生活中不断挖掘主题与内涵，以科学和求实的态度丰富茶艺的内容与形式，借助与茶艺相连的其他学科的功能，不断创新茶艺，不断提高茶艺表演艺术，使茶艺不断获得生命力，并不断在社会发展中发挥功能。

第四章　古代茶艺

中国饮茶历史悠久，但饮茶方式在不断衍化。依据茶水制备方式的不同，将古代茶艺分为煮茶茶艺、煎茶茶艺、点茶茶艺和泡茶茶艺四种。

第一节　煮茶茶艺

在唐代之前，除直接食用或药用茶叶外，饮茶方式基本是煮饮，而且一般是添加其他配料一起煮饮。

一、煮茶法的发展

煮茶法是一种起源最早的饮茶法。《僮约》称"烹茶尽具"，《桐君录》记有"巴东有真香茗，煎饮令人不眠"，晋郭璞《尔雅》注说："树小如栀子，冬生，叶可煮作羹饮"，表明茶水的制备最早是采用煮茶法。唐杨华《膳夫经手录》记载："近晋宋以降，吴人采其叶煮，是为茗粥"，即用茶树鲜叶煮成羹汤。《茶经·六之饮》载："或用葱、姜、枣、桔皮、茱萸、薄荷之等，煮之百沸，或扬令滑，或煮去沫，斯沟渠间弃水耳，而习俗不已"，即用葱、姜、枣、桔皮等佐料与茶合在一起充分煮沸。唐皮日休《茶中杂咏》序说："自周以降及于国朝茶事，竟陵子陆季疵言之详矣。然季疵以前称茗饮者，必浑以烹之，与夫瀹蔬而啜者无异也"，认为陆羽之前的饮茶如同喝菜汤。中唐李繁《邺侯家传》记："皇孙奉节王煎茶，加酥椒之类，求泌作诗，泌曰：旋沫翻成碧玉池，添酥散作琉璃眼。奉节王即德宗也。"晚唐樊绰《蛮书》记："茶山银生成界诸山、散收，无采造法。蒙舍蛮以椒、姜、桂和烹而饮之。"宋代有一种"擂茶"，将茶与芝麻、干面放到瓦钵内擂研成细末，又加其他佐料煮而饮，又称"七宝茶"。明朱权《臞仙神隐》载："擂茶：将芽茶汤浸软，同炒熟芝麻擂细，入川椒末、盐、酥油饼再擂匀。如干，旋添茶汤。入锅煎熟，随意加生栗子片、松子仁、胡桃仁。"又载："枸杞茶……每茶一两，枸杞末二两和匀，入炼化酥油三两，或香油亦可，旋添汤搅成稠膏子，用盐少许，入锅煎熟饮之。"擂茶、枸杞茶均须入锅煮熟而饮。清李心衡《金川琐记》载："熬茶用大叶茶，同牛乳煮至百沸，用长杓搅汤，沃之以盐，名曰酥油茶。"清周蔼联《竺国记游》卷二载："西藏所尚，以邛州雅安为最。……其熬茶有火候。……"当前，煮茶法依然是少数民族地区最主要的饮茶法，如藏族的酥油茶、维吾尔族的香茶、蒙古族的奶茶、哈尼族的土锅茶、傈僳族的油盐茶、佤族的苦茶等；

这些少数民族所用的茶多是紧压类型的黑茶，通常加酥、乳、椒、盐等佐料同煮。由以上可见，煮茶法自古至今一直在延续发展，煮茶法以配料同煮饮用为主，也有清饮，如煮饮老白茶。

二、煮茶茶艺程式

煮茶茶艺因起源早，文献记载均较简略。从延续至今的煮茶茶艺来看，古代煮茶茶艺的程序简单，所需器具少。采用茶树鲜叶、散茶或末茶，或加以其他配料，投入盛冷水或热水的鼎、釜，经较长时间的熬煮，然后盛到碗内饮用。

三、煮茶茶艺要点

（一）器具

在汉魏六朝时期还没有专门的煮茶、饮茶器具，往往是在鼎、釜中煮茶，用食碗饮茶。至唐代时期，才开始有专门的煮茶器具和饮茶器具。

（二）茶叶

最初是直接采摘茶树鲜叶来煮饮，随着对茶叶加工的发展，逐渐以制好的成茶为煮饮原料。

（三）配料

从现有的文献来看，唐代之前主要只用茶树鲜叶或制好的茶叶为单一原料进行煮制，不添加其他配料。到唐代时，会添加葱、姜、枣、橘皮、茱萸、薄荷、桂皮等佐料一起煮制。明代时的擂茶，会添加熟芝麻、川椒末、盐、酥油、生栗子片、松子仁、胡桃仁等煎熟。清代时的酥油茶添加酥油、牛乳、椒、盐等佐料同煮。当前少数民族在煮茶时，依然保留添加盐等各种配料同煮饮用。

（四）煮制方法

煮茶，有把茶叶加入冷水中熬煮，也有把茶叶加入烧开了的开水中煮至百沸。《茶经》中茶叶与配料一起煮至百沸，可以使茶汤口感更滑，或可以使泡沫去掉。明代的擂茶煮制时，先把芽茶与佐料一起擂好后，加入锅中煮熟，随意加入生栗子片、松子仁、胡桃仁，即制成。清代的酥油茶是用大叶茶为原料，与牛乳一起煮至百沸，中间用长勺搅拌茶汤，煮好后撒入一定量的盐，即制成。

（五）茶水质量

唐代之前煮制好的茶汤，多称为茗粥，如同羹汤，茶汤偏浓。陆羽在《茶经》中，认为煮茶法煮出的茶汤好比倒在沟里的废水。东晋杜育的《荈赋》认为茶煮好时，汤华浮泛，像白雪般明亮，如春花般灿烂。

第二节　煎茶茶艺

煎茶茶艺鼎盛于中晚唐，历五代、北宋，南宋末而亡，为时约五百年。煎茶茶艺的代表人物有陆羽、常伯熊、皎然、卢仝、白居易、皮日休、陆龟蒙、齐己等，陆羽为煎茶茶艺的集大成者。

一、煎茶法的发展

煎茶法实为煮茶法的一种，于水烧至一沸时投茶，并加以环搅，三沸时煎好。而煮茶法则在冷水或水烧热时投茶均可以，但需经较长时间的熬煮，才制好茶汤。陆羽认为采用煮茶法由百沸得到的茶汤好比废水，无法饮用，于是对煮茶法进行改进，亲创煎茶法，并亲自大力推广。《茶经》中所描绘的饮茶法，即是陆羽创建的煎茶法。陆羽到处表演煎茶法，逐渐受到了社会各阶层特别是士大夫阶级、文人雅士和品茗爱好者们的认可与效仿，煎茶法成为当时人们争相效仿的饮茶法。白居易、皮日休、颜真卿、柳宗元等诗人、画家以茶会友，作茶诗，办茶宴，成为唐时饮茶风俗的主流，促使煎茶法成为唐代最主要的饮茶法。《茶经》对茶艺的记载标志着中国茶艺的成熟，也意味着煎茶法在当时已发展成熟，煎茶法在唐代的中晚期十分盛行。

唐诗中对煎茶法有很多精彩细致的描述。如刘禹锡《西山兰若试茶歌》中有"骤雨松声入鼎来，白云满碗花徘徊。"僧皎然《对陆迅饮天目山茶因寄元居士晟》中有"文火香偏胜，寒泉味转嘉。投铛涌作沫，著碗聚生花。"白居易《睡后茶兴忆杨同州》中有"白瓷瓯甚洁，红炉炭方炽。沫下曲尘香，花浮鱼眼沸。"其《谢李六郎中寄新蜀茶》中有"汤添勺水煎鱼眼，末下刀圭搅曲尘。"卢仝《走笔谢孟谏议寄新茶》中有"碧云引风吹不断，白花浮光凝碗面。"李群玉《龙山人惠石廪方及团茶》诗有"碾成黄金粉，轻嫩如松花""滩声起鱼眼，满鼎漂清霞"。

五代、宋代时点茶法开始逐渐流行起来，煎茶法逐渐衰弱，但仍有描述煎茶法的诗出现。五代徐夤《谢尚书惠蜡面茶》中有"金槽和碾沉香末，冰碗轻涵翠缕烟。分赠恩深知最异，晚铛宜煮北山泉。"苏轼《汲江煎茶》诗有"雪乳已翻煎处脚，松风忽作泻时声。"苏辙《和子瞻煎茶》中有"煎茶旧法出西蜀，水声火候犹能谙。……我今倦游思故乡，不学南方与北方。铜铛得火蚯蚓叫，匙脚旋转秋萤火。"黄庭坚《奉同六舅尚书咏茶碾煎烹三首》中有"风炉之鼎不须催，鱼眼长随蟹眼来""乳粥琼糜露脚回，色香味触尽根来。"陆游《效蜀人煎茶戏作长句》中有"午枕初回梦蝶床，红丝小硙破旗枪。正须山石龙头鼎，一试风炉蟹眼汤。"北宋刘挚在《煎茶》中，描述煎茶为"石鼎沸蟹眼，玉甄惊乳花。"

五代时期，煎茶法依然流行，宋末煎茶法消亡。但煎茶法传入日本后，成就了日本的煎茶道。

二、煎茶茶艺程式

煎茶法讲究煎茶器具、煎茶程序和煎茶方法，《茶经》中煎茶程序有：备具、炙茶、碾罗、择水、取水、候汤、煎茶、酌茶、啜饮。煎茶茶艺是先将茶饼酌取适量，碾成茶末，按喝茶人数以人各一盏的茶量约多取一碗水放入锅（鍑）中烧煮。水烧开第二滚时，先舀出一碗，再将茶末从锅中心放入，同时用竹筴在茶汤中搅拌，加入调味用的盐。过一会儿以后，将先前舀出的那碗水再倒入锅中，以之"育华救沸"，既可以防止烧开的茶水沸腾，同时又可以养育茶汤的精华。到这时，一锅茶水就算煮好了，再分到准备好的茶盏中，就可端出待客。

三、煎茶茶艺要点

（一）备具

陆羽在《茶经》第四部分"茶之器"中对煎茶器具有详细的记述，包括风炉（灰承）、筥、炭挝、火筴、鍑（交床）、夹、纸囊、碾（拂末）、罗盒（合）、则、水方、漉水囊、瓢、竹筴、鹾簋（揭）、熟盂、碗、畚（纸帊）、札、涤方、滓方、巾、具列、都篮。在西安法门寺地宫出土的唐朝皇室茶具，有茶笼、茶碾、茶罗子、茶炉、茶匙、茶盆、茶碗、茶托、调料盛器共十三件，包括了从茶叶的贮存、烘烤、碾磨、罗筛、烹煮到饮用等全部饮茶程序所需器具。

1. 风炉（灰承）

风炉用于升火烧水和煮茶，形状如古代的鼎，用铜或铁铸成，也有用熟铁或泥做成。炉壁厚三分，炉口边缘宽九分，炉腹内空六分，抹以泥土。有三只炉脚，炉脚铸上籀文，共二十一个字；一只脚上写着"坎上巽下离于中"，一只脚上写着"体均五行去百疾"，一只脚上写着"圣唐灭胡明年铸"。在三只炉脚之间开有三个窗口，炉底下的一个孔洞作为通风漏灰用；三个窗口上书六个字的籀文，一个窗口上端写着"伊公"二字，一个窗口上端写着"羹陆"二字，另一个窗口上端写着"氏茶"二字，意思就是"伊公羹，陆氏茶"。炉上设置支锅用的垛，垛分成三个格；一垛格上有只野鸡图案，野鸡是火禽，画有一"离"卦画；一垛格上有只彪图案，彪是风兽，画有一"巽"卦画；一垛格上有条鱼图案，鱼是水中动物，也画有一"坎"卦画。"离"表示火，"巽"表示风，"坎"表示水，风能使火烧旺，火能把水煮开，故设置这三卦。风炉的外壁可以连缀垂蔓花卉植物、流水和方形花纹等图案来装饰。灰承是一个有三只脚的铁盘，托住风炉下部，用来承接风炉漏下的灰烬。

2. 筥

筥是用竹子编织而成的圆筐或方框，高一尺二寸，直径七寸，主要用来放置木炭。也有先用木头做个圆筐形的木架子，再用藤在木架子外面编织而成筥。筥有六个圆眼，其底和盖用小竹节锁边，以光滑平整。

3. 炭挝

炭挝是用铁做成的一种敲炭工具，为六棱形钎棒，长一尺，两头部尖中间较粗。在手握的细头一端，系上一个小环作为装饰。炭挝就像河陇一带军人所拿的木棒一样，有的把铁棒做成槌形，有的做成斧形，形状多样。

4. 火筴

火筴，即火夹，又称箸，就是平常用的火钳。火筴常见为圆直形，长一尺三寸，用铁或熟铜制成。其顶端平齐，没有葱台、勾鏁之类的装饰附属物。

5. 鍑与交床

鍑或作釜、鬴，今称锅，用生铁铸造。铸锅时，模具中的铸锅内面抹上泥，可以使铸好的锅面光滑，容易磨洗；模具中的铸锅外面抹上沙，可以使铸好的锅底粗糙，容易吸热。锅耳做成方形的，以让其更加端正。锅边要宽，以让其更加展开。锅脐要长，使其在锅中心，这样可保证水就在锅中心沸腾，茶沫易于上升而不易外泄，煮出的茶味就更加淳美。而洪州用瓷来做锅，莱州用石来做锅，瓷锅和石锅都是雅致好看的器皿，但不坚固，不耐用。用银做锅，非常清洁，但不免过于奢侈华丽了。雅致固然需要，清洁也确实需要，但从经久耐用的角度来看，还是铁锅更好。交床是用木头制成的马扎形"十"字交叉的锅架，中间挖空，用来放置锅。

6. 夹

夹，用小青竹做成，长一尺二寸。在制作夹时，让一头的一寸处有竹节，节外另一头剖开，用来夹着茶饼在火上烤。夹与茶一同在火上烤时，会烤出竹水和气味来，竹水会渗入茶饼中，可以改进茶的香气和滋味品质。如不是在有山林的地方煮茶喝，恐怕很难有青竹来做夹。为此，有用精铁或熟铜来制作夹，这样也能经久耐用。

7. 纸囊

纸囊，即纸袋，是用又白又厚实的剡溪所产的藤纸缝起来的双层纸袋，用来贮藏烤好的茶，使茶的香气不致散失。

8. 碾（拂末）

碾是研碎茶叶的器具，最好用橘木制作，其次用梨木、桑木、桐木、柘木等木料制作。碾内部为碾槽，呈椭圆形，这有利于碾轮来回研转；碾的外部为长方形，这样能防止碾倾倒。碾槽内刚好放得下一个碾轮，再无空隙；碾轮的形状就象没有辐条的车轮，直径为三寸八分，中心厚一寸，边缘厚半寸。碾轮中心有一个轴，轴长九寸，径一寸七分；握手的轴柄是圆形的，但在碾轮中的轴中间是方的。拂末是用鸟类的羽毛制作的，用来拂扫茶末。

9. 罗与盒

罗，即筛子、茶筛，用来筛研碎后的茶末。盒，用来接住茶筛筛下的茶末，也可以将"则"放在盒中直接接住茶末。用剖开的大竹片弯曲呈圆环，固定，底部衬以纱或绢作筛网，即制成了茶筛。盒高三寸，盖一寸，底二寸，直径四寸。盒用竹节制作，或用杉木片弯曲呈圆形做成，并涂上漆。

10. 则

则，就是量度和准绳的意思，是一种量器。则是使用海贝、蛤蜊之类的贝壳，或用铜、铁、竹制成的匙、策之类的器具。一般煮一升水，加入一平方寸的茶末。如喜欢喝淡茶的人，可减少一点茶末；而爱喝浓茶的人，可酌量增加一些茶末。

11. 水方

水方，是用来盛水的器具，一般用椆、槐、楸、梓等类木板拼合而成，里外缝隙用漆膏严密涂好，可盛水一斗。

12. 漉水囊

漉水囊，为滤水工具，骨架口径为五寸，柄长一寸五分。使用的漉水囊，一般外框是用生铜铸成的，防止水湿后有铜锈、污秽和腥涩气味；若用熟铜制外框，容易生铜绿等污垢；用铁制外框，易生铁锈而使水腥涩。住在山林的人，也有用竹或木制作。但竹木制品都不耐用，不便携带远行，所以多用生铜做。漉水的囊用青竹细篾编织后卷拢起来，裁碧绿的丝绢缝好，并缀上细翠钿作装饰。再做一个绿色的油绢袋，把漉水囊整个装在里面，用于存放。

13. 瓢

瓢,又称牺、勺,是用老匏瓜(葫芦)剖开制成,或用木头剜成,用来舀水。晋代杜育的《荈赋》中有:"酌之以匏",匏就是瓢,口阔、瓢身薄、柄短。西晋永嘉年间,余姚人虞洪到瀑布山采茶,遇见一个道士对他说:"我叫丹丘子,希望日后你的瓯、牺中有多余的茶汤,请送给我一点喝"。"牺"就是木杓子,当时常用的是梨木制作的。

14. 竹筴

竹筴(筴,同策,就是竹尺的古称)长一尺,两头用银包裹起来,用于煎茶时环击汤心,以发茶性。竹筴是用竹、桃、柳、蒲葵木制作的,或用柿心木制作。

15. 鹾簋(揭)

鹾是盐的别称。簋是古代礼器,一般为圆腹,侈口圈足。鹾簋就是装盐用的器皿,最早可能是竹罐,后为陶瓷制器,直径四寸,为圆形盒子,也有瓶形或小口坛形。"揭"是用竹木片制成,长四寸一分,宽九分,用来撮盐调味。

16. 熟盂

熟盂是用来存放沸水的壶,为瓷器或陶器,容量二升。

17. 碗

茶碗以越州出产的为最好,鼎州、婺州、岳州出产的也好,寿州、洪州出产的为次。晋代杜育《荈赋》中有:"器择陶拣,出自东瓯。"瓯是越州产的最好。越瓷的唇口不卷边,底卷边而浅,容积不超过半升。越州瓷、岳州瓷都是青色,青色能增进茶的水色,使茶汤现出白红色。邢州瓷白,茶汤易显红色;寿州瓷黄,茶汤易呈紫色;洪州瓷褐,茶汤易呈黑色,所以都不适合选作盛茶的茶碗。

18. 畚(纸帊)

畚用白蒲草编织而成,用于放碗,大小以装十个碗为限。纸帊,即纸帕,用剡纸缝制成方形,也是十张,用于包裹茶碗。如没有畚,可以用圆形有盖的竹筥来代替。

19. 札

札,同扎,形状像一支大毛笔,作刷子用,用于洗涤用具。将棕榈皮丝片夹在茱萸木的一端,然后绑紧,即制成札。或砍一段小竹,把棕榈皮丝片扎好后,插入竹筒中,扎紧,即制成札。

20. 涤方

涤方是用来盛放煎茶过程中的洗涤废水,容积为八升。涤方是用楸木板拼合制成,制法和水方一样。

21. 滓方

滓方是用来盛放茶叶渣滓的,容积为五升。滓方的制造方法与涤方一样。

22. 巾

茶巾用来擦洗各种器具,以使器具保持干净。茶巾一般用粗绸子做成,长二尺。在煎茶中,一般需两条茶巾,以交替使用。

23. 具列

具列用来放置全部茶具,并把器具陈列开。具列可全部只用木材或竹子制成,也可以竹木兼用而制成，一般长三尺，宽二尺，高六寸。可以油漆具列，如把木架上的横杠漆上黄黑相间的颜色。

24. 都篮

都篮因能装下前面各种器具而得名，高一尺五寸，长二尺四寸，宽二尺；底宽一尺，高二寸。都篮是用竹篾编成，内面编成三角形或方形的眼，外面用两道较宽的篾作经线，一道窄篾作纬线，交替编压在作经线的两道宽篾上，编成方眼，使都篮形状玲珑美观。

（二）茶叶

刘挚在《煎茶》中记有"开都篮，旋烹今岁茶。双龙碾圆饼，一枪磨新芽。"唐代煎茶一般用的是饼茶。当天有雨不采，晴天有云也不采，晴天无云才能采。采摘的芽叶，把它们上甑蒸熟，用忤白捣烂，放到模型里用手拍压成一定的形状。接着焙干，最后穿成串，包装好，茶就可以保持干燥了。制好的茶饼形状有多种多样，大致而言，有的像胡人靴子的皮革皱缩纹，有的像犁牛胸前折迴起伏的褶皱，有的像山顶上卷曲多变的浮云，有的像轻风拂过水面激起的摇曳微波，有的像制陶人用水沉淀细土而成的泥膏那么光滑润泽，有的像新垦的土地被暴雨急流冲刷而高低不平。以上这些茶饼，都是精美的茶。但有的茶叶像竹笋壳，枝梗很硬，难以蒸捣，所制成的茶饼表面像箩筛状；有的像被寒霜摧残的荷叶，为衰萎状，茎叶凋败，外貌完全变了样，所制成的茶饼表面枯干；这些茶饼，则是粗老茶、劣质茶。从如皮革皱缩纹状，到如寒霜摧残的荷叶状，茶饼可以分为八个等级。被压出茶汁的茶饼就光滑，含着茶汁的就皱缩；过了夜制成的色黑，当天制成的色黄；鲜叶蒸得软熟，又拍压得紧密，茶饼就平整；反之，制作时任其自然，茶饼表面就凹凸不平。

（三）炙茶

在进行煎茶前，需要先炙茶，即用火烤茶饼，进一步烘干，以利于碾末，同时消除茶叶异气，发展茶叶香气。靠近无异味的文火边烤炙，并注意掌握火候，勤于翻动，使之受热均匀。不要在有风的火上烤，飘忽不定的火使茶受热不均匀。待茶饼烤出像蛤蟆背部突起的小疙瘩时，远离火5寸的地方，冷却一定时间；当茶饼上突起的小疙瘩又伸展开，再按前面的方法烤。如茶饼在制造时是用火烘干的，以烤到产生香气为度；如茶饼是用太阳晒干的，以烤到柔软为好。炙好的茶饼趁热用纸袋装好，以免香气散失。待茶饼凉了，取出碾成细末，再用茶筛筛成大小均匀一致的粉粒状，剔除未碾碎的粗梗、碎片，然后放入竹盒之内备用。好的茶末像细米粒，不好的像菱角。

（四）选水

煎茶选水，以山泉水为上，江水为中，井水为下。山泉水最好选用乳泉、石池慢流的水，这种水流动不急；而奔涌湍急的山泉水最好不要饮用，长期饮用这种水会使人颈部生病。由多处溪流汇合，但停蓄于山谷的水，这种水虽澄清，但不流动；从热天到霜降前，会有虫蛇与腐败草木之毒潜浸在里面；喝这种水，要先挖开缺口让有毒的积水流去，等新泉水细细流动时，再汲取饮用。江河的水，要到离人远的地方去取。井水，要从经常汲水的井中汲取。所取的水，用滤水囊过滤、澄清，去掉泥淀杂质，放在水方之中，静置后，以勺舀取上层水使用。

（五）生火

　　煎茶中炙茶、烧水和烹茶时需生火，生火燃料优先使用无异味的木炭，其次是火力大的桑、桐、栎等柴火。而曾经烤过肉、染上了腥膻油腻气味的木炭，或是油烟大的柏、桂、桧等柴火，以及腐朽的木器，都不能用于煎茶生火。将鍑置于交床上，固定好，注水于鍑中。将木炭用炭挝打碎，投入风炉中点燃。炙茶需用文火，烧水煮茶却需武火。

（六）煎制方法

　　茶圣陆羽反对煮茶时加入大量调料，但在煎茶茶艺中却保留了加盐的习惯。煎茶分为三个阶段，即"三沸"。当水烧至出现鱼眼大的气泡并带有微沸声时，为一沸，此时可根据个人口感和水量加入适量盐调味。当锅边缘连珠般的水泡像泉水一样往上冒时，为二沸，此时投茶；投茶前，舀出一瓢沸水于熟盂中，以备三沸腾波鼓浪、茶沫要溢出时止沸用，如煮水饺时以冷水点汤止沸那样；随后用"竹筴"环搅沸水中心，用"则"按水量比例量好茶末，沿沸水旋涡中心倒入茶末。唐代煎茶煮一升水，需用茶末方寸匕（为 6～9g）。过一会，当水面波涛翻滚、溅出许多沫子时，即为三沸；这时倒进先前舀出的二沸水，以使水不再沸腾，止其沸腾，使其水面生成"华"汤花，随即断火。

　　需要注意的是，三沸以后的茶水不可再烧，否则水老不宜饮用。但初沸则"水嫩"，"水老"和"水嫩"均不利于茶汤滋味的形成。

（七）酌茶

　　断火后，等茶水稳定后，将茶汤表面黑色状的膜去掉，即可酌茶饮用。用瓢从锅中舀出茶水，向茶碗分茶，使各碗中沫饽均匀。华是茶汤的精华，即茶汤表面所形成的沫饽，薄的称"沫"，厚的称"饽"，细而轻的称"花"。沫就像浮在水边的青苔，又像落在杯中的菊花。花就像在圆形水池上面浮动的枣花，像回环曲折的潭水与绿洲间新生长的青萍，又像晴朗天空中鱼鳞状的浮云。饽是用煮过一次的茶末再煮时产生的，水一沸腾，就有很多白色泡沫重叠积聚于茶汤表面，白如积雪般。

　　从锅里舀出的第一碗茶汤叫"隽永"，这第一碗茶汤放到"熟盂"里，用于后续煎茶时止沸和育华的时候用。而后依次从锅里舀出来的第一、第二、第三碗茶汤的味道，与隽永相比就差了一些；第四、第五碗以后的茶汤品质要差，除非是实在太渴了，否则就不要喝。

　　一般少则备三个碗，多则备五个碗。一般煎茶一次，烧水一升，茶汤可分为五碗。如人多至十人，则需煮两锅茶。

（八）饮茶

　　煎茶要趁热喝，将雪白的茶沫和呈香的茶汤一起喝下去，并尽可能连着喝完。茶汤热时，重浊的物质凝结下沉，精华则浮在上面。如果茶汤冷了，精华就随热气散发掉了。没有喝完的茶水，精华也会散发掉。一碗热茶若没一次性连续饮完，剩下的就不要再喝。茶汤的颜色浅黄，香气四溢。味道甜的是"槚"，不甜而带苦味的是"荈"；尝时苦，咽后甜的是"茶"。

四、煎茶茶艺技巧

（一）煎茶技艺需全面掌握

用口尝味道，用鼻嗅香气，不能算会鉴别茶。有膻味的锅灶，有腥气的瓦盆不能用来煮水。有油脂的柴和烤过肉的炭不是炙煮的燃料。奔涌的激流和淤滞不流的死水，不能煮茶。茶饼炙烤不透，外熟内生，是炙法不当。碾出的茶末如染上颜色或杂末，这不是好茶。煮茶时在锅内慌乱急剧地搅动，是不会煮茶。只有夏季才饮茶，到冬季就停饮，这不是真正饮茶的人。

（二）定煎茶量

要看人数和如何煮法来确定煎茶量，人多可以加煮几锅。对滋味鲜爽醇厚、香气浓郁的佳茗，一锅最好只煮三碗，其次是五碗。一锅煮水过多，茶味将会差。如果宾客是五人，就采用那种煮三碗的方式，舀出三碗传着喝；假若宾客是七人，就要采用煮五碗的方式，舀出五碗传着喝。假若宾客是六人，不必管碗数，即可照五人那样舀三碗，只不过缺少一人的罢了，那就用那碗称为"隽永"的茶汤来补给这位客人。

（三）定茶具数量

关于煎茶器具的选用，若是在松林之间，器具可以放在石头上，具列便可以不要。如用干柴烧火，用有足的锅煮茶，那"风炉与灰承""炭挝""火钳""交床"等就不需要。若是在泉水、涧溪之旁煮茶，那水方、涤方、漉水囊就可不要。若人数不多，仅五人以下，而茶细嫩且干燥，可以碾成精细的茶末，则不必过筛，也可不要罗筛。倘若需要攀藤爬崖到山洞中去煎茶，可先在山下或洞口把茶烤好并碾成细末，或用纸或用盒装着茶末去，那碾和拂末就不必要。如果瓢、碗、筴、扎、熟盂、鹾簋可用一个筥装，那都篮也可以省去。但是在城市之中饮茶，如果二十四种器皿中缺少一样，可能就没法完成煎茶过程。

第三节　点茶茶艺

点茶法，又称"分茶""生成盏""水丹青"或"茶百戏"，是将饼茶烤后碾磨过筛，以细腻茶末投入黑盏中，用沸水冲点，随即用茶筅快速击打，使茶与水充分交融，并使茶盏中出现大量白色茶沫，可直接饮用，可在茶汤表面作画写字，还可用于斗茶。点茶法为泡茶法的一种，兴于宋代，是宋代最主要的饮茶法，并主要用于斗茶。

一、点茶法的发展

（一）点茶法的发展

点茶法源于唐代的煎茶法，是对煎茶法的改革，在晚唐时就已出现。到唐末五代时期，不但煮茶技艺已经形成，而且点茶技艺也已形成，并已达到相当高的水平。点茶法改为清饮，不再加盐、香料之类进行调味，省去了很多煮茶的器具，也使点茶的步骤更为简化。蔡襄的《茶录》和宋徽宗赵佶的《大观茶论》是点茶法的经典著作，也标志着点茶技艺的成熟。蔡襄的《茶录》上篇论茶，分色、香、味、藏茶、炙茶、碾茶、罗茶、候汤、熁盏、点茶十目，论述了点茶的程序、技艺以及品试；下篇论器，分茶焙、茶笼、砧椎、茶钤、茶碾、茶罗、茶盏、茶匙、汤瓶九目，论述了点茶所用的各种器具。宋徽宗赵佶精于点茶，亲撰《大观茶论》，介绍了茶树产地条件、茶叶生产时间、鲜叶采摘时间与标准、蒸茶和榨汁要求、干燥方法、点茶用水，介绍了点茶的器具有罗、碾、盏、筅、瓶、杓等，并着重介绍了点茶的"七汤"制作方法，还提出从"色、香、味"三个方面进行品鉴。唐末苏廙的《十六汤品》从择器、择薪、汤的老嫩、注汤缓急标出十六品，对取火候汤，尤其是点茶时的注汤技要和禁忌等作了形象生动的阐述。明代朱权的《茶谱》也详细介绍了点茶的器具有茶炉、茶灶、茶磨、茶碾、茶罗、茶架、茶匙、茶筅、茶瓯、茶瓶等，提出了点茶用水、煎水和具体操作要求，并提出在茶汤表面可以添加果、花，还如现代茶艺一样描述了完成点茶法的完整过程，包括点茶环境、点茶礼仪等。点茶法酝酿于唐末五代，至北宋后期而成熟。到了宋代，"点茶"成为时尚，以至于有"唐煮宋点"之说。

（二）点茶法的繁荣

到了宋代，点茶法成为从文人士大夫阶层到民间都十分流行的饮茶习俗与时尚。从蔡襄《茶录》、宋徽宗《大观茶论》及南宋审安老人《茶具图赞》等茶书对茶具的记录可以看出，宋代社会崇尚幽雅之风，文人集中关注茶艺活动本身，将碾茶、煮水、点茶视作茶文化生活重心，而茶碾、汤瓶、点茶盏、茶筅等代表性茶具更受到重视，在诗、画中被细致地加以描绘，频繁出现。宋元时期有关茶的诗、画，大都是出自一流画家和诗人的精品。诗、画里描绘的那些饮茶场景，以及与人物亲近的那些事茶器具，充满诗情画意，既富艺术价值，又足以解释当时的饮茶风尚。如丁谓《咏茶》中有"碾细香尘起，烹新玉乳凝。"范仲淹《和章岷从事斗茶歌》中有"黄金碾畔绿尘飞，碧玉瓯中翠涛起。"释德洪《无学点茶乞茶》中有"银瓶瑟瑟过风雨，渐觉羊肠挽声度。盏深扣之看浮乳，点茶三昧须饶汝。"黄庭坚《满庭芳》词有"碾深罗细，琼蕊冷生烟。""银瓶蟹眼，惊鹭涛翻。"宋代袁文《瓮中闲评》卷六："古人客来点茶，客罢点汤，此常礼也"，说明点茶已成为宋代的普遍待客之道。南宋刘松年的《撵茶图》描绘了宋人从磨茶到烹点的具体过程、用具、点茶的场面，河北宣化辽墓出土壁画茶艺图显示北方辽国宫廷贵族亦兴点茶。

点茶法形成于11世纪中叶的北宋中后期，代表人物有蔡襄、赵佶、梅尧臣、苏轼、黄庭坚、陆游、审安老人、朱权、钱椿年、顾元庆、屠隆、张谦德等。宋代茶人承先启后，创立了点茶茶艺，发展了饮茶修道的思想。点茶法鼎盛于北宋中后期至明代初期，至明代末期而亡，为时约六百年。

（三）斗茶

点茶在宋代能兴盛，很大程度上得助于宋代朝廷和民间上下的斗茶之风。即将点茶法制好的茶汤用于比赛，通过评判茶汤质量的好坏，确定比赛优胜者。点茶的所有程序、要求与斗茶都是一样的，普通点茶是制备好后直接喝掉，而斗茶则是将点茶用于"斗色斗浮"来定胜负。宋人斗茶，包括斗茶品、斗茶令和茶百戏；茶品，一斗汤色，二斗水痕；茶令如酒令，不过斗的是吟诗作赋；茶百戏，在茶汤表面作画写字。

宋代斗茶的主要内容是通过"斗色斗浮"来定茶叶品质的高下，经过斗色和斗水痕，以茶汤白、水痕少者为胜。关于茶汤的色与浮的斗法，蔡襄在《茶录》中都有明确说明，如其在上篇《色》中说："既已末之，黄白者受水昏重，青白者受水鲜明，故建安人斗试，以青白胜黄白。"又上篇《点茶》："汤上盏可四分则止，视其面色鲜白、著盏无水痕为绝佳。建安斗试，以水痕先者为负，耐久者为胜。故较胜负之说曰：相去一水、两水。"要求注汤击拂点发出来的茶汤表面的沫饽，能够较长久贴在茶碗内壁上，就是所谓"烹新斗硬要咬盏""云叠乱花争一水"和"水脚一线争谁先"。关于"咬盏"，徽宗曾作了较详细的说明："乳雾汹涌，溢盏而起，周回凝而不动，谓之咬盏。"关于茶色之斗，徽宗说："以纯白为上真，青白为次，灰白次之，黄白又次之"，白茶早在建安民间就成为斗茶之上品。梅尧臣《王仲仪寄斗茶》诗句："白乳叶家春，铢两直钱万。"说明白茶无比珍贵。苏轼《寄周安孺茶》中也有"自云叶家白，颇胜中山酿。"刘弇《龙云集》卷二八《茶》也说："其制品之殊，则有……叶家白、王家白……"，说明斗茶中使用白茶最佳。由于徽宗对白茶的极度推崇，两宋时代白茶都是用于斗茶中的茶叶第一品。斗茶讲究茶尚白、盏宜黑、斗色斗浮，与此相应的是宋代茶具讲究用黑盏。黑盏中盛白色茶汤，最易衬托观色；黑盏是否附上水痕，也最易察看，所以史书中有"茶色白，入黑盏，水痕易验，免毫盏之所以贵也……"。

宋代斗茶之风普及民间，不仅帝王将相、达官显贵、骚人墨客，连市井小民、浮浪哥儿也喜斗茶。斗茶，多为两人捉对"厮杀"，经常"三斗二胜"，计算胜负的单位术语称作"水"，说两种茶叶的好坏为"相差几水"。宋徽宗赵佶经常在宫中召集群臣斗茶，直至将他们全部斗倒为止。宋代蔡襄所著《茶录》中将建安（今福建水吉）地方上斗茶的民俗作了详细的介绍，表明斗茶在宋代不仅流行于上层社会，而且还普及到民间。范仲淹的《和章岷从事斗茶歌》、唐庚的《斗茶记》、袁说文的《斗茶》诗、刘松年的《斗茶图》等皆描绘了当时斗茶的盛况。北宋范仲淹的《和章岷从事斗茶歌》中有："黄金碾畔绿尘飞，紫玉瓯心雪涛起。斗茶味兮轻醍醐，斗茶香兮薄兰芷。"生动地描绘了宋代斗茶习俗。北宋唐庚的《斗茶记》记载："斗茶时，一般两三人聚集于一起，煮水比茶，茶贵在新，水贵在活"。北宋张继先《恒甫以新茶战胜因歌咏之》诗曰："人言青白胜黄白，子有新芽赛旧芽。龙舌急收金鼎火，羽衣争认雪瓯花。蓬瀛高驾应须发，分武微芳不足夸。更重主公能事者，蔡君须入陆生家。"北宋王庭珪《刘瑞行自建溪归数来斗茶大小数十战，予惧其坚壁不出，为作斗茶诗一首且挑之使战也》诗："乱云碾破苍龙壁，……惟君气盛敢争衡，重看鸣鼍斗春色。"都说的是建安斗茶情况。南宋刘松年所绘《茗园赌市图》（又名为《宋刘松年斗茶图》）画中四人，两个已捧茶在手，一个正在提壶倒茶，另一个正扇炉烹茶，似是茶童；元代赵孟頫绘的《斗茶图》系从南宋刘松年所绘《茗园赌市图》摘取局部改绘而成，展现出已深入到民间的宋代斗茶情况。

在两宋大部分的时间里，既有尚白色斗浮斗色的斗茶，也有不计茶汤色白色绿而注重茶之香、味品鉴的斗茶。北宋蔡襄《茶录》中说的"故建安人斗试，以青白胜黄白""建安斗试以水痕先者为负，耐久者为胜"是对宋代斗茶茶艺活动最准确的说明，而梅尧臣的"斗色斗浮顶夷华"诗句则是对宋代斗茶茶艺最精练简明的概括说明。斗茶，促使了宋代茶叶烹沏技艺更上一层楼。

（四）分茶

分茶在宋代又称茶百戏、汤戏、茶戏、生成盏、水丹青等，是采用点茶法，通过击拂的技巧，使茶汤的汤花呈现山水、花鸟状的图画、文字等。"分茶"一词在唐代就已有，但含义与宋代的完全不同。唐代分茶是指将在锅中煮好的茶汤，酌分到多个茶碗中，供多人饮用，是煮茶法和煎茶法中的步骤之一。宋代因斗茶大行，分茶成为一种斗茶中使茶汤表面变幻出各种纹饰、文字的点茶游戏，并流行于宫廷闺阁和民间，属于点茶法。一般的点茶只须在注汤过程中边加边击拂，使激发起的茶沫"溢盏而起，周回凝而不动"，紧贴着茶碗壁就可以算是点茶点得成功了；而宋代分茶，则是要在注汤过程中，用茶匙（徽宗后以用茶筅为主）击拂拨弄，使茶汤表面的茶沫幻化成各种文字的形状，以及山水、草木、花鸟、虫鱼等各种图案。宋代的分茶用于斗茶，着重点不在于斗出茶品的好坏，而是侧重于使茶汤出现花纹和文字的技艺以及花纹和文字的好坏。分茶是宋代流行的一种技巧很高的烹茶游艺，也是不断追求斗茶过程中的产物。玩时，将茶末放入茶盏，注入沸水，用茶筅击拂茶汤，使茶汤泛出汤花，并使茶乳变幻成图形或文字。但汤花在很短时间内就会消失殆尽，要使汤花在很短时间内显现出各种图案，需要高超的技艺。还有一种更技高一筹的分茶技艺，只需单手提壶，将沸水由上而下注入放好茶末的茶盏之中，茶面立即显现出奇丽的图形或文字。

在宋代有很多文字记载有分茶，如宋陶谷《清异录》中"茗荈录"部分，有"生成盏"条目为"馔茶而幻出物像于汤面者，茶匠通神之艺也。沙门福全生于金乡，长于茶海，能注汤幻茶，成一句诗；并点四瓯，共一绝句，泛乎汤表。小小物类，唾手办耳。檀越日造门求观汤戏，全自咏曰：'生成盏里水丹青，巧画工夫学不成。欲笑当时陆鸿渐，煎茶赢得好名声'"；"注汤幻茶"是向茶盏（瓯）内注汤并用茶匙搅拌幻出物象，"并点四瓯"就是同时点茶四瓯。也有"茶百戏"条目为："茶至唐始盛。近世有下汤运匕，别施妙诀，使汤纹水脉成物象者，禽兽虫鱼花草之属，纤巧如画。但须臾即就散灭。此茶之变也，时人谓之茶百戏"；匕，长柄浅斗的勺匙类取食用具，这里是指长柄茶匙，点茶、幻茶时搅动茶汤之用；"下汤运匕"，即冲注沸水，用茶匙击拂搅动茶汤，以形成图画。还有"漏影春"条目为："漏影春法，用镂纸贴盏，糁茶而去纸，伪为花身；别以荔肉为叶，松实、鸭脚之类珍物为蕊，沸汤点搅"；糁茶，使茶成为糁状碎粒，这里指撒散茶末；先用花瓣形镂纸贴盏中，糁茶后去纸，在茶盏中显现茶末铺成的花瓣，再以荔肉为叶，松实、鸭脚之类为蕊，在茶盏中形成一朵枝叶花蕊具备的花朵；最后用沸汤冲点搅拌，类似后世的添料调饮茶；明代朱权的《茶谱》中，也提出了在点茶中添加果、花。宋陶毅所著的《茗苑录》中也有"茶百戏"的定义："茶至唐始盛，近世有下汤运匕，别施妙诀，使汤纹水脉成物象者，禽兽虫鱼花草之属，纤巧如画。但须臾即就散减。此茶之变也，时人谓之茶百戏"。生成盏、茶百戏、漏影春均是带有观赏性、技艺性的点茶法，均具备点茶的基本特征，即在茶盏中进行、用沸水冲点和用茶匙（匕）搅拌。

点茶固难，分茶则更难。作为一项极难掌握的神奇技艺，分茶茶艺得到了宋代文人士大夫们的推崇，并且也成为他们雅致闲适的生活方式中的一项闲情活动。据宋代蔡京《廷福宫曲宴记》载，宴会上宋徽宗亲自煮水点茶，击拂时运用高超绝妙的手法，竟在茶汤表层幻画出"疏星朗月"四字，受到众臣称颂。陆游的《临安春雨初界》云："世味年来薄似纱，谁令骑马客京华？小楼一夜听春雨，深巷明朝卖杏花。矮纸斜行闲作草，晴窗细乳戏分茶。素衣莫起风尘叹，犹及清明可到家。"此"分茶"就是将汤花成图案的烹茶游戏。杨万里《澹庵坐上观显上人分茶》中有"分茶何以煎茶好，煎茶不似分茶巧。蒸水老禅弄泉手，隆兴元春新玉爪。二者相遭兔瓯面，怪怪奇奇真善幻。纷如擘絮行太空，影落寒江能万变。银瓶首下仍尻高，注汤作字势嫖姚。不须更师屋漏法，只问此瓶当响答。紫薇山人乌角巾，唤我起看清风生。京尘满袖思一洗，病眼生花得再明。汉鼎难调要公理，策勋茗碗非公事。不如回施与寒儒，归续茶经传纳子。"详细记述了宋代高僧显上人一次高超分茶活动的情形。宋词人向子湮的《浣溪沙》中有："赵总持以扇头来乞词，戏有次赠。赵能善棋、写字、分茶、弹琴。"把分茶与琴、棋、书等艺并列，说明分茶为当时文人喜爱的一种时尚文化活动。

（五）点茶法的消亡

点茶法酝酿于唐末五代，至北宋时期发展成熟，并成为流行于宫廷闺阁和民间的一种享受生活乐趣、聚友、交流的活动。点茶法鼎盛于北宋至元代，亡于明代后期，历时约六百年。点茶茶艺从元代起逐渐衰落，到明代因龙凤团饼被散茶所替代，泡饮法开始了兴起，导致点茶法于明代后期销声匿迹。点茶法在宋代时期传入日本、韩国后，发展成为日本延续至今日的抹茶道，对高丽茶礼也有较大的影响。当前我国很多区域的擂茶，则如古代点茶法。

（六）点茶法的复兴

近年来"茶百戏"在我国开始重新恢复，很多地方在开展茶百戏培训，也有一些地方表演仿宋点茶法。

二、点茶茶艺程式

点茶茶艺的基本步骤有备器、选水、碾茶、罗茶、候汤、熁盏、点茶（调膏、击拂）、分茶、品茶等。

三、点茶茶艺要点

（一）茶境

蔡襄的《茶录》和赵佶的《大观茶论》中均未提及点茶的环境要求，但朱权的《茶谱》中却对点茶的环境作了明确的要求。点茶所需的主要材料就有特别的讲究，需以东山的奇石来取火，取南涧清澈的溪水来沏北苑产的茶叶。不懂喝茶泡茶的人，不要参与一同点茶。品饮、鉴赏茶应该在山林野外进行，或会于泉石之间，或处于松竹之下，或对皓月清风，或坐明窗静牖。品茶之人，应是鸾（luan，鸾）俦（chou，俦）鹤侣、骚人羽客，皆能志绝尘境，栖神物外，不伍于世流，不污于世俗，岂白丁可共语。点茶茶艺对饮茶环境的选择大致要求自然、幽静、清静。然而啜茶大忌白丁，故山谷曰："著茶须是吃茶人"。更不宜花下啜，故山谷曰："金谷看花莫漫（谩）煎"是也。点茶茶艺还有"三不点"之说，即在点茶的时候，泉水不甘不点，茶具不洁不点，客人不雅不点。

（二）备具

蔡襄《茶录》中的茶具有茶焙、茶笼、砧椎、茶钤、茶碾、茶罗、茶盏、茶匙和汤瓶共九种，赵佶《大观茶论》中茶碾、茶罗、茶盏、茶筅、茶瓶、茶杓共六种。朱权《茶谱》中所列茶具更加齐全，有茶炉、茶竈（灶）、茶磨、茶碾、茶罗、茶架、茶匙、茶筅、茶瓯、茶瓶共十种。审安老人著的《茶具图赞》中列出了宋代著名茶具十二种，并运用图解，以拟人法赋予姓名、字、雅号，假以职官名氏，计有韦鸿胪（茶焙笼）、木待制（茶槌）、金法曹（茶碾）、石转运（茶磨）、胡员外（瓢杓）、罗枢密（罗合）、宗从事（茶帚）、漆雕秘阁（盏托）、陶宝文（茶盏）、汤提点（水注、汤瓶）、竺副帅（茶筅）、司职方（茶巾），还分别详述各茶具的功能。

1. 煮水器具

（1）茶炉　茶炉用于烧水，与炼丹的鼎一样，通高七寸，直径四寸，脚高三寸，风穴高一寸；上用铁隔，腹深三寸五分。茶炉以铜铸造，但以银、坩埚、瓷等材质的更佳。襻高一尺七寸半，把手用藤包扎，两旁有钩，用于挂茶帚、茶筅、饮筒、水滤等。

（2）茶竈（茶灶）　茶灶是朱权创制的，专门用于野外烧水用。用泥烧制成像灶一样的瓦器，下层高尺五，上层高九寸，长尺五，宽一尺。灶身，刻上咏茶的诗词等。茶灶前面开两个烧火门，灶面开两个洞以放烧水瓶。

（3）茶瓶　茶瓶，即水壶，又称汤瓶、执壶、"水注"、"汤提点"，用于煮水和注水冲泡的盛水器具。茶瓶宜小，这样好判定煮水程度和准确把握注水量，有利于煮水和点茶。茶瓶为大腹小口的器具，形状实为执壶，通高五寸，腹高三寸，颈长二寸，嘴长七寸。古人多用铁制茶瓶，但宋代觉得铁生锈不好，以黄金制的最佳，其次为银制的。到明代，茶瓶以瓷或石来制作。赵佶在《大观茶论》中还提出茶瓶壶嘴的要求，认为注水是否得当，关键看茶瓶的壶嘴；壶嘴的口应稍大且宛直，壶嘴的末端要圆、小且陡峭（峻削），这样注水时力度强且一致，有序地快速形成汤花，汤花紧而不散，汤面也不会有沥水来滴破。汤瓶在唐代就已常见，但多用为酒具。五代以后到宋代，汤瓶渐渐用来煮水点茶。宋代煮水器具还有水铫、茶铛、茶鼎等，但用汤瓶煮水、注盏来点茶，是宋代点茶中必不可少的用具。在宋徽宗《文会图》、刘松年《茗园赌市图》《撵茶图》《玉川烹茶图》以及河北宣化下八里辽墓壁画《点茶图》、元代赵孟頫《斗茶图》等宋元茶画资料中，可以清楚地看到汤瓶的形制和使用方法。从现存遗物及绘画资料看，宋代汤瓶的造型大多广口，修长腹，执与流在瓶腹肩部，且壶流较斜长、峻削，呈弧形，曲度较大，即流嘴圆小尖利成为宋代茶瓶的重要特点，符合宋代注汤点茶的要求。由于汤瓶用于煮水并直接点茶，使用时因温度较高而易烫手，因此宋代还出现了与汤瓶配套的瓶托，瓶托大多呈直腹深碗形。在宋代也有用茶瓮专门烧水，然后用勺灌入茶瓶中，但多以茶瓶直接煮水。

2. 茶叶干燥设备

（1）茶焙　茶焙，又名"韦鸿胪""茶焙笼"，用于烘焙茶叶，是用竹篾编织而成。其表面裹上箬叶，上面用盖盖上，用来保温；中间有隔层，以增加茶的容量。焙茶时，炭火在茶焙底下，距离茶有一尺左右，要保持恒温，才能焙出色、香、味好的茶。

（2）茶笼　茶笼是存放茶叶的器具，如竹篮之类的。当茶叶不需要烘焙或烘焙好了时，用纸包裹密封，外面再用箬叶裹严，放入茶笼中，放于无湿气的高处储存。

（3）茶钤　茶钤是一种夹子，用来夹住茶饼在火上炙烤的器具，一般用黄金或者铁弯曲制成夹子形状。

3. 研茶器具

宋代以饼茶为主，明代以叶茶为主，但在点茶茶艺中均需将茶研成茶末后使用，则需要专门的研茶器具。

（1）砧椎　砧椎，又名"木待制""茶槌"，像一只带木槌的石臼，为宋人碎茶的专用工具，区别于唐代的茶槌。其由一块砧板和一只击椎组合而成，利用砧板与椎来捶碎茶饼成较小的茶块，以方便茶碾、茶磨来进一步粉碎。砧板用木头制成，椎用黄金或者铁制成，以方便使用。

（2）茶磨　茶磨（碨），又名"石转运"，用于把茶磨成粉末。其以青礞石制作的为好，青礞石具有化痰去热的功效，而其他石质则对茶不利。黄庭坚的《双井茶送子瞻》中有："我家江南摘云腴，落硙霏霏雪不如。"陆游的《村舍杂书·东山石上茶》中有"雪落红丝硙，香动银毫瓯"。南宋刘松年的《撵茶图》中有一名侍茶人正在用茶磨磨茶。

（3）茶碾　茶碾，又名"金法曹"，是将茶叶研碎成粉末的器具。宋代茶碾以银制品为好，其次为熟铁制品，金的材质软了些，而生铁、铜和谕石皆能生锈而不能用。到明代，认为金、银、铜、铁制造的茶碾均具有生味，以青礞石制造的最佳。茶碾的槽应深些，槽壁应陡些，这样才能使茶叶始终落入槽底，碾轮可以很准确地在槽底来回运动；碾轮应锐利且薄些，这样有利于研碎茶叶，在槽中运行时不会撞击槽壁而发出声响。碾茶一定要有力、快速，碾的时间不能太久，否则铁质的茶碾会损害茶的色泽。宋人茶诗中常提及茶碾，北宋西湖孤山隐士林逋《烹北苑茶有怀》中有"石碾清飞瑟瑟尘，乳花烹出建溪春。世间绝品人难识，闲对《茶经》忆古人。"范仲淹《和章岷从事斗茶歌》中有"黄金碾畔绿尘飞"，陆游《昼卧闻碾茶》中有"玉川七碗何须尔，铜碾声中睡已无。"闲闲老人赵秉文《夏至》中有"玉堂睡起苦思茶，别院铜轮碾露芽"。从以上也可知，宋代的茶碾既有石质，也有金、铜等金属材质。唐代陆羽在《茶经》中主张用橘、梨、桑等木质茶碾，但皇家贵族为显尊贵往往使用银质鎏金茶碾。

（4）茶臼　茶臼，又名茶研、茶研钵，借助使用棒杵把成品茶研成末的工具。在宋代民间，还沿用唐、五代以来一直使用的茶臼研茶。茶臼通常为碗状，腹或深或浅；碗内多为泥胎，无釉，有纵横交错的划痕，以增加研茶时的摩擦力。茶臼出现得很早，三国张揖在《广雅》中就有记载。到了唐代，茶臼更是必不可少的研茶利器，因其小巧，携带方便而深得士人喜爱。北宋诗人秦观有诗："幽人耽茗饮，刳木事捣撞。巧制合臼形，雅音侔柷桴。虚室困亭午，松然明鼎窗。呼奴碎圆月，搔首闻铮鏦。茶仙赖君得，睡魔资尔降。所宜玉兔捣，不必力士扛。愿偕黄金碾，自比百玉缸。彼美制作妙，俗物难与双。"写有茶臼的制作和茶臼捣茶的情况。唐代柳宗元的《夏昼偶作》中有"日午独觉无馀声，山童隔竹敲茶臼。"宋代章甫的《谢张倅惠茶》中有"静无俗驾扣柴关，急遣僧房借茶臼。"马子严的《朝中措》中也有"蒲团宴坐，轻敲茶臼，细扑炉熏。"林希逸的《烹茶鹤避烟》也有"隔竹敲茶臼，禅房汲井烹。山僧吹火急，野鹤避烟行。"表明茶臼使用比较多。

（5）茶罗（合）　茶罗（合），又名茶筛（合）、"罗枢密"，是将碾好的茶筛出茶末的器具，包括茶筛和茶盒。宋代的茶罗（合）与陆羽的一样，但点茶要求茶末更细，所以宋代茶罗的网孔也就更细。茶罗直径五寸，罗面要使用古代蜀东川鹅溪画绢，要求越细密越好。茶末细，则茶末易浮起来；茶末粗，则茶末易沉下去。东川鹅溪所生产的画绢是最细密的，用之前先放到热水中将杂物揉洗干净后，再覆盖固定在罗底上。筛底要绷得紧，这样容易过筛不易被堵死。

4. 点茶器具

（1）茶盏　茶盏，即茶碗、"陶宝文"，用于点茶或饮茶的器具。在点茶茶艺中，一般茶盏用于点茶后，直接端送用于饮用；但有以称为茶瓯的大茶盏进行点茶，然后以勺分茶至小茶盏中，以小茶盏端送饮用。茶盏以青黑色釉面为贵，尤以黑釉上有兔毫般细密的白色斑纹为上品，一般以建盏中的兔毫盏最佳。点茶要求茶沫白，而黑瓷能非常好地衬托茶色，可清楚看出汤花咬盏及水痕的情况，便于斗茶中评判比较。茶盏的底部一定要稍深，且面积微宽，这样便于茶汤很快生花，而且容易形成乳白色汤花；还便于茶筅来回旋转充分，有利于击拂。依据茶盏的大小来确定茶末的使用量，如茶盏大而茶量少，就会掩盖茶的色泽；但茶量多而茶盏小，茶就不能充分地吸收沸水，发花不足。茶盏如保热好，有利于汤花很快生成且保持久。建盏颜色黑中带红，釉表面上的白色细纹形状如同兔毫，胎坯略微有点厚，熁盏后保热性好，点茶时最好用。其他地方出产的茶盏，有的坯胎薄，有的颜色紫红，还有一种青白色的茶盏，都比不上建盏，斗茶者们自然是不会用这些茶盏。到明代，滏窑产的茶盏类同于建盏，但点茶后茶色不清亮，还没有饶瓷好，在饶瓷中点茶清白可爱。宋代有茶诗吟诵建盏，如苏轼《水调歌头·问大冶长老乞桃花茶》中"老龙团，真凤髓，点将来。兔毫盏里，霎时滋味舌头回。"陆游《入梅》中有"墨试小螺看斗砚，茶分细乳玩毫杯。"《闲中》中有"活眼砚凹宜墨色，长毫瓯小聚香茗。"等。

（2）茶匙　茶匙，原先用来量取，在宋初成为击拂茶汤生花的用具。茶匙为匙勺状，为击拂有力，需重，以黄金制造的为上，其次为银或铁制造的。竹子制造的茶匙太轻，点茶时不用。到明代，茶匙多为银、铜制作，朱权使用椰壳击拂也非常好。如击拂技艺到家的，用竹匙也可以击拂出比金匙还要好的汤花。北宋毛滂《谢人分寄密云大小团》云"旧闻作匙用黄金，击拂要须金有力。"梅尧臣《次韵和永叔尝新茶杂言》中"石缾煎汤银梗打，粟粒铺面人惊嗟。"均咏写了茶匙。

（3）茶筅　茶筅，别名"竺副帅"，在宋代中后期取代茶匙，用于击拂茶汤产生汤花。茶筅长五寸左右，以带节的老竹制成小扫帚一样，以广东和江西产的竹子制作最佳。茶筅的上部应厚重，这样击拂时好用力，而且运转自如；茶筅的下部应轻，下部的筅条应疏朗且像剑身一样有劲，这样击拂时即使用力过多也不会产生浮沫。茶筅的形状有平行分须和圆形分须两种，这种形状有利于击拂时产生汤花，还有利于梳理茶汤水纹，使汤花更具视觉审美效果，现在日本茶道中的茶筅依然保持这种形状。宋元诗词中有吟咏茶筅的，如北宋韩驹《谢人寄茶筅子》

诗："立玉干云百尺高，晚年何事困铅刀。看君眉宇真龙种，犹解横身战雪涛。"南宋刘过《好事近·咏茶筅》词："谁斫碧琅玕，影撼半庭风月。尚有岁寒心在，留得数茎华发。龙孙戏弄碧波涛，随手清风发。滚到浪花深处，起一窝香雪。"元谢宗可《咏物诗》中："此君一节莹无暇，夜听松风漱玉华。万缕引风归蟹眼，半瓶飞雪起龙芽。香凝翠发云生脚，湿满苍髯浪卷花。到手纤毫皆尽力，多因不负玉川家。"

（4）杓　杓，即勺，称为茶勺、瓢杓、"胡员外"，一般为圆形制品，或就为半边葫芦壳。在宋代点茶茶艺中，茶勺其实使用较少。但有时候，如使用大茶瓮烧水时，则需有茶勺将沸水舀入茶瓶中；有时候是用大茶盏点茶后，需用茶勺将茶水舀入小茶盏中分饮。茶勺的大小，一般以舀满一茶盏的量为限；茶勺大了，一个茶盏装不下，需要倒回去；如小了，需要多次舀倒，易导致茶汤变冷。宋徽宗《文会图》中，有一童子手持长柄茶杓，正在将点好的茶汤从茶瓯中盛入茶盏。

5. 其他器具

（1）茶架　茶架，用于放置或陈列点茶器具，在明代多为木质，上面进行雕镂装饰，比较华丽。朱权则以斑竹、紫竹为材料制作茶架，简洁明朗。

（2）茶帚　茶帚，又称为茶拂、"宗从事"，用棕丝制成的扫帚，用于碾茶时和筛茶时清扫茶叶。

（3）茶托　茶托，即盏托，别名"漆雕秘阁"，用于承持茶盏，便于端送和品饮茶汤。茶托多为漆雕木制品，外形非常漂亮。在现存的宋代文物中，有众多与茶盏同质的茶托。

（4）茶巾　茶巾，别名"司职方"，用于清洁茶具，多为方形丝织物。

（三）择茶

1. 茶的种类

在宋代的茶叶是以经过蒸青、榨汁、压制、干燥后的饼茶为主，最著名的为龙凤团茶，为北苑贡茶的代表。宋代因榨汁捣碎后的茶中苦味还是太重，为此会添加沉香、龙脑香等以增加茶香，用模具制饼后穿串烘干，成了宋代风行的团茶。到明代，朱权认为以往的制法夺去了茶叶的天然风味，不再加香和榨汁，而是制成散茶。赵佶在《大观茶论》中极力推崇一种白茶，认为是所有茶叶中最好的；这种白茶，应该是芽叶发白的白化茶，故非常稀少，而且每年产量非常低，制作也费劲。

2. 茶的等级

宋代认为茶叶越老、叶片越大，则茶的苦味递增而香味递减。故以雀舌、谷粒形状的茶芽视为点茶的极品，一枪一旗（即一芽一叶）的称为"拣芽"或"中芽"，一枪二旗（即一芽两叶）的又次一等，其余等级都认为是下等茶叶。所选茶饼，要坚密、干燥、纯净。到明代，也讲究在谷雨前采摘一枪一旗的鲜叶来制成散茶。

3. 茶的生产者

在古代，茶叶的生产分为官茶和民茶。官茶又称为"正焙"，是由官方设的贡茶院生产的，制茶工艺到位，品质好。民茶又称为"外焙"，是由非官方的民间个人私设的制茶场所生产的，制茶工艺无保障，品质差。

4. 茶的品质

宋人在点茶中，特别讲究茶的色、香、味三项品质。

（1）色　蔡襄在《茶录》中提出，茶的色泽贵在白。而茶饼多掺入龙涎香等香料膏油，导致茶叶的色泽有青、黄、紫、黑等多种。茶色黄白的用水点茶后，汤色昏暗；而茶色青白的用水点茶后，汤色鲜艳明亮。赵佶在《大观茶论》中认为点茶之色，以纯白为上，青白为次，灰白次之，黄白又次之；天时得于上，人力尽于下，茶必纯白。故建安人斗茶时，以茶色青白的胜于茶色黄白。

（2）香　茶叶有天然的香气。但进贡的茶均加了少量龙涎香和香精油膏，以增进茶香。而建安民间斗茶，均不用加了香的茶，以防失去了茶叶的自然香气。在点茶的时候，又有加入珍果香草的，这更加丧失了茶叶天然的香气，一般均不添加。

（3）味　茶味主要为甘滑。茶以味为上，香、甘、重、滑为味之全，唯有北苑、壑源加工的茶才全部具有这些佳滋味，而其他山头的茶特意加工也无法具有这些滋味。茶味醇而乏风骨，是因制茶中蒸压太过了。茶芽是茶树最先萌发出来的，茶味显酸；茶芽稍长长了，茶味初始明显甘，但后面却微涩。一芽一叶的茶，味苦；叶片过老的茶，茶味初始有些涩，但后面回甘。

5. 鉴赏茶名

名茶都是因为产茶地特殊而形成，尤以品质出名，因此名茶与产地名是相对应的。知道了茶名，即知道了该茶的产地，自然就知道了该茶品质的好坏。如古代名茶"耕"是产自平园台星岩的茶叶，"刚"是出自高峰青凤髓的茶叶，"思纯"是出自大岗的茶叶等。

（四）选水

赵佶在《大观茶论》中认为水以清、轻、甘、洁为美。水质轻、水味甘甜是水的自然本性，只有这最难得。古人品水，虽然说以镇江中泠泉水、无锡惠山泉水为上品，可是人们离那有远有近，不方便随意取得。其实，只要取清洁的山中泉水就好了。其次，可取人们常常汲取的井水。至于那江河的水，因有鱼鳖的腥味、泥泞的污浊，即使是质轻味甜也不可取用。可见宋徽宗赵佶主张水以清轻甘活为好，以山水、井水为用，反对用江河水。朱权在《茶谱》中认为青城山老人村杞泉水第一，钟山八公德水第二，洪崖丹潭水第三，竹根泉水第四。或者说"山水上，江水次，井水下"，以扬子江江心水第一，惠山石泉第二，虎丘石泉第三，丹阳井第四，大明井第五，松江第六，淮水第七。还有认为庐山康王洞帘水第一，常州无锡惠山石第二，苏州兰溪石下水第三，硖州扇子硖下石窟洩水第四，苏州虎丘山下水第五，庐山石桥潭水第六，扬子江中泠水第七，洪州西山瀑布第八，唐州桐柏山淮水源第九，庐山顶天池之水第十，润州丹阳井第十一，扬州大明井第十二，汉江金州上流中泠水第十三，归州玉虚洞香溪第十四，商州武开西谷水第十五，苏州吴松江第十六，天台西南峰瀑布水第十七，彬州圆泉第十八，严州桐庐江严陵滩水第十九，雪水第二十。

（五）藏焙与炙茶

赵佶在《大观茶论》中认为宋代的上品茶均讲究新，以新茶为好。因茶饼最忌讳潮湿阴冷，为保持茶饼干燥，可用箬叶包严茶饼后放入茶焙里，每隔两三天就用类似于人体温度的小火慢慢烘烤一遍；烘茶的火温不宜过高，以防烤焦茶叶而不能喝了；这种处理方式，类似现在大红袍需要定期焙火处理一样。焙茶是极有讲究的，如果烘烤次数多了，茶饼虽干但香气锐减；若烘烤不足，又茶色驳杂，香味散尽。因此需在新芽初生时，即加以烘烤，除去水陆风湿之气。烘烤时要在炉子里放上熟火，用死灰掩盖七分火，露出三分火，这三分露火也要用轻灰稀疏地覆盖起来。过了一会就将茶焙放在炉上，用来逼散茶焙中的潮气，然后把茶均匀地摆列在茶焙里，一定要让茶焙的每一个角落都能烘到，避免有的茶因被遮蔽而烘烤不完全。焙得正到火候时就赶快把露火全部用死灰覆盖起来，用火的多少根据茶焙的大小增减。把手伸到焙炉中，以火气虽热却不至于烫手为宜，常常用手摸一摸茶体。茶体即使很热也没有什么妨害，要让那火力把茶整体都烘烤得透彻才好。有人说，焙火的热度如果只达到人的体温，只能使茶体表面干燥，但茶体内的湿气并未烘尽，需要再烘烤。茶焙完之后，就密封在用了很久的竹制漆器中保存起来；天阴潮湿的时候不可开封，到年终再焙一次，茶色依然如新。

茶饼存放超过一年，它的香、色、味均会发陈。在喝之前，将茶饼在洁净的容器中用沸水浇淋，待涂在茶饼表面的香膏油变软时，刮去饼面外层的油膏，然后用茶钤钳住茶饼，在微火上炙烤，散发尽陈气，香、色、味就会变得更好。待炙干，就可以碾碎茶饼了。当年的新茶则不需要炙茶，炙茶会使茶色变深，这也是宋茶少用炙茶的原因之一。

（六）制备茶末

点茶需使用茶末，而且比煎茶法更细的茶末。在制备茶末时，一般需先捣碎茶，然后碾茶，最后过筛。

1. 槌茶（捶茶）

将茶饼用干净的绢纸包住，再用砧椎捶成小碎块。

2. 碾茶

碾茶，把捶碎的茶移入"茶臼""茶碾"或"茶磨"中，碾成细末。茶饼捶碎后，须立刻碾用，否则放久了才碾会导致茶色变暗而不白。碾茶要快速有力，不能长时间碾茶，否则有损茶末的新鲜度；尤其是与铁碾槽接触太久，会使茶的颜色受到损害。"茶臼""茶碾"和"茶磨"的碾茶效果相比，以茶磨的碾茶效率高，而且茶末更均匀、更细微。到明代，因茶叶是散茶，则先用茶碾碾成茶末，再用茶磨磨成更细的茶粉，也说明了茶磨更好。

3. 罗茶（筛茶）

罗茶，即筛茶，将碾好的茶筛出茶末。宋代罗茶"以绝细为佳"，选用蜀东川鹅溪画绢为罗布，面紧、目极小；唐代茶罗选用的是米粒大小的筛目。筛茶用力一定要轻，持筛要平稳；筛茶的次数尽可能多几次，只要不损耗茶末。只有经两次罗筛的茶末，加入沸水才会轻盈泛起，茶面如粥面般凝结有光泽，才能充分表现出来茶的优良品质。筛出来的茶末，及时装入茶盒内贮存，用茶拂清扫整理。

（七）候汤

候汤，即煮水，需把握烧水的火候以及水烧开的程度。

1. 取火

宋代取火与唐代基本一样，用木炭生火，用带有火焰的活火加热，不是活火难以烧沸。

2. 煮水方式

宋代有将茶镇置于茶炉上煮水，煮沸后装入汤瓶中，用于点茶。但更多的是，用汤瓶装水，直接放于炉上煮水，煮好后直接用于点茶。

3. 煮水程度

唐代煮水煎茶讲究三沸，以泉涌连珠时为二沸来投茶，以腾波鼓浪时为三沸则止。唐代使用茶镇（即敞口锅）煮水，可以直接观察镇中煮水情况来判定煮水程度。到宋代大量使用汤瓶煮水时，因汤瓶的瓶颈长且较细，无法直接观察煮水情况，需要借助水的沸声来判定煮水的程度，故宋代候汤最难。蔡襄《茶录》中认为陆羽的蟹眼水，是过熟的水，不能用，但鱼目蟹眼时是一沸，水不烧开肯定不适宜。赵佶《大观茶论》和朱权《茶谱》中均认为煮水以鱼目、蟹眼连绎迸跃即一沸水为度。赵佶还提出，如水烧过了可加入少量冷水，稍烧开一下即可使用。此外，南宋罗大经在《鹤林玉露》中记有其友李南金的一种借助水声辨别煮水情况的"背二涉三"辨水法："砌虫唧唧万蝉催（初沸时，声如阶下虫鸣，又如远处蝉噪），忽有千车捆载来（二沸时，如满载而来、吱吱哑哑的车声）；听得松风并涧水（三沸时，如松涛汹涌、溪涧喧腾），急呼缥色绿瓷杯（这时赶紧提瓶，注水入瓯）"，即水煎过第二沸（背二）刚到第三沸（涉三）时最适合点茶。

（八）点茶

点茶是指茶粉入茶盏后，先调膏，后注水击拂，是茶与水相融，茶汤表面呈现"云头雨脚"，然后分茶饮用，或用于斗茶。赵佶《大观茶论》中点茶需注水七次，但整个点茶过程不超过数分钟。

1. 点茶种类

按器具的不同，点茶可以分为两种：一种是直接以小碗（小茶盏）点茶；另一种是先用大碗（大茶盏、茶钵）点茶，然后分茶到小茶盏饮用。按目的不同，点茶可以分为三种：第一种是饮用型点茶，制好的点茶直接饮用；第二种是斗茶型点茶，制好的点茶用于比较茶色、茶沫的优劣，以分出茶汤的好坏；第三种是茶百戏型点茶，通过击拂或加花使茶汤表面呈现花纹或文字，可以是一个或多个茶盏组成，实际也是一种特殊的斗茶型点茶。

2. 熁盏

熁盏，又称"温盏""烫盏""烤盏"，即预热茶盏，凡点茶前必须先热茶盏。宋时人们认为"熁盏令热"，点茶时有利于保持温度，可以使茶末上浮，"发立耐久"，有助于保证点茶的效果。而不提前热茶盏，点茶时茶末下沉，茶性不发，汤花不易点好。熁盏的方式有两种，一种是将茶盏在炭火边烤热，第二种是用沸水烫洗温盏。

3. 钞茶

钞茶即"抄茶""置茶"，熁盏后，及时舀取茶粉入茶盏。钞茶量需按茶碗大小决定，大致一个建盏加四分水量的话，用茶粉一钱匕（为 1.5～1.8g）就够了。

4. 调膏

调膏，即往茶盏中的茶末加少许开水，搅动调和成像溶胶一样极均匀的茶膏。持汤瓶中的二沸水注汤，注水量不可太多，只要能把茶末润湿透，并调匀就行了。

5. 击拂

击拂，是点茶的关键，是在边往茶膏中注汤时，边以茶匙或茶筅在盏中环回击打茶汤，使茶末与水交融成一体，产生汤花（饽沫），形成云头雨脚，茶沫咬盏挂杯，或茶沫幻化出花纹、文字的过程。蔡襄《茶录》和朱权《茶谱》中对点茶的描述较为简单，除强调调膏需均匀外，均要求环回击拂。而宋徽宗赵佶在《大观茶论》中提出点茶需注汤击拂七次，用大茶盏点茶，加水七次，分别称作第一汤至第七汤，每次注的水都为少量，每次注水和击拂有缓急、轻重和落点的不同。

（1）第一汤 调成茶膏后，过片刻，环绕茶盏的壁沿注入沸水，不能直冲茶粉上，水势不能过猛。开始注水时，先用茶筅搅动茶膏，手轻筅重，搅成茶糊状后，边注水边渐加快击拂。当茶汤注入到茶盏的十分之四时，停止注水。腕指环动，上下搅拌透彻，乳沫随之产生，就像发酵的酵母在面上慢慢发起一样，形成"疏星皎月"的汤花。第一汤是后面六次点汤的基础，非常重要。然而如操作不当，会出现静面点或一发点情况，则发花不良。如果手重筅轻，茶汤中没有出现粟纹、蟹眼形状的汤花，这叫"静面点"；大概因为击拂没用力，茶不能立即发花，沸水和茶膏还没有融合，又再增添沸水，这样茶的色泽还没有完全焕发出来，茶末的精华层层散失，茶根本就无法点好了。有的随着沸水注入，不断地击拂茶汤，手筅均重，这时茶面上漂浮着立纹，这叫"一发点"；大概因为沸水烧过了，手腕搅动得不够娴熟连贯，茶面不能像粥面一样凝结而有光泽，而茶发花能力已完全散尽，茶面虽然泛起了云雾，可容易生出水脚。

（2）第二汤 第二次注水时要从茶面上注入，绕茶面注入细线一样的一圈水注，做到急注急止，茶面纹丝不动，然后用力击拂，茶的色泽渐渐展现，茶面上泛起珠玑磊落（似珠玉一样晶莹明亮）一样的汤花。如果打出大泡泡和小泡泡，那就是珠玑磊落了。

（3）第三汤 第三次注水量和前面一样，但击拂逐渐讲究轻盈且均匀，围绕着盏心回旋反复击拂，直到茶汤里外透彻均匀，泛起凝结、错落有致如粟纹、蟹眼似的汤花，这时茶色已十得六七了。白绿色粟米蟹眼般水珠粒状乳沫，已盖满茶汤表面，匀速地将大泡泡击碎成小泡泡。

（4）第四汤 第四次注水量要少些，茶筅搅动的幅度要大，但速度要慢，这时茶的真精华彩已焕发出来，白色乳沫在茶汤表面逐渐堆积增厚，"轻云渐生"，如云雾从茶面渐渐生起一样而变得比较白。

（5）第五汤 第五次注水可以稍随意些，视茶汤沫饽的状态决定击拂轻重。如果汤花还没有完全发尽，则继续用力击拂，使它完全生发出来。如果汤花已完全发尽，则用茶筅轻轻搅动，要轻盈、均匀、透彻，使茶面收敛凝聚成如云雾、雪花般的汤花，这时茶色已全部呈现出来。

（6）第六汤 第六次注水要看汤花形成的情况而定。汤花多而厚时（乳点勃然），茶筅只沿盏壁轻轻环绕茶面拂动即可，使之均匀。

（7）第七汤　第七次是否注水，要看茶汤稀稠程度和乳沫形成的多少而定。如茶汤稀稠适中，乳沫堆积很多时，则不需要再注水。这时茶面上细乳如云雾汹涌，似要腾起溢出茶盏；轻轻来回旋转茶碗，乳花依然紧贴着碗壁，不露出茶水，这叫"咬盏"。

6. 点茶质量

蔡襄《茶录》中认为汤上盏，可四分则止，视其面色鲜白，著盏无水痕为绝佳。赵佶《大观茶论》中认为，茶汤应相稀稠得中，乳雾汹涌，溢盏而起，周回旋而不动，即咬盏。朱权《茶谱》中认为汤上盏，可七分则止，著盏无水痕为妙。可见均强调点好的茶汤需咬盏才好。

在斗茶中，主要是通过斗色和斗水痕来评价汤花质量的优劣。斗色，是指斗汤花的色泽，即比较汤花的颜色。宋代茶汤崇尚白，汤花以纯白为上，青白为次，灰白次之，黄白又次之。同时还比较汤花的大小，要求汤花细小密集且均匀。点茶经过击拂，茶末和水相互混合成为乳状茶液，茶汤表面呈现极小的白色泡沫，宛如白花布满碗面，盏内水乳交融，称为"乳面聚"。斗水痕，是看茶盏的内壁与汤花相接处有无水的痕迹。汤花咬盏，即无水痕，是汤花优异的表现。如果茶末碾得够细，击拂手法得当，茶末与水完美结合，茶乳愈易咬盏而不显水痕。如茶少汤多，沫饽容易显出离散的痕迹，堆在碗边的茶乳像云彩一样散去，称为"云脚散"；汤少茶多，茶末因没有充分溶解而像熬的粥一样聚于茶汤表面，称为"粥面聚"；在宋代，把"云脚散"和"粥面聚"合称为"云脚粥面"。同时还比较汤花持续时间的长短；宋代建安斗茶，谁的汤花先消失出现水痕，谁就失败；谁的汤花维持的时间最久，谁就获胜。祝穆在《方舆胜览》中说："斗试之法，以水痕先退者为负，耐久者为胜"。

（九）分茶

点茶完后，要将茶汤供人饮用，主要茶具是勺（枸）。陆羽的煎茶茶艺就有分茶（酌茶）的过程，宋代点茶则将分茶技艺更加精细和艺术化了。蔡襄小碗点茶不用分，赵佶茶钵点茶以瓢勺分茶，朱权点茶是从茶瓯分至啜瓶。宋释惠洪《空印以新茶见饷》中有："要看雪乳急停笀，旋碾玉尘深注汤。今日城中虽独试，明年林下定分尝。"宋代张扩《均茶》有："蜜云惊散阿香雪，坐客分尝雪一杯。"

此外，在点茶中有加入水果、花等物品，以添加梅花、桂花、或茉莉花最佳。将数枚花蕾投入茶盏中，过一会花自开，香气扑鼻。因外加香易夺去茶叶天然香气，故点茶中一般不建议添加水果、香花等。

（十）饮茶

汤花呈现出美丽颜色之后，将茶盏置于漆器或同材质茶托之上奉客或自饮，宋代普遍使用漆制茶托。主人与客人饮茶后，可吟诗作对，或共同欣赏字画。最后斗茶者还要品评茶汤，茶汤要做到味、香、色三者俱佳，才能算是最后获胜。

四、点茶茶艺技巧

（一）选好茶饼

茶饼的外观不同，意味着质量也不一。茶体色纯白，表明茶质鲜嫩，蒸时火候恰到好处；色偏青，表明蒸时火候不足；色泛灰，是蒸时火候太老；色泛黄，则采制不及时；色泛红，是烘焙火候过了头。茶饼表面有皱褶花纹的，调出的茶膏就稀；表面纹理细密而质地坚实的，调出的茶膏就稠。当天制成的茶饼颜色青紫；过一夜制成的颜色就会暗淡发黑。有的茶饼肥厚、蕴藉，犹如红蜡，制成的茶末虽是白色的，但一经开水冲泡就会发黄。有的茶饼表面细密犹如苍玉，制成的茶末虽是灰色的，但一经开水冲泡却更加洁白。有的茶饼外表光彩，可内里却昏暗；有的茶饼内里鲜明，可表面却显得质朴。总之，茶饼颜色晶莹透彻而不杂乱，质地紧密而不浮华，拿在手里坚实，用茶碾碾时铿然有声，说明是茶中精品。此外，北苑产的茶饼最好，一定要购买官焙茶，不要购买外焙茶，更不要买假冒的北苑茶。"外焙"茶的叶体瘦外，颜色驳杂，气味淡薄，明显区别于"正焙"茶。

（二）把握点茶细节

茶饼碾碎成粉末时过筛，茶粉越细越好，因此要求茶罗十分细密。候汤需听水的沸声来确定煮沸程度，要求经验丰富才行。在点茶之前，一定要用沸水烫洗或火烤来预热茶盏。点茶非常讲究茶粉与水的比例，这是点茶成功的关键。茶膏一定要调匀、调透。点水时，要喷泻而入，水量适中，不能断续。边注水，边击拂，击拂用力视情况而变化，"手轻筅重，指绕腕旋"。

（三）把握注水

注水决定击拂的效果。第一汤要沿着盏壁缓缓而入，慢慢搅动茶膏，茶筅施力要循序渐进。第二汤从茶面由缓至急注水，并用力击拂直至细泡从茶面升起。前两汤要少注水，到了第三汤，就得多注水，且击拂时遵循轻巧、匀速原则。第四汤就得减注水量，击拂时放慢速度。第五汤，运筅速度要稍放快些，搅动要透彻。到了第六汤，得留心轻轻拂动乳点。最后一注，茶汤稀稠调制适中，便可分出轻清重浊，不需要再继续运筅击拂。

五、朱权点茶茶艺

朱权《茶谱》中详细地介绍了点茶茶艺的过程，至今依然值得我们借鉴。为更好地理解，直接引用了朱权的原文，具体如下。

（一）营造茶艺环境

为云海餐霞服日之士，共乐斯事也。虽然会茶而立器具，不过延客款话而已，大抵亦有其说焉。凡鸾俦鹤侣，骚人羽客，皆能志绝尘境，栖神物外，不伍于世流，不污于时俗。或会于泉石之间，或处于松竹之下，或对皓月清风，或坐明窗静牖。乃与客清谈款话，或探虚玄而参造化，清心神而出尘表。

（二）茶艺过程

命一童子设香案，携茶炉于前，一童子出茶具，以瓢汲清泉注于瓶而炊之。然后碾茶为末，置于磨令细，以罗罗之，候汤将如蟹眼，量客众寡，投数匕入于巨瓯。候茶出相宜，以茶筅揲令沫不浮，乃成云头雨脚，分于啜瓯，置之竹架，童子捧献于前。主起，举瓯奉客曰："为君以泻清臆"。客起接。举瓯曰"非此不足以破孤闷"。乃复坐。饮毕，童子接瓯而退。

（三）茶艺茶事

话久情长，礼陈再三，遂出琴棋，陈笔研，或庚歌，或鼓琴，或弈棋，寄形物外，与世相忘，斯则知茶为何物，可谓神矣。

（四）茶艺禁忌

然而啜茶大忌白丁，故山谷曰："著茶须是吃茶人"。更不宜花下啜，故山谷曰："金谷看花莫漫（谩）煎"是也。

（五）茶艺升华

卢仝喫茶七碗，老苏不禁三碗，予以一瓯，足可通仙灵矣。使二老有知，亦为之大笑，其他闻之，莫不谓之迂阔。

第四节　泡茶茶艺

泡茶茶艺是先取适量的茶叶，投入茶杯、茶碗或茶壶中，冲入开水，待浸泡一定时间后，即可直接饮用或分而饮用。目前的茶艺，基本上都是这种类型。

一、泡茶法的发展

中国泡茶茶艺起源于隋唐时期，蕴酿于宋元至明代前期，形成于明代中期。兴盛于明代后期，衰于清代末及民国，复兴于 20 世纪 80 年代以后。泡茶茶艺在中国历史上影响广泛，并远传朝鲜半岛和日本列岛，对韩国茶礼和日本茶道影响大。

（一）泡茶法起源于隋唐

泡茶法的来源主要有两个，一是源于唐代"痷茶"，二是源于元宋代点茶。泡茶法最初是起始于隋唐，隋唐时期的饮茶除延续汉魏南北朝的煮茶法外，又有泡茶法和煎茶法。唐代陆羽《茶经·七之事》引："《广雅》云：'荆巴间采叶作饼，叶老者，饼成以米膏出之。欲煮茗饮，先炙令赤色，捣末，置瓷器中，以汤浇覆之，用葱、姜、橘子芼之，其饮醒酒，令人不眠。'"这是一种泡茶法，即将捣好的茶末投入瓷器中，加入沸水浇泡，再调入葱、姜、橘皮等佐料。《茶经·六之饮》记："饮有粗茶、散茶、末茶、饼茶者，乃斫、乃熬、乃炀、乃舂，贮于瓶缶之中，以汤沃焉，谓之痷茶。"这也是一种泡茶法，无论哪种茶都是将茶投入瓶子或缶（一种细口大腹的瓦器）中，灌入沸水浸泡，称为"痷茶"。然而泡茶法在唐代并不普遍，这是因为陆羽反对这种"痷茶"而倡导煎茶，使得煎茶法兴起。到五代宋，盛行点茶法，故泡茶法尽管存在但依然无闻。点茶法本质上属于泡茶法，但点茶须调膏、击拂，而泡茶法则不用。到宋末元初，浙江杭州龙井一带的茶叶已经开始使用直接瀹泡的方法饮用了，饮用时"但见瓢中清，翠影落群岫"，与此后至今一直占据中国茶饮方式主导地位的叶茶冲泡法相同。

（二）泡茶法在明代发展成熟

明代制茶由制团茶改为制散茶，直接导致饮茶方式的改变。明代前期继续延续宋元以来的点茶法，到了明代中后期泡茶法兴起。百姓饮茶时，再也不用"炙"、"研"、"罗"等繁杂程序了，而是将散茶直接置入壶（碗、杯）中，用沸水直接冲泡即成。这种直接用沸水冲泡的沏茶方法——泡茶法，不仅简便，而且保留了茶的清香，更便于对茶的直观欣赏，一直为人们沿用至今。《煮泉小品·宜茶》中有"生晒茶瀹之瓯中，则枪旗舒畅，清翠鲜明，方为可爱"，这是关于明代撮泡法的最早文献记载，即在茶瓯中冲泡芽茶，表明杯盏撮泡法在明代嘉靖年间已经开始流行。

万历二十一年（1593年）陈师的《茶考》中有"杭俗烹茶，用细茗置茶瓯，以沸汤点之，名为撮泡，北客多晒之，予亦不满。一则味不尽出，一则泡一次而不用，亦费而可惜，殊失古人蟹眼、鹧鸪斑之意。"直接投茶入瓯，用沸水冲点，杭州一带俗称"撮泡"。16世纪末的明代后期，张源的《茶录》第一次对壶泡茶艺进行了全面的论述，全书分为藏茶、火候、汤辨、泡法、投茶、饮茶、品泉、贮水、茶具、茶道等节，还详尽介绍了多种投茶泡法，把先放茶叶后注开水称为"下投"，开水放一半投入茶叶再注满开水称为"中投"，先注满开水后投茶叶称为"上投"，并认为"春秋中投，夏上投，冬下投"才算"投茶有序"。张源的《茶录》是泡茶茶艺的经典之作，标志着泡茶茶艺的正式形成。许次纾的《茶疏》中有择水、贮水、舀水、煮水器、火候、烹点、汤候、瓯注、荡涤、饮啜、论客、茶所、洗茶、饮时、宜辍、不宜用、不宜近、良友、出游、权宜、宜节等节，对泡茶茶艺的品饮环境、品饮功能等方面具有详细的要求与介绍。张源的《茶录》和许次纾的《茶疏》共同奠定了泡茶茶艺的理论基础，17世纪初程用宾的《茶录》和罗廪的《茶解》、17世纪中期冯可宾的《岕茶笺》、17世纪后期清人冒襄的《岕茶汇抄》等茶书进一步补充、发展和完善了泡茶茶艺。泡茶茶艺形成于16世纪末的明代后期，除张源、许次纾外，还有程用宾、罗廪、冯可宾、冒襄、陈继儒、徐渭、田艺蘅、徐献忠、张大复、张岱、袁枚、屠本畯、闻龙等代表人物促进了泡茶茶艺的形成。

清代在闽、粤的一些地区流行一种乌龙茶的"功夫茶"泡法，以小巧玲珑的潮汕炉、玉书碾、孟臣罐、若琛瓯"四宝"为泡茶器具。清袁枚《随园食单》中"武夷茶"条载："杯小如胡桃，壶小如香橼。上口不忍遽咽，先嗅其香，再试其味，徐徐咀嚼而体贴之。"晚清张心泰《粤游小识》载："以鼎臣制宜兴壶，大若胡桃，满贮茶叶。用坚炭煎汤，乍沸泡如蟹眼时，瀹于壶内。乃取若琛所制茶杯，高寸余，约三四器，匀斟之。再瀹再斟数杯，茶满而香味出矣。"

明清的泡茶法继承了宋代点茶法的清饮，不加佐料，且有撮泡（杯、盏泡）、壶泡、功夫茶（小壶泡）三种形式，还专门为饮茶设计了专用的茶室——茶寮。基于茶叶生产方式的创新，明清时代开创了饮茶方式的改变，由此出现了与之适应的茶具、开汤方式、审美情趣等方面的革新和改变。明代是中国茶文化发展的第三个高潮，也是中国"茶艺"的转型时期，具体标志是散茶的普及和"泡茶茶艺"的崛起。

（三）泡茶法的衰退与复兴

清代后期因鸦片的侵入和八国联军的侵略而逐步衰弱，茶文化也逐步呈现衰败。进入民国后，战乱依然频繁，茶文化呈现停滞状态，泡茶法也日渐衰退。新中国成立后百业待兴，茶文化依然呈现一种沉寂状态。

自20世纪80年代开始改革开放，社会经济日渐富裕，茶文化得到恢复发展，泡茶法又成为所有饮茶法的主体，并进入新发展阶段。

二、泡茶茶艺程序

明代张源《茶录》和许次纾《茶疏》对用壶泡茶法论说较详，归纳起来大致有备器、择水、取火、候汤、泡茶、酌茶、啜饮这些程序。

三、泡茶茶艺要点

明代张源在《茶录》中明确提出："辨茶茶之妙，在乎始造之精。藏之得法，泡之得宜。"许次纾《茶疏》中又说："茶滋于水，水藉乎器，汤成于火，四者相须，缺一则废。"茶、水、器、火四者相辅相成，缺一则茶不成。

（一）茶艺环境

品茶在古代就已成为一种高雅的艺术活动，必然重视环境氛围和茶侣的品位。泡茶茶艺追求简洁，强调水质、茶具、茶叶俱佳，还特别重视饮茶环境，追求环境的清幽雅静。明代很多茶书中，对泡茶茶艺的饮茶环境均有明确且详细的要求。许次纾在《茶疏》中，有"茶所""饮时""宜辍""不宜用""不宜近""出游""权宜""良友"等多方面的茶艺环境的条件要求。

1. 饮茶环境

泡茶茶艺特别讲究幽雅的自然环境条件，16世纪后期陆树声《茶寮记》和徐渭《煎茶七类》中均提出适宜饮茶的环境条件为"凉台静室、曲几明窗、僧寮道院、松风竹月"等，《徐文长秘集》中也提出"品茶宜精舍、宜云林、宜寒宵兀坐、宜松风下、宜花鸟间、宜清流白云、宜绿鲜苍苔、宜素手汲泉、宜红装扫雪、宜船头吹火、宜竹里瓢烟"。许次纾在《茶疏》中有"明窗净几、风日晴和、轻阴微雨、小桥画舫、茂林修竹、课花责鸟、荷亭避暑、小院焚香、清幽寺院、名泉怪石"等宜茶环境条件，并提出"清风明月、纸账楮衾、竹床石枕、名花琪树"是饮茶良友。黄龙德的《茶说》中，"饮不以时为废兴，亦不以候为可否，无往而不得其应。若明窗净几，花喷柳舒，饮于春也。凉亭水阁，松风萝月，饮于夏也。金风玉露，蕉畔桐阴，饮于秋也。暖阁红炉，梅开雪积，饮于冬也。僧房道院，饮何清也，山林泉石，饮何幽也。焚香鼓琴，饮何雅也。试水斗茗，饮何雄也。梦回卷把，饮何美也。古鼎金瓯，饮之富贵者也。瓷瓶窑盏，饮之清高者也。较之呼卢浮白之饮，更胜一筹。即有瓮中百斛金陵春，当不易吾炉头七碗松萝茗。若夏兴冬废，醒弃醉索，此不知茗事者不可与言饮也。"

2. 饮茶时机

明代在泡茶茶艺中，对饮茶人适宜饮茶的时机，提出了很多的要求，也非常讲究。许次纾在《茶疏》中提出"心手闲适、披咏疲倦、意绪梦乱、听歌闻曲、歌罢曲终、杜门避事、鼓琴看画、夜深共语、洞房阿阁、宾主款狎、佳客小姬、访友初归、酒阑人散"等时，适宜饮茶。明代冯可宾在《岕茶笺》中，提出适宜饮茶的十三个时机：一无事（神怡务闲，悠然自得，有品茶的工夫），二佳客（有志同道合、审美趣味高尚的茶客），三幽坐（有幽雅的环境，悠然静坐，心地安适，自得其乐），四吟诗（以诗助茶兴、以茶发诗思），五挥翰（濡毫染翰，泼墨挥洒，以茶相辅，更尽清兴），六徜徉（小园幽径，闲庭信步，时啜佳茗，雅趣无穷），七睡起（酣睡初醒，大梦归来，品饮佳茗，又入佳境），八宿醒（宿醉难消，茶可涤荡），九清供（清鲜瓜果，佐茶爽口），十精舍（茶室雅致，气氛沉静），十一会心（心有灵犀，心生默契，启迪性灵），十二赏鉴（精于茶道，色香味形，仔细品赏，古玩字画，更添雅趣），十三文僮（童仆文静伶俐，以供茶役）。罗廪在《茶解》中描绘出了古代饮茶情境，"山堂夜坐，手烹香茗，至水火相战，俨听松涛，倾泻入瓯，云光缥缈，一段幽趣，故难与俗人言。"

3. 茶侣

泡茶茶艺中对饮茶者也很讲究。明代张源在《茶录》中认为，"饮茶以客少为贵，客众则喧，喧则雅趣乏矣。独啜曰神，对啜曰胜，三四曰趣，五六曰泛，七八曰施。"明代徐渭《煎茶七类》和陆树声《茶寮记》中均提出"茶侣"需为"翰卿墨客、缁流羽士、逸老散人、或轩冕之徒、超轶世味者"。黄龙德在其《茶说·八之侣》中提出"茶灶疏烟，松涛盈耳，独烹独啜，故自有一种乐趣。又不若与高人论道，词客聊诗，黄冠谈玄，缁衣讲禅，知己论心，散人说鬼之为愈也。对此佳宾，躬为茗事，七碗下咽而两腋清风顿起矣。较之独啜，更觉神怡。"许次纾《茶疏》中，茶侣需"惟素心同调，彼此畅适，清言雄辩，脱略形骸，始可呼童篝火，酌水点汤。"

4. 茶所

泡茶茶艺在发展中，因特别讲究泡茶的环境条件，导致了饮茶者制作专门饮茶的场所，于是在明代开始出现茶所，并一直延续至清代。茶所，又称茶寮，是饮茶活动的固定场所，如今日的茶室、茶馆或茶艺馆。许次纾在《茶疏》中详细描述了茶所，为"小斋之外，别置茶寮。高燥明爽，勿令闭塞。壁边列置两炉，炉以小雪洞覆之。止开一面，用省灰尘腾散。寮前置一几，以顿茶注茶盂，为临时供具，别置一几，以顿他器。旁列一架，巾帨悬之，见用之时，即置房中。斟酌之后，旋加以盖毋受尘污，使损水力。炭宜远置，勿令近炉，尤宜多办宿干易积。炉少去壁，灰宜频扫。总之以慎火防，此为最急。"屠隆在其《茶说》中也专门有"茶寮"，为"构一斗室，相傍书斋，内设茶具，教一童子专主茶设，以供长日清谈，寒宵兀坐。幽人首务，不可少废者。"张谦德的《茶经》中也有"茶寮中当别贮净炭听用""茶炉用铜铸，如古鼎形，……置茶寮中乃不俗"等记载。陆树声专著有《茶寮记》，对茶寮描述为"园居敞小寮于啸轩坤垣之西，中设茶灶，凡瓢汲罂注濯拂之具咸庀。择一人稍通茗事者主之，一人佐炊汲。客至则茶烟隐隐起竹外。"

5. 不宜饮茶条件

泡茶茶艺中对不适宜饮茶的条件也有讲究。许次纾在《茶疏》中，提出在"作字、观剧、发书柬、大雨雪、长筵大席、翻阅卷帙、人事忙迫、及与上宜饮时相反事"时应停止饮茶，提出为"恶水、敝器、铜匙、铜铫、木桶、柴薪、粗童、恶婢、不洁巾帨、各色果实香药"时不宜饮茶，还提出在"阴室、厨房、市喧、小儿啼、野性人、童奴相哄、酷热斋舍"环境下不适宜饮茶。明代屠本畯在《茗笈》中，提出为"不宜用恶木、敝器、铜匙、铜铫、木桶、柴薪，麸炭、粗童、恶婢、不洁巾帨、及各色果实香药"，也提出在"阴室、厨房、市喧、小儿啼、野性人、童奴相闹、酷热斋舍"环境下不适宜饮茶。明末冯可宾在《岕茶笺》中提出七条"茶忌"：一是不如法（煎水瀹茶不得法）；二是恶具（茶具粗恶不堪）；三是主客不韵（主人、客人举止粗俗，无风流雅韵之态）；四是冠裳苛礼（官场往来，繁文缛节，勉强应酬，使人拘束，不能尽自然之兴）；五是荤肴杂陈（腥膻大荤，与茶杂陈，莫辨茶味，有失茶清）；六是忙冗（忙于俗务，无暇品赏）；七是壁间案头多恶趣（环境俗不可耐，难有品茶兴致）。

（二）备器

在泡茶茶艺中，古人对茶具的清洁与保养非常讲究。明代许次纾《茶疏》和屠本畯《茗笈》中均要求茶具必先清洁，茶注、茶铫、茶瓯等最宜燥洁，每日晨兴必以沸汤荡涤；茶具用完后，必须洗净，不得有茶叶残留；茶具洗干后，覆于竹架上，让其自干为佳，以烹时随意取用；茶巾只宜擦拭茶具的外壁，切忌擦拭茶具的内壁。屠本畯在《茗笈》中，提出"镀宜铁，炉宜铜，瓦竹易坏，汤铫宜锡与砂，瓯则但取圆洁白磁而已，然宜少。若必用柴、汝、宣、成则贫，士何所取辨哉。许然明之论，于是乎迂矣。"明黄龙德在《茶说》中"七之具"里，认为"器具精洁，茶愈为之生色"，以金银为具虽华丽，但普通百姓无法具有；然而文人豪士和士大夫无不对以姑苏之锡注、时大彬之砂壶、汴梁之汤铫、湘妃竹之茶灶、宜成窑之茶盏为珍贵，这些茶具非常精而雅。泡茶茶艺因有撮泡（杯、盏泡）、壶泡、功夫茶（小壶泡）三种形式，所用器具有所不同，但总体是以壶泡法为主。为此，泡茶茶艺的器具主要有茶炉、汤壶（茶铫）、茶壶、茶盏（杯）等。明代程用宾在《茶录》中，把泡茶茶艺的用具称为茶具十二执事。泡茶茶艺的发展，使"景瓷宜陶"成为明代茶具的代表。许次纾在《茶疏》中，特制用于野外游玩和旅途中的茶具，包括一个茶罂、两个茶注、四个小茶瓯、一个茶洗、一个瓷质茶合、一个铜炉、一个小茶面洗、一块茶巾，加上香奁、小炉、七个香囊，合起来为半肩袋；用薄水瓮贮水三十斤（1斤=0.5千克），即为半肩袋，正好居肩而扛。

1. 加热器

泡茶茶艺中的加热器，有称为茶灶，有称为茶炉的，用于煮水。罗廪《茶解》和屠本畯《茗笈》中说到茶炉为泥制或竹制，大小与汤壶（汤铫）相对应。程用宾的《茶录》中称为鼎，像风炉一样，是以铜铁铸造而成的。

2. 煮水器

用于烧水的器具，在许次纾《茶疏》中直接称为煮水器，也有称为镀或茶铫。许次纾在《茶疏》中有"金乃水母，锡备柔刚，味不咸涩，作铫最良。铫中必穿其心，令透火气，沸速则鲜隔风逸，沸迟则老熟昏钝，兼有汤气。"认为金、锡制作的茶铫作煮水器最好。屠本畯《茗笈》中记有镀为生铁制成，洪州一带使用瓷镀，莱州一带使用石镀，瓷和石虽雅观但不坚实，难以长久使用；银制的镀非常容易保持干净，但很侈丽；从雅和干净的角度综合考虑，还是选用银制镀为好。在山村，水铫要使用银制品都不太容易，更不用说用银制的镀；要想长久使用，还是选用生铁制成的镀为好。金银制的镀显得奢华，铜铁制的镀烧水不好，这时用瓷瓶则显得非常有价值了，这非常适合于文人雅士鉴赏茶色。程用宾《茶录》中记载烧水罐为锡瓶，认为锡瓶小有利于候汤，也认为忌用铜铁材质的壶来煮水。周高起在《阳羡茗壶系》中，有"用铜制壶具虽不难，茶汤却不免腥味，用砂铫又嫌土气。惟有纯锡为五金之母，用以制茶铫，有益水质，沸时声音也悦耳，如用白金尤妙。"

3. 茶壶

用于冲泡茶叶的壶形器具称为茶壶，在许次纾《茶疏》和罗廪《茶解》中又把茶壶称为茶注。现存的明代书籍中，多记载的是壶泡法茶艺，而且要求茶壶尽可能地小，并以紫砂材质为佳，如今日的功夫茶艺。对于茶壶的大小，许次纾的《茶疏》、冯可宾《岕茶笺》和周高起《阳羡茗壶系》中均提出宜小不宜大，以小为贵。茶壶小，则香气浓郁，不会涣散，不影响滋味；茶壶大，则易于散发香气。茶壶以能装水大约半升，比较适合；每个客人一把茶壶，当自斟自饮时，茶壶越小越佳，而且更易体会到饮茶的乐趣。周高起在《阳羡茗壶系》中，还提出茶壶宜浅不宜深，壶盖宜盎（口小腹大）不宜砥（平坦畅开），这样才可泡出味道和香气好的茶水。

对于茶壶的材质，许次纾在《茶疏》中有详细的阐述。许次纾提出以不受材质的不良气味影响茶为优，为此首选银制茶壶，其次为锡制茶壶；好的锡壶泡茶好，但不可使用杂有黑铅的锡壶，否则会影响茶味。再次内外上釉的瓷壶也可以泡茶，但一定是柴、汝、宣、成窑产的为佳。沸水猛然倒入壶中，旧瓷壶容易开裂，而且那时一段时间饶州窑所产的瓷壶极不堪用。之前讲究用龚春茶壶，近段时间讲究用时大彬所制的茶壶，很是为当时世人所珍惜；这两种壶均以粗砂制成，因砂无土气味，制作非常精细，烧制也非常费工夫；烧制火候稍过，会导致壶有很多破碎，所以更加珍贵；而烧制火力不到，犹如生砂注水，满是土气味，无法使用；与锡器相比，还差三分。砂性微渗，又不用釉，香不泡发，易冷易馊，仅可作为把玩而已。其他用细砂制的茶壶，以及一些壶匠制造的茶壶，材质差，制作伪劣，尤其是有土气味，会败坏茶味，千万不要用。可见在当时，许次纾更看重金银锡材质的茶壶，并不看好瓷质和陶质的茶壶。不过罗廪《茶解》、屠本畯《茗笈》和冯可宾《岕茶笺》中，均认为窑器为上，锡器为次；也记载有之前讲究用龚春茶壶，近段时间讲究用时大彬所制的茶壶。周高起在《阳羡茗壶系》中有"近百年中，壶黜银锡及闽豫瓷，而尚宜兴陶"，认为宜兴紫砂壶具能充分发挥"茶"的色、香、味，以至于当时名手制作的重不过数两的紫砂壶几与黄金争价。程用宾《茶录》中茶壶适宜选用瓷质。

4. 茶盏

直接用于盛装泡好的茶水来品饮的器具，称为茶盏，也有称为茶瓯、瓯注、茶杯等。宋时的点茶茶艺讲究用兔毫黑盏，以突显茶汤的雪白。明代因制茶工艺改为"炒青"，则用雪白色的茶盏为宜，可衬托茶汤的青翠色，以蓝白色的茶盏为次。茶盏的材质，以瓷质为佳。张源《茶录》中"茶盏"记有"盏以雪白者为上，蓝白者不损茶色，次之"，屠本畯《茗笈》也有"茶瓯以白瓷为上，蓝者次之"。许次纾《茶疏》中"瓯注"记有"茶瓯古取建窑兔毛花者，亦斗碾茶用之宜耳。其在今日，纯白为佳，兼贵于小。定窑最贵，不易得矣。宜、成、嘉靖，俱有名窑，近日仿造，间亦可用。次用真正回青，必拣圆整。勿用啙窳"。程用宾在《茶录》中提出茶盏不宜太大，否则会损失茶的香气等品质，宜用黑青瓷茶盏，有利于茶作白红之色；茶盏的盏体可稍厚，有利于不烫手且保持温度；还对不同产地的茶盏进行了分级，提出"经言越州上，鼎州次，婺州次，岳州次，寿州、洪州次。越岳瓷皆青，青则益茶。茶作白红之色，邢瓷白，茶色红。寿瓷黄，茶色紫。洪瓷褐，茶色黑。悉不宜茶"。冯可宾《岕茶笺》中茶杯以汝、官、哥、定窑的制品为好，罗廪《茶解》中茶瓯只宜、成、靖窑足矣。周高起《阳羡茗壶系》中品茶用杯以白瓷为良，有助于达到"素瓷传静夜，芳气满闲轩"的意境。茶杯以小为佳，尤其是在功夫茶中"人必各手一瓯，毋劳传送。再巡之后，清水涤之。"

5. 其他器具

在泡茶茶艺中还需要其他一些器具的配合使用，但在不同的古书中记载不一。为有助于更好地了解古代的泡茶茶艺，故尽可能地将在古书中记载有关于泡茶茶艺所需的器具列出来，但并不是在一次泡茶茶艺中均需使用。

（1）茶瓢　茶瓢是用于舀水或分茶水的器具。张源在《茶录》中认为陆羽使用银瓢而过于奢侈，使用瓷器因易坏而不能使用长久，最终还是不得不以银制茶瓢为好；不过，银瓢适宜有钱人家使用，山野村夫则可使用锡瓢，锡不会损害茶汤的香、色、味，但不可使用铜铁制的茶瓢。程用宾《茶录》中的茶瓢，是用葫芦剖开当作瓢，或者是用木头挖刻而成。而在许次纾《茶疏》中的舀水，必用瓷瓯。

（2）茶巾　在张源《茶录》中有"拭盏布"，为细麻布制成，在饮茶前后用来擦拭茶盏，但不宜用于擦拭其他易秽的器具。罗廪《茶解》中把茶巾称为茶帨，为新麻布制成，洗干净后悬挂于茶室，时时用于擦拭手。程用宾《茶录》提出茶巾也称为拭具布，用细麻布制成，有耐秽、避臭、易干三个优点；需两块，互用于保持茶艺器具清洁干净。

（3）藏茶器　在罗廪《茶解》中用瓮来藏茶，要求瓮内外上有釉，需提前洗干净并晒干后再用，一般储存的茶叶量较大。此外，还有用于泡茶时使用的藏茶器，一般称为分茶盒或茶盒。张源《茶录》和屠本畯《茗笈》中有分茶盒，为锡制品，用于盛装从大坛中分装的茶叶。程用宾《茶录》中的茶盒也为锡制品，径三寸，高四寸，用于贮茶。

（4）茶夹　罗廪《茶解》中的茶夹是用竹子制成的，长六寸，像吃饭的筷子一样，但末端是尖的。茶夹可用于拨动茶壶中的茶叶，也可以把茶壶中的茶叶夹出来。

（5）贮水器　在泡茶茶艺中，用于贮水的器具有茶瓮和水方。在许次纾《茶疏》中，因甘泉不易得而需贮于大瓮中。茶瓮忌讳用新的，因新的烧制火气未退，容易使水变质，且易生虫。茶瓮用得越久越好，但中间不得改为他用。因水性忌讳木质，尤其是松木和杉木；如用木桶贮水，对水质影响非常大。茶瓮的口，需有盖子密封，并用厚箬叶盖上，用于打开。

（6）茶盂　在许次纾《茶疏》中，提到壶盖可放于瓷盂中，说明当时泡茶茶艺中有使用瓷质的茶盂。

（7）具列　程用宾《茶录》中列有具列，长三尺，宽二尺，高六寸，用于摆列茶具。具列由纯木或纯竹子制作而成，可制成床状或架子状。

（8）火策　程用宾《茶录》中记有火策，即火箸，用于夹炭升火的器具，为铁或熟铜制成。

（9）水方　程用宾《茶录》中记有水方，以稠木、槐楸梓等木板组合而成的，一斗大小，用于洗手。

（10）茶洗　周高起《阳羡茗壶系》中记有茶洗，一般用于功夫茶，以冲洗茶叶、茶杯、茶壶及收集余水等。

（11）都篮　程用宾《茶录》中记有都篮，以竹篾制成，用于放置所有的茶具，以便在游山斋亭馆泉石随身携带。

（12）茶篮　程用宾《茶录》中记有茶篮，以竹篾制成，用于支放漉水囊或盐器。

（三）择茶

1. 茶的品质标准

明代张源在《茶录》中提出茶"带白点者无妨，绝焦点者最胜"。罗廪在《茶解》中提出茶须具备色、香、味三美，色以白为上，青绿次之，黄为下；香如兰为上，如蚕豆花次之；味以甘为上，苦涩斯下矣；茶色贵白，白而味觉甘鲜，香气扑鼻，乃为精品。好茶，要泡得淡是白的，泡得浓也是白的，制好时是白的，放了很久还是白的。滋味足，汤色白，茶香自溢，三类品质俱佳，茶叶品质才为好。明代黄龙德《茶说》中，认为茶色以白以绿为佳，或黄或黑失其神韵者，芽叶受奄之病也；提出辨别茶的好坏，如相士看人气色，轻清者上，重浊者下，瞭然在目，无容逃匿；还认为唐宋之茶色虽佳，但因经过炙研和蒸压，决无今时之美。《岕茶记》中认为茶之色重、味重、香重者，俱非上品，而以味甘、色淡、韵清、气醇（也作婴儿肉香）为佳。

2. 茶的储藏方法

明代张源在《茶录》中"藏茶"提出"茶始造则青翠，收藏不法，一变至绿，再变至黄，三变至黑，四变至白。食之则寒胃，甚至瘠气成积"。许次纾在《茶疏》中提出"日用顿置，日用所需，贮小罂中，箬包苎扎，亦勿见风。宜即置之案头，勿顿巾箱书篓，尤忌与食器同处。并香药则染香药，并海味则染海味，其他以类而推。不过一夕，黄矣变矣"。罗廪《茶解》中认为"茶性淫，易于染着，无论腥秽及有气之物，不得与之近，即名香亦不宜相杂"，并认为茶以自然香为佳，反对配以果核及盐、椒、姜、橙等物，反对加糖；莲花、木犀、茉莉、玫瑰、蔷薇、惠兰、梅花种种皆可拌茶窨制，但似于茶理不甚晓畅。明代屠本畯《茗笈》记载"茶叶多焙一次，则香味随减一次"，反对多焙。

（四）选水

明清茶人对泡茶之水比唐宋更加讲究，并真正将品水艺术化、系统化。明代田艺蘅《煮泉小品》由"源泉、石流、清寒、甘香、宜茶、灵水、异泉、江水、井水、绪谈"十节组成，徐献忠《水品》由上卷总论（由"源、清、流、甘、寒、品、杂说"等节组成）和下卷专论（专论适宜烹茶的各地之水）两大部分，均分别系统阐述了水源、水质、不同水的特点等内容。张源的《茶录》、罗廪的《茶解》、许次纾的《茶疏》等明清茶书中，也有择水、贮水、品泉、养水等内容。明代张源在《茶录》的"品泉"中，提出"茶者水之神，水者茶之体。非真水莫显其神，非精茶曷窥其体。""清茗蕴香，借水而发，无水不可与论茶也。"把茶与水的关系说得非常清楚透彻。

1. 择水标准

《陶庵梦忆·禊泉》中张岱在辨识禊泉时，"其色，如秋月霜空，噀天为白，又如轻岚出岫，缭松迷石，淡淡欲散；试茶，茶香发，新汲少有石腥，宿三日，气方尽；取水入口，第挢舌舐腭，过颊即空，若无水可咽者，是为禊泉。"而田艺蘅的《煮泉小品》和徐献忠的《水品》中对择水的要求，可以归纳出明清茶人的择水标准主要为"源、清、流、寒、甘、香"。

（1）"源" 指水源，即水的出处。不同水源的水质不一，对茶水的质量影响显著。明清对水源的要求讲究"山水上、江水中、井水下"。

（2）"清" 指水清澈，不浑浊。泡茶之水要清澈透明，无浑浊，无其他异物。

（3）"流" 指水流动，不是死水。不流动的水，易含氧不足，矿物质含量过高，甚至生物等异物较多，导致水质差，不适宜泡茶。然而，流动过强的水也不适宜于泡茶，如瀑布之水。

（4）"寒" 指水冷冽。泉水不绀寒，俱下品。泉不难于清，而难于寒。《易》谓"井冽寒泉食"，可见井泉以寒为上。

（5）"甘" 指水美、甜。泉品以甘为上，味美者曰甘泉。幽谷绀寒清越处，易出甘泉。

（6）"香" 指水香，水具有芳香。泉水甘寒者多香，气芳者曰香泉。泉惟甘香，故也能养人；然甘易而香难，未有香而不甘者也。

2. 品水

明清茶人对泡茶之水，总体延续了陆羽对水的要求：山水上，江水中，井水下。明清前的古人以金山中泠为第一泉，第二为庐山康王谷。但到明清时品水，许次纾在《茶疏》的"择水"中对一些水进行了比较，必以惠泉水为首；惠泉甘鲜膏腴，致足贵也；黄河水经过澄清，香味自发，用于煮茶，与惠泉水不相上下。名山则有好茶，名山还必有佳泉。发源长远、成潭而澄清的山泉水，味必甘美。而江河溪涧之水，味咸甘冽。波涛湍急的瀑布飞泉，或船多的江河水，味则苦浊不堪。徐献忠的《水品》中对陆羽的品水进行了批判，认为陆羽只是品了一部分水，而对虎丘石水、洪州西山西东瀑布水、天台山西南峰千丈瀑布水、雪水、淮水等品得不对，提出蕲州兰溪石下水、峡州扇子山下水（俗云蛤蟆口水）、庐山招贤寺下方桥潭水、洪州西山东瀑布水、庐州龙池山水、汉江金州上游中零水、归州玉虚洞下香溪水、商州武关西洛水、郴州圆泉水并列。

对山泉水，明清茶人有更深的理解。明代张源《茶录》"品泉"中，比较了山顶、山下、石中、砂中、土中泉水的特点，"山顶泉清而轻，山下泉清而重，石中泉清而甘，砂中泉清而冽，土中泉淡而白，流于黄石为佳，泻出青石无用。流动者愈于安静，负阴者胜于向阳。真源无味，真水无香。"负阴的流泉胜于静止向阳的泉水，泉水以无味、无香为真。田艺蘅《煮泉小品》中，认为"山厚者泉厚，山奇者泉奇，山清者泉清，山幽者泉幽，皆佳品也。不厚则薄，不奇则蠢，不清则浊，不幽则喧，必无用矣。"罗廪《茶解》的"水"提出"名茶宜瀹以名泉"，而往往有甘，但泉水不难于甘，而难于厚；大凡名泉，多从石中迸出，得石髓故佳；沙潭为次，出于泥者多不中用；武林南高峰下有三泉，虎跑居最，甘露亚之，真珠不失下劣，亦龙井之匹耳；宋人取井水，不知井水止可炊饭作羹，瀹茗必不妙，抑山井耳。

在无山泉水时，罗廪和许次疏均认为"烹茶须甘泉，次梅水；梅雨如膏，万物赖以滋长，其味独甘，梅后便不堪饮"。张源也认为"第一方不近江，山卒无泉水。惟当多积梅雨，其味甘和，乃长养万物之水"。《仇池笔记》中认为，"时雨甘滑，泼茶煮药，美而有益。梅后便劣，至雷雨最毒，令人霍乱。秋雨冬雨，俱能损人，雪水尤不宜，令肌肉销铄"。而明代屠本畯在《茗笈》中，认为"无泉则用天水，秋雨为上，梅雨次之。秋雨冽而白，梅雨醇而白"。对于雪水，屠本畯认为"雪水五谷之精也，色不能白"，张源认为"雪水虽清，性感重阴，寒人脾胃，不宜多积"。明代程用宾在《茶录》中，也认为"梅雨天地化育万物。最所宜留。雪水性感重阴，不必多贮，久食寒损胃气"。

3. 养水与贮水

明清茶人对养水和贮水有着特别的讲究。山泉水稍远时，可用竹子将水引进厨房，贮于干净的缸中。因山泉水不易得，故宜多汲，以大瓮贮水。须用常装泉水的旧器具来装水，忌讳新器具，尤其是火气味未褪的器具易于败水，也易生虫。用久了的器具装水最好，而且器具需专用，不得中途作他用。水性忌木，尤其是松杉木，用木桶贮水害处特别大，以干净的瓦瓶装水最佳。

把泉水装运到家中，经过两夜后，水质就不好了；如取泉水中的石子放入缸中养水，其味不变，亦可澄水，令之不淆，取水中表里莹澈的石子为佳。择水中洁净白石，与泉水一起煮，也非常好。在收集梅水时，需多放置一些器具于空庭中，接好后并入大瓮中；大瓮装满时，乘热投入伏龙肝（灶中心干土）一块，包藏月余，汲用。对一些江水或泉水，可以罗过滤，水质更佳。

明清有很多贮水方法，特别强调茶鲜水灵。明代张源《茶录》中，"贮水瓮，须置阴庭中，覆以纱帛，使承星露之气，则英灵不散，神气常存。假令压以木石，封以纸箬，曝于日下，则外耗其神，内闭其气，水神敝矣。饮茶，惟贵茶鲜水灵，茶失其鲜，水失其灵，则与沟渠水何异？"明代程用宾《茶录》中，"凡水以瓮置负阴燥洁檐间稳地，单帛掩口，时加拂尘，则星露之气常交，而元神不爽。如泥固纸封，曝日临火，尘朦击动，则与沟渠弃水何异。"许次纾《茶疏》中，"贮水瓮口，厚箬泥固，用时旋开，泉水不易，以梅雨水代之。"

（五）取火

张源《茶录》"火候"条载："烹茶要旨，火候为先。炉火通红，茶铫始上。扇起要轻疾，待有声稍稍重疾，斯文武之候也。过于文则水性柔，柔则水为茶降；过于武则火性烈，烈则茶为水制。皆不足于中和，非茶家要旨也。"即待炉火通红，茶铫始上。扇起要轻疾，待水有声稍稍重疾，不能停手。刚开始扇火时要扇得轻而快，待听到水声时要扇得重而快。扇得太轻，烧开的水就会阴柔，会降低茶叶的品质。扇得太重，烧开的水就会过于阳刚，会扼制茶性的挥发。所谓一张一弛文武之道，火亦然。许次纾《茶疏》关于"火候"，"火必以坚木炭为上，然木性未尽，尚有余烟，烟气入汤，汤必无用。故先烧令红，去其烟焰，兼取性力猛炽，水乃易沸。既红之后，乃授水器，仍急扇之，愈速愈妙，毋令停手。停过之后，宁弃而再煮。"明代屠本畯《茗笈》候火章"其火用炭，曾经燔炙。为膻腻所及，及膏木败器不用，古人识劳薪之味信哉。"苏廙《僊芽传》载汤十六云："调茶在汤之淑慝，而汤最忌烟，燃柴一枝，浓烟满室，安有汤耶？又安有茶耶？"

（六）候汤

明清茶人对舀水入茶铫中都有要求，许次纾《茶疏》中要求"舀水必用瓷瓯，轻轻出瓮，缓倾铫中。勿令淋漓瓮内，致败水味，切须记之。"明人对煎水候汤更为细致讲究，先令火炽，始置汤壶，急扇令涌沸。唐宋煎茶、点茶用的是末茶、粉茶，故汤用嫩不用老，明人用散叶茶在瓯壶瀹泡，故水用老不用嫩。自从陆羽提出一沸如鱼目，二沸如涌泉连珠，三沸如腾波鼓浪，水老不可食用也，长期以来众多文人雅士的辨汤亦是如此。而张源针对叶茶冲泡提出了一套辨汤的方法："三大辨十五小辨"，从形辨、声辨、气辨三大项十五小项来区别。形为内辨，声为外辨，气为捷辨。形经过虾眼、蟹眼、鱼目连珠，皆为嫩汤；直至不涌沸如腾波鼓浪，水气全消，方是纯熟。声经过初声、转声、振声、骤声，皆为嫩汤；直至无声（急流滩声），方是纯熟。气则经过一缕（若轻雾）、二缕（若淡烟）、三四缕（若凝云）、缕乱不分、氤氲乱绕（若布露），皆为嫩汤；直至气直冲贯（氤氲贯盈），方是纯熟。此汤须纯熟，元神始发也。故曰汤须五沸，茶奏三奇。罗大经的《鹤林玉露》中，李南金认为《茶经》中的辨水方法不再适用，因当时鲜用鼎镬煮水且茶叶为叶茶，用瓶煮水无法看见水的变化，为此提出以声辨一沸、二沸、三沸，并以"背二涉三之际"的沸水冲泡为宜。"砌虫唧唧万蝉催"为一沸，"忽有千车捆载来"为二沸，"听得松风并涧水"为三沸，"松风桧雨到来初"为三沸初期。罗廪《茶解》中认为，如"松涛涧水"后移瓶去火，少待沸止而瀹之，汤已老，去火也无法补救。许次纾《茶疏》的"汤候"中，"水一入铫，便须急煮，候有松声，即去盖，以消息其老嫩。蟹眼之后，水有微涛，是为当时；大涛鼎沸，旋至无声，是为过时；过则汤老而香散，决不堪用。"认为泡茶以水有微涛为恰好，大涛鼎沸至无声为过时的老汤不堪用。明代黄龙德《茶说》中"六之汤"，"汤者，茶之司命，故候汤最难。未熟则茶浮于上，谓之婴儿汤，而香则不能出。过熟则茶沉于下，谓之百寿汤，而味则多滞。善候汤者，必活火急扇，水面若乳珠，其声若松涛，此正汤候也。"清代俞蛟在《潮嘉风月记·工夫茶》里讲功夫茶的烹制之法，冲泡时"先将泉水贮铛，用细炭煎至初沸。"

（七）泡茶

许次纾在《茶疏》中，对泡茶过程有详细的记载。还没开始烧水时，就先备好茶具。茶具要求清洁、干燥，打开盖备用。壶盖仰放于壶上，或置于瓷盂上，不能随意放置。茶桌需无漆味、菜味等异气，否则会败坏茶味。先握茶在手中，待沸水入壶后，随手投茶入壶，盖上壶盖。三呼吸后，将茶水沥于茶盂中，重新注水，并适当摇荡，以利于茶香形成，防止茶色沉滞。又三呼吸后，视茶汤浓度的寡薄，倒出，供客品饮。茶壶连续泡过两次之后要用冷水荡涤，使其凉洁，然后继续泡茶，"不则减茶香矣。罐热则茶神不健，壶清则水性常灵。"具体而言，明清泡茶一般需经过以下步骤。

1. 温具

泡茶法中要求温壶温盏，在张源的《茶录》、程用宾的《茶录》、冯可宾的《岕茶笺》等中均有记载。将煮好的水，注少许于茶壶、茶盏中，祛荡冷气，倾出备用，称为浴壶或涤盏。程用宾还要求在浴壶涤盏中，倒出沸水后，需用拭具布擦干净。

2. 投茶方法

明清对泡茶法的投茶方法有严格要求，而且这些投茶方法至今为我们所用。明代张源《茶录》的"投茶"，规定"投茶有序，毋失其宜。先茶后汤曰下投。汤半下茶，复以汤满，曰中投。先汤后茶曰上投。春秋中投，夏上投，冬下投"。许次纾在《茶疏》中的投茶，使用的是上投法。

3. 投茶量

温壶之后投茶，投茶量视壶的容量大小斟酌而行，不可偏多或偏少而失中正。投茶量大了则泡出的茶"味苦香沉"，投茶量小了则泡出来的茶"色清气寡"。如独自斟酌，容水半升的茶壶，量投茶五分，其他大小的投茶量可增减。许次纾在《茶疏》中，论客人的多少来确定泡茶量；三个客人以下，烧一个火炉的水即可；如五六个客人，则需烧两个火炉的水才行；如客人过多，最好不再一起饮茶。

4. 洗茶

张源在《茶录》中没有进行洗茶，但罗廪的《茶解》、许次纾的《茶疏》和冯可宾的《岕茶笺》中均要求洗茶。罗廪的《茶解》和许次纾的《茶疏》中，均要求岕茶用热汤洗，洗去沙土，不洗则味色过浓，香亦不发，但其他名茶均不必洗；洗后，用洗干净的手尽快将茶挤得尽可能干，抖散于深口瓷合中，备用。冯可宾的《岕茶笺》中，以竹箸夹茶于涤器中，反复涤荡，去尘土、黄叶、老梗净，以手搦干，置涤器内盖定，少刻开视，色青香烈，急取沸水泼之；夏则先贮水而后入茶，冬则先贮茶而后入水；水不可太滚，滚则一涤无余味矣。这些是茶在投入茶壶之前进行清洗，但许次纾在《茶疏》中描述泡茶过程时是在茶壶中进行洗茶，即倒掉第一泡茶水。

（八）茶水质量

许次纾在《茶疏》中，认为好的茶水应是乳嫩清滑、馥郁鼻端。罗廪在《茶解》中，认为茶须色、香、味三美具备；茶色贵白，白而味觉甘鲜，香气扑鼻，才是好茶。由此可见，明清茶人特别讲究茶汤的色、香、味。

1. 香

明代张源的《茶录》中，认为茶汤有四大香气，为真香、兰香、清香、纯香；茶汤香气和干茶香气一致为纯香，不生不熟为清香，炒茶时火候恰到好处为兰香，谷雨前采摘的神韵俱佳的茶散发出来的为真香，而含香、漏香、浮香、问香等均为不正之气。明代程用宾在《茶录》中，以抖擞精神、病魔敛迹为真香，以清馥逼人、沁入肌髓为奇香，以不生不熟、闻者不置为新香，以恬澹自得、无臭可伦为清香。罗廪的《茶解》中，香如兰为上，如蚕豆花次之。

2. 色

明代张源的《茶录》中，干茶以青翠为胜，茶汤以蓝白为佳，其中白色茶汤为上，绿色茶汤为中，黄色茶汤为下。黄色、黑色、红色以及昏暗的茶汤，均为下品。明代程用宾的《茶录》中，干茶色如霜脸芙荷，茶汤色如蕉盛新露。罗廪的《茶解》中，茶汤的色以白为上，青绿次之，黄为下。

3. 味

明代张源的《茶录》、程用宾的《茶录》和罗廪的《茶解》中，味均以甘润为上，淡清为常味，苦涩为下。

4. 点染失真

茶自有真香，有真色，有真味。一经点染，便失其真。如水中着咸，茶中着料，碗中着果，皆失真也。乃茶中着料，盏中投果，譬如玉貌加脂，蛾眉施黛，翻为本色累也。

（九）品饮

1. 酌茶

一壶茶配四只左右的茶杯，杯、盏以雪白为上，蓝白次之。品饮杯宜小，以白瓷为上，根据壶的大小选择适当的杯数。一壶之茶，一般只能分酾二三次。许次纾在《茶疏》中，认为分汤时不宜早，早了茶汤的色、香、味还未蕴育好。许次纾还认为一壶茶只能斟两次；初斟鲜美，为婷婷袅袅十三余；再斟甘醇，为碧玉破瓜年；三斟意欲尽矣，以来绿叶成阴矣。所以茶注欲小，小则再巡已终，宁使余芬剩馥，尚留叶中，犹堪饭后供啜漱之用，未遂弃之可也。若巨器屡巡，满中泻饮，待停少温，或求浓苦，何异农匠作劳。但需涓滴，何论品尝，何知风味乎。

2. 啜饮

饮用时不宜迟，迟则茶汤的韵味会丧失。宜趁热品饮，旋注旋饮，方能感知茶叶的香气和滋味。明代程用宾《茶录》中，饮茶时"腮颐连握，舌齿再嚼。既吞且喷，载玩载哦，方觉隽永。"罗廪《茶解》中，"茶须徐啜，若一吸而尽，连进数杯，全不辨味，何异佣作。"许次纾《茶疏》的"宜节"中，"茶宜常饮，不宜多饮。常饮则心肺清凉，烦郁顿释。多饮则微伤脾肾，或泄或寒。盖脾土原润，肾又水乡，宜燥宜温，多或非利也。古人饮水饮汤，后人始易以茶，即饮汤之意。但令色香味备，意已独至，何必过多，反失清洌乎。且茶叶过多，亦损脾肾，与过饮同病。俗人知戒多饮，而不知慎多费，余故备论之"。

（十）修道

明代张源《茶录》中，"造时精，藏时燥，泡时洁。精、燥、洁，茶道尽矣。"许次纾在《茶疏》中，饮茶后，病可令起，疲可令爽，吟坛发其逸思，谈席涤其玄衿。罗廪《茶解》中，"茶通仙灵，久服能令升举"。

四、泡茶法的种类

明清时期主流的泡茶法，大致分为瀹茗法、撮泡法、功夫茶三种。

（一）瀹茗法

瀹茗一词早就有，可解释为"煮""浸渍""疏导"，明清时期则用"瀹"词来表示散叶茶浸渍开汤。瀹茗、瀹茶是明清文人对当时饮茶方法较为正式的称呼，特别在明至清初是作为泡茶法的主要形式。瀹茗法的主泡器具比较偏好瓷质的小壶，故又称为壶泡法。

1. 冲泡程序

据《茶录》《茶疏》《茶解》等书，壶泡法的一般程序有藏茶、洗茶、浴壶、泡茶（投茶、注汤）、涤盏、酾茶、品茶。

2. 茶艺要点

（1）茶具 瀹茶法使用的主泡器为壶，又称茶注，特别看重瓷质的小壶。冯可宾《岕茶笺》"论茶具"条中说"茶壶窑器为上，锡次之。茶杯汝、官、哥、定，如未可多得，则适意者为佳耳。……茶壶以小为贵，每一客，壶一把，任其自斟自饮，方为得趣"。茶壶宜小，材质以上釉窑器为主。许次纾在《茶疏》的"瓯注"里也提出"茶注以不受他气者为良，故首银次锡。……其次内外有油瓷壶亦可，比如柴、汝、宣、成之类，然后为佳。然滚水骤浇，旧瓷易裂可惜也"。对茶壶的大致意见是首推银壶，其次锡壶，然后上釉瓷壶。在许次纾时代，也已出现了紫砂陶器，时人对其评价也可从《茶疏》中略窥一二："往时龚春茶壶，近日时（大）彬所制，大为时人宝惜。盖皆以粗砂制之，正取砂无土气耳。随手造作，颇极精工，故烧时必须为力极足，方可出窑。然火候少过，壶又多碎坏者，以是益加贵重。火力不到者，如以生砂注水，土气满鼻，不中用也。较之锡器，尚减三分。砂性微渗，又不用油，香不窜发，易冷易馊，仅堪供玩耳。其余细砂，及造自他匠手者，质恶制劣，尤有土气，绝能败味，勿用勿用。"必须是用极上品的陶器，才能作为泡茶的器具，一般的砂性壶并不堪用。

品茗器的茶盏，也有称茶瓯等，以"盏以雪白者为上，蓝白者不损茶色，次之""纯白为佳，兼贵于小。定窑最贵"。当时的品茗器崇尚白瓷小茶盏，更利于汤色的呈现。

在明清时期茶书中还提到泡茶法的其他茶具，诸如瓢、巾帨（拭盏布）、分茶盒、汤铫（煮水器）、茶盂等，这些茶具与现代使用的沏茶器皿相差不大。

（2）沏茶方式 明清时期的散叶冲泡已经对何时投茶有了十分的讲究，谓之上投法、中投法、下投法。投茶的量、茶水比、汤铫火候等，都与今相差不多。明清时代，大多数茶人都比较强调洗茶的过程。茶叶用阳羡茶为多，冲泡2~3道即弃去叶底。

（二）撮泡法

撮泡法是用茶瓯以沸水沏泡细茗的方法，是杭州的习俗。其典型特征是将茶叶直接投入茶盏中注汤冲泡，茶盏既是主泡器，又是品茗器。撮泡一词来源于钱塘人陈师《茶考》中所记："杭俗烹茶，用细茗置茶瓯，以沸汤点之，名为撮泡。"田艺蘅约撰于1554年的《煮泉小品》"宜茶"条中也有记载："芽茶以火作者为次，生晒者为上，亦更近自然……生晒茶瀹之瓯中，则枪旗舒畅，清翠鲜明，方为可爱。"以生晒芽茶在茶瓯中开汤，芽叶舒展，清翠鲜明，甚是可爱，这是关于散茶在瓯盏中沏泡的较早记录。

清代中前期有一个在功夫茶区、不饮功夫茶而喜好撮泡的记载，乾隆十年（1745年）《普宁县志·艺文志》中收录主纂者、县令萧麟趾的《慧花岩品泉论》，就有这样一段话："因就泉设茶具，依活水法烹之。松风既清，蟹眼旋起，取阳羡春芽，浮碧碗中，味果带甘，而清洌更胜。"茶取阳羡，器用盖碗，芽浮瓯面，即是称之为撮泡茶的程式，所以当时还是有一些人以撮泡方式来饮茶的。撮泡法简便，主要程序有涤盏、投茶、注汤、品茶。

（三）功夫茶

功夫茶起源于明清时期，随着明代中期紫砂壶的兴起，"壶黜银、锡及闽、豫瓷，而尚宜兴陶"，在广东、福建地区饮茶方式有了特别的改变，大致在清代以后功夫茶达到较为鼎盛的状况。功夫茶形成于清代，主要流行于广东、福建和台湾地区，其特征是用小壶冲泡青茶（乌龙茶），主要程序有治壶、投茶、出浴、淋壶、烫杯、酾茶、品茶等。

乾隆初曾任县令的溧阳人彭光斗在《闽琐记》中说："余罢后赴省，道过龙溪，邂逅竹圃中，遇一野叟，延入旁室，地炉活火，烹茗相待。盏绝小，仅供一啜。然甫下咽，即沁透心脾。叩之，乃真武夷也。客闽三载，只领略一次，殊愧此叟多矣。"乾隆五十一年丙午（1786年）袁枚在《随园食单》中，记下他饮用武夷茶的经过和感想："余向不喜武夷茶，嫌其浓苦如饮药。然丙午秋，余游武夷曼亭峰、天游寺诸处，僧道争以茶献。杯小如胡桃，壶小如香橼，每斟无一两。上口不忍遽咽，先嗅其香，再试其味，徐徐咀嚼而体贴之，果然清芬扑鼻，舌有余甘。一杯之后，再试一二杯，令人释躁平矜，怡情悦性。始觉龙井虽清而味薄矣，阳羡虽佳而韵逊矣。颇有玉与水晶，品格不同之故。故武夷享天下之盛名，真乃不忝。且可以瀹至三次，而其味犹未尽。"这是最早的关于武夷岩茶的泡饮方法及品质特点，很详细地描述了功夫茶的程序。

清代俞蛟的《梦厂杂著》卷十《潮嘉风月》（功夫茶）："工夫茶，烹治之法，本诸陆羽《茶经》，而器具更为精致。炉形如截筒，高约一尺二三寸，以细白泥为之。壶出宜兴窑者最佳，圆体扁腹，努嘴曲柄，大者可受半升许。杯盘则花瓷居多，内外写山水人物极工致，类非近代物，然无款志，制自何年，不能考也。炉及壶、盘如满月。此外尚有瓦铛、棕垫、纸扇、竹夹，制皆朴雅。壶、盘与林，旧而佳者，贵如拱璧，寻常舟中不易得也。先将泉水贮铛，用细炭煎至初沸，投阅茶于壶内冲之，盖定，复遍浇其上，然后斟而细呷之。气味芳烈，较嚼梅花更为清绝，非捛战轰饮者得领其风味。"俞蛟详细地描述了清代功夫茶，其器具有白泥炉、宜兴砂壶、瓷盘、瓷杯、瓦铛、棕垫、纸扇、竹夹等，其泡饮程序为治器、候汤、纳茶、冲点、淋壶、斟茶、品茶等。这一记载远较《龙溪县志》《随园食单》详细，如炉之规制、质地，壶之形状、容量，瓷杯之花色、数量，以及瓦铛、棕垫、纸扇、竹夹、细炭、闽茶，均一一提及。而投茶、候汤、淋罐、筛茶、品呷等冲沏程式，亦尽为其要。因此该作问世以后，便成功夫茶文献之圭臬，至今各种类书、辞典中的"工夫茶"条，皆据此阐说。

清代咸丰寄泉《蝶阶外史》中，"工夫茶，闽中最盛。茶产武夷诸山，采其茶，窨制如法。……壶皆宜兴砂质，龚春时大彬，不一式。每茶一壶，需炉铫三。候汤，初沸蟹眼，再沸鱼眼，至联珠沸则熟矣。水生汤嫩，过熟汤老，恰到好处颇不易，故谓天上一轮好月，人间中火候，一瓯好茶，亦关缘法，不可幸致也。第一铫水熟，注空壶中，荡之泼去；第二铫水已熟。预用器置茗叶，分两若干，立下壶中。注水，覆以盖，置壶铜盘内；第三铫水又熟，从壶顶灌之周四面；则茶香发矣。瓯如黄酒卮，客至每人一瓯，含其涓滴，咀嚼而玩味之。若一鼓而牛饮，即以为不知味，肃客出矣。"其茶用武夷茶，器有炉、铫、宜兴砂壶、铜盘、茶瓯等，其泡饮程序有治器、候汤、涤壶、纳茶、冲点、淋壶、斟茶、品茶等。

晚清张心泰《粤游小识》记载，"潮郡尤嗜茶，其茶叶有大焙、小焙、小种、名种、奇种、乌龙诸名包，大抵色香味三者兼备。以鼎臣制宜兴壶，大若胡桃，满贮茶叶，用坚炭煎汤，乍沸泡如蟹眼时，瀹于壶内，乃取若琛所制茶杯，高寸余，约三四器匀斟之。每杯得茶少许，再瀹再斟数杯，茶满而香味出矣。其名曰功夫茶，甚有酷嗜破产者。"清末民国时期的连横在其《雅堂先生文集》"茗谈"中记："台人品茶，与中土异，而与漳、泉、潮相同，盖台多三州人，故嗜好相似。""茗必武夷，壶必孟臣，杯必若琛，三者为品茶之要，非此不足自豪，且不足待客。"

第五章　茶艺用具

第一节　茶具材质

我国茶具花色种类繁多，质地迥异，形式多样。茶具因制作材料和产地不同，分为陶土茶具、瓷器茶具、玻璃茶具、漆器茶具、金属茶具和竹木茶具等几大类。

一、陶土茶具

通常把胎体烧结不致密的黏土和瓷石制品，不论是有色还是白色，统称为陶器。其中把烧造温度较高，烧结程度较好的称为"硬陶"，把施釉的一种称为"釉陶"。陶土器具是新石器时代的重要发明，最初是粗糙的土陶，然后逐步演变为比较坚实的硬陶，再发展为表面敷釉的釉陶。在商周时期就出现了几何印纹硬陶，秦汉时期已有釉陶的烧制。宜兴古代制陶颇为发达，而陶土茶具的佼佼者首推宜兴紫砂茶具。

（一）紫砂茶具的发展

陶器中享有海内外声誉的是宜兴紫砂茶具，早在北宋初期就已经崛起，成为别树一帜的优秀茶具。紫砂茶具的造型丰富、古朴典雅的特点深为人所推崇，外形有似莲藕、竹结、松段和仿商周古铜器形状的，明代大为流行。清代宜兴紫砂壶壶形和装饰变化多端，千姿百态，风靡全球；当时我国闽南、潮州一带兴盛煮泡功夫茶使用的茶具，几乎全为宜兴紫砂器具。

紫砂茶具式样繁多，所谓"方非一式，圆不一相"。在紫砂壶上雕刻花鸟、山水和各体书法，始自晚明而盛于清嘉庆以后，并逐渐成为紫砂工艺中所独具的艺术装饰。不少著名的诗人、艺术家曾在紫砂壶上亲笔题诗刻字。《砂壶图考》曾记郑板桥自制一壶，亲笔刻诗云："嘴尖肚大耳偏高，才免饥寒便自豪。量小不堪容大物，两三寸水起波涛。"

近年来，紫砂茶具有了更大发展，新品种不断涌现，目前紫砂茶具品种已由原来的四五十种增加到六百多种。如专为日本消费者设计的艺术茶具，称为"横把壶"，按照日本人的爱好在壶面上到写精美书法的佛经文字，成为日本消费者的品茗佳具。紫砂双层保温杯，用以泡茶，具有色香味皆蕴、夏天不易变馊的特性。紫砂茶具造型多种多样，有瓜轮型、蝶纹型，还有梅花型、鹅蛋型、流线型等。艺人们采用传统的篆刻手法，把绘画、书法和雕刻等装饰手法施用在紫砂陶器上，使之成为观赏和实用巧妙结合的产品。目前市场上销售的紫砂茶具主要来自福建、宜兴、台湾三地，而福建紫砂茶具的原料来自宜兴。

紫砂茶具不仅为我国人民所喜爱，而且也为海外一些国家的人民所珍重。早在15世纪，日本、葡萄牙、荷兰、德国、英国的陶瓷工人曾先后把中国的紫砂壶作为标本加以仿造，西方人称紫砂壶为"红色瓷器"。

（二）紫砂茶具的特性

紫砂茶具采用紫泥、绿泥（本山绿）、红泥抟制后焙烧而成，成陶火温在1000~1200℃，多呈紫红色。紫泥、绿泥（本山绿）、红泥统称为紫砂泥，以不同配比掺搭可得朱砂紫、深紫栗色、海棠红、天青、黛绿等多种颜色，故紫砂泥也称"五色土"。

陶土烧制的茶具主要有茶壶、茶杯、茶碗、茶宠等，而紫砂壶是紫砂茶具中的主要品种。紫砂壶一般里外都不上釉，因成陶火温较高而烧结密致，胎质细腻；既不渗漏，又有肉眼看不见的气孔；既有低微的吸水性，又有一定的透气性。用紫砂壶泡茶，不失原味，并能保持"色香味皆蕴"。紫砂壶有良好的机械强度，适应冷热急变的性能极佳，能在文火上炖煨。紫砂壶传热缓慢，不致烫手；夏季盛茶，不易酸镀。紫砂壶耐用，经久使用还能吸附茶汁，蕴蓄茶味。紫砂壶外壁光泽不损，长时间使用，壶体的颜色会变得越来越光润柔亮，更加美观，入手可鉴。此外，紫砂茶具还具有造型简练大方，色调淳朴古雅的特点。

紫砂茶具的成品，紫似熟透的葡萄、赤似红色的枫叶、黄似成熟的柑橙、赭似怒放的墨菊，华丽多姿，千变万化。它有成百上千种不同的造型，制作工艺精深，色泽质朴无华。能工巧匠或名人大家在壶体上经常用钢刀代替笔，雕刻山水花鸟的图案，镌刻金石书法，令紫砂壶成了一种将文学、绘画、书法、雕刻、金石及造型集中于一体的艺术珍品，使人们在品茶的同时还能欣赏艺术，获得知识的启发与美的享受。

（三）紫砂壶大师

紫砂壶的制作，相传最初由明代龚春（供春）模仿老银杏树瘿制成的一把树瘿壶而闻名。"供春壶"闻名后，相继出现的制壶大师有明万历的董翰、赵梁、文畅、时朋"四大名家"，后有时大彬、李仲芳、徐友泉"三大妙手"，清代有陈鸣远、杨彭年、杨凤年兄妹和邵大亨、黄玉麟、程寿珍、俞国良等。近代有顾景舟、朱可心、蒋蓉等人，顾景舟近作提璧壶和汉云壶成为出国礼品。名手所作紫砂壶造型精美，色泽古朴，光彩夺目，成为美术作品。过去有人说，一两重的紫砂茶具，价值一二十金，能使土与黄金争价。明代张岱《陶庵梦忆》中说："宜兴罐以龚春为上，一砂罐，直跻商彝周鼎之列而毫无愧色。"名贵可想而知。

（1）明代紫砂工艺大师——龚春　龚春（供春）的制品被称为"供春壶"，造型新颖精巧，质地薄而坚实，被誉为"供春之壶，胜如金玉"。"栗色暗暗，如古金石；敦庞用心，怎称神明"。

（2）明代紫砂工艺大师——时大彬　时大彬是紫砂工艺大师龚春的弟子，其作品突破了师傅传授的格局而多作典雅精巧的小壶，作为点缀于案几的艺术品，更加符合饮茶品茗的趣味。因此当时就有十分推崇的诗句："千奇万状信手出"，"宫中艳说大彬壶"。

（3）清代紫砂工艺大师——陈鸣远 陈鸣远制作的茶壶，线条清晰，轮廓明显，壶盖有行书"鸣远"印章，至今被视为珍藏。

（4）清代紫砂工艺大师——杨彭年 杨彭年的制品，雅致玲珑，不用模子，随手捏成，天衣无缝，被人推为"当世杰作"。

（5）清代紫砂工艺大师——陈曼生 当时江苏溧阳知县陈曼生，癖好茶壶，工于诗文、书画、篆刻，特意到宜兴和杨彭年配合制壶。陈曼生的设计，杨彭年的制作，再由陈氏镌刻书画。其作品世称"曼生壶"，一直为鉴赏家们所珍藏。

二、瓷器茶具

经过高温烧成、胎体烧结程度较为致密、釉色品质优良的黏土或瓷石制品称为"瓷器"。瓷器是在陶器的基础上发展起来的，成为中国人日常生活的主要用器。

（一）瓷器发展史

瓷器脱胎于陶器，它的发明是中国古代先民在烧制白陶器和印纹硬陶器的经验中逐步探索出来的。距今约4500年，中国就出现了早期的瓷器，一般称为"原始瓷"，器类有罐和钵。原始瓷作为陶器向瓷器过渡阶段的产物，与各种陶器相比，具有胎质相对致密、经久耐用、便于清洗、外观华美等特点。在3000多年前的商代，我国已出现了原始青瓷。原始青瓷为玻璃质，绿色釉，明亮光滑，胎釉结合较密，烧成温度较高，达1200℃以上，叩之有金石之声，被称为我国瓷器的鼻祖。但中国真正的瓷器出现是在东汉时期（23—220年），此时青瓷的瓷片质地细腻，釉面有光泽，胎釉结合紧密牢固，已无残留石英。在隋唐时期，制瓷业得到发展，形成"南青北白"的两大窑系，即南方越窑的青瓷——"类玉类冰"，北方邢窑的白瓷——"类银类雪"。唐代瓷器的制作技术和艺术创作已达到高度成熟。进入宋代，制瓷业蓬勃发展，名窑涌现，突破了以往青、白瓷的单纯色调，黑釉、青白釉和彩绘瓷等纷纷兴起，使瓷釉具有各种不同的颜色，五光十色，光彩夺目。元代中晚期在景德镇烧出了青花、釉里红、钴蓝釉、铜红釉、卵白釉等新品种，尤其是元青花的烧制成功开辟了由素瓷向彩瓷过渡的新时代，开创了中国陶瓷装饰的先河，结束了中国两千多年瓷器釉色主要仿玉类银的局面，加速了东西南北各大名窑的衰落进程，使景德镇一跃成为中世纪世界制瓷业的中心。明代以前陶瓷釉色以青为主，明代则以白瓷为主，为瓷器的装饰创造了物质条件。明代成化年间出现了斗彩瓷，明嘉靖、万历年间出现了五彩瓷。明代时期景德镇成为中国瓷都，全国制瓷业以景德镇为中心。清初制瓷技巧更达到了历史的高峰，造瓷技术有更大进步，凡是明代已有的工艺和品种大多有所提高或创新，彩瓷分化出墨彩、蓝彩及金彩，并创造了粉彩、珐琅彩、紫砂、织金、黑瓷、石湾塑等，使中国陶瓷走向了辉煌。明清时期从制坯、装饰、施釉到烧成，技术上又都超过前代，而且陶瓷产品远销世界各地，对中华民族文化的传播和弘扬起到了巨大作用。由以上可知，中国古代瓷器有着从低级到高级、从原始到成熟的发展过程，从无釉到有釉，又由单色釉到多色釉，然后再由釉下彩到釉上彩，并逐步发展成釉下与釉上合绘的五彩、斗彩。

随着工业革命时代的持续发展，欧美国家的陶瓷行业逐渐采用机械进行工业化生产，提高了陶瓷的生产效率，优化了陶瓷的生产工艺，重视实用与美观，使得当时世界陶瓷出现全新的发展。在陶瓷工业从手工业向近代工业迈进的转变时期，世界陶瓷生产的中心转移到欧洲和日本等国家。自改革开放以来，我国陶瓷业逐渐引进国外先进的陶瓷制造技术和设备，窑炉升级改造，烧制技术不断改进和创新。目前，中国已成为世界陶瓷生产第一大国，中国的陶瓷业至今仍兴盛不衰，分布于江西景德镇、湖南醴陵、广东石湾和枫溪、江苏宜兴、河北唐山和邯郸、山东淄博等地。

（二）瓷器名窑

瓷器能得以发展，依赖于瓷窑的发展。在历代瓷器发展中，形成了很多著名的瓷窑。宋瓷名窑林立，有官窑、民窑之分，有南北地域之分。官窑，就是官府办的窑，专门为皇宫、王室生产；官窑瓷器的窑址地点、生产技术严格保密，工艺精美绝伦，不计成本，精益求精，传世瓷器多是稀世珍品。民窑，就是民间办的窑，生产民间用瓷；民窑看重的是实用、使用价值，要考虑成本，工料就不如官窑那么讲究，但也有精美的艺术产品。宋代著名官窑有汝、官、哥、定、钧五大名窑，民窑有北方的磁州窑、耀州窑、钧窑、定窑和南方的饶州窑（景德镇窑）、龙泉窑、建窑、吉州窑。定窑的印花，耀州窑的刻花，钧窑的铜红窑变釉色，磁州窑的白地黑花，龙泉窑的翠绿晶润的梅子青，景德镇窑青白瓷的色质如玉等，各具特色。

1. 瓷都景德镇

北宋景德元年（1004年）真宗赵恒下旨，在浮梁县昌南镇办御窑，并把昌南镇改名为景德镇。这时景德窑生产的瓷器，质薄光润，白里泛青，雅致悦目，而且已有多彩施釉和各种彩绘。当时彭器资《送许屯田诗》曾有这样的评价："浮梁巧烧瓷，颜色比琼玖。"到元代，景德镇因烧制青花瓷而闻名于世。明代时，景德镇已成为全国制瓷中心。景德镇在生产青花瓷的基础上，又先后创造了各种彩瓷，产品造型小巧，胎质细腻，彩色鲜丽，画意生动，在明代嘉靖、万历年间被视同拱璧。清代各地制瓷名手云集景德镇，制瓷技术又有不少创新。到雍正时，珐琅彩瓷茶具胎质洁白，通体透明，薄如蛋壳，已达到了纯乎见釉、不见胎骨的完美程度。

据史籍记载，宋、元时期景德镇瓷窑已有300多座，颜色釉瓷已占很大比重。到了明、清时代，景德镇的颜色釉取众窑之长，"尽人工之巧"，承前启后造诣极高，创造了钧红、祭红和郎窑红等名贵色釉。从明代开始，景德镇大量生产钧红瓷。明代永宣年间，景德镇创造了祭红。古代皇室用这种红釉瓷做祭器，因而得名祭红。祭红娇而不艳，红中透紫，色泽深沉而安定。因烧制难度极大，成品率很低，所以身价特高。古人在制作祭红瓷时，很名贵的原料如珊瑚、玛瑙、玉石、珍珠、黄金等都在所不惜。而郎窑红又称宝石红，色调鲜艳夺目，绚丽多彩，也很受人喜爱。

如今景德镇已恢复和创制70多种颜色釉，如钧红、郎窑红、豆青、文青等，已赶上或超过历史最好水平，还新增了火焰红、大铜绿、丁香紫等多种颜色釉。这些釉不仅用于装饰工艺陈设瓷，也用以装饰等日用瓷，使景德镇瓷器"白如玉、薄如纸、明如镜、声如磬"的特点更加发扬光大。

2. 德化窑

福建德化瓷的制作始于新石器时代，兴于唐宋，盛于明清，技艺独特，至今传承未断。德化瓷一直是我国重要的对外贸易品，与丝绸、茶叶一道享誉世界，为制瓷技术的传播和中外文化交流作出了贡献，如今德化县内保存着宋元时代的碗坪和屈斗宫等窑址。德化窑最早可追溯到新石器时代烧造印纹陶器，唐代已开始烧制青釉器；宋代生产的白瓷和青瓷已很精致，瓷器产品开始大量出口；元代德化瓷塑佛像已经进贡朝廷，得到帝王的赏识。明、清两代，德化瓷器大量流传到欧洲，它的象牙白釉（又名奶油白）对欧洲瓷器的艺术产生很大的影响。明代，德化瓷艺人何朝宗利用当地优质的高岭土，使用捏、塑、雕、刻、刮、接、贴等八种技法制作出精美的德化瓷塑，釉色乳白，如脂如玉，色调素雅，享有"象牙白""中国白"和"国际瓷坛明珠"的美誉，成为中国白瓷的代表。郑和下西洋所带的瓷器中，就有福建的"德化瓷"。德化陶瓷闻名于世界尤其以明代生产的白瓷最具特点，也最有影响力。德化的明代制瓷技术已经达到了历史的最高水平，在造型艺术方面也达到了前所未有的高度。至今德化瓷业，新秀辈出，不断创新发展，重新焕发出青春。

3. 邢窑

邢窑，即邢州窑，为唐代著名的瓷窑，距今已有1500余年的历史，是隋唐时期七大名窑之一，是中国北方最早烧制白瓷的窑场。邢州窑址位于河北邢台市所辖的内丘县和临城县祁村一带，已被国务院列为全国重点文化保护单位。邢窑主要生产白瓷及其他釉色瓷器，与南方越窑形成"南青北白"相互争艳的两大体系，奠定了邢窑瓷器的历史地位。邢窑生产的白瓷，质量十分精美，质地坚硬，釉色洁白如雪；制作规整精细，造型朴素大方，线条饱满酣畅；釉色银白恬静，给人以既雍容饱满而又凝重大方的美感；器壁轻薄如云，扣之音脆而妙如方响。同时，也因其数量增多、物美价廉，除为宫廷使用外，还为天下通用而畅销各地。唐代邢窑白瓷的制作工艺已在其主要产地临城县仿制成功。

4. 龙泉窑

浙江龙泉青瓷以造型古朴挺健，釉色翠青如玉著称于世，是瓷器中的一颗灿烂明珠，被人们誉为"瓷器之花"。龙泉青瓷产于浙江西南部龙泉县境内，龙泉是我国历史上瓷器的重要产地之一，在南宋时就已成为全国非常大的窑业中心。龙泉窑出名的有"哥窑""弟窑"，哥窑被列为五大名窑之一，弟窑也被誉为名窑之巨擘。

哥窑青瓷常见的有炉、瓶、碗、盘、洗等，质地优良，做工精细，全为宫廷用瓷的式样，与民窑瓷器大相径庭。其胎薄质坚，釉层饱满，色泽静穆，有粉青、翠青、灰青、蟹壳青等，以粉青最为名贵。釉面显现大大小小不规则的开裂纹片，纹片形状多样；纹片大小相间的俗称"开片"或"文武片"，细小如鱼子的叫"鱼子纹"，开片呈弧形的称"蟹爪纹"，开片大小相同的称"百圾碎"，还有"鳝血纹""牛毛纹"等。这开裂纹片本来是因釉原料收缩系数不同而产生的一种疵病，但人们喜爱它自然、美观，反而成了别具风格的特殊美。哥窑青瓷的另一特点是器脚露胎，胎骨如铁，口部釉隐现紫色，因而有"紫口铁脚"之称。哥窑传世之作表面为大小开片相结合，小纹片的纹理呈金黄色，大纹片的纹理呈铁黑色，故有"金丝铁线"之说。传世哥窑瓷器不见于宋墓出土，其窑址也未发现，故研究者普遍认为传世哥窑属于宋代官办瓷窑。

弟窑青瓷造型优美，胎骨厚实，釉色青翠，光润纯洁，有梅子青、粉青、豆青、蟹壳青等。其中以粉青、梅子青为最佳，滋润的粉青酷似美玉，晶莹的梅子青宛如翡翠。青瓷艺人向来追求"釉色如玉"，弟窑产品可谓达到了这样的艺术境界，其釉色美。器物的棱沿部分微露白痕，称为"出筋"，底部呈现朱红，称为"朱砂底"。从宋代起，龙泉青瓷不仅是国内畅销产品，也已成为重要出口商品，博得国内外群众的广泛喜爱。

5. 汝窑

汝窑是北宋后期的宋徽宗年间建立的官窑，前后不足 20 年，为"五大名窑"之首。汝窑以青瓷为主，釉色有粉青、豆青、卵青、虾青等。汝窑瓷胎体较薄，釉层较厚，有玉石般的质感，釉面有很细的开片。汝窑瓷采用支钉支烧法，瓷器底部留下细小的支钉痕迹。器、物本身制作上胎体较薄，胎泥极细密，呈香灰色，制作规整，造型庄重大方。器形多仿造古代青铜器式样，以洗、炉、尊、盘等为主。汝窑瓷器最为人们称道的是其釉色。后人评价"其色卵白，如堆脂"。汝窑传世作品不足百件，因此非常珍贵。

6. 官窑

官窑是宋徽宗政和年间在京师汴梁建造的，窑址至今没有发现。官窑主要烧制青瓷，大观年间以烧制青釉瓷器著称于世。官窑主要器型有瓶、尊、洗、盘、碗，也有仿周、汉时期青铜器的鼎、炉、彝等式样，器物造型带有雍容典雅的宫廷风格。其烧瓷原料的选用和釉色的调配也很讲究，釉色以月色、粉青、大绿三种颜色最为流行。官瓷胎体较厚，天青色釉略带粉红颜色，釉面开大纹片，这是北宋官窑瓷器的典型特征。北宋官窑瓷器传世很少，十分珍稀名贵。南宋官窑最善应用开片，具胎薄（呈灰、黑色）、釉层丰厚（呈粉青、火黄、青灰等色）的特点。其器物口沿因釉下垂而微露胎色呈灰黑泛紫，器物底足由于垫饼垫烧而露胎呈铁褐色，称为"紫口铁足"，以此为贵。宋代官窑瓷器不仅重视质地，且更追求瓷器的釉色之美。

7. 越窑

越窑以产青瓷而驰名世界，其作品呈现一种特别的"雨过天晴"色，质地如冰似玉。东汉之后的三国两晋南北朝时期（220—581 年），南方青瓷的生产如浙江越窑等一直处于领先地位。越窑生产青瓷与黑瓷，到西晋晚期也生产青釉褐斑瓷，即在器物的主要部位加上褐色点彩，以打破青瓷的单色格调。三国时越窑的产品胎质坚硬细腻，呈浅灰色；釉质纯净，以淡青色为主，黄或青黄色少见；器型有碗、碟、罐、壶、洗、盆、钵、盒、盘、耳杯、香炉、唾壶、虎子、水盂、泡菜坛等日用瓷，西晋时又出现了扁壶、鸡壶、烛台和辟邪等新产品。南朝时佛教盛行，瓷器上多以莲瓣或莲花作为装饰。从三国到隋朝统一前的数百年中，以越窑为代表的瓷器生产有了长足的发展，品种繁多，式样新颖，已深入到生活的各个领域，成为人们不可须臾离开的用具。唐代形成了越窑青瓷系统，具有"越瓷类玉、类冰"的美誉。

8. 钧窑

钧窑广泛分布于河南禹县（时称钧州），故名钧窑。钧窑分为官钧窑、民钧窑，官钧窑是宋徽宗年间继汝窑之后建立的第二座官窑。钧窑以县城内的八卦洞窑和钧台窑最有名，烧制各种皇室用瓷。钧瓷经两次烧成，第一次素烧，出窑后施釉彩，二次再烧。钧瓷的釉色为一绝，千变万化，红、蓝、青、白、紫交相融汇，灿若云霞，宋代诗人曾以"夕阳紫翠忽成岚"来赞美。这是因为在烧制过程中，配料掺入铜的氧化物造成的艺术效果，此为中国制瓷史上的一大发明，称为"窑变"。因钧瓷釉层厚，在烧制过程中，釉料自然流淌以填补裂纹，出窑后形成有规则的流动线条，非常类似蚯蚓在泥土中爬行的痕迹，故称为"蚯蚓走泥纹"，以花盆最为出色。河南禹州的钧瓷在建国恢复烧制后，得到了快速发展，成为发展最好的五大名窑。钧瓷的造型用途开始多元化，从单纯的陈设品转向与日用品相结合的艺术品，代表作有禹州市孔家钧窑的钧瓷美壶系列作品。

9. 定窑

定窑为民窑，以烧白瓷为主，瓷质细腻，质薄有光，釉色润泽如玉。定窑除烧白釉外还兼烧黑釉、绿釉和酱釉，造型以盘、碗最多，其次是梅瓶、枕、盒等。常见在器底刻"奉华""聚秀""慈福""官"等字。盘、碗因覆烧，有芒口及因釉下垂而形成泪痕的特点。花纹千姿百态，有用刀刻成的划花，用针剔成的绣花，特技制成的"竹丝刷纹""泪痕纹"等。出土的定窑瓷片中，发现刻有"官""尚食局"等字样，这说明定窑的一部分产品是为官府和宫廷烧造的。

10. 醴陵窑

湖南醴陵瓷器的特点是瓷质洁白，色泽古雅，音似金玉，细腻美观。醴陵的釉下彩瓷，更是誉满中外的传统产品。如今醴陵窑制造的釉下彩茶具等，其画面犹如穿上一层透亮的玻璃纱，洁白如玉，晶莹润泽，层次分明，立体感强。

（三）瓷器特性

烧制瓷器必须同时具备三个条件：一是制瓷原料必须是富含石英和绢云母等矿物质的瓷石、瓷土或高岭土；二是烧成温度须在1200℃以上；三是在器表施有高温下烧成的釉面。瓷器以江西景德镇的最出名，自古有"景瓷宜陶"之说，所产瓷器茶具有白瓷茶具、青瓷茶具、青花瓷茶具、黑瓷茶具等。瓷器茶具成瓷温度高，坯质致密透明，釉色丰富多彩，无吸水性，造型美观，装饰精巧，音清而韵长。从性能和功用上说，瓷器茶具无异味，易清洗，传热慢，保温适中，不烫手，不炸裂，沏茶能获得较好的色、香、味。配合上茶文化，瓷器茶具更是具备了艺术和实用兼具的特点。

（四）瓷器茶具种类

瓷器茶具在东汉晚期发明后，就逐渐代替了陶质茶具。自唐代之后饮茶、斗茶之风出现，品茶的器具才开始有了讲究，器型、花色出现了一些艺术气质的变化。瓷器茶具发展到清代，算是鼎盛，器形上的讲究日臻完美，尤以皇宫御品为典范，同时出现了除青花之外，还有斗彩、粉彩、五彩、釉里红、珐琅彩等创新彩绘。明代以前中国的瓷器以素瓷（没有装饰花纹，以色彩纯净度的高低为优劣标准的瓷器）为主，依照颜色分类分为青瓷、黑瓷、白瓷三种。明代以后以彩绘瓷为主要流行的瓷器，即在瓷器表面加以彩绘，主要有釉下彩瓷和釉上彩瓷两大类，较为著名的有青花瓷、珐琅彩瓷等。依照瓷器出产地点也有不同的分类，如中国浙江越窑（秘色瓷）、江西昌南、河北定瓷，日本近江、甲贺的信乐烧（shigarakiyaki）、长崎有田烧（aritayaki）、冈山县备前（bizenyaki）等特色瓷器，英国、法国、俄罗斯、德国等地也建立起多个高级瓷器品牌。

1. 青瓷茶具

青瓷茶具始自晋代，当时最流行一种称作"鸡头流子"的有嘴茶壶。六朝以后，许多青瓷茶具都有莲花纹饰。唐代的茶壶又称"茶注"，壶嘴称"流子"，形式短小，取代了晋时的鸡头流子。相传唐代西川节度使崔宁的女儿发明了一种茶碗的碗托，她以蜡做成圈，以固定茶碗在盘中的位置；该碗托演变为瓷质茶托，就是后来常见的茶托子，现代称为"茶船子"；其实早在《周礼》中就把盛放杯樽之类的碟子叫作"舟"，可见"舟船"之称远古已有。宋代饮茶盛行茶盏，使用盏托更为普遍。茶盏又称茶盅，实际上是一种小型茶碗，它有利发挥和保持茶叶的香气滋味。茶杯过大，不仅香味易散，且注入开水多，载热量大，容易烫熟茶叶，使茶汤失去鲜爽味。由于宋代瓷窑的竞争，技术的提高，使得茶具种类增加，出产的茶盏、茶壶、茶杯等品种繁多，式样各异，色彩雅丽，风格大不相同。

青瓷茶具胎薄质坚，造型优美，釉层饱满，有玉质感；色泽静穆，有粉青、翠青、灰青、蟹青等，又以粉青最名贵；釉面显现出纹片多样：大小相间的"文武片"，细眼似的"鱼子纹"，冰裂似的"白坂碎"以及"蟹爪纹""鳝血纹""牛毛纹"等。青瓷茶具以浙江龙泉哥窑的最珍贵，至今世界上许多博物馆内都有收藏。宋代五大名窑之一的浙江龙泉哥窑达到鼎盛时，生产各类青瓷器，包括茶壶、茶碗、茶盏、茶杯、茶盘等。明代，龙泉哥窑的青瓷茶具更以其质地细腻，造型端庄，釉色青莹，纹样雅丽而蜚声中外。当代，浙江龙泉青瓷茶具又有新的发展，不断有新产品问世。青瓷茶具除具有瓷器茶具的众多长处外，因光彩青翠，用来冲泡绿茶，更有益汤色之美。不过，用青瓷茶具来冲泡红茶、白茶、黄茶、黑茶，则易使茶汤失去本来面目。

2. 白瓷茶具

白瓷的烧制，始于6世纪的北齐，当时尚属初创。隋朝统一全国后，瓷器生产除了继承北朝的青瓷外，还成功烧制出白瓷，中国瓷器便由青瓷发展到了白瓷的阶段，为以后彩瓷的出现创造了条件。至唐代，白瓷已发展成熟，除满足国内市场需要外，还远销到国外。唐代饮茶之风大盛，促进了白瓷茶具的生产发展，形成了一批以生产茶具为主的著名窑场。当时的邢窑白瓷与越窑青瓷，分别代表了南北两大瓷窑系统。邢窑白瓷质地坚硬，制作精致，胎釉洁白如雪，邢窑生产的白瓷器具已"天下无贵贱通用之"。在它的影响下，北方又出现了另一个著名的白瓷窑——定窑。此外，河南巩县窑、密县、登封窑、郏县窑、荥阳窑、安阳窑，以及山西浑源窑、平定窑，陕西耀州窑，安徽萧县窑等，都产白瓷茶具。唐代烧造的白瓷，胎釉白净，如银似雪，有"假白玉"之称，标志着白瓷的真正成熟。唐代陆羽（733—804年）的《茶经》里写道："邢瓷类银，越瓷类玉""邢瓷类雪，越瓷类冰"。北宋时景德镇生产的白瓷质薄光润，胎色洁白细密坚致，釉色光莹如玉，白里泛青，雅致悦目，并有景青刻花、印花和褐色点彩装饰，号称"白如玉，薄如纸，明如镜，声如磬"。杜甫曾盛赞四川大邑生产的白瓷茶碗："大邑烧瓷轻且坚，扣如哀玉锦城传。君家白碗胜霜雪，急送茅斋也可怜。"自明代中期开始，人们不再注重茶具与茶汤颜色的对比，转而追求茶具的造型、图案、纹饰等所体现的"雅趣"上来，因而使得白瓷茶具的造型千姿百态，纹饰图案美不胜收。现在的白瓷，大多配有山川河流、四季花草、飞禽走兽、人物故事等精美图案或颇具哲理的劲道书法。

白瓷茶具有坯质致密透明，上釉，成瓷火温高，无吸水性，音清而韵长等特点。因色泽洁白，能反映出茶汤色泽，传热、保温性能适中，加之色彩缤纷，造型各异，堪称饮茶器皿中之珍品。如今，白瓷茶具更是面目一新，适合冲泡各类茶叶。加之白瓷茶具造型精巧，装饰典雅，其外壁多绘有山川河流，四季花草，飞禽走兽，人物故事，或缀以名人书法，又颇具艺术欣赏价值，所以使用最为普遍。当前的白瓷茶具以江西景德镇最著名，此外湖南醴陵、河北唐山、安徽祁门的白瓷茶具也各具特色。

3. 青花瓷茶具

彩瓷又称"彩绘瓷"，是运用彩绘瓷器制作而成的茶具。彩瓷技法多样，因而彩瓷茶具的品种花色丰富多彩，有釉下彩、釉上彩及釉中彩、青花、新彩、粉彩、珐琅彩等种类，其中尤以青花瓷茶具最引人注目。

青花瓷茶具是以氧化钴为呈色剂，在瓷胎上直接描绘图案纹饰，再涂上一层透明釉，然后在窑内经1300℃左右高温烧制而成，呈白地蓝花的釉下彩瓷，故又称"釉下蓝"。青花瓷始于唐代，直到元代中后期才开始成批生产，盛于元、明、清代，曾是那时茶具品种的主流，尤以景德镇成为主要生产地。由于青花瓷茶具绘画工艺水平高，特别是将中国传统绘画技法运用在瓷器上，因此这也可以说是元代绘画的一大成就。元代以后除景德镇生产青花瓷茶具外，云南的玉溪、建水，浙江的江山等地也有少量青花瓷茶具生产，但无论是釉色、胎质，还是纹饰、画技，都不能与同时期景德镇生产的青花瓷茶具相比。明代，景德镇生产的青花瓷茶具，诸如茶壶、茶盅、茶盏，花色品种越来越多，质量越来越精，无论是器形、造型、纹饰等都冠绝全国，成为其他生产青花瓷茶具窑场模仿的对象。清代，特别是康熙、雍正、乾隆时期，青花瓷茶具在古陶瓷发展史上，又进入了一个历史高峰，它超越前朝，影响后代。康熙年间烧制的青花瓷器具，更是史称"清代之最"。

青花瓷常见的有手绘、贴花和印花三大类。青花瓷茶具花纹蓝白相映成趣，有赏心悦目之感；色彩淡雅幽菁可人，永不褪色，有华而不艳之力，令人赏心悦目。而且青花瓷茶具还具有题材丰富与实用美观等优点，加之彩料之上涂釉，显得滋润明亮，更平添了青花瓷茶具的魅力。被称为瓷都的江西景德镇出产的青花瓷在元代就已成为瓷器的代表，其青花瓷釉质透明如水，胎体质薄轻巧，洁白的瓷体上敷以蓝色纹饰，素雅清新，充满生机。除景德镇出产青花瓷茶具外，较有影响的还有江西的吉安、乐平，广东的潮州、揭阳、博罗，云南的玉溪，四川的会理，福建的德化、安溪等地。此外，全国还有很多地方出产"土青花"茶具，在一定区域内供民间饮茶使用。

4. 黑瓷茶具

黑瓷也称天目瓷，是施黑色高温釉的瓷器，为民间常用器皿中常见的釉色之一。黑瓷是在青瓷的基础上发展起来的，二者的呈色剂都是铁元素，但黑瓷釉料中三氧化二铁的含量在5%以上。

黑瓷茶具始于晚唐，鼎盛于宋，延续于元，衰微于明、清。我国商周时期就已出现黑瓷，东汉时期浙江上虞窑烧制的黑瓷施釉厚而均匀。东晋德清窑的黑瓷釉厚如堆脂，色黑如漆。唐代黑瓷以里白外黑的碗、黑釉白边的罐比较常见，釉面乳浊感强，发色偏灰暗，或偏褐色，或偏黄绿，不及宋金时候的黑釉釉面玻化程度高，玻璃质感强。唐代山西黑瓷中比较有特色的是交城窑的花釉瓷器，也有人叫唐钧，它以黑褐釉为底，釉上随意洒点月白色彩斑，如云霞，似岩浆，潇洒自如，器型有拍鼓和瓷罐，但暂未见有完整器物存世。

自宋代开始，饮茶方法已由唐代煎茶法逐渐改变为点茶法，而宋代流行的斗茶又为黑瓷茶具的崛起创造了条件。宋代衡量斗茶的效果，一看茶面汤花色泽和均匀度，以"鲜白"为先；二看汤花与茶盏相接处水痕的有无和出现的迟早，以"盏无水痕"为上。而黑瓷茶具，正如宋代祝穆在《方舆胜览》中说的"茶色白，入黑盏，其痕易验"，容易衬托出茶汤的色泽，茶盏胎土厚可保温，有利茶汤温度的维持。宋代斗茶者们根据经验，认为黑瓷茶盏用来斗茶最为适宜，于是宋代的黑瓷茶盏成了瓷器茶具中生产和应用的最大品种。

福建建安窑、江西吉州窑、山西榆次窑、婺州窑等地都大量生产黑瓷茶具，成为黑瓷茶具的主要产地。黑瓷茶具的窑场中，以福建建安窑生产的"建盏"最为人称道。宋蔡襄《茶录》说："茶色白，宜黑盏，建安所造者绀黑，纹如兔毫，其坯微厚，久热难冷，最为要用。出他处者，或薄或色紫，皆不及也。其青白盏，斗试家自不用。"建盏配方独特，在烧制过程中因含铁量较高和烧窑时保温时间较长，所以釉中析出大量氧化铁结晶，使釉面呈现兔毫条纹、鹧鸪斑点、日曜斑点等黑色结晶釉，一旦茶汤入盏，能放射出五彩纷呈的点点光辉，增加了斗茶的情趣，颇为珍贵。福建建安窑所产适宜于斗茶的代表性作品为"兔毫盏"，"兔毫盏"胎质较厚，釉色漆黑，风格独特，古朴雅致，而且磁质厚重，保温性能较好，故为斗茶行家所珍爱，因而驰名。其他瓷窑也竞相仿制，如四川省博物馆藏有一个黑瓷兔毫茶盏，就是四川广元窑所烧制，其造型、瓷质、釉色和兔毫纹与建瓷不差分毫，几可乱真。宋代河北定窑生产的黑瓷胎骨洁白而釉色乌黑发亮，江西吉州窑的玳瑁斑、木叶纹、剪纸贴花黑瓷以及河南、山西等地瓷窑生产的黑瓷也很有特色。浙江余姚、德清一带也曾出产过漆黑光亮、美观实用的黑釉瓷茶具，最流行的是一种鸡头壶，即茶壶的嘴呈鸡头状，日本东京国立博物馆至今还存有一件，名为"天鸡壶"，被视作珍宝。

宋代因流行斗茶而广泛使用黑瓷茶具，元、明、清时期黑瓷乃是民间常用器皿常见的釉色之一。至明代后逐渐流行泡茶法，黑瓷茶具因不适宜于泡茶法而逐渐使用变少。

三、玻璃茶具

玻璃，古人称之为流璃或琉璃，实是一种有色半透明的矿物质。一般是用含石英的砂子、石灰石、纯碱等混合后，在高温下熔化、成形，再经冷却后制成的。随着西方琉璃器的不断传入，唐代才开始烧制琉璃茶具。陕西扶风法门寺地宫出土的由唐僖宗供奉的素面圈足淡黄色琉璃茶盏和素面淡黄色琉璃茶托，是地道的中国琉璃茶具，虽然造型原始，装饰简朴，质地显混，透明度低，但却表明琉璃茶具在唐代已经开始制作。唐代元稹曾写诗赞誉琉璃，说它是"有色同寒冰，无物隔纤尘。象箸看不见，堪将对玉人。"宋时，中国独特的高铅琉璃器具相继问世。元、明时，规模较大的琉璃作坊在山东、新疆等地出现。清康熙时，在北京还开设了宫廷琉璃厂。只是自宋至清，虽有琉璃器件生产，且身价名贵，但多以生产琉璃艺术品为主，只有少量茶具制品，始终没有形成琉璃茶具的规模生产。近代，随着玻璃工业的崛起，玻璃茶具很快兴起。因玻璃质地透明，光泽夺目，外形可塑性大，形态各异，不吸味，易清洗，用途广泛，价格低廉，购买方便，因而受到人们喜爱。用玻璃可制成各种其他盛具，如酒具、碗、碟、杯、缸等，多为无色，也有用有色玻璃或套色玻璃的。玻璃茶具有很多种，如水晶玻璃、无色玻璃、玉色玻璃、金星玻璃、乳浊玻璃茶具等。在众多的玻璃茶具中，以玻璃茶杯最为常见。玻璃器具的缺点是容易破碎，比陶瓷烫手。随着钢化玻璃制品的出现，玻璃茶具不易破碎，还可直接用火、电、微波等方式加热，用途更加广泛。

用玻璃茶具泡茶，茶汤的色泽，茶叶的形态，尤其是茶叶在整个冲泡过程中的上下窜动、舒展的全过程，可以一览无余，可说是一种动态的艺术欣赏，可充分享受喝茶的乐趣。

四、其他茶具

很多种材质的原料，均可以用来制作茶具，如金属茶具、搪瓷茶具等。

（一）金属茶具

金属茶具是指由金、银、铜、铁、锡等金属材料制作而成的茶具，是我国最古老的日用器具之一。早在公元前18世纪至公元前221年秦始皇统一中国之前的1500年间，青铜器就得到了广泛的应用，先人用青铜制作盘盛水，制作爵、尊盛酒，这些青铜器皿自然也可用来盛茶。自秦汉至六朝，茶叶作为饮料已渐成风尚，茶具也逐渐从与其他饮具共用中分离出来。大约到南北朝时，我国出现了包括饮茶器皿在内的金银器具。到隋唐时，金银器具的制作达到高峰。20世纪80年代中期，陕西扶风法门寺出土的一套由唐僖宗供奉的鎏金茶具，可谓是金属茶具中罕见的稀世珍宝。但从宋代开始，古人对金属茶具褒贬不一。元代以后，特别是从明代开始，随着茶类的创新，饮茶方法的改变，以及陶瓷茶具的兴起，才使包括银质器具在内的金属茶具逐渐消失。尤其是用锡、铁、铅等金属制作的茶具，用它们来煮水泡茶，被认为会使"茶味走样"，以致很少有人使用。

但用金属制成贮茶器具，如锡瓶、锡罐等，却屡见不鲜。这是因为金属贮茶器具的密闭性要比纸、竹、木、瓷、陶等好，具有较好的防潮、避光性能，这样更有利于散茶的保藏。因此，用锡制作的贮茶器具，至今仍流行于世。锡罐多制成小口长颈，盖为筒状，比较密封，因此对防潮、防氧化、防光、防异味都有较好的效果。此外，唐代时皇宫饮用顾渚茶，使用金沙泉，因其不易破碎而以银瓶盛水，直送长安。

（二）搪瓷茶具

搪瓷茶具以坚固耐用，图案清新，轻便耐腐蚀而著称。搪瓷起源于古代埃及，后传入欧洲，但使用的铸铁搪瓷始于19世纪初的德国与奥地利，搪瓷工艺传入我国大约是在元代。明代景泰年间（1450—1456年），我国创制了珐琅镶嵌工艺品景泰蓝茶具，清代乾隆年间（1736—1795 年）景泰蓝从宫廷流向民间，这可以说是我国搪瓷工业的肇始。我国真正开始生产搪瓷茶具是 20 世纪初，至今已有一百多年的历史。在众多的搪瓷茶具中，仿瓷茶杯可与瓷器相媲美，具有洁白、细腻、光亮等特点。搪瓷茶具传热快，易烫手，放在茶几上，会烫坏桌面，加之"身价"较低，所以搪瓷茶具使用时受到一定限制，目前一般不作居家待客之用，但在经济条件差的地方还广为使用。

（三）竹木茶具

隋唐以前，我国饮茶虽逐渐推广开来，但属粗放饮茶。当时的饮茶器具，除陶瓷器具外，民间多用竹木制作而成。陆羽在《茶经·四之器》中列出的 28 种茶具，多数是用竹木制作的。清代在四川出现了一种竹编茶具，它既是一种工艺品，又富有实用价值，主要品种有茶杯、茶盅、茶托、茶壶、茶盘等，多为成套制作。竹编茶具由内胎和外套组成，内胎多为陶瓷类饮茶器具，外套用精选慈竹，经劈、启、揉、匀等多道工序，制成粗细如发的柔软竹丝，经烤色、染色，再按茶具内胎形状、大小编织嵌合，使之成为整体如一的茶具。这种茶具，不但色调和谐，美观大方，而且能保护内胎，减少损坏；同时，泡茶后不易烫手，并富含艺术欣赏价值。因此，多数人购置竹编茶具，不在其用，而重在摆设和收藏。

竹木茶具的材料来源广，制作方便，价廉物美，经济实惠，对茶无污染，对人体又无害。因此，自古至今，竹木茶具一直受到茶人的欢迎。广大农村过去很多使用竹或木碗泡茶，但现代已很少采用。至于用木罐、竹罐装茶，则仍然随处可见。而且在茶艺实践中，更加讲究使用竹木器具。竹木茶具的缺点是不能长时间使用，无法长久保存。

（四）漆器茶具

漆器茶具始于清代，其质轻且坚，散热缓慢，表面晶莹光洁，嵌金填银，描龙画凤，光彩照人，主要产于福建福州一带。采割天然漆树液汁进行炼制，掺进所需色料，制成绚丽夺目的器件，这是我国先人的创造发明之一。我国的漆器起源久远，在距今约 7000 年前的浙江余姚河姆渡文化中就有可用来作为饮器的木胎漆碗，但漆器器具在很长的时期中均未曾形成规模生产。直到清代开始，由福建福州制作的脱胎漆茶具才日益引起时人的注目。

脱胎漆茶具的制作精细复杂，先要按照茶具的设计要求，做成木胎或泥胎模型，先用夏布或绸料以漆裱上，再连上几道漆灰料，然后脱去模型，再经填灰、上漆、打磨、装饰等多道工序，才最终成为古朴典雅的脱胎漆茶具。漆器茶具较有名的有北京雕漆茶具、福州脱胎茶具、江西潘阳脱胎漆器等，均具有独特的艺术魅力。其中尤以福州生产的漆器茶具多姿多彩，有"宝砂闪光""金丝玛瑙""釉变金丝""仿古瓷""雕填""高雕"和"嵌白银"等品种，特别是创造了红如宝石的赤金砂和暗花等新工艺以后，更加鲜丽夺目，逗人喜爱。脱胎漆茶具通常是一把茶壶连同四只茶杯，存放在圆形或长方形的茶盘内，壶、杯、盘通常呈一色，多为黑色，也有黄棕、棕红、深绿等色，并融书画于一体，饱含文化意蕴。脱胎漆茶具轻巧美观，色泽光亮，明镜照人；又不怕水浸，能耐温、耐酸碱腐蚀。脱胎漆茶具除有实用价值外，还有很高的艺术欣赏价值，常为鉴赏家所收藏，多将其作为工艺品陈设于客厅、书房，为居室增添一份雅趣。

（五）其他材质的茶具

我国历史上还有用玉石、水晶、玛瑙等材料制作的茶具，但总的来说在茶具史上仅居很次要的地位。因这些材质的器具制作困难，价格高昂，并无太大实用价值，主要作为摆设。塑胶茶具往往带有异味，以热水泡茶对茶味有影响，纸杯也如此。

第二节 茶具种类

茶具的种类，主要是指茶壶、茶杯、茶碗、茶盏、茶碟、茶盘等饮茶用具。依据茶具的功能，可以分为主茶具和配具。主茶具是饮茶所必需的，主要用来泡茶和盛茶，如泡茶的茶具有茶壶和茶盏，盛茶的茶具有茶杯、公道杯、闻香杯等。配具是饮茶非必需的，主要是用来辅助泡茶和盛茶，如茶洗、茶盘、茶盂、茶巾、茶荷、茶漏、茶匙及贮茶器等。

一、主茶具的种类

（一）茶壶

茶壶主要用来泡茶，体积有大有小，材质多样，目前使用较多的是紫砂壶和瓷壶。有直接用小茶壶兼泡茶和盛茶，并独自酌饮，但仅限于个人泡饮。

1. 茶壶的结构组成

茶壶由壶盖、壶身、壶底、圈足四部分组成，壶盖上有孔、钮、座等细部，壶身上有壶口、壶延（唇墙）、壶嘴、壶腹、壶肩、壶孔、壶把（柄、板）等细部。

（1）壶口 壶口用于置茶入壶、冲入沸水以及泡完茶后去渣。壶口不能太小，直径不宜小于 3.5 厘米，即保证可伸入并拢的双指，否则遇到较为膨松的茶叶时置茶、冲沸水和去渣均不容易。如是嵌盖式的壶口，堰圈部分不能在壶口内侧形成凸起的一圈，否则去渣、涮壶时茶渣容易卡在上面，清壶的水也易积在上面。

（2）壶孔 壶孔是指壶嘴与壶身相连处的孔洞，茶壶的水孔有单孔、网状孔和蜂窝孔三种。小壶一般为单孔。单孔壶容易使茶叶冲入壶嘴内而造成堵塞，尤其是喇叭状的水孔堵塞最为严重，冲泡时常需用茶针疏通。网状水孔可以避免茶叶入壶嘴堵塞，但仍易为单片叶贴在网孔上而导致水流不畅。最佳水孔为蜂窝状，即将水孔处制成一半球状，向壶身内凸起，凸面上布满蜂窝状小孔，即使被单片叶黏着，也只是盖住了一部分小孔，又因是凸面，很快会滑落，不易堵塞，但制作难度较大。网状或蜂窝式的水孔都要挖得细、挖得密，细者可以滤掉茶角，密者使水量足以供应壶嘴外流。喇叭状小孔的壶一般是壶嘴与壶身一体注浆成形，其壶嘴为直形。网状孔的壶可以直接制坯而成，亦可在单孔外加金属网。

（3）壶嘴 壶嘴又称为"流"，是茶汤从壶身流出的通道，要求出水顺畅，流速适中，水柱成线，特别是"断水"要良好。断水是壶嘴很重要的性能要求，即斟完茶后，壶嘴的水能马上回落，不滴水，不流涎。"断水"功能与壶盖是否密封有关，选购时应注水试用。壶嘴的水柱需不打滚，不分叉。水流速度不能太急太猛，也不能太细太慢，以利于控制冲泡速度和茶汤浓度。壶嘴按照不同造型，大致有直嘴、一弯嘴、二弯嘴、三弯嘴，以及有少见的流形鸭嘴。

（4）壶把　壶把是壶的提握部位，一般与壶嘴以壶身为轴对称展开，其重心十分关键。冲满水的茶壶靠手腕提握，位置不对则未斟茶时已洒出茶水。一般要求壶把、壶口、壶嘴"三平"，即三者的上端在同一平面上；但实际中，壶把可以依造形的需要调整，高一点反而好拿些。壶把要适手，而且需容易将壶提起。壶把大致可分为侧把、横把、提梁把三种，端把的紫砂壶比较常见，圆筒形壶多采用横把，提梁把安装在壶体的上方。从操作的方便性来看，侧提壶和飞天壶优于提梁壶。提梁壶的提梁高度、宽度（壶口部分）必须特意加大，使掀盖、置茶、去渣方便，但斟茶时又显笨拙，也可改用活动壶把。侧提壶的壶把与茶壶重心垂直线所形成的角度要小于45°，否则不容易掌握壶的重心。一般多用侧提壶，利于泡茶操作，姿态也更优雅。

（5）壶盖　壶盖常见的有嵌盖、压盖、截盖三种。嵌盖是指壶盖陷入壶口内，又有平嵌盖与虚嵌盖之分。压盖是指将壶盖覆盖于壶口之上，盖的直径要略大于壶口的外径。截盖是指在制坯时，将壶上端口盖相应的部位切割开来，截下部分做成盖，壶身切口做成壶口，盖合后外形完整。壶口和壶盖的配合应该达到"直、紧、通、转"四项要求："直"是指壶盖的子口要做的很直，这样举壶斟茶时壶盖不会脱出。"紧"是指壶盖与壶口之间要做到"缝无纸发之隙"，严丝合缝，盖启自如。"通"是指圆形的壶口和壶盖，必须圆得极其规正，盖合时要旋转爽利。"转"是指方形（包括六方、八方）和筋纹形的壶盖与壶口可随意盖合，可扣合严密，纹形丝毫无差。壶盖上一般都要开一个内大外小的喇叭形小孔，使其不易被水气糊住。同时壶盖上一般都有造型别致的壶钮，壶钮又称滴子，为揭取壶盖而设置，一般圆壶多用宝珠形钮，扁壶多用桥形钮，仿生壶则用瓜柄钮、树桩钮等。

（6）壶底　壶底（足）也是构成茶壶造型的一个主要部分，关系到壶的放置平稳和视觉美观。壶底大致可分为一捺底、加底（足圈）、钉足三种。一捺底实际上是没有足，是器身的自然结束；但为了搁放平稳，由平面壶底一个平面向内稍作按压形成，底部是向上凸起的，多用于圆形壶。加底是在制坯时，于壶坯的底边口上附上一道泥圈而成。钉足源于古代鼎器，圆形壶身一般是三足支撑，而方形壶身则是四足制成。黏接制作方式有明接、暗接两种，直方挺直造型的壶宜用明接，圆韵浑朴造型的壶宜用暗接处理。

（7）壶身　壶身又称"身筒"，是壶的主体。根据壶的造型设计和比例，每个壶的身筒都不同，有高的、低的、扁的、圆的、方的、异型的、筋纹型的等。

2. 茶壶的种类

由于壶的把、盖、底、形的细微部分的不同，壶的基本形态就有近200种。

（1）按壶把分

①侧把壶：壶把为耳状，在壶身的一侧，在壶嘴的对面。

②提梁壶：壶把在壶盖的上方。

③飞天壶：壶把为半边，在壶身一侧上方。

④横把壶：即握把壶，壶把如握柄，与壶身约成直角。

⑤无把壶：壶把省略，手持壶身倒茶。

（2）按壶盖分

①压盖壶：壶盖平压在壶口之上，壶口不外露。

②嵌盖壶：壶盖嵌入壶内，盖沿与壶口平。

③截盖壶：壶盖与壶身浑然一体，只显截缝。

（3）按壶底分

①捺底壶：将壶底心捺成内凹状，不另加足。

②钉足壶：在壶底上加上三颗或四颗外突的足。

③加底壶：在壶底四周加一圈足。

（4）按壶身分

①筋纹形壶：茶壶的壶体作云水纹理，犹如植物中弧形叶脉状筋纹，在壶的外壁上有凹形的纹线，称为筋，而筋与筋之间的壁隆起，有圆泽感。壶口和壶盖部分仍保持圆形，如鱼化龙壶、莲蕊壶等。

②几何形壶：以几何图形为造型的壶，又主要分为圆形壶和方形壶。圆形壶主要由不同方向和曲度的曲线构成的茶壶，其骨肉匀称、转折圆润、隽永耐看，有球形壶、椭圆形壶、圆柱形壶。方形壶主要由长短不等的直线构成的茶壶，其线面挺括平整、轮廓分明，显示出干净利落、明快挺秀的阳刚之美，有正方形壶、长方形壶、菱形壶、梯形壶等。

③仿生形壶：又称自然形壶，仿照各类自然动、植物造型并带有浮雕半圆装饰的茶壶，其巧形巧色巧工，构思奇巧、肖形而不俗套，理趣兼顾，神形兼备，有南瓜壶、梅桩壶、松干壶、桃子壶、花瓣形壶等。

④书画形壶：在制成的壶上，刻凿出文字诗句或人物、山水、花鸟等。

（5）按流的长短分

①无流壶：也称为短嘴壶，稍有壶流凸起。

②短流壶：指壶嘴出水口脱离壶腔三寸以内的泡茶壶。

③中流壶：指出水口离壶腔距离约在三寸到两尺之间。

④长流壶：壶嘴出水口离壶腔两尺以上的称为长流壶，俗称"一米长壶"，即长嘴壶。长嘴壶茶艺里的长嘴壶多为铜器，也有铁、锡制品，壶嘴长三尺六。

（6）按有无滤胆分

①普通壶：无滤胆。

②滤壶：壶口安放一只直桶形的滤胆或滤网，使茶渣与茶汤分开。

（二）茶杯

茶杯是盛茶水或泡茶品饮的用具，由瓷、陶、玻璃等材质制成，可分为品茶杯、泡茶杯和闻香杯三种。

1. 品茶杯

品茶杯又称品茗杯，用于盛装或分装泡好的茶水，供直接饮用，可大可小。

（1）根据杯口形状分

①翻口杯：杯口向外翻出，形似喇叭状。

②敞口杯：杯口大于杯底，也称盏形杯。

③直口杯：杯口与杯底一样大，也称桶形杯。

④收口杯：杯口小于杯底，也称鼓形杯。

（2）根据杯身形状分

①钟式杯：杯倒扣似钟形，杯身高挑，器型俊逸，便于拿捏、闻香。集锁香、闻香、品饮多功能为一体，是比较流行的一种款式。

②压手杯：杯口平坦而外撇，腹壁近于竖直，自下腹壁内收，圈足。握于手中时，微微外撇的口沿正好压合于手缘，体积大小适中，分量轻重适度，稳贴合手，故称"压手杯"。以明永乐青花压手杯最为著名。

③六方杯：杯形大小适中，呈六方形，棱角分明，六棱流直而上翘，方中带曲，造型挺拔，线面清爽，施以汝釉，用起来更加圆润。

④卧足杯：因杯底无圈足，呈内凹的卧足而得名。卧足杯是明、清时期流行的一种杯式，有白釉、青花、五彩、粉彩、墨彩等品种。

⑤"折腰"杯：折腰杯是取自《晋书·陶潜传》中屈身事人的典故，高度大小适中，聚香，聚味，也贴合手部曲线。

⑥斗笠杯：斗笠杯造型如蓑翁之斗笠，口部大，底足小，取其怡然自得之美，线条简洁优雅，烧成难度高。

⑦圆融杯：圆融杯腹略外鼓，口径略内收，聚香和聚味的效果较好。

⑧高足杯：高足杯口微撇，近底处丰满，下承高足，高足有竹节形、圆柱形、四方形等。明、清两代均有青花、斗彩等高足杯。

⑨鸡缸杯：鸡缸杯敞口，浅腹，卧足。杯上以斗彩画雌、雄鸡及雏鸡，间以山石、兰草、牡丹，故得名。

⑩铃铛杯：铃铛杯也称仰钟杯、金钟杯、磬式杯，杯口外撇，深腹，圈足，倒置似铃铛。该杯流行于明清时期，明代有白釉、斗彩、青花等品种，清代有青花、五彩等，目前在市场上最常见。

⑪马蹄杯：马蹄杯敞口，斜削腹，内凹底小平底，形状倒置似马蹄，流行于明清，明代常见回青、洒蓝、孔雀蓝、白釉等品种，清代雍正年间较流行斗彩。

（3）按有无杯把和杯盖分

①无把杯：不带杯把的茶杯。

②把杯：带杯把的茶杯。

③无盖杯：不带杯盖的茶杯，有带杯把和无杯把的。

④盖杯：带杯盖的茶杯，多有杯把。

2. 泡茶杯

泡茶杯是用于泡茶的茶杯，现实中用泡茶杯泡好茶后大多直接饮用。如用透明玻璃杯冲泡饮用名优茶，有极高的观赏性。

3. 闻香杯

闻香杯是随台湾功夫茶艺而产生的，专门用来闻留在杯中的香气。闻香杯为直口高杯，杯容积与乌龙茶的品茗杯一样大。目前闻香杯多用瓷器制作，也有部分是用紫砂陶制作的，台湾人品乌龙茶时一般配有闻香杯。

（三）茶碗

茶碗，为碗形盛茶饮用器具，也可以用于泡茶，有茶盏、盖碗、宫碗三种。

1. 茶盏

茶盏是古代用于称呼饮茶的用具，而现代人多称为茶杯。茶盏的基本器型为敞口小足，斜直壁，一般比饭碗小，比酒杯大，存世的宋代茶盏有兔毫盏、油滴盏、曜变盏、鹧鸪斑。唐及五代时期的茶盏开始配有盏托，明清以后的茶盏又配以盏盖，形成了一盏、一盖、一碟的三合一茶盏，为盖碗的原型。

2. 盖碗

盖碗是由茶盏进化而来的，为一种上有盖、下有托、中有碗的茶具。盖碗又称为"三才碗"或"三才杯"，即盖为天、托为地、碗为人，暗含天地人和之意。盖碗用来冲泡茶叶，可以分饮，也可以一人一套直接饮用。制作盖碗的材质有瓷、紫砂、玻璃等，以各种花色的瓷盖碗为多。

3. 宫碗

宫碗的口沿外撇，腹部宽深丰圆，造型端正，多为皇宫用器，故名。明正德时烧制最为著名，有"正德碗"之称。

（四）茶盅

茶盅又称茶海、公道杯、公平杯。茶汤泡后倒入茶海，使茶汤浓度均匀，再分斟于品茶杯内。可于茶海上覆一滤网，以滤去茶渣、茶末。依其形状，茶盅可分为：

（1）壶形盅　茶盅为壶形，有把，也可以小茶壶代替壶型茶盅使用。

（2）无把盅　茶盅无壶把，壶口部分或全部向外拉出一个翻边，有盖或无盖。

（3）筒式盅　茶盅为筒式，茶盅无盖，有把或无把；无把时，也可作为无把盅的一种。

（五）茶船

茶船又称茶池，为放置茶壶、茶杯等泡茶茶具的垫底器具。茶船除了可以防止茶壶烫坏桌面外，可以防止茶水溅到桌面，还可以用于过滤或临时存储冲泡过程中的废水，有的还可用于茶壶保温。茶船多为竹木、陶瓷及金属制品，可增加美观。

依茶船的形状，主要可分为以下三种：

（1）盘状茶船　船沿矮小，整体如盘状，侧平视茶壶形态完全展现出来。可盛放烫壶或淋壶的热水，茶壶在盘中可保温，但水量不可过多。

（2）碗状茶船　船沿高耸形似大碗，侧面平视只见茶壶上半部，盛热水量较多。

（3）双层状茶船　茶船制成双层，上层底部有许多排水小孔，下层有储水器，冲泡时弃水由排水孔流入下层，类似于排水形泡茶盘，但比其小得多。只可通过淋洗的方式来对茶壶加热保温，淋洗后或烫洗后的开水则不能利用。

碗状茶船优于盘状茶船，而双层状茶船又优于碗状茶船。

（六）水壶

水壶即冲茶壶、水注、汤瓶，可用以盛装沸水去冲泡茶的壶。水壶主要有两种：一种是仅盛装沸水冲泡茶用如四川长嘴壶；另一种是除可盛装热水外，还可当作烧水壶或煮水壶来装凉水烧开。此外，水壶还可用于储水、运水、晾开水等。

二、配具的种类

（一）茶通

茶通是茶艺必备的用具，是由茶漏、茶荷、茶匙、茶针、茶夹和茶筒等组合而成，具体茶艺中可选择配备。

（1）茶漏　为圆形漏斗，在置茶入茶壶或茶杯时放置口上，以导茶入壶，避免茶叶掉落在容器外面，多为竹木制品。

（2）茶匙　形状像汤匙，用于从茶叶罐中舀取茶样，既方便又可克服用手接触茶叶，对保管茶叶有好处，可为竹、木、银、铜等制品。

（3）茶荷　又称茶则、茶入，为取茶和投茶的用具，可起到量茶的作用，还可用于赏茶，多用竹、木、瓷、纸等制成。在茶艺实践中，把能直接伸入茶叶罐内取茶样的，称为茶则或茶入，一般体形如长筒状；而把不能直接伸入茶叶罐内，需把茶叶罐中茶样倒入内的，称为茶荷，一般体形较短小。没有茶荷时，可用质地较硬的干净厚纸板折成茶荷形状来使用。

（4）茶耙　又称茶扒，为竹木长柄小匙，用来挖取茶壶内泡过的茶渣。

（5）茶针　为一头尖锐的细长竹木长针，用于疏通单孔壶流或拨茶用。还有一种细长，但一头不尖利的长针，主要用于将茶荷中的茶叶拨入壶中或杯中。目前茶针多与茶耙合为一体，一头为耙，一头为针，一物多用。

（6）茶夹　用来夹取茶杯进行烫洗，既卫生又可防止用手直接取杯而烫伤，还可将茶渣从壶中夹出，多用于功夫茶艺。

（7）茶箸　又称茶筷，形同筷子，用于夹取壶中的茶渣，也可在泡茶时用于搅拌茶汤。

（8）茶筒　类似笔筒一样，也可称为茶通筒，专门用于装茶通的各种用具。其形状多样，色彩也多样，多为竹木制品。

（二）茶盘

茶盘是用以承放茶杯或其他茶具的盘子，也可用于盛放泡茶器具，还可在其中实施冲泡过程。茶盘多为竹木制品，也有塑胶、不锈钢等材质制品。

茶盘根据用途可分为奉茶盘、泡茶盘和小茶盘。

（1）奉茶盘　盘的周边一般都稍微高起，用于盛放茶样、茶杯、茶碗或茶食等，由茶艺师奉送至宾客面前。

（2）泡茶盘　泡茶时用于摆放茶具的托盘，如摆放茶壶、茶杯等，并在其中完成冲泡过程。

（3）小茶盘　用于盛放干的或湿的茶巾，或用于盛放茶点。

茶盘按形态可分为：

（1）规则形　茶盘呈对称的几何形状，如方、圆等。

（2）自然形　仿照木头、石头等形态雕刻而成的。

（3）排水形　茶盘底部有孔或本身为栅栏状，可使弃水流入下层的储水器中。排水形茶盘用于泡茶，可取代茶船的功能。

（三）杯托

杯托往往与茶杯配套，用于盛放茶杯，避免热茶烫手，防止茶汤滴落桌面。杯托的高度应方便从桌面上端取。杯子放在杯托上，客人持托取杯时，杯子要能安稳地固着在杯托上。

依外形不同，杯托可分为：

（1）盘形杯托　托沿低矮呈浅盘状；

（2）碗形杯托　托沿高耸形似小碗；

（3）高脚形杯托　杯托底部有圆柱状高脚；

（4）复托形杯托　高脚形杯托的托碟中心有一个碗形或蝶形的小托，多配合盏形杯或茶碗使用，茶盏或茶碗的底部由小托承托。

（四）茶巾

茶巾又称为茶布，根据大小可分小块茶巾和大块茶巾两类。小块茶巾为茶叶冲泡时所用的茶巾，多为正方形，又可分为两种：一种是用于茶艺师或品饮者擦洗手的茶巾，多为小块棉、麻织物，需先洗湿后再用；还有一种是用于擦拭茶具，或吸干茶壶、茶杯、桌面上的残水，或托垫茶壶或水壶等，多为双面织成，一面为丝质可用于擦拭茶具，一面为棉质用于吸干茶具外部的水滴。大块茶巾多为长方形棉、麻、丝绸织物，用于覆盖暂时不用的茶具，或铺在桌面、地面上用来放置茶具泡茶，如举办无我茶会时用。

（五）茶叶罐

茶叶罐用于贮放冲泡的茶叶，要求无味、防潮、不透气、不透光和清洁卫生。较常使用的有以马口铁、锡合金、铝合金、韧质纸等制作的茶罐，也有用竹木雕刻或芒秆、麦秆等编织而成的茶罐。对用于茶艺的茶叶罐，罐的外观应具有一定的艺术性，同时能反映所贮茶叶的特征，如茶叶种类、品名等。

（六）盖置

盖置用来放置壶盖、盅盖或是水壶盖，目的是预防这些盖子的水滴滴到桌面，或是接触到桌面而不卫生。多采取托垫式的盖置，且盘面应大于所需放置的盖子，并有汇集水滴的凹槽。若遇到水方这种大口径的盖子，或是使用釜作为煮水器时，要用支撑式的盖置，斜靠在水方或炉子的旁边。

（七）其他配具

（1）茶盂　又称茶源，为敞口较大容器，用于盛放弃水与茶渣。目前较为流行的多为陶瓷、紫砂质地，半球形状，盂的外壁配上字画，别具一格，既实用又具有欣赏价值。

（2）计时器　有电子钟、秒时计或沙漏，用于掌握冲泡时间，熟练冲泡者可凭经验。

（3）煮水器　用于煮水，在古代用风炉，目前较常见者为电炉、火炉和酒精炉等，电炉现在多用随手泡。

（4）保温瓶　用于贮存开水。

（5）水方　存放清洁用水的器具。

第三节　茶套

完成一种茶艺演示所需的所有主茶具和配具的组合，称为茶套。不同类型的茶艺，因冲泡方法有所区别，所用的主茶具和配具也不相同，因此需要相配的茶套。"良器益茶，恶器损味"，茶套的配置很关键。

一、不同器具泡茶的特点

好的茶具，一是能使茶透香发味，越加香浓味醇；二是可寻求茶叶、茶汤与茶具的衬益之美；三是茶具本身也可成为供鉴赏的艺术品。一般来说，现在使用较多的茶具以瓷器、玻璃居多，陶器次之，搪瓷又次之。各类茶具中，以瓷器茶具、陶器茶具最好，玻璃茶具次之，搪瓷茶具再次之。瓷器茶具传热不快，保温适用，与茶不会发生化学反应，沏茶能获得较好的色香味，而且造型美观，装饰精巧，具有艺术欣赏价值。陶器茶具，造型雅致，色泽古朴，用来沏茶，香味醇和，汤色澄清，保温性能好，即使夏天茶汤也不易变质。紫砂壶泡茶，既不夺香，又无熟汤气，使茶不失原味，色香味皆蕴。但瓷器和陶器不透明，沏茶后难以欣赏杯中的芽叶美姿，是其缺陷。如果用玻璃茶具，通体透明，泡茶时茶汤色泽的变化，茶叶吸水后在水中舒展、起伏的情况，可一览无遗，充分发挥了玻璃器具透明的优越性；其缺点是散热快，茶香容易损失。搪瓷茶具缺乏欣赏价值，敬客不够庄重，但经久耐用，携带方便。塑料茶具对茶味有影响。

二、茶套配置原则

配置好的茶套应方便泡饮，并在色彩、造形、空间等渗入美学元素，呈现层次分明、色彩悦目、主次分明、风格迥异等特点，使之升华为充满美感的艺术作品。在具体配置茶套时，需把握科学性、简洁性、美观性三大原则。配置的科学性，是指配置的茶套是否符合茶叶冲泡的需要，是否符合茶艺演示流程的需要，应有利于茶艺演示的进行，这是茶套配置的首要原则。配置的简洁性，是指配置的茶套应简单明了，不凌乱，没有多余的器具，甚至可以一器多用。配置的美观性，是指配置的茶套内各组成无论从形状还是色彩等方面均协调一致，符合美学要求，同时茶套内各组成在布具后也应符合美学要求。要掌握好这三大原则，需要了解并熟悉各类茶具和配具的特性以及优缺点，以在配置时做到有的放矢。

此外，在具体进行茶套配置时，还应注意以下几方面。

（一）依据饮茶习俗选配

我国各地饮茶风俗习惯、饮用茶类和饮茶仪式都各有特色，对茶具的喜好也各有偏重，使用的茶具因而不同。如我国西南一带好用瓷制的盖碗，江浙一带习惯用紫砂壶冲泡或直接用瓷杯泡饮，福建、广东、台湾一带饮功夫茶常用孟臣罐、若琛瓯，东北和华北一带多用较大的瓷壶泡茶，藏族多用银质茶具和木碗盛酥油茶。为此，针对茶艺所表现的不同地域的饮茶习俗，应首先选择适合于该类饮茶习俗的茶具与配具。

（二）依据所泡茶类选配

不同的茶类有不同的品质特征，而各类茶具又有自身的优缺点，所选用的茶具应有利于各类茶的色、香、味、形得到充分地发挥和展现。因此，应针对所泡的各类茶来进行选择，如名优绿茶宜用玻璃杯冲泡，而不宜用壶冲泡；而乌龙茶用壶冲泡为好，并且以紫砂壶冲泡效果最好。

（三）实用与欣赏相结合来选配

所选茶具必须要实用，只有实用才可用于茶叶冲泡，才有利于茶叶冲泡的操作，也有利于茶叶品质的展现。但同时应注意茶具的艺术价值，欣赏茶具也是茶艺中不可缺少的一部分。在实用的基础上选择造型奇特、色彩美观的茶具，提高茶具的欣赏价值，为茶艺增添另一番情趣。

三、配置茶套

配置茶套，从形式上有壶、杯、盘组合，有杯、盘组合，有盖杯、盘组合，有盖碗、杯托组合等。依据泡茶的主茶具类型，按杯泡法、碗泡法、壶泡法三种茶叶泡法配置茶套。

（一）杯泡法茶艺的茶套配置

高档名优茶均适宜进行杯泡，尤其是外形细嫩的茶叶。高档名优茶宜选用无色无纹的透明玻璃杯冲泡，有利于茶汤色、香、味品质的形成，还可以在冲泡过程中欣赏茶叶在水中缓慢吸水舒展、徐徐浮沉游动的"茶舞"，还可欣赏茶汤颜色由无色逐渐成有色的变化过程，从而充分领略茶艺的乐趣。此外，高档名优茶也可选用白瓷杯或青瓷敞口杯冲泡。碧螺春最好用薄如蛋壳的白瓷茶杯，冲泡后芽叶朵朵，茶香汤清，犹如薄云窥月，轻雾缥缈，煞是好香。

高档名优茶通用的茶套配置为：透明玻璃冲茶壶一把；奉茶盘两个，多用不锈钢的或木制的；泡茶盘一个，多用圆形不锈钢盘；无色无纹透明玻璃杯 3~5 只，也可多只，容积以 150~200mL 为佳；茶通选用茶匙，也可选用茶荷（还需要茶针辅助），放置于茶筒中；茶巾备两份，一份为湿的用于擦洗手，一份为干的用于吸取残余水滴；茶巾盘两个；茶盂一个；热水瓶 3~4 个，或随手泡一个，烧水壶一把，茶叶罐一至多个。茶叶罐、水壶也应与主茶具保持同样风格。

杯泡法茶艺的茶套见表 5–1。

表 5–1　　　　　　　　　　　　　　　　　　**杯泡法茶艺的茶套**

名称	材料质地	规格
茶盘	竹制品	约 35cm×45cm
玻璃杯	玻璃制品	容量 100~150mL
杯托	玻璃制品	直径 10~12cm
茶匙	竹制品	柄修长一些
茶荷	竹制品	约 12cm×6.5cm

续表

名称	材料质地	规格
茶叶罐	竹制品	容量 100g 以上
水壶	玻璃制品	容量 800mL 左右
茶巾	棉、麻织品	约 30cm×30cm
茶巾盘	竹制品	约 8cm×18cm
茶巾	棉麻、丝绸织品	约 50cm×60cm
煮水器	电加热	

（二）壶泡法茶艺的茶套配置

针对不同茶叶和不同冲泡技艺时，壶泡法茶艺的茶套配置可以有所区别。乌龙茶、黑茶以及其他茶类的中低档茶多以壶泡法为主，在壶泡法茶艺的茶套配置当中，尤以功夫茶艺最为讲究。品饮乌龙茶，传统上讲究"烹茶四宝"——风炉、玉书碨、孟臣罐、若琛瓯，小壶小杯，慢斟细啜，才能领略其中的韵味。台湾对传统功夫茶具进行了一些革新，增加了茶盅和闻香杯。其茶套组成见表 5-2。

表 5-2 台式功夫茶艺的茶套

名称	材料质地	规格
茶盘	竹木制品	大小各一，约 35cm×45cm，20cm×28cm
圆形茶盘	青瓷制品	形似大的深碟
茶壶	紫砂制品	4 人用
双层茶盘	竹木、紫砂制品	长方形、下层内设储水盘
品茗杯	白瓷制品	4 只
闻香杯	紫砂（内壁白釉）制品	5 只，30～50mL
杯托	白瓷制品	直径 7cm
煮水器	紫砂大壶及紫砂酒精炉	水壶容量 1000mL
茶盅	紫砂制品	1 只
滤网	不锈钢制品	带一个小柄
茶荷	用坚韧白纸制作或竹制	
茶匙筒	竹木制品	配茶匙及带针的渣匙
茶叶罐	锡制品	容量 100g 以上
水盂	不限	不限
茶巾	棉、麻织品	用方形折叠法折好
茶巾	棉、麻、丝绸织品	50cm×70cm

（三）碗泡法茶艺的茶套配置

碗泡法茶艺中尤以盖碗茶艺为代表，盖碗冲泡时可以直接饮用，也可以先沥入茶盅中，再分入品茗杯中饮用。碗泡法可用于冲泡花茶、乌龙茶、黑茶、白茶以及其他茶类的中低档茶。其茶艺茶套见表5-3。

表5-3	盖碗茶艺的茶套	
名称	材料质地	规格
茶盘	竹、木制品	约35cm×45cm
茶盘	青瓷制品	
盖碗	青瓷制品	1只，容量250mL
品茗杯	青瓷制品	3只，容量50mL
杯托	青瓷或竹本制品	
茶匙	竹木制品	柄宜修长
茶荷	竹木制品	稍大可作赏茶
茶叶罐	青瓷制品	容量应在100g以上
水盂	青瓷制品	风格与壶杯一致
开水壶	瓷制品	容量800mL左右
盖置	瓷制品	比茶壶盖略大
茶巾	棉麻织品	约30cm×30cm
茶巾	棉、麻、丝绸织品	约50cm×60cm

第四节 其他茶艺用具

一、茶艺桌

茶艺桌，为泡茶专用桌，方便泡茶时盛放茶壶、茶杯、公道杯等用具。立式和坐式的茶艺桌以高度68~70cm、长度88cm、宽度60cm为佳，茶椅的高度以40~42cm为宜。对席地式茶艺的茶桌，以高度48cm、宽度60cm为宜。不同的茶艺类型可依据所选茶套设计不同的茶艺桌，也可一桌多用。有些在桌面上开有一长方形缺口，再配置泡茶盘镶嵌进去，以方便泡茶时盛放茶壶、茶杯、公道杯等用具。茶艺桌一般可折叠，正面通常雕有字画，折起来为正方形，打开则是长方形。桌底装有四个小轮子，方便摆放到不同位置上去。目前，一种具有较高艺术欣赏价值的根雕茶桌甚为流行。根雕茶艺桌依据树根的自然结构、形状设计成型，再按树根的色泽、脉络等特征雕刻出花鸟虫鱼、小桥流水、古今人物等图案，造型生动，古朴自然。根雕茶艺桌均配套使用以树干、树根雕刻成的坐凳，坐在根雕茶艺桌前品茶，使人有一种返璞归真的感受。

二、屏风

　　屏风是放在室内用来挡风或隔断视线的用具，有的单扇，有的多扇相连，可以折叠。在茶艺中，用屏风遮挡非泡茶区域或作装饰用。屏风一般陈设于室内的显著位置，起到分隔、美化、挡风、协调等作用，还可与周边环境相得益彰，浑然一体，呈现出一种和谐之美、宁静之美。屏风按形制分有插屏（又称座屏）、折屏（又称曲屏）、挂屏、炕屏、桌屏（又称砚屏），按题材分有历史典故、文学名著、宗教神话、民间传说、山水人物、龙凤花鸟等，按材质分有漆艺屏风、木雕屏风、石材屏风、绢素屏风、云母屏风、玻璃屏风、琉璃屏风、竹藤屏风、金属屏风、嵌珐琅屏风、嵌磁片屏风、不锈钢屏风等。在不同的季节，针对不同主题的茶艺，可选择不同质地、不同色彩的屏风。

第六章　泡茶技艺

在备好具的基础上，要泡好茶，首先需要选好茶，选好水，再以合理的方式进行泡茶。

第一节　选茶

要泡一杯好茶，首要条件是茶好。由于茶树栽种的地域广阔，所处的生态环境不一，加上茶叶采摘的时间、部位以及加工方法等因素的不同，造就了种类众多、品质各异的茶叶。就目前的茶叶种类总的归纳起来有三大类，即初加工茶、再加工茶和深加工茶。初加工茶为六大基本茶类，包括绿茶、红茶、白茶、黄茶、青茶、黑茶，绿茶主要可分为炒青、烘青、蒸青和晒青，青茶主要可分为福建乌龙茶、广东乌龙茶和台湾乌龙茶，红茶可分为工夫红茶、红碎茶和小种红茶。再加工茶是指以初加工茶为原料，经过再加工制成的茶类，常见的有花茶、紧压茶（沱茶、砖茶、饼茶等）、袋泡茶。深加工茶是指以茶树鲜叶、初加工茶或再加工茶等为原料，提取其内含成分而制成的茶产品，主要有茶膏、速溶茶和茶饮料，均可用于制冰茶。饮用不同种类的茶叶，除冲泡方法有所不同外，其汤色、香气、口感等存在差异，其营养价值及对人体的保健作用也有所不同。

一、按品质选茶

（一）择茶标准

消费者一般可以借助视觉、嗅觉、味觉和触觉来辨别茶叶的色、香、味、形，好的茶叶应外形美、色泽正、香气高、滋味醇。对茶产品进行选择，一般需把握"新、干、匀、香、净、质"。

1. 新

所谓"新"，是针对避免使用"香陈味晦"的陈茶而言。"饮茶要新"是我国人民总结出来的宝贵经验，因为新茶香气清鲜，汤明叶亮，给人以新鲜感。尤其是新的绿茶呈嫩绿或翠绿色，有光泽，品质优良。而陈绿茶则色泽灰黄、暗晦，品质低劣。初加工茶、再加工茶和深加工茶中，绝大部分产品均有保质期，讲究新鲜和保质。花茶因加工周期的缘故，一般用上一年保存正常的茶叶为原料来窨制。但有些花色品种的茶叶经合理地短时存放，甚至久存后，品质更佳。如西湖龙井、旗枪和莫干黄芽等，在采制完毕后，放入生石灰缸中密封存放 1～2 个月后，色泽更为美观，香气更加清香纯正。而红茶和乌龙茶具有略长的保质期，在一定年限内依然具有较好的品质，并且有些区域讲究品饮存放至第二年或第三年的乌龙茶。唯有黑茶和白茶讲究长时间陈放，反而以陈化茶品质更加优异，但依然应有陈放时间限制。

2. 干

"干"是指茶叶的含水量不高于 7%。达到水分含量要求的茶叶，用食指和拇指能将其完全搓成粉末。唯有保持干燥，茶叶才能较好地保持原有的品质，也才能存放一定周期。对花茶而言，水分含量要求不高于 8.5%。对紧压茶而言，水分含量相对高些，不同种类的紧压茶产品具体含水量不一，但均不高于 15%。

3. 匀

"匀"是指茶叶的大小、长短、粗细和色泽均匀一致，即整齐度一致。抓一小撮茶叶散开，使茶条铺展开，从形状、大小、色泽来观察茶叶，要求形状、大小、色泽均要均匀一致。茶叶外形的形状、大小、色泽一致，表明采摘规格严、制茶技术高、加工精良。对较为细嫩的茶叶如芽茶，还应保持芽叶完整。在择茶中，匀主要是针对散茶而言；对紧压茶而言，则外形完整、光滑、大小一致即可。

4. 香

"香"指茶叶香气要纯正，无异味。取一把茶叶，置于鼻端嗅干香，若无烟、焦、霉、酸、馊等异味，说明茶叶的香气品质初步无明显的异常。但茶叶香气品质的好坏，还需进行内质审评才能最终确定。

5. 净

"净"指茶叶净度好，无杂物。茶叶本身干净，无灰尘、泥巴等异物黏附在茶叶上，同时也没有茶树枝、花、草、砂粒等异物掺杂于茶叶中。

6. 质

"新、干、匀、香、净"均只是从干茶外表来判断品质的好坏，而无法判断茶叶内质。茶叶品质的好坏，除外在品质，核心的还是茶叶内在品质。有经验的专业人士也无法单纯依靠茶叶的外形来全面评判茶叶的品质，必须经过冲泡审评才可以准确评判茶叶的内在品质。通过专业审评，全面评判茶叶的汤色、香气、滋味和叶底，以确定茶叶内在品质的优劣。好茶，其色、香、味等内质均需达到甚至超过应有的品质。

以上是通用的择茶标准，但因我国茶类种类丰富、品质各异，在择茶时需结合具体茶类的品质要求来选择。实际选购时，应先确定需购买的茶叶种类，再对需购买的茶类的品质特点有一定了解，这样更有利于择茶。

（二）绿茶的选择

绿茶是茶树鲜叶经过摊放、杀青、做形、干燥等工序制成的，其感官品质讲究"三绿"，即干茶绿、茶汤绿、叶底绿。在具体挑选绿茶时，可参考以下品质要求进行。

1. 鉴茶形

看绿茶的干茶外形，主要是观察茶叶的嫩度、形状、色泽和匀净度。嫩度是茶叶外形审评的重点，不同茶的嫩度要求不一。绿茶讲究嫩度，可以从三方面来判断嫩度：一是芽与嫩叶的比例越高，说明茶叶的嫩度也越高；二是一般条索锋苗（指细而尖锋或带绒毛的条索多）显露，嫩度就高；相反条索粗松、短钝，则嫩度低；三是条索（或颗粒）光滑、油润，说明原料嫩度好、粗纤维含量少、果胶质多；相反条索粗松、枯糙，则嫩度差。不同的茶叶均会有一定的形状，干茶的形状主要有扁片形、针形、条形、卷曲形、圆形、花朵形、颗粒型等。不同茶叶的形状要求不一，名优绿茶更加讲究形状；扁片形茶的形状应扁平、挺直，条形茶应紧结、挺直，针形茶应细紧、圆直、形如针，卷曲形茶应卷曲、细紧、显毫，圆形茶应圆紧、重实，花朵形茶有菊花、牡丹等特定造型，颗粒形茶应颗粒紧实、匀整。干茶的色泽应有茶类特定的色泽，光泽度要润、鲜、匀，不得枯暗、花杂。绿茶的干色有翠绿型、嫩绿型、银绿型、苍绿型、墨绿型等，以绿润为好；但不同种类的绿茶又有所区别，如西湖龙井茶的干茶色泽需糙米色（米黄色），六安瓜片、庐山云雾茶等需翠绿色。茶叶的外形要求完整，整齐划一，无茶梗、片、筋、籽等杂物，即匀净度高。同时可以闻干茶香，如发现有烟味、焦火味、油味等异味，即可淘汰。

2. 观茶色

用专业审评器具来审评，会更加准确全面地了解茶叶的内质。但在实际生活中，不是每个人都备有审评器具。为此，可以用无色透明玻璃杯来冲泡，茶水浓度大于普通饮茶的浓度为好，以接近 1：50 为宜；冲泡约 4min，然后把茶水倒入另一个空的透明玻璃杯中，茶渣留下来。这时，需及时看汤色，重点是看茶汤的色泽类型、亮度和清澈度。绿茶的茶汤色泽有翠绿、嫩绿、黄绿等多种，一般以绿、清澈、明亮为佳，而以红、发暗、浑浊等为差。在观察中，还需等待一定时间，看茶汤是否会变浑浊；如变浑浊，则说明该绿茶的品质存在缺陷。一些满披茸毛的名优绿茶，在冲泡时茸毛会脱落在茶水中，并上下悬浮，以至于易被人误解为是茶汤浑浊，如信阳毛尖茶。

3. 闻茶香

对绿茶香气的评鉴，主要辨别香气的纯异、香型、高低和长短。绿茶要求香气纯正，无青草气、闷味、焦煳味等异味；香气的高低分为浓、纯、平、粗等，依次由优到劣；而香气的长短是指香气的持久程度，从热嗅到冷嗅的香气变化。滤出茶汤后的茶渣，会散发出香气。在及时看完汤色后，需要及时趁热闻茶渣的香气，这样如有不良气味才容易被闻出来。如茶渣变冷了，不良的气味不明显，不容易分辨。待茶渣冷后再嗅，可以分辨香气的持久度。当前绿茶的香气以栗香为主，但会存在生栗香、普通栗香和熟栗香的区分；绿茶香气会有豆香，但会存在黄豆香、豌豆香、蚕豆香、海藻香、海苔香等不同的区别；绿茶香气还会有花香，主要有青花香、兰花香、栀子花香等。一般而言，炒青绿茶以熟栗香为主，烘青绿茶以茶叶自然清香为主，蒸青绿茶为海藻香，晒青绿茶带有日晒气味。此外，一些名优绿茶会具有毫香、嫩香、清香，这些香型很清淡，不容易辨别出来，可结合干茶的外形特征等综合判断。当前市面上，无论绿茶、红茶还是大红袍，均存在很多焙火重、高火香浓的茶；过去因低档茶的天然香气差，故可焙火重些，以弥补香气的不足；因此凡有高火香的茶，仅能当作低档茶看待；而高火香浓的细嫩绿茶，除高火香浓外，滋味中的苦味浓而化解不掉，不回甘。

4. 品茶味

含一口茶汤于嘴中，让茶汤在口腔中充分回旋，然后徐徐咽下。绿茶的茶汤刚入口时，多是以苦涩为主，但能立马感觉到鲜爽味；在茶汤咽下去后，好的绿茶水立马就能感觉到回甘，苦涩味很快就化解了；而夏绿茶的茶水在咽下去后，残留的依然是苦涩味，难有回甘。在品滋味时，还应注意判断滋味的纯正，看滋味是浓淡、强弱、鲜爽还是醇和；不纯正的绿茶滋味容易存在苦涩、粗老，甚至是酸、馊、霉、焦、糊等异味。对绿茶而言，茶汤入口能感觉出鲜爽味，则为高档绿茶，或为安吉白茶、黄金茶之类的高氨基酸茶；而滋味浓强、回甘快的，则为优质绿茶，其中回甘慢的茶略差；但滋味没有回甘，仅有苦涩味的，甚至带烟焦味或其他异味的，则为品质差的绿茶。名优绿茶的滋味，多为鲜爽、鲜醇类型。

5. 察叶底

在现实生活中，大家在品茶时一般很少关注叶底（茶渣）。然而，通过叶底可以进一步了解茶叶的好坏，进一步确认茶叶外形审评的结果。察叶底，主要辨别嫩度、色泽、匀度等。看芽、嫩叶含量比例和叶质老嫩可确定嫩度，芽多、嫩叶多，叶缘锯齿不明显，叶脉不隆起，叶肉厚，说明嫩度好；用手轻捏叶底，手感柔软、平滑、不触手，也说明嫩度好。对叶底的色泽而言，应为正常色，以明亮为好。叶底的匀度则要求老嫩、大小、厚薄、色泽、整碎一致。对绿茶而言，要求叶底色泽为鲜绿、嫩绿或黄绿，但这种绿因沸水冲泡多表现为暗绿、青绿或褐绿；要求叶底的色泽、大小等相对一致，基本无杂物，名优绿茶还要求叶底完整。绿茶叶底以嫩而芽多、厚而柔软、匀整、明亮的为好，以叶质粗老、花杂、色泽不调和等为差。叶底如出现红梗红叶、叶张硬碎、带焦斑、黑条、青张和闷黄叶，则说明绿茶的品质低下。

（三）红茶的选择

红茶是一种由叶内自然的酶促反应而制成的全发酵茶，根据加工方法的不同分为工夫红茶、红碎茶、小种红茶三种。红茶一般需经过鲜叶采摘、萎凋、揉捻（揉切）、渥红、干燥（做形）等工序制成。工夫红茶因工序多且需精工细做而得名，红碎茶是萎凋叶通过揉切成颗粒后发酵而成，小种红茶则在工夫红茶的加工中进行烟熏而成。红茶的感官品质讲究"三红"，即干茶红、茶汤红、叶底红。

1. 观外形

红碎茶一般以袋泡茶的方式饮用，因此无法观外形。过去工夫红茶和小种红茶均不讲究做形，形状主要为条形，要求条索紧细、显毫为好。随着金骏眉红茶的火热，带动了工夫红茶加工工艺的改进，引入了名优绿茶做形手法，市面上出现了各种外形的红茶产品。不同形状的红茶应具有该形状的特征，整体要求外形紧、细为好。红茶讲究嫩度，干茶以带芽头、显毫、有锋苗或光润为好。红茶的干色随原料不一而有所区别，细嫩原料加工的红茶会显金毫，干色为金黄色；较成熟原料加工的红茶一般不会显金毫，干色为乌润或红褐色。红茶的外形要求整齐划一，无茶梗、片、筋、籽等杂物，匀净度高，不花杂。在闻干茶香时，如发现有酸气、烟味、焦煳味、油味等异味，即可淘汰。传统小种红茶应带有松烟香，在闻干茶时即可嗅出。

2. 看汤色

用专业审评器具来审评红茶内质，也可用无色透明玻璃杯以接近 1∶50 的茶水比来冲泡。用玻璃杯冲泡红茶约 5min，然后倒出茶水，及时看汤色。红茶汤色以红艳、明亮、清澈为好，但当前新工艺红茶的汤色因发酵偏轻而多为金黄色或橙红色；一些特殊茶树品种如乌龙茶品种制作的红茶，茶汤会有特殊的色泽。红茶的汤色容易发暗，暗红色的茶汤为品质欠缺的表现。传统红茶的汤色讲究显金圈，金圈是指茶汤边缘与碗结合处会显示明显的一圈金黄色，但以白瓷碗才易显现。茶汤在冷却过程中，有的会出现浑浊，俗称为冷后浑。过去认为红茶的茶汤出现冷后浑，是茶汤中内含物丰富的表现，因此把冷后浑当作红茶优质的特征，以至于很多茶企专门开发具有冷后浑现象的红茶产品，甚至直接以"冷后浑"来命名红茶产品。然而随着研究发现，同一批原料加工红茶，湿热作用明显的容易出现冷后浑，而湿热作用不明显的却不会出现冷后浑；这说明如绿茶加工一样，红茶中只要突出湿热作用就易出现冷后浑，而与内含物质是否丰富并无直接关系；由此可以认为，红茶茶汤的冷后浑也与绿茶茶汤冷后浑一样，是红茶存在品质缺陷的特征，并不是优质的表现。

3. 闻香气

市面上红茶的叶底香，多数为一种红薯香；因加工的差异，红薯香可细分为生薯香、普通薯香和熟薯香。其次较多的红茶香气，为一种甜香型的发酵香。此外，因工艺、品种等因素，一些红茶会存在天然的花果香，如兰花香、茉莉花香、水蜜桃香、玫瑰香等。趁热嗅叶底，辨别香型，并注意辨别不良气味。红茶不良气味中，除烟、焦、糊外，容易存在馊味、闷气、酸气等。小种红茶有松烟香属于正常品质特征，没有松烟香反而不正常。受金骏眉产品的影响，当前红茶的发酵偏轻，容易存在少量发酵不充分的显青叶，使香气中带有少量青气成分，反而可以成为一种令人愉悦的清香气息；但如发酵不充分的显青叶过多，青气成分过浓，则依然是一种令人不愉悦的青气。此外，当前市面上会有很多高火香的红茶销售，这类红茶均只能列为低档茶看待。

4. 品滋味

红茶的滋味刺激性低于绿茶，入口后会有点苦涩，舌面收缩（收敛性），回甘快。夏季鲜叶加工的红茶，苦涩味虽低，但会迟迟化不掉，回甘缓慢。注意辨别红茶滋味是否纯正，不应有酸、馊、霉、焦、糊等异味。高火香重的红茶，滋味也会存在高火味或焦糖香。小种红茶的滋味会有松烟味或桂圆味。红茶的滋味与绿茶的相比，会略带点酸味，这与红茶特定的酶促氧化有关；但在生产实践中因发酵时间过长等因素，会导致红茶的酸味很明显，这是红茶品质不良的表现。

5. 察叶底

传统红茶的叶底以铜红色、明亮为好。新工艺的红茶往往因发酵不完全，会有部分显青叶，使叶色匀度欠缺，但也要求叶色明亮，显青叶不宜过多。一些发酵时间过长和萎凋过度的红茶，叶底色泽容易发暗，则是品质欠缺的表现。红茶的叶底也要求芽叶完整，匀净度好。

高级红茶的茶芽含量高，条形细紧（小叶种）或肥壮紧实（大叶种），色泽乌黑有油光，茶条上金色毫毛较多；香气甜香浓郁，滋味鲜爽甜醇，汤色红艳；碗壁与茶汤接触处有一圈金黄色的光圈，俗称"金圈"。中档茶芽含量少，色泽乌黑稍有光泽，稍有金色毫毛；香气稍有甜香，滋味甜和稍淡，汤色红尚亮，金圈欠黄亮。低档茶中无芽或芽稀少，以全开叶为主，条形松而轻，色泽乌稍枯，短缺光泽，无金毫；香气带粗气，滋味平庸。

（四）乌龙茶的选择

乌龙茶也称青茶，是鲜叶经晒青、做青、晾青、炒青、揉捻和烘干等工序制成的，是介于绿茶和红茶之间的一类半发酵茶叶，兼有红茶和绿茶的部分品质特征。乌龙茶品质偏绿茶的产品，代表性的有清香型铁观音，其干色、汤色、叶底均为绿色，唯有香气和滋味为乌龙茶的特有品质；乌龙茶品质偏红茶的产品，代表性的有红乌龙，其干色、汤色和叶底均为红色，但香气和滋味以乌龙茶的特征为主。乌龙茶的产品命名，多是与所用原料的茶树品种名称相一致。除不同产地的工艺导致乌龙茶品质不一外，乌龙茶品质的多样性更多的是因为不同茶树品种的特异性不同造就的。乌龙茶按产地可分为福建乌龙茶、广东乌龙茶和台湾乌龙茶，其中福建乌龙茶又可分为闽北乌龙和闽南乌龙。闽北乌龙茶以武夷岩茶为代表，有大红袍、水金龟、白鸡冠、铁罗汉四大名枞；闽南乌龙茶则以铁观音为代表，广东乌龙茶以凤凰水仙为代表；台湾乌龙茶的种类较多，有冻顶乌龙、红乌龙等。广东乌龙茶的品质与闽北乌龙茶的品质相近，闽南乌龙茶的品质与台湾乌龙茶的冻顶乌龙茶相近。

乌龙茶的汤色金黄，香气和滋味兼有绿茶的鲜浓和红茶的甘醇，叶底为绿叶红镶边。乌龙茶的品质着重于香气和滋味，一般是春乌龙滋味最好，秋乌龙香气最好，夏乌龙品质最差。选择乌龙可从以下几方面进行比较。

1. 观外形

乌龙茶的外形相对单一，市面上的乌龙茶主要有两种外形。一种是长条形，略弯曲似粗眉，以武夷岩茶（大红袍）为代表，干茶色泽须呈鲜明的棕褐色，显油润，带宝色，有的会出现红点；条索的表面，有的会呈蛤蟆皮状小白点，有的会有褐、黄、绿"三节色"。另一种为颗粒形，条索弯卷成半球状者，紧结，重实，以铁观音为代表，清香型铁观音的色泽翠绿、砂绿明显，浓香型铁观音的色泽砂绿、光润。闽北乌龙茶（大红袍）、广东乌龙茶、台湾红乌龙茶的外形基本为条形，闽南乌龙茶和台湾冻顶乌龙茶的外形基本为颗粒形。此外，有些乌龙茶的产品外形比较特别，如漳平水仙茶被压制成小方块。观乌龙茶外形，以看形状和色泽为主，结合嗅干香。乌龙茶的外形看松紧、轻重、壮瘦、挺直、卷曲等；干茶色泽以砂绿或乌褐油润为好，以枯褐、灰褐无光为差。乌龙茶干嗅看有无杂气味，香型是花果香或高火味等。

2. 看汤色

乌龙茶的汤色居于红茶与绿茶之间，其汤色会因茶树品种不一而有所区别，但更多的是与加工制法相关。发酵偏轻的汤色甚至达到翠绿，发酵偏重的汤色几乎可以达到深红。乌龙茶的汤色主要可以分为四大类，第一类是橙红或棕红色，以大红袍、凤凰水仙为代表；第二类是橙黄或金黄色，以浓香型铁观音、冻顶乌龙茶为代表；第三类是翠绿色，以清香型铁观音为代表；第四类是红色，以红乌龙为代表。多数的乌龙茶汤色以金黄或橙黄为主，但均要求茶汤清澈明亮为好。乌龙茶的汤色受火功影响，一般火功轻的汤色浅，火功足的汤色深；高档乌龙茶火功轻汤色浅，低档乌龙茶火功足汤色深。

3. 闻香气

乌龙茶的香气一般为浓郁的花果香，而且具有品种特性。乌龙茶特别讲究品种香，不同茶树品种会具有不同的香气特征，并往往是该品种原料所特有的香型。水仙和铁观音一般为兰花香，肉桂为蜜桃香或桂皮香，佛手近似香橼香，金萱为奶香，黄棪似水蜜桃香，毛蟹似桂花香，凤凰单枞具有似花蜜香。乌龙茶的品种特性，为乌龙茶增加了神秘感，更为好茶者提供了兴趣点。选择闽北乌龙，重要的是岩骨花香，也就是岩韵，是一种类似于若有若无的苔藓味道的感觉，需要多年的品饮经验才能品出来。选择闽南乌龙，往往具有兰花香，具有特殊的"音韵"。乌龙茶加工讲究焙火，而大红袍往往焙火重，以至于市面上销售的大红袍多数具有高火香。一般高档大红袍，以保留其自身的花果香为宜，而不应焙火过重；中低档大红袍因天然香气较低，借助焙火形成高焙火香。乌龙茶的焙火香会随冲泡次数逐渐减弱，对焙火重的到第三、四泡时才能感受到其自然的花果香。乌龙茶嗅香，以嗅杯盖香为主，还可嗅茶水香。第一次嗅香气的高低，看是否有异气；第二次嗅，辨别香气类别、粗细；第三次嗅，辨别香气的持久度。乌龙茶香气，以花香或果香细锐、高长为优，以粗钝低短为差。

4. 品滋味

乌龙茶的滋味有浓淡、醇苦、爽涩、厚薄之分，无绿茶入口的苦涩味，突出的特征是甘醇。武夷岩茶的滋味为醇厚回甘，润滑爽口。铁观音滋味鲜爽醇厚，凤凰水仙滋味浓厚回甘。冻顶乌龙茶滋味滑润甘醇，喉韵感觉好。茶水滋味随不同冲泡次数的增加，会先浓厚后略淡。在品乌龙茶的滋味时，第一泡的乌龙茶滋味浓，不易辨别；以第二泡的为主，兼顾前后的滋味。茶汤入口刺激性强，稍苦，回甘，爽，为浓；茶汤入口苦，出口后也苦，且苦感在舌心，为涩。乌龙茶滋味以浓厚、浓醇、鲜爽回甘为优，以粗淡、粗涩为差。

5. 察叶底

传统乌龙的叶底有"绿叶金镶边""三分红七分绿"等显著特征，即叶脉和叶缘部分呈红色，其余部分呈绿色；绿处翠绿稍带黄，红处明亮。红镶边并不都是在叶边上红，有的红会在叶面中间，但要求红点明亮。在实际中，常见的乌龙茶叶底为"红边黄腹"或"红边绿腹"。将乌龙茶的叶底放入盛水的叶底盘中，看叶底的嫩度、厚薄、色泽和发酵程度。乌龙茶叶底以叶张完整、柔软、肥厚、色泽青绿稍带黄、红点明亮的为好，但品种不同叶色的黄亮程度有差异，以叶底单薄、粗硬、色暗绿、红点暗红为次。一般而言，做青好的乌龙茶叶底红边或红点为朱砂红，猪肝红为次，暗红为差。在评定乌龙茶的叶底时，还需要结合乌龙茶品种特征。武夷岩茶的叶底柔软匀亮，边缘朱红或起红点，中央叶肉浅黄色，叶脉浅黄色。

（五）黑茶的选择

黑茶以往主销我国边疆，故又称为"边销茶"。但现在因其独特的保健功效，黑茶在非边销区也越来越受到欢迎。黑茶是微生物发酵茶，经过揉捻叶或绿毛茶渥堆发酵、陈化、精制或再汽蒸压制等步骤制成的，按产地可分为湖北青砖茶、湖南黑茶（安化黑茶）、云南普洱茶、广西六堡茶、四川黑茶（雅安藏茶）等。好的黑茶总体要求干茶色泽黑而有光泽，汤色橙黄而明亮，香气纯正，滋味醇和而甘甜。如果香气有馊酸气、霉味或其他异味，滋味粗涩，汤色发黑或浑浊，则是黑茶品质低劣的表现。

1. 观外形

黑茶有散茶和压制茶两种产品形式。散茶型黑茶观外形主要看干茶色泽、条索、含梗量，闻干茶香，以干茶色泽乌黑油润有光泽、条索紧卷为好，且无任何异气。压制型黑茶的形状不一，如砖形、方形、圆饼形、碗形、枕形等，均要求外形完整、端正，棱角整齐，压模纹理标识清晰，无裂缝，光滑，厚薄、大小一致，厚紧适度；外表无起层脱面，包心不外露，无或者只含少量筋梗、片以及其他夹杂物，细闻无异味，有纯正的黑茶香。茯砖加评"发花"状况，以砖内金花茂盛、颗粒大、色泽明亮为好。

2. 看汤色

黑茶总体要求汤色橙黄、明亮，陈化茶则红艳明亮。如汤色发黑或浑浊，则是品质低劣的表现。优质藏茶汤色具有"红、透"的特征，汤色随浸泡或蒸煮时间的延长，色泽乌润或褐红，犹如红葡萄美酒般的汤色，且晶莹剔透。普洱茶的汤色红浓通透明亮，汤色越红则品质越好；三年内的较浑浊，十多年以上则红；茶汤泛青、泛黄为陈化期不足，茶汤褐黑、浑浊不清、有悬浮物的则是变质的普洱茶。

3. 闻香气

黑茶有发酵香，老茶有陈香，注意区别香气的纯正与高低。安化"三尖"茶和部分六堡茶带有松烟香味，而茯砖茶有特殊的菌花香。香气以馊、酸、霉、焦和其他异气为劣，以有粗老气、香味低或有日晒气为差。

4. 品滋味

黑茶滋味要求醇和，不苦涩或微涩。陈化茶滋味应具有"陈、醇、滑、甘"的特征，即茶汤入口滑润，具有独特陈香，滋味醇厚回甘，余香不断。如入口滋味粗涩，霉涩而苦，香气不正，或入口困难，有杂味，则为劣质茶。

5. 察叶底

黑茶的叶底很多为猪肝色或黑褐色，陈化茶的叶底多为黑色，均要求色泽、大小均一。优质藏茶的叶底为叶片油亮，条索粗壮肥大，茶叶整齐均匀，无其他杂质；而叶片无光，条索杂乱不均匀，有杂质或茶质不干净的为劣质茶。普洱茶的叶底应叶质柔软、肥嫩，有弹性，色泽褐红，均匀一致；若叶底无弹性，花杂不匀，发黑，或腐烂如泥、叶张不开展，则是品质不好。

（六）白茶的选择

白茶属微发酵茶，是鲜叶采摘后长时间萎凋、干燥而成的。传统工艺的白茶不炒不揉，成茶满披白毫，呈白色，第一泡茶汤清淡如水，故称白茶。白茶具有"三白"的品质特征，即干茶白色、茶汤白色、叶底白色。白茶在常温下保存可进行后发酵，存放时间越久，茶汤的滋味越醇和，形成老白茶的品质。下面仅介绍新白茶的选择方法。

1. 观外形

白茶的外形整体以毫多而芽芯肥壮、叶张肥嫩为佳，芽芯瘦小、稀少的次之，叶张老嫩不匀者为差；干色以芽毫银白有光泽、叶面灰绿，叶背银白或墨绿、翠绿者为好，铁板色次之，草绿黄、红、黑色为最差；以夹带老梗、老叶、黄片等为差。因原料不一，白茶产品的外形差异大。白毫银针茶是单芽制成的，外形以毫芽肥壮、银白闪亮为上，以芽瘦小而短、色灰为次。白牡丹以适制白茶品种的一芽一二叶初展茶树鲜叶为原料加工而成，外形以叶张肥嫩、叶态伸展、毫芯肥壮、色泽灰绿、毫色银白为上，以叶张瘦薄、色灰为次。贡眉以一芽二三叶为原料，寿眉以一芽三四叶或叶片为原料，以叶张肥嫩、带毫芯为好，以芽叶连枝微并拢、平伏舒展、不断碎为好，以摊片、折片、弯曲者为差。新工艺白茶外形以条索粗松带卷、色泽褐绿为上，以无芽、色泽棕褐为次。

2. 看汤色

白茶的汤色以浅杏黄色、杏黄、橙黄为佳，深黄色次之，均以清澈、明亮为好，以红、暗、浊为劣。

3. 闻香气

白茶的香气以毫香浓郁、清鲜纯正为上，以香气淡薄、有生青气、发霉失鲜、有红茶发酵气为次。

4. 品滋味

白茶的滋味以鲜美、醇爽、清甜为上，以粗涩、青涩、淡薄为差。

5. 察叶底

白茶的叶底以匀整、肥软、毫芽多、叶色鲜亮为上，带硬梗、叶张破碎、粗老、花红、暗杂、焦叶红边为差。

（七）黄茶的选择

黄茶加工与绿茶基本一致，但增加了独有的闷黄工序，才形成与绿茶相区别的品质。黄茶依据加工鲜叶原料的不同，分为黄芽茶（单芽）、黄小茶（一芽一二叶）、黄大茶（一芽四五叶）。黄茶感官品质具有"三黄"特征，即黄叶、黄汤、黄底。

1. 观外形

因品种与加工技术的不同，黄茶的形状有明显差别。黄芽茶应为单芽，显毫，干茶香味鲜醇。君山银针需形似针、芽头肥壮、满披茸毛为好，以芽瘦扁、毫少为差。蒙顶黄芽以条扁直、芽壮多毫为上，以条弯曲、芽瘦小为差。黄小茶中的鹿苑茶以条索紧结卷曲呈环形、显毫为佳，以条松直、不显毫的为差。黄大茶以叶肥厚成条、梗长壮、梗叶相连为好，以叶片状、梗细短、梗叶分离或梗断叶破为差；黄大茶干嗅香气以火功足有锅巴香为好，火功不足为次，有青闷气或粗青气为差。同时，黄茶的干色以金黄色鲜润为优，以色枯暗为差。

2. 看汤色

黄茶正常的汤色应该是杏黄（黄芽茶）、黄亮（黄小茶）或深黄（黄大茶），且清澈明亮为佳。如汤色暗、浑浊，均差。汤色若为绿色、褐色、橙色、红色或红褐色，均不是正常的色泽。

3. 闻香气

黄茶的香气不似绿茶的清鲜浓郁，多数黄茶要求高火香高、浓、持久。黄芽茶为甜香，带有青味、栗香等香型的为差。黄小茶带熟栗香，部分黄小茶和黄大茶多带焦豆香，有闷浊气为差。部分黄小茶用烟熏，要求带松烟香，如沩山毛尖。

4. 品滋味

黄茶滋味的特点是醇而不苦、粗而不涩。黄芽茶的口感鲜醇甘爽，比绿茶更鲜、更醇和、甜味浓，无涩或涩味入口即化。黄小茶和黄大茶的滋味以醇和鲜爽、回甘、收敛性弱为好，以苦、涩、淡、闷为次。

5. 察叶底

黄茶的叶底应黄亮鲜活，老嫩一致，色泽匀齐。黄大茶叶底以芽叶肥壮、匀整、黄亮为好，以芽叶瘦薄、黄暗为次。

（八）花茶的选择

花茶有"诗一样的茶"之誉，是将茶叶与鲜花拌合窨制而成的，据茶坯不同可分为绿茶花茶、红茶花茶、乌龙花茶、黑茶花茶等，据窨花的不同可分为茉莉花茶、玫瑰花茶、玳玳花茶、珠兰花茶、玉兰花茶、桂花花茶、栀子花花茶等。花茶的品质以香气和滋味为主，但因所用茶坯和窨花的不同而各异。

1. 观外形

无论高档还是中低档花茶，茶叶的外形要求条索紧细、匀整、有锋苗、净度好为好。一般窨花后的茶叶条索，会比素坯略松，色泽稍黄，断碎稍多。传统的花茶产品一般不带干花，但市面上反而流行添加干花的花茶产品，干花多了会影响产品的香气和滋味。

2. 看汤色

花茶的汤色一般比素坯汤色要深，不同茶坯的汤色类型不一。以烘青花茶为例，汤色可以为绿黄、浅黄、橙黄，以绿黄明亮为好，如为橙红、红褐则为差。

3. 闻香气

花茶的香气需鲜灵、浓、纯。鲜灵是指花茶香气与鲜花香气的类似度，类似度越高，则鲜灵度越好。浓是指花茶香气的耐泡度，花茶多次泡后依然香则浓度好，一般窨次多、下花量大的浓度高。纯是指花茶中花香的纯正度，无异味。花茶产品的级别越高，越要求香气鲜灵、浓郁、纯正，档次低的则允许香气的鲜灵度和浓度降低。花茶的香气如存在闷浊气、水闷气、花蒂味、透素、透兰等，则表明品质欠缺。

4. 品滋味

花茶的滋味整体更加醇和。以烘青为原料窨制的茉莉花茶，要求滋味醇和而不苦不涩，鲜爽而不闷不浊，以滋味淡薄、有生青味或涩味为差。

5. 察叶底

花茶的叶底看嫩度、色泽和匀度。烘青窨制的茉莉花茶的叶底以黄绿匀亮为佳，特种茉莉花茶的叶底以芽头肥嫩匀亮为好。

（九）代用茶的选择

代用茶的种类很多，品质各异。在进行代用茶选择时，需遵循"新、干、匀、香、净、质"的择茶标准，要求代用茶具有各自正常的品质特征。

二、按物性选茶

茶有不同的特性,人也有不同的身体状况,加上不同的季节和环境条件,都会影响人与茶之间的关系。所以,科学合理地饮茶需要因人、因时、因地、因茶而异。

从中医学角度看,茶味苦,微甘寒,偏平、凉。但相对来说,绿茶性更偏凉,对肠胃的刺激性较大;而红茶性偏温,对肠胃的刺激性较小。从另一个角度看,刚炒制出来的新茶,不管是绿茶还是红茶,均有较强的燥性,多饮使人上火,但这种燥性只能短暂存在,一般放置数周后便消失。普洱茶根据发酵程度的不同,茶性也有一定的变化,发酵程度重的普洱茶具有"温"的特性,而未发酵或发酵程度轻的普洱茶具有"凉"的特性。一般而言,绿茶和轻发酵乌龙茶属于凉性茶,中度发酵乌龙茶如大红袍属于中性茶,而红乌龙茶、红茶、黑茶属于温性茶。不同茶类的物性总结见表6-1。

表 6-1　　　　　　　　　　　　　　　不同茶的物性

物性	凉性	中性	温性
茶类	绿茶、黄茶、新白茶、新生普洱茶、轻度发酵乌龙茶	中度发酵乌龙茶、花茶、沱茶	重度发酵乌龙茶、黑茶、红茶

三、按季节选茶

我国大部分地区是季风气候,春温、夏热、秋凉、冬寒,四季极为分明。饮茶讲究四季有别,民间有"夏饮绿,冬饮红,一年到头喝乌龙"之说,而中医主张"春饮花茶,夏饮绿茶、白茶,秋饮青茶,冬饮红茶、黑茶"。

春季,气温回暖,万物复苏,但这时人们却普遍感到困倦乏力,表现为春困现象,宜选择饮用花茶。花茶甘凉而兼芳香辛散之气,有利于散发积聚在人体内的冬季寒邪,促进体内阳气生发,令人神清气爽,能缓解春困带来的不良影响。

夏季,气候炎热,骄阳似火,人在其中,挥汗如雨,人的体力消耗很多,精神不振,宜选择饮用绿茶、白茶。清莹碧翠的绿茶给人以清凉之感,绿茶性味苦寒,"寒可清热",最能去火,消暑解毒,生津止渴,消食化痰。白茶、轻发酵乌龙茶、黄茶、生普洱也很适合夏季饮用。

秋季,天高云淡,金风萧瑟,花木凋落,气候干燥,余热未消,令人口干舌燥,嘴唇干裂,中医称之"秋燥",这时宜饮用青茶。性平和的乌龙茶,既有绿茶的清香和天然花香,又有红茶醇厚的滋味,不寒不热,能消除余热,恢复生津。

冬季,天寒地冻,万物蛰伏,寒邪袭人,人体生理功能减退,阳气渐弱,中医认为"时届寒冬,万物生机闭藏,人的机体生理活动处于抑制状态。养生之道,贵乎御寒保暖",这时宜饮用红茶和黑茶。性温味甘的红茶或黑茶及发酵较重的乌龙茶,兼具生热暖胃及消油去腻的功效,增强人体的抗寒能力,可养人体阳气。

四、按不同人群选茶

（一）根据"茶龄"选茶

一般来说，初次饮茶、偶尔饮茶者，可选择刺激性弱的茶，如揉捻轻或发酵转化的茶，有红茶、黑茶、白茶、花茶等。对常喝茶者，多喜欢味重的茶，如揉捻足的绿茶，也可加大投茶量，但少饮浓茶为宜。

（二）根据体质选茶

每个人的身体状态都会随季节、气候的变化而变化，饮茶时应以不同季节时身体的不同变化为依据。在中医上人的体质有燥热、虚寒之别，一般肠胃虚寒、体质较虚的人（即虚寒体质者）宜以饮红茶、黑茶等温性茶，以利祛寒暖胃，而不宜选择绿茶、铁观音、白茶等对肠胃刺激较大的凉性茶。体质燥热者（即燥热体质者），以饮绿茶、白茶等凉性茶为宜。阳虚体质的人火力不够，阳气不足，怕冷，要吃热，穿暖，所以喝温性的红茶、黑茶为宜。阴虚主要表现为"干""燥"，怕热和口干舌燥，干吃不长肉为其显著特征，易便秘、脾气暴躁等；多数人上火可能属于虚火，实际上可能是脾胃两虚，体内有湿气、寒气，食用凉性的食物或药物反而会加重症状，所以不适宜饮用凉性的茶，如饮绿茶会伤阴虚内热体质者的脾胃，最好饮用半发酵的乌龙茶。

一般过敏体质的人喝绿茶易呕吐，故不宜选用绿茶。老年人建议选择红茶、黑茶等温性茶，夏季喝些绿茶有益处。有抽烟喝酒习惯者，一般易上火，宜选择绿茶等凉性茶。处于亚健康的人，应喝大红袍、红茶及黑茶等中性、温性茶。一般年轻人阳气足、火旺，在夏季可喝一些凉性茶以消暑解渴。但对老年人或体质较弱的人，应尽量避免饮凉性茶，因为凉性茶性寒，易损伤体弱者的脾胃功能和肺经功能。体弱者特别是脾胃虚寒者饮茶，以热饮或温饮为好。现代都市人有抽烟、喝酒、熬夜等不良生活习惯，从而导致体质的多样、多变，体质往往难以用燥热、虚寒简单划分，则需以试喝的情况来确定适宜的饮茶种类。若平时畏寒，以选择红茶或黑茶为好；若平时畏热，以选择绿茶为上。

（三）根据职业环境选茶

经常接触到辐射的人员，如医院放射科的医生护士、长期使用电脑的工作者等可选择绿茶、普洱生茶等抗辐射效果较好的茶叶。运动量较小的职业如文职人员等较易发胖，心血管发病率较高，建议选择黑茶、乌龙茶等具有较好减肥降脂作用、对预防心血管疾病有效的茶叶。绿茶中咖啡碱的含量较高，兴奋作用强，脑力劳动者、驾驶员等可选择饮用绿茶来提神醒脑。

（四）特殊人群的选茶

饮茶有益健康，但是对于一些身体条件特殊或者是患有某些疾病的人，饮茶时需特别注意。

1. 神经衰弱或失眠者

对神经衰弱或失眠者来说，不宜饮浓茶，不宜睡前饮茶，少饮绿茶。而早晨和上午适当喝点红茶、黑茶，既可以补充营养，又可以帮助振奋精神。

2. 脾胃虚寒者

脾胃虚寒者不宜喝性凉的茶如绿茶、白茶，不要饮浓茶，可以喝些性温的茶类如红茶、黑茶等。宜热饮，不宜冷饮。

3. 肥胖症者

对于有肥胖症的人来说，饮各种茶都好，但以喝乌龙茶、青砖茶、藏茶等更有利于降脂减肥。

4. 处于"四期"的女性

处于"三期"（经期、孕期、产期）的女性最好少饮茶，或只饮淡茶、脱咖啡因茶等。更年期女性，以饮温性茶为佳。

5. 儿童

小孩以防龋齿为目的的，可适当饮茶，但不要饮浓茶，也不要在晚上饮茶。饭后提倡用茶水漱口，这样对清洁口腔和防止龋齿有很好的效果。用于漱口的茶水可浓一些。

6. 肠胃患者

胃溃疡患者宜少饮茶，特别是不宜饮浓茶，便秘者不宜饮茶，但腹泻者饮茶有一定的止泻效果。慢性胃炎患者少量饮用淡茶、加乳红茶，有助于消炎和胃黏膜的保护，还可以阻断体内亚硝基化合物的合成，防止癌前病变，但不宜多饮茶。

7. "三高"人群

高血脂患者宜坚持适量地饮茶，以利于降低血脂、胆固醇。高血压、高血糖的人群应坚持饮茶，可选择乌龙茶、青砖茶、藏茶等。

8. 其他特殊人群

心动过速的冠心病患者或肾功能减退的病人宜少饮茶、饮淡茶或不饮茶，以免加重心肾负担。心动过缓的冠心病患者可适量饮用茶水，如喝些高档绿茶以促进血液循环、降低胆固醇、增加毛细血管弹性。动脉粥样硬化患者忌过量饮茶，茶叶中的咖啡碱、可可碱等会增加大脑皮质的兴奋性，引起脑血管收缩、供血不足、血流速缓慢，促使脑血栓发生。缺钙、骨折、骨质疏松患者不宜多饮茶，特别是浓茶。痛风病患者因茶叶中的多酚类物质会加重病情，故不宜饮茶特别是泡得过久的茶。正在发烧的病人可适当饮用淡茶水，但不宜饮用浓茶。糖尿病患者适宜饮用原料稍粗老的茶叶（茶多糖含量较高），饮茶量可稍多些，以利于控制血糖、缓解口干口渴症状。

五、按习俗选茶

受生产和销售的影响，我国不同地域有着不同的饮茶习惯。一般是哪个产区产啥茶，该产区一般习惯饮用该类茶。如浙江主产西湖龙井为代表的绿茶，长期习惯喝西湖龙井类的绿茶；福建、广东、台湾过去传统以生产乌龙茶为主，长期习惯于喝乌龙茶，而福建的闽北习惯于喝以大红袍为代表的武夷岩茶，闽南习惯于喝以铁观音为主的乌龙茶。对我国非产茶区，边疆地区主要饮用各类黑茶为主，其他北方区域则以饮用花茶为主。随着我国茶叶生产与贸易的发展，尽管传统饮茶习惯依然保留，但在饮茶种类方面发生了很大的变化。如福建除乌龙茶外，红茶、绿茶的饮用量也增加不少。

铁观音、普洱茶、青砖茶等在全国各地均有销售，人们饮用茶的种类逐步呈现多样化。在英国等欧洲国家，有喝奶茶的传统习惯，习惯以红碎茶加乳调饮。

第二节　择水

一、古人择水

中国人历来很讲究泡茶用水，古有"水为茶之母，壶为茶之父"之语。唐代茶圣陆羽在《茶经》中对泡茶用水就有描述："其水，用山水上，江水中，井水下。其山水，拣乳泉、石池慢流者上，其瀑涌湍漱，勿食之，食久令人有颈疾。"明代许次纾在《茶疏》中说："精茗蕴香，借水而发，无水不可与论茶也。"明代张大复在《梅花草堂笔谈》中记有："茶性必发于水，八分之茶，遇水十分，茶亦十分矣；八分之水，试茶十分，茶只八分耳。"明代张源谓："茶者，水之神；水者，茶之体。非真水莫显其神，非精茶曷窥其体。"明代高濂《遵生八笺》卷十中载："煎茶四要：一择水。凡水泉不甘，能损茶味，故古人择水最为切要。山水上，江水次，井水下。山水乳泉慢流者为上，瀑涌湍漱勿食，食久令人有颈疾。江水，取去人远者；井水，取汲多者。如蟹黄、混浊、咸苦者，皆勿用。"水质能直接影响茶质，如水质欠佳，不但使人们无法闻到茶叶的清香，品到茶叶的甘醇，而且茶汤和茶姿也失去了欣赏价值。

（一）古代对水的分级

自古以来有"扬子江心水，蒙顶山上茶""龙井茶，虎跑水"之说，古代有许多人对泡茶之水进行品评分级。

陆羽将水分作二十等：

庐山康王谷水帘水，第一；庐山谷帘泉自唐代始就有"天下第一泉"之称，古人曾称其有清、冷、香、冽、柔、甘、净、不噎人八大优点。

无锡县惠山寺石泉水，第二；

蕲州兰溪石下水，第三；

峡州（今湖北宜昌附近）扇子山下有石突然，泄水独清冷，状如龟形，俗云虾蟆口水，第四；

苏州虎丘寺石泉水，第五；

庐山招贤寺下方桥潭水，第六；

扬子江南零水（今江苏仪征一带），第七；

洪州（今江西南昌一带）西山西东瀑布水，第八；

唐州（今河南泌阳）柏岩县淮水源，第九；

庐州（今安徽合肥一带）龙池山岭水，第十；

丹阳县观音寺水，第十一；

扬州大明寺水，第十二；

汉江金州（今陕西石泉，旬阳一带）上游中零水，第十三；

归州（今湖北秭归一带）玉虚洞下香溪水，第十四；

商州（今陕西商县一带）武关西洛水，第十五；

吴淞江水，第十六；

天台山西南峰千丈瀑布水，第十七；

郴州圆泉水，第十八；

桐庐严陵滩水，第十九；

雪水，第二十。

唐代刘伯刍将适宜泡茶之水分为七等：扬子江南泠水第一，无锡惠山寺石水第二，苏州虎丘寺石水第三，丹阳县观音寺水第四，扬州大明寺水第五，吴松江水第六，淮水最下第七。明代朱权认为："青城山老人村杞泉水，第一；钟山八功德水，第二；洪崖丹潭水，第三；竹根泉水，第四。"宋代文天祥也写道："扬子江心第一泉，南金来此铸文渊"，清代书法家王仁堪在中泠泉池旁的石栏上题有"天下第一泉"五个字，明代徐霞客认为云南安宁的碧玉泉在所见过的温泉中为第一，诗人杨升庵也认为碧玉泉实为"四海第一汤"，并在旁亲题"天下第一汤"五个大字。清代乾隆皇帝按水的比重从轻到重排列优次，依次为北京玉泉水、塞上伊逊泉水、济南珍珠泉水、扬子金山泉水、惠山泉水等，并分封了两个"天下第一泉"即北京玉泉和济南的趵突泉，还亲自为北京玉泉题写"玉泉山天下第一泉"一篇，刻碑立石，以告天下。此外还有清人邢江把四川峨眉山金顶之下万定桥边的玉液泉誉为"天下第一泉"。

（二）古代泡茶用水的标准

神州大地，好山好水很多，且各有特色。因品评标准不一，无法判断哪个最优。而且随着地貌的变迁、环境的变化，更无法说清哪个该是"天下第一水"。为此，人们在长期泡茶用水的品评实践中，从不同角度提出了泡茶用水的标准，综合起来有两条：一是水质，即要求水清、活、轻；二是水味，要求水甘、冽；但均先讲究"源"。

古人选择泡茶之水的标准，具体有：一是强调择水先择"源"；明代陈继儒在《试茶》所言："泉从石出清宜冽，茶自峰生味更圆。"张源在《茶录》中记有："山顶泉清而轻，山下泉清而重，石中泉清而甘，砂中泉清而冽，土中泉淡而白。流于黄石为佳，泻出青石无用。流动者愈于安静，负阴者胜于向阳。真源无味，真水无香。"二是强调水质需"清"；清，即要求水质无色透明，无沉淀物。烹茶用水要清洁，否则难以显示茶色来。宋代盛行斗茶，茶汤以"白"为上，择水强调"山泉之清洁者"。三是强调水质宜"轻"。古人认为水轻为佳。明代张源在《茶录》中载有："山顶泉清而轻，山下泉清而重"。清代乾隆皇帝按水的比重，将天下之水从轻到重排定等级。四是强调水品应"活"，水贵鲜活。宋代唐庚在《斗茶记》中曰："水不问江井，要之贵活。"但陆羽曰："其瀑涌湍漱，勿食之，食久令人有颈疾。"即水活不宜过度。五是强调水味要"甘"。甘就是水在口中有甜味，无其他异味。宋代蔡襄在《茶录》中曰："水泉不甘，能损茶味。"明代罗廪在《茶解》中记有："烹茶需甘泉，次梅水。"王安石有诗云："土润箭萌美，水甘茶串香。"水甘，令人回味。六是强调水味要"冽"。冽，意为寒、冷。明代田艺蘅认为水"不寒则性躁，而味必啬"，"泉不难于清，而难于寒。""冽则茶味独全"，尤以冰水、雪水为佳。以上说法都有一定的科学道理，但古代对水品评标准比较全面的要数宋徽宗赵佶，他在《大观茶论》中提出："宜茶水品，以清轻甘洁为美。"

二、现代择水

（一）现代泡茶用水的质量

现代科技研究认为，水有软水、硬水之分。水中的钙离子、镁离子含量换算为碳酸钙计，以不超过 1.5mmol/L 的称作软水，超过的则称作硬水。自然界中一般只有雪水、雨水和露水称得上是软水，沏出的茶香高味醇。用硬度高的水泡茶，茶汤形成沉淀而浑浊。但像泉水、江水、河水、井水等一经煮沸，硬水的主要成分碳酸氢钙和碳酸氢镁会立即分解沉淀，使硬水变成软水，因此同样能泡出一杯好茶。泡茶用水中如含钠离子多，茶味则咸；含钙离子多，茶味则涩；含硫离子多，茶味则苦；含镁离子多，茶汤色变淡；含铁离子多，茶汤色变黑，铁离子与茶多酚作用而使茶汤表面产生一层"锈油"。茶水色泽对酸碱度的反应很敏感，用 pH 为 7 的水泡茶，茶汤的自然 pH 为 4.8～5.0，这时绿茶汤色黄绿明亮、红茶汤色红艳明亮；当茶汤 pH > 7 时，绿茶汤色加深，红茶汤色因茶黄素自动氧化而晦暗；pH > 9 时，茶汤暗黑；pH < 3 时，茶汤出现浑浊沉淀物。

（二）现代泡茶用水的种类

泡茶用水可分为天水、地水及加工水三大类，按其来源可分为泉水（山水）、溪水、江水（河水）、湖水、井水、雨水、雪水等。但具体的泡茶用水，主要有以下几种可供选用。

1. 泉水和山溪水

一般说来，泉水和山溪水经山岩石隙、植被和沙粒的渗析，水质比较清爽，杂质少，透明度高，污染少，常含有较多的矿质元素，水质最好，用来泡茶最佳。但因水源和流经途径不同，其溶解物、含盐量和硬度等均有较大差异，不是所有的泉水和山溪水都适宜用来泡茶，如硫黄矿泉水就不能用来泡茶。同时泉水也不能随处可得。

2. 江、河、湖水

江、河、湖水属地面水，通常含杂质较多，浑浊度大，靠近城镇之处更易受到污染。但在远离人口密集的地方，污染物少，且水是常年流动的，这样的江、河、湖水才可以用来沏茶。另外有些江、河、湖水虽然比较深浊，但只要是活水，经过处理同样可成为泡茶好水。明代许次纾在《茶疏》中说："黄河之水，来自天上，浊者土色也，澄之既净，香味自发。"因此用江、河、湖水泡茶，一般应掌握三条：一是常年流动的"活水"；二是要远离人烟较多的城镇；三是酌情通过澄清处理。

3. 井水

井水属地下水，一般悬浮物含量较低、透明度较高，但是否适宜泡茶，不可一概而论。一般来说，深层地下水有耐水层的保护，污染少，水质洁净；而浅层地下水易被地面污染，水质较差；所以深井水比浅井水好。另外城市里的井水，受污染多，多咸味，不宜泡茶，但湖南长沙城内著名的白沙井例外，该井是从砂岩中涌出的清泉，水质好，而且终年长流不息，取之泡茶，色香味俱佳。而农村的井水受污染少，水质好，适宜泡茶。

4. 雪水和雨水

雪水和雨水被古人誉为"天泉"。用雪水泡茶，更为茶人所推崇。唐代白居易《晚起》诗中的"融雪煎香茗"，宋代辛弃疾《六幺令》词中的"细写茶经煮香雪"，还有元代谢宗可《雪煎茶》诗中的"夜扫寒英煮绿尘"，都是描写用雪水泡茶的。雨水一般比较洁净，但因季节不同而有很多大差异：秋季，天高气爽，空气中尘埃较少，雨水清洌，泡茶滋味爽口回甘；梅雨季节，天气沉闷，阴雨连绵，水味甘滑，泡茶品质较次；夏季雷阵雨，常伴飞砂走石，水质不净，泡茶茶汤浑浊，不宜饮用。不过因存在环境污染，有沙尘和雾霾等，城市空气颗粒物增多，易形成酸雨，无疑降低了雪水和雨水用于泡茶的可选择性。

5. 自来水

自来水一般是经过人工净化、消毒处理过的江水、河水或湖水，已达到生活用水的国家标准，都可以用于泡茶。但自来水中普遍存有消毒用的漂白粉气味，若直接用来泡茶，会严重影响茶汤品质。若用自来水泡茶，经过处理后也是比较理想的泡茶用水。可将自来水存放在陶缸内，敞开静置一夜，待氯气挥发殆尽后再用。还可在自来水水龙头处接上离子交换净水器，以除去水中的氯气以及钙、镁等矿物质离子，成为离子水，此法特别适用于北方。对急需饮用而又来不及处理的自来水，可适当长时间煮沸，以驱散氯气。

6. 矿泉水和蒸馏水

目前生产的矿泉水主要有两大类：一类是纯天然矿泉水，即经过简单处理，直接罐装，消毒灭菌而成的矿泉水；另一类是经过过滤、层析、离子交换、吸附等多种严格净化处理而生产出的纯净水。这两类矿泉水用于泡茶，效果俱佳。而蒸馏水是用蒸馏法制取的水，其无污染、少杂质、水质洁净、符合卫生指标，但在除去杂质的同时将一些有益的矿物质元素也除去了，反而影响到茶水的滋味。

近代许多茶人通过冲泡鉴评，对茶汤的色、香、味进行综合评述，表明宜茶水品中，以泉水、山溪水为上，雪水和雨水其次，接着是江河、湖泊、深井中的"活水"，城市中的自来水最次。用泉水、江水、雪水、雨水等来泡茶固然美妙，但受气候、地理条件以及环境污染等的限制，也不是随时都可获得，现代人泡茶用水主要还是自来水和纯净水为多。

第三节　沦泡技艺

有了好茶好水，还需要科学的沦泡技艺，才能泡出一杯好茶。

一、饮茶法

我国历史上的饮茶法大致可分为煮茶法、煎茶法、点茶法和泡茶法四种，在汉魏六朝兴煮茶法，隋唐兴煎茶法，五代宋元兴点茶法，明清兴泡茶法，但不同的饮茶法在各朝代相互并存。在当代，以泡茶法为主，尚存少量煮茶法和点茶法。

二、煮水

（一）古人煮水经验

清代屈大钧《广东新语·食语》："黎美周云：'泉以茶为友，以火为师。火活，斯泉真味不失'。"茶友火师，言明茶、泉、火三者配合得当，茶才能发其真香，啜其真味。古人认为要煮好茶，调制好茶汤，必须控制好燃料、煮水和冲泡。燃料的优与劣，煮水的老与嫩，冲泡的缓与急，最终都会影响茶汤的品质。

1. 煮水经验

陆羽在《茶经·五之煮》中指出："其沸，如鱼目，微有声，为一沸；缘边如涌泉连珠，为二沸；腾波鼓浪，为三沸。已上水老，不可食也。"唐代温庭筠在《采茶录》中写到："茶须缓火炙，活火煎。活火谓炭之有焰者。当使汤无妄沸，庶可养茶。始则鱼目散布，微微有声。中则四边泉涌，累累连珠。终则腾波鼓浪，水气全消，谓之老汤。三沸之法，非活火不能成也。"宋代蔡襄在《茶录》中说："候汤最难，未熟则沫浮，过熟则茶沉，前世谓之蟹眼者，过熟汤也，况瓶中煮之不可辨，故曰候汤最难。"宋徽宗赵佶在《大观茶论》中也谈到："凡用汤以鱼目蟹眼连绎并跃为度，过老则以少新水投之，就火顷刻而后用。"明代许次纾在《茶疏》中又说："水一入铫，便需急煮。候有松声，即去盖，以消息其老嫩。蟹眼之后，水有微涛，是为当时。大涛鼎沸，旋至无声，是为过时。过则汤老而香散，决不堪用。"明代高濂《遵生八笺》卷十一载："煎茶四要，一择茶，二洗茶，三候汤，四择品。"并提出与唐代温庭筠《采茶录》中一样的煮水要求。明代张源总结前人烧水的经验，在《茶录》中写道："汤有三大辨十五小辨：一曰形辨，二曰声辨，三曰气辨。形为内辨，声为外辨，气为捷辨。如虾眼、蟹眼、鱼眼连珠，皆为萌汤；直至涌沸如腾波鼓浪，水气全消，方是纯熟。如初声、转声、振声、骤声，皆为萌汤；直至无声，方是纯熟。如气浮一缕、二缕、三四缕及缕乱不分，氤氲乱绕，皆为萌汤；直至气直冲贯，方是纯熟。"

2. 古代茶水品质分级

唐代苏廙在《十六汤品》中，将茶汤品质按不同影响因素分为16级。

（1）依煮水老嫩以致影响茶汤品质好坏的有三品

①得一汤：火绩已储，水性乃尽，如斗中米，如秤上鱼，高低适平，无过不及为度，盖一而不偏杂者也。天得一以清，地得一以宁，汤得一可建汤勋。

②婴汤：薪火方交，水釜才炽，急取旋倾，若婴儿之未孩，欲责以壮夫之事，难矣哉。

③百寿汤：人过百息，水逾十沸，或以话阻，或以事废，始取用之，汤已失性矣。敢问皤鬓苍颜之大老，还可执弓抹矢以取中乎？还可雄登阔步以迈远乎？

（2）依冲泡缓急以致影响茶汤品质好坏的也有三品

①中汤：亦见乎鼓琴者也，声合中则意妙；亦见乎磨墨者也，力合中则矢浓。声有缓急则琴亡，力有缓急则墨丧，注汤有缓急则茶败。欲汤之中，臂任其责。

②断脉汤：茶已就膏，宜以造化成其形，若手颤臂亸，惟恐其深，瓶嘴之端，若

存若亡，汤不顺通，故茶不匀粹，是犹人之百脉，气血断续，欲寿奚苟，恶毙宜逃。

③大壮汤：力士之把针，耕夫之握管，所以不能成功者，伤于粗也。且一瓯之茗，多不二钱，茗盏量合宜，下汤不过六分。万一快泻而深积之，茶安在哉。

（3）依冲泡器具以致影响茶汤品质好坏的有四品

①富贵汤：以金银为汤器，惟富贵者具焉。所以策功建汤业，贫贱者有不能遂也。汤器之不可舍金银，犹琴之不可舍桐，墨之不可舍胶。

②秀碧汤：石，凝结天地秀气而赋形者也，琢以为器，秀犹在焉。其汤不良，未之有也。

③压一汤：贵厌金银，贱恶铜铁，则瓷瓶有足取焉。幽士逸夫，品色尤宜。岂不为瓶中之压一乎？然勿与夸珍炫豪臭公子道。

④缠口汤：猥人俗辈，炼水之器，岂暇深择铜铁铅锡，取热而已。夫是汤也，腥苦且涩。饮之逾时，恶气缠口而不得去。

⑤减价汤：无油之瓦，渗水而有土气。虽御胯宸缄，且将败德销声。谚曰："茶瓶用瓦，如乘折脚骏登高。"好事者幸志之。

（4）依燃料优劣以致影响茶汤品质好坏的有五品

①法律汤：凡木可以煮汤，不独炭也。惟沃茶之汤，非炭不可。在茶家亦有法律，水忌停，薪忌熏，犯律逾法，汤乖则茶殆矣。

②一面汤：或柴中之麸火，或焚余之虚炭，木体虽尽而性且浮，性浮则汤有终嫩之嫌，炭则不然，实汤之友。

③宵人汤：茶本灵草，触之则败。粪火虽热，恶性未尽，作汤泛茶，减耗香味。

④贼汤：一名贱汤，竹条树梢风日干之，燃鼎附瓶，颇甚快意，然体性虚薄，无中和之气，为茶之残贼也。

⑤魔汤：调茶在汤之淑慝，而汤最恶烟。燃柴一枝，浓烟蔽室，又安有汤耶。苟用此汤，又安有茶耶，所以为大魔。

从以上可见，古人对泡茶煮水讲究，对茶水质量观察细微。

（二）煮水热源

煮水需加热，热源的选择对沸水质量有影响。在过去和当前生活实践中，习惯于以选择燃料来煮水；对燃料要求：一是燃烧物的燃烧性能要好，产生的热量要大而持久，做到急火快煮，使烧出来的水既具有鲜爽刺激味，又富含营养；二是燃烧物不能带有异味和冒烟，这样才不致污染水质，使水带有烟味和其他异味；三是要通风透气。过去常选择无烟木炭为煮水燃料，也有选择酒精、煤气等。但以电加热，既安全、清洁卫生，又简单方便，还能达到活火快煮的要求。

（三）煮水器具

煮水器具的选择主要可从三个方面考虑：一是煮水器的质地和材料，如用铁壶煮水，常含铁锈水垢，需要经常清洗；否则用来泡茶，会使绿茶茶汤变暗，红茶茶汤变褐，而且影响茶汤滋味的鲜爽，大大降低茶的品饮价值。用铜壶煮水，会提高水中铜的含量，也不相宜。铝壶煮水，铝离子导致水不健康。煮水最好选用陶瓷壶，也有用不锈钢壶。而品啜乌龙茶专用陶质的玉书碨（一种小陶壶）煮水，一些茶艺馆为增添品茶意境采用小型石英壶煮水。二是煮水器具的洁净度，使用不洁的煮水器具不但对泡茶用水透明度产生影响，而且会对茶汤滋味造成不良后果；煮水器具应做到专用，常用常洗，而且防止沾染油污等异物。三是煮水器具容积的大小、器壁的厚薄以及传热性能的好坏等；若煮水器具容积大，器壁厚，传热差，烧水时间会拉长，煮水久烧的结果是水质变"钝"，失去鲜爽味，用来泡茶使茶汤失去鲜灵感。

（四）煮水程度

泡茶用水应防止用"嫩水"或"老水"。水未烧沸为嫩水，水烧开过久为老水。用嫩水泡茶，茶叶中的水溶性物质不能充分浸出，茶汤香气不足，滋味淡薄，而且可能含未杀死的有害微生物。水烧开过久，使溶解于水中的气体基本排尽，特别是本来就不多的二氧化碳气体挥发得一干二净，使泡出的茶汤缺乏鲜爽味。另外多次回烧的开水泡茶，茶汤会带有"熟汤味"；而且因烧水时间过长，水分蒸发过多，会使开水中的盐类物质含量相对增加，特别是亚硝酸盐含量相对增加，不利于人体健康，所以"水老不可食"。陆羽认为煮水时煮沸程度如鱼目微有声，为一沸；边缘如涌泉连珠，为二沸；腾波鼓浪，为三沸；过了三沸，水就煮得过老，就不可以用来冲茶了；这种煮水程度的判断方法，至今依然可以采用。总之煮水程度须掌握两条：一是要急火快煮，不可文火慢烧，二是煮水要防止水烧得"老"或"嫩"。

三、茶叶冲泡

泡茶时，涉及茶叶、水、茶具、时间、环境等许多因素，把握这些因素之间的关系，是泡茶的基本技艺。但在进行茶叶冲泡时，重点是掌握茶叶用量、泡茶水温和泡茶时间。

（一）茶叶用量

要泡好茶，需掌握每次茶叶用量，需根据茶叶种类、茶具大小以及消费者的饮用习惯等来确定用茶量。不同等级、不同类别的茶，用量各异。一般冲泡名茶和高档茶，茶与水的质量体积比大致掌握在1：50，即1g茶叶冲入50mL开水；普通红茶、绿茶和花茶，因内含物质更丰富而且更易浸出，所以采用1：75～1：100的茶水比更适宜。品饮乌龙茶，要求香高味浓，用壶泡时茶叶体积约占壶容量的1/3～1/2，但广东潮汕一带甚至为1/2～2/3，即茶水比为1：18～1：25，武夷岩茶茶水比为1：7～1：22。原料较粗老的紧压茶，茶水比可用1：50；但对一些原料较细嫩的紧压茶，茶水比可用1：80。品饮普洱茶，茶水比一般用1：30～1：40，即5～10g茶叶冲入150～200mL沸水。在西藏、新疆等边疆少数民族以肉食为主，普遍喜饮浓茶，每次茶叶用量较多。此外，长期饮茶者爱喝较浓的茶，而初学饮茶者爱喝较淡的茶，男性比女性一般饮茶要浓，睡前宜饮淡茶。

（二）泡茶水温

茶的冲泡水温是指将水烧开后用于泡茶所需的温度。冲泡水温的高低是影响茶叶水溶性物质泡出比例和香气成分挥发的重要因素。冲泡水温越高，茶叶水溶性物质泡出越多，茶汤就越浓；反之，水温越低，泡出越少，茶汤就越淡。冲泡水温的高低与茶的老嫩、松紧、大小有关，茶叶原料粗老、紧实、叶大的冲泡水温要比原料细嫩、松散、叶碎的高。

不同的茶类，因其嫩度和化学成分含量不同，对泡茶所用水温的要求也不同。一般对高级细嫩名茶，特别是高档的名优绿茶，冲泡水温以 85 ~ 90℃ 为宜；若冲泡水温过高，叶底和茶汤汤色易变黄，滋味较苦，维生素 C 被大量破坏，茶香也变得低浊。普通红茶、绿茶和花茶，冲泡水温以 90 ~ 95℃ 为宜。若天气寒冷时，茶具温度低，对泡茶用水的冷却作用明显，宜用沸水冲泡。泡饮乌龙茶、沱茶、普洱茶以及其他黑茶，因茶叶较粗老且每次用茶量较多，必须用刚烧沸的开水冲泡。有时为保持和提高水温，需在冲泡前用沸水烫热茶具，冲泡后在壶外淋沸水。

（三）投茶方法

开水与茶置入杯中或壶中的先后顺序不一，冲泡的效果有所差异。泡茶时一般有三种投茶方法：第一种，先放茶叶后注入开水，称为下投法；第二种，开水注入约 1/3 的体积后放入茶叶，泡一定时间后再注满水，称为中投法；第三种，注满开水后再放入茶叶，称为上投法。不同种类的茶叶，由于其外形、质地、比重、品质成分含量及其溶出速率不同，要求用不同的投茶方法。对身骨重实、条索紧结、芽叶细嫩、香味成分含量高以及品鉴中对香气和汤色要求高的各类名茶，如恩施玉露茶，可用上投法。条形松展、密度低、不易沉入水中的茶叶，宜用下投法或中投法。在不同季节，由于气温和茶冷热不同，投茶方法也应有所区别，一般可采用"秋中投，夏上投，冬下投"。实践操作中，一些茸毛多、揉捻轻的茶，在使用下投法时，可先倒入少量开水，轻轻摇动，使沸水充分浸润茶叶后，再冲入沸水。

（四）泡茶时间

在茶水比和泡茶水温一定时，溶入茶汤的滋味成分随泡茶时间的延长而增加，因此泡茶时间与茶汤汤色和滋味浓淡、爽涩关系密切。据测定，用沸水泡茶，首先浸出的是咖啡碱、维生素、氨基酸等，大约到 3min 时含量较高，这时饮茶汤有鲜爽醇和之感，但缺少饮茶者需要的刺激味；随时间的延续，茶多酚等浸出物含量增加，至 10min 时的滋味浓涩。因此为获取一杯鲜爽甘醇的茶汤，对大宗红茶、绿茶的头泡茶以冲泡 3min 饮用为好，对名茶（含高档名优绿茶）以冲泡 4 ~ 5min 饮用为宜。红碎茶和绿碎茶的颗粒细小，内含成分容易浸出，以冲泡 3 ~ 4min 为好；如加乳或糖等调饮而作一次性冲泡时，可冲泡至 5min。乌龙茶第一次冲泡进行洗茶，洗茶时间不宜超过 1min，第二、三、四次冲泡分别采用 1.5min、2min 和 2.5min 为好，以保证冲泡出的茶汤不至于出现前浓后淡的现象。具体冲泡时间，依用茶量和茶叶的特性而定。

（五）泡茶次数

按照中国人饮茶习惯，一般红茶、绿茶、乌龙茶以及高档名茶均采用多次冲泡品饮。茶叶在冲泡时，可溶性物质的浸出率一般在第一次冲泡时有 50% ~ 55%，第二、三次冲泡时分别为 30% 和 10%，第四次冲泡时只有 2% ~ 3%，所以一般红茶、绿茶、花茶和高档名茶均以冲泡三次为宜。以杯泡法或碗泡法时，每次添水时，以杯内或碗内尚留有约 1/3 的茶水时进行为宜，这样每泡茶汤浓度比较接近。对用茶量大、每次泡茶时间短的，泡茶次数可适当多些，如乌龙茶多作四次冲泡，黑茶可泡四五次，但冲泡次数均不宜过多。对进行调饮的，多采用一次冲泡法，如红碎茶、绿碎茶。白茶和黄茶一般只能冲泡一次，最多两次。

（六）泡茶程序

泡茶程序可繁可简，并且因茶类和茶具不同而不同。下面介绍一些茶类通用的泡茶程序。

1. 名茶（含名优绿茶）无盖杯泡法

备具备茶→布具→赏茶（欣赏干茶样，后同）→投茶（2g）→备水（85℃）→浸润泡（冲入约25mL开水，泡20~30s）→冲泡（水量75~100mL，茶水约七分满）→奉茶→欣赏茶舞→品饮。

2. 普通绿茶、工夫红茶、花茶盖碗泡法

备具备茶→布具→赏茶→投茶（3g）→备水（90~95℃）→浸润泡（冲入约50mL开水，加盖泡45~60s）→冲泡（冲入水量150~200mL，加盖）→奉茶→泡2~3min→品饮。

3. 普通绿茶、工夫红茶、花茶壶泡法

备具备茶（5人组）→布具→赏茶→投茶（7g）→备水（90~95℃）→冲泡（总水量为500mL，加壶盖）→泡3~4min→分茶（每杯约100mL）→奉茶→品饮。

4. 红碎茶壶泡法

备具备茶（5人组）→布具→赏茶→投茶（10g）→备水（90~95℃）→冲泡（水量约500mL）→泡90s→分茶（每杯约100mL）→奉茶（同时奉上鲜乳或炼乳、方糖、柠檬切片、茶匙等，任饮茶者的爱好而添加）→品饮。

5. 红碎茶及绿碎茶冷饮法

备具备茶（带滤网的茶壶、冷却壶，5人杯组）→布具→投茶（10g）于滤网中→备水（90~95℃）→冲泡（水量约500mL）→泡90s后将茶汤倒入冷却壶（内放冰块）内→分茶（每杯100~150mL），加冰块→奉茶（同时奉上方糖、柠檬汁及茶匙，任饮用者据爱好而添加）→品饮。

6. 乌龙茶盖碗泡法

备具备茶→布具→赏茶→温具→置茶于盖碗中（茶约为盖碗体积的1/2）→备水（正开的沸水）→冲泡至碗沿，用盖刮去泡沫，加盖→泡约3min→分茶→奉茶→品饮。

7. 乌龙茶壶杯式泡法

备具备茶（茶壶、茶船、4只小茶杯）→布具→赏茶→温具→投茶入壶（茶约为壶体积的1/2）→备水（正开沸水）→冲泡至壶盖沿，用壶盖刮去泡沫，加盖→在盖上淋开水，以增加壶温→泡约3min→分茶→奉茶→品饮。

8. 乌龙茶台式泡法

备具备茶（茶壶、茶船、茶盅、闻香杯、小茶杯等）→布具→赏茶→温具→投茶入壶→备水（正开沸水）→冲泡→淋壶→泡1~2min→倒茶汤入茶盅→分茶入闻香杯，将闻香杯翻转竖立于茶杯中→奉茶→品饮。

9. 花茶泡法

（1）高档花茶　备具备茶（用透明玻璃杯）→布具→温杯（注入1/3体积的沸

水）→投茶 3 ~ 4g →注沸水（85 ~ 90℃）→泡 3 ~ 4min →品饮。

（2）中档花茶　备具备茶（用瓷盅或盖碗）→布具→温盅碗→取茶叶 4 ~ 5g →备水（95℃以上沸水）→第一次注 1/3 体积的沸水，加盖泡 3min →第二次注沸水至七八成体积，加盖→品饮。

第七章 品饮技艺

品茶不仅是品赏茶的色香味形，更注重精神上的享受，着重领略饮茶过程中带来的情趣，重在意境的感受和追求，是一种优雅和闲适的艺术享受。品茶能怡情悦性，得神，得趣，从而进入高远的精神境界。茶的品饮是茶艺的重要组成部分，也是一种文化，已成为了一门综合性的艺术。

第一节 品饮内容

喝茶与品茶不仅是饮茶量的区别，二者的内在也不相同。喝茶是把茶当成一种饮料来对待，以解渴为目的，以满足人体生理的需要，重在数量，往往是急饮快咽。品茶则重在意境，把饮茶看作是一种艺术的欣赏、精神的享受，以追求精神上的升华为目的。皎然的"三饮"和卢仝的"七碗"描写了在品茶时的感受，表明在不同环境状态下品饮的效果不一。而现代品茶，更要细啜慢咽，徐徐体察，通过观其形、察其色、闻其香、尝其味，在周边的环境氛围烘托下，使品饮者在美妙的色、香、味、形中得到升华。品茶与审评茶也有所不同。审评茶是从专业角度评判茶叶感官品质的好坏。而品茶需更多地从艺术欣赏角度鉴赏，以领略茶的品性，达到美的享受。

为此，品饮除了对茶叶本身"啜英咀华"外，还讲究品茗的环境，对茶具、水质、冲泡技术也有严格的要求。茶要优质，具要精致，水要美泉，周围环境最好要有诗情画意。同时，品茶还需通过视觉、听觉乃至各种生活经验、文化积累和艺术想象，运用审美观对茶叶进行鉴评和欣赏。通过对茶叶的品饮，在平常的生活中享受到诗意般的过程，从而使品茶达到审美的境界。唐代刘贞亮总结出茶有十德：以茶散郁气；以茶驱睡气；以茶养生气；以茶除病气；以茶利礼仁；以茶表敬意；以茶尝滋味；以茶养身体；以茶可行道；以茶可雅志。随着人们生活水平的提高，现代的茶不再是一种单纯的饮料，还代表着一种文化，一种价值取向，有着更深层次的精神境界。

一般可以从以下几个方面去品饮：一是赏茶名，二是鉴茶形，三是观茶色（即干茶色、汤色和叶底色），四是闻茶香，五是品茶味。但在茶叶的品饮过程中，需逐步从鉴别茶叶品质的优劣升华到由茶叶品质带来一系列美感的享受中。

一、赏茶名

中国传统文化中取名都很讲究，均会对名字赋予特定含义，对茶名也如此。茶名之美，美在既能体现茶的品质特征，又有丰富的文化内涵，能引发茶人美好的联想。未见其形，未尝其味，先听其名，一种美感便会油然而生。如"碧螺春"，立马可让人联想到茶叶卷曲如螺的外形和碧绿的色泽，能联想到春季万物萌发、生机蓬勃、清新翠绿的景色，给人至美的感受。从赏析茶名之美中，不仅可以学到茶文化知识，还可以感受到茶人精神和茶文化的博大精深。

二、鉴茶形

由于茶树品种有别，采摘标准各异，制作方法不同，因而茶叶的形状丰富多彩，千姿百态。尤其是名茶，一般都具有精美的独特外形，如剑、针、笋、钩等，会产生特殊的美感，具有较高的鉴赏价值。赏茶时，取一定量茶叶置入茶荷、样品碟或无气味的白纸上，欣赏茶叶形态美，鉴赏茶叶的造型、色泽以及茸毛疏密长短等特有风韵，并闻其干香。茶叶不同的精美造型，使赏茶者产生丰富的艺术联想，如扁形茶扁平如剑，针形茶紧细圆直似松针，都能给人美的享受。

三、观茶色

茶的色泽在品茶中能给人在视觉上带来一种赏心悦目的美感，会影响品饮感受。品茶观色，主要是鉴赏干茶色和汤色，鉴赏干茶色会在赏茶形中同时进行。

（一）赏茶舞

很多茶叶在冲泡过程中具有非常高的鉴赏价值，尤其是茶叶在杯中飞舞的景象特别优美，也把这个过程称为赏茶舞。例如名优绿茶，在热水的浸泡下形态变化万千。茶芽慢慢地舒展开来，尖尖的嫩芽为"枪"，展开的叶片为"旗"，一芽一叶的称为"旗枪"，一芽两叶的称为"雀舌"。有的如笋，在水中竖立，表现出昂扬的气质。有的如绿林，一片生机盎然的翠绿森林。轻轻摇动杯身，可以看见茶叶在水中上下翻滚，犹如在跳动的舞蹈。有些茶叶分布在杯底与液面上，上下游动，又如绿色的山川水景。

（二）赏汤色

汤色是茶叶中的内含成分溶解于水中而使茶水呈现出来的色泽。品饮者可以观看杯中茶叶的舒展、汤色的变化，以及茸毛在汤中的飞舞，可领略到茶的天然风姿。茶叶在冲泡过程中，茶叶内含物质成分会逐步浸出在茶水中，而且茶叶成分容易氧化，茶汤汤色不断发生变化。在冲泡初期，绿茶水会在无色中逐渐出现一丝一丝的绿色，犹如早春飘飘渺渺的春意；慢慢地，茶汤由淡绿色逐渐加深，成为一杯碧绿的春水，犹如浓浓的满园春色；加上如笋如树、上下跳动的绿叶，犹如一件珍贵的艺术品，令人自生美意而不愿品饮。

四、闻茶香

不同茶类有不同的香气，如红茶甜香馥郁，绿茶清香雅致，乌龙茶花果香持久高长，黑茶陈香迷人，花茶芬芳扑鼻。在品茶中，冲泡前先闻干茶香，冲泡后闻茶汤香，功夫茶艺中还闻杯底香。随着泡茶用水的注入，茶香便随着袅袅升起的水汽扑鼻而来，使人产生愉悦之感。嗅香宜缓吸、短促，嗅香气时一般鼻尖离茶汤 2～4cm 为宜。若用玻璃杯冲泡，可一手持杯身，一手托杯底，将茶杯由左向右从鼻前慢慢移过，轻轻吸嗅，感受茶叶香气。若用盖碗冲泡，可一手托杯身，另一手将杯盖稍许移动但不离开杯身，凑近鼻端，感受从杯中逸出的茶香。每嗅一次香气，需及时将茶杯端离鼻端，以充分感受吸入的茶香带来的美感，还可仔细辨识茶香的类型。茶香不仅因茶而异，而且会随茶汤温度的变化而变化，故有热嗅、温嗅和冷嗅之分。热嗅是在茶汤热时辨别香气是否纯正，有无异味、杂味；温嗅是在茶汤温度45~55℃时，轻嗅茶汤，辨别香气类型及香气的高低；冷嗅是了解茶叶香气持久程度。品质优的茶叶，茶汤冷后依然散发幽雅香气，持久，清爽，不混杂。茶香之美，美在香型的丰富、飘渺不定、变化无穷，无论是甜润馥郁，还是清幽淡雅，或是鲜灵泌心，均能给人带来至高的审美享受。

五、品茶味

茶叶的滋味主要有苦、涩、甘、鲜、活。不同茶类的滋味各不相同，一般绿茶滋味清鲜醇厚，红茶滋味鲜爽甜醇，乌龙茶滋味醇厚甘鲜，白茶滋味鲜醇清甜，普洱茶滋味醇厚回甘。品茶味，是依靠舌头不同部位的味蕾对茶汤具有不同的感觉而进行的。茶汤入口后，舌面上的味蕾受到各种呈味物质的刺激而产生兴奋波，由神经传导到中枢神经，经大脑综合分析后产生不同的滋味感。舌头各部位的味蕾对不同的滋味感受不一样，如舌尖易感受甜味，舌心对鲜味最敏感，近舌根部位易辨别苦味。清代大才子袁枚曾讲："品茶应含英咀华，并徐徐体贴之"，即将茶汤含在口中，像含着一朵鲜花一样慢慢品味。因此啜入一小口茶汤后，不要立即咽下；当茶汤顺舌部流到舌根部时，倒吸几下，将茶水在舌面充分地回旋片刻，使茶汤与舌部味蕾细胞充分接触，然后徐徐咽下；茶水在口中不同的停留时间中，会产生不同的感觉，用心品味，能充分感受到茶汤的滋味，尤其是饮后的回甘。细细体会之后，才可再呷下一口。品茶味时茶汤温度要适宜，一般以50℃左右较为合适。茶汤太烫会使人的味觉受强烈刺激而麻木，影响正常品味；茶汤太冷会使茶汤滋味变得不协调，降低味觉的灵敏度。

品茶需三品，古语有云"一品得趣，二品得神，三品得味"。茶味的苦涩甘鲜，会让人联想到生活中成长的滋味、失败的滋味、爱情的滋味，给人无尽的回味。在茶汤咽下的过程中，还能感受到浓浓的茶香，于茶味、茶香之中感受人心、茶心、天心的融汇、贯通，进入天人合一的境界，实现内在境界的升华。只有这样才能全面充分地感受茶味的多样化和不同刺激感，才能体会到茶味带来的刺激与乐趣，利于形成综合性的感觉，并达到"味云腴，食秀美，芳香溢齿颊，甘泽润喉吻，神明凌霄汉，思想驰古今"的境界。

第二节　绿茶品饮技艺

我国绿茶品类繁多，品质不一，因此在品饮技艺上也会有所不同。

一、普通绿茶的品饮技艺

普通绿茶在品饮时，对其外形并不注重，冲泡过程中也缺乏较优美的茶姿，因此注重茶味和香气。在品饮时，应着重于泡出好茶味，产生应有的茶香，在闻香的同时用心品茶味，同样可以得到较好的综合心理感觉。只要注重品饮，普通绿茶同样可以带来精神上的享受与升华。

二、名优绿茶的品饮技艺

名优绿茶比普通绿茶具有更高的品饮价值，可以产生更多更好的美的享受。名优绿茶在品饮时，甚为讲究。可先赏评茶名，然后鉴赏干茶的外形，深嗅干茶样的自然茶香。茶叶在冲泡时，可欣赏茶舞，观看茶叶的沉浮、舒展和姿态，再察看茶汁的浸出和汤色的变化；然后端起茶杯，先闻其香，再呷上一口，含在口中，慢慢在口舌间来回旋转，接着徐徐咽下，用心感受回甘，如此往复品赏。品饮名优绿茶，可全方位地享受其高品质的美，还可享受由其所带来精神上的升华。

三、代表性绿茶的品饮技艺

（一）西湖龙井茶品饮技艺

1. 赏茶名

龙井过去既是地名，又是寺名和泉名，西湖龙井茶因产于杭州西湖的龙井村龙井寺而得名。苏东坡的对联"欲把西湖比西子，从来佳茗似佳人。"把西湖龙井茶的秀韵与风采描述得淋漓尽致。乾隆皇帝更是把龙井封为"御茶"，使得西湖龙井一时声名显赫。自古至今，历代文人骚客和政治人物都与西湖龙井茶联系在一起，使得"西湖龙井"不但代表了该茶悠久的生产历史，还代表了其丰富的历史文化积淀。

2. 鉴茶形

西湖龙井茶是最具代表性的扁型茶，形似碗钉，扁平光滑，尖削挺秀，如玉兰花瓣一般水灵，似翡翠玉片一样光辉，能给人以质朴、端庄的美感。西湖龙井茶的经典干色为"糙米色"，呈绿、黄两色天然浑成。

3. 观茶舞

冲泡西湖龙井茶以杯泡法为好，选用透明的玻璃杯，便于欣赏"茶舞"。采用下投法投茶，先用"回旋斟水法"向杯中注水少许，浸润茶叶，使干茶吸水舒展，再用85℃左右的开水（烧开后冷却）采用"悬壶高冲"手法注水入杯。当壶水自上而下冲入杯中，只见杯底的龙井茶扬眉挺剑，迎头而上。离壶之水呈漩涡状溢向杯口，杯中之茶顺势形成一条绿色的长龙，沿杯壁盘旋着、翻腾着冲向杯口，仿佛要穿破杯壁的束缚，真可谓是"银瓶乍破水浆迸"。壶水至离杯口二指宽处戛然而止，一会儿幻变出一个迷人的绿洲，那儿云蒸雾腾，碧水涟涟，景色如诗如画。此时龙井茶开始吸水，其声如秋虫唧唧，春燕嗷嗷，这声音由稠而稀，由近而远，若即若离，似有似无，大有"凝绝不通声渐歇"之感。随着冲泡时间的推移，绿中藏娇的龙井茶终于露出了庐山真面目，芽叶直立，上下沉浮，栩栩如生，芽叶一旗一枪，簇立杯中交错相映，宛如青兰初绽，翠竹争艳，又如一个美妙的海底世界，此时"无声胜有声"。

4. 闻茶香

观茶舞后，可端起茶杯，再闻其香。此时，当杯口移近鼻端时，随着汤面的微雾冉冉升起，顿觉有一股浓郁的栗香送入肺腑，清心怡神，妙不可言。

5. 品茶味

品饮西湖龙井茶，细细品啜，缓缓咽下，顿觉甘醇之味，徐徐袭来；继而慢慢吸之，又感回味无穷，顿生清新之感。饮后沁人心脾，齿间流芳，回味无穷。如此往复品尝，不断回味追忆，令人产生飘飘欲仙的感觉。品赏西湖龙井茶，追求的是一种韵味。清人陆次云品饮龙井茶之后，发出肺腑之感："龙井茶真者，甘而不冽，齿颊留芳，啜之淡然，似乎无味。饮过之后，觉有一种太和之气，弥沦乎齿颊之间，此无味之味，乃至味也。"茶的品饮已从物质升华到精神，上升到文化，乐也当然就在其中了。

（二）恩施玉露茶品饮技艺

1. 赏茶名

恩施玉露茶产于湖北省西南端的恩施州，属于蒸青绿茶，是中国唯一自古至今一直延续下来的蒸青茶。因其成品茶叶色绿，紧直如针，毫白如玉，始称为"玉绿"。后随着工艺改进，所制茶叶香鲜味爽，外形色泽翠绿，白毫显露，观其形毫白如玉，会其神珍贵如玉，故改"玉绿"为"玉露"。听到"恩施玉露"，就能想起有海藻味的豆香，就能想到如玉一样的翠绿；而且，"恩施玉露"还蕴藏着其创制人对爱情的坚贞执着和亲力亲为、勤劳致富的精神，至今都值得我们学习。

2. 鉴茶形

恩施玉露茶的外形条索紧圆光滑，纤细挺直如针，色泽苍翠绿润如鲜绿豆，整齐划一，非常美观。

3. 观茶色

将恩施玉露茶置于杯中，将煮沸过的 85℃左右开水少许冲入茶杯，轻轻摇荡，以湿润茶叶。茶叶吸水后，开始慢慢膨胀，犹如春笋破土，杨柳吐绿，润物细无声。开水悬壶高冲，使细嫩的茶叶在杯中翻滚旋转，上下沉浮。在热水的冲泡下，茶芽慢慢舒展开来，初时婷婷地悬浮杯中，继而慢慢沉降于杯底，如雨下落，千姿百态，赏心悦目。

4. 闻茶香

恩施玉露的香气因蒸汽杀青而非常独特，但因工艺的差异却又会有所不同。泡好的恩施玉露茶，散发出一股浓郁的豆香，细闻似是黄豆香，似是豌豆香，又似是蚕豆香；再闻，却又似有海苔香，带有海藻味。变幻莫测的香气，显现出恩施玉露茶独一无二的品质风格，更加吸引着人们的向往。

5. 品茶味

慢品玉露，滋味醇和，淡而有味，回味甘甜，沁人心脾。品饮一杯恩施玉露，喝的是水，咽下的却是玉露茶厚重的人文底蕴。

（三）碧螺春茶品饮技艺

1. 赏茶名

在历史上碧螺春因有奇香，被称为"吓煞人香"。一次康熙皇帝喝到"吓煞人香"，非常喜欢，但觉得其名不雅；只见其卷曲成螺，叶色翠绿，又产于春季，遂改其名为

"碧螺春"，自此碧螺春闻名全国。又因碧螺春主要产于江苏省苏州市吴县（今苏州市吴中区）太湖的东洞庭山及西洞庭山一带，故被称为"洞庭碧螺春"。赏其名，可以感受到碧螺春优异的品质，还可以感受到碧螺春产地环境的优美，更可以感受到碧螺春所具有的文化气息。

2. 鉴茶形

碧螺春号称美女茶，是因其外形条索纤细，形美似佳丽。当地茶农描述碧螺春为"铜丝条，螺旋形，浑身毛，花香果味，鲜爽生津"。其干茶条索除纤细紧结外，卷曲呈螺，白毫特显，色泽银绿、隐翠光润，翠碧诱人。

3. 观茶舞

将碧螺春泡入杯中，欣赏茶舞，可欣赏到犹如雪浪喷珠、春染杯底、绿满晶宫三大美观。碧螺春属芽叶较细嫩的茶叶，可采用上投法进行冲泡。当投入茶叶时，只见碧螺春纷纷扬扬飘落到杯中，瞬间叶面上的白色茸毛在水中上下漂浮，很像蓝天的白云翻腾起伏，呈白云翻滚；也酷似冬天下雪，呈雪花飞舞。茶叶浸润吸水后，徐徐落下，有许多乳白色的小气泡涌向水面，像金鱼戏水时喷出的串串水珠，呈白浪喷珠。嫩芽吸水完全舒展后，在杯底翠绿成朵，亭亭玉立，栩栩如生。碧螺春色鲜艳，不但外形色泽银白隐翠，光彩夺目，而且茶汤碧绿清澈，鲜艳耀人。整个茶杯绿意盎然，春意甚浓。

4. 闻茶香

碧螺春在投入水中的同时，立马清香袭人。随着茶叶舒展开来，茶香渐渐变得浓郁。鼻尖凑近茶杯，茶汤中缕缕云烟飘起，茶香四溢，令人犹如置于大自然中一般，怡然安静。碧螺春香鲜浓，在清清的茶香中透着那浓郁的花香果香，令人迷恋和陶醉。闻着茶香，可以感受到阳春三月太湖之滨春的气息。

5. 品茶味

碧螺春滋味鲜爽，在鲜爽的茶味中有一种甜蜜的果味，令人百饮不厌，回味无穷。啜一口碧螺春茶汤，含在嘴中，那似兰似蕙的香气，在口中妙不可言。需趁热细品，头一口如尝琼浆玉液，感到香味清幽，汤味鲜雅；品第二口，感到茶汤更绿，茶香更浓，并开始有喉间回甘、满口生津的感觉；品第三口，品尝到茶的花香果味，感受到太湖中春天的气息，犹如是进入洞庭山的茶林果园中，感受到太湖盎然的生机，顿觉心旷神怡，情趣无穷。品饮碧螺春，犹如置身于充满诗情画意的大自然中，陶醉于绿色世界中，进入天人合一的忘我境界。

四、绿茶品饮技巧

（一）轻嗅茶香

对刚泡上的茶进行嗅香时，要防止水蒸气烫伤。一是鼻子要缓慢地凑近茶水，感知温度的高低；二是嗅香时，初嗅时需轻嗅，切不可一下就深嗅。吸嗅一下后，鼻子就及时离开茶杯边，用心感知茶香带来的刺激，辨别茶香；稍停留一会后，再吸嗅第二次。茶汤在不同温度时会产生不同的刺激感，因此可以在不同时间段进行嗅香，感受茶香不同的魅力。

（二）小口品饮

在品饮茶水时，需小口品饮。一是怕茶汤烫，防止烫伤；二是有利于茶水在舌面充分回旋，全面感受茶水对味蕾细胞的刺激。但一次饮茶量如过少，也是无法合理地品出茶味。每品饮一下后，中间可稍微停留一会儿，然后品饮第二次。在茶水咽下喉后，注意感觉咽喉之间的回甘，会是一种特别的美感。

第三节 乌龙茶品饮技艺

一、乌龙茶品饮特点

不同区域品饮乌龙茶时，具有不同的喜好。

（一）潮汕品饮特点

潮汕一带品饮乌龙茶，强调热品，采用"三龙护鼎"手法，以拇指和食指按杯沿，中指抵杯底，慢慢由远及近，使杯沿接唇，杯面迎鼻。先闻其香，察其色，而后将茶汤含在口中回旋，徐徐品饮其味。通常三小口见杯底，再嗅留存于杯中的茶香。

（二）台湾品饮特点

台湾品饮乌龙茶，采用的是温品，闻香重于品味，以冲泡当年新茶为佳。品饮时先将壶中茶汤趁热倒入公道杯，然后分注于闻香杯中，再一一反倾于对应的小杯内，闻香杯内壁留存的茶香正是人们品乌龙茶的精髓所在。品啜时，先将闻香杯置于双手手心间，使闻香杯口对准鼻孔，再用双手慢慢来回搓动，使杯中香气尽可能地送入鼻腔，以得到最大限度的享用。至于其啜茶方式，与潮汕一带的无多大差异。

（三）东南亚品饮特点

东南亚一带品饮乌龙茶时，品味更重于闻香，推崇饮用合理贮存两三年的乌龙茶。

二、乌龙茶的品饮技艺

乌龙茶的品饮，重在闻香和品味。

1. 赏茶名

乌龙茶的茶名基本都是其鲜叶原料的茶树品种名称。而乌龙茶的茶树品种名称，一般都是该品种所具有的最主要品质特征。通过乌龙茶的茶名，基本就可以知道所用鲜叶的茶树品种，而且可以想象到其应具有的品质特征。如肉桂，自然可以知道是采用肉桂品种茶树的鲜叶加工而成的，具有如肉桂香料那样的独特香气品质。

2. 鉴茶形

外形不是乌龙茶最主要的品质因子，但依然具有一定的鉴赏价值。乌龙茶外形鉴赏时，以鉴赏条索、色泽为主，结合嗅干香。乌龙茶的茶名往往也会与其独特的外形联系起来，如大红袍的蜻蜓头和蛤蟆背，漳平水仙茶的小方块，不同外形的乌龙茶具有不同的美感。

3. 看汤色

不同类型的乌龙茶汤色差异大。通过观赏品茗杯中的汤色，可以了解乌龙茶的发酵程度和火功高低。

4. 闻茶香

由于乌龙茶是由成熟的新梢加工而成的，而且在加工中经历了较长时间的高温作用，导致乌龙茶特殊的芳香物质需要在高温下才能完全挥发出来，为此乌龙茶需要用现沸的水冲泡。乌龙茶第一泡常感到火候饱足，第二、三泡才开始露香，故第一泡主要是闻香气的高低、有无异气，第二泡闻香气的类型、长短，第三泡闻香气的持久程度。乌龙茶要求香气高爽愉快，以花香或果香细锐、高长为优。

对冲泡者而言，在鉴赏香气时主要嗅杯盖香。在每泡斟完茶后，拿起杯盖，靠近鼻子，嗅盖底随水汽蒸发出来的香气。对品饮者而言，则是用闻香杯或品茗杯直接品鉴香气。以壶或盖碗冲泡乌龙茶后，及时分茶。在乌龙茶冲泡中，可以闻盖香，提前感受乌龙茶的芬香。分茶后，依然可以闻盖香，也可以闻品茗杯中茶水的香气，或嗅盛过茶水后的闻香杯中残留的茶香。以"三龙护鼎"手法持品茗杯，将杯口送近鼻端嗅香。或将闻香杯中的茶水倒入品茗杯后，嗅闻香杯中畜积的茶香。

5. 品茶味

乌龙茶讲究小口啜饮，一品茗杯茶水可分为三小口品饮。慢慢一啜，留意口腔回旋，气冲鼻出，领悟入口瞬间的茶香，然后体验入口浓而后转甘醇的韵味。乌龙茶能让满嘴生芳，久久犹觉齿颊留香，喉头爽快，俗称"喉底好"。

三、代表性乌龙茶的品饮技艺

（一）武夷岩茶品饮技艺

古人对武夷岩茶的品饮非常讲究。宋代蔡襄《北苑十咏·试茶》中有"兔毫紫瓯新，蟹眼清泉煮。雪冻乍成花，云闲未垂缕。愿尔池中波，去作人间雨。"从盛茶的器皿，煮茶的泉水，杯中的茶叶"雪冻成花"化作"人间雨"，写尽武夷岩茶的品饮情趣。清代袁枚在《随园食单》中，描述了品饮武夷岩茶的绝妙方法："杯小如胡桃，壶小如香橼，每斟无一两。上口不忍遽咽，先嗅其香，再试其味，徐徐咀嚼而体贴之。果然清芬扑鼻，舌有余甘。一杯之后，再试一二杯，令人释躁平矜，怡情悦性。始觉龙井虽清而味薄矣；阳羡虽佳而韵逊矣。颇有玉与水晶，品格不同之故。故武夷享天下盛名，真乃不忝。且可以瀹至三次，而其味犹未尽。"袁枚从所用的茶壶、茶具到饮茶的步骤、感觉与武夷茶的特色，均做了详细而生动的描写。品饮武夷岩茶，通过看、闻、品等方式品鉴其色、香、味。

1. 赏茶名

武夷岩茶产于世界文化与自然双重遗产地武夷山，武夷山素有"奇秀甲于东南"之誉，自然生态环境优美独特，碧水丹山孕育出独具"岩韵"风格的岩茶。因武夷山"岩岩有茶，非岩不茶"而得名，"武夷不独以山之奇而奇，更以茶产之奇而奇"。

2. 鉴茶形

武夷岩茶的外形条索紧结重实，稍扭曲。干茶色泽显青褐、乌褐或灰褐，油润，匀整洁净。叶背起蛙皮状砂粒，俗称"蛤蟆背"。

3. 观茶色

鉴赏武夷岩茶的汤色，以金黄、橙黄至深橙黄或带琥珀色，清澈明亮为佳。武夷岩茶的茶汤颜色受焙火程度影响大，焙火轻的汤色呈金黄或较深的黄色，焙火中等的汤色呈橙黄色或深橙黄，焙火高或隔年陈茶的汤色为橙红、深橙红或褐红，故不能依据茶汤颜色的深浅来判断品质的好坏。汤色浑浊、暗淡无光，表明品质存在缺陷。岩茶的叶底为"绿叶红镶边"，做青到位时，叶底的"绿"表现为"明亮的黄绿色"，"红"是"朱砂红"。轻、中火的岩茶叶底肥厚、软亮，红边显或带朱砂红；足火的岩茶叶底较舒展，"蛤蟆背"明显；焙火高的岩茶，叶底颜色为褐色，不易看出红边，叶表有"蛤蟆背"。

4. 闻茶香

武夷岩茶的香气似天然的花果香，或高或长，高则浓郁，长则幽远；香型多样化，似兰花香、蜜桃香、桂花香、栀子花香，或带乳香、蜜香、火功香等。每泡武夷岩茶都可通过闻干香、盖香、水香、杯底香、叶底香等来综合品鉴其香气。趁热闻香，闻香时宜深吸气，每闻一次后都要及时离开茶叶（或杯盖）呼气。

武夷岩茶的香气包括干茶香、冲泡时的香气和底香。干茶香是指冲泡前的茶叶香气，将茶叶投入烫热的盖杯或壶内，盖上后摇动两三下，然后嗅闻干茶的香气；干茶香一般可以初步判断茶叶有无弊病，如有无异杂味、是否吸潮、有无陈味等。在品饮时重点鉴赏冲泡时的香气，可表现为杯盖香、水中香和杯底香。杯盖香是指茶叶浸泡在水中时揭盖嗅盖底散发出的香气，或者出汤后也可闻盖香；闻杯盖香是鉴赏武夷岩茶香气的纯正、特征、香型、高低和持久的重要方式。水中香也称水香，是指茶汤的香气，可直接嗅闻；也可以是指茶汤入口充分接触后，在口腔中弥漫出的香气，经口腔从鼻孔呼出，细细感觉和体会出武夷岩茶的香气。底香包括杯底香和叶底香。杯底香是指品茗杯、闻香杯或公道杯中茶汤饮尽或倒出后余留的香气，也称挂杯香。叶底香是指茶叶冲泡多次后叶底散发的香气，品质好的武夷岩茶经多次冲泡后叶底仍有明显花果香或清甜气息。武夷岩茶的香要清纯无杂气，以花香、果香、幽香为佳，杯盖香、水中香和杯底香均纯正、持久者为优质岩茶的表现。

5. 品茶味

品饮武夷岩茶时，宜用啜茶法，让茶汤充分与口腔接触，细细感受茶汤的纯正度、醇厚度、回甘度和持久性，以区分武夷岩茶的品种特征、地域特征和工艺特征，领略岩茶特有的"岩韵"。一品茗杯茶水，分三口入嘴。茶水入口后，不要立刻吞下，而应含在嘴里，边吸气，边用舌尖打转；让茶汤在口中翻滚流动，使茶汤与舌上的味蕾充分接触，并将口中茶汤气经过鼻腔徐徐呼出，再慢慢咽下，以得到满口生香、回味悠长的感觉。

武夷岩茶滋味醇厚，内涵丰富，有特殊的"岩韵"，茶树品种特征能从滋味中体现。武夷岩茶的茶汤滋味应表现出其自有的品质特征，以无异味、杂味为上品，纯正度以第一泡表现最为明显。武夷岩茶的茶汤滋味在口腔中表现出的厚重感、润滑性和饱满度，以浓而不涩、回甘持久、内质丰富为佳，宜综合多次冲泡的滋味来判断。武夷岩茶的持久性表现为香气、回甘的持久程度和茶叶的耐泡程度。鉴赏武夷岩茶的品种特征、地域特征和工艺特征以及不同的品质风格时，以第 2～4 泡表现最为明显。

6. 冲泡次数

品饮武夷岩茶，一般需多次冲泡，每泡的品评有所不一，但一般以四泡为宜。

第一泡称为"浸润泡"，可以不喝，也可以喝。这泡茶，应先看水色是否清澈艳丽，橙黄或深橙黄色，水色是否三层分明。再闻其香，第一泡侧重香味，徐徐入口领略水香与闻香是否一致，另分辨有无异味，是否口齿留香；喝完杯中茶再闻杯底，是否香浓，香要清纯无杂气而幽香为佳。三品其味，徐徐入口领略水香是否一致，看是"足火"或是"老火""生青"，有无苦、涩感。

第二泡应重点放在品饮茶味上。茶味是否醇厚，是否有较明显的苦涩味或杂味长留口中。好的岩茶，略感稍微苦涩的茶汤入口后，短时间内回味甘醇，即舌有回甘，呈现岩韵显、味醇厚、爽口回甘的特征。

第三泡应重点放在体会岩韵上。岩茶的茶汤在口腔中是否有鲜爽感，是否有一种天然韵味，是否在喉头有润滑爽口之快感，将茶汤吞下时有滑溜而下之感，有"岩骨""嘴底""喉韵"。武夷岩茶十分讲究"岩骨"，表现为喉韵口感、杯底香。这是品饮岩茶的一种精神感应，属于高层次的文化享受，需要用心品味。

品饮三泡岩茶后，再喝一口白开水，则满口生津、回味甘甜，无比舒畅，真是"此时无茶胜有茶"。

7. 体会岩韵

"韵"是茶具有生机活力的表现，有韵之茶犹如点睛之龙。岩韵也称"岩骨花香"，是武夷岩茶独有的品质特征，表现为香气芬芳馥郁、幽雅、持久、有力度，滋味啜之有骨、厚而醇、润滑甘爽，饮后有齿颊留香之感。

武夷岩茶重"岩韵"，以"活、甘、清、香"者为上。

（1）活　指茶汤润滑、爽口，有快感，而无滞涩感，喉韵清冽。"气味清和兼骨鲠""令人释燥平矜，怡情悦性"。

（2）甘　指茶汤回甘快，清爽甘润，滋味醇厚，舌底生津，真有"舌本常留甘尽日"之感。

（3）清　指茶汤、叶底色泽清澈明亮。茶味清纯无杂、清醇顺口、清甜持久。

（4）香　指口含茶汤有芬芳馥郁之气冲鼻而出，其时如梅之清雅，兰之幽馨，果之甜润，桂之馥郁。饮后令人舌尖留甘，齿颊留芳，沁人心脾。

武夷岩茶"重味以求香"，安溪铁观音则"以香而取味"。武夷岩茶以活为首，次为甘、清、香。安溪观音以香为首，次为清、甘、活。台湾乌龙以清为首，次为香、甘、活。

（二）铁观音品饮技艺

铁观音主产于福建省安溪县，这里"四季有花常见雨，严冬无雪有雷声"，特别适宜茶树生长。

1. 赏茶名

铁观音重如铁，形如观音，故名"铁观音"。

2. 鉴茶形

优质浓香型铁观音茶条卷曲，肥壮圆结，沉重，呈青蒂、绿腹、蜻蜓头状，色泽鲜润，砂绿显，红点明显。

3. 观茶色

浓香型铁观音的汤色金黄、清澈、明亮，让人赏心悦目。冲泡后的叶底肥厚、明亮，具有绸面一样的光泽，呈现三分红、七分绿，俗称"青蒂、绿腹、红镶边"的三节色。

4. 闻茶香

启盖端杯轻闻，铁观音独特香气即芬芳扑鼻，清高馥郁持久，具有天然的兰花香，令人心醉神怡。

5. 品茶味

细啜一口，舌根轻转，使茶汤在口腔中作吮吸打转滚动，可感受到茶汤的醇厚甘鲜。缓慢下咽，甘味由喉中自然涌出，回甘带蜜，一时顿觉得满口生津，齿颊留香，韵味无穷。

6. 体会音韵

古人有"未尝甘露味，先闻圣妙香"之妙说。"音韵"是铁观音独特品质特征的统称，在品饮中需用心才能感受到"音韵"的独特魅力。品饮铁观音过后，齿颊留香，喉底回甘，"香中有味，味中有香"，令人神清气爽，心旷神怡，即是"音韵"的境界。

四、乌龙茶品饮技巧

（一）乌龙茶的品种香

乌龙茶的产品名称与所用茶树原料的品种名称一般是一致的。因不同品种原料加工的乌龙茶产品会有明显不同的香气，这种独一无二的香气称为品种香。正因乌龙茶具有独特的品种香，甚至是同一品种不同树上采摘的鲜叶制成的乌龙茶香气都会有明显的区别，导致现在发展起来了很多香气独特的单丛茶。在进行品鉴时，可以仔细区分不同品种乌龙茶独特的品种香。

（二）冲泡次数

乌龙茶因用茶量大、泡时短，很多可泡七次以上，但在实践中考虑到安全与卫生，一般以冲泡四次为宜。在冲泡中，需努力做到不同泡次的茶水浓度大体一致，这需要注意控制每泡次的冲泡时间。而且，每泡次的茶水必须沥尽，否则对后续的茶汤质量会产生明显的影响。

（三）乌龙茶品饮"三到"

乌龙茶的品饮重在闻香和品味，不重赏形鉴色。在品饮中，讲究"三到"：一是"眼到"，看茶色是否鲜艳纯净；二是"舌到"，小呷细品茶味；三是"鼻到"，呷茶的同时轻闻茶香。

第四节　红茶品饮技艺

红茶占世界茶叶销量的 70% 以上，其中又以红碎茶为主，而品饮又以袋泡红茶为主。

一、红茶的品饮技艺

红茶因其色泽红艳油润，滋味甘甜可口，品性温和，人称迷人之茶。红茶可清饮，也可调饮。小种红茶仅限于少数区域饮用，红碎茶多以袋泡茶的形式饮用，工夫红茶以冲泡清饮为主。品饮红茶，重在品香气、汤色和滋味。品饮时，先闻其香，再观其色，然后尝味。饮红茶须在"品"字上下功夫，缓缓斟饮，细细品味，方可获得品饮红茶的悠然韵致。

（一）赏茶名

中国红茶传统上属于工夫红茶，不同区域的工夫红茶各有特色。听其名便可以与其产区相关联，自然也可以与其特定的品质相联系。如滇红，产自云南，其金毫显露、芽叶肥壮、花果香浓、滋味浓厚；而宁红茶，产自江西，其芽叶纤细、蜜香明显、滋味甘醇。随着金骏眉热而逐渐增多的新工艺红茶，多做形漂亮、花香明显、滋味甘醇。

（二）鉴茶形

传统工艺的工夫红茶均为条形，色泽乌褐或乌黑油润，细嫩的露金毫、有锋苗。新工艺红茶的外形多样化，有卷曲、针形、扁形等。

（三）观茶色

欣赏红茶汤色，重在辨识茶汤的金圈。传统工艺红茶汤色应红艳明亮、清澈透明，茶汤与茶碗交界处会有明显的一圈金黄色，称为金圈。新工艺红茶多发酵偏轻，汤色偏浅，呈金黄、橙黄至橙红色。传统工艺红茶的叶底色泽因季节不同其要求也不同，春茶要求嫩黄红色，夏暑茶要求红亮，但均以细嫩或肥嫩多芽、柔软、明亮、嫩度与色泽调匀者为佳。而新工艺红茶的叶底，多会存在少量显青。

（四）闻茶香

冲泡好后，将茶水分入品茗杯中，端起杯细闻其香，慢慢分辨，注意区分香型的优劣和浓度的高低，感受工夫红茶独特的香型。红茶以浓郁的花果香或甜香而著称，香气以纯正、持久、无异味者为佳。红茶嗅香时，茶汤温度应在 45～55℃ 为宜，过高则烫鼻，影响嗅觉判断，过低则显香气低沉。传统祁红的"蜜糖香"、川红的"橘香"等香气独特，新工艺红茶多带有明显的花果香或甜香。

（五）品茶味

嗅香气之后，待茶汤冷热适口时，即可举杯品味。细啜茶汤，茶水含在舌间回旋数次，体验其浓厚鲜爽的滋味呈现，并细辨茶汤中蕴含的香味，徐徐品味。好的红茶滋味浓厚、强烈而鲜爽，回味甘甜。茶汤入口，有一股芬芳的花果香味，鲜醇或甜醇为上品；花果香味尚显、甜味明显、醇厚次之；味尚醇再次之。青花味系发酵欠匀且不足，酸味因发酵过头，馊味因发酵严重过度而变质；火候在程度上有区别，轻者为轻火，中者为老火，高者为焦味。

　　缓缓啜饮，细细品味，在徐徐体察和欣赏之中，品出红茶的醇味，领会饮红茶的真趣，获得精神的升华。

二、代表性红茶的品饮技艺

（一）宁红工夫茶的品饮技艺

　　宁红工夫茶是我国最早工夫红茶之一，主产于九岭山，包括江西修水、铜鼓、武宁、宜丰等地，按产地分为修水宁红茶、铜鼓宁红茶、宜丰宁红茶等。

1. 赏茶名

　　当代茶圣吴觉农先生曾为宁红茶题有："宁州红茶、誉满神州、努力革新、永葆千秋""宁红祁红并称世纪之首"。然而宁红茶发展的历程，却是潮起潮落。在历史上，宁红茶由于品质优异，是中国工夫红茶中的俊佼者，驰名中外。最盛时期，宁红茶出口量达30万箱，畅销欧洲，也是国内拼配红茶中的原料主体，曾获"茶盖中华，价甲天下"之誉。然而，随着清代末期朝廷的腐败无能，宁红茶的发展也完全停滞，直至中华人民共和国成立才开始逐步恢复。20世纪90年代，随着宁红集团宁红保健茶系列产品的开发生产，宁红茶又开始进入一个辉煌，产品曾外销30多个国家和地区，成为领引全国茶业发展的翘首。但三十年河东，三十年河西，时光轮换，在市场经济发展中宁红茶又跌入低谷，而今日的宁红茶又在努力重新辉煌中。听到"宁红茶"，自是会感慨生活的曲折，自是需要我们珍惜当下，努力过好每一天。

2. 鉴茶形

　　传统工艺的宁红茶外形呈条形，紧结圆直，锋苗显露，色泽乌润。新工艺宁红茶的外形以毛尖形、卷曲型为多，如宜丰宁红茶、浩龙宁红茶；一些细嫩原料加工的满披金毫，外形漂亮、美观，

3. 观茶色

　　传统工艺的宁红茶汤色红艳明亮、清澈，如山野绽放的红杜鹃，红得无比地纯、无比地真，热情奔放。而新工艺的宁红茶汤色却为橙黄色，清澈明亮，如秋日挂枝上的橙子，呈现的是一种收获。

4. 闻茶香

　　端上品茗杯，凑近鼻端，细闻茶香。只觉得是种蜜糖香，又似发酵的甜香，如儿时面对慈祥奶奶的微笑，非常的温暖，这很可能就是传统工艺的宁红茶。而充满浓郁的花果香，似桂花，似夜来香，似金银花香，更似一种苹果香，可以令人无限地遐想，犹如身处各色花海、果园中，沉浸于大自然的美丽之中，这很可能是新工艺的宁红茶。感受到宁红茶馥郁的花香，闭上眼睛，似有春天的气息；这气息，如是初春放晴，路旁有大娘松土，田里有老伯耕牛，田边野花初放，蝴蝶自来，微风拂过，甜花香阵阵袭来。

5. 品茶味

　　传统工艺的宁红茶滋味醇厚甜和，而新工艺的宁红茶滋味更加甘甜。轻啜一口，茶汤从唇、齿、舌一路化开，甜醇爽滑，满嘴芬芳。回旋中徐徐咽下，齿颊生津留香，

沉浸于宁红茶的芬芳与甘甜中，回味无穷。品饮宁红茶，会让自己感受到整个春天的气息，整天心情愉悦。

（二）祁门红茶的品饮技艺

1. 赏茶名

祁红是祁门红茶的简称，主产于安徽省祁门县一带，有"祁红特绝群芳最，清誉高香不二门"之赞，并被誉为"群芳最""红茶皇后"。

2. 鉴茶形

祁门红茶的条形紧细纤秀，色泽乌润，富有光泽，金毫显露，锋苗秀丽，匀齐完整，香气馥郁。

3. 观茶色

祁门红茶的汤色红艳，清澈明亮，在杯沿内有一道明显的金黄圈。叶底薄厚均匀，色泽棕红明亮，叶脉清晰紧密，叶质柔软。

4. 闻茶香

祁门红茶的香气清新芬芳馥郁持久，带有蜜糖香，又似蕴含着兰花香、玫瑰花香，被誉为"祁门香"。

5. 品茶味

祁门红茶的茶汤入口鲜爽、醇厚，鲜活回甘，回味绵长。徐徐体味，感受品饮祁门红茶之真趣。

（三）红碎茶的品饮技艺

工夫红茶多清饮，红碎茶多调饮。红碎茶多以袋泡茶的形式冲泡，然后据个人喜好，添加各种配料如糖和乳等。为此，品饮红碎茶，重在赏汤色、品滋味。

1. 赏茶名

我国传统工夫红茶产区，也均生产红碎茶，但数量比较有限。饮用这些区域生产的红碎茶产品，自是可以与这些区域的风土人情、饮食文化等联想起来。与此同时，我国进口国外的红碎茶逐年递增，印度、斯里兰卡、肯尼亚等国家也在我国大力推销红碎茶。品饮国外的红碎茶产品，自然会带有浓浓异国的气息。更有英国的立顿红碎茶产品，向全球传播着快消文化；而英国的Twinings红碎茶产品，却昭显英国皇室的雍容华贵。

2. 赏茶色

红碎茶调饮，可添加的辅料极为丰富，酸的如柠檬，辛的如肉桂，甜的如砂糖、蜂蜜，润的如干酪，甚至香槟酒等。调出的饮品多姿多彩，风味各异，无不交互融合，相得益彰。只见那红艳的茶色，随着牛乳的加入和搅拌，而逐渐变淡、变黄、变粉红；加入的原料不一，形成的茶色也不同，各有各的美感。

3. 闻茶香

不同的红碎茶有着不同的香气，但市面上的红碎茶产品多为高香产品，尤其是来自国外的，一般会带有浓花果香。能闻到浓浓花果香的红碎茶，在加入牛乳、蜂蜜等时，将使香气更加丰富。细细品闻，感受茶香与乳香等香气的相融，感叹大自然的和谐与美好。

4. 品茶味

轻啜一口混合的茶水，在感受茶水给味蕾刺激的同时，添加物的乳味、蜜味、酸味等也随之而来，顿觉滋味的丰富，真正是多滋多味。

三、红茶品饮技巧

（一）红茶香气

在红茶品饮时，需要专注鉴赏红茶的香气，才能充分感受到红茶的魅力。红茶的香气以甜香和花果香为主，一般工夫红茶的香气偏甜香，而红碎茶的香气偏向清鲜的花果香。不同产地的红茶香气品质独特，地域香的特征非常明显，如"祁门香""滇韵"等。

（二）金圈

"金圈"是鉴别红茶品质优异的重要指标。茶汤贴茶碗或茶杯边缘有一发亮的金黄色圆圈，称为"金圈"；"金圈"越厚，颜色越金黄，表明红茶品质就越好。但新工艺红茶的金圈不明显。

（三）红茶调饮

红茶的品性温和，滋味甘甜可口，具较好的兼容性，适合进行调饮。可以将柠檬等果汁、蔬菜汁、牛乳等分别加入红茶汤中，可配入砂糖、干酪、盐等调料，还可加入冰块、红酒、白酒等，制成各种个性浪漫的饮料，可以迎合更多不同口味的消费者，尤其是年轻人会更加喜爱。

第五节　黑茶品饮技艺

我国黑茶产品种类多，因产地、原料、工艺等不同而具有不同的品质风味。

一、黑茶的品饮技艺

（一）赏茶名

黑茶的名称多与产地相关，品饮时先听其名，则会联想到特定区域的文化内涵。如赤壁青砖茶，代表了万里茶道的源头之一，是茶马古道运输的主要茶产品之一，曾在欧亚经济与文化交流中发挥了重要的作用。而且黑茶过去主要是在特定边区销售，与边疆少数民族和民族团结等自然联系在一起。如雅安藏茶主要销往西藏，在西藏人民的生活中发挥重要的作用。

（二）观外形

黑茶产品的外形整体上观赏性不高，但有些产品的外形比较特别。如普洱茶的七子饼、沱茶、金瓜等，具有特殊的观赏价值。茯砖茶的砖内金花，也可以撬开后进行观赏。

（三）看汤色

随着存放年份的增加，黑茶茶汤的色泽由橙黄色逐渐转变为红色。对光赏色，新黑茶的汤色橙黄明亮，陈化茶汤色红亮如琥珀，可感受茶汤色带来的美感。

（四）闻香气

黑茶茶汤的香气比较特别，一般是发酵香，老茶是一股陈香。端起茶杯细嗅中，可以感受到黑茶的温和，积累的陈香，以及金花浓郁的菌香。

（五）品滋味

黑茶滋味一般很醇和、纯正，入口立马可以感受到。若能品到顺滑、绵柔，则是更佳的茶味。存放较久的黑茶，自然会有陈香味，可以品出黑茶的历史厚重感和深厚的文化底蕴。

二、代表性黑茶的品饮技艺

（一）青砖茶的品饮技艺

1. 赏茶名

一听到青砖茶三个字，就能想到汉口码头，想到汉阳造。砖型青砖茶能得以诞生，源于 19 世纪中叶俄商将德国废弃的火车蒸汽机用于汽蒸和压制砖茶，推进了青砖茶现代化加工的进程。青砖茶在历史上促进了茶文化推广和欧亚商贸的发展，在欧亚万里茶道的形成中发挥了重要贡献，并使赤壁成为万里茶道源头之一。

2. 观外形

青砖茶的外形就如一块长方形的砖，因机械的使用而压制得非常紧结重实，真正如砖一样，拿在手里沉甸甸的。青砖茶显露的青褐色，犹如沉积的历史时光，述说着以往的茶马古道。细闻青砖茶，透露出一股股宜人的发酵香。

3. 看汤色

青砖茶汤色呈现橙黄色，清澈明亮，犹如新鲜柠檬的颜色，散发出一种诱人的亮光。陈年青砖茶汤色随着存放时间的延长会逐渐加深，从浅橙红色到深橙红色；随着时光的沉淀，青砖茶的汤色会变得更加迷人。

4. 闻香气

青砖茶的发酵香中带着一股清香，明显区别于其他的茶。然而，陈化青砖茶却又是一股浓浓的陈香，与陈年普洱等老黑茶隐隐相同，显示着一种大同。虽是闻茶香，却闻出了岁月积淀的规律。

5. 品滋味

青砖茶滋味甘醇，小口啜饮，可以感受到一股股纯正，犹如北方人耿直的性格，一是一，二是二，干脆磊落。细品陈年青砖茶，可以感受到甘醇中透出浓浓的陈味，厚重感强，犹如面对一个千年古董，品的是深厚的历史文化，让人回味深长。

（二）普洱茶的品饮技艺

1. 赏茶名

普洱茶也是茶马古道中的代表，对茶文化的发展产生了巨大的作用，直至今日依然在引领黑茶产业的发展。普洱茶的独特对世人影响深刻，以至于今日众人喝茶无不谈普洱茶，并以品饮普洱茶为荣，甚至于将思茅地区改名为普洱市。

2. 观外形

普洱茶的外形多样化，有散茶，有压制成各种形状的茶。紧压型的普洱茶中造型独特的有七子饼茶、金瓜茶、沱茶等，这些独一无二的造型成为普洱茶的特征。看着那金毫显露、色泽褐红、光泽油润、条索肥壮的芽叶，就能想到那在高温高湿环境下生长的大叶种茶树，还能想到云南丰富的少数民族文化和迷人的自然景色。将普洱茶拿到鼻边轻轻一闻，能闻到宜人的陈香。

3. 看汤色

普洱茶的汤色褐红、透亮，随着存放年份延长，汤色由红浓明亮向红艳明亮转变。有的普洱茶汤色还会呈现宝石、红酒、玫瑰等多种艳丽的色泽，还有似琥珀一样晶莹透亮，无不透露着大叶种茶树的独特魅力。

4. 闻香气

普洱茶陈香浓郁，在陈香中有的还会隐隐含有枣香、樟香、桂圆香、槟榔香等多种风味，形成一股独特的"陈韵"。举杯凑近鼻前，即可感受陈味芳香如泉涌般扑鼻而来，其厚重感如古代的四库全书一般。

5. 品滋味

普洱茶滋味醇和、爽滑、回甘，陈香味浓，口感柔和细腻。普洱茶的回甘悠长淡雅，令人心怡。普洱茶啜饮入口，待茶汤于喉舌间略作停留时，即可感受满口芳香，甘露"生津"，令人神清气爽。

6. 看叶底

普洱茶的叶底呈褐红色，色泽均匀一致，有光泽，叶张完整。大叶种茶树的叶片虽显粗大，用手轻摸，却可以感受到阵阵柔软。

（三）藏茶的品饮技艺

1. 赏茶名

藏茶是四川雅安独有的茶种类，畅销西藏、青海、甘孜等边疆地区。藏茶在茶马古道的形成中也有着重要的贡献，成为汉族与少数民族联系密切的纽带，并对促进汉藏文化的交流发挥着重要的作用。

2. 观外形

藏茶的造型美观度不高，却是一种上凹下平如金元宝一样的砖形茶，明显区别于其他黑茶产品。细闻藏茶，有着一股混合有茶清香的栗子香。

3. 看汤色

藏茶汤色呈现褐红色或褐黄色，明亮、清澈。汤色一出来呈淡黄红，带琥珀色的为陈化老茶，继而转为透红，美轮美奂。

4. 闻香气

康砖茶为栗子香，金尖茶为清香、花香，陈藏茶的陈香浓。随茶汤热气上扬，徐香不断，细嗅，能感觉到沉稳的陈香，如韵律深藏。

5. 品滋味

藏茶滋味甘甜滑润。入口后不急于咽下，应在口中慢慢感受，细细品味藏茶特有的陈香、醇厚回甘的滋味。

三、黑茶品饮技巧

（一）黑茶品饮方式

黑茶应以泡饮为主，不提倡直接煮饮。黑茶一般原料较为粗老，且多为夏秋季原料。如直接带茶叶煮饮，容易将有害成分煮出来，对人体健康不利。然而，煮饮的黑茶风味独特，滋味会更加甘醇，可以用冲泡或煎煮后去掉茶渣，用茶水再来煮。黑茶可以清饮，也可以调饮，可以加入牛乳、爆米花、炸花生、葡萄酒、白酒、冰块等调饮。

（二）黑茶洗茶

黑茶因生产原料相对粗大，生产方式相对粗放，为此建议黑茶在饮用时进行洗茶，还可以起到润茶的作用。洗茶应只是洗去黑茶中可能存在的灰尘等物质，为此快速洗一次足矣。然而现实中，洗茶次数往往过多，甚至洗三四次，造成茶叶内含物质浪费过大。但对香气品质差的黑茶，可以略微增加洗茶次数。

（三）冲泡次数

所有茶叶一般均以冲泡 3 次以内为宜。对一些压制较紧的黑茶，可以适当增加泡次，但也以 4 次左右为宜。冲泡过多，茶水品质变差，且饮用也不安全。

（四）黑茶香气

黑茶的陈香和霉气是完全不同的两种香气，初品黑茶时需要特别注意。现实中冲泡黑茶，可以通过增加洗茶次数将霉气等不良气味减轻，从而获得较好的茶水质量。

第六节 其他类茶的品饮技艺

一、黄茶的品饮技艺

（一）黄茶品饮要求

黄茶种类不一，在具体品饮时会有所不同。一般嫩度高的黄茶，外形造型美，茶汤内含物高，品质好；嫩度低的，内含成分少，总浸出物低，滋味粗涩，且不耐泡，品质差。黄茶的滋味是醇而不苦，以醇和鲜爽、回甘、收敛性弱为好，受到消费者的喜爱。黄茶滋味的这种醇和不似绿茶或红茶的醇和，而是入口醇而无涩；不似绿茶呈现得极快的爽，不似红茶呈现得极快的强，而是吐出茶汤后回味甘甜润喉，别具一味。黄茶鉴赏以赏汤和品味为主，黄芽茶和黄小茶的外形也值得鉴赏，尤其是君山银针茶的茶舞。因多数高档黄茶产品缺少专门的揉捻工序，内含物质成分不容易泡出，在冲泡时可加大投叶量和延长冲泡时间。

（二）君山银针茶的品饮技艺

黄茶中有很多品质出众的产品种类，尤以君山银针茶著称。

1. 赏茶名

君山银针茶最初产于湖南省岳阳市洞庭湖的君山，是黄茶中的珍品。君山是一个小岛，全岛总面积不到一平方公里，与千古名楼岳阳楼隔湖相对。岛上土地肥沃，雨量充沛，竹木相覆，郁郁葱葱，春夏季湖水蒸发，云雾弥漫，这样的自然环境非常适宜种茶，也铸就了君山银针茶独特的品质。

2. 鉴茶形

将茶叶拨入茶荷中，先欣赏君山银针干茶，看其形察其毫。君山银针干茶由单芽制成，芽头肥硕苗壮，长短大小匀齐，色泽金黄光亮。其茶基呈橙黄色，外满披茸毛，故得雅号"金镶玉"，又因茶芽外形很像一根根银针，故名君山银针。置入茶荷的君山银针茶，似银针落盘，又如松针铺地，煞是好看。

3. 赏茶舞

君山银针茶是一种以赏茶舞为主的特种茶，讲究在欣赏中饮茶，在饮茶中突出欣赏。君山银针茶在冲泡中，茶姿十分独特，会呈现出似"群笋出土""金枪林立"及"三起三落"等特有美观，极具美感，观赏性非常强。

当金黄色的茶芽在玻璃杯中用沸水冲泡后，只见芽尖冲向水面，茶芽茎端朝下，毫尖直挺竖立，悬浮于杯中。带着金黄色茸毛的嫩芽，很快泛起了许多亮晶晶的小水泡，犹如微波翻浪，鲜鱼吐珠，又如雀舌含珠。茶芽继而徐徐下沉，纷纷伸腰舒展，犹如落花朵朵，又如雪花飘落。茶芽再竖立于杯底，似群笋出土，笋尖林立，又如金枪林立。间或有芽头从杯底徐徐升至水面，忽升忽降，蔚成趣观。芽光水色，浑然一体，交相辉映，茶香四溢，丽影飘然，妙趣横生。尤其是随着冲泡次数的增加，沉浮起落，往复三次，趣称"三起三落"，浑然一体，使人赏心悦目。

4. 观茶色

在赏君山银针的茶舞之时，可以欣赏茶色。在茶芽上下浮动的同时，杏黄色的茶汁冉冉扩散，仿佛云雾浮动。茶色逐渐显现，渐呈浅黄色，并且明亮、清澈。

5. 闻茶香

君山银针茶的茶香即随着热气而散发，茶香伴着杯中的水汽氤氲上升，如香云缭绕，如梦如幻，时而清幽淡雅，时而浓郁醉人。端起茶杯，将茶杯在面前左右移动，感受香气的蔓延。细闻，清香袭鼻，可感受到君山银针茶明显的毫香，使人顿觉清新。

6. 品茶味

待君山银针茶泡至汤色显黄，即可开始品饮。小啜一口，使茶汤在口腔中缓缓流动，可充分品味到君山银针茶的鲜爽、甘醇，顺滑感好，同时有令人舒适的浓郁甜香和淡淡花香，使人心旷神怡。持续的涩感能化开，回甘生津明显，留在口中的甜花香清爽。品茶称之为"人生三味一杯里"，品君山银针茶讲究要在一杯茶中品出三种味。即从第一道茶中品出湘君芬芳的清泪之味；从第二道茶中品出柳毅为小龙女传书后，在碧云宫中尝到的甘露之味；第三道茶要品出君山银针茶这潇湘灵物所携带的大自然的无穷妙味。

二、白茶的品饮技艺

（一）白茶的品饮要求

白茶为轻微发酵茶，汤色和滋味均较清淡。其中的白毫银针茶具有欣赏价值，是以观赏为主的一种茶品。

1. 鉴茶形

白毫银针茶外形以毫心肥壮、鲜艳、银白闪亮为好。白牡丹叶色面绿背白，有"青天白地"之称；叶脉微红，夹于绿叶、白毫之中，犹如"红妆素裹"；观之，大有绿肥红瘦之感。贡眉和寿眉外观粗犷，叶张肥嫩、夹带毫芽，观赏性差些。紧压白茶外形的品质鉴定主要从茶饼的松紧度、平整度及色泽进行鉴定，一般饼面平滑且松紧适度有利于茶饼后期的陈放及内含物质的转化，而色泽依不同等级、不同年份而不同。

2. 看茶色

不同的白茶汤色不同，但白茶的汤色应橙黄明亮或浅杏黄色为好，并清澈、透亮。冲泡新白茶，茶汤的颜色整体较浅，从牙色开始，渐渐往鹅黄、赤金、金黄过渡；在清澈透亮的茶汤中，还有白毫上下浮动，好像一泓清澈的山泉中，有小鱼在游动，清澈见底，干净、清爽。而老白茶的茶汤，整体色调深，颜色以杏黄、橙黄、琥珀色、胭脂色为主，依然清澈，能够观察到白毫浮动。白毫银针老茶的汤色浅黄明亮，白牡丹老茶的汤色赤金且明亮透彻；寿眉老茶的汤色呈琥珀或者胭脂色，煮过如红石榴一般晶莹剔透。白茶的茶汤如放置时间较长，汤色会加深。老白茶和紧压白茶的汤色内质主要从色度的深浅及亮度进行判别，一般随年份增加，茶汤的色度和深度均会增加，且陈放得当的老白茶的汤色依旧清澈透亮，无浑浊之感。

3. 闻茶香

白茶在冲泡中和泡好后，均可以闻香，用嗅觉去感受白茶美妙无穷的香气。靠近杯沿，用鼻轻嗅，可反复嗅一次。一次闻香时间不超过3s，嗅香过久会失去灵敏感。白茶的香气，可用静若处子，动如脱兔来形容。在未经过沸水冲泡前，干茶香呈安静、款款而来、娴静不争。一旦经过冲泡，白茶的各类香气因子开始变得躁动不安，蠢蠢欲动。闻白茶香，可分为三个层次：静止闻香、摇杯闻香、啜饮闻香。静止闻香，也可以理解为闻干茶香；干茶香闻着是干爽的，舒服的，清爽的，不会带有异味、霉味等。摇杯闻香可以分为闻盖香和水香；在冲泡中，闻盖香，直接揭盖，置于鼻翼下方连续吸气两次，让香气物质在鼻腔中振荡，从而放大香气，让我们更好地闻香；闻水香，可小幅度晃动茶杯，茶汤在碰撞间，促进香气释放。而要准确感受水香，还可以通过啜饮实现。啜饮闻香，即啜饮小口茶水后，微微张开嘴巴，吸入少量空气，令空气在口腔中和茶水结合打转，以激发茶香，能让香气放大好几倍，在感受茶水滋味的同时感受茶水香气。白茶的香气以毫香、青草香、清新的香气为主，特别是白毫银针、白牡丹的毫香较显著，香气纯正。白牡丹香气突出，以浓郁的花香和青草香为主；工艺到位的白牡丹花香层次多，能闻到栀子花香、桂花香、兰花香等香气。贡眉、寿眉类的白茶香气主要有花香和草药香，香气浓郁、较高扬。一般陈放得当的老白茶或紧压白茶，其香气呈现陈香纯正、浓郁度和持久度较高，且随陈放年份增加其香型会不断转化，香气的浓郁度也会逐年增加。

4. 品茶味

白茶泡好后，呷一小口茶汤，使茶汤在舌头上循环滚动，然后尝试把口微微张开成一个小洞，把空气少量吸入口中，令空气在口腔中跟汤水结合打转，再徐徐咽下。

这样，可以使香气放大，花香、果香、陈香、药香会变得更明显。当茶汤将口腔味蕾都覆盖住之后，可以尝到不同的滋味，这也是喝茶最大的魅力。新白茶的滋味鲜爽、清甜、醇和，老白茶的滋味陈韵、甘醇、顺滑，老白茶和紧压白茶的滋味主要有厚实感、绵柔感或顺滑感等。一般随年份增加，白茶内含物质不断发生转化，使得茶汤的醇厚度逐渐加强，陈韵显著性也随之增加，茶汤入口不苦不涩，绵柔感十足，品饮之后有回甘。

（二）白毫银针茶的品饮技艺

白茶中自是以白毫银针茶最为独特，无论是其名其形，还是其姿，都令人耳目一新，具有极高的欣赏价值。

1. 赏茶名

白毫银针茶主产于福建省福鼎、政和等地，素有茶中"美女""茶王"之美称。白毫银针茶的鲜叶原料全部是茶芽，形如针，色如银，故得名。

2. 鉴茶形

白毫银针茶从外形上看，芽头肥壮，挺直如针，满披白毫，如银似雪，熠熠闪光。远观白毫银针茶，娇俏可人，似霜后的树林，又如翠绿色中点缀着白霜，人见人爱。

3. 赏茶舞

白毫银针茶冲泡开始时，单个茶芽因相对密度小而体积大，都浮在水面。5～6min左右，部分茶芽吸足水分开始沉于杯底。而部分茶芽依然悬浮于茶汤上部，此时茶芽竖立着上下浮动，上下交错，望之有如石钟乳，也如银丝在水中上下飘动。茶芽徐徐下落，慢慢沉至杯底，条条挺立。当大部分茶芽都竖立于杯底后，个个茶芽，芽尖朝上，芽茎朝下，犹如雨后春笋，又如陈枪列戟，显得非常整齐而美观。冲泡中的白毫银针茶，茶芽就像细长的针一样直直地立于水中，由于它的芽头满是白色茸毛，配上依显绿色的芽叶，让人赏心悦目；只见杯中出现白云疑光闪，满盏浮花乳，芽芽挺立，上下沉浮，使人情趣横生，蔚为奇观。

4. 闻茶香

白毫银针茶冲泡5～10min后，汤色约显杏黄色，这时可端杯闻香品味。白毫银针茶的香气淡雅，富于变化且持久，清香悠长，毫香浓，沁人肺腑，耐人寻味。

5. 品茶味

品饮白毫银针茶，微吹饮啜，茶香扑鼻而来，茶汤入喉，滋味鲜醇甘爽，入喉后爽滑回甘。含一口茶汤在嘴里，用舌头在茶汤里前后翻卷，打几个滚。再打开唇，往里轻轻吸气，感觉茶汤在口腔里与牙齿撞击，升起香气。徐徐咽下茶汤，感受喉咙间的变化。细闻毫香，慢啜茶水，细细品味，感受白茶清新甘甜的滋味，已是尘俗尽去，意趣盎然，回味无穷。

（三）白茶品饮技巧

因白茶冲泡时间较长，可在冲泡后茶叶吸水膨胀这段时间，同时开始进行鉴赏干茶样，并与杯中的相对照，比较吸水后的茶叶，其趣更浓。白茶的香气和滋味均不属于突显的类型，特别是第一泡的茶汤汤色浅淡，近如白开水，真可谓是"君子之交，淡如白茶水"。而常言道茶如人生，人生如茶，品茗如同品味人生一般，而品白茶更如品人生，唯有用心品鉴，才能真正品味到白茶的真味。

三、花茶的品饮技艺

（一）花茶的品饮要求

花茶具有素茶的纯正茶味，又有鲜花之幽雅香气，独具风格。花茶的品饮，重在闻香，其次是品味，对特种花茶可兼赏形。

1. 赏茶名

花茶融茶叶之美味、鲜花之芬芳于一体，茶引花香，花增茶味，相得益彰。茶的滋味为花茶茶汤的本味，花香是花茶茶汤之灵魂，茶味与花香巧妙地融合，既保留了浓郁爽口的茶味，又有鲜灵芬芳的芳香，构成茶汤适口、芬芳的特有韵味，二者珠联璧合，相得益彰，故而人称花茶是"诗一般的茶"。福州花茶、苏州花茶、成都花茶、盈科泉花茶等花茶，均承载着历史的繁华与厚重的文化底蕴。

2. 鉴茶形

花茶泡饮前，一闻干茶香气，二看干茶外形。取少量的花茶，放在洁净无味的白纸上或茶荷上，一方面可以细闻干茶香，能闻到浓浓的花香，可以初步判断香气的浓度；另一方面察看茶叶的外形。花茶的外形与其窨制所采用的茶坯相似，主要鉴赏其条索、色泽、嫩度与匀整性。对特种花茶而言，其外形鉴赏价值更高，一般都会有独特的造型，如绣花针、绒球、耳环等。

3. 观茶色

在冲泡过程中，花茶的茶汁会从逐渐舒展的茶叶中慢慢渗出，变化无穷。待冲泡好时，汤色或翠绿、或浅黄、或黄绿、或橙黄、或红艳，明亮清澈，叶底细嫩匀亮。

4. 赏茶舞

在特种工艺造型花茶和高级花茶冲泡中，可欣赏其在杯中优美的舞姿。透过玻璃杯壁，看到叶子在水中徐徐展开，或上下沉浮，或翩翩起舞，或如春笋出土、银枪林立，或如菊花绽放，逐渐恢复它原有的生机和活力，其景真可谓："一杯小世界，山川花木情"，令人心旷神怡。

5. 闻茶香

在特种花茶冲泡时，可边欣赏"茶舞"，边闻其香，体会冲泡全过程中香气的变化。花茶的香气从浓度、纯度和鲜灵度三个方面去品鉴，花茶的花香应鲜灵、浓郁、持久、纯正，热嗅、温嗅、冷嗅时均能闻到明显花香，清新怡人，沁人心脾，使人心旷神怡。

6. 品茶味

花茶冲泡好后，细啜香茗水。花茶水在口中停留，使茶汤在舌面来回流动，以口吸气、鼻呼气相结合，品出茶味，更要品出茶汤中的花香，同时感受茶味和花香带来的美好感受，更易进入升华的境地。花茶滋味满口生香，浓醇鲜爽，回甘持久。好的花茶，茶水犹如"香水"，当花茶水能喝出花香味的那一刻，品饮者才会真正感受到花茶无限的魅力。

（二）茉莉花茶的品饮技艺

茉莉花茶是花茶中产量最高、饮用最多的。品饮茉莉花茶，品味东方文化的深厚蕴意，犹如品读春天散文诗，令人陶然沁芳。曾经有一位外国诗人赞咏茉莉花茶"从中国的花茶中，我发现了芬芳的春天。"

1. 赏茶名

一听到茉莉花茶，自然会想起来老苏州茉莉花茶、老福州茉莉花茶和横县茉莉花茶。茉莉花茶也承载了一个城市发展的痕迹与文化，更体现着中国社会经济发展的轨迹。城市经济的快速发展，曾导致农业经济步步衰退，传统花茶产业的迁移，却成就了今天的横县茉莉花茶。然而，现代繁荣的福州，却在重拾老福州茉莉花茶，当作一个城市的文化名片在打造。虽是一杯花茶，却是承载了太多，可以令人思索太多。

2. 鉴茶形

茉莉花茶的外形要求条索紧结、壮实、匀净，高档茶要求芽毫多且肥壮。

3. 赏茶舞

对特级和特种造型茉莉花茶，在冲泡中可以观赏茶叶的冲泡姿态。如冲泡特级茉莉毛峰时，毛峰芽叶徐徐展开，朵朵直立，上下沉浮，如摇动的舞姿，栩栩如生，别有一番情趣。现代茉莉花茶中可添加少量干花，那洁白的茉莉花朵绽开在绿叶中，自是一番诗情画意。

4. 闻茶香

茉莉花茶的香气芬芳，既幽雅，又馥郁，尤其以鲜灵而有别于其他花茶，香而不浮，鲜而不浊，在品饮时颇有一番碧沉香泛之意境。香气是茉莉花茶品质的灵魂，茉莉花香鲜灵浓纯。在嗅香中，感受茉莉花香的鲜灵度、浓郁与纯正。茉莉花茶冲泡以后，凉一会儿，提起茶盏，揭开杯盖，用鼻闻茶汤中冉冉上升的香气，就有一股芬芳的味道扑鼻而来。芬芳扑鼻的花香，让人精神为之一振，禁不住会想起"香于九畹芳兰气"的诗句，如置身花丛之中，享受田园生活的乐趣。先深呼吸一下，再闻香，可更好地充分领略花茶愉悦的香气。

5. 品茶味

茉莉花茶最大的特色是茶香与茉莉花香交织一体。茉莉花茶未品饮，香先到。待茶汤稍凉适口的时候，将其小口喝入，将茶汤在口中稍作停留，以口吸气、鼻呼气相配合的动作，使茶汤在舌面上往返流动，充分与味蕾接触，然后再咽下；可以感觉到有茉莉花香漂浮于唇舌之间，并香透肺腑，味与香天然融洽。品饮茉莉花茶，兼具花香茶味，令人神清气爽、心旷神怡。

（三）花茶的品饮技巧

1. 花香的质量

花茶在品饮中侧重香气，并突出花香。鉴赏花茶香气着重于香气的鲜灵度、浓度和纯度，以鲜灵度和浓度为主。浓度是指花茶香气高低与浓烈的程度，与花茶加工时的窨花量密切相关；下花量越大，花香越浓，说明窨制花茶的鲜花质量高。鲜灵度是指花茶花香的类型与所用鲜花的花香接近的程度，越接近，鲜灵度越好。纯度是指花茶香气的纯正度，且不闷不浊，忌异气；

2. 花香的协调

花茶香气还讲究协调、匀和，花香和茶香应很好地融为一体，并以花香为主，茶香不明显。品鉴时，如花茶的香气中茶香突出，花香不明显，称为"透素"，即透露出茶坯的香气，则说明下花量不足或茶香太浓，花茶品质差。茉莉花茶在窨制中需使用少量玉兰花协调香气，如玉兰花用量偏大，会导致玉兰花香明显，称为"透兰"，即透露出玉兰花的香气，会破坏茉莉花香的纯正和浓郁，也会导致茶汤口感苦涩。透素和透兰都是花茶香气纯度不好的表现。有些花茶若用花量过大，会导致香气沉闷，如桂花茶。

3. 花干

我国茉莉花茶传统窨制过程中，窨后需将茉莉花筛除，尤其是高档茉莉花茶产品中不得含有茉莉花干，中低档茉莉花茶中仅允许含少量的茉莉花干。茉莉花干存在于花茶中，会对茉莉花茶的香气和滋味均造成负面影响。然而近些年，故意在茉莉花茶中添加一定量的茉莉花干，反而引起了消费者的喜爱，但花干对花茶的品饮呈现不利的影响，需控制一定的量。对桂花、栀子花、玳玳花、柚子花等具有较高养生功效的花，一般可以保留在花茶产品中。

4. 花茶的三品

在花茶品饮中，讲究"三品"。一是"目品"，品鉴花茶的外形，品鉴花茶的茶舞，品鉴茶汤色泽的梦幻变化；二是"鼻品"，鼻闻花茶的干茶香，嗅茶水香，感受花香的馥郁；三是"口品"，品饮茶水，反复吸气，融茶味和香气于一体，感受花茶的茶味花香。也因此，民间对饮茉莉花茶有"一口为喝，三口为品"之说。在赏闻花茶的香气时，着重热嗅鉴赏香气的鲜灵度，温嗅鉴赏香气的浓度和纯度，冷嗅鉴赏香气的持久度；也可第一泡鉴赏香气的鲜灵度，第二泡鉴赏香气的浓度和纯度，第三泡鉴赏香气的持久度。

第八章 茶艺礼仪

第一节 礼仪的特性与作用

礼仪是人们在长期共同生活和交往中形成的，为了表示尊重、敬意和重视而约定俗成的社会交往行为准则。礼仪最早是用来表示人们对神灵的敬畏，现延伸到以人事活动为主，以建立和谐关系为目的。从审美角度来讲，礼仪是一种形式美，是一个人的内在修养即心灵美的外在表现。从传播角度来讲，礼仪是一种在人际交往中进行相互沟通的技巧。从交往角度来讲，礼仪是人际交往中适用的一种艺术，是一种交际方式或交际艺术。礼仪从形式到内容都非常丰富，涉及穿着、交往、沟通和情商等内容。"礼"和"仪"所代表的事物既有联系又有区别。"礼"是表达尊重、敬意和重视，是"仪"的精神实质和内涵；"仪"是"礼"的具体化和形象化，是"礼"的外在表现形式。两者相辅相成，在人际交往中缺一不可。

一、礼仪的特征

礼仪是一种具有突出特点的文化现象，主要表现为以下一些特征。

（一）传承性

礼仪作为人类历史文明的产物，是在长期的社交活动中逐渐形成和发展起来的，同时受风俗习惯、宗教信仰和时代潮流等因素的影响，具有明显的历史传承性特征。礼仪是一个国家民族传统文化的重要组成部分，是在本民族古代礼仪的基础上继承并不断丰富和发展起来的，具有鲜明的民族特色。有些虽然不成文但已相沿成习，并经历漫长的过程强化积淀下来，成为交往的准则。

（二）差异性

因国家和民族的不同，礼仪的运用会呈现差异。不同国家和民族的礼仪形成与发展的文化背景不同，产生了特有的礼俗风情，成为鲜明的民族特色。不同场合的礼仪也有差异，正式场合的礼仪严格讲究，非正式场合的礼仪则相对比较自由。对不同对象的礼仪也有差异，男女之间、新老朋友之间的握手力度也会不同。

（三）多样性

人们生活的丰富性以及活动领域的宽广性，决定了礼仪在内容和形式上的多样性。只要涉及到人与人之间的交往，涉及重要和特殊的时日，就会出现礼仪，如人生礼仪、家庭礼仪、学校礼仪、社交礼仪、公共场所礼仪、商务礼仪、外事礼仪等。

（四）规范性

虽然礼仪具有多样性和差异性，但在不断的交流传播过程中具有融合同化的趋势。以致越来越多的国家使用相同的礼仪，从而使一些礼仪逐渐成为国际通行的，例如迎宾仪仗队、握手和使用名片等。这种通行的行为逐渐成为一种规范礼仪，成为人们在交际场合必须采用的一种通用礼仪，约束着人们的交往行为，并是衡量他人、判断自己是否自律、是否敬人的一把标尺。

（五）平等性

现代礼仪无论是在个体之间、集体之间或国家之间，都以平等为基本准则。"礼尚往来""礼无不答"就是礼仪平等性的体现，表明礼仪活动是双向的、对等的。当你向我打招呼，我就要对此有语言或动作上的应答；我伸手欲与你握手，你就要伸出手相附和。不能因为自己的身份地位高就可以不回应对方，如果违背了礼仪的平等性，就是失礼行为。

二、礼仪的原则

在日常交往中，礼仪不仅是我们的行为规范，还能体现一个人的修养素质。需遵循一定的原则，才能运用好礼仪。

（一）平等原则

平等原则是礼仪的首要原则。不同国家、地区和民族的礼仪具有差异性，却是平等的。不同交往对象的身份、职业、文化、性别、年龄、种族等虽存在差异，但也是以礼平等相待。交往过程中，既不盛气凌人，也不卑躬屈膝。但允许根据不同交往对象，采取不同的礼仪。

（二）遵守原则

礼仪是约定俗成的，而且具有一定的规范性，因此每个人无论地位高低、财富多少都应该自觉遵守，并用来指导自己的言行举止，否则就会受到公众的指责，这是礼仪的基本原则。

（三）尊重原则

尊重原则是礼仪的核心原则。尊重是待人接物的基础，包括尊重自己和尊重他人。尊重自己即自尊，要保持一种谦逊谨慎、不骄不躁、不卑不亢的品质。尊重他人，首先要尊重不同国家和地区、不同民族的礼仪，其次要做到有礼有节、以礼待人。尊重是相互的，在社交活动中双方都要做到常存敬人之心，不可有伤害他人尊严、侮辱他人人格的行为。只有相互尊重、互相谦让，才能和睦相处。

（四）自律原则

在社会生活的交往中，每个人要做到自我要求、自我约束、自我控制和自我反省，这就是礼仪的自律原则。要做到自律，需自觉学习礼仪，并运用礼仪。

（五）宽容原则

宽容即宽宏大量，容忍和体谅他人，善解人意，设身处地为他人着想。在社交中每个人的思想境界、认知水平存在一定程度的差异，因此不能过分苛刻要求，不斤斤计较，求全责备，咄咄逼人。做到严于律己，宽以待人，才能避免和化解生活中的各种矛盾。

（六）从俗原则

由于国情、民族、地域和文化背景等方面的不同，会存在"十里不同风，百里不同俗"的现象。为此需尊重交往对象的习俗，做到入乡随俗，即礼仪的从俗原则。例如，在进行或观赏某些民俗性茶艺演示时，要尊重其民俗。一些人忌讳白色，为此在进行茶艺演示时就不能选用白色的服饰或茶席，否则易引起误会。

（七）真诚原则

社交活动中要待人真诚，言行一致，表里如一，不可以只是做做样子。如对人微笑和赞美他人，都必须发自内心；答应他人的要求要尽力去完成，做到"言必行，行必果"。如果缺乏诚意、口是心非，就是对他人的敷衍，是最大的不敬。真诚是做人的根本，人与人之间要想建立真正的情谊，必须做到真诚。

（八）适度原则

社交中要注意把握礼仪分寸，合乎规范。热情待客是一般的待客要求，如果不够热情会让客人觉得礼数不周，但是太过于热情有时反而会产生一些误会，因此就要把握好度，适度即可。适度原则并不容易掌握，针对不同的人和事有不同的标准，需要依具体情况而定。

三、礼仪的作用

礼仪在社会交往过程中，起着非常重要的作用。

（一）促进人类文明

首先，礼仪是人与动物相区分的重要标志之一，人能知"别"、能"让"、克制。男女、长幼均有别，这就明确了各自的行为准则，建立了人际和社会交往的秩序。其次，通过礼仪规范，相互礼让，可以调节双方的利益冲突，预防或制止相互争吵或暴力，从而建立和谐的关系，正所谓"有礼则安，无礼则危"。第三，礼仪还能让人们把本能的毫无节制和掩饰看成矛盾和对立的东西，从而有效约束自己的情感和行为。出于一种社会性的自我克制，而不是贪婪地希望占有一切，这是文明人的一个重要特征。

（二）建立社会秩序

从中国古代来看，礼仪促进了确立尊卑有别、长幼有序的社会秩序。在现代社会，礼仪依然起着建立良好社会秩序的作用，例如：公文上行文的礼仪、开会按职位高低排位的礼仪、社交优先老人和妇女的礼仪、交通右行互让的礼仪、涉外交往对等接待的礼仪等。

（三）提高道德修养

礼仪是道德的外化，然而外在的形式需要内在的道德修养作为支撑。讲礼仪，其核心就是讲道德。礼仪贯穿于社会道德的各个方面，社会道德决定和制约着礼仪的存在和发展，指导着人们的行为，调节人与外部世界的关系。将道德与礼仪结合起来能更好地增强人们对善恶的判断力，更好地约束人们的行为，形成良好的社会秩序。因此，礼仪有助于美化自身、美化生活，促进人们提高道德水平。

（四）减少人际矛盾

在交往中你若尊重他人，他人也会尊重你。礼仪中卑己尊人、责己赞人的风度，在交往中起到了缓解人际矛盾的作用。同一件事，不同的处理方式，会产生不同的结果，有礼可以化解矛盾，无礼则会激化矛盾。例如，英国人很讲礼貌，汽车司机看到有行人时会远远地把汽车停下来，让行人先过。礼仪有助于促进人们的社会交往，避免许多不必要的纠纷和矛盾，改善人们的人际关系，净化社会风气。

四、礼仪在茶艺中的作用

我国素有"礼仪之邦"的美誉。孔子曾说"不学礼，无以立"，荀子也说过"人无礼则不生，事无礼则不成，国无礼则不宁"，由此可见学习礼仪的重要性。从古至今，礼仪贯穿在社会活动的每一个角落，从朝堂到市井，从祭祀节庆到婚丧嫁娶，每项活动都有其特定的礼仪。茶艺在漫长的历史发展过程中，形成了一套自己的礼仪。礼仪是茶艺的重要组成部分之一，在茶艺的全过程中均贯穿着对礼仪的遵循与体现，也因此展现出茶艺精神与中华民族文化的特性。茶艺师从事茶事活动中，需要学习掌握和践行茶艺礼仪，一方面借助茶艺礼仪实现自我修养的提升，另一方面借助茶艺行茶礼而影响和感悟周边人们去升华。

第二节　茶艺礼仪基础

中华民族是文明之邦，素重礼仪，自古以来就形成了客来敬茶的传统礼仪。不同工作和不同行业中有着不同的礼仪规范，茶艺礼仪是指在茶艺演示与茶艺服务中所应遵循的礼仪规范。茶艺礼仪包含人们在礼仪意识、行为习惯、沟通表达等方面进行自我修炼所达到的程度和境界，可以展现一个人的素养、知识能力水平，更是体现人格魅力的重要途径。茶艺师需学习掌握茶艺礼仪规范，增强自身的礼仪素养，提高服务质量。在茶艺中融入客来敬茶，注重礼仪，讲究礼貌，体现茶道，弘扬中华民族的美德，体现出中华民族的传统文化。

一、茶艺礼仪基本原则

茶艺礼仪遵循礼仪的基本原则，做到平等、真诚、尊重、适度、遵守、自律、宽容、从俗。饮茶在于自省修身，为此茶艺中多采用含蓄、温文、谦逊、诚挚的礼仪动作，尽量用微笑、眼神、手势、姿势等示意，要求动作自然协调，讲究调息静气，行礼轻柔，表达清晰而又发乎内心，不主张太夸张的动作及言语客套，切忌动作生硬与随便。

二、茶艺仪容

仪容指人的外表，包括形体、服饰、发型和化妆等方面。茶艺师端庄、美好而整洁的仪容会使客人产生好感，更有利于人们感受到茶艺的魅力。

（一）优美的形体

形体主要指容貌、身材和手形手相，这是一个人外表美的基础。爱美之心人皆有之，一个容貌姣好、身材匀称的茶艺师，能够让客人感到赏心悦目，有利于顺利开展工作。容貌是无法自我选择的，但可以通过化妆和保养进行美化；身材也可以通过锻炼，让自己更加匀称。茶艺师在茶事服务中大多是手上动作，因此手是十分引人注目的。对男士的手，要求浑厚有力、手部干净；女性的手则要纤巧秀丽、柔嫩清爽。平时注意保养，随时保持手的清洁卫生，不留长指甲，及时将指甲修剪整齐，不涂有颜色的指甲油，否则给人感觉不稳重。要特别注意的是，在泡茶待客之前，要用清水洗净双手，不涂有香气和油性大的护手霜，也不要用手触摸涂有化妆品的脸，以免污染茶叶和茶具。茶艺师在形体上有先天优势固然好，但并不一定能做到艺美。如果相貌平平，但有较高的文化修养、得体的行为举止，也可以做到以神、情、技动人，从而显得自信而有灵气。

（二）得体的服饰

服饰也是茶艺礼仪的一个重要内容，并会影响到茶艺服务和茶艺演示的效果。在茶事服务中，茶艺师着装的原则是得体、素雅、大方、和谐。选择与季节时令、品茗环境、茶具风格协调一致的服饰，着装大方得体、素雅和谐，且便于泡茶。具体要注意以下几个方面。

（1）服装样式以具有我国民族特色的中式为宜，不宜"西化"。服装宜宽松自然，女士可以选择典雅的绸布旗袍、蓝印花布服饰、宽袖斜对襟衫等，腰身自然收缩，穿裙子以长裙近地较为大方，搭配与肤色相近的连裤丝袜。男士服装可选青色、灰色、玄色等，下身衣料色调一般应较深，显得稳重得体。鞋袜也是服装的组成部分，皮鞋应擦拭干净光亮，布鞋也要保持鞋面洁净，袜子的颜色应与鞋面的颜色协调。

（2）服装颜色以素雅为宜，与环境、茶具相匹配，不宜太鲜艳。品茶需要安静的环境，平和的心态。如果茶艺师服装颜色太鲜艳，就会破坏和谐优雅的气氛，使人产生躁动不安的感觉。

（3）衣服袖子不宜过长、袖口不宜过宽，否则会沾到茶具或茶水，给人不卫生的感觉，也会容易绊倒茶具。但一些特定茶艺演示有需要时，也可以使用长袖衣服，如禅茶表演。

（4）服装要经常清洗，保持干净整洁。在穿着前熨烫平整，切忌穿着有褶皱或破损的服装。

（5）着装要端庄、得体，切忌袒胸露背穿"暴露式"服装。否则会破坏品茗高雅宁静的环境氛围，分散品茶人的注意力。

（6）手上不宜佩戴太复杂或颜色艳丽的饰品，如手表、戒指、手镯、手链等。烦琐的饰品容易碰撞到茶具，发出不协调的声音，甚至会打破茶具，影响操作，造成令人尴尬的局面。太艳丽的饰品则显得不够高雅，还容易喧宾夺主，分散品茗者的注意力，影响其感受茶的艺术魅力。但有些民族服装需搭配特定的民族饰品，以不影响操作为宜。

（三）整齐的发型

茶艺师的发型，与其他岗位的要求存在一定的差异。发型首先要做到干净整齐、色泽自然，不能染成花杂色。其次，在式样上应与茶艺内容、服装款式，以及茶艺师的年龄、身材、脸型等因素相协调。男士头发不能过长，以不过耳为限；女士头发不论长短，额发不过眉。泡茶时，长发应盘起来，短发则要求低头操作时，头发不能散落到前面遮挡视线，以免影响操作，这样才显得清爽自然。同时还应避免头发掉落到茶具或操作台上，否则会使人感觉不卫生。

（四）精致的妆容

对男士而言，不硬性要求化妆；泡茶前将面部修饰干净，一般不留胡须，以整洁的面貌面对客人，以展现自然阳刚之气为好。对女士而言，需进行适度化妆美化为好。女士妆容以清新素雅为基调，要求恬静自然，切忌浓妆艳抹。因茶叶的吸附性很强，所以要选用无香的化妆品，不能喷洒气味浓烈的香水。茶艺师平时应注意面部的护理与保养，保持健康的肤色。

茶艺更看重气质，茶艺师可以通过服饰、发型和化妆等方面来美化仪容，但更重要的是通过多方面的学习与训练来培养气质。

三、茶艺姿态

姿态是指人的行为举止中身体所呈现的样子。茶艺中的姿态美是指茶艺师的基本姿势、各种举止行为，以及表情和眼神中所展现出来的动态美。从中国传统审美角度来看，人们推崇姿态的美高于容貌之美。古典诗词中用"一顾倾人城，再顾倾人国"来形容绝代佳人，顾即顾盼，是好似秋波一转的样子。或者说某女子有林下之风，就是指她的风姿迷人，不带一丝烟火气。茶艺演示中的姿态也比容貌更重要，得体的姿态不仅能够表现出茶艺师对客人的尊重，而且能体现出个人的精神风貌和修养。茶艺中的姿态主要包括站、坐、跪、蹲、走等方面。

（一）站姿

常言道"站如松，坐如钟"，站姿是衡量一个人外表乃至精神的重要标准。从一个人的站姿，人们可以看出他的精神状态、品质和修养及健康状况。挺拔的站姿会给人一种优雅高贵、庄重大方、积极向上的美好印象。良好的站姿应当是：人直立，挺胸，立腰，收腹，略为收臀，重心有向上升的感觉；头要正，头顶要平，下颚微向后收；双目平视，面带微笑；直颈，双肩舒展，保持水平并稍微下沉；双腿直立，膝盖放松，大腿稍收紧上提，身体重心落于两脚中间。男茶艺师站立时，两脚平行分开，两脚之间距离不超过肩宽，以 20cm 为宜；或两脚跟相靠，脚尖展开呈现 45°～60°，呈"V"字形，但不能超过肩宽；两臂自然下垂，手指自然弯曲，放于身体两侧，紧贴侧臂；双手也可左手在上，虎口交握，放于小腹部。女茶艺师站立时，双脚并拢，或双脚成"V"字形，并且膝和脚后跟尽量靠拢；或一只脚略向前，一只脚略向后，前脚的脚后靠于后脚的脚内侧，后腿的膝盖向前腿靠拢，成右丁字步或左丁字步，身体重心应尽量提高；两手自然并拢，右手放在左手上，大拇指交叉，虎口交握，置于胸腹间，肘部应略向外张。站累时，站姿的脚姿可以有一些变化：一是两脚分开，两脚外沿宽度以不超过两肩的宽度站立；二是左丁字步与右丁字步轮换，以一只脚为重心支撑站立，另一只脚稍息。

（二）坐姿

坐姿是指屈腿端坐的姿态，是一种静态之美。正确优雅的坐姿，能给人一种端庄文雅、稳重大方、亲切自然的美感。坐姿不正确，会显得懒散无礼，有失高雅。入座及离座时要轻稳，一般遵循左进左出的原则。入座时，臀部坐椅子的三分之二处，双目平视，下颌微收，面带微笑，双手放在两膝或桌子上。离座时要自然稳当，右脚向后收半步，然后起立，起立后恢复站姿脚位。茶艺演示过程中，坐姿要保持挺直端正，肩部不能因为操作动作的改变而左右倾斜。女茶艺师特别要注意将双脚并拢，否则显得不雅。

坐姿分为正式坐姿、侧点坐姿和盘腿坐姿三种，根据不同的场合而选用。

1. 正式坐姿

正式坐姿指茶艺师走到座位前轻稳地坐下，最好坐在椅子的一半或2/3处，不能倚靠椅背。使身体重心居中，否则会因坐在边沿使椅（凳）子翻倒而失态。穿长裙子的女茶艺师坐下时要用手把裙摆向前拢一下。坐下后，双腿并拢，小腿与地面基本垂直，男茶艺师两膝间可松开一拳的宽度。上身正直，双肩放松，头正下颌微收；眼睛平视或略垂视，面带微笑。女茶艺师右手在上双手虎口交握，置放胸前或面前桌沿；男茶艺师双手分开如肩宽，半握拳轻搭于前方桌沿。

2. 侧点坐姿

侧点坐姿分左侧点式和右侧点式，采取这种坐姿，也是很好的动作造型。根据茶椅、茶桌的造型不同，坐姿也应发生变化。比如茶桌的立面有面板或茶桌有悬挂的装饰物，无法采取正式坐姿，可选用左侧点式或右侧点式坐姿。左侧点式坐姿要双膝并拢，两小腿向左斜伸出，左脚跟靠于右脚内侧中间部位，左脚脚掌内侧着地，右脚跟提起，脚掌着地。右侧点式坐姿与之相反。

如果茶艺师穿长裤或腿部较丰满，坐时可将膝盖与脚间的距离尽量拉远，小腿部分看起来略显修长，线条看起来会更加优美。

3. 盘腿坐姿

一般适合于穿长衫演示宗教茶道的男茶艺师。坐时用双手将衣服撩起徐徐坐下，衣服后层下端铺平，坐下后双腿向内屈伸相盘，用双手将衣服前摆稍微提起盖住双脚，不可露膝，再将双手分搭于两膝。

无论采用哪种坐姿，都要保持姿态自然、美观。切忌两腿分开或跷二郎腿还不停抖动、双手搓动或交叉放于胸前、弯腰弓背、低头等。如果是作为客人，也应注意采取正确的坐姿。若坐在沙发上，由于沙发离地较低，端坐使人不适，则女茶艺师可将两腿并拢偏向一侧斜伸（坐一段时间累了可换另一侧），双手仍搭在两腿中间；男茶艺师可将双手搭在扶手上。

（三）跪姿

日本的茶道、韩国的茶礼在演示时多采用跪姿，我国仿古型的一些茶艺也有采用跪姿的，目前影响大、流传广的无我茶会也多用跪姿。此外，在我国还存在许多仿日式、仿韩式的茶艺馆，也常采用跪姿。对于中国人来说，特别是南方人极不习惯跪姿，因此特别要注意，以免动作失误，有伤大雅。跪姿有两种：跪坐和单腿跪蹲。

1. 跪坐

日本人称跪坐为"正坐"，即两腿并拢，双膝跪在座垫上，双脚背并拢或右脚背搭在左脚掌上着地；接物时，脚尖并拢着地，脚掌垂直于地面；臀部坐在双脚上。腰挺直，双肩放松，向下微收，头正下颌略敛，舌尖抵上颚；双手搭放于大腿上，或双手交叉于腹部；女性左手在下，男性反之。

2. 单腿跪蹲

单腿跪蹲指左膝与着地的左脚呈直角相屈，右膝与右足尖同时点地，其余姿势同跪坐，这一姿势常用于茶艺中奉茶。如果桌面较高，可转换成单腿半蹲式，即左脚前跨一步，膝盖微屈，右膝屈于左腿小腿肚上面。

（四）蹲姿

蹲姿分为取物式蹲姿和奉茶式蹲姿。

1. 取物式蹲姿

取物式蹲姿指拿取低处物品或拾起落在地上的东西时，不能直接弯下身体起翘臀部，否则就是既不雅观又不礼貌的行为，而要利用下蹲和屈膝动作。具体的做法是：两脚稍分开，站在要拿或拾的东西旁边，缓慢屈膝蹲下，不要低头和弯背，要慢慢放下臀部再拿取，以显文雅。如果物品较重，需要利用腿力，以免扭伤腰部。

2. 奉茶式蹲姿

奉茶式蹲姿指向客人奉茶时，在茶桌较矮的情况下，采用蹲姿更显动作优雅美观。奉茶式蹲姿常用的有高低式和交叉式两种。

（1）高低式蹲姿 下蹲时左脚在前，右脚稍后（不重叠），两腿靠紧向下蹲。左脚全脚着地，小腿基本垂直于地面；右脚脚跟提起，前脚掌着地。右膝低于左膝，右膝内侧靠于左小腿内侧，形成左膝高右膝低的姿态，臀部向下，基本上以右腿支撑身体。蹲下时上身挺直，放松双肩。随着双手茶奉与客人时，目光亲切地注视着客人。这种蹲姿较适用于茶桌相对较低的情况。

（2）交叉式蹲姿 如果桌面相对较高，可采用交叉式蹲姿。下蹲时右脚在前，左脚在后，右小腿垂直于地面，全脚着地。左腿在后与右腿交叉重叠，左膝由后面伸向右侧，左脚跟抬起，前脚掌着地。两腿前后靠紧，合力支撑身体。臀部向下，上身稍前倾。

一般男茶艺师可选用第一种蹲姿，两腿之间可有适当距离。而女茶艺师无论采用哪种蹲姿，都要注意将两腿靠紧，臀部向下。

（五）行姿

行姿，也称走姿、步态，是茶事活动中的一种动态美，往往最能表现一个人的风度、风采和韵味。优美的行姿会使身体各部分散发出迷人的魅力，使人更显青春活力，也可增添茶艺风采。行姿首先要以端正的站姿为基础，行走时，应上身挺直，保持平稳，头部端正上顶，下颌微收，两肩齐平，挺胸、收腹、立腰，两眼平视，面带微笑。行走时身体重心稍向前倾，提胯由大腿带动小腿向前迈，脚步要轻而稳，跨步脚印为一直线。走路要用腰力，脚跟先接触地面，依靠后腿将身体重心送到前脚掌，使身体前移。行进时步伐要直，两脚应有节奏地交替踏在虚拟的直线上，脚尖可微微分开。左脚前迈时微向左前方送胯，右脚前迈时微向右前方送胯，但送胯不明显。双肩平稳，放松，双肩手臂自然前后摆动，摆幅以前摆25°、后摆15°为宜，手指自然弯曲。走路时应保持速度和步幅适中，这样才能给人行姿轻盈、温柔端庄、稳重大方的动态美。

转弯时，向右转则右脚先行，反之亦然。出脚不对时可原地多走一步，待调整好后再直角转弯。转身时腰身先转，头随后再转过去。如果到达客人面前为侧身状态，需转身，正面与客人相对，跨前两步进行各种茶艺动作。当要回身走时，不可扭头就走，应面对客人先退后两步，再侧身转弯，以示对客人的尊敬。有时会在走廊或过道遇到迎面而来的宾客，茶艺师要先礼让，主动站在一侧，为宾客让道，注意要面向客人而不是将后背转向客人。与宾客向同一个方向行走时，不能抢行。如遇急事，可加快步伐，但不可慌张奔跑，超越前面的客人，需彬彬有礼地征得客人同意，并表示歉意。

当在前面引领客人时，要尽量走在客人的左侧前后。上身稍向右转体，侧身向着客人，保持两三步的距离。可边走边向客人介绍环境，需做手势时尽量用左手。侧身向着客人既可表示尊重又可留心观察客人的意愿，及时为其提供满意的服务。

四、茶艺眼神

对于茶艺师而言，如果优雅的举止不配以适当的目光，就会影响到茶艺的效果。在茶艺演示中，茶艺师的目光应该是热情、礼貌、友善和诚恳的。由于民族、地域、习俗文化的不同，目光的运用也有一定的差异。如在美国，一般情况下男士是不能盯着女士看的，而两个男士也不能有过长时间的对视；在南美印第安人的一些部族中，人们在交谈时目光要各朝着不同的方向；日本人在交谈时，目光要落在对方的颈部。我国的传统习惯认为，两人在交谈时眼睛不看着对方是不礼貌的表现，是对别人的一种轻视和不尊重。但世界大部分国家的人们都忌讳直视对方的眼睛，认为这是失礼的行为，可见目光在人体活动中起着重要的作用。在交际交往中，应了解各国人民生活的习俗，正确运用目光。

五、茶艺笑容

微笑是指不露牙齿，嘴角的两端略向上翘起，眼神中有笑意。微笑是一种礼节，是对人的尊重和理解。微笑是最富魅力的体态语言之一，是人们相互交融、相互感染的过程，能够创造出融洽、和谐、互尊、互爱的气氛，能够减轻人们身体上和心理上的压力。微笑在人类各种文化中的含义是基本相同的，表现着友好、愉快、欢喜等情感，是真正的"世界语"，能超越文化而传播。见面时点头微笑，人们会意识到这是尊重和欢喜的表示。一个简单的笑容通常能够消除人与人之间的陌生感，使人产生心理上的安全感、亲切感和愉悦感。例如初次见面，笑容是问候语；逢年过节，笑容是祝贺歌；交往有误解，笑容是道歉语；送别友人，笑容是欢送词。情是微笑的一种重要内力，它赋予微笑以色彩、能量而形成强烈的感染力。发自内心的微笑是渗透情感的微笑，包含着对人的关怀、热忱和爱心。人际交往中为了表示尊重，相互友好，微笑是必要的。

六、茶艺语言

"良言一句三冬暖，恶语伤人六月寒"，这足以说明语言在社交中的重要作用。在茶艺服务中，语言艺术更加重要。在表演型茶艺活动中，使用语言的机会并不多，但在待客型和营销型茶艺以及茶事服务中，可以适当运用，展现出语言之美。做到谈吐文雅、语气亲切、语调轻柔、态度诚恳，使用礼貌用语，讲究语言艺术，这样有助于营造出一种和谐的品茶交流环境。

第三节　茶艺礼节

礼节是茶艺师必备的基本素质和职业道德，应通过恭敬的言语和得体的行为举止贯穿于整个茶艺活动中，表示对客人的尊重和友好。礼节具有多种形式，包括点头致意礼、握手礼和一些佛教国家的双手合十礼以及西方国家的拥抱、亲吻礼等。下面介绍茶艺中常用的礼节。

一、鞠躬礼

鞠躬礼是中国的传统礼仪，即弯腰行礼。在迎宾、送客、茶艺演示开始和结束时，主客均要行鞠躬礼。鞠躬礼有站式、坐式和跪式三种，且根据行礼对象和鞠躬的弯腰程度可分为真礼、行礼和草礼三种。"真礼"用于主客之间，"行礼"用于客人之间，"草礼"用于说话前后。如果是列队行鞠躬礼，要尽量与其他人保持速度一致，以免出现不协调而影响美观。

行礼时弯腰低头的动作达到所需程度时，应略作停顿，表示对对方真诚的敬意。然后，慢慢直起上身，表示对对方连绵不断的敬意。同时，鞠躬要与呼吸相配合，弯腰下倾时作吐气，身直起时作吸气。行鞠躬礼切忌只低头不弯腰，或只弯腰不低头。

（一）站式鞠躬礼

"真礼"以站姿为预备，然后将相搭的两手渐渐分开，贴着两大腿下滑，手指尖触至膝盖上沿为止。同时上半身由腰部起倾斜，头、背与腿呈近90°的弓形，略作停顿，表示对对方真诚的敬意。然后，慢慢直起上身，同时手沿腿上提，恢复原来的站姿。鞠躬要与呼吸相配合，行礼时的速度要尽量与别人保持一致。"行礼"要领与"真礼"相同，仅双手至大腿中部即可，头、背与腿约呈120°的弓形。"草礼"只需将身体向前稍作倾斜，两手搭在大腿根部即可，头、背与腿约呈150°的弓形，余同"真礼"。

（二）坐式鞠躬礼

若茶艺师是站立式，而客人是坐在椅（凳）上的，则客人用坐式答礼。"真礼"以坐姿为准备，行礼时，将两手沿大腿前移至膝盖，腰部顺势前倾，低头，但头、颈与背部呈平弧形，稍作停顿，慢慢将上身直起，恢复坐姿。"行礼"时将两手沿大腿移至中部，余同"真礼"。"草礼"只将两手搭在大腿根，略欠身即可。

（三）跪式鞠躬礼

"真礼"以跪坐姿为预备，背、颈部保持平直，上半身向前倾斜，同时双手从膝上渐渐滑下，全手掌着地，两手指尖斜相对，身体倾至胸部与膝间只剩一个拳头的空档（切忌只低头不弯腰或只弯腰不低头），身体呈45°前倾，稍作停顿，慢慢直起上身。同样行礼时动作要与呼吸相配，速度与他人保持一致。"行礼"方法与"真礼"相似，但两手仅前半掌着地（第二手指关节以上着地即可），身体约呈 55° 前倾；行"草礼"时仅两手手指着地，身体约呈 65° 前倾。

二、伸掌礼

除了常用的鞠躬礼，在泡茶、饮茶等茶事活动中还有一些特殊的礼仪规范，被称作"茶规"，如寓意礼、伸掌礼和叩指礼等。伸掌礼是茶艺演示中使用频率最高的礼仪动作，主客双方均可采用。茶艺师向客人敬奉各种物品时都用伸掌礼，表示"请"，客人用则表示"谢谢"。当两人相对时，可伸右手掌对答表示；若侧对时，右侧方伸右掌，左侧方伸左掌对答表示。伸掌礼的姿势为：四指并拢，虎口分开，手掌略向内凹，侧斜之掌伸于敬奉的物品旁，同时欠身点头微笑，动作要协调、一气呵成，注意手腕要含蓄用力，否则给人轻浮随意的感觉。

三、叩指礼

当别人给自己倒茶时，为了表示谢意，将食指与中指并拢，弯曲成 90° 以指甲压着桌面似两膝跪在桌上，轻轻叩击桌面两三下来行礼。据说来自乾隆微服私访的传说，后面多用来答谢别人的服务。这在我国的社交场合中是一种常见的礼节。目前，在一些地区的习俗中，长辈或上级给晚辈或下级斟茶时，下级和晚辈必须用双指行叩指礼；而晚辈或下级为长辈或上级斟茶时，长辈或上级只需单指行叩指礼。有的地方在平辈之间敬茶时，单指叩击表示我"谢谢你"；双指叩击表示"我和我配偶一起谢谢你"；三指叩击表示"我们全家人都谢谢你"。

四、寓意礼

在茶艺活动中，自古以来就逐步形成了一些带有寓意的礼节。

（一）凤凰三点头

凤凰三点头是最常见的冲泡时的寓意礼，即手提水壶高冲低斟反复三次，寓意是向客人三鞠躬以示欢迎。

（二）回旋法注水

进行温杯、烫壶、温润泡、泡茶和斟茶等动作时，必须用回旋法注水。右手必须逆时针方向回转，左手则以顺时针方向回转，寓意招手"来，来，来"的意思，表示欢迎客人。若左右手相反方向操作，则寓意挥手"去，去，去"的意思，表示不欢迎客人。

（三）茶具的放置

茶壶放置时壶嘴不能正对客人，否则表示请客人离开。茶具的精美图案面应向着客人，表示尊重。

（四）斟茶量

我国有"茶满伤人，酒满敬人""茶七酒八""浅茶满酒"的说法。为客人上茶时，不能注满杯，以七分满为宜，这是以茶待客的基本礼节之一。如果倒满杯茶，不但不方便饮用，还有逐客之意。

五、其他礼节

注目礼即眼睛庄重而专注地看着对方，但需要注意不能瞪着双眼长时间直视客人，尤其是不能在客人全身上下打量。将目光放在客人脸上的双眼与嘴之间的三角区域为宜。点头礼即点头致意。茶艺师在向客人敬茶或者敬奉物品时通常可将注目礼和点头礼这两个礼节联合应用。注意敬茶要有礼貌，一定要洗净茶具，切忌用手抓茶叶，茶汤上不能漂浮一层泡沫或者焦黑黄绿的茶末或有粗枝大叶横于杯中。不管茶杯是否有柄，端茶一定要在底下加托盘。敬茶时笑容可掬，温文尔雅，双手托盘送至客人面前，躬身作伸掌礼，并低声说"请用茶"；客人应起立或欠身低头说"谢谢"，并用双手接过茶托。做客饮茶，也要慢啜细饮，边谈边饮，并连声赞誉茶叶鲜美和茶艺师技艺。茶艺师陪伴客人饮茶时，在客人已喝去半杯时即需添加开水，使茶汤的浓度、温度前后大体一致。有杯柄的茶杯在奉茶时要将杯柄放置在客人的右手面，所敬茶点要考虑取食方便。另外，有时请客人点茶，有"主随客愿"之敬意。

总之，待客敬茶所遵循的就是一个"礼"字，应处处从方便他人的角度来考虑，让人间真情渗透在一杯茶水中，渗透到每个人的心灵里。

六、民俗茶礼仪

（一）白族三道茶礼仪

云南白族是一个十分好客的民族，"一苦二甜三回味"的三道茶是他们待客的隆重礼仪。当客人来到白族人家中，主人会一边与客人促膝谈心，一边吩咐家人忙着架火烧水。头道茶是苦茶，只斟两三口，如果斟得过满，白族人认为"茶满欺客"，对客人不敬。冲好头道茶，主人就用双手举茶敬献给客人，客人也双手接茶后，通常一饮而尽。第二道茶不再用茶杯，换成用茶碗，在碗中放入适量的红糖和极薄的核桃仁片，斟入茶汤，称为"甜茶"，需用汤匙边饮边嚼，细细品味。第三道茶叫"回味茶"，在碗中放入碎乳片与红糖等，进献给客人，客人接过茶杯后，需先晃动几下茶杯，使茶汤和佐料均匀混和，然后趁热饮下。白族人认为，喝了三道茶，才算尽了主人待客的盛情。

（二）藏族酥油茶礼仪

酥油茶是藏族同胞的待客佳品。藏族人民招待客人喝酥油茶时很讲究礼节。等宾客上门入座后，女主人会立即奉上糌粑（是一种用炒熟的青稞粉和茶汁调制成的粉糊，用手捏成团状的）。随后，再分别递上一只茶碗。女主人会很有礼貌地按辈分大小，先长后幼，向众宾客一一倒上酥油茶，再热情地请大家用茶。客人们喝茶时，女主人一直守在旁边，随时为客人添茶。按当地的规矩，客人喝酥油茶时，不能端起碗狼吞虎咽、一喝而光，否则会被认为是非常不礼貌、不文明的。因为将碗中茶喝光，表明不再想喝了，有辜负女主人打茶的辛苦。应该每喝一碗茶，都要留下一部分，这被看作是对女主人打茶手艺不错的一种赞许，这时女主人会将客人碗中的茶斟满。但当客人不想再喝时，就不要再动已斟满的茶碗，否则主人还会为你斟满。等告辞时再一饮而尽。这样才符合藏族人民的习惯和礼貌，才会受到藏族人民的欢迎。

（三）维吾尔族奶茶礼仪

到维吾尔族做客，在敬奉奶茶时，也有一定的规矩。一般先由女主人将煮好茶的壶和干净的碗交给男主人，由男主人向客人敬茶。通常第一道茶不给客人喝。男主人先在每位客人的茶碗里倒入一点茶水，再集中到自己的茶碗里，然后将茶一饮而尽。一是表示茶碗是干净的；二是表示茶水无毒，以显示对客人的真诚。第二道茶是为客人斟的，主人在茶碗中倒入少量的茶水双手捧给客人，客人也要双手接过茶碗，一口喝干，再把碗放回托盘。主人继续为客人斟第三道茶。斟茶时，一定要将壶嘴对着茶碗慢慢地斜过去，顺着碗边缓缓倒入，不能起泡沫，不能溅起水珠，不能发出声响，否则很失礼。碗中的茶水不能太满，否则会让客人感到是借茶给他喝，也不便客人端碗饮用。在喝茶进食的同时，女主人始终在旁边为客人添茶劝吃。如果客人已经吃饱喝足了，按当地习惯，只须在女主人添茶时，用右手分开五指，轻轻地在茶碗上一盖，就表示："谢谢，不用再加了。"这时，主人也就心领神会，不再加茶了。喝完茶后，还要由长者作"都瓦"（默祷），此时客人不能东张西望、嬉笑起立，需待主人收拾完茶具后，客人才能离席，否则被视为失礼。

（四）回族盖碗茶礼仪

沏盖碗茶是回族同胞的饮茶习俗，为客人泡盖碗茶一般要在吃饭之前，倒茶则要当面将碗盖揭开，并用双手托碗捧送，以表示对客人的尊重。

第四节　茶艺演示礼仪

一、迎客礼仪

迎客礼仪，是指在茶艺演示前迎接客人的礼仪。

（一）茶艺演示前期准备

1. 布置茶艺演示场所

布置好茶艺演示的道具，包括茶艺背景横幅、音响或乐队的乐器，摆放好茶艺演示桌、客人的桌椅等。打扫干净茶艺演示场所，窗户玻璃、墙壁等要干净卫生，无灰尘、蜘蛛网等污物。地面无灰尘、污物，无积水。保持桌椅台面干净整洁，无任何灰尘与水珠。

2. 选配茶艺演示器具

茶具的组合是为茶艺演示服务的，选配茶具要充分考虑到与茶艺演示主题、茶叶种类的配合，与环境、季节的适应，同时与操作台、背景以及表演者服饰等周围器具的色彩和样式相协调。

3. 调整状态、进入角色

茶艺师应尽快调整状态，从自然的生活角色转入到茶艺演示角色中。将生活中的烦恼和高兴之事暂时全部忘却，尽量让心情完全摆脱它们的影响。做到以平静而舒畅的心情投入到茶艺演示中，以自然地喜悦状态展现在客人面前，始终面带微笑，目光诚挚而亲切。

只有做到明窗净几，有条不紊，充分准备，诚心相迎，才能让客人从一开始就感受到尊重，感受到美，也有利于茶艺环境氛围的烘托，让客人全身心感受茶艺的魅力。

（二）列队迎客，引客入座

茶艺师提前穿上茶艺专用服饰，整理好发型，化好妆，身披绶带，列队于茶艺演示场所的入口处，以欢迎客人的到来。对于家庭茶艺，则由主人站于家门口处迎接客人的到来。当客人到达时，茶艺师要面带微笑，一边齐半鞠躬，边齐声说："欢迎您的到来！"让客人还未进门，就如沐春风。对僧侣行合十礼时，应双目注视对方，并面带微笑；然后，双手五指并拢，在胸前约20cm处合拢；上身前倾30°～45°，合拢的双手也微微上举，使手指尖部与额同高。

如果客人随身所带物品较多，应主动询问是否需要代为保管，并记清物品数量与客人名字，以免发生差错。然后由专门引客的茶艺师带领客人入座，根据客人的身份安排不同的座位入座。在引领宾客时，茶艺师应位于宾客左前方两三步处，行走速度与宾客同步。

茶艺演示场所的位置与桌椅摆放不一，座位安排也应有所差别，具体安排如下：一是在室内，通常是背墙面门的方位为正位；如果有中心位置比较明显的地方，则是以中央为上位；对于左右位置而言，在我国政务中通常按中国传统文化来定，以左为上；而在商务和交际中则按国际惯例来定，以右为上；就远近而论，一般以远离房门为上。二是在室外，通常是正对演示台的前排中间为正位，其左右位置与室内相同。

（三）茶艺介绍

在迎接客人到茶艺演示开始，中间还有一段时间。为避免气氛单调，在开始迎接客人时，可播放轻音乐，但音量不宜过大。与此同时，送给每位到来的客人一份介绍茶艺的小资料，也可先散发在客人的座位上。茶艺资料可介绍即将演示的茶艺的有关情况，如茶艺精神、茶艺解说词、茶艺程式等，还可介绍茶艺演示单位的有关情况。这样能让客人对即将演示的茶艺先有初步的了解，有助于客人对茶艺的理解和感受茶艺的内涵。

二、茶艺演示礼仪

（一）致词

在茶艺演示前一般需先致词，致词可由茶艺解说员来进行，也可由茶艺演示单位的负责人来进行。如由茶艺解说员致词，则致词可与后续的茶艺解说以及茶艺演示紧密连于一体；若由茶艺演示单位的负责人致词，可显得对客人更加尊敬与热情，但致词与茶艺解说以及茶艺演示中间会有一定的停顿，如果停顿时间较长，会使茶艺演示的整体性不足，影响茶艺演示的效果，反而显得对客人不尊重，因此要注意合理把握。

致词应选用礼貌、谦虚的词语，对到来的贵宾要重点介绍与欢迎。按职位、年长、身份等顺序介绍贵宾。如按职位介绍，从大到小，应强调其职位，对副职中的"副"字应注意淡读；如按年长顺序，应强调客人的名字，重读姓名并拉长读音；如按身份介绍贵宾，根据客人的具体身份，或强调其身份，或强调其名字。致词人每介绍一位客人，都应带头鼓掌表示热烈欢迎，并表示感谢客人的到来。

致词时要语调平衡，音幅适当，音质柔和饱满，表情轻松自然，面带微笑，并注意语速、姿势、动作等这些无声的东西。

（二）列队敬礼

茶艺师入场，应向客人行见面礼。当茶艺解说员在致词中代表茶艺队热烈欢迎客人的到来时，应与其他茶艺师一齐向客人行鞠躬礼。也可在茶艺解说员向客人介绍茶艺演示成员时，每介绍一个，茶艺师再分别向客人敬礼。敬礼方式应与茶艺类型相结合，如是日式茶道则按日式行礼方式，如为中国茶艺则按中式行礼方式；若不伦不类地行礼，不但无法向客人传达到敬意，反而是对客人的不尊重。对家庭茶艺等其他生活型茶艺，由主人、茶艺师简单行礼或问候一下，即可开始茶艺演示，这相对于实用型和艺术型茶艺则较为简单。茶艺演示除特意向客人行见面礼外，从进场开始，就应注意向客人行注目礼。茶艺师面对客人，无论是站着还是坐着，都应面带含蓄的微笑，眼睛平视客人，切忌东张西望、左顾右盼，否则是对客人极不尊重的表现。

（三）布具、取茶样礼仪

在茶艺演示正式开始前，茶艺师一般需先用清水净手，以除去手上沾有的气息。可盛一盆清水，当着客人的面，茶艺师一一净手，然后用干净的干白毛巾擦干；若分主泡、助泡，则先由主泡净手后，再由助泡净手。也可用备好的干净的半湿白毛巾来净手，一定要当着客人的面，让客人看得到，以表示对茶艺的重视和对客人的尊敬。因为茶是饮品，在泡茶和饮茶的各个环节都需保证其洁净。

净手后开始布具。布具时做到轻拿轻放，不宜弄出响声，以表示对器具的爱护，更显示对客人的尊敬。盛放废水的茶盂，应尽可能地摆放到客人无法直接看到的位置，否则显得对茶艺不尊重，对客人也不尊重。用来冲茶的水壶和泡茶的茶壶，不能将壶嘴对着客人，表示以客为尊；如以壶嘴向客，则显示以客为卑，表示请客人赶快离开，这是茶礼禁忌。折叠好的茶巾放入茶盘中，折口应该向内朝向自己。茶艺操作台面上可适当摆放插花或工艺品，作为装饰与陪衬，烘托茶艺环境，增加对客人的热情与礼意。

将茶具摆放好后，应清洗有关茶具，如茶壶、茶杯，甚至擦洗茶具，以保证这些器具的清洁卫生，更显示对器具、对客人的尊敬。现实中这些器具在布局前均已清洗干净，为体现环保，可仅需用少量开水进行温具示意洗具即可。在拿放器具、清洗器具时，应注意防止手指碰着壶口、杯口或壶内、杯内，因为这些器具将用于冲泡茶叶、盛装茶水给客人喝，手碰到会显得不雅，而令客人不舒服，这无疑是对客人的不尊重。同样，对那些用来盛放茶叶、茶水的其他器具，也应注意拿取时手的位置。

取茶样有三种方法，常用到的茶器具是茶荷和茶匙，决不可为了图省事就用手抓取茶叶，否则手上的气味会影响茶叶的品质，整个泡茶过程也就失去了干净整洁的美感，从而变得非常不雅。取茶样的动作要温柔，幅度不宜太大，显示对茶叶的尊敬。拿茶叶罐时，多采取环抱的手法，要轻拿轻放，且不能从茶壶或茶杯上方经过，以免罐底有异物掉入，显得对客人不尊重。取茶之后，茶艺师在介绍该茶的主要品质特征时，还需让客人观赏干茶的外形色泽并嗅干茶香气。

（四）泡茶礼仪

茶艺师应尽可能地让客人挑选自己喜欢的茶叶种类，并尽可能地了解每位客人喝茶的浓淡，从而根据每位客人的选择和爱好来分别进行冲泡，以显示对客人充分地尊重。但对这一点，易受茶艺类型等因素的限制，尤其是表演型茶艺很难做到，但只要有条件就应尽可能地去做。

在冲泡时一般需"洗茶"。对名优茶，因其原料和做工都非常精细，一般都非常干净卫生，不需要洗茶，可直接冲泡。对一些中低档茶，应注意洗茶。将开水倒入盛茶叶的壶中或杯中，轻轻荡洗，然后将水滤入茶盂中。洗茶时，应注意充分洗净茶叶，需快速洗净后及时将水滤出，不应洗过长的时间，否则茶叶内含成分浸出过多，造成浪费，反而影响茶水的质量，对客人也是不尊敬。在以节约资源为荣的现代，应注意洗茶用水不可过多，以免造成沸水的浪费。对乌龙茶，在正式冲泡倒满茶壶后，还需用壶盖将水面的泡沫刮出；刮净后，再用沸水将壶盖上的残余泡沫洗净。

目前在冲泡茶叶时，无论是用茶壶、盖碗还是茶杯，多是采用"凤凰三点头"，这是茶艺中的一种传统礼仪，表示对客人的敬意，对茶的敬意。用水壶高冲低斟，上下往返三次，意为对客人三鞠躬以示欢迎。用盖碗泡茶在客人面前冲泡时，"凤凰三点头"的含义还有：一点为"您好"，二点为"请坐"，三点为"请用茶"。用水壶冲泡时，同样应注意不宜将壶嘴对着客人。在冲泡时，应将壶盖反放于茶船上或茶盘中，不能顺放，更不能直接放在茶艺桌面上，否则是对客人的不尊敬。在用壶冲泡时，应将壶嘴贴着盅面斟茶，切不可过高，如过高香味散失，泡沫增生，是对客人不敬。切忌直接冲入壶心，以免冲破"茶胆"，冲破"茶胆"则违反茶规。右手提壶回旋注水时以逆时针方向进行，左手则以顺时针方向进行，以示对客人的欢迎。在我国传统上，认为"酒满敬客，茶满欺客"，而且满杯的开水，在奉送和品饮中，极易荡出，造成浪费，还易烫伤人，因此不能斟至满杯。若是用茶杯直接冲泡，应只冲泡至七分满；若是用茶杯分茶水，只应分至七分满；续水时，也只加到七分满；这寓意为"七分茶，三分情"，是对客人到来的热烈欢迎与最大敬意。但在功夫茶艺中，用小茶杯或小茶杯与闻香杯品饮时，茶水多是满杯，这是因为小茶杯中的茶水量较少，且有茶托盛放。

总之，在冲泡茶叶时，茶艺师要做到动作娴熟，行为举止大方自然，优雅美观，彬彬有礼，做到神、情、技合一。这样自然会给客人以舒心之感，从而增添观赏茶艺的情趣，并逐渐进入饮茶的最佳境界。

（五）奉茶礼仪

奉茶礼仪起源于将物品呈现给位尊者的一种古代礼节，在茶艺中指茶艺师把泡好的茶水用双手恭敬地端上茶桌，或用双手恭敬地端给客人，以表示对客人的诚意与尊重。尽可能不用一只手将茶杯递给客人，也不能因为茶杯太烫就直接用五指捏着茶杯口边缘，否则均会显得不雅观，也不够卫生。若是用茶杯或茶碗泡茶，奉茶时需先在茶巾上擦干杯底或碗底的残余茶水，然后才可奉送。对用茶壶泡茶的，在分茶时应尽可能地做到每一杯的茶水量、茶水浓度都一致。在功夫茶艺中专门通过"关公巡城，韩信点兵"来达到这个目的，取关公的"公道、公平"、韩信的"点到为止"之意。还可以先将茶水倒入公道杯中，使茶水浓度均匀后，再分茶入杯。唯有这样，才可做到人人平等，也可体现茶艺师对每一位客人都同等地尊敬。

奉送茶水时，一般用茶盘奉送，以先长后幼、先客后主、先女后男的顺序按入席人数上茶，一一不可缺少，表示平等待客。当茶艺师到达客人位置后，行礼，把茶盘放在茶几上，要是茶盘无处可放，应以左手拿着茶盘，用右手递茶。茶盘端送时离客人不宜太近，以免产生压迫感，也不能太远，否则客人不易端取茶杯。茶盘高度应适宜，端得太高，客人拿取不易；端得太低，茶艺师身体弯曲得太厉害。茶艺师还应将茶盘端稳，给人很安全的感觉。奉茶的位置可以从客人正面，也可以从侧面。若是从侧面奉茶，应从客人拿杯子的方便性考虑。一般人惯用右手，因此从客人左边奉茶，用左手端茶奉上，左手行伸掌礼，这样客人比较容易用右手拿取杯子；若从客人右边奉茶则用右手端茶然后行伸掌礼；从客人正面则用双手向客人奉茶，然后用右手行伸掌礼，并说一声"请用茶"，表示茶艺师敬茶有礼。若是带柄的茶杯，放在客人面前时，应将杯柄向着客人的右方，以方便客人拿取。若是将茶水放在茶几上和点心一同招待客人，应先上点心，点心盘应用右手从客人的右侧送上，待其用毕后，即可从右侧撤下。在分茶和奉送茶水的过程中，手不能接触杯口，并不能将茶水洒出。茶艺师泡功夫茶时一般自己不能饮头泡茶，应当将其让与长辈或来客。

客人在品饮过程中，当茶杯中茶水只剩约 1/3 时，茶艺师应及时为客人添茶，添茶次数不宜超过两次。对用茶壶来分茶的，可根据客人的需要，多次添加茶水。对功夫茶艺，喝完后才可再续满茶水；讲究的，再饮时将茶杯收回，重新烫洗干净后，再分茶奉送，而且茶壶中的乌龙茶可冲泡四次。斟茶时动作要轻，要缓和。斟茶应适时，时机把握做到主随客便，以不妨碍客人为宜，客人谈兴正浓时不要频频斟茶。

（六）品茶礼仪

品茶过程包含闻茶香、观茶色、品茶汤。品茶时的礼仪则因茶艺演示时所用的茶器、品茶者的性别不同，而有一定差异。如果是用玻璃杯，则右手虎口分开，握住杯身中部偏上的位置，但不能挨着杯口，女士还需用左手指尖轻轻托着杯底，可直接闻茶汤飘逸出的香气、观赏汤色及冲泡后杯中的茶叶，然后分三次细细品啜茶水。用盖碗品茶，可取盖闻香，品茶时将盖略微倾斜，用靠近自己这边的盖边轻刮茶水上面的茶叶，将其拨到一边，以防喝到茶叶。用品茗杯品茶，通常采用"三龙护鼎法"，即三指端杯法，女士可微翘兰花指，以显优雅、秀气。品茶时应分三次小口细细品尝，如果茶水很烫，可以轻轻吹一吹，但切不可发出声音。

茶艺演示结束后，茶艺师要向客人行鞠躬礼致谢，然后及时收具，并有序地整理、清洁茶具。

三、送客礼仪

茶艺演示结束后，要及时恭请客人为茶艺队或茶艺单位题字、作诗、画画。在茶艺演示时，就需预先与客人沟通，并获得客人同意，同时还需准备好一些必备的材料，如纸、笔、题字集等。待客人题字作诗后，可当众朗读；对书法作品和画，可让其他客人进行观赏，并对客人致以谢意。

如条件许可，一般还需向客人赠送礼品。礼品不需贵重，但一定要精美。对茶叶企业的茶艺队，可赠送企业生产的小包装礼品茶，既显得对客人的情意重，又可宣传企业产品。对其他茶馆或社会组织的茶艺队，可赠送有企业组织说明、服务特色或标识的宣传册或书籍，也可赠送专门定做的特色礼品。

客人准备走时，要提醒客人带好随身物品，茶艺师列队相送，行鞠躬礼表示感谢光临。如果是单独送客，要送到厅堂口，让客人走在前面，自己走在客人后面（约1米距离）护送客人，真诚礼貌地感谢客人，并欢迎其再次光临。

四、客人礼仪

礼仪是互动的，茶艺礼仪也不例外。在茶艺中，茶艺师向客人行礼，客人也应向茶艺师还礼。这样，可表示客人对茶艺师的尊重，也显示出客人的修养水平。因此在茶艺演示中，客人也应掌握必要的礼仪，否则就无法领略茶艺全部精华。同时，这有利于体现主客之间的相互尊重与感情交流的真诚。

（一）见面礼仪

茶艺师在列队欢迎时，客人也应面带微笑，点头致谢，也可相应地鞠躬还礼。客人被引领入座后，应向引座的茶艺师致谢。在观赏茶艺演示中，如无特殊情况，客人不宜交头接耳，不宜大声咳嗽或讲话，也不宜左顾右盼。手机最好暂时关闭或调为振动、静音状态。在观赏时，应静下心来，将自己的情绪融入到茶艺环境中，全心注视茶艺师的表演，眼睛平视茶艺演示台，积极领略茶艺的魅力。

（二）接茶礼仪

茶艺师奉送上茶样或茶水时，客人要有上身稍微前倾的姿势，在伸手端茶时中指要托住杯底，杯底不能接触茶盘边沿。客人还应点头致谢，或用叩指礼或伸掌礼表示谢意，也可用语言表达"谢谢"。如果客人注意力一时不在茶艺师身上，没有来得及接茶，至少也要表达出感激之情。另外，如果客人因一些原因不宜喝茶，要提前给对方一个信息，这样也能让茶艺师减少不必要的麻烦。

（三）品茶礼仪

客人品茶时的礼仪同样因品茗者的性别、所用的茶杯不同，而存在差异。品茶要小口细品，切忌大口喝茶，品茶的过程切忌发出声响。若有茶叶漂浮在茶水上，用碗盖拂去。客人品饮完后若不再需要，可将空杯反扣于碟中，称为"反盏"，并向茶艺师致谢。

五、茶艺礼仪中的注意事项

（一）诚心诚意

礼仪贵在诚意。唯有诚心诚意地表达礼仪，受礼人才能真正感受到被尊重，否则就只是客套，显得虚情假意。在茶艺中，茶艺师要做到诚心诚意地行礼，客人同样应做到诚心诚意地还礼。行礼中应注意防止流于客套、流于程式，否则就无法体现出茶艺精神，也无法展现中国茶文化特色的一面。要做到诚心诚意，行礼应做到位，还应特别注意面容、眼神、姿态、动作等无声语言。每一次行礼，都应面带笑容，眼睛平视客人，眼神充满善意与诚心，身体站立端正，双手摆放规矩，否则难以体现出对客人的尊敬。

（二）以形代言

　　茶艺的内涵与其他活动相比，有着独特的雅、静，因此在茶艺中表现礼仪的方式自然与其他场合的礼仪存在一定差别。在茶艺演示中应努力创造出一种以"静、雅"为特色的茶艺氛围，以引领客人进入茶艺世界，感受茶艺对心灵的熏陶，以期达到"此处无声胜有声"的境界，因此在茶艺演示中尽可能以无声语言代替有声语言。应尽量以手势、点头、鞠躬、眼神、微笑等无声语言来表现礼仪，表达对茶和客人的敬意。茶艺师要掌握好每个动作的分寸，一般不用幅度很大的礼仪动作，而采用含蓄、温文尔雅、谦逊、诚挚的礼仪动作。小小的礼仪动作，轻柔而又表达清晰，既可展现出茶艺中含蓄内敛的特质，又能让客人感到温馨愉悦、轻松自在。从而创造出一种用心灵感受茶艺灵魂的环境，也唯有这样才能更好地展现出茶艺的魅力。

（三）强化礼仪氛围

　　中国是礼仪之邦，茶文化是中国文化中不可缺少的一部分，并且茶艺更是需要讲究礼仪的。因此在茶艺演示场所，要强化礼仪氛围，尽可能地利用各种手段烘托礼仪氛围，让人一进入就能充分感受到人与人之间相互平等、相互尊重的氛围，让人自觉地讲究礼仪。

　　只有这样，才可达到茶艺对人的道德修养、思想品质的提高效果。

第五节　茶艺服务礼仪

一、茶艺馆服务礼仪

（一）礼仪要求

　　茶艺馆是休闲、品茗的场所，服务是吸引顾客、推销产品的重要环节，服务质量更是企业赖以生存的关键。如何更好地体现茶叶之灵性，展示茶艺之优美，演绎茶文化之丰富内涵，让宾客在茶艺馆中惬意地享受宁静、舒适与休闲的环境，感受认真、周到、细致、耐心的服务。茶艺师应该注意"礼、雅、柔、美、静"等基本礼仪要求，并在举手投足间将其淋漓尽致地展现出来。

　　1. 礼

　　茶艺师在服务的过程中，要注意礼貌、礼仪、礼节，以礼待人，以礼待茶，以礼待器，以礼待己。茶艺师始终要面带微笑，呈现有魅力的、发自内心的、得体的微笑，看宾客时目光要温和、亲切、诚挚，在主客之间营造出一种和谐友好的社交氛围。

　　2. 雅

　　茶艺馆的环境氛围应高雅，在茶艺馆里人的表情、语言、动作等都要与环境相符，尽力做到言谈文雅，举止优雅，与茶叶、茶艺、茶艺馆的环境协调一致，给顾客一种高雅的享受。

　　3. 柔

　　茶艺师的动作要尽可能柔和、圆润，说话语调要轻柔、温柔，这样可以展现出一种柔和之美，也体现出茶艺精神的"和"。但对不同的客人，可主动调整语速。对健谈的客人，可适当加快语速，或随声附和，或点头示意；对不喜言语的客人，可适当放慢语速，增加微笑和身体语言，如手势、点头。与客人保持同步，才能受到欢迎。泡茶时控制好动作的节奏，适当轻柔舒缓，给人以沉着镇定、从容不迫的感觉。

4. 美

美体现在茶美、器美、境美、人美等方面。茶美，即要求茶叶的品质佳，货真价实，并且要通过高超的茶艺把茶叶的各种美感展现出来。器美，即要求茶具的选择要与冲泡的茶叶、客人的心理、品茗的环境等相适应。境美，即要求茶室的布置装饰要协调，清新、干净、整洁，台面、茶具应干净、整洁且无破损。茶、器、境的美，还要通过人美来带动和升华。人美体现在仪容仪表、服装、言谈举止、礼仪礼节、品行、职业道德、服务技能和技巧等方面。

5. 静

茶人追求淡泊宁静的境界，"静"也是茶艺精神的一个重要内容，主要体现在境、器、心等方面。茶艺馆最忌喧闹、喧哗、嘈杂之声，音乐要柔和，交谈声音不能太大。茶艺师在使用茶具时，动作要娴熟、自如、轻拿轻放，尽量不让其发出较大的声响，做到动中有静、静中有动，高低起伏，错落有致。心静，即茶艺师的心态要平和，尽可能体现出一种静雅之美。茶艺师在泡茶时心态能表现出来，并传递给顾客，表现不好就会影响服务质量，甚至引起客人的不满。因此，茶艺师要及时调整自己的情绪，否则服务质量不高，甚至会影响茶艺馆的形象和声誉。

（二）茶艺馆服务基本流程

1. 恭候来宾

在客人进入茶艺馆时，热情迎接客人。微笑着行45°鞠躬礼，并说"您好！""先生（女士）早上（中午/下午/晚上）好！欢迎光临""××节日快乐"之类的问候语。询问客人是否有预定，用茶人数多少等，喜欢单间还是散座，视情况给客人安排位置。很多来茶馆的客人都喜欢安静的环境，喜欢半封闭式的座位，一些商务客人更是如此。因此，安排座位时，如果条件允许，一定要为客人安排其满意的位置。

2. 引领客人入座

明白客人的消费意向后，要有礼貌地引领客人入座。引领时做出"请"的手势，并说"请跟我来""这边请""里边请"，走在客人左前方两三步处。行走速度不宜太快，注意目光随时与客人交流。如果宾客随身携带的物品较多或者行走有困难，需先征询客人同意并给予帮助。如遇下雨天，要主动为宾客套上伞套或寄存雨伞。将客人带到其喜欢的位置时，安顿好客人入座。如果有多名宾客，在拉椅让座时注意安排女士、长者或主宾面对正门的位置就座；如果有老人和小孩，则优先照顾。如果客人有脱下的大衣或其他物品，可将其挂在衣帽架或放在合适的位置。安顿好后，向宾客微鞠躬，并说："××先生（女士），请稍等，我们马上为您（们）点茶（服务），祝您（们）品茶愉快！"讲完后退一步，如果是贵宾间则退至门边，轻轻把门关上，然后转身离开。

3. 点茶时的礼仪

客人示意点单时，茶艺师应该上前微笑问好并微鞠躬，询问客人的需要。走到距离宾客右侧约一步的地方站立，递上茶单，左手拿听单便笺，右手执笔。目光与宾客相接或与其一起看茶单。如果客人对茶品内容不熟悉，茶艺师可根据客人的喜好作比较详细的介绍，包括名称、种类、特点、分量、适宜性等方面。同时作建议性的推荐，声音不能太大，以两个人能听清为宜。如果客人自主点单，只需按规定简写清晰记录即可。做到热情周到而又不失矜持，细心体贴而又自然，把客人当作朋友来招待。客人点单结束后，要将其点单的内容重复一遍，等确定无误后，告诉客人"请稍等，我会尽快为您（们）送上茶品。"然后鞠躬退后。点单结束后，立即入单取茶，做好沏茶准备。

4. 沏茶时的礼仪

托盘姿势和站立姿势同前。在接近桌位时需要先作语言提示："打扰一下，这是您需要的 × × 茶。"提醒客人引起注意，避免发生碰撞，然后上茶。如果是素茶，先上杯垫、茶杯，再斟茶至七分满。如果是调饮茶，先上茶水配料（糖、乳等）、杯垫、茶杯和勺子等，再斟茶至五分满，提示客人："这是砂糖，请随意取用。"注意茶水配料应从前面桌位上方，轻轻放在客人左前方；杯垫、茶杯和勺子（或素茶）一并轻放于客人正前方 5cm 处，勺把朝后置于杯的后侧，与杯呈 45° 角。如有茶点，配置时最好甜点、咸点搭配，干果、水果搭配，不同颜色搭配。沏茶后应将茶点摆放整齐，如有多份茶点则不能叠盘。

5. 续水时的礼仪

注意客人的动态，及时为顾客续水。右手执水壶站于客人右侧，当客人杯中或壶中的水只剩 1/3 时，就应该续水。如果是玻璃杯续水，使用"凤凰三点头"的手法，其他泡茶杯或壶可使用低斟高冲的手法为客人续水至七分满。续水后，作出"请慢用"的手势，退后一步转身离开；若客人提出问题，需及时作答。

6. 买单时的礼仪

客人示意买单时，准备好对账单，结账用笔，将账单放入账单夹内，并确保账单打开时，账单正面向着客人。将账单打开，双手从客人右侧递给顾客。小声并清楚地告诉买单的客人"× × 先生/女士，这是您的账单，实际消费 × × 元，× 折后优惠价是 × × 元。"买单时注意账目准确，如果是付现金，当面点清现金账目，找零也要无误。如客人用信用卡结账，取刷卡机当面刷卡，将刷出的结款单交给客人确认签字，将付款单客留联、信用卡、发票一并交还给客人，并在客人确认后致谢。买单时别让顾客久等，否则会影响他们的心情，甚至导致客人不再光顾。

7. 送客礼仪

客人消费完后要起身离开时，应主动搬移椅子，女士、老人优先。帮助客人整理衣物，取出客人寄存的物品。离开茶艺馆时，可关心地询问这次体验如何，并征求宝贵的建议或意见。注意提醒其不要忘了携带好随身物品，注意安全等。示意出口方向，并微笑着热情与其道别"感谢您的光临，请慢走！""欢迎再来！"等，同时鞠躬的角度达到 15°～30°，然后微笑着目送顾客离开自己的服务区域。微笑要真诚、发自内心，包含着一种与客人依依不舍之情，让客人感觉服务舒适到位。

客人离开后，要及时清台，仔细查看客人有无遗忘的物品，如有则及时归还给客人或交由经理保管。

二、茶会服务礼仪

一场茶会，大致可分为准备、进行和结束三个阶段。无论是茶会组织者还是参与者，都应注意各个阶段的礼仪。

（一）准备阶段的礼仪

1. 主办人员应注意的事项

①拟定茶会的时间、地点；

②为何要办？如何办？邀请哪些人？

③发出请柬并同时注明茶会形式（室内、室外，坐礼、跪礼）、来宾配合事项、茶会地点路线，并询问受邀人是否出席，出席时交通工具等。

2. 出席人员应注意的事项

①核实邀请的茶艺师、时间、地点、有无对服装等的要求。

②尽早回复对方是否出席，以表尊重。

③出席时间要掌握好，正点或提前 2～3min 到达。

④衣冠不求华美，但须整洁。

⑤妆扮以素雅为佳，口红、眼影、指甲油等淡薄，不浓妆艳抹。

⑥珠宝、钻戒首饰，最好不戴。

⑦不携宠物同行。

（二）进行阶段的礼仪

抵达茶会地点，先将背包、夹克、外套、帽子等放在指定地方，衣帽不加于他人衣帽之上；主动向茶艺师问好，见长者，趋前致敬。欣赏茶会环境，茶挂、茶花、摆设等。长幼有序，依次而坐，茶艺师下座。坐有坐相，入座要轻柔和缓，不可猛起猛坐，弄得座椅乱响，要小心桌上茶器等；坐姿要端庄稳重，还应做到轻松自如、落落大方，显得文静优雅。言语是一个人内在德行的外化表现，从诚敬内心，优雅气质中，自然流露以礼待人的言语；因此，在席间与人交谈时，言语有礼是很重要的；不道人之短，不说己之长，最好不谈与茶无关的事；与同桌人交谈，特别是左右邻座，不要只同一两人说话；邻座如不相识，可先自我介绍；应答要顾望，他人正谈话，不在中间插言；不隔席谈话，高声喧哗扰乱视听。敬茶果时先长后幼，先尊后卑，先生后熟，举杯让茶。在品茶时，多赞美，不挑剔茶食，杯中不留余茶；咳嗽必转身向后，以手掩口。主泡人仪容仪表，更要遵守茶会礼节，特别注意头发要束齐，不可垂发。

（三）结束时的礼仪

客食未毕，茶艺师不先起。茶会将结束，起席告辞，茶艺师谦逊说慢待各位，客人感恩道谢，主宾退席后再陆续告辞。确实有事需提前退席，应向茶艺师说明后悄悄离去。也可事前打招呼，届时离席。

（四）意外情况应注意的事项

茶会进行中，如果不慎打翻茶具，或茶器摔落地上等，不必着急，应沉着处理，可轻轻向邻座（或向茶艺师）说声"对不起"。茶水打翻溅到邻座身上，应表示歉意并协助擦干；如对方是女士，只需把干净的餐巾或手帕递上即可。

总之，参加茶会，行为举止需时时按礼节行事。

三、营销型茶艺服务礼仪

在营销型茶艺服务过程中，茶艺师要结合茶叶市场营销学和消费心理学等理论知识，在充分展示茶叶品质的同时，突出讲解所冲泡茶叶的商品魅力，从而激发顾客的购买欲望，最终达到促销的目的。这就要求茶艺师具备丰富的茶叶商品知识和娴熟的茶叶营销技巧，同时要做到自信、诚恳，语言交流让顾客感到愉悦。

（一）接待顾客的礼仪

在营销型茶艺服务中，茶艺师要注意仪容仪表、姿态、语言等方面的礼仪与前面介绍的茶艺馆服务、茶会服务中的礼仪大致相同。这里特别强调茶艺师在与顾客交流时的语言。每一个走进茶叶店的顾客都是潜在的消费者，茶艺师采用合适的营销技巧正确引导顾客，让其有一次愉悦的体验，就可能形成购买。反之，如果不注意说话语言，可能会让顾客产生抵触、反感等负面情绪，为竞争对手培养了消费者。

1. 用热忱而细致的服务建立顾客亲切感

当顾客来到店门前，茶艺师要热情招呼，并把品牌或店铺的信息准确传递给顾客。"欢迎光临×××茶叶专卖店。先生/女士，请到这边喝茶……"让第一次进店的顾客有一种像是到了特别熟悉的朋友家里一样的感觉，没有陌生感，交流起来畅所欲言。

顾客进店后，茶艺师要探寻、分析顾客需求。"先生/女士，请恕我冒昧，请问您今天买茶叶时自己喝还是送人呢？"了解需求后，换位思考，并针对性地进行引导。

2. 引导顾客要进退自如、松弛有度

当顾客喝完一泡茶开始询价时，意味着顾客开始有了购买需求。茶艺师如果对顾客的了解还不够时，不能直接报价。要通过与顾客的交流判断顾客的消费水平和消费动机，针对不同类型的顾客推荐价格适当的产品。

3. 适时地认可或赞美顾客

有时候对于顾客提出的问题，导购的回答可能会让顾客觉得导购是在说自己无知，这么简单的道理都不懂，这让顾客感觉很不舒服，并且还可能会激怒顾客，最关键的是顾客的顾虑或疑问并没有解决，导致失去顾客。因此适时地认可或赞美顾客是必用的沟通技巧。例如："××先生/女士，您这个问题问得非常好……""××先生/女士，您对茶行业真是了解，一语就道破了目前茶行业的营销模式……"。

（二）送别顾客的礼仪

"迎得好不如送得妙"，送别顾客是又一次销售的开始。不管顾客是第几次进入店内，消费与否，导购都要发自内心的感激，用真挚的微笑送别顾客，并给予诚挚的祝福和美好的祝愿，让顾客有愉快的门店体验经历。如果条件允许，应该将顾客送至门外或车前，并目送顾客离开。

（三）售后服务的礼仪

1. 不质疑顾客，换位思考

在茶事服务中，可能会因为产品、质量、服务等问题导致顾客不开心。如果顾客带着不愉快的消费经历来到茶叶店里时，导购若引导得好，顾客可能成为你的朋友、忠实的顾客。反之，可能就不会再购买，甚至告诉其身边的朋友也不要购买。

导购应该礼貌、自信、真诚地回答顾客的问题和意见，真诚道歉，积极引导。让顾客心里舒坦，感觉找到了知音，从而产生信赖。例如："先生，我们之前工作确实没有做好，让您产生了不愉快，为此我代表门店向您真诚道歉，稍后我向店长申请一份小礼品给您，以表示我们的歉意。我能请教下，您觉得我们哪些方面没做好呢？比如服务、茶叶的包装或口感？"

2. 进行顾客回访的礼仪

回访是茶叶门店获得一手信息、与顾客联络感情的重要方法之一。但是顾客不喜欢被陌生人随意打扰，因此要事先熟悉顾客的资料和背景，了解顾客的工作、生活习惯，不要打扰顾客。先问候，再介绍身份，表达清晰，致电目的简洁明了。如果得到顾客同意要表示感谢，也可以事先准备一份礼品，给顾客意外的惊喜。

第六节　涉外茶礼仪

一、亚洲茶礼仪

（一）日本茶道礼仪

在日本茶道中，主客的行、立、坐、送、接茶碗、饮茶、观看茶具，以至于擦碗、放置物件和说话，都有特定礼仪。

1. 遵循"四规"和"七则"

日本茶道中"四规"指"和、敬、清、寂"，"和、敬"是指主人与客人之间应具备的精神、态度和礼仪，"清、寂"则是要求茶室和饮茶庭园应保持清静典雅的环境和气氛。"七则"则指提前备好茶，提前放好炭，茶室应保持冬暖夏凉，室内插花要保持自然清新的美，遵守时间，备好雨具，时刻把客人放在心上等。

2. 茶客礼仪

茶客按时到达茶庭，在候茶棚等候。见到主人要互敬礼节，入茶室前要净手，进茶室前脱鞋，屈膝爬进茶室。入室后要心无杂事，欣赏挂轴前需行礼，按序就坐，坐姿端正。主客要按时间段主动询问主人的相关器具情况，并对各种茶具进行鉴赏和赞美。在饮茶时，要发出啧啧声，以表对茶的赞扬。饮毕，客人要特别赞美环境布局的优雅及感谢主人款待。最后，客人离开时需向主人跪拜告别。

3. 迎客礼仪

主人必先在茶室的活动格子门外跪迎宾客，头一位进茶室的必是首席宾客。客人入室后，宾主还需行鞠躬礼。

4. 献茶礼仪

敬茶时，主人用左手掌托碗，右手五指持碗边，跪地后举起茶碗，需与自己额头平齐，恭送至正客前。茶主人跪着，轻轻将茶碗转两下后，将碗上花纹图案对着客人。客人则双手接过茶碗，轻轻转上两圈，将碗上花纹图案对着献茶人，并将茶碗举至额头，表示还礼。然后放下茶碗，再重新举起才能饮用。

5. 饮茶礼仪

要喝茶时，怀着感谢之情用右手轻轻拿起茶碗，用左手的掌心托住，右手握住碗身。之后，用右手将茶碗沿顺时针方向转两下。分三次将茶喝掉，饮时口中要发出"啧啧"的赞声，表示对主人"好茶"的称誉。喝完后要用右手的大拇指和食指将嘴唇接触过的碗口边轻轻地擦拭干净，擦拭方向为从左到右。饮毕，将茶碗还回给主人。

6. 行为礼仪

（1）行礼　日本茶道中的行礼有站式和跪式两种，均可分为真、行、草三种，真礼用于主客之间，行礼用于客人之间，草礼用于说话前后。

（2）姿势礼仪　茶室中正座的姿势，要求腰挺直，下巴稍稍回收，双腿自然跪坐，男性两腿间的距离为两个拳头左右，女性为一个拳头左右。两脚跟自然分开，脚面着地，臀部放于其上，脚拇趾互相重叠，不时地改变一下脚拇趾的上下位置可以防止脚麻。双手搭放于前，主人的双手分开放在大腿上，客人右手在上，左手在下放在大腿上。想要改变坐向时，女性两手着地转动膝盖改向，而男性则不用手，光靠膝盖转动改向。

要站起时，将双手放在大腿处，立起双脚脚趾着地，双腿并拢，臀部放在脚后跟上，然后根据脚的情况将左脚或右脚向前移动6cm左右，慢慢站起身来，注意身体保持平衡，不能晃动。

在茶室中行走时，注意不能踩到门边和榻榻米边，一般一张榻榻米横向分两步走完，竖向分四步走完。行走时腰身要挺直，下巴稍稍内收，视线略往下。男性走时双手轻握，女性手指并拢，自然地放在身体两侧。

（二）韩国茶礼礼仪

1. 韩国茶礼中的行礼法

在韩国，茶离不开行礼，其对象除了人之外还包括神、佛等。根据职位、年龄、性别以及服装等的不同，其行礼的方法也有所不同，大致分别为真礼、草礼、拜礼、平礼。真礼是年幼者向年长者或在仪式上使用的，草礼一般在年长者回应年幼者时答礼所用，拜礼在婚、葬、祭等仪式中使用，而平礼则是在人们年龄或官职差不多时使用。

（1）男子行礼

在行真礼时，双手掌应完全接触地面，并低头身体向前倾斜45°左右。拜礼与真礼较为相似，不同的是拜礼更为恭敬，要求身体尽量接近地面。草礼时两膝需跪坐，右足放于左足上，两手轻放于身前，左手放于右手上，垂头并身体向前倾大约15°。而平礼和草礼的不同点为行平礼时身体向前倾斜30°左右。

（2）女子行礼　是否着韩服，决定着女子的行礼方法。穿韩服时，行草礼时将右膝立起而跪坐，两手轻放在身体两侧，低头并身体倾斜 15° 左右；而平礼、真礼操作类似草礼，但二者分别垂头并身体倾 30°、45°。拜礼时两脚并齐跪坐，右手放于左手上，身体和头尽量接近地面，更为恭敬。穿便服时，行草礼双膝跪坐，右足放于左足上，双手轻握，并膝盖上，轻轻垂头身体向前倾斜 15° 左右；平礼、真礼与草礼相近，不同之处在于向前倾不同角度；拜礼时身体尽量靠近地面来表达尊敬。

2. 茶室礼仪

主人应遵守的礼仪有先为宾客介绍备好的各种茶类，并参考询问客人的意见。用双手捧杯，向客人敬茶。敬茶之时，茶杯的柄应朝向客人的右手。泡茶喝茶时，不可以背对客人。

客人参加茶会前，事先清洗口腔与洗手，尤其是清洁指甲。不可穿着过于华丽的服饰，或是过于夸张地露出衬里的衣服，入茶室时不要戴戒指、手表、项链等金属饰物。入茶室时应脱掉外衣，挂在室外的衣挂上。如果没有衣挂，则在进入所指示的场所之后，折叠好放在自己身体后面（应将两边的垫肩相对折起，不能露出衣服衬里）。入茶室前整理好自己的鞋物，以便于离开时方便穿着。换上白色袜筒再进入茶室，进入后主动向先到的来宾行礼，不可询问其他来宾的身份，注意保持言行举止端正。饮茶时，不宜高谈阔论，嘴里响声应小。在茶室里谈论的话题，茶会结束离开茶室后不应再次谈论。离开茶室时，整理好自己的座位，不可践踏坐垫，确认没有遗留果皮纸屑，使用完毕后应放在原来位置上。茶会结束后，彼此行礼致谢后，静静离去。

3. 其他礼节

韩国一般不采用握手作为见面的礼节，以点头或是鞠躬作为常见礼仪。在称呼上多使用敬语和尊称，很少会直接称呼对方的名字。宾主都席地盘腿而坐，坐姿要端正，在任何场合绝对不能把双腿伸直或叉开。韩国有男尊女卑的讲究，进入房间时，女子不可以走在男子的前面，女子须帮助男子脱下外套，坐下时，女子要主动坐在男子的后面，不可以在男子面前高声谈论。

（三）印度茶礼仪

在印度，同样有以茶待客的习俗和茶礼，且敬茶方式很有特色。客人来访，主人先请客人坐到铺在地上的席子上，男士必须盘腿而坐，女士则双膝相并屈膝而坐。主人给客人敬上一杯加了糖的甜茶，并摆上水果和甜食作为茶点。敬茶时，客人不要马上伸手接，而须先礼貌客气地表示感谢和推辞。当主人再一次敬茶时，客人才能双手恭敬地接茶。整个敬茶与品茶，充满着彬彬有礼、轻松和谐的气氛。

（四）巴基斯坦茶礼仪

巴基斯坦国人在饮茶时比较独特，在招待客人喝茶时，往往要同时送上夹心饼干和蛋糕之类的点心，有点像我国广东有些地方"一茶二点"的习俗。

（五）土耳其茶礼仪

土耳其是一个爱饮茶的国家，一大早起床先要喝一壶茶，再洗漱吃早饭。在土耳其随处可见茶馆，在茶馆外面只要吹个口哨，打个手势，茶馆里的服务员就能领会意思，很快送出茶来。茶馆里面的服务员手托托盘，盛着一杯杯热腾腾的茶，来回穿梭着为顾客们送茶。

二、欧美茶礼仪

（一）英国茶礼仪

在以严谨的礼仪要求著称的英国，下午茶逐渐产生了各式各样的礼节要求与习惯。正统的英式下午茶的礼仪突出在茶会时间为下午四点，服装要求维多利亚时代风格。

1. 穿着礼仪

英国的绅士淑女文化由来已久，下午茶会是仅次于晚宴和晚会的非正式社交场合，对于着装礼仪也极为看重。在维多利亚时代参加茶会，男士必须着燕尾服，头戴绅士帽和手持雨伞，举止彬彬有礼；女士则需着正式长袍，穿缀了花边的白色蕾丝裙，将腰束紧，戴插着羽毛的各式各样的帽子，戴手套，交谈要低声细语，举止要仪态大方。现代下午茶虽然没有如此正式的要求，但也要穿着得体，男士选择一套正装，女士则可以穿连衣裙或套裙，以显尊重。

2. 女主人礼仪

在茶会中通常是由女主人着正式服装亲自为客人服务，非不得以才让女佣协助，以表示对来宾的尊重。茶会前，女主人会选择最好的房间、精致的茶具来接待客人，并提前准备好点心。从茶会的开始到结束，女主人的手里始终持有茶壶，并随时为客人服务。

3. 茶会举止礼仪

传统下午茶很讲究姿势姿态。茶杯要轻拿，传统礼仪中必须要用大拇指和食指捏住杯柄，不可把手指伸进杯圈，现在也可以把手指伸进杯圈。把杯子送到嘴边，茶得小口慢饮，不能发出声音，点心要细细品尝；说话轻声细语，眼神要温和平视，举止端庄。两手的手腕部位尽量不要紧贴身体，或者藏着让人完全看不到，这样会让人误会你很自闭，显得不礼貌。

（二）俄罗斯茶礼仪

俄罗斯人喜爱饮茶，更表现在把邀人喝茶当作民间一种重要的社交礼仪。俄罗斯人常以"请来喝杯茶"来显示主人殷勤好客，待人慷慨，更是友好诚意的表示方式。倘若去俄罗斯人家做客，正赶上主人用茶，他们会热情地给客人让茶。此时，客人也应向主人打招呼："茶加糖——祝喝茶愉快！"喝完茶后，客人应向主人致谢，可以说："谢谢您的茶！谢谢您的款待！"提供一杯茶，在这种情况下被认为是热情好客。

俄罗斯人在喝茶时，就坐的次序有严格的规定。尊贵的客人应当坐在中间的位置，其余的人按照辈分的高低依次就座。类似斟茶和敬茶的工作通常由女主人来做，时而大女儿也会帮忙。敬茶人在敬茶时，应当双手端着茶杯并面带微笑地说些祝福的话，比如"让我们为了健康而喝茶"。按照惯例，客人们应当回答："感谢上帝的馈赠"或"感谢您的款待"。在喝茶时这些真诚的感谢，会通过空气的弥漫继而产生神奇的效应。

（三）荷兰茶礼仪

荷兰人一般在午后才开始饮茶。如果在午后 2 点有客人到访，主人就会以茶相待。相互寒暄后，主人从镶银的小瓷茶盒中取出各种茶叶，请客人任意挑选自己喜爱的茶，分别放入精制的小瓷茶壶中冲泡，每个小瓷茶壶均配有银滤器。主人将茶泡好后，再为客人倒入小杯中。如果客人喜欢调饮，则另用较大的茶杯盛少量茶以便客人自行调配。这样不仅显得对客人尊重，还满足了每个人的口味。客人饮茶时必须发出啧啧的响声，表示感谢主人，并称赞此茶的美味，饮茶期间谈话的内容也仅限于茶饮和茶点，而不能谈及其他无关事情。

三、非洲茶礼仪

（一）摩洛哥茶礼仪

摩洛哥人上至尊贵的国王，下至普通的百姓，无一不喜欢饮茶。逢年过节，热情好客的摩洛哥人都会以甜茶招待各国宾客。在社交活动中，用茶招待客人是很讲究的礼节。每逢宾客来访，摩洛哥人也都必敬三杯甜茶，当主人向客人敬完三道茶后，礼数才算周全。用茶待友是一种礼遇，走亲访友送上一包茶叶，那是相当高尚的敬意。有的还用红纸将茶包好，作为新年礼物赠送。而摩洛哥国王还常常将精美的茶具作为礼物赠送给来访的国宾。

（二）北非茶礼仪

北非人喝茶，喜欢在绿茶里放几片新鲜薄荷叶和一些冰糖，饮时清凉可口。去北非做客，客人要将主人敬给自己的三杯茶喝完，才算有礼貌。

（三）埃及茶礼仪

埃及人很喜欢甜食，如果有客人到访，主人一定会敬上甜茶。这种茶一般都是事先煮好茶汤，客人来了再加白糖。连喝两三杯后，嘴里就会感觉甜甜的。

（四）毛里塔尼亚茶礼仪

毛里塔尼亚人招待客人可谓是"见面一杯茶"。当有客人登门拜访，好客的主人就会用爽口的冰茶来招待。女主人煮好茶敬茶时，先将茶倒在杯中，再用一个空杯反复倒进倒出，因其手法娴熟，茶汤不会洒到杯外，直到茶汤的温度适宜饮用时，再敬给客人。客人接到茶后必须一饮而尽，并且连饮三杯，这样才表示有礼貌，也是对主人的尊重与感谢。

第九章　茶艺配饰

在茶艺演示中，除了茶与茶器外，还需要服装、音乐、插花、书画等配饰来点缀提升茶艺的美感，共同完成茶艺的表达，自然这些配饰也直接影响着茶艺的效果。

第一节　茶艺服饰

一、服饰的功能

华夏民族自古有"衣冠上国，礼仪之邦"之美誉，服饰文化源远流长。服饰，包含"服装"与"配饰"。服装从字面理解，"服"是防暑御寒，指其实用功能；"装"是装饰美化，指其艺术功能。"配饰"即服装的饰物，常与服装搭配出现，起到美化服装的作用，为个人形象添色加分。

服饰是人类物质文明与精神文明的结晶，在生理上给人以舒适感，在精神上给人以愉悦享受。服饰的常见功能表现为：一是基础的身体保护功能；二是修饰个人体型，提升个人气质；三是彰显个人身份与品位；四是通过服饰抒发情绪，表达自己的艺术美感。人类通过服饰艺术，可以提升自我艺术形象。

二、茶艺服饰的历史发展

茶艺服装，也称茶服、茶人服、茶艺演示服，广义的是指能表现中国茶文化内涵的服装总和，狭义的是指在一定茶礼仪环境中泡茶者、伺茶者和品茶者所着的服装，大家日常所指的茶服多为后者。在茶艺服装的基础上，着装者再辅以相关的饰品以提升美感，统称为茶艺服饰。茶艺服饰不仅在茶艺活动中营造氛围，也在一些礼仪社交中表示隆重和礼节。茶艺服饰可表明演示者与观赏者的重视，从侧面提升茶艺的文化性和艺术性，增强茶艺美感，提升观赏者的愉悦感。

茶艺服饰是硕大华夏服饰的一股支流，具有东方的典型特征，是茶人的精神追求与审美在服装上的体现。因此，不同时期的茶服具有当时典型的历史文化特点，其服装款式和装饰图案都具备鲜明的时代工艺与审美特征。因此在茶艺演示时，茶艺人员的服饰要体现出服装的传统历史文化底蕴与审美，还要与茶、器、境相融合，营造出茶艺之美。

（一）唐代茶艺服饰

唐代是我国茶文化的首个繁荣期。盛唐宫廷茶艺排场宏大，茶具镶以金银纹饰，从陕西法门寺出土的茶具即可窥见当时宫廷茶具的华贵。唐代宫廷茶艺的演示者多着装华美刺绣，装饰以宝相花和牡丹团花，女子服饰以袒胸披帛为主，男子着官服软帽。而唐代民间饮茶，首推茶圣陆羽，但陆羽仅对煎茶的程序和茶具有严格要求，未对茶艺服装作规定，一般以生活中的衣饰为主，陆羽自己则经常是粗布短衣事茶。在唐代出现了最早的专业茶艺人员，《封氏闻见记》卷六的饮茶条载有"御史大夫李季聊宣慰江南，至临淮县馆，或言伯熊善茶饮者，李公请为之。伯熊著黄被衫乌纱帽，手执茶器，口通茶名，区分指点，左右刮目。"可见时人常伯熊被邀请为官员演示茶艺，而且着有"黄被衫、乌纱帽"的演示服饰，这是历史上最早的茶艺演示与茶艺服饰的记载。

（二）宋代茶艺服饰

宋代皇帝倡导茶学，饮茶风气十分兴盛。在宋代，焚香、挂画、插花与点茶经常同时出现，丰富了文人的生活，也丰富了中国茶文化的形态，饮茶时的着装也成为人们关注的内容之一。服饰因为茶事场合的不同有所区分，宫廷和民间追求的品茗环境大为不同。宋代宫廷茶宴隆重奢华，服装正式华美；民间服饰整体简洁质朴，色彩淡雅恬静，不追求艳丽奢华。宋代茶艺服饰整体清秀俊逸，文人士大夫追求清雅、高逸，着装宽袍大儒，服装少纹饰。

（三）元明茶艺服饰

元代茶事归于平民化，元代赵孟頫《斗茶图》描绘了一幅元代民间斗茶的场景：春风三月景色新，斗茶谈笑雅兴浓，斗茶之人穿着日常的衣裳与裤装，随意自在。明代叶茶进一步普及，饮茶更加方便。明代的茶席布置趋向隐逸清静，嗜好茗饮、品鉴名茶，研讨茶艺成为文人雅士所追求的一种时代风尚，所着服饰自由随性，清雅脱俗。

（四）清代与近现代茶艺服饰

清代饮茶文化越发深入到市井百姓，人们普遍饮用散茶，茶俗众多，婚嫁中茶叶必不可少。清代茶艺服饰具有满族服饰与中原服饰交融的风格，也逐步发展奠定了近代茶艺服饰争相效仿的旗袍款型。

随着茶文化恢复发展，近年来以茶艺活动为载体和推动力，时装界推出的"茶人服"备受茶友们欢迎。"茶人服"多以棉麻丝这类天然面料为材质，服装宽松舒适亲肤，整体色调清新淡雅、低调柔和，给人清爽素雅、返璞归真之感。

三、茶艺服饰的艺术要求

在茶艺活动中，人是主体，茶席由人铺设，茶艺由人演示。茶人之美，一方面表现为自然人所有的外在形体、仪表仪态之美，一方面是社会人所表现出来的内在心灵美。俗话说"人靠衣装，马靠金鞍"，人之仪容仪态很大部分是从人的服饰体现。服饰可以反映出着装者的性格、品味、文化修养和审美情趣，并影响茶艺演示的艺术效果。

（一）服装选择

茶艺之美崇尚"俭、清、和、静"，茶艺服饰材质多选用天然材质，整体效果要求端庄、素雅、洁净，易于茶艺操作，不宜太过繁复华丽，且以中式服装为多。在选择茶艺服装时，还要遵守适时、适景、适人的原则，与环境、茶席相协调，从而起到雅化修饰的作用，美化人的仪容，提升人的气质。

1. 适体性

个人在选择服装时，先应考虑自身的体形、肤色、容貌、年龄、气质等因素。

（1）体形　一般而言，体形偏大，即过高过宽过胖的着装者，不宜穿着贴身的衣服和款式臃肿的服装，同时不宜穿着明度高、纯度高的服装，最好免去大花格布，而代之以小花隐纹面料；一些淡色系的舒适且相对合体的棉麻茶服可以考虑，以给人清爽之感。这样穿着，主要是避免造成扩张感，以免使体形在视觉上显得更大。体形过小，即过矮过窄过瘦的着装者，则要以上述反例服装为最佳选择，同时尽量少穿或不穿颜色过重或纯黑的宽松茶人服，免得在视觉上造成缩小的感觉，可以选择一些合体的旗袍或者中式茶服，从而显得精神秀挺。

（2）肤色　肌肤颜色对于穿着至关重要，服装与肌肤颜色力求协调。中国人肤色以黄为主，普遍追求以白为美，因此尽量选择能够衬托自己肤色白皙亮丽的服饰为好。肤色较白的人选择服装时，可选择的服装颜色范围广。肤色偏黄的人，不宜穿土褐色、驼色或者暗绿色的衣服，这些服饰会使肌肤越发显黄。皮肤偏暗黄的人穿蓝色衣服、戴蓝色饰品，显得高雅、清淡，使肤色显白泛红，更加亮丽，而米白色系是常见的保险搭配。肤色呈古铜色或黑褐色的着装者，适宜穿很浅、很明亮或很深、很重颜色的服装，形成黑白对比，增加明快感与大反差的魅力。

（3）容貌　"清水出芙蓉，天然去雕饰。"对于容貌姣好的着装者，只要保持整洁清爽即可，不宜穿复杂的服饰，使得容貌的美混杂于繁缛的服装之中，显得画蛇添足，反而不自然。而容貌不算美丽的着装者，可以通过恰当的服装进行弥补。如上身太瘦或者胸部太小的女性上衣可以有一些花纹装饰，使上身显得更加丰满；而对于本来就很丰满的人，若上身再选择明快的颜色且有花纹的上身，则显得上半身更加膨胀。因此，对于容貌欠佳的着装者，在选择服装时尽量不要选择过于艳丽诱人的服饰。

（4）气质　茶性洁，尚雅尚俭。除一些宫廷茶会，需着华丽礼服外，多数情况下，茶人常避讳锦衣华服，偏爱质朴、淡雅、浑然天成之色。因此在选择服装塑造形象时，宜塑造自然、清爽、高雅的形象，而不是富贵、前卫的形象。服装选择考虑年龄、身份、气质与场合相符，过之则不及。

2. 适时性

服装应时应季，春夏可选择淡色系，给人清爽生机之感；秋冬可选择暖色系，给人温暖热情之感。茶艺人员在选择服饰时，整体不宜太过鲜亮，要与所处环境和谐，同时与季节时令、历史背景、文化背景等相协调，给人以和谐之美，为品饮增加情趣。演示古典茶艺时，需要穿着所属时代背景的服装，不可穿越，否则不伦不类；演示民族茶艺时，应穿着反映民族特色的服装；演示宗教茶艺时，服装也要体现宗教特色；演示现代风格的茶艺时，可配以色彩协调的中式或西式结合的现代服装。

3. 适茶性

茶，其旨归于色香味，其道归于俭清洁。茶艺之美，崇尚自然、返璞归真、高雅脱俗、淡泊闲适等。因此选择服装宜素雅、俭朴为上，服装与茶相宜，含蓄内敛，清新雅致。在选择服装时，必须考虑茶性与茶艺演示主题。绿茶轻快活泼，宜选择浅色系或者有一定明度的衣裳。红茶甜醇香艳，服装颜色可稍稍显温暖亮丽的色泽，也可以选择纯色系的服饰反衬红茶的艳丽。普洱老茶或者武夷岩茶，则更加深沉厚重，服饰宜帮助茶人显得安静沉稳，可选择稍稳重的颜色，如黑色、藏青色皆可考虑。此外，白灰黑这三色是百搭色，可以起到调和色差的作用，若不会选择服装颜色时，不妨从这三色入手。

在茶艺演示中，尽量避免穿吊带衣（裙）、低胸衣（裙）、透视衣、无袖衣（裙）、超短裙（裤），这些衣服给人以轻薄之感，不太适合清雅庄重的茶艺场合。正式的茶艺操作时，以中式服装为宜；涉及民族茶艺时，则选择对应的民族服装；涉及西方茶艺时，可根据情节需要使用西式服装；日常生活茶艺，则根据场合与时间，选择得体、舒适的休闲茶服或者生活便服。

服装以时为先，与时俱进。当下的茶服除旗袍、唐装、宋服等传统服饰外，现代设计的广受欢迎的茶服整体而言，材质天然亲肤（多取棉、麻、丝等），宽松舒适，简素大方，清新淡雅，并融合了传统的剪裁与装饰元素而又时尚现代，独树一帜，受到时下爱茶人及传统文化迷的喜爱。

随着传统文化的复兴，具有中式元素的茶服款式越来越多，并逐渐走向日常生活。人们对服饰的材质要求越来越高，舒适性成为首要考虑。同时，随着人们对自然生态的关注，环保也成为服装的发展方向。借由一带一路，中国文化更多地与世界交融，茶服以东方特有服饰的姿态，正在向着舒适、环保、中式、简约、国际化的方向发展。

（二）配饰要求

茶，至清至洁。茶人，精行俭德。茶人服装通常也极其素雅，不争不夺，以白色、蓝色、黑色等纯色最为常见。然而，一件精致的饰品常常可以提亮整件服装效果，起到画龙点睛的作用。一对耳环、一个发簪、一条项链、一个胸针、一件腰饰、一条鲜亮的围巾等都是茶人的选择。在手腕、脖颈以及服装上的配饰选择宜小不宜大，否则喧宾夺主；款式宜经典不宜流行，宜低调不宜炫耀；配饰应与整体服装风格相匹配，色泽过于艳丽的配饰体积不宜大，一些经典款式的胸针是安全之选；数量宜精不宜多，原则上以一件最佳，不超过三件，否则太过热闹就有点炫耀之意了。配饰选择的恰当与否能反映个人审美品位的高低。因此，在选择配饰上，宜慎重起见，款式应当简单经典，以一样为宜，如女性可以戴一个温润的玉手镯或者点睛的胸针。

第二节 茶艺音乐

美好的音乐可以调动人的情绪，引发情感共鸣，也会影响品茗者对茶品的体验。在茶艺过程中，清幽的雅乐可以营造品茗氛围，把握茶艺的流程和时间，增加茶艺的韵律感和节奏感，提升艺术效果和感染力，深化茶艺主题。

一、茶艺音乐的类型

明代文人许次疏在《茶疏》中提到"茂林修竹，听歌拍板，清幽寺院"等20种适合饮茶的环境，后人也有"茶宜净室，宜古曲"的论述。因此，在茶艺配乐中，传统乐器演奏的中国古典民乐，思今怀古，最受茶人的喜爱。品茗时辅以古典民曲，不仅给人以高雅的精神享受，更传达了中华文化的精深。随着时代发展，新的音乐形式层出不穷，也时常被茶艺所用，以下为经常使用的茶艺音乐类型。

（一）古典名曲

采用我国传统乐器演奏的经典曲目，它们多旋律优美、曲风委婉，韵味悠长，是牵着茶人追思怀古、回归自然、追寻自我的手。作为茶艺演示音乐的中国古典名曲大致可以分为反映月下美景、山水之音、思念之情、拟禽鸟之声四种。其中，最能反映月下美景的中国古典名曲有《春江花月夜》《平湖秋月》《月儿高》《关山月》《霓裳曲》等，反映山水之音的中国古典名曲以《流水》《汇流》《幽谷清风》《潇湘水云》等为代表，反映思念之情的中国古典名曲如《阳关三叠》《塞上曲》《情乡行》等，拟禽鸟之声的中国古典名曲有《平沙落雁》《空山鸟语》《鹧鸪飞》《海青拿天鹅》等。在品茗过程中播放这些名曲，能让品茶人更快地融入茶的境界，感受茶艺之美。

（二）自然之音

大自然之音常被形容为"天籁之声"，也称为"大自然的啸声"，如山泉飞瀑、小溪流水、雨打芭蕉、风吹竹林、秋虫鸣唱、百鸟啁啾、松涛海浪等，都是极美的音乐，因此现代音乐团队也会录制自然之声进行创作。班德瑞的作品就是以反应大自然之声为主旋律，曲目清新自然，生动流畅，展现自然的无限之美，使人仿佛身临其境。在以自然山水为背景的茶艺环境中，利用精心录制的大自然之声极为合适，不仅有利于茶性的发挥，同时使茶艺师和观赏者感受到山川草木的滋养，获得一种难得的宁静和清雅，使心灵得到无限慰藉，达到人与自然的和谐。

（三）现代茶乐

现代作曲家为了使茶艺背景音乐更加贴切地展现茶艺主题，渲染气氛，专门为品茶或茶艺而谱写了一些音乐，统称为茶乐。比较著名的有《闲情听茶》《香飘水云间》《茶诗》《茶雨》《清香满山月》《桂花龙井》《乌龙八仙》《听壶》《奉茶》《一筐茶叶一筐歌》《茶禅一味》《竹乐奏》等，其中部分乐曲更是针对某一种茶艺演示而谱写创造的。演奏或播放这些乐曲，引领着茶艺师和观赏者逐渐进入茶的精神世界中，用心感受茶之美、茶之韵、茶之魂，获得一种美的熏陶。

（四）其他音乐

新世纪音乐也称为新纪元音乐，是20世纪70年代后期出现的一种音乐形式。这类音乐早期用于帮助人们冥想和净化心灵，后期创作者赋予其更多的时代特点，呼吁人们崇尚自然、回归自然。如林海的《琵琶语》和《远方的寂静》，李守业的《云水禅心》《清净甘露》和《晨光》，以及《绿野仙踪》《迷雾森林》《大鱼海棠》等电影主题曲，这类轻音乐在乐器与曲风上，虽保留了民乐的传统，但又结合了现代音乐的元素。音乐整体轻松宁静，回归自然，注重内心的诠释和表达，常引导心灵走向宁静的深处，与茶文化追求返璞归真的特点也很契合。如在炎炎夏日，进行绿茶茶艺演示时，配以林海的《琵琶语》，丝丝琵琶语仿佛让人置身于绵绵春雨中，使烦躁不安的心被滋润、洗涤，在品饮清茶中感受淡淡的芬芳与心中的一份安宁闲适。另外，将酥油茶茶艺演示与萨顶顶梵语版的《万物生》相结合，更有利于民族茶艺文化的阐释与理解。此外，一些西方的钢琴曲、交响乐、提琴曲等音乐，如《田园交响曲》《天鹅湖》《春之声》等，也可以根据茶艺的主题需要用到茶艺中。

可见，茶艺音乐的类型多样，可以根据实际需要选用。

二、依茶类选择音乐

根据茶类的特性及其表现形式选择不同的背景音乐，使音乐与茶性相匹配，与茶艺相得益彰，更好地烘托茶艺主题及内涵。依据所泡茶类不同，茶艺音乐可划分为绿茶茶艺音乐、红茶茶艺音乐、乌龙茶茶艺音乐、白茶茶艺音乐、黑茶茶艺音乐等。

（一）绿茶茶艺音乐

绿茶，清汤绿叶，外形秀美，香气清纯，滋味鲜爽。茶具主要选择玻璃、青瓷、白瓷，茶具精致，色调清雅。绿茶是国人最爱的茶类，是最"贴近自然"的茶品，它与我们宁静致远的民族性格最为贴合。因此，在绿茶的品茗环境营造中，整体以清凉色调为主。若把绿茶比喻成佳人的话，就像是清丽脱俗、清纯可爱的春妆女子。为了与绿茶的这些特点相契合，在绿茶茶艺中最好选取一些笛子、古筝、江南丝竹演奏的音乐，曲风简洁明快、悠扬清新，可以表现出绿茶的清幽淡雅。例如西湖龙井茶产于山水秀美的西子湖畔，其"色绿、香郁、味甘、形美"，若选用浙派的《高山流水》古筝曲最能体现出西湖龙井的别样韵味和到此寻觅知音的感情色彩。

（二）乌龙茶茶艺音乐

乌龙茶，集绿茶之鲜爽与红茶之香醇于一体，香气与滋味都十分丰富，风味独特。乌龙茶因其制作十分精细，冲泡也非常讲究，所选茶具多为精致小巧的紫砂、陶瓷茶具，茶汤醇厚回甘，香气呈现花果香，馥郁悠长，给人以沉稳、庄重、意蕴悠远的感受。在乌龙茶茶艺过程中，选用古琴、编钟、箫、二胡等乐器演奏的音乐，其音色浑厚深沉，余音悠远，可以让乌龙茶的香气和韵味得以更好地呈现。

（三）红茶茶艺音乐

红茶，汤色金黄如琥珀，滋味甜醇爽口，给人以浪漫、馨香甜蜜的美好联想。红茶茶性温和，包容性强，清饮甜醇，调饮浓醇，受到全世界的普遍欢迎。红茶茶艺可搭配乐感丰富、相对欢畅的音乐，方能匹配红茶的醇香韵味。除传统乐曲外，品饮西式红茶，可以选择音色较为柔和的钢琴、小提琴、萨克斯等西洋乐器演奏的高雅恬静的音乐。西方圆舞曲也是能体现西式红茶精髓的音乐之一，如《蓝色多瑙河》《春之声》《维也纳森林的故事》《天鹅湖》等，能使品茶者心神宁静，仿佛置身于西式温馨浪漫的饮茶环境中。

（四）花茶茶艺音乐

花茶，融茶之味与花之香于一体，香气鲜灵馥郁，滋味鲜爽，饮后生津回甘，沁人心脾，使人置身于百花丛中。花茶品饮的整体氛围轻松活泼，可选用琵琶、古筝等清脆高扬的弹拨类乐器演奏的音乐。以常见的茉莉花茶为例，品茉莉花茶，选取《茉莉芬芳》配乐，此曲赞美了茉莉花的洁白无瑕和芳香扑鼻，曲调清新流畅，易让人陶醉于茉莉花香之中。

（五）黄茶茶艺音乐

君山银针和蒙顶黄芽是黄茶的优秀代表，它俩皆是采摘细嫩的芽头制作而成的，成品茶色泽嫩黄，芽头肥壮，芽毫显露，香气清纯，滋味醇和。冲泡后芽尖或冉冉上升，或徐徐下降，沉入杯底，如群笋出土，银刀直立，十分美观。黄茶茶艺在配乐时，可以考虑选用《紫竹调》等自然平和的音乐。此外君山银针亦可选用根据湖南民歌改谱的古筝新曲《洞庭新歌》《柳色新》等，乐曲描绘了洞庭湖的美景以及人们的欢欣喜悦心情，乐曲前半部分曲调优美，中间快板部分欢快，可以凸现出黄茶的轻盈活泼及其清鲜爽朗的特点，还可体现产地的文化底蕴。

三、依茶艺主题选择音乐

选择茶艺音乐，需要契合茶艺主题，烘托茶艺环境。不同的茶艺演示环境不同，想表达的意境不同，诠释的主题也不同。如禅茶茶艺，通常会选择如《大悲咒》《醒世歌》等佛教音乐来营造出禅茶意境。2014年大学生茶艺大赛作品《灵岩禅韵》，选用了巫娜的古琴曲《茶禅一味》，此首古琴曲古朴、自然、灵动，其中有琴的洒脱飘逸，再加以箫的空灵悠远，将人一下子带入到一个深远虚静、空灵淡雅的绝美意境之中，让人沉醉，仿如天外流水在人间流溢，缓缓地抚慰着人的心灵。

武夷学院茶艺节目《三教同山，茶和天下》，以水仙、肉桂、奇兰合为一杯大红袍来展示儒释道三教融合的武夷山地方文化特色，选择了自然的虫鸣、溪水、飞泉之声为主旋律，辅之以悠悠古琴和古筝，追求天地人合一的境界，也表现了茶和的思想。看似无词之乐，但却胜有语之音。自然的天籁之音，是跨文化、跨宗教、跨茶品、直通心灵的共鸣之音。

对于民族茶艺，如具有代表性的藏族茶艺，本身就颇具原生态情调，而且藏族文化在大多数人的印象中通常较为神秘，此时加入萨顶顶或者西藏的原生态音乐作品，则会使人在品茶时感受到浓烈的西藏文化特色，并从音乐中感受到高原、茶、人于一体的融合。

若是英式下午茶，则可以选择欧洲比较熟悉的古典乐曲，如《天鹅湖》《春之声》或贝多芬钢琴曲，或是交响乐、小提琴曲等，均可以烘托茶会愉悦隆重的氛围。

第三节　茶艺点心

茶点，是指在饮茶过程中佐茶的点心、小吃等食品的统称。茶点按性质划分为两类：一是纯粹佐茶的点心、小吃等，二是含茶元素制成的点心、小吃等食品。茶点在饮茶过程中食用，一来防止茶醉现象，适当补充血糖；二来特色茶点与所泡茶叶形成互补，更好地衬托体现茶的风味或者地方文化性，如日本正式茶会中的"怀石料理"；三来增加饮茶乐趣，使得饮茶内容丰富化，为饮茶增加情调。现代茶点整体分量少，体积小，注重色彩、造型和风味，制作精致，外形精巧，口感较为清雅，追求品质与健康。

一、历史上的茶点

茶点，历史上称呼不一，有茶果、茶食、茶点等。茶果一词出现在晋代以茶示俭的记载中，"陆纳……所设唯茶果而已""桓温为扬州牧，性俭，每宴惟下七奠（奠为尊之误），拌（也作样，古通盘）茶果而已。"此处的茶果应是茶水与简易食物的通称。

唐代，陆羽在《茶经》中讲到吃茶，以茶掺和佐料后煮制饮用，这与今日的茶点还有区别，但也有联系，是茶食品的萌芽阶段。唐代盛行茶宴，茶宴上记载的茶点十分丰富：有粽子，玄宗诗云"四时花竞巧，九子粽争新"；馄饨，或蒸或煮，味道极美；饼类，皮薄，内有肉馅，煎制而成，外酥内嫩；面点、糕饼、胡食等；荔枝、柿子、龙眼等水果类都曾在唐代茶宴上出现。

宋代，茶肆多起来，茶点开始在各种茶饮场合中出现。宋徽宗《文会图》中的皇家茶会上，所置茶点茶果，盘大果硕，精美无比。"茶食"一词也出现在此时期，宋宇文懋昭撰《大金国志·婚姻》载："婿纳币，皆先期拜门，戚属偕行，以酒馔往，次进蜜糕，人各一盘，曰茶食"，此乃"茶食"一词的最早记录。此处"茶食"应为糕饼点心之类的统称。

明代人好茶，茶业繁盛，各类茶肆、茶坊、茶屋、茶摊、茶铺林立，在数量上与宋代相比更为可观。茶馆里供应各种茶点，而且其茶点因季因时各不相同，品种繁多。仅在《金瓶梅》一书中，描写的茶点就有柑子、金橘、红菱、荔枝、马菱、橄榄、雪藕、雪梨、大枣、荸荠、石榴、李子及火烧、寿桃、蒸角儿、冰角儿、顶皮荷、艾窝窝等几十种，此外还有玫瑰元宵饼、檀香饼、芝米面枣糕、果馅饼儿、荷花饼、乳饼等记载。

清代，也是茶点的鼎盛时期。康乾盛世时，清代茶馆呈现出集前代之大成的景观，不仅数量多，且种类、功能也蔚为大观。当时杭州城已有大小茶馆八百多家，茶馆的佐茶小吃有酱干、瓜子、小果碟、酥烧饼、春卷、饺儿、糖油馒头等丰富的种类。

时至今日，从饮茶过程中发展起来的茶点，已成为饮茶之必备。其品种丰富，制作精美，美味可口，已成为饮茶文化的组成部分。

二、茶点的种类

现代茶点可选择范围广，种类丰富，口味多样，不仅有传统的水果、坚果、糕点、春卷、烧卖、柿饼、猫耳朵、银耳羹、麻花等，虾片、牛肉干、豆腐干、肉松等也被一些地方作为茶点招待客人。此外，还有一些现代创制的点心，如茶果冻、香酥饼、牛轧糖、绿茶南瓜仁酥糖等。

现代社会，交流越来越密切，除了中式茶点外，西式、日式茶点也经常出现在茶桌上，并广受欢迎，如抹茶曲奇、寿司、面包、干酪，和果子、三明治、蛋挞等，既样式精巧，又时尚好吃，也备受年轻人喜爱。因此，现代食品只要符合绿色健康、精致美观，滋味相对清雅、又与茶性相搭，不是过于油腻和辛辣刺激、符合饮茶地区的饮食习惯与文化审美，皆是茶点的选择。

三、茶点的搭配原则

茶点在具体搭配中，注意把握以下原则。

（一）健康和谐

现代人注重健康养生，低脂、低糖、低盐、低热量的绿色食品普遍受到欢迎。茶是绿色健康的代名词，在茶点选择上亦应遵循同样的规则。因此，一些天然的水果、果脯、干果类是首选，如当季的苹果、梨、桃、花生、黑豆、核桃、大枣等；此外一些清淡的蒸食、煮食类亦可，如米糕、玉米糕、蒸饺等。还可选择一些现代开发的健康食品，如茶软糖，该糖是选用高级蒸青绿茶与高钙、低脂奶粉精制而成，口感细腻软滑，甜度适中，不粘牙，在与茶饮搭配时优于常规糖食。在茶点选择时，需避免过多地选用油炸、反季节的食品。

（二）与茶相宜

在与茶的搭配上，茶人也讲究茶点与茶性的和谐，注重茶点的风味效果。绿茶、白茶、黄茶等茶味清鲜淡雅，不适合选用滋味浓重的点心，可用一些低糖的果干或者水果、低糖或咸味的糕点搭配，如常见的苹果、金柑（金橘）、梨、青枣、干果仁、虾片、猫耳朵、抹茶蛋糕、米糕、青团等。而普洱茶、中足火的武夷岩茶等茶香浓郁、味道醇厚，喝过后容易出现饥饿或者血糖偏低的症状，此时糖分高、热量高的点心能够让胃得到安慰；如中足火的岩茶与油脂高、热量高的坚果，肉松饼搭配是极佳的选择；而普洱茶可以考虑搭配干酪、奶糖、奶油蛋糕、蛋挞、金丝蜜枣等，普洱茶厚重的滋味可以包容点心的甜腻，使双方都达到一个味觉提升。

（三）文化内涵

茶食不仅讲究色、香、味、形等感官享受，而且注重文化内涵。例如取材于古典名著《红楼梦》的"红楼茶点"，有怡红快绿、松子鹅油卷、蟹黄小饺儿、如意锁片、奶油松子卷酥等；融民俗"年年有余"与银针茶于一体的"银针庆有余"；武夷山一带常见的茶点"孝母饼"，则由朱熹孝母的故事发展而来；还有融美好寓意的"状元饼""老婆饼"等。选用具有文化内涵的茶点，配上特色的中式桌椅、餐具、茶曲、茶艺等，可充分感受到中国文化元素，增强茶饮的文化底蕴。

（四）地域习惯

我国地域广阔，不同地域、不同民族的饮食文化不同，茶点亦有不同。北方以面食为主体，茶点选择上也以面食制品为多，如麻花、饺子、茶面、油煎酥饼、水晶包、桃酥、馒头等。南方以米食为主体，食材更加丰富，如有糍粑、糯米团、年糕、米蒸糕、萝卜糕、香芋糕、香蕉卷、烧卖、爆米花、汤圆等。沿海一带喜爱海鲜制品，海苔、海苔薯片、虾片、小鱼干等这类零食是当地常见的茶点。一些靠山的内陆城市有着较多的菌菇、竹笋、野果等，这些冻干或晒干的山珍都可以作为特色茶食，如武夷山当地人喜爱的木硬糕子、孝母饼、酸枣糕、干果、笋干、光饼等就是茶桌上常见的茶点。杭州人饮食清淡，注重时令与新鲜，点心精致，虾条、青团、梅干菜饼、时令水果、本地糕点也是当地人首选的茶点。在北京，有一家茶馆设有烤饽饽的红炉，做的全是满汉点心，茶点小巧玲珑，有大八件、小八件，主要有艾窝窝、蜂糕、排叉、盆糕、烧饼等，京味十足。

（五）精致美观

现代社会是一个欣赏美的时代，茶点是茶文化的组成部分，也上升到文化与艺术的高度，注重造型与搭配，如日本的和果子、台湾的茶食都极其精致美丽。传统茶点"鲜虾饺"，在小巧精致的竹制蒸笼里，呈现晶莹透亮，鲜活的虾仁露出羞涩的粉红，隐约可见，入口柔韧而富有弹性；由于在馅心中间加了马蹄泥，在虾仁的滑腻间留驻了脆爽，似乎特别为茶客留住了春天。白玉拥翠、春芽龙须、传统的酸枣糕等茶点，通过现代造型与摆盘，也显得十分美丽。在茶点制作中，绿豆糕、红豆糕等糕点经常根据茶会、盘子需要，调整形状，有时呈心型，有时呈花型，有时呈小动物型等，都极其可爱，呈现色、香、味、形俱佳。水果也通过不同的摆盘与色彩搭配，从而显得更加鲜艳美丽，令人垂涎。

四、主题茶艺的茶点搭配

茶点的选择范围虽然很广，但根据茶艺的主题进行茶点搭配，仍然需要用心琢磨。在茶艺编排中，茶点的选择应与茶品、茶艺主题关联紧密，通过茶点的选择与摆设来增加茶艺和茶席的内涵。

在《品茶消暑》的主题茶艺中，需要表现夏季，茶品选择的是绿茶，茶点则选择了夏季常见的消暑水果——西瓜和荔枝，并以荷叶作为果盘，果盘中心有一露珠，红绿相衬，将夏季这种热情与清凉都表现到位。在《新娘茶》的主题茶艺中，为表现喜庆与甜蜜，茶点选择了带有美好寓意的大枣、花生、桂圆、莲子、蜜饯等，以祝福新人在未来的生活里甜甜蜜蜜、吉祥幸福、早生贵子，充分衬托出茶艺主题。

在表现禅宗茶艺时，茶点往往选择清淡的素食，并常与佛教的教义相联。普陀山是佛教圣地，普陀佛茶乃茶中精品，当地寺僧常用作敬客之物。在品茶时，常配以养心安神的莲子、延年益寿的白果，以体现茶性的清淡与禅茶的意境。如在佛教圣地九华山上，寺中的僧人则以亲手做的山药豆沙点心、山中手剥笋和本地无花果配以九华毛峰待客，"禅茶明性，素食养心"方显"佛"家真谛。

在表达结婚喜宴的茶席中，选用花生、大枣作为茶点，取其"早生贵子"的美好寓意，与百合花的"百年好合"相呼应，共同祝福新人，为新婚增添喜庆效果。

第四节　茶艺插花

花卉，因其优美的姿态、鲜丽的色彩、芳香的气味，打动人心，并被人们寄予美好的寓意。插花，是指人们以自然界的鲜花、叶草、枝果等为材料，通过艺术审美和加工，塑造出不同的造型和色彩变化，并体现出一定的思想和情感，重现自然美和生活美。

一、茶艺插花溯源

早在《诗经》《离骚》中常见折花送人，以花寄情，是我国关于插花的原始记载。而后，插花经历了折枝、盆插、瓶插，从斜躺到立起来，是古人漫长的审美过程。汉代，随着佛教东进，"佛前供花"形式传入中原。随着佛教的普及，供花形式也得到推广，现今留传的好多壁画、书画作品中的插花都有供花的题材。佛花讲究庄严，与茶艺插花不完全相似。随着更多的文人修习花事，花也逐渐有了更多情感和指代；人们不仅仅追求花的外表美丽，更追求其姿态与内在的精神，常常以一枝或几枝花材来直抒胸臆，茶艺插花便是文人化的代表之一。

唐代经济繁盛，人们有更多时间花在生活与艺术上，赏花品茗亦成当时流行的习俗。唐代吕温《三月三日茶宴序》中写道："三月三日，上巳禊饮之日也。诸子议以茶酌而代焉。乃拨花砌，憩庭阴。清风遂人，日色留兴。卧指青霭，坐攀香枝。闲莺近席而未飞，红蕊拂衣而不散。乃命酌香沫，浮素杯，殷凝琥珀之色……"道出了那种在花间品茗的惬意情趣。

宋代，进入我国文化艺术的鼎盛期，插花与点茶都是文人审美在日常生活中的投影，两者皆是当时文人的日常必修课。得花精处却因茶，插花与品茗相生相伴。宋代，理学兴盛，其清雅、隽秀的时代气质，也反映到花卉文化中，形成了精细描绘，以花抒写理性的主流。插花不仅追求怡情娱乐，更注重理性意念。在形式上和内涵上倾注作者的思想、意趣及品德节操，不像唐代那样讲究富丽堂皇的形式与排场，而注重花品、花德及寓意人伦教化的表现。在构图中，讲究线条美，常以梅花、腊梅等枝条来插制，突出"清""疏"，形成清丽疏朗而自然的风格。因而，许多文士为逃避现实而退隐于山水之间时，寄情于山水花草，以表心意。

明清文人更多地将视野回归到生活，投注于山野间，插花也增加更多人文与自然的气息。有关插花的专著相继问世，插花从兴趣爱好上升到文化研究，茶席中摆置插花更是十分普遍。明代文人袁宏道爱花亦爱茶，认为茶与花相配最为清雅，他在《瓶史》中写道："茗赏者，上也；谈赏者，次也；酒赏者，下也。"插花在袁宏道手上进一步完善，提出了诸多插花原则，上升到了新的高度，如"高低疏密，如画苑布置"的插花；"参差不伦，意态天然"，并不拘泥刻板的整齐；"忌两对，忌一律，忌成行列"，从变化中求统一，从对立中形成和谐的整体；这些原则影响至今。其作品《戏题黄道元瓶花斋》中写道："朝看一瓶花，暮看一瓶花，花枝虽浅淡，幸可托贫家。一枝两枝正，三枝四枝斜；宜直不宜曲，斗清不斗奢。傍拂杨枝水，入碗酪奴茶。以此颜君斋，一倍添妍华。"潇洒最宜三二点，好花倩影不需多，表达了文人插花的空灵之美，明清文人清疏淡远的美学原则趋于成熟；其花材数量少，色彩追求淡雅，重线条与意境，点出了明清文人插花的追求。

中国茶艺与花艺的推动皆在于文人的参与，花与茶如同诗与画皆是文人生活趣味与修养性情的载体，相伴文人左右。文人插花，自然会影响到茶席的插花审美。因此，中式茶席插花算是典型的东方文人小品花的代表，力求清雅，通过线条与结构、花材的选择，表达茶艺氛围的清幽雅致，抒发主人的心境，实现自然花卉与人文情思的互动。

二、茶艺插花的特点

茶艺插花，要切合茶艺的构思和主题，注重内在的精神和意韵，起到点睛和提升的重要作用。茶艺插花，与西式插花追求色彩艳丽、花朵饱满截然不同，与宫廷插花追求的华美气势不同，也与佛前供花的庄严不同。茶艺插花自成一派，且多为配合茶艺，用以衬托和表现茶的清静，追求一种清雅之趣。

茶艺插花可为茶席上使用，也可为茶室中使用，整体皆求和谐自然，意境高远。茶室插花，花型大小与茶室相宜，相比茶席插花可以大些，但同样不宜太过抢眼，将茶室变成花房。常说的茶艺插花多指茶席上的插花，这类插花也是东方文人小品花的代表，构图简洁，首重意趣，形式次之，而后色彩，常常借花表明雅趣和志向，并与茶席主题相呼应。

（一）花宜清雅，辅助茶事

因其自然感与色彩感，插花可对茶席、品茶进行一个调节，使得桌面更加有生机，茶席更加灵动，饮茶氛围更加欢快，同时深化茶艺主题。茶席插花力求小而精、清雅，追求一种生活诗意。茶室、茶席上，茶是主体，花起到烘托和点睛的作用，在选择花材、花器时切忌体积过大，色彩太过艳丽，从而避免与茶、茶席、茶室整体的清幽雅趣不和谐。

（二）追求自然之趣、灵动之美

茶道融儒、释、道之精华，讲究"茶和天下，天人合一"。茶艺插花亦讲究自然天成，取材应顺应自然之势，利用花材本来的姿态进行组合，创作自然之趣，强调花的新鲜、自然，淡定而从容。宋代梅窗《菩萨蛮（咏梅）》诗："藓花浮晕浅，浅晕浮花藓。清对一枝瓶，瓶枝一对清。"诗人在一枝瓶里插了一枝梅花，绿色的苔藓与浅红色的梅花在色彩上形成对比。梅花疏影横斜，瓶与枝互相映衬，倍加清雅自然。茶艺插花喜用枝条造型，所取枝以清疏形美为佳。花不求繁盛，用花多不过两三种，求自然生动；一花一叶皆有神，增减皆不能，如在田野一般。插花风格独特，雅洁简练，富于内涵。花材选择以茶室周围院子的材料最佳，自然剪裁，造型天然，与来自花店的花材有截然区别，与茶室有一定的关联性。

（三）借花言志，突显主题

茶室插花不仅求花之美、花之形，更求花之意，从而与茶相得益彰。往往将人的意愿、志向、情思、趣味融进几枝花材的组合中，追求淡泊明志、宁静致远、怡然自得的精神境界。也提倡按季节插花，屠本畯的《瓶史月表》中按季节将每月之花排出，通过插花来表达茶室的季节、心情。插花中尤其看重花之品格，周敦颐《爱莲者说》："菊，花之隐逸者也；牡丹，花之富贵者也；莲，花之君子者也。"曾端伯"花中十友"和黄庭坚"花十客"亦有将花分为清友、逸友、奇友、殊友、净友、禅友等。茶艺插花常用梅、兰、竹、菊、莲、松等，取其美好的寓意用于传达象征意义。

三、茶艺插花的选择

花，是美的象征，是健康向上的标志。爱花、赏花是古今人们共同的兴趣和爱好。不同的节气，盛开有不同的花卉，品饮不同的茶，充分感受大自然的美丽与变化。茶桌上的插花应注意季节的变化，选择当下的时令花材，增添了一份自然的亲近感，也最能表达当下的状态。

春季，桃红李白，山野的迎春花、丁香花、杜鹃花、兰花都开了，花园里的水仙花、郁金香、风信子、牡丹花、郁金香也开了，河岸边的柳条抽出新芽，小草破出而出探出头来。夏季，荷花、百合花、太阳花、栀子花、夜来香、薰衣草、茉莉花等在阳光下怒放，大自然色彩斑斓，热闹非凡。秋季，菊花开了，橘子黄了，水稻黄了，苹果红了，桂花香了，秋叶红了，绿叶黄了，一片收获喜庆的季节。冬季，梅花、山茶、一品香等仍迎雪傲霜开放，冬青、松柏依旧常青。每个季节，都有对应的花材，都可以选用到茶桌上。

花材不仅存在时令性，还常有不同的寓意和文化内涵。人们在赏花之余，总是要透过其外表，阐发联想，不同的植物被人赋予了丰富的雅称和寓意。有象征品质高洁的空谷幽兰，象征坚强的山茶花，象征幸福的月季花，象征山客的杜鹃花，象征富贵的牡丹，象征纯洁爱情的百合，象征伟大母爱的萱草，象征傲骨高洁的菊花，象征吉祥如意的水仙花。还有备受国人喜爱的岁寒三友"松、竹、梅"，代表君子之交的"竹、兰、菊"等。花有花语，茶桌上的插花也应选择与茶艺主题相合的花材。

茶艺插花，除了选择鲜花以外，一些自然的草、绿植、藤蔓、瓜果、枯枝等都可入景。此外，插花形式除瓶插、碗插、篮插等外，一些造型清雅的小盆景亦含在内，如常见的文竹、观赏松、菖蒲、青苔等小景也是茶人喜爱的茶席插花。

四、茶席插花技巧

茶桌上的插花，虽是茶之辅助，但也常常画龙点睛，揭示节气之美，提升茶席的色彩与生气，借茶人之眼与自然对话。

茶艺插花属典型的文人花，重意境重情趣，不需要喧闹。因此，一般所选主要花材一般在 1～3 种以内，少许辅花，主枝常常在 1～3 枝，喜欢用木本作为主枝。可以采用独枝插的方式，借助花材本来的线条之美，例如梅花、柳树、竹、松、一些枯的枝干等，也可以选用木本枝条与草本花材进行结合形成主客枝。插花形式按花器不同，可分为瓶花、碗花、盆景花、花篮式、竹筒式、挂件式等，按造型不同，则分为直立式、倾斜式、下垂式、几何式等。花器以陶瓷、古铜、竹木材质的花瓶最为典雅，其次是盆、碗等现代流行的方式。小口花器通常自然固定或用树植固定，盆、碗式花器则可选用剑山、花泥帮助花材进行固定。花瓶式插花，花枝需要高出瓶口 1.5 倍距离最为稳定，倾斜式插花常斜出 30°～45°。在多种花材的组合式插花中，一般盛开的主花、大花居于低位，未开放的花苞和素雅的花高出一些，主花只能选取一种，辅花材 1～2 种，需疏密有致，以保持一种平衡。

五、茶艺插花的应用

下面以几个实例，来介绍插花在茶艺中的应用。

第二届中华茶奥会茶席设计赛获奖作品《供清》，效仿古代文人雅士，淡泊名利，生活精致简朴，置身于山野间品茗，其插花仅是一小盆菖蒲。菖蒲，多年生常绿草本，叶色青绿，叶似剑形，全株端庄秀丽，飘逸而俊秀，极为清雅。生于野外清水砂土之间，"耐苦寒，安淡泊"，全株皆带有淡雅的香气，如君子之风。菖蒲自古受到文人的喜爱，历史上众多文人以养菖蒲为雅趣，与文人茶席主题"供清"极为契合。

茶席《桂语茶话》是通过茶席插花"桂花"，点明了季节，点明了主题。秋意浓，百花裹，独桂香；凉风起，万水寒，唯茶暖。沏一壶热茶，嗅四溢桂香，生之乐事。在中秋之夜，赏月品茗，一泡桂花乌龙，使困意顿消，身心愉悦。

茶席《思·行》，作者是一位茶界的青年教育者与科研工作者，在茶界泰斗张天福去世一周年之际，设此茶席表达对张老的怀念，同时也表达了年轻一辈将学习茶界前辈"科教合一，实事求是，身体力行"的精神，将沿着张老指导的方向前行，为中国茶产业贡献出自己的一份力。因此，茶席插花选择了传统的菊花，不仅表达了怀念，同时也代表着张老如菊般的精神；并用小石子铺成延伸的小路，用灯塔照亮远方的路，表达出希望。

第五节　茶艺书画

在茶席背景或者茶艺空间的墙上、屏风上或者悬空吊挂的书法、字画，统称为茶艺书画，它是塑造品茗环境氛围或表达茶艺思想的一种方式。崇尚自然，热爱生活，美己心灵，这既是中国茶艺书画的内容，也是中国茶人的茶道秉性。古今文人多是书画能手，也是品茗高手，历史上有名的苏轼、黄庭坚、宋徽宗、蔡襄、郑板桥等皆能品能写，留下不少与茶相关的字画作品。

一、茶艺书画的内容

茶艺演示或茶室的书画内容以中式书法、绘画为主体，偶尔有一些其他元素。中国茶艺中的挂轴，因受陆羽的影响，主要以茶事为表现内容，后来更多地表达某种人生境界、人生态度和人生情趣，以乐生的观念来看待茶事、表现茶事。在主题茶会或茶艺演示中，经常借字画点题。茶艺活动中所挂的书法、绘画自然是要与茶事活动主题及茶席相协调，整体的风格与美感需求一致，不可挂得太多，仅为品茗空间的点缀或者主题传达。

茶室中最常见的绘画内容往往以松、竹、梅、兰及山水画为多，以及花草虫鱼等自然景观，整体清新淡雅，与茶相宜。此外，部分与茶相关的绘画，如唐代《烹茶仕女图》《萧翼赚兰亭图》《调琴啜茗图》《陆羽煎茶图》、宋徽宗《文会图》、刘松年《茗园赌市图》、吴昌硕《品茗图》等，也整体表达出品茗之境、茗饮之趣。

在日本茶道中，挂轴地位至关重要。日本茶道大师千利休在《南方录》中说："挂轴为茶道具中最要紧之事，客人均要靠它领悟茶道三昧之境。其中墨迹为上。"当客人走进茶室后，首先要跪坐在壁龛前，向挂轴行礼，向书写挂轴的前辈表示敬意。看挂轴便知茶事的主题，墨迹以禅僧亲笔所写内容为尊。因此，日本茶道中挂轴的内容以简练的佛语、禅语为主，如吃茶去、一期一会、空是色、平常心是道、无一物、和敬清寂、日日是好日等，具有浓重的宗教意识。

而中国茶艺书画所挂书法内容更加丰富，常见内容有三种：一是直接点明主题。上海天然居茶楼一联，匠心独具，顺念倒念都成联，联云："客上天然居，居然天上客；人来交易所，所易交来人"，为广大客人所喜爱。表现雅安藏茶的《古道边茶》茶艺中，则直接将书法"古道边茶"悬于茶席一侧。二是根据功能设计。有茶人在茶桌的墙面上悬挂"百茶图"，增强品茗意境。在茶艺教室，正中供奉茶圣陆羽像，两侧悬挂"千圣皆过影，一茶了吾师"，暗藏"茶圣"二字。三是表明主人心志追求或人生态度，如"茶禅一味""难得糊涂""可以清心""宁静致远""淡泊明志""气若幽兰""步步清风""闲心闲情闲读月，品茶品酒品人生""诗写梅花月，茶煎谷雨春""尘虑一时净，清风两腋生"等文字。此外，唐代元稹的《宝塔茶诗》、卢仝《七碗茶歌》、陆羽《六羡歌》、明海大和尚《茶之六度》等著名的茶诗也经常是茶书画内容的选择。一些表达主人心意或追求的诗歌、绘画作品（如苏轼、白居易等的作品，也含现代诗歌书画作品），亦是常见的茶艺书画选择。

二、茶艺书画的选择

茶艺书画看似简单，其实是一种艺术行为，需要审美眼光和艺术情趣。茶席挂画要注意形式和布局选择，要看场合和场地，要注意内容的选择，还要注意茶挂与插花和其他物品的搭配。为此，茶艺书画在选择时，整体需符合适时性、适地性、适宜性。

（一）适时性

适时性是指茶艺书画应该符合茶艺主题中需体现的节气、纪念日等。如开展以四季为主题的茶会，茶会时间则需放在传统节气或节日为好。开展"腊八梅花茶会"，茶会上的字画则以梅花、时令为最多。主题为"品夏"的茶席，整体色调呈现清凉，茶具以青瓷为主，所呈现的字画无不与夏有关。

（二）适地性

适地性是指茶艺书画应配合茶席的空间结构和陈设道具，以达到静适典雅的境界。如是需长期挂在茶室的书画，则要仔细选择，以表达茶室的追求，与茶室整体氛围相符。对正式茶室而言，则需要仔细了解茶室的面积和装修风格；一般就门厅而言，中堂挂国画，两边衬以对联书法，中堂上悬挂名人题字匾额。而如果是普通的书房兼作的茶室，一般配有一个匾额表明主人心志，再配一幅小品供人雅赏。如果是临时的茶空间或茶席，则以小品为宜，可以茶席后方挂一山水卷轴或书画相结合的挂轴，整体内容、形式、色彩、大小与茶席相呼应，起到画龙点睛之效。

（三）适宜性

适宜性是指茶艺书画符合当次茶艺、茶会或其他茶事活动的主题。每一次正式的茶会都会有一个主题，如学生毕业的"思源感恩"茶会，主要回忆茶学专业学生四年来走过的路程，感恩一路上帮助过自己的人和事，对老师、朋友表达感谢之情，所题书法内容有"思源""感恩""盛福""心初为本"等书法。

第六节　茶艺用香

焚香，是指人们从动物和植物中获取的天然香料进行加工，使其成为各种不同的香型，并在不同的场合焚熏，以获得嗅觉上的美好享受，以实现人与人的情感共鸣与放松愉悦。焚香品茗，自古有之。

一、古代品茗用香渊源

在古代文士生活中，香与茶不分家。明代徐燸在《茗谭》中言"品茶最是清事，若无好香在炉，遂乏一段幽趣。焚香雅有逸韵，若无名茶浮碗，终少一番胜缘。"芬芳的香气，可以催生无数文学家、艺术家、音乐家的创作灵感，激发创作潜能，释放情感和欲望，使人从各种纷乱的情绪束缚和身体的倦怠中暂时解脱出来。饮茶，可以使人身心舒畅，并能借茶修身，借茶修心，借茶修道，与香道具有异曲同工之妙，因此茶艺与香道自古受到文人士大夫的喜爱和推崇。

唐代，达官贵人、文人雅士经常聚在一起斗香饮茶，使香道与茶艺成为独立而又相伴的艺术，并共同发展。到宋代，焚香、挂画、插花、点茶成为文人生活四艺，香道与茶艺在古代社会达到一个兴盛。到了明清，香事、茶事更加普及，品茶的内涵更加丰富。发展至今，香的来源与形式更加多样，除了传统的动植物香料，还有现代通过气蒸的香薰，以及一些散发香气的自然植物，也被茶人使用到茶桌上来调节饮茶气氛。

明人李日华在其笔记《六研斋三笔》中写道："洁一室，横榻陈几其中，炉香茗瓯萧然，不杂他物，但独坐凝想，自然有清灵之气来集我身，清灵之气集，则世界恶浊之气，亦从此中渐渐消去。"薰香、品茶都具有放松心灵，疏通经脉的作用，缓解人的紧张、焦虑，使人从嗅觉、味觉上达到愉悦，进而改善心情和身体状态。茶从某种意义上，也可以算是香的一种。茶树植物非常特别，随着发酵度的不同而香气也发生着改变；未发酵时有草叶的清香，轻度发酵时则有花香、乳香等味，重度发酵时则有甜香、蜜香。同样的茶叶，因出产地、制茶手法等不同，其香气也千差万别。现代科学技术从茶叶香气中检测到 500 多种物质成分，有带有浓郁的玫瑰花香的香叶醇，有带清新而略带柑橘花香的芳樟醇，以及显果香的苯甲醇等。在功夫茶艺中，有专门的闻香杯供品茶者鉴赏茶香。

二、现代茶艺用香的种类

（一）植物香料

我国有悠久的制香和用香历史，古人将芳香且对人体有利的植物进行处理或研磨成粉，制成线香、盘香或香丸，在需要时进行焚熏，以供人们嗅觉和味觉上的享受，帮助人们的身心调节。出名的檀香、沉香、龙脑香、紫藤香、桂花香等，都属于植物香料。

（二）现代薰香

香薰是现代流行的时尚保养方式，通过纯植物的根、果、花、茎叶提取汁炼成的香薰精油，通过自然挥发、或者加热方式散发香气，为身体及心灵带来治疗或保养。

（三）芳香植物

古人在"清供"时，通常会放一些芬芳的花果，净化书房空气，使之更加清雅。茶桌上也不例外，茶人也经常使用有香味的植物，如插花中的花果，夏季常插的栀子花、茉莉花，皆香气芬芳。茶人还极喜爱佛手柑，经常将其作为茶席上的点缀，不仅色彩艳丽，而且气味清新。

三、茶艺用香的要求

正确的焚香对人的身心具有积极的作用，在茶艺演示中，焚香亦有讲究。

（一）香的选择

置身于大自然与芳香植物中，能令人心旷神怡，神清气爽，疲惫和倦意一扫而光。不同种类的香气，使人产生不同的感觉。玫瑰花的香气使人充满温暖浪漫的感觉，忘掉烦恼和不快；佛手柑和迷迭香使人头部兴奋清爽，拘谨的人闻到也会变得轻松自在；檀香可提升人的精神状态、生命力；沉香使人安宁清新，知觉敏锐，心胸开阔，排除烦乱的心绪等。

茶性淡雅，在茶艺的用香选择上，不可与茶造成强烈的香味冲突。因此，常规的茶室熏香可以选择茉莉、蔷薇、百合等淡雅的花草型香料，这样能使饮茶环境趋于清香平和。在茉莉花茶茶艺过程中，可以通过焚点或熏蒸茉莉花香，提升茶艺气氛，帮助主题表达。一些宗教茶艺或静心茶艺中，可适当选择檀香、沉香等浓烈的植物香料。例如在禅宗茶艺中，可以焚点檀香，帮助僧人入定静心，进入空灵意境。而对于一些特别浓的动物熏香，在茶室里一般是慎用的，容易与茶产生冲突，也不合茶性清俭的特性。

（二）焚香的时机

为帮助品茗者安定心神、放松心情，营造饮茶前的安静氛围，焚香可以选择在茶艺演示前，也可以在茶会中途，或一段茶艺演示结束后。而正式茶艺演示时，则减少香的使用或者结束焚香，使人们更加集中在纯粹的茶香上，而环境中淡雅的、若有若无的香气更能拓展出茶席的空间感。

此外，茶香共赏，茶香互补。一些性凉的茶可以通过焚点温性的香来进行调和。在冬日里进行品茗，往往天气寒冷，通过焚香，其袅袅细烟可以营造温暖的意境，选择温性的香品还可以帮助饮茶者提升品饮感受。

（三）香炉的位置

现代社会中，焚香的方式有多种，既有传统的焚香，也有现代的香薰，虽形式不同，但效果相似。传统的焚香，在选择香炉时，宜与当日的茶席主题相配，偏古典茶席可选择传统铜制香炉，袅袅细烟升起给人无限遐想。香炉的大小宜与茶席相配，不可过大。亦不可太过突出香炉，避免放在茶席的主位和正中等视线焦点，以免挡住操作者与客人，同时应与主泡器、插花保持一定距离。一般建议将香炉或香薰电炉摆放在茶席的侧位，或在茶桌以外，通过小屏风进行遮挡，离茶艺师和客人有一定的距离，避免香的烟雾对人起干扰。除一些宗教茶艺、古典茶艺等特定茶艺外，香炉可以不作为茶席整体的一部分。

四、不适宜用香的茶艺场合

香气给人以嗅觉上的享受，烟雾可增加饮茶意境的诗意。茶人需要根据具体茶会情况以及茶艺主题，选择是否用香，用何种香，以更好地为茶事服务，提升茶艺的整体表现力与感染力。但在纯粹的茶叶品鉴或正式的茶叶审评活动中，追求茶之本味本香，拒绝其他气味干扰，因此不适宜焚香。如果在茶艺冲泡环境中，存放了大量的茶叶，则不适合焚香。茶室空间非常狭小密闭，也不适合焚香。如果茶会嘉宾有对香料过敏，也不适合焚香。

第七节　其他茶艺配饰

一、茶艺背景

在茶艺中，除了必要的茶席设计、服饰、音乐、点心、挂画等外，常常还会通过茶艺背景选择来帮助完成茶艺主题的表达。如在表达自然山水的茶席时，常有背景屏风、背景山石、背景绿植盆景等；在一些文士茶席中常以文人的书房或者文人喜爱的松竹梅等作为背景，以表达文人的志向。按照设置方式的不同，茶艺背景分为自然背景、人造背景和多媒体背景。

（一）自然背景

将茶席置于大自然之中，利用大自然中的山水、植物、假山、建筑等作为茶艺演示的天然背景。寄情山水，品茗天地间，这是一种最理想的品茗背景。

（二）人造背景

通过人工造景，将自然山水、植物等搬于具体的某一空间，或者利用屏风、植物、书画、灯光、竹席、盆景、刺绣、画帘等物品，人工设计茶艺背景，帮助完成茶艺主题的表达，提升表达效果。由于受场地与情景的需要，人工造景在茶艺背景的设置中应用最为普遍。如在茶席《供清》的设计中，有仿效古人之意，茶席需古朴清雅并颇有文人风范；为此其背景精心选用了中国文士钟爱的竹子，以表达茶席主人的君子风骨、谦虚有节，整体风格与主题"供清"丝丝相扣。

（三）多媒体背景

多媒体是一种现代传媒方式，结合文字、图形、图像、动画、声音和视频等多种媒体效果作茶艺背景。多媒体背景是一种动态茶艺背景，可以提供更加新鲜活泼的表现形式，呈载更加多元、丰富的信息，也是现代舞台茶艺演示中使用率较高的茶艺背景形式。多媒体背景可以减少实物背景的限制，帮助传达茶艺主题，提升茶艺艺术感染力。如《外婆的茶》的茶艺背景则以农家小院、外婆与作者小时候生活的场景、生活经历为背景，制作成幻灯片投影；作者一边跟我们讲述她与外婆的故事，一边为我们泡茶；由于动态背景的演示，让我们更好地融入作者小时候生活的乡村、更好地理解她与外婆的情感，更好地理解这杯外婆的茶。而《灵岩禅韵》茶艺中为表现灵岩寺僧人与茶的渊源，以及"茶禅一味"的思想，设计者不仅在茶具、茶品、服装、礼仪的设计上融合禅宗元素外，还在背景设计上考虑到人物与环境的和谐统一，力求表达僧人身处寺庙泡茶的情景，因此背景图片选择了灵岩寺、袈裟泉、禅意荷花图案，以及空灵的自然山水图进行动态组合，以多媒体形式播放，帮助观众领悟和理解所传达的主旨和情感。

二、其他装饰摆件

在人们品茶中，不同的艺术陈列和工艺品的搭配，会影响人的观赏心情。除茶具、茶服、铺垫、茶点、茶品、音乐、插花等重要元素外，一些其他装饰艺术品也是茶席上常见的摆设。

（一）装饰摆件类别

按照物品材质与属性的不同，装饰摆件可大致分为自然物品（如叶、花、树、石等装饰）、生活用具（小家具、玩偶、服饰等）、艺术品（如乐器、陶瓷工艺品、茶宠等）、宗教法器、农具用品、历史文物等。在装饰摆件的选择上，需与主体器具巧妙融合，风格统一，为茶席增添别样的情趣，使不同的人产生相同的共鸣，对茶艺或茶席主题的烘托起到画龙点睛的作用。但在装饰摆件品的数量上，不可过多，否则会淹没主器，无法突出重心；在色彩上，需要与茶艺或茶席整体相融；在物件的选择上，不可与茶艺或茶席主题毫无关系。摆件体积不宜大，数量不宜多，不可喧宾夺主、杂乱无章，影响整体茶席的观赏。因此，在茶艺编创和茶席设计上，装饰摆件品的选择需要与整体茶席、茶室环境相融合，不能产生强烈冲突。如在表达生活茶席时，常会增加反映生活的物品，如家人相框、首饰、玩具、音乐器材、体育器材、扇子等。在表现地方民俗茶艺、年代茶艺、宗教茶艺时，会增加如四川脸谱、古代兵器、长嘴壶、木偶戏、佛教用品、道教法器、十字架、纺车、古董摆件等，以深化茶艺的主题表达。

（二）装饰摆件的应用

在儿童设计的茶席中，左侧茶席上的竹蜻蜓、右侧茶席的小瓷狗都是茶席上的装饰物，却反映了小主人的爱好和童趣；此物件不仅点亮和活跃了茶席，也使小主人的形象更加生动，给茶席增加了一丝生活情趣，起到画龙点睛的效果。在"一带一路"的茶席设计中，摆放了轮船模型，以表示中西方海路的桥梁，同时也象征着现代的中国再次扬帆启航。在表现"茶马古道"题材的茶席作品中，首选马匹摆设作为点睛元素，以象征那条曾经通过人扛马驮的历史古道记忆。《灵岩禅韵》茶艺中，为了营造空灵的禅意境界，在打坐念经的僧人桌上放置了经书、木鱼、香具等物品；香具用的是"倒流香"，倒流香点燃后，烟像流水一样从上往下流，颇具禅门熏香意境；在其旁边还放置了一处水景"方圆有度"，潺潺流水声中，同时雾化出水雾，丝丝缕缕让人神思缥缈，进入空灵意境。

2018 年福建省茶艺技能大赛中，武夷学院《与茗师同行》茶艺作品中讲述了一中原姑娘来到南方学茶成长的过程，使用了图书、石子作为装饰，装置于醒目的高处，并在延出的席布上用石子铺出一条路，以表现她学习的过程和成长的路径。《思·行》茶艺作品中为表达对逝去茶人张天福的怀念和年轻人立誓将沿着张老的足迹继续为我国的茶学教育与科研事业做出贡献的思想，底铺席布选择画上了八闽地图的一大块蓝布，代表张老贡献过的家乡土地；铺垫的前方用石子铺成了一条小路，代表道路与方向；在小路的一侧摆放了一瓶菊花和一只仿古灯，既表达怀念，也寓意精神灯塔指引的希望、方向。

第十章 茶席设计

第一节 茶席概念与分类

一、茶席来源

中国古籍中暂未发现"茶席"一词，但并不代表中国古代就不存在茶席。茶席应是伴随着茶文化的发展尤其是饮茶的普及，慢慢形成的。西汉王褒的《僮约》里面的文字信息让人无法考究当时的茶席制式，但到了唐代的茶记载中就可以看出茶席的情景。陆羽《茶经》中详细记载的饮茶24器具和陕西法门寺出土的唐代鎏金茶具，让人可知盛唐宫廷的茶席应是华丽典雅的。从刘言史《与孟郊洛北野泉上煎茶》、卢仝《走笔谢孟谏议寄新茶》、阎立本《萧翼赚兰亭图》等茶诗茶画中可以看出，唐代民间文人、僧人的茶席应多是自然朴素的。到宋元时期，从范仲淹《和章岷从事斗茶歌》中"鼎磨云外首山铜，瓶携江上中泠水。黄金碾畔绿尘飞，碧玉瓯中翠涛起"、苏轼《汲江煎茶》中"大瓢贮月归春瓮，小杓分江入夜瓶"和宋徽宗赵佶《文会图》等可以看出，宋代茶席和唐代一样以实用为主，并在品茗意境和个人审美方面有进一步的提高。文徵明《惠山茶会图》的茶席布置在青山秀水间，可以看出明代的茶席更崇尚自然。到了清代，宫廷茶席的布置更为讲究，而民间也有专门为某一茶会布置的茶席。但是到清代后期，因经济衰落，茶产业也逐渐衰败，相应的茶席也渐渐走入末路。

随着新中国的成立，尤其是改革开放以来，人们日常生活越来越离不开茶，对茶席的关注也越来越多。现代已有不少关于茶席的论述，如童启庆的《影像中国茶道》、罗军的《中国茶典全图解》、周文棠的《茶道》、李曙韵的《茶味的初相》等书中都涉及到茶席和茶文化空间。近些年，有关茶席设计的文献资料也越来越多，还出现了不少专论茶席的书籍，如乔木森的《茶席设计》、素茗堂的《茶席摆设》、王迎新的《人文茶席》、静清和的《茶席窥美：茶席设计与茶道美学》、池宗宪的《茶席》等。

二、茶席概念

童启庆是中国最早明确提出现代"茶席"概念的，在其2002年主编的《影像中国茶道》中认为"茶席是泡茶、喝茶的地方，包括泡茶的操作场所、客人的坐席以及所需气氛的环境布置"。周文棠在其2003年主编的《茶道》中，提出"茶席是沏茶、饮茶的场所，包括沏茶者的操作场所，茶道活动的必需空间、奉茶处所、宾客的座席、修饰与雅化环境氛围的设计与布置等，是茶道中文人雅艺的重要内容之一"。蔡荣章认为茶席有狭义、广义之分，狭义的"茶席"指"泡茶席"，广义的"茶席"则包括了泡茶席、茶室、茶屋；并认为茶席就是茶道（或茶艺）表现的场所，具有一定程度的严肃性，必须有所规划，而不是任意的一个泡茶场所都可称作茶席。乔木森在2005编著的《茶席设计》一书中，认为"茶席是以茶为灵魂，以茶具为主体，在特定的空间形态中，与其他艺术形式相结合，共同完成的一个有独立主题的茶道艺术组合"。由此可见，茶席可以是指单一的泡茶席，也可以是指以泡茶席为主体的特定茶艺空间，二者均需与插花等其他艺术形式相结合。此外，"茶席"在日本主要指举办茶会的房间，也称"本席""茶室"即茶屋。韩国则认为"茶席"是为喝茶或喝饮料而摆的席，在我国台湾"茶席"主要是指茶会。

三、茶席分类

茶席具有不同的类型。根据布置的结构，茶席可以分为中心结构式茶席和非中心结构式茶席。根据布置的场所，茶席可以分为室内茶席和室外茶席，室内茶席又可分为家庭茶席、茶（艺）馆茶席、室内舞台茶席等，室外茶席可以分为室外舞台茶席、室外展示茶席、室外泡茶茶席等。根据所体现的主题，茶席可分为少儿茶席、文士茶席、民俗茶席等。根据茶席设计的不同，可以分为定制茶席和创新茶席；如给定一个主题，按照主题布置茶席是为定制茶席的一种；如没有限定，按照设计者的喜好或者灵感来布置，具有很强的个性和创新性的茶席，可以称为创新茶席。根据茶席的功能，又可分为实用性茶席和审美性茶席两大类。

（一）实用性茶席

茶席首先是为茶叶冲泡服务，实用是其首要功能。以实用功能为主的茶席主要分为以下几类。

1. 生活性茶席

生活性茶席具有很强的实用功能，例如，家庭茶室、办公室喝茶、茶话会等都是生活性茶席。相对于表演性的茶席来说，生活性茶席较为简洁随意，但仍然具备茶席的基本要素。茶会中的茶席，实用功能也相当显著，相对于办公室和家居茶席稍显严谨，有些特殊茶会具有一定的规范与程式，如无我茶会、申时茶会等。

2. 经营性茶席

经营性茶席也以实用为主，主要见于茶馆、茶楼、茶室、茶坊、茶叶店、茶具店、茶叶展销等场所。

茶馆和茶楼、茶室等以休闲、商务服务为主的茶经营场所，其茶席也是以实用性为主的，但其艺术性成分相对生活性茶席更多一些。在这样的经营性环境中，茶席始终以实用泡茶为主，始终为客人品茶服务。与传统茶馆相比，现代茶经营场所又有不同，茶席上更多了各种各样的茶食果点，插花、焚香也应用更多，而且越来越兼顾一些年轻群体。

以销售茶叶为主的茶叶店里及茶叶展销场所的茶席，远远地就可以吸引客人。各种不同材质的茶桌上摆满了各种不同材质的茶具，紫砂、盖碗、青瓷、玻璃等，其目的在于试茶，向客人展示各种茶叶的冲泡。为此，其设计的茶席和所使用的茶具均是为了更好地展现茶叶的品质，以让顾客更好地选择购买茶叶。

茶具店的茶席是最引人注意，其茶席摆放的主要目的是销售茶具。现代茶具店的茶席，已经非常注重茶具组合的美感，其艺术性成分相对而言增加了很多，但依然是为了促进消费，以实用为主。

（二）审美性茶席

茶席的审美功能，是建立在茶席的实用功能基础之上的。审美性茶席可以用来冲泡沏茶，但在审美功能上加大比重，渐渐向艺术性审美靠拢，被广泛应用于茶艺表演、博物馆陈列观赏之中。

1. 表演性茶席

在茶艺表演中，自然离不开茶席，茶席设置与茶艺表演紧密结合。由于茶艺表演目的不同，表演性茶席布置也有很大的不同，有的是为了展示茶俗，有的是为了销售茶叶等。

2. 观赏性茶席

观赏性茶席常见于茶叶博物馆和茶博会，主要以传播茶文化为主要目的。这类茶席的实用价值隐退，一般不适合泡茶，主要体现茶文化的传播观赏作用。例如在中国茶叶博物馆中，展示的很多茶席都属于观赏性茶席，专门是为了文化传播。

第二节　茶席的基本构成

一般情况下，茶席由茶品、茶具组合、铺垫、空间环境（插花、挂画、焚香、茶点、工艺品、背景）等基本元素构成。

一、茶品

茶应是茶席组成最核心的组成要素，因为茶的不同，与之搭配的其他因素也会相应改变。中国茶品类繁多，一般可分为六大类，每一大类中又有很多的小类，每一种茶都有自己独特的品质特征，茶席需与茶品质相匹配。

二、茶套

茶具是茶席的基础，配置合适的茶套则很关键。茶套的基本特征是实用性和艺术性相融合，其表现形式具有整体性、涵盖性和独特性。配置茶套时，需要考虑质地、造型、体积、色彩、内涵等方面，并使其在整个茶席布局处于最显著的位置。茶套配置可分为按规范样式配置和创意配置，也可分为齐全配置和基本配置。创意配置在个件选择上的随意性和变化性均较大，而按规范样式配置在个件选择上一般较为固定，按规范样式茶具配置主要有古代、近代传统样式和少数民族样式。

（一）古代传统样式茶套

古代传统样式茶具配置，一般多为现代茶人根据古代各时期留传下来的文字、绘画以及崖、碑、金属器刻文记载和部分出土的茶具复制组合而成，主要包括以下几点。

1. 道家茶套

道教茶套注重人与自然的和谐统一，注重尊生、贵生、坐忘、无己和道法自然，以道教圣地湖北武当山的道茶茶套最具代表性。道家茶套要能体现道家茶道，使人一眼就能看出所表达的是道家思想，一般太极炼茶炉、太极煮水釜、手铃、太极盘是必选组合。

2. 佛家茶套

佛教强调"禅茶一味"，以茶助禅，以茶礼佛，在茶中体味苦寂的同时也在茶道中注入佛理禅机，径山禅茶是其主要代表。佛家茶套中，葫芦形茶罐、铜质香炉、炷香、佛珠等最能代表佛家印象，是茶具组合常选项。

3. 儒家文人茶套

儒家文人茶套较为普遍，体现的是文人雅士对茶的热爱。为了体现儒家儒雅的文人形象，"鹅毛扇、木质棕色笔挂，瓷质清色花茶盏"等常被选为儒家文人茶具配置中的组合。

4. 唐代宫廷茶套

宫廷茶套中最有代表性的茶具为出土于陕西法门寺的一套唐代茶具，这套现存的古代宫廷系列茶具包括有：鎏金天马流云纹银质茶盏、鎏金仙人驭鹤银质茶罗、鎏金飞鸿纹银则、琉璃带托茶碗（六个）、鎏金鸿雁飞纹银质笼子、鎏金银龟茶盒、鎏金摩羯纹蕾钮银质盐台、鎏金飞鸿纹银茶匙、银质火筋、鎏金人物画银坛子、鎏金飞鸿水盂、鎏金银质握柄茶刷、鎏金银质鹅头杓、鎏金水纹铜质鼎型三足风炉、鎏金铜制素面茶釜、鎏金万字纹银质香炉、鎏金花窗银质食盒。

（二）近代传统样式茶套

1. 潮州功夫茶茶套

潮州功夫茶茶套由广东省韩山师范学院陈香白根据传统潮州功夫茶具规范组合而成，包括拉坯朱泥壶、外包朱泥内层白瓷茶杯（三个）、高脚红泥火炉、茶铫、茶垫、丝瓜络垫毡、朱泥素面双层圆形茶船、铫托、鹅毛羽扇、夹碳铜筷、瓷质清花水坛、木质棕色水坛承托、竹制原色茶铫、锡质素面茶叶罐、白色接茶素纸。

2. 台式功夫茶茶套

台式乌龙茶茶套包括竹质网漏双层长方型茶池、不锈钢电煮水壶、紫砂壶、紫砂公道杯、紫砂品茗杯、紫砂闻香杯、紫砂长方形杯垫、不锈钢茶滤、紫砂茶叶罐、木质奉茶盘，黑檀容则内置茶则、茶匙、茶夹、茶针，紫砂茶荷、厚纱茶色茶巾。

3. 川式盖碗茶茶套

川式盖碗茶茶套一般均含有铜质长嘴壶、瓷质清花水盂、瓷质白色盖碗、铁质碗托、瓷质清花茶叶罐、竹制茶荷、竹制茶则、木质棕色茶盘等。

（三）传统少数民族茶套

少数民族饮茶有两个不同于汉族的基本特征：一个是多为火塘烤茶，这在云南、贵州的少数民族中相当普遍；另一个是喜好调饮茶，即在茶中放多种配料。以下茶套来源于公开视频资料"少数民族茶艺表演"，表演者多是云南少数民族茶艺表演队。

1. 傣族竹筒茶茶套

傣族竹筒茶茶套包括青竹方型火围、生铁火盆、熟铁三足壶架、熟铁火钳、陶质煮水壶、青竹烤茶筒、竹制捣茶杵、木质舂茶臼、瓷质青色素面水盂、瓷质白色碎花茶碗、熟铁砍刀、竹编茶盘、竹篮、竹制茶匙、银质纹饰清水钵、蘸水竹枝条。

2. 藏族酥油茶茶套

藏族酥油茶茶套包括陶质清水罐、瓷质盐钵、铝质酥油桶、铝质奶渣盆、白铁茶叶罐、铜质箍茶桶、木质舂打杠、木质捣茶臼、核桃泥、花生仁、瓜子仁、松子仁、配料瓶、熟铁煮茶炉、白铜煮茶壶、木质镶铜茶碗、木质糌粑碗。

3. 蒙古族奶茶茶套

蒙古族奶茶茶套包括铜质饰纹煮茶壶、生铁火盆、熟铁壶架、木质茶锤、铝质奶罐、瓷质盐罐、铝质黄油罐、铝质熟米盆、木质茶桶、葡萄干、蜂蜜、萝卜干、配料盆。

4. 白族三道茶茶套

白族三道茶茶套包括生铁火盆、木质火盆架、熟铁三足壶架、陶质清水罐、铜质煮水壶、瓷质牛眼茶盅、红漆木质茶盘、核桃仁、烤乳扇、红糖、配料碗、蜂蜜、花椒、姜片、桂皮末、配料杯、瓷质白色茶匙。

三、铺垫

茶席铺垫是指在桌面或者地面的整体或局部，铺设上色彩、质地、款式、纹路、图案与总体风格相适应的铺垫物。茶席铺垫有双重功能。首先是使茶席中的器物不直接触及桌（地）面，以保持器物清洁，对桌面和器皿起到保护作用；其次铺垫以自身的特征烘托主题、提升茶席布置的艺术品位。铺垫可算是茶席的一个"主题元素"，只要定下了铺垫的颜色、花纹，那么茶席的风格就已经被固定下来了。

（一）铺垫的类型

常用的铺垫物主要有纺织品类、编织品类和其他铺垫三类。

1. 纺织品类铺垫

（1）棉纺织品铺垫　用棉纱织成的布作铺垫。棉纺织品质地柔软，吸水性好，易于烫洗，经久耐用，不易反光，视觉效果柔和，并且可以通过印花、蜡染、刺绣取得多姿多彩的色彩和图案，一些采用棉纱编制的小型手工编织品在叠铺中常见。棉纺织品可在茶席中作为一件至几件重要器物的铺垫，适用于宗教题材、民俗题材和乡土题材的茶席。

（2）麻纺织品铺垫　用各种麻类植物纤维制成的麻布作铺垫。麻织品古朴大方，极富怀旧感，特别是亚麻织品质感极好，可以通过印花、刺绣取得多姿多彩的色彩和图案，适用于古典题材、传统题材、乡村题材的茶席。

（3）丝织品铺垫　丝织品通过提花、刺绣后更显得美丽华贵，包括织锦、绸缎、绢、纱、帛等。丝织品纹样繁多，配色淳朴，适用于宫廷茶艺、文士茶艺和时尚的都市生活茶艺的茶席中。

（4）化纤织品铺垫　用天然的或人工合成的高分子物质为原料，经过化学物理加工而制成的纤维。化纤织品品种繁多，花色艳丽、色彩丰富，具有轻、软、薄、透、宜洗、挺括等多种优点，是茶席铺垫中经常选用的织物，尤其适用于现代生活题材和抽象题材的茶席。

（5）毛织铺垫　毛织也称毛毡，以毛毯为主，适合有一定厚重历史感题材的茶席。毛毯纹饰花样较丰富，柔软舒适，脚感好，但不易清洗，易藏灰尘，易生虫菌。化纤织毯色彩艳丽，易洗易晒，但脚感较差。茶席设计选毛毯，宜选适中小块，作垫上垫处理。毡质也宜选毛织，可给人以浑厚之质感。另有细毛织品，以单色居多，可适量裁剪。

2. 编织品类铺垫

编织品类铺垫主要有竹编、苇编、草编等，一般用于地面或坐席的铺垫，适用于表现古代传统题材、日本茶道和韩国茶礼的茶席。在用于泡茶台或茶桌铺垫时，通常只作为小面积点缀。

3. 其他类铺垫

其他类铺垫常见的有玻璃铺垫、叶铺垫（如荷叶、芭蕉叶、枫叶等）、塑料印花铺垫、塑料压花铺垫、书画作品铺垫和纸铺垫等。当茶桌台面的质感、色泽、纹理基本符合布席的艺术要求时，也可以不用铺垫。

（1）叶铺垫　叶铺垫指用真叶叠放在地上，用以铺垫器物。叶铺垫常选枫叶、荷叶、芭蕉叶、杨树叶、银杏叶等平、大、有叶型个性的叶片作为叶材。不同叶常在茶席设计中表现不同的季节题材。叶铺垫的使用，更具自然氛围，视觉效果特别好。

（2）纸铺垫　纸铺垫指用在纸上完成的书法作品和绘画作品作为铺垫，使茶席拥有浓重的书卷气和艺术感，整体构图也显得富有层次。书画作品和茶艺用具形成一个有机整体，做到画中有画。

（二）铺垫的形状

铺垫的形状一般分为正方形、长方形、三角形、圆形、椭圆形、几何形和不确定形。正方形和长方形的铺垫，多在桌铺中作为基础铺垫使用。

1. 三角形铺垫

三角形在铺垫造型中很有特色，对铺垫使用者的整体布局和艺术层次有一定的要求，使用得当，往往可以起到很好的效果。三角形基本是在用于桌面基础铺垫的基础上，正面使一角垂至桌沿下。若桌、台、几本身质感、光感好，也可不用基础铺垫。

2. 圆形铺垫

一般在特定布席时使用圆形铺垫，如在正方形桌、台、几，或是在个别地铺中出现。某种特定器物组合和摆置，常常使用圆形铺垫。如道家太极茶道的器物摆置，圆形铺垫正好构成类似太极图的图案，使器物较容易按规定位置摆放，并且突出了器物的重要性，能够收到较好的视觉效果。

3. 几何形铺垫

几何形铺垫易于变化，不受拘束，可随心所欲，又富于较强的个性，是善于表现现代生活题材茶席设计者的首选。几何形铺垫不但适合桌铺，也适合在地铺中使用。几何形铺垫还可采用叠铺、多层铺，使几何形铺垫更具有层次感。可以说，几何形是铺垫中最富想象力的，可随着茶席设计者的变化而变化，但在设计时要注意主次和空间构设，以免产生杂乱和拥挤之感。

（三）铺垫的色彩

色彩是表达情感的重要手段之一，色彩运用到茶席铺垫中，能不知不觉地影响人们的精神、情绪和行为。铺垫色泽选择时要围绕茶席主题，符合茶性。选择铺垫色彩的基本原则是：单色为上，碎花为次，繁花为下。

（四）铺垫的使用方法

铺垫的材质、形状、色彩选定之后，使用方法便是获得铺垫理想效果的关键所在。铺垫的使用方法主要有以下三种。

1. 全铺垫

全铺垫也称为基础铺垫，是指对茶几、茶桌或泡茶台用铺垫物全部遮盖，这是铺垫中最常用的手法。全铺垫又分为平面铺垫和遮沿式铺垫两种类型。平面铺垫是指仅仅遮盖茶桌、茶几、泡茶台的桌面。遮沿式铺垫是选用比桌面面积大的铺垫物，在全部遮住桌面后四面垂下（或两面垂下）遮住桌沿，增进铺垫的美感。遮沿式铺垫可以是垂地遮掩，也可以随意遮掩。在全面铺垫的基础上，往往还可以再选用不同色泽、质感的小块铺垫物作进一步美化，所以称为基础铺垫。

2. 局部铺垫

局部铺垫是茶席铺垫中最具艺术特色的铺垫。进行局部铺垫时，常选用正方形、长方形、三角形、圆形、椭圆形及其他形状的铺垫物，根据布席的需要进一步进行基础美化。例如在茶桌的黄金分割处，用长条形带有流苏的绢织物做局部铺垫，使茶桌桌面布局更加美观。再如在准备摆放茶叶罐的位置，用圆形金色织锦铺垫，突出茶叶的珍贵。局部铺垫常用的方式，有对角铺、三角铺、星状点缀铺、重叠铺、折叠铺、条式垂帘铺等。局部铺垫时，应注意简素美、不均齐美、对称美等美学基本法则的应用，切不可把台面搞得太繁杂。

3. 延伸式铺垫

延伸式铺垫是指选用大面积铺垫物，在遮沿式铺垫的基础上，铺垫物波浪式向四周地面延伸，让铺垫物和地面逐步融为一体。使用延伸铺垫时，选用的色彩多为海蓝色、浅绿色或翠绿色。例如根据茶席主题，在翠绿色延伸铺垫上撒上一些花瓣或红叶，在海蓝色的延伸铺垫上摆放几个海螺壳、海蚌壳等。延伸式铺垫应用得当，会引起观赏者的美好遐想，增加审美情趣。

在实际操作中，台面铺垫有时还与挂帘、纱幕等背景相配合。帘幕流畅的纹理，随风飘拂的动感与台面的铺垫动静结合，交相辉映，可形成一种别致的韵律美。

铺垫在整个茶席布置中不是独立的审美对象，只是茶席布置过程中的一个细节，是为了下一步插花、焚香、挂画、茶具摆放做准备的。但是我们不可忽视铺垫这个细节，在选择铺垫的色彩、质地、形状、大小以及铺垫位置时，都必须考虑到下一步布席的需要，这样最终才能营造出和谐美的整体效果。

四、空间环境

茶席的空间环境包括焚香、挂画、插花、背景等要素。茶席是通过人与茶、茶具以及周围环境和色彩的相互调和，给人们带来一种美感和快乐，从而真正享受茶的芬芳、乐趣和美妙。灯光要素也属于茶席空间要斟酌的内容，要求充分考虑灯光的色彩、明暗、辐射范围对人的情绪和心理的影响，加以利用，营造富有感染力的意境。

第三节　茶席设计

一、茶席设计的概念和发展历程

（一）茶席设计的概念

因有茶席，才有茶席设计。简单地说，茶席设计就是设计泡茶器具的选配与布置以及泡茶环境的营造。茶席设计中，要根据特定茶席主题选配和布置相宜的茶具、插花、挂画等，并相应地营造茶艺活动的空间环境，做到突出主题。

（二）茶席设计的发展历程

茶席设计是伴随茶席的出现而出现的，历史较短，但近十多年发展迅速。最早的茶席设计出现在 2001 年，在日本静冈首届世界茶文化节上展出一组茶席设计作品。当时茶席作品的展出得到了大家的普遍认可，并迅速传播开来。在中国，最早的茶席设计雏形形成于 2002 年、2003 年《茶博览》杂志举办的"海利金灶杯全国茶具组合摄影艺术大奖赛"。到了 2003 年，上海市职业培训"首届高级茶艺师培训班"上，把"茶席设计"专门作为了毕业设计内容。至此，海内外先后举办了多起"茶席设计"专项活动。一些地区在举办大型茶文化活动时，也把"茶席设计"作为一个专项内容。2004 年在上海举办的"海峡两岸茶艺交流大会"上，来自北京、浙江、福建、安徽、上海及台湾的多支代表队布展了 30 余个茶席设计作品。这些构思奇巧、造型精美、形式多样、风格别具且涵义深刻的茶席设计作品，吸引了海内外茶人的关注。此后，有很多国家和地区开始举办"茶席设计"大赛。茶席设计大赛中胜出的茶席作品，立意深刻，内容丰富，吸引了很多人参观学习。

二、茶席设计的流程

茶席设计与其他设计一样，遵循一定的设计方法和程序。茶席设计的基本程序一般是先确定茶席主题，选择茶品和茶具组合，主次空间合理搭配，配置和茶及主题一致的品茶空间，达到审美和谐。当然这些流程也不是一成不变的，会因人而异。例如，有的设计者因为先看到了一组有特点的茶具产生灵感，确立主题，再进行辅助用品的搭配。

三、茶席设计的步骤与技巧

（一）确定主题

每个茶席都要表现一定的主题。可以说主题是茶席设计的灵魂，所有的设计都需紧紧围绕主题展开的。有了明确的主题，在设计茶席时才能有的放矢。主题的确定有助于茶席各个部分或各个因子的统一与协调，也有助于对茶席设计意义的提升，使茶席更具有文化内涵与韵味。

在进行茶席设计时，可以从以下方面着手选择所要表达的主题。

1. 从茶的物质特性着手

中国茶叶众多，有绿、红、青、黄、白、黑六大基本茶类，它们的形、香、味、食性、冲泡、意境等各有不同。这些中的任一项都可以作为茶席的主题，而所有这些物性的组合搭配则更为丰富多彩，都是茶席主题的来源。

2. 从茶所蕴含的精神层面着手

陆羽《茶经·一之源》中"茶之为用，味至寒，为饮最宜精行俭德之人"，以及卢仝的七碗茶、刘贞亮的"茶有十德"等，均将喝茶从物质层面提升到了精神层面。而这些茶精神层面的特性，均可以成为茶席主题的来源。

3. 从与茶有关的人和事着手

不同区域不同的茶，联系着不同的茶人和茶事，有着不同的故事与人文底蕴，都可以作为茶席设计所要表达的主题。如以颂扬古代茶人为主题，神农氏、陆羽等为茶做过不朽贡献的人，还有一些与茶有过联系的古人，也可以作为茶席设计的主题。在2016年湖北省茶业技能大赛茶艺团体赛中，长江大学参赛队以"芈月传"中的芈月为原型，设计了题为《梦回楚地》的茶席。也可以现代茶人为茶席题材，如伟大领袖毛泽东爱茶至茶渣都要一同吃下。身边制茶之人、身边爱好喝茶之人等都可以成为茶席设计的主题。历史上很多重要的茶事件也是茶席主题的来源，例如神农尝百草发现茶、昭君出塞传播茶、陆羽撰写《茶经》等。生活中与茶有关的事件是茶席题材的另一来源，如新娘茶、定亲茶、谢师茶等。

（二）巧妙构思

确定了主题，就需要从如何表现主题入手了。茶席设计作为一种新型的空间艺术，涉及到的空间范围较小，要求能够让观者很快地了解茶席的思想感情，一般需要能够直接地表达主题。

构思的过程，是对所选取的题材进行提炼、加工，对作品的主题进行酝酿、确定，对表达的内容进行布局，对表现的形式和方法进行探索的过程。茶席设计的构思，要在"巧"和"妙"上下功夫，"巧"指的是奇巧，"妙"指的是妙极。而要做到这两点，则需从创新（即茶席设计的生命）、内涵（即茶席设计的灵魂）、美感（即茶席设计的价值）、个性（即茶席设计的精髓）四个方面入手。

1. 要做到巧妙，首先要有创新

张惠和张洪涛设计的《对弈》茶席，以中国象棋盘为席布，紫砂瓷器为棋子，非常有创意，很独特，有吸引力。中国象棋是我国传统文化，在我国有着三千多年的历史，而紫砂瓷器在我国也有两千多年的历史了。中国象棋是两人之间的对弈，讲究用兵，谋略。席中以5个茶杯为卒，茶壶、公道杯为主将，颜色以黑、红色为分。世间的万物每时每刻都处于竞争的关系，作者以对弈来引出中国象棋，以象棋悠久的历史来映衬紫砂的历史，来体现茶的历史。对弈双方盘对而坐，品茶的同时也可以根据棋盘推演世间万物的变化。

2. 好的茶席构思要有内涵

内涵是指反映于概念中对象的本质属性的总和，表现于丰富的内容。内容的丰富性、广泛性，是一个作品存在意义的具体体现。向人们提供的知识内容越多，它的内涵就越丰富。人们欣赏艺术，除感受她的美之外，还应获得相应的知识，这也是艺术作品的特性所决定的。对茶席而言，所涉及到的知识种类不下数十种，这也正是人们喜爱观赏茶席、设计茶席和研究茶席的原因之一。作品中丰富的内容不是各种内容简单的叠加，而是通过作品本身的独特形式，将众多知识内容自然地有机融入其中。一个真正具有艺术深度和思想深度的作品，可以成为人们的精神财富，并被世代流传。

3. 茶席构思要以人为本

在中国古代的造物思想中，"利人"是一个较早得到广泛讨论的话题。先秦的墨子认为："利于人谓之巧，不利于人谓之拙"，集中反映了我国传统的造物思想。在墨子看来，对人有利的"巧"的设计才是好设计，反之就"拙"。不论茶席是为了冲泡茶汤而设计，还是为了满足审美而设计，其最终的目的都是为了满足于人，即"设计为人"。再美再实用的茶席最终都是要为人服务。茶席上的一壶一盏、一花一香对于每一个设计者和欣赏受众来说，不仅仅是茶汤色味的物理享受，更是茶席艺术带给人们的精神熏陶与感染。

（三）正确布席

1. 选择正确的茶具组合

根据茶类或茶席主题选择合适的茶套。

2. 选择合适的茶具配置

从全套组合茶具中找到与自己构思相吻合的概率，显然要比有个性的单件茶具低的多，所以选择单个的合适的茶具辅助用品也显得尤为重要。例如，刘登峰、叶存芳设计的《荷趣》茶席中，就其主茶具组合来说并没有很多的创新，但在布席时将一只荷叶形的茶盘置于全部主器之下，就使与茶盘同类色的杯盏状如荷叶中一个个爆满的莲蓬，十分地引人瞩目，使整个茶席都生动起来。辅助茶具，虽然在功能上处于次要地位，但在画面表现上却能以次托主，显示其独特作用。

3. 布席要有和谐统一的美感

美是艺术的基本属性，美感是审美活动中人们对于美的主观反映、感受、欣赏和评价。作为以静态物象为主体的茶席设计，美感的体现显得尤为重要，并是茶席艺术的根本价值所在。在茶席设计中，首先表现为茶席的形式美，其次是心理上的感受。茶席的形式美，有器物美、色彩美、造型美、铺垫美、背景美、结构美、服饰美、音乐美及语言美等。而茶席的情感美，主要体现于真、善、美的情感内容。为此，茶席布席，既要符合自然的规律，又要适应人们的欣赏习惯，在有限的空间范围之内，做最大程度的美感创造。

（四）成功命题

名称是用以识别某一个体或群体（人或事物）的专门称呼，给茶席命题就是给它一个称号。成功的命题能够对茶席所要表达的主题进行高度、鲜明的概括。命题一般是含蓄和诗意的，通过精简的文字，使人一看即可基本感知茶席作品的大致内容，或迅速感悟其中深刻的思想。茶席布置好后，即可命题，但有些是在进行设计前即命好题。

1. 主题概括鲜明

命题必须反映主题，主题可由一两句话组成，也可由一两个字组成。主题是立意的体现，而立意却不能完全替代主题。因为主题必须鲜明，而立意却可以含蓄。

2. 文字精简

给茶席作品命名，如同给人取名，虽只有几个字，却包容了许多含义。从《龙井问茶》《家》《竹韵》《秋宴》《山水情》《仲夏之梦》《浓岩茶屋》《梅韵》《秋韵》等茶席作品的名称来看，命题需简单。

3. 立意表达含蓄

艺术作品的立意采用含蓄的手法表达，是艺术表现的基本要求。含蓄，就是留有余地，就是给人留有想象的空间。这种余地留得越多，作品的艺术和思想表现力就越强，作品的艺术品位也就越高。在各艺术门类中采用含蓄的手法表现作品的立意，诗歌和物象艺术是最佳的方式。茶席是立体的物象艺术，努力使立意表达含蓄。

4. 想象富有诗意

茶席富有诗意，就是富有诗意的想象，富有诗意的语言，富有诗意的情感。诗意的想象，需大胆、夸张、奇特和美妙。茶席的命题还应能打动人心，引导人们从茶席中获得深深的感动。

通过以上步骤，即基本完成了茶席设计。但在实践中，一个好的作品，还需要反复修改完善，经过精雕细琢后，才能成为精品。

第四节　茶席设计案例

要将茶席设计好，要求设计者有一定的茶学系统理论知识和较强的审美能力，最重要的还是要有很强的动手实践能力，能将自己的设计理念通过静态的茶席物态方式表达出来。为让初学者能够很快地掌握茶席设计的理论知识，并能快速运用到茶席设计实践中，专门介绍几个茶席设计案例。

一、茶席的创作背景

茶席中的茶具组合，要求学生从茶艺实验室现有的茶具中进行选择，主题自定。在这样的创作背景下，有以下一些特点：一是茶席设计的选择余地小，实验室现有的茶具组合均是一些比较传统的组合式样，主要有玻璃杯组合茶具、瓷器组合茶具和紫砂组合茶具；在茶具组合选择余地较小的情况下，学生想要在茶席设计上有所突破创新，则需要在辅助用具上下功夫，即需在茶具配置上进行创新。二是经济实用；作为一门课程的实验作业，在配备茶席所需的辅助用具上，能给予的经济开销非常有限；需要在有限的花费下，设计出既有实用性和艺术气息，又具有一定意境的茶席作品。这为很多平民化的茶席设计提供了范例，也为频繁开展茶席设计来宣传茶文化提供了很好的参考。

二、茶席设计作品《枯荣》

（一）作品的构思

在茶席主题上，很多人选择表现茶的高洁，表现茶的精神内涵，但是《枯荣》主题则是颂扬了一种平凡的美，主题上有创新。在茶具选择上，为成套的普通茶具。但是在杯托的选择上，采用了一种虚实结合的创作方式，选择了平凡的小草，拼接成几何图形，既是一种浪漫的表达方式，又契合主题，使辅助茶具有创新。平凡的小草，不平凡的精神，内涵表达上则是表达了一种不屈不挠的野草精神，表达了生命的顽强与坚韧。在布局方面，力求简洁又新颖，采用了几乎无人问津、随处可见的野菊花作为插花。整个茶席素材都非常简单，在布局上采用几何图形和野花野草的错落搭配，表达出一种简即是美的伟大，与整个茶席主题相扣，使整个茶席耳目一新。

（二）作品设计过程

1. 确定茶席主题

设计茶席时，时间正好是炎热的夏天，草木欣欣向荣。设计者却从欣欣向荣的草木中看到了岁月的更替，而这首孩童都熟知的诗句——"离离原上草，一岁一枯荣，野花烧不尽，春风吹又生"突然呈现在设计者的脑中。设计者决定以平凡的美作为本次作品的主题，将主题定为歌颂小人物的伟大。培根曾说："人的本性犹如野生的花草。"即使经历风吹雨打，也能迎难而上，坚韧不拔。这，就是人与野草之间的共性。所以茶席设计者想表达的，就是野草与人之间是相通的。大部分人们都是默默无闻的，但是却依然表现出坚韧不拔的意志力。路边的野花、野草，虽常见，但很容易被人忽视。即使无人问津，野草依然生机勃勃，富有活力，默默地在大自然中展示着它们的美丽。

2. 命题

确定茶席主题后，结合诗句很快就确定了茶席的名字——《枯荣》。这命题，是一种半意的表达方式，含蓄又富有深意。

3. 茶品选择

该茶席的茶品选择了普洱生茶。普洱生茶的新茶茶性很烈，表现出繁荣的生命气息；存放多年后，茶性慢慢转为柔和，感觉生命气息慢慢变弱，但冲泡后的香气更为悠长沉淀，茶汤依旧柔中带烈，叶底依然鲜活，像极了野草的枯萎与繁盛，两者均展现了生命的轮回与盛衰。

4. 确定茶套

选用青花瓷盖碗作茶具，用蓝色竹质茶席做铺垫，代表了大千世界，摆放其中的青花瓷茶具都是形成世界的元素。蓝色表示纯净，会让人联想到海洋、天空、宇宙等，给人舒服的感觉。

5. 选择配饰

使用天然的野生花草作插花，寓意着生机。野花是自然的精灵，它野生野长并不出众，但同样有着一份对春天的追求和对未来的渴望；如同我们这些默默无闻的人们，没有人为我们"浇灌"，没有人为我们"耕耘"，但凭借我们自己的努力，同样在生活里闯出了自己的一片天地。使用天然的路边的小草，摆出漂亮的类似杯托的形态。这既丰富了茶席内容，又让毫不起眼的小草在此刻显得尤为重要，象征了野草野花朴实无华的精神。小草虽然微小，甚至有些微不足道，但就是这些一朵朵不起眼的小花、一簇簇矮小的野草，星星点点地点缀在这"大千世界"，向我们展示着大自然的盎然生机。

（三）布置茶席

于实木茶桌上铺上土灰色茶布，代表着包罗万象的大地；"大地"之上铺垫着蓝色茶布，代表着生命之色。成套青花瓷茶具整齐摆放正中，以示对茶的尊敬。盖碗与公道杯相对放置，而品茗杯倾斜摆放，从左至右，从下往上，寓意着我们如同野草一般，历经磨难，繁荣不息，一步一步走向繁荣。茶具周围摆放的野花野草是呼应主题，以它们独特的美装点着"大地山川"，散发着淡雅朴实的清香，献给同样默默无闻的我们。另外，茶席左上方摆放着檀香，与右上方的插花相对，一方"野火"，一方"枯荣"，互相抑制；我们都希望"大自然"生机勃勃，但是却不想让它肆意生长，这便是平衡。茶席周围散落一些石子与落叶，使这个"大千世界"更完整，更美好。

（四）茶席展示空间

茶席主题是《枯荣》，所以茶席摆放在比较有野趣的草坪间。坐在翠色欲滴的草地里，仿佛置身于绿色的世界里，在天底下，一碧千里。这种环境，既让人惊叹，又让人精神愉悦。

（五）作品设计体会

选用这个茶席主题是机缘巧合的，设计者的初衷本是想设计一个关于菊的茶席作品。当全班所有人都几乎找到了自己的茶席插花时，该设计者还一无所获。因为当时正值炎夏，菊花自然是没有的。在设计者一筹莫展的时候，突然瞥见了墙角里开得正旺的野花。野花清新淡雅，却美得惊心动魄，设计者突然有了新的想法："为何不选用这野花呢？历代文人墨客都赞美出淤泥而不染的荷花、纤细淡雅的菊花、婀娜多姿的水仙、雍容华贵的牡丹、疏影横斜的梅花，我何不赞美这种清新淡雅的野花？"

大千世界，哪里没有野花的倩影？野花的美，更多的是心灵的美。在那些野花的身上，可以看到人们优秀品格的影像。野花野草无人浇灌、无人耕耘，甚至不能像花园里的同类受人厚爱、博来赞美，但它们依然顽强地生长着、开放着。就像那首诗说的那样，"野火烧不尽，春风吹又生"，野花默默地体现着朴实之美。就和我们大部分人一样，我们没有含着金汤匙出生，但我们依然在各自的生活里活得精彩、活得漂亮；即使遇到挫折，也能像野草那样不屈不挠，越战越勇。野草或是花，不择地势，不需照料，蓬蓬勃勃地生长；我们，不争功名，不慕奢华，默默无闻地绽放。这样就确定了茶席的主题和立意了。

三、茶席设计作品《陌上花开》

（一）作品的构思

在设计茶席时，设计者大多从自然、自身爱好等方面着手进行主题构思，而《陌上花开》这个茶席主题往往会引人入胜。"陌上花开，可缓缓归矣"这句话在当今众所周知，而人们不知道的是，此句话出自于一个历史典故。将古今结合凸显茶席主题的新颖性，且一看主题便能知晓茶席设计者的想法，从而体现出此主题的创新性。在设计内涵上，借历史典故表达茶席设计者的思想，观赏者看见主题名称亦能勾起自己内心的某种思恋之情，从根本上引起观赏者与茶席设计者的共鸣。

在茶席布局上，选择一套白瓷茶具，显得清新自然。壶垫与公道杯垫选用竹制托，插花选用田间牵牛花，以呼应主题，使得整个茶席与主题相互呼应，栩栩如生。此茶席的整个设计画面清新、淡雅、自然，给观赏者耳目一新的感受，不管是典故还是主题名，都直接或间接地表达了茶女子的期盼之情，并赋予了整个茶席从古至今的生命感，使得整个茶席熠熠生辉。

（二）作品设计过程

1. 确定茶席主题

设计茶席时，茶席设计者将自己定义为一个爱茶、知茶、懂茶的茶女子，将自己与这样一个茶女子融合，从她的角度想象她内心深处的真切想法。一个遵循茶生活的女子，追求淡雅而轻慢的生活，而自己身处这样一个快节奏的城市中，是她所不想的，所以她想要过惬意的田园生活。一个美丽的村庄，一壶所爱的茶，亦想有一个懂她的知己，这是茶女子心中的期盼。不由得想起"陌上花开蝴蝶飞，江山由是昔人归。移民几度垂垂老，游女还歌缓缓归。"这句诗，想起此诗的出处，吴越王钱镠对回乡省亲妻子的思念，盼望妻子早日归来。勾起了茶女子的念想，吴越王所思念的妻子，其家乡符合自己心中所想的田间恬适生活，故展开茶席设计布局，确定该茶席主题，从茶席上表达自己心中所想、心中所念。

2. 命题

确定茶席主题后，想到人们所熟知的、由吴越王钱镠写给爱妃信中的一句话——"陌上花开，可缓缓归矣"，故命名为"陌上花开"。该命题，既让茶席主题富有诗意，又融入典故，能引人深思。

3. 茶品选择

茶席中的茶品选择桂花红茶。桂花红茶香味迷人，令人精神舒畅，安宁心神，净化身心。特别是桂花红茶能驱除体内湿气，养阴润肺，很适合女性饮用。在选用桂花红茶上，不仅仅是因为它的功效，桂花呼应其主题"花开"。桂花红茶不仅香气四溢，它的汤色为茶席增添一抹红，使得茶席充满色彩。

4. 确定茶套

选用一套白瓷茶具，茶壶和公道杯的垫子为象牙黄四方竹制品。与黄绿色竹制铺垫交叠铺垫，显得茶壶和公道杯、品茗杯和闻香杯之间有着主次之分，分外分明。选用这两种颜色的竹席，也代表了田间的颜色，赋予茶席生动形象的特点。

5. 选择配饰

茶壶与公道杯托垫用了四方竹垫，给人一种在田间品茶，享受闲静时光的感受。且茶壶与公道杯是茶女子与爱茶人的真实写照，在某种意义上是茶女子对自己茶生活的一种幻想。在充满乡村气息的田间，呼吸着清新自然的空气，置身于旷阔大地上，泡上一壶清茶，与自己的知己品茶、论茶、谈生活，是一种何等的享受啊。绿色席面上放置牵牛花插花，牵牛花是田间之花，既呼应了主题，又点亮了整个茶席布局，是整个茶席的点睛之笔。

（三）布置茶席

茶席的铺垫采用叠铺的方式，象牙黄搭上黄绿色。绿色呼应着"陌上花开"田间绿色的主题，也象征着生命的颜色，一种生机勃勃的氛围油然而生，营造了一种轻松愉悦的自然感觉。茶席选用一套白瓷茶具，凸显闲静典雅气息，瓷壶与白瓷公道杯置于竹席之上，仿若茶女子与爱茶人在"田间"乘凉品茶逗趣。一对白瓷闻香杯与品茗杯组合摆于桌前，达到一壶双杯的和谐感。将闻香杯与品茗杯结合，既能体现桂花的香，又能品味红茶味。黄色银杏叶片作为杯垫，表其春去秋来，茶女子的等待久矣，盼茶人到来与其品茶论茶。插花选用与茶席主题协调的田间之花——牵牛花，从而突出主题，点出茶女子的心中念想。

（四）茶席展示空间

茶席主题为《陌上花开》，"陌上"之意实为"田间"。将此茶席置于四周都是田埂的小茅草亭的木桌之上，泡上一壶茶，仿佛置身于大自然所赋予的不需要任何装饰的美丽间。闻着青草气，听着蝈蝈语，喝着桂花红茶，精神得以放松，心情变得愉悦，何其快哉，何其爽哉。

（五）作品设计体会

在设计茶席之初，想通过一套白瓷茶具设计出淡雅自然而又吸睛的茶席来。茶具普通，就只能寻求茶席主题吸睛。为体现出茶席的主旨，又要考虑吸睛，想到了当前众多的爱茶女子。于是便从茶女子内心的真实想法与社会现状入手，寻找主题进行设计。首先，从茶女子内心的真实想法入手；将自己与现实中的茶女子相融合，她们处于一个快节奏的生活当中，但是茶能够使她们慢下来；随着时间的久而久之，她们对茶的理解也就越来越深，越来越懂茶、爱茶；时间长了，就希望有一个与自己志趣相投之人，一起品茶、论茶，她们期盼着这样的茶人出现；因此，需要赋予茶席一种期盼的含义。其次，从社会现状考虑；现在人们处于一种极度的快节奏生活当中，每天吃饭、睡觉、上班，三点一线，很少有人慢下来享受一下清闲自在的生活，而品茶就是一个慢的过程；因此，需将都市换成乡村，体现出一种乡村的闲适慢生活。最后，在思考完这些相关性的内容后，便需要定一个吸睛的主题；有田间、有等待，便想起吴越王的书信，正好也是现在流行的一句话——"陌上花开，可缓缓归矣"；但由于此句过长，便将主题定为"陌上花开"，这样使得茶席既富有诗意又富有神秘感，从而吸引别人。将茶席设计完后，忽然觉得这亦是自己想要的生活与期盼，同样也希望处于快节奏生活的人们能够停下来喝杯茶，聊聊天，享受品茶的慢生活。

四、茶席设计作品《大自然的馈赠》

（一）作品的构思

我们生活在自然界中，接受她的馈赠、索取她的精华。春去秋来，我们努力过着丰衣足食的日子。大自然仿佛是一位慈爱的母亲，赋予了我们人类生存所必须的一切，给了我们所有的智慧和幻想。"一花一世界，一叶一菩提"，大自然总会赐予我们很多宝贵的财富，不论是拥有悠久历史的"茶"，还是我们所使用的茶席中的各种点缀。而我们在设计茶席之中，不需要昂贵、精致的各色"道具"，只需要拥有一双能够发现美的眼睛，再用灵巧的双手就可以设计出属于我们自己的茶席。

"曲径通幽处，禅房花木深"，简单普通的茶具旁，散落着大小错落、颜色不一的鹅卵石，同时点缀着翠绿色的树叶、粉红色的小野花。不经意之间，茶席流露出了自然、闲适的精神状态，同时也教会我们在任何问题面前都应戒骄戒躁，以"去留无意，看庭前花开花落；宠辱不惊，望天上云卷云舒"的心态去对待生活中的一切。最后，我们能在闲暇之余，可以怀有一颗感恩的心，喝着沁人心脾的茶，感受大自然的美。

（二）作品设计过程

1. 确定茶席主题

任何一个设计者的最终目标就是想要自己的作品能够很完美的呈现出来，同时也能传达出自己的理念。而该设计者的理念就是期盼每一个人能感受到大自然的无私奉献，希望能够取之有道，而不是肆意无情的践踏来谋取自己的利益。当然，也只有每个人爱上大自然，才能够做到尊重和保护她。为此，设计者就是想简单地将大自然的美呈现出来，以引起每个人的深思和感恩。

2. 命题

很显然，茶席命题就是从茶席主题延伸而来的——"大自然的馈赠"。该命题，既是对大自然的歌颂，也表达出了自己独有的心境。

3. 茶品选择

该茶席的茶品选自福建安溪铁观音。该茶汤浓韵明亮，香气浓郁，入口甘甜，汤水色泽相对清淡，尤其头泡、二泡茶更是如此；三泡之后，其汤色呈黄绿色，汤水入口，细搅可感其带微酸，口感特殊，而且酸中有香，香中含酸，酸中有甘，甘中带香，水香长流。自然的花草香和选中的铁观音的香气融为一体，能感受到自然与人的完美结合。

4. 确定茶套

该茶席的茶具组合，选择了紫砂壶、品茗杯、茶托、公道杯。紫砂来自最深沉、无私的大地，所有的茶具全部选择紫砂的质地，用最简单、质朴的茶具烘托自己悠闲的心境。

5. 选择配饰

可以简化使用配饰。每一次展示茶席的时候，都可以就地取材，同时根据自己当时的心情设计出一束插花配自己的茶席，可以衬托出自己悠闲随意的心情。来自山间随意一处的狗尾巴草丛，就可造就一束随意简单的插花。而颜色、大小不一的鹅卵石，随意地平铺在茶席中间。茶席中间点缀着些许嫩绿色的叶子和洁白的鲜花，代表了大自然的深沉、包容和无私。

（三）布置茶席

将整个茶桌，因地制宜地当作自己可以指点一二的江山。长筒形略带弧形的花瓶之中，匹配的是自己随手从大自然借用的花花草草，用随意的心情打造不随意的插花。成套简约的茶具，以最简单的摆放来展现，体现茶人自己淡薄、舒适的心情。大小、颜色不一的鹅卵石之中，是翠绿的树叶、粉红的花朵。在与人同饮时，体验大自然独特的美。

（四）茶席展示空间

主题是"大自然的馈赠"，所以可以很简单随意地摆放在一隅有花有草的地方。伴着淡淡的青草香和花香，随意地摆放着茶具，静静地感受大自然所赐予的美色。

（五）作品设计体会

其实，在很早的时候，设计者就在自己的脑海之中构思了一下自己的茶席。可是，我们每个人脑海中的美丽想象，在现实之中是无法完美呈现的。但是，因地制宜也是我们每个人必须学会的事。很多不经意的风景都会给我们留下最美的回忆，而人生不就是由一段一段回忆慢慢组成的么？而我们要知道茶席的意义不在于有多么的美丽，而在于我们静下心来欣赏的时候，能不能够收获到属于自己的那一份回忆。

在很早之前，家里装修的时候会将沙子一层一层地过筛，然后将鹅卵石丢弃掉。但小时候的我们，总是大自然最好的伙伴：我们会躺在草地上看着蓝天和白云，和小伙伴们一起开心地分享美丽的鹅卵石，保留着自己的快乐和满足。

现在我们都已经长大了，却沉浸在网络所构成的虚拟世界中而无法自拔，而且渐渐忘记了自己生活中的每一个风景。为此，想用这个茶席，勾起每个人心底最深处的回忆和小时候的快乐。我们不要都沉浸在忙碌拥挤的生活之中，而要真正地享受生活。同时，也希望每个人能够热爱我们唯一的地球，热爱我们的大自然，永远怀揣着一颗感恩的心，过着我们每个人向往的生活。

五、茶席设计作品《春绿》

（一）作品的构思

生活中，我们每个人的心中都有适合自己的颜色，或是纷繁，或是单一，或是斑斓，或是黯淡。每种颜色也被赋予了它自己独特的寓意，一簇带着泥土气息的嫩绿色小草，它是绿色的；一片衬托着鲜艳花朵的叶片，它是绿色的；一杯淡绿中散发着清香的茶，它是绿色的；一块苦中有甜的抹茶蛋糕，它也是绿色的。绿色让我们想到了春天，那种富有活力和青春的季节。绿色带给我们的是健康、是生命也是对大自然的向往，将春天的这一抹绿设计到茶席中去正是想表达出我们对大自然的向往、对健康的追求和对生命的热爱。

在茶席布局上，以自然简单大方为主。选择成套青花瓷彩釉的白瓷茶具显得素雅，茶盂周围满是绿草，衬托出春天带来绿色的气息，中间一束蜡梅更是映衬了生命中那种自强不息的精神。再选择天然竹质的茶通、茶盘相匹配，以体现出宁静、简单、自然的生活，与主题相呼应。

（二）作品设计过程

1. 确定茶席主题

设计茶席时，已是春天的尾巴了，人渐渐地开始困倦，春天的那种活力似乎慢慢消失殆尽了。于是想到了春茶，那是经过了一整个冬季的严寒才感受到了春天温暖的茶叶。想到了生命不应该在人生中失去活力，我们的生活可以五彩缤纷，不同的人生阶段也可以丢掉不同的颜色。而绿色表达了生命和生活的方式与态度。茶席设计者想用春天这个季节表达生命的活力，想用春茶表达生活的态度，更想用春天和春茶引出绿色这个独特的色彩，借用茶席表达出自己心中所想的生命和生活应该具备的态度。

2. 命题

此茶席的命题其实言简意赅，正如春天的到来，给大地换上一副绿色新装，让大地万物苏醒充满活力，让人对大自然敬畏和热爱。"春绿"这一命题，不仅让人易懂，更让人易悟。

3. 茶品选择

茶席中的茶品选择明前春茶。明前春茶的茶鲜叶都是经过一整个冬天的严寒后，在初春绽放属于自己的精彩。其香气清香、滋味鲜醇，虽是清汤绿叶，品一口却让人神清气爽。

4. 确定茶套

选择偏向自然、简单、大方的成套青花瓷彩釉的白瓷茶具、茶盂以及茶荷，用天然竹质的茶通与天然竹质的干泡茶盘相匹配，以体现出宁静、简单、大方、自然的生活。

5. 选择配饰

茶盂中用青草和蜡梅作点缀，青草代表春天，蜡梅代表着一种生命中应该具备的精神。迎春花更是春天的代表，与主题相呼应。左上角的抹茶蛋糕是绿色的，用它见证生活中的快乐。

（三）布置茶席

用灰色布在桌面打底突出大地的气息，茶桌中间放上一席嫩绿小草表达出那一抹春绿的主题，同时"野火烧不尽，春风吹又生"又表达出顽强生命力。小草中间放上一片竹席，上面摆上成套青花瓷彩釉的白瓷茶具，品茗杯呈弧形摆放，使茶具摆放不那么刻板。右上角摆放青花瓷彩釉的白瓷茶盂，中间放上白瓷花瓶带上两束迎春花。迎春花代表的是春，春是充满活力的季节，到处生机盎然。绿只是春来的一个点缀，但它留不住春，而茶却可以留得住。

（四）茶席展示空间

茶席主题为《春绿》，春天，这个鸟语花香、充满活力的季节，让人最留恋的季节。这个季节最大的特色就是给没有活力的大地点缀上一抹绿，这个颜色会让我们生命有活力，更让我们心情愉悦。

（五）作品设计体会

设计这茶席之时是春天，这个季节的校园里充满了活力，五颜六色的衣服在校园里涌动着，那欢声笑语更是明显比其他季节的校园多了许多，就连那些毫无生气的宅子也会在这个季节出去看看两边开满花、朝气蓬勃的古城墙。但是春天，它不会一直停留，桃花会谢，嫩绿的树叶会变深，春风抚摸你的脸颊也会慢慢变成汗流浃背的季节。我很喜欢这个季节充满活力的校园，这才是青春该有的样子，出于这点，我想到了把春天这一特点作为茶席的主题，从而在心里留住春天的活力。

现在生活节奏变快，大部分的人每天跟机器人一样的活着，年纪轻轻安于现状，被生活安排的明明白白，失去了在该有年纪本该拥有的活力追求。把春天这个元素放到茶席中最开始仅仅是想借助这个茶席让大家看到即使春天会过去，但是，那些我们度过的春天都会存在我们的记忆中，只要我们一直保持这种朝气蓬勃的活力，那我们会一直停留在春天。后来发现我们一直饮用的春茶，它那独特有价值的鲜爽感是经历了一整个冬季的沉淀才拥有的，于是就将冬天的代表——蜡梅加进茶席设计中，想让这个茶席展示出我们年轻人应该有的梅花香自苦寒来的精神。因此就有了春天的活力、健康绿色的生活和梅花的精神这一茶席主题"春绿"，也希望借助这个茶席唤醒我们该有的精神活力和追求。

第十一章 茶艺环境

茶艺环境是指泡茶、饮茶的环境条件，包括茶艺空间的环境条件、茶艺师和客人的心理等。要使饮茶从物质享用上升到精神享受，除了要求茶叶品质优良、水质甘洁、冲泡技艺得法、茶器高雅精美外，还要选择和营造良好的茶艺环境。

第一节 茶艺场所

茶艺场所决定了茶艺空间的环境条件，对茶艺环境的营造至关重要。

一、茶艺场所种类及特点

茶艺场所种类较多，根据其是否固定，可分为临时性和固定性两大类。而根据茶艺场所是否为营利性质，又可分为经营性和非经营性两大类。下面按以下几类来介绍茶艺场所及其特点。

（一）公共茶艺场所

公共茶艺场所是固定性的经营场所，因其层次、格调不同，要求也不尽一致。按公共茶艺场所的档次可分为普通型茶馆和茶艺馆两大类。普通型茶馆完全是生活化的，为普通百姓提供饮茶的场所，收费低廉；这一类茶馆虽不讲究场所位置和布置，但要求采光好，环境干净整洁，属于大众化的饮茶场所，缺少品茗情趣，具有简便实惠的特点。而茶艺馆是随茶艺的兴起而发展起来的，十分讲究位置的选择、环境的营造，可提供茶艺表演欣赏、评书、戏曲等艺术活动，收费一般较高，但却是宣传茶文化、推广茶艺的重要场所。

（二）临时茶艺场所

临时茶艺场所主要是指用于大型茶事活动中茶艺表演的场所，多为临时性的，有室内的，亦有室外的。如在大学生活动中心、会展中心上搭建成的茶艺表演舞台，则为室内的临时茶艺场所；而在户外大型茶文化宣传活动中，露天搭起的茶艺表演舞台则属室外的临时茶艺场所。其中，用于艺术型茶艺演示的临时茶艺场所，多布置庞大、夸张、富丽堂皇。而用于实用型和生活型茶艺演示的场所，则以质朴、素雅为宜，布置一般都比较简单。

（三）家庭茶艺场所

家庭茶艺场所主要是家人、友人间品茗、交流的场所，多在私人空间，如书房、客厅、办公室、私人会所等。虽然很多家庭没有条件布置一个专门的品茶室，但可在有限的空间里，寻找适宜的位置；最好选择向阳靠窗处，配以茶几、台椅或沙发，创造出一方洁净舒适的饮茶天地。其环境舒适干净，布置简朴素雅。其茶艺主要采取生活茶艺，泡茶方式没有华丽的技巧和花式的表演，较为讲究的是饮茶环境以及人与人之间的思想交流，是人们交流情感、互相学习、放松自我的好地方。

二、茶艺馆种类及特点

茶艺馆是当前最主要的茶艺场所，通常要求具有较高的文化品位、便利的交通、较大的客流量以及良好的自然环境。根据茶艺馆的选址和建筑类型的不同，茶艺馆可分为不同的类型。

（一）根据选址分类

茶艺馆根据选址的差异，可分为景区／景点型茶艺馆、城区型茶艺馆以及城郊型茶艺馆三大类，其风格特点各不相同。

1. 景区／景点型茶艺馆

风景名胜区景色绝佳，历史、文化积淀深厚，是人们向往的去处。在这类地方开设茶艺馆，往往能取得绝佳的效果。游客在舟车劳顿之余，饱览风光之际，正需要有一个休闲歇息之处。在这一类型的茶艺馆中品饮当地的名茶，远眺湖光山色，大有茶亦醉人之感。

被誉为"上海第一茶楼"的湖心亭茶楼，是位于豫园商业旅游区的中心；茶楼翼然而立在水中央，一泓碧水，九曲长桥，旖旎风光，尽收眼底。而在有着"上有天堂，下有苏杭"美称的杭州，美景处处有，每一处胜景总配有茶室，或占湖、或占山、或淹没在绿海之中。如西湖中的柳浪闻莺茶室，亭廊相接，柳荫夹道，芳草相伴；花港观鱼茶室，一面临湖，湖中游鱼如梭，花繁树茂，胜似仙境；最为绝妙的当属平湖秋月茶室，夜饮于此，举头望明月，月落西子湖，湖面银光闪闪，疑似天上人间。而西湖之南的六和塔茶室，则背靠五云山，面朝钱塘江，大桥如练，风帆点点，车水马龙，山下美景一览无余。福州鼓岭景区百年泳池边上的春伦茶室，绿荫之中，千年柳杉，风光旖旎，好是惬意。另外，景区／景点型茶馆不单单局限在室内设置茶座，还可借助室外的优美空间建起露天茶座，如杭州的湖畔居茶楼利用水榭作为茶馆的一部分，游人在休息品饮的同时，还可欣赏到西湖的秀丽景色，使人与大自然亲密接触。

2. 城区型茶艺馆

繁华闹市区人流量大，交通方便，商业繁盛，人们常在此进行商务洽谈和各种社交活动，或在工作之余休闲放松，茶馆都是上好的场所。名联"为名忙，为利忙，忙里偷闲，且喝一杯茶去；劳心苦，劳力苦，苦中作乐，再倒一碗茶来"，就是生动的写照。因此，在繁华闹市区开设茶馆，总是能占天时地利之优，而成为经营者的首选。

北京的老舍茶馆、武汉的巴山夜雨茶馆、成都的顺心老茶馆、青岛的大观园茶馆是城区型茶馆的典型代表。老舍茶馆闻名中外，坐落于北京闹市区前门大街上，是集茶文化、食文化、戏曲文化、京味文化和中国古典建筑文化等文化形式于一身的综合性茶馆，以其充满传统民俗文化特色的"京味儿"成为了一张"京城名片"。位于武汉洪山广场边的巴山夜雨茶馆，蕴含楚文化元素，品饮湖北茶，成为了解楚文化的绝佳窗口。而深居闹市区的成都顺心老茶馆则以四川盖碗茶、经典的川菜、川剧变脸表演、四川民俗风景展示为特点，顾客在品茶的同时感受着巴蜀的民风民情。大观园茶馆位于青岛繁华的商业街——中山路，虽然外观十分普通，但这家小茶馆以中国四大名著中的《红楼梦》为主题，在岛城远近驰名，几乎天天座无虚席，是很多"红迷"以及周边写字楼工薪阶层商务洽谈、放松身心、净化精神的理想场所。

3. 城郊型茶艺馆

城郊型茶艺馆即为农家茶馆，随着人们追求自然、返璞归真情结的日益深厚，这一类型的茶艺馆越发受到城市居民的青睐。城郊型茶艺馆多集中于产茶区，茶农利用有利的自然资源，通过改造或加建的方式经营茶馆，将茶园与茶馆的独特环境融为一体，形成产茶、制茶、销售的产业链。这里既不失城市的繁华与喧闹，又有郊外的清静与野趣，成为了过惯城市生活的人们在奔波忙碌之余，呼吸新鲜空气，感受大自然馈赠，体验幽静休闲生活的场所。

随着当前茶文化的快速发展，杭州、武夷山、湄潭、五峰、夷陵、鹤峰、勐海、普洱等茶乡拥有优美的生态环境条件，每年都会涌入大量的游客或访茶，或游览。在这些区域，大量的城郊型茶艺馆迅速成为人们休闲品茶的重要场所，也促进了当地茶文化的宣传和茶产品的销售。

（二）根据建筑类型分类

根据茶艺馆的建筑类型不同，有民居型、园林建筑型、会馆型和庭院型之分。

1. 民居型茶艺馆

民居型茶艺馆是以传统的居民住宅为依托，利用住宅经营茶馆；其空间布局类似城郊型茶馆，经营空间与居住空间既统一又分隔。同时，可以利用建筑外的空地、骑楼空间、建筑露台或屋顶平台，营造出互不干扰并且有趣的茶馆空间。民居型茶艺馆可以凸显地域文化，家的感觉更浓。但这一类型的茶艺馆还处于一种不太成熟的状态，易受民居结构的限制，需要有专业设计。

2. 园林建筑型茶艺馆

中国园林世界闻名，园林建筑型茶艺馆作为园内景色的点缀，是游客游览路线上的驻足点，让游人获得休息、品茗与欣赏园林美景的多重满足。这一类型的茶艺馆，可通过利用茶艺馆建筑周围的空地、树木、水体、高差、檐廊或屋檐、亭子或柱廊以及水榭来拓展室外茶座空间。茶艺馆与四周美景融为一体，随着四季的变化，园林景致各不相同，品茶情趣也随之变化。

3. 会馆型茶艺馆

会馆型茶艺馆指对一些历史悠久，已丧失其原先功能的建筑，加以改造利用而形成的茶艺馆类型。如宁波清源茶馆原先是一座建于清代的药王庙殿，但由于年久失修，已丧失了其原有的庙殿功能，而将其改造成为一家非常有特色的茶馆。在空间上，用玻璃等透明材质将此前保留下来的天井加以改造，围合成一个室外茶座，花草树木，柔和阳光，犹如置身于大自然中，令人流连忘返。

4. 庭院型茶艺馆

庭院型茶艺馆极具中国传统园林特色，在庭院内种植花草树木，并运用园林的造景方式，通过假山、水池等丰富茶艺馆的室外空间。如位于西湖十景的"柳浪闻莺"和西湖博物馆间的西湖国际茶人村，庭院中设置亭台楼阁，植以草木，采用了园林造景的多种手法，营造出优雅别致的品茶环境。

第二节　茶艺心境

人立于草木间，构成了汉字中的"茶"，这体现出人类对自然的态度，也映射出对人生的感悟。品茶不仅需要清静幽雅的环境，同时也要有平和宁静的心境，才能够真正体会品茶之趣，获得精神上的享受。茶艺心境包括茶艺师的演示心境和客人的观赏心境两大部分，并受到品饮时间、茶友、场所、器具等诸多因素的影响。

一、演示心境

茶艺师是茶、水、器、火、境的联结者，是茶叶冲泡艺术的展现者，其演示心境显得尤为重要。茶艺演示不仅仅是一个个优雅动作的简单集合，更为重要的是用心感悟，将其中蕴含的文化内涵和人文精神充分地展现出来。这就要求茶艺师须通文达艺，饱读诗书，拥有一颗汇集良心、善心、爱心和美心的"茶心"。如清新高雅的婺源"文士茶"，其精神文化核心是"儒家精神"，是"积极入世"，是"非淡泊无以励志，非宁静无以致远"，是对前途充满信心的"乐感文化"追求。茶艺师倘若对这些精神内涵了解不透彻，便不能进入到这样的心境中，否则仅是就茶艺演示而演示，而达不到物质与精神的良好融合。

茶艺的主旨在于以茶修德，以茶陶冶情操。而茶艺演示过程就是修炼心性，提高涵养，锻造人格的过程。茶艺师不仅需熟练选茶、置具、备水到温杯、投茶、冲泡、呈献、谢客的整个过程，还要不断提高自我的茶德修养，保持良好的演示心境。唯有当茶艺师的演示心境与外在环境相吻合，并高度一致时，才能静心投入，得到山川灵气的启发，得到静虚之根的复苏，同时也得到了道德力量的扩充，使茶艺反过来成为不断提升道德境界的途径，从而相互促进、相互完善。此时所演示茶艺的形式乃至内容都已经被淡化，最为重要的是如何将其中的精神文化内涵充分地表现出来，并向观众传递这种心境。

二、观赏心境

今日快节奏的生活，使人们比以往任何时候都更为忙碌，也比过去任何时代更加需要保持冷静；唯有如此，才能形成我们与世界的平衡。茶承载着中国几千年的文明，在欣赏茶艺演示、品茶过程中，使我们动荡的心绪能够安静下来，与茶沟通，感受一种清净雅洁的心境。

人常常处于劳作紧张状态，偶尔也有怡然自得的时刻，忙里偷闲，欣赏一段茶艺演示，品上一杯茶。在茶艺开始前，客人要学会转换为静态，并学会静态的保持。"人静"是一种功夫，也是一种修养，其境界由于阅历的不同而有所差异。这种"静"的特质，不仅顺乎茶之质，也顺乎人之性。古人将"静"看成人与生俱来的本质特征，认为静虚则明，明则通，无欲故静，心无欲，则虚而自明，讲究去杂欲而得内在的精微。儒家以静为本，致良知，止于至善；道家以清净取淡泊，与宇宙万物同；佛家则以平等、无差别而随缘博济。虚静的境界有着深邃、冷静而能应万变的内在精神，是人与自然沟通的渠道。客人需要的正是这种虚静醇和的心境，在观赏茶艺、品茗时才能感受到茶的精神，喝出人生的味道。

"品"字为三口，在品茗中，一口是利用茶叶提神醒脑的功效，二口是品其"色、香、味"，三口是精神的升华。观赏茶艺就是品味、感悟人生的过程。不同的人可以品出不同的茶滋味，进入不同的心境，即所谓的"仁者见仁，智者见智"。唐代诗人卢仝品饮友人孟简所赠新茶后，即兴所作的《走笔谢孟谏议寄新茶》广为流传，其中以第二部分关于饮茶感受心境的描写最为有名，常被命名为《七碗茶歌》单独提取吟咏："一碗喉吻润"，口干舌燥时，被一碗清茶滋润。"二碗破孤闷"，心中的孤苦烦闷被茶破解了。"三碗搜枯肠，唯有文字五千卷"，卢仝的第三碗茶下去，搜肠刮肚，激活了胸中五千卷诗书，一种骄傲感油然而生。无论外在环境如何，只要信念和学问还在，就不会惶恐胆怯。"四碗发轻汗，平生不平事，尽向毛孔散"，将不如意之事通过茶如同发轻汗一般散去，使我们保持一颗平常心。"五碗肌骨清，六碗通仙灵"，借助茶这一媒介，了解人生的简单自由，拂去我们心灵的尘埃，感觉越发轻盈，心清自然明，喝出通仙的境界。"七碗吃不得也，唯觉两腋习习清风生"，周围的环境、旁人在那当下好像消失了，整个世界只剩下茶叶与自己，让心重归于草木间，与万物合一，品出了茶的最高境界。

茶艺演示用眼观赏，用嘴品茶，却要用心去感悟。最理想的观赏心境就是如卢仝喝了第七碗茶后那般，天人合一，将思想融入日常生活中。想进入如此的心境，应该先修身、静心，使自身超越具体的茶艺演示形式、程序、时空，得到彻底的超越，进而享受到精神的愉悦，领悟生活的真谛。

三、影响茶艺心境的因素

茶艺心境不仅受到艺术修养、国学功底的内在影响，还受到品饮时间、茶友、环境、器具等多种外在因素的影响。

（一）时间

明代许次纾在《茶疏·饮时》中总结了适宜饮茶的时间："心手闲适，披咏疲倦，意绪棼乱，听歌拍曲，歌罢曲终，杜门避事，鼓琴看画，夜深共语，明窗净几，洞房阿阁，宾主款狎，佳客小姬，访友初归，风日晴和，轻阴微雨，小桥画舫，茂林修竹，课花责鸟，荷亭避暑，小院焚香，酒阑人散，几辈斋馆，清幽寺观，名泉怪石。"这些品饮时间有利于入境，可为形成良好的品茶心境奠定基础。同为明代人的冯可宾在《岕茶笺》中指出"饮茶七忌十三宜"，并将"无事"放在适宜饮茶十三个条件的首位，这与许次纾"心手闲适"的观点一致。茶艺师以及客人在时间充裕悠闲时，较易进入并保持良好的茶艺心境，并领略一份宁静清雅的生活乐趣。但更为重要的是心中无事，需要抱以无忧无虑、无欲无求的心态来演示茶艺或欣赏茶艺。

（二）茶友

茶艺是人与人之间的高层次交流，茶友对茶艺心境的形成发挥着重要作用。关于茶艺人数的记载最早出现在陆羽《茶经》中："夫珍鲜馥烈者，其碗数三；次之者，碗数五。若坐客数至，五行三碗，至七行五碗。若六人已下，不约碗数，但阙一人而已，其隽永补所阙人。"陆羽设计的煮茶器皿，一次仅能煮出三到五碗合乎标准的茶汤，因而饮茶人数一般不超过六人。至明代，张源在《茶录》一书中指出"饮茶以客少为贵，客众则喧，喧则雅趣乏矣。独啜曰神，二客曰胜，三四曰趣，五六曰泛，七八曰施。"在此基础上，逐渐形成了"独饮得神、对饮得趣，众饮得慧"的观点。

古代的隐士文人独自品茶时，并不寂寞无聊，面对真正的自己，反而感受到一种怡然自得，宁静致远，山林草木滋养身心，体会人生百味。如"吾年向老世味薄，所好未衰惟饮茶"，历尽沧桑的欧阳修从茶中品出了人情如纸、世态炎凉的苦涩味；"雪乳已翻煎处脚，松风忽作泻时声。枯肠未易禁三碗，坐听荒城长短更"，苏轼仕途坎坷，在独饮中，品味到随遇而安、从容淡然，是其内心的真实写照，也是对世事人情的感悟；"矮纸斜行闲作草，晴窗细乳戏分茶。素衣莫起风尘叹，犹及清明可到家"，年迈的陆游从茶中喝出了壮志未酬的无奈和孤寂之味。对饮得趣，知己好友间品茗极富吸引力。在冯可宾提出的"饮茶十三宜"中，"佳客"位列第二，与此相对的是"饮茶七忌"中的"主客不韵"。佳客是心中仰慕之人，是志趣相投之人。"君子之交淡如水，小人之交甘若醴"，知己对坐，品茶论道，得品茗之趣，相互交流启迪，促进茶艺心境的提升。众饮得慧，志同道合的茶友聚在一起，三五人围坐一桌，或解渴歇脚，或品茗休闲，以获得片刻的休息和精神的放松，在天地大道中找回自己的初心。

（三）环境

在品茶过程中，人与自然山水融为一体，接受大地的雨露，调和人间的纷解，求得明心见性回归自然的特殊情趣，精神层次上感受到一种美的熏陶。所以茶艺对环境的要求十分严格，或是江畔松石之下，或是清幽茶寮之中，或是宫廷文事茶宴，或是市中茶坊、路旁茶肆等。不同的环境会产生不同的意境，渲染衬托出的主题思想也有所差别，如清静淡雅的文士茶、修身养性的禅师茶、庄严华丽的宫廷茶都有着不同的品茗环境，从而营造出不同的茶艺心境。不同形式的环境适合不同的茶艺演示，环境中景物布局、色彩基调、绘画、插花和背景音乐的形式及内容都是影响茶艺心境产生与形成的重要因素。

（四）器具

器具是茶艺之美的一个重要组成部分，其材质选择及摆放位置在茶艺心境的营造方面也发挥着重要作用。茶叶冲泡过程中需选用适宜的器具，合适的茶具不仅可将茶叶之美展现得淋漓尽致，同时器具的造型、色彩以及质地也会呈现出最为朴素的自然美。最常用的瓷器、紫砂陶器，其原料源自最朴素的泥土，保持着许多天然特性，就算饰以再多的纹样、书画和色彩也遮挡不住其流露出的自然气息。另外，茶具放置不同的位置，也将呈现出不同的茶艺心境。曾有茶艺师将六个棕黑色品茗杯摆成一条蜿蜒小径的样子，寓意人生道路的曲折，而在茶艺演示中随着茶汤的斟入，也流露出茶艺师愿以激情和活力来过好每一天的心境。

第三节　茶艺环境的设计

　　环境影响心境，茶艺环境是衬托茶艺主题思想的重要方式。茶艺环境在渲染茶性的纯洁、质朴、优雅，以及营造一个素朴、清幽、雅致的品茗氛围方面，有着不可小觑的作用。不同风格的茶艺有着不同的环境要求，因此茶艺环境设计需与茶艺主题相统一，主要包括了外部环境设计和内部环境设计两方面。

一、外部环境设计

　　茶艺馆的外部环境起着空间过渡的作用，其设计决定着整个茶艺馆的设计风格以及内部环境的氛围营造，也对消费人群的多寡有一定影响。景区型茶艺馆或依山傍湖而建，或淹没于绿树翠柳之中，外部环境自然天成。而其他类型的茶艺馆在外部环境设计时，或通过园林的造景方式，或再现历史场景，或利用传统文化，打造出不同韵味的外部空间。而在茶艺馆外部建筑的设计上主要包括墙体和门头两大模块。

（一）墙体

　　墙体作为划分空间与承重的建筑构件，在茶艺馆的外部设计中具有举足轻重的作用。除了建筑自身的墙体设计外，部分茶艺馆还包括亭台楼榭、走廊等构筑物的墙体设计。南北方茶艺馆的墙体设计差异明显。在色彩应用上，南方以冷色调为主，其中以徽派建筑的墙体风格为代表；北方则以灰色为主，如北京四合院的墙体风格。另外，中国式的洁白高墙浓缩着浓郁的中国气息和人文情怀，是隐居的理想和寄情山水的浪漫。同时，墙面上的洞门、空窗、漏窗随着建筑环境性质和位置的不同而千变万化，通过虚实对比以及明暗结合，使人产生一种典雅幽静之感。

（二）门头

　　门头是茶艺馆在门口设置的牌匾及相关设施，是茶艺馆入口处极为重要的设计内容。依其样式风格不同，主要有宫廷建筑风格、徽派居民风格、晋式居民风格3种。红漆大门、碗式的铜门钉、大门两侧的狮面铜狮把手是宫廷式建筑风格门头的典型特征，再配以垂莲门、琉璃瓦等构件，顿时产生一种富丽堂皇之感，远近闻名的老舍茶馆、湖心亭茶楼的门头设计是其典型代表。重檐飞角、青砖黑瓦、雕饰精美的花格门窗、富有传统文化意境的名匾牌额是徽派建筑风格门头的主要特点。以徽派建筑风格设计门头较为闻名的茶艺馆有婺源李坑光明茶楼、合肥的浮庄茶社。砖木结构，充满斑驳机理的木门则是晋式居民风格门头的重要特点，尽显文化的岁月感。

二、内部环境设计

　　与外部环境相比，茶艺环境的内部设计与品茗氛围的形成息息相关，是茶艺环境设计中更为关键的部分，主要包含前台、散台区域、包厢区域、洗手间、装饰、家具、灯具设计等方面。

（一）前台设计

前台在茶艺环境的设计中尤为重要，一般都设置在茶艺馆的进门处，是绝大多数客人看到的第一个设计内容，往往决定了客人对茶艺环境的第一印象。前台可以是洁净的，可以是简约的，也可以是典雅的，但作为与顾客沟通的重要位置，应随时保持整洁。就其风格而言，有古典与现代之别。如老舍茶馆的前台是富有老北京特色的大柜台，柜上挂着系有大红绸子各式水牌，柜后的货架上摆满了青花瓷大茶罐，颇具古典韵味。而富有现代感的前台，多用玻璃等透明的材料，配合柔和的灯光，以展示本店的特色茶品。另外，前台工作人员的甜美微笑将是最为精致的设计，使人们在正式步入茶艺环境前感到由衷的愉悦。

（二）散台区域设计

在茶艺馆散台区域设计时，应保证有一个足够宽敞的空间。若仅是狭长或曲折的空间，就应该更加注重设计，因地制宜地利用空间。根据空间的大小合理放置桌椅，每张桌子一般配备4或6张椅子，且2张桌子的间距应略大于2张椅子的宽度，以保证顾客的自由出入。使用的桌椅应尽可能方便挪动，以便于举行茶艺活动时快速地腾出空间。同时，在散台区域设计中，还要考虑顾客间的隐私保密需求，可在桌与桌之间放置竹帘、纱幔或屏风。这不仅营造出一个小小茶厅的感觉，还巧妙地减少了环境中的拥挤感和杂乱感。如果散台区域的空间足够宽阔，除了普通的桌椅摆放外，还可引入一些精致的小建构，如小桥流水、杉木翠竹、曲水流觞等，于方寸之间再现迷你的自然风光，别有一番特色，制造出一种舒心的氛围。

（三）包厢区域设计

与半开放式的散台区域相比，茶艺馆的包厢区域讲究整体设计，并需与茶艺馆的整体风格保持统一。依据茶艺馆包厢区域设计风格的不同，可分为中式风格、日式风格、欧式风格、休闲风格和综合风格五类。顾客的观赏感受及心境随包厢区域的设计风格不同而有所差异。中式风格包厢的雕花门窗、精雕细琢的古典家具，极富传统民族特色的烛台、灯笼，刺绣靠枕等设计，无不体现一种雍容典雅的风韵。日式风格包厢的推拉门、榻榻米等设计，简洁明快，流露出异国风情，给人以新鲜感，引领人们体味日本茶道的"和、敬、清、寂"。欧式茶馆以卡座设计居多，广泛流行的音乐茶座也属于欧式茶馆的一种。而休闲风格包厢的布面沙发、具有现代感的茶具、绿色植被等设计，营造出一种轻松舒适的氛围。综合风格的包厢设计将各种风格协调搭配，遵循舒适、精美的设计原则，尽显创意。

（四）洗手间设计

"看一个国家的国民素质，要看他们的洗手间"，茶艺环境设计中，洗手间的设计也极为重要。洗手间是最容易被忽略的部分，但它却是最能够反映茶艺场所卫生情况甚至档次高低的内容。干净卫生是茶艺馆洗手间的最基本要求，各种卫生设施一应俱全。同时，还需考虑到一些细节内容，如洗手间的灯光明暗、墙面的装饰和挂钩、洗手盆的装饰设计、纸巾盒子的设计、空气是否清新等。在保证洁净的基础上，注重细节，方便使用。

（五）装饰设计

装饰设计是茶艺环境格调和品位的直接体现，可以随时增减，不断调整革新。装饰物种类丰富，有摆件和挂件之别，包括琴棋书画、雕塑、陶器、瓷器、玉器等收藏品，剪纸、脸谱、泥人、织绣等工艺品，绿色植物、插花等。茶艺环境的内部设计要求美观、大方、舒适、幽静，在装饰设计方面应根据所希望营造的风格、氛围加以选择。如可利用地方文化特色进行装饰设计，老北京风味的红灯笼、鸟笼，巴蜀特色的竹椅，江南情调的木雕花窗、蓝印花布，少数民族的毛毡、竹篓，欧式风情的油画、壁纸，营造出极富民族文化韵味的茶艺环境，令人兴趣盎然。在回归自然型的茶艺环境营造时，可用花、草点缀房顶，蓑衣、箬帽、渔具、甚至红辣椒、宝葫芦、玉米棒等装饰墙面，让人仿佛置于田间旷野、渔村海边，有一种置身于自然之感。而在文化艺术型的茶艺环境设计中，名家字画、墨宝将是最佳的装饰物，并在散台、包厢区域摆放适量的艺术品，使每个角落都自然而然地流露出浓郁的文化氛围。

（六）家具设计

家具的挑选也是茶艺环境设计的重要内容。家具或中式、或日式、或欧式，不同风格的家具将营造出不同茶艺氛围乃至心境。中式家具古韵浓厚、内涵深刻，如简洁精致的明式家具、富丽华贵的清式家具以及其他旧式家具，兼具有很高的欣赏和收藏价值，受到很多茶艺馆设计者的青睐。竹藤家具是巴蜀地区设计师的偏爱，虽然少了仿古家具的那份古典庄重之感，但却自带一份返璞归真、自然清新的格调，且在炎热的夏季，可为人们送来丝丝清凉，别有一番韵味。究竟是购置具有收藏意义的中式古典旧家具，还是现代家具，抑或是日式、欧式家具，应根据茶艺环境以及主题的整体需要进行抉择，以营造出与之相贴切的氛围。

（七）灯具设计

光的作用使物体产生明暗、虚实的变化。同时不同色彩、强度、角度、介质的光将产生不同的视觉效果。在茶艺环境设计领域，光已成为设计师表达设计理念、情感，营造环境氛围不可或缺的手段之一。从光源角度，光可划分为自然光（如日光、月光等），和以灯光照明系统为主的人造光。而根据发射方式的差异，有直射光、反射光和散射光之分。通过光以及借助光透过不同介质产生的视觉效果差异，构建出与茶艺主题相适应的光形式，犹如无声的语言，向茶艺师以及观赏者诠释着茶艺的主题与内容。光与影的双重作用，营造出了虚空间，使得茶艺环境更具魅力。落地灯、吊灯、壁灯，乃至各式各样的灯笼，都有着独特的韵味，或明或暗，或朦胧婉约，或明艳典雅，光与灯具的合理组合将渲染出更为丰富的意境美。

第四节　茶艺环境的布置

中国自古就有"点茶、挂画、插花、焚香"四艺之说，并在宋代被人们广泛地应用于品茗环境的布置之中。茶艺环境的布置对意境的营造和茶艺心境的形成起着至关重要的作用，通常包括铺垫、挂画、插花、焚香、背景音乐等内容。茶艺环境布置通过人与茶、茶具以及周围环境的相互调和，给人们带来美好与宁静，使人们从中寻找适合自身生活的理想方式。

一、铺垫布置

铺垫可以铺于桌上、地上或其他地方，一切依据需要营造的茶艺环境而选择。

（一）铺垫种类的选择

茶艺环境布置时，桌布可选用麻、绸、丝、缎等织品类铺垫，也可选用竹草编织垫、荷叶、沙石、落英等非织品类铺垫。具体的桌布材质选择应根据茶艺演示的主题来确定。在传统和少数民族题材的茶艺环境布置中，常用麻布铺垫。麻布的历史悠久，古朴大方，细麻质地较软，适合大面积铺设，而粗麻质地相对较硬，不适合大面积铺设，可作为重要茶具的铺垫物。棉布质地柔软，易裁剪，视觉效果柔和，也是茶艺环境布置中常用的铺垫之一，但存在易掉色、易褶皱的缺点。

（二）铺垫色彩的选择

铺垫的色彩也是茶艺环境布置中需要考虑的因素之一，具体可分为单色、碎花和繁花。单色铺垫看似朴实无华，实则最能烘托器具的色彩变化、渲染良好的茶艺氛围，是铺垫中最佳的色彩选择。碎花铺垫含有一定的纹饰，在选择上对设计师是一大考验。选择得当，不仅不会影响茶艺环境的整体视觉效果，而且还能够更好地点缀茶具，但在选择上尽可能采用与器具色泽类似且稍浅的颜色。繁花铺垫色彩过于丰富，茶艺环境布置中一般不加以使用，除非需要营造一种特定的强烈视觉效果，但也需要慎重采用。

（三）铺垫布置方法

不铺、平铺、叠铺和立体铺是茶艺环境布置中常见的4种铺垫布置方法。不铺，即将桌、台本身作为铺垫，要求使用质感较好的桌台，如红木桌、仿古茶几等。在台面、茶桌上配有一定的铺垫会显得更有韵味。平铺一般选用一块比桌子稍大些的长方形或正方形桌布进行铺垫，端庄大气。可以选择将桌沿遮住，也可不遮住桌沿，而垂沿可以完全触地，也可以不完全触地。叠铺是在平铺或不铺的基础上，形成两层或多层的铺垫，使茶席富有层次感。另外，可将多种形状的小铺垫相互组合，叠铺为某种图案，衬托茶艺的主题。立体铺是在桌布的下方先固定一些支撑物，然后将桌布铺上，来形成如山峰、河流等物像；该铺垫方式极具艺术气息，但对桌布的材质、颜色要求严格，以达到理想的表现效果。

二、书画布置

书画布置是将书画作品悬挂于茶室或泡茶席的墙上、屏风上，起到营造高雅、古朴、宁静的茶艺氛围，提升艺术效果的作用。书画在茶艺环境的布置中往往能起到画龙点睛的作用，但在选择上应与茶艺整体环境的装修、陈设以及茶艺主题相协调。另外，在具体的悬挂位置方面，需考虑悬挂高度、采光等内容。书画是为了烘托品茗意境，便于人们欣赏的，适宜在距地面2m左右的高度悬挂。若是字画中的字体较小，则可以适当降低些悬挂高度。书法为主的字画，以悬挂于一进门就能欣赏到的地方或是主宾席的正上方为宜。而绘画类的作品在选择位置方面还需考虑采光条件，宜挂于向阳的位置，以取得较好的欣赏和渲染效果。

三、插花布置

在茶艺环境布置中，插花在突出茶艺主题、传递茶艺师的思想情感方面具有一定辅助作用，给茶艺带来了大自然清新之感。插花虽然是茶艺环境中重要的装饰元素，但茶艺演示及欣赏才是活动的主体。插花只是为了渲染气氛，辅助茶艺美学、思想的表达，切忌过于繁杂，以免喧宾夺主。在插花过程中，应注意高低落差、虚实相应和疏密有致。单个花艺不宜过大，多选用清疏娇小的花材，花色以淡雅为主，渲染平静雅致的茶艺气氛。另外，花材的香气不宜过于浓重，否则会干扰茶香。总体的花饰不宜过多，学会留白，留有空间给观赏者体会，赋予茶艺演示不完全的朦胧美。同时插花应与茶艺主题相符，许多植物被赋予了特殊的寓意和品格，在选用时应注意其寓意或品格与茶艺主题间的关系。如文士茶艺采用梅花暗指文士高洁、儒雅的品性，以增强意境的营造效果。此外，插花容器、花材的选择，以及放置位置都应尽可能与整体环境相协调，使得茶艺演示更上一层楼。

四、背景音乐选用

"当语言不能到达时，音乐就出现了"，音乐在思想情感诠释上有着得天独厚的优势。古典、雅致、民族、文化是现在绝大多数茶艺背景音乐选择的关键词，于是背景音乐的应用都不约而同地指向了中国古典名曲。然而，中国的古典名曲数量有限，可选择的余地较小，《高山流水》《春江花月夜》等古典名曲成为了万能的茶艺演示背景音乐，缺乏创新性。另外，部分古典名曲的节奏变化太多，而茶艺演示较为舒缓，经常出现茶艺师无法踩上音乐的节奏点，而造成凌乱感。且许多客人难以领悟古典韵律，因此存在无法有效地引起观众的情感交流和共鸣的弊端。

茶艺演艺中，如果背景音乐选择得当，客人不仅可以静心品茶，还可以与茶艺师、周围环境融为一体，更能引发客人对茶艺之美、茶艺精神以及人生的思考，是视觉与听觉的双重享受。现行的茶艺配乐一般根据演示形式及品茶时的环境、不同品种茶的茶艺演示需要以及各民族不同的演示习俗加以选择，古典、雅致、民族、文化是现在绝大多数茶艺背景音乐选择的关键词。需精挑细选背景音乐，以达到较高的匹配程度。另外，无论是采用哪种茶艺背景音乐，播放时都需注意音量不宜过大。倘若是现场演奏，演奏者的位置应处于茶艺师的侧后方，以免喧宾夺主。

第十二章　茶艺表演

茶艺表演是茶艺演示的一种，是以舞台展示的方式呈现茶艺给观众观赏的过程。表演性茶艺在突出饮茶艺术本身的同时，更注重舞台的效果，尤其是视觉、听觉效果以及综合感染力，让人们在欣赏整个茶艺表演的过程中，获得对茶以及相关文化和精神的美感之体验、情操之陶冶、思想之启迪。因此，茶艺表演成为茶艺工作中一个需要多角度构思、提炼、融合、排演、最终完整地在舞台绽放的"系统工程"。

第一节　茶艺表演的基本理念

茶艺表演作为一种舞台艺术的表现形式，同时又是饮茶艺术本身，所以它在呈现给大众时的状态，要有独立的精神面貌。人们在欣赏茶艺表演时，看到的不仅是表演者的肢体语言与外表，更是在专业的泡茶技艺基础上提炼出来的优美而精准的泡茶美感本身。茶艺表演整体的感染力，来自表演者对茶的认知程度，从而通过茶艺呈现出其独特的理解。

一、形神兼备

茶艺表演的形，是眼睛看到的人、物以及由表演者的动作而连结起来的茶艺过程。它可以表现一种特定的情境，但不是舞台剧本身。高度的提炼，让生活的细节不经意地融入茶艺的文化背景之中，但不是简单的还原。所以茶艺之艺，即是来源于生活却高出生活的艺术形态，无论是布景、器物、人物的言行举止，都是凝练与提升了的艺术形态。而舞台上的布景，绝非随意的组合，而是有机的融合，每一样物品的存在，都是茶艺表演过程中有所作为的部分。和谐与秩序，构成完善的茶艺表演平台。茶艺表演者自然、清爽的气质，其与场景的融入，赋予了舞台生命力。对泡茶器物的熟悉、手法的顺畅自然、节奏的平稳有序、泡茶中对茶汤的掌控、神情的自如从容，都让茶艺表演者成为舞台的驾驭者，从而让茶艺作品本身达到形神兼备。

二、知行合一

茶艺表演的成功与否，取决于茶艺作品本身的艺术水准，还有赖于表演者对作品的把握程度。用于表演的作品，作者与表演者不一定是同一人，但无论是哪种情况，茶艺作品最终要呈现给观众的茶文化现象，要有知行合一的真实感。创作者不是凭空想象去编排作品，而是深入学习与挖掘茶以及茶文化的知识、要义，对茶的精神有深刻的领悟和共鸣，在其作品上才能呈现这样的精神，并在茶艺表演的实践中自觉践行，让茶艺的每一个动作、技法都体现出对当下茶的正确态度。茶艺表演者对茶的认知与情感，都是其进行茶艺表演时的内在力量。日常的严格学习、训练、修正，让茶艺在表演时是鲜活的、有底蕴的、气韵生动的。

三、求真向美

茶是来自大自然的饮料，每一片都是茶树的"原叶"；其溶解于水中的每一滴精华，都带着大自然的清新。对茶的坚守与热爱，并把这种坚守和热爱呈现于舞台，这是每一位茶艺工作者求真的过程。艺术作品撼动人心的力量，必定是其不可替代的一种精神品质。对茶来说，"本真"是最珍贵的艺术精神。来自大自然的它，与人类有天然的亲和力，当茶艺作品呈现时，应该是让广大观众从心里认同、触动。因此，这种茶艺表演必然不能矫揉造作、虚伪捏造，要符合茶的秉性，符合茶的文化背景、时代特征、地域风貌，才能长久回响与回味。艺术的本质是美本身，茶艺之美是茶艺的永恒追求。要在坚持求真的基础上，不断赋予茶人对美的理解与追求。历代茶人对茶叶品质、茶器的实用与美感、品茗的空间、茶汤的创作从未停止过的探寻与追求，让茶的美学有了厚重的底蕴与活泼的生机，从而为茶艺的美提供了独特的基础与明晰的方向。

四、善始善终

如何开始，如何结束，是一个舞台艺术表现的关键所在。开始引人入胜，结束回味无穷，才是一个完整的作品。对于茶艺表演而言，布景完成后，表演者从容地登台，徐徐展开茶艺表演的面纱，一段跟茶有关的故事，一份与茶相伴的情怀，借助茶艺师的双手，在茶、水、器、物与情景的交融中，以茶艺自有的魅力芬芳浸润在场的观众。茶艺的精髓，在于沏泡艺术本身，最高潮的部分是茶汤的呈现与品饮；没有茶汤品质保证的茶艺表演，是虚无的、偏离本体的。人们在欣赏精美别致的茶具与布景、优雅的茶艺动作、美妙的背景音乐、动人的背景解说之外，更能从这个过程中，感受到茶艺师的泡茶能力以及对茶与文化的恭敬、对宾客的恭敬，这是茶艺表演本身的特质。泡茶、奉茶与品茶，是茶艺的基本内容。品完茶的结束，是对宾客的交代，也是对好茶的交代。整洁有序的席面，依依不舍的心情，感恩遇见的喜悦，在茶艺表演的结束，是为"善终"。

第二节　茶艺表演的类型

茶艺表演在编创与表演实践中，形成了多种类型。

一、依据对茶的表现力分类

依据对茶表现力的强弱，茶艺表演可以分为纯茶艺表演和综合性茶艺表演。纯茶艺表演，是不增加泡茶所需的器物与流程之外的任何艺术项目，为单纯的茶艺表演。在纯茶艺表演中，茶艺表演者将其对某种茶的理解，通过娴熟的茶艺流程在舞台上展示，无背景音乐，将泡茶的节奏与茶、水、器的声响视为听觉的享受；无插花与其他装饰，将视觉集中于茶具本身的造型、色彩与材质之美以及茶艺表演者优美得当的泡茶手法与流程之中；无焚香与其他气息，将嗅觉集中于茶在精心调设的水温中激发出来的本真的香气之中；茶艺表演者把茶汤作为在表演过程中创作出来的一份美好的作品，直至奉献出一杯色、香、味俱全的茶汤，将茶艺的精髓分享与宾客。

综合性的茶艺表演是依所设计的茶艺表演所需，包括茶艺的时代、民族、地域及某种特定的主题，以茶艺为核心，融入相关的艺术要素，以烘托该茶艺的特定氛围，产生强烈的感染力，带给观众对茶及其文化的综合体验。从感染力的角度来说，背景音乐的应用与舞台布景的呈现是最直观的。其次是在茶艺表演的过程中，为增强渲染而增加相关视频、舞蹈、情景等。

二、依据茶艺表演的人数分类

按照茶艺表演的人数，茶艺表演可以分为单人茶艺表演和多人茶艺表演。单人茶艺表演是由一位茶艺师完成舞台上的全部茶艺表演内容。对很多主题比较纯粹的茶艺来说，单人的茶艺表演较容易实现，比如红茶茶艺、绿茶茶艺、乌龙茶茶艺等直接表现茶的茶艺。

多人茶艺表演指两人及以上的茶艺表演，在表演时有配合、有衔接，共同完成茶艺的主题内涵。舞台布景相对比较复杂，角色有明确的分工，或者均分，在茶艺操作时完全同步，极度默契；或者有主次之分，以泡茶台的大小和位置以及开始茶艺操作的先后顺序区分；或者茶艺操作者与其他艺术项目由不同角色完成，在流程上相互配合，形成综合的舞台感染力。

三、依据茶艺的时代性主题分类

按照茶艺的时代性主题，茶艺表演可以分为古代茶艺表演和现代茶艺表演。古代茶艺表演是以茶艺产生后的某一个朝代为背景而创作并在舞台上呈现的茶艺。由于我国的茶艺在历史发展的过程中有鲜明的时代特性，茶艺表演务必符合某个时代的风格。茶艺表演的核心是茶艺操作本身，从茶类、器具、场景、操作方法与流程、礼仪到服饰，都要精心考证后提炼。如唐代煮茶法、宋元点茶法、明清泡茶法，都有鲜明的时代特征。

现代茶艺表演是基于现代人茶艺生活特点提炼升华出来的舞台茶艺形式。现代人的饮茶更多讲究便捷、多元化，其茶艺表演的创作角度也相对多元化。符合现代人的审美习惯，又能体现茶的精神面貌与文化特征。

四、依据茶艺的文化背景主题分类

茶艺表演在创作时，往往需要对茶艺所处的文化背景进行考量与提炼。按照茶艺的文化背景主题，茶艺表演可以分为民族茶艺表演、地方茶艺表演、宗教茶艺表演、文人茶艺表演等类型。民族茶艺表演与地方茶艺表演，是当代茶艺文化多姿多彩的一种表现。从地域的角度来看，不同的国家、民族，在与茶融合的过程中，沉淀出了各种独特而相对稳定的民族或地方饮茶习俗，提炼其精华部分在舞台呈现。以某个民族或某个地方特有的习俗为背景来创作茶艺作品时，遵循其基本的面貌，体现其独特的精神内涵，是作品成功的重要前提。

宗教茶艺表演是表现不同的宗教与茶在漫长的历史过程中自觉的融合。宗教的人文精神与思想在茶艺中有独特的呈现方式，如禅茶茶艺、道教茶艺等，其布局、操作流程、背景烘托等都有浓郁的本宗教文化特征。

文人茶艺表演是将历代以来在社会上最精致的饮茶艺术群体——文人与茶的关系呈现出来。精致、细腻又不失本真，观照自然，观照内心，表现出世间的唯美，是文人茶艺的特性。文人与诸多艺术的结缘，琴棋书画无所不精，茶在其日常生活中便与这些艺术形态自觉融合，因而文人茶艺表演是中国传统茶艺在舞台表现上的精华所聚。

总之，区分茶艺表演的类型是茶艺作品创作时的重要依据。茶艺在舞台的呈现是和任何舞台作品一样的，可以在有限的时空中呈现出巨大的艺术力量，带给观众对于茶艺美学与茶文化的深刻感受。然而这种效应来自表演茶艺作品时清晰的思路与正确的做法，并能体现茶的艺术特性和独特的文化背景。

第三节　茶艺表演的要素

茶艺表演作为当代茶文化的重要展现方式，其应该传递的是正面、健康、积极的精神面貌，带给茶艺观赏者关于茶的真善美的体验与启迪。围绕着这样的宗旨，构成茶艺表演的相关要素就需要有一定的遵循准则。一般来说，茶艺表演的构成要素有茶艺表演的主题、茶艺表演者、茶席、舞台布景、茶艺的流程、背景音乐、解说、视频等。围绕着一个茶艺表演作品的完整性，以上的要素虽非缺一不可，但很多要素都是作品所必需的。茶艺表演在编创的过程中，可以先确定茶艺表演的类型或者风格，依此去梳理其中需要融入的相关艺术手段和要素。

一、茶艺表演的主题

主题是作品的中心表现力，也是导引作品走向的灵魂。一个好的茶艺表演，通过特定的主题，能产生独特的价值认同与精神共鸣，从而达到传递茶艺精神与茶艺美学的目的。茶文化是人类认识茶与开发利用茶的漫长历史过程中，逐步把人类的智慧赋予茶叶而形成的丰富的认知与体验。每一次的用心，都是一段动人的故事，或是一个高洁的追求。茶艺表演就是要在特定的茶艺操作过程中，把这样深厚而美好的人文、自然、历史的底蕴传递给茶艺观赏者，从而达到传播优秀茶文化的目的。茶艺表演的主题决定了茶艺表演的性质、高度以及相关表现手法的整体走向。

二、茶艺表演者

好的作品必定要有好的演员，才能体现作品的价值。然而茶艺表演者与一般的艺术表演者不同，在于其要具备茶艺的专业知识与专业技能，不是纯粹的肢体表演和语言表演。真正能传递出茶艺的美感与内涵，产生撼动人心的力量者，在于茶艺表演者对茶与茶文化发自内心的理解与热爱，由心而生发出的平和、欢喜，加上严谨而严格的日常训练形成的娴熟、优美、得当的泡茶手法，以及在茶艺流程中相关环节的细腻处理，由内而外展现出茶艺师的风采、气度与内涵。打动人心者，是其温雅的仪态所呈现的对茶对文化的恭敬之心，娴熟的技艺所传递的对茶的深刻理解与领悟，最终奉献出一杯色、香、味全美的茶汤，从而呈现出茶艺表演的最终追求。所以，茶艺表演者的美，在外在的体型、容貌之外，更应该注重的是内在的修为，能深刻领会茶艺主题下种种需要诠释的艺术要领，将自己融入作品之中，将茶艺的灵魂表现出来。

三、茶席

茶艺表演的主体过程是茶艺操作，而操作的平台便是茶席。从舞台表现的角度来说，茶艺表演的茶席要特别注重泡茶的实用性与艺术性的融合，最终凸显其艺术效果。茶席在设计的过程中，应最大程度地与茶艺的主题保持一致。从茶类的选择到茶器的选择，从主次器物的搭配到色彩的搭配，从空间的留白到格局的明朗，茶席应给人予以能把茶泡好的信任，以及给人眼前一亮甚至怦然心动的感觉。茶席是茶艺表演者自信心的重要载体，因而也不能为表演而表演，过多的装饰或者功能不健全，都会破坏茶艺的表现力。

四、舞台布景

有些单人茶艺表演或者主题比较简单的茶艺，舞台布景只需要茶席，这时需要做的是确定最合适的茶席位置，让茶艺观赏者可以更好地感受茶艺表演的过程之美。对于主题较弘大并且茶艺表演的内容更丰富的作品，或者多人合作的茶艺表演，舞台布景往往就需要更细致地构思，如在茶艺中融入香道、花道、书法、绘画、太极、舞蹈、现场解说等其他的艺术形式，但要以茶艺为核心，突出茶席的位置，恰到好处地安排其他艺术形式的展现空间，将香席、花席、形体展示空间等按照茶艺编排流程有机地融合，共同呈现茶艺的主题。此外，还有一些烘托茶艺文化背景的布景，譬如大型的插花作品、屏风、仿建筑的素材，应结合茶艺表演的场地进行有机地安置。布置得当的舞台布景，是茶艺表演形成强大现场感染力的重要组成部分。

五、茶艺表演的流程

茶艺表演的流程，在广义上包含了展现茶艺主题的所有相关内容的先后顺序，而在狭义上仅是指泡茶技艺的操作过程。在综合性的茶艺表演中，会在泡茶技艺展现的前后或者进行中，融入相关的艺术手段进行有效的氛围烘托。如在泡茶前的氛围营造中，可以导入包含生活场景、焚香、插花、书法、舞蹈等内容，但时间不宜长，内容不宜复杂，以导引为要义，让茶艺操作的出现充满期待值。在泡茶的过程中，可以依托茶席空间的布局，以茶艺所要表现的特定时空、流派为依据，力求展现茶艺的文化特色与时代特征。将奉茶作为茶艺表演的一部分，表现出茶艺对宾客的恭敬心、主客同欢的大同理想。在茶艺表演结束时，太极、书法等艺术内容可以产生余音绕梁的深远意境，令人依依不舍、回味无穷。茶艺本身即泡茶技艺的操作，是茶艺表演的重心，其他内容形式为烘托、点缀。整个茶艺表演的流程自然顺畅，合情合理，才能算是成功的表演。

六、背景音乐

为了让茶艺观赏者更好地进入茶艺表演所要营造的氛围之中，以及在茶艺表演进行中让茶艺观赏者更好地领会茶艺的主题，将听觉的注意力调动起来，感受茶艺表演的内涵，往往会在茶艺作品中设置特定的背景音乐。作为茶艺的背景音乐，首要的是舒缓、柔和、富有美感，与茶的清雅相宜，不要喧宾夺主。其次，背景音乐的选择往往与茶艺的主题相关，为了更好地展现主题，无论是风格、旋律还是音乐内涵，都需要精心挑选。有时甚至要从不同的音乐作品中节选部分的段落，或是来自大自然的风声、雨声、鸟叫、虫鸣等，结合茶艺的流程进行重新编排、组合，以呈现某个环节的氛围。在当代的纯茶艺表演中，将泡茶时的声响视为独特的背景音乐，将其录制的声效与泡茶现场同步，产生特殊的听觉体验，称之为"听茶"，亦是茶艺表演在背景音乐应用中的一种有益尝试。

七、解说

在茶艺表演中，原本不要语言的存在，借助茶艺表演者的表现力来传递茶艺精神是最好的途径。但从茶艺观赏者对茶艺的接受程度来说，目前还有一定的水平参差。而得当的茶艺解说，在茶艺表演的过程中，可以增进茶艺的综合感染力，帮助茶艺观赏者理解茶艺内涵的较好手段。茶艺解说词从茶艺主题出发，结合茶艺表演的流程，文字凝练、优美、隽永、恰到好处、扣人心弦。解说语言则能根据茶艺的风格以及文字特点，清晰、准确、情感饱满、游刃有余，将文字的味道通过声音传递出来。好的茶艺作品，往往有好的解说词以及解说者。一般的解说可以提前录音，与音乐合成，配合茶艺表演环节的需要，恰好地烘托。若是现场解说，须做到从容淡定、恰到好处；解说者在台上的位置也要恰到好处，不然容易干扰茶艺表演的整体画面感。而茶艺表演者可以自行解说，在泡好茶和把茶艺演示好的同时，还要让讲解融入茶艺之中。

八、其他要素

在茶艺表演中，还需要有背景视频、光线、空气等要素。条件允许的舞台，亦是出于增强茶艺表演感染力、突出主题的目的，按照茶艺的主题表现所需，拍摄或者整理相关的图片、视频信息，再结合茶艺表演流程，融入背景音乐、解说，制作合成为一个主题茶艺视频。在茶艺表演时同时播放主题茶艺视频，起到烘托与注解的作用。舞台的灯光设计，对于茶艺表演的氛围营造也很有益，凸显主次，呈现茶艺表演的流动过程。但视频与灯光也不是非有不可的。此外，茶艺表演时的空气质量，力求清新无异味，以呈现出茶的纯净与茶的香气之美。

以上茶艺表演的相关要素，是茶艺工作者在进行茶艺作品创作以及茶艺表演的时候，需要考虑到的细节。茶艺表演有一定的复杂性，但最重要的是思路，要做什么、怎么做，以及做完之后会产生怎样的反响。由此，把各种因素都进行妥当的设计与准备，才能保证茶艺表演的成功实施。

第四节　茶艺表演案例赏析

为更好地理解茶艺表演，本节将对一些茶艺表演案例进行赏析。

一、个人茶艺表演——《竹与茶》

（一）茶艺主题思想

茶艺表演《竹与茶》表现的是在我国漫长的饮茶文化中，竹子与茶的不解之缘。茶与竹子，同是中国人从古至今在日常生活中几乎不可或缺的物品，也各自在中国传统文化中形成了风格独具的文化形态。茶是特殊的，譬如北宋茶人赵佶在《大观茶论》上的看法："至若茶之为物，擅瓯闽之秀气，钟山川之灵禀，祛襟涤滞，致清导和。……冲淡简洁，韵高致静。"茶无限地丰富着中国人的精神世界。无独有偶，竹子也在千百年的时间里深深滋养着中国人尤其是文人的心灵，苏东坡有诗极富代表性："可使食无肉，不可居无竹。无肉令人瘦，无竹令人俗。"在古代文人眼中，竹子俨然成了一种象征，"梅兰竹菊"，竹是四君子之一；"松竹梅"，竹为岁寒一友。更让人叹为观止的是，在茶的世界里，竹的影子几乎无处不在。

一部古典茶文化，茶香中处处弥漫着竹子清新的气息。翻开古代茶诗词，迎面而来的淡雅恬然，常常是茶竹交相辉映的写照。从茶树的生长到茶青的采摘，从茶汤的烹煮到品茶的环境，竹的影子似乎融入了茶的灵魂。且让我们一起走进茶艺《竹与茶》中，去感受茶与竹的这份悠久而澄澈的情缘。

（二）茶席设计

选用茶品为武夷岩茶的水仙，使用竹节款紫砂壶、影青浮雕竹杯、留青竹刻竹简泡茶巾、竹壳玻璃茶海、竹制滤网、竹制茶则、竹茶匙、竹制茶罐，色彩自然清雅。然而武夷岩茶又有厚重的历史文化底蕴，选用黑色桌布，烘托出主题的隆重。再设计茶席插花，为小盘花，以鲜嫩竹材为主，搭配小雏菊，以及小溪石，让席面隆重而不失雅趣清新。

（三）舞台布景

茶席为长两米的大型席，位于舞台中正前方，为流程所需。在茶席正前方另设香席，低于并小于茶席，有适当进退空间。在茶席的左侧有净手处，低于且小于茶席。整体布景凸显茶席的大气庄严，其他空间均为烘托主题的陪衬，让空间立体、饱满。

（四）背景音乐

以大自然为音乐表现背景，古琴与箫协奏曲《晚风夕霞》，空寂悠远而不失厚重，与茶艺主题高度契合，尤其是前奏的和缓凝重，与茶艺中的香道礼仪完全合拍，带给观者心灵的舒适与接受。

（五）茶艺表演者服饰

茶艺表演者的服饰选用浅绿色的中式裙装，有竹之清新雅致，与主题契合。

（六）茶艺流程与背景解说

1. 焚香

礼示天地万物，感恩人、竹、茶之情缘。香，幽微曼妙，净化心境，启迪神思。愿世人打开智慧的门，悠游于忘我的时空之中。

2. 净手

竹乃清净化身，茶乃清凉转世。吾人吾手，有幸融入这般神妙化境。愿以清净之水，洗净吾手，荡涤吾心，方可淡泊于这竹里茶香之境。

3. 泡茶

①备水、温壶：今日之器，了却竹茶情深。竹献身为诸色茶器，刀斫斧削，粉身碎骨，然而不失高洁的品性。或为匠人移其身影魂魄入陶瓷之中，清风雅韵，自成竹格，与茶长相厮守。

②备茶、识茶、赏茶：今日之茶，为报竹茶情深，从云雾缭绕的山谷之中，以活泼自在的生命，炼狱般成为一款茶。它深深蕴藏与积蓄的茶汤之美，需要滚烫的沸水冲激浸泡，方能全部绽放。

③温盅、置茶、冲泡、烫杯、分茶。

4. 奉茶

以浮雕竹杯中的清茶，奉与有缘人。让茶汤温暖、润泽每位爱茶人，铭记这份竹茶情缘。

5. 品茶

6. 结束

在竹与茶的世界里，每一次的遇见，都是美好的时光。尽管短促，却足以回味一生。

（七）作品赏析

《竹与茶》茶艺表演诉说的是一份独特的东方人文情怀，围绕这样的基调，在考虑带给茶艺观赏者的视觉、听觉、味觉、嗅觉效果上，都进行了独到的设计。从茶品的选择到器物的选择，从功能到艺术的结合，力求凸显主题。在茶艺表演时，由一位茶艺表演者单独完成，仪式感极强的入场——行香礼，富有新意的两种艺术形式的衔接（净手，从香到茶），在和缓美好的琴箫和鸣中自然演绎。茶艺主体鲜明，全程10min多，茶艺演示占7min多。茶艺动作围绕小壶干泡法设计，简约大气，流程合理，操作连绵顺畅，将茶、水、器完美融合，直至茶香萦绕在整个空间，令人动容。形神兼具，善始善终，是这个茶艺表演的最大特点。

二、团体茶艺表演——《守艺》

（一）茶艺主题

制茶人对待茶的态度，就像对待婴儿一般的细腻温情，眼神清澈而专注。从小就开始做茶，感知着茶树的特性、茶叶的脾气，享受着手工制茶的慢时光。每当把一款茶做好，内心就会充满自豪感。每当给一位懂茶爱茶的人沏泡，就觉得找到了知己。

世间所有最精致的东西，都是在时间中慢慢打磨出来的，好茶更是如此。而沏泡茶的技艺，更是一份贴近时光、贴近自我的功夫。由茶叶到茶汤，人们经行的是长达千年的修行与守护，在变与不变之中保持着茶的底蕴与厚度。

一泡武夷岩茶，如从火中涅槃的凤凰，具有岩骨花香，翩翩起舞若干个世纪，在功夫茶的世界里独占鳌头。

用武夷岩茶工艺、现代功夫茶艺，诠释中国传统茶文化的本质，也致敬世代的手艺人——守护这份历久弥新的技艺。

（二）茶艺的结构与流程

由虚实结合的岩茶后期焙火工艺导入，直至一泡完整的岩茶呈现，并跨越时间寄予爱茶人。

1. 入场

茶艺表演者持茶罐进场，青春而不失庄严，分别以传统的紫砂壶和现代的白瓷盖碗来沏泡同一款岩茶，一刚一柔，一沉稳一清新，展现现代多元的功夫茶泡法。

2. 泡茶

泡茶与制茶的后期的茶品审评隔时空同时进行，在整体和谐中，又各自诠释，将制好茶与泡好茶的理念同时传递。

3. 奉茶

奉茶与制茶后期的翻焙隔时空同时进行。台下茶汤的气息，传递着台上制茶过程的漫长与笃定。

4. 品茶

品茶，跨越时空的致敬，以一杯茶，遥寄内心的感动与珍惜。

5. 结束

泡茶者起身，行庄严大礼，致敬守艺人，表达对民族优秀传统文化的坚定信念。

年轻制茶师终于完成自己对这泡岩茶的使命，满怀喜悦，走向舞台中间。

（三）茶艺的主题烘托要素

1. 器物选择

泡茶空间以极简主义理念为基本出发点，为一大一小两个现代简约实木茶桌。中间主茶桌布蓝色回纹桌旗，搭配紫砂器物，并以山水花器组搭配巧妙插花，呈现武夷山的风光。左后侧小泡茶桌布红色梅花刺绣桌旗，搭配白瓷器物。均使用现代感的电水壶现烧水。

制茶空间中，配置复古的焙茶台、竹编茶焙篓、简约的制茶间审评桌，简约的盖碗审评器具，记录器物等。桌子为古旧朴实的木桌。

2. 人物造型

茶艺师有一男一女，男茶艺师为主，呈现传统功夫茶的基本面貌。女茶艺师为辅，呈现现代女性在茶艺上的崛起。男茶艺师着深蓝中山装，显笔挺、庄严。女茶艺师着浅蓝中式上衣白色长裙，显柔美、温婉。制茶师着宽松中式坎肩，显精干、历练；肤色偏古铜色，显健康、质朴。

3. 背景视频

开场以武夷山云海日出的画面，带出隶书的"守艺"大字，深沉、厚重。

导入茶艺采用原创武夷山传统的"打焙"画面，壮观、大气。

当制茶师登场时，画面转为宁静的焙茶时光，一束光照在焙笼上，祥和、静谧，烘托着现场制茶师有条不紊的焙茶动作。

茶艺师在轻快明亮的节奏中登场、行礼，背景呈现的是武夷九曲溪的晨雾，由远及近，梦幻而美好。

泡茶的过程，背景是男茶艺师的主要泡茶动作特写，与现场泡茶同步，包括泡茶音效的同步，如现场的放大版，唯美、有震慑力，将所有的焦点集中到泡茶师的手上，烘托茶艺的主旨——把茶泡好的过程。

奉茶的过程，背景再次呈现制茶的"翻焙"工序，与现场的制茶师呼应，呈现一种漫长而孤独却又无比坚忍的制茶时光。最后，镜头再次聚焦于焙火中的岩茶上，泛着幽幽的宝光。

品茶的环节，背景为一杯茶烟袅袅的岩茶，汤色橙红明亮，烟雾缭绕，像能动的山水画，充满灵气。背景导引着茶艺对茶汤的关注，也导引着人们对茶汤的品赏。

结束，在行大礼致敬时，画面再次出现了恢弘的山水，黄昏的霞光映照出一片金黄的世界，由远及近，呈现出人们一种豁然开朗的心情，让人们坚信守护与创新，是延续优秀传统文化的必由之路。

4. 背景音乐

开场音乐为传统鼓乐，渲染打焙的大气壮观。制茶师入场时，转为阿鲲的《山高水远》。

茶艺师进场的音乐，截取民歌《武夷流香》的前奏，唯美、清新，简约的民族风令人心旷神怡。

泡茶开始后，背景全部使用泡茶音效，与现场的泡茶流程吻合，形成视频、音效与泡茶者三位一体的独特烘托效应，共同凸显茶艺的主旨。

分茶时，渐强地加入李志辉的《禅茶人生》局部，以筝曲为主，清新、委婉、和缓，伴着分茶的节奏，有力烘托。

奉茶音乐，采用阿鲲的《回味》，女生的和声吟唱，深情而不伤感，营造出泡茶人对茶汤的用心与分享茶汤的诚恳。

品茶时，再次采用《禅茶人生》的局部，以箫声为主，和缓、深情，细品慢啜中，体会茶汤中蕴含的功夫。

回味时，采用《问道武当》的局部，钟声由远及近传来，仿佛人们在茶汤中的成长与领悟。随后的音乐便渐渐弱下，营造出一种意境深远、启人深思的独特氛围，直至茶艺表演结束。

5. 解说

采用女中音解说，与茶艺的和缓、中正风格契合，极具感染力。

解说词以发问开始，导引人们去关注一泡好茶的来历。将制茶的关键词融入诗意的文字中，有刚柔并济的独特力量。

泡茶过程的解说，侧重对泡茶技术要点的诗意导引，诠释茶汤的诞生过程。

品茶与回味中，文字注重思想性，并采用了通感的手法，将诗意与情境进行时空的迁移，产生强烈的艺术效果，并推进了茶艺表演的高潮。

（四）茶艺表演的创新点

将制茶中的关键环节与茶艺进行有机的融合，共同诠释一个主题，是本茶艺结构的创新点。背景视频简洁，与茶艺流程完全契合，没有任何多余的场景，并且有效烘托，达到增强茶艺现场感染力的效果，为另一个重要的创新点。泡茶过程将泡茶的音效作为背景音乐，突破了传统意义的茶艺背景音乐的范畴，音效清晰、节奏鲜明，更好地诠释了茶艺的本质。泡茶过程"三位一体"的运用，即泡茶的手部视频、泡茶的音效与现场的泡茶同步进行，将焦点完全集中在泡茶技艺本身，达到了创新茶艺中的"纯茶艺"状态。礼仪在泡茶、品茶前后的应用，从普通礼仪到大礼，层层递进，为致敬守艺人，并成为跨越时空的连接，简约而庄严。品茶中"通感"的应用，借助解说词中的"听琴"悟道，背景音乐的武当钟声，达到茶通六觉的独特艺术效应。

（五）作品赏析

《守艺》茶艺表演综合了编创者对茶与文化的认知高度，尤其是一份对茶的情怀和对传承优秀茶文化的责任感。所以在编创的过程中，有如重新创造一个新生命的体会，茶艺中传递出的茶与茶人的真、善、美以及哲思，会产生恒久的感染力，对于当代茶艺的事业也是添砖加瓦的力量。该作品获得2018年福建省中华茶艺大赛一等奖。2018年4月底当《守艺》在江西婺源演出时，茶界前辈对作品表示极高的赞誉，他们认为在作品中看到了当代茶艺简约而掷地有声的力量，回归到茶本身，思考茶的制作工艺、沏泡工艺，乃是茶艺编创的核心要义。

第十三章　茶艺编创

随着茶文化的发展，茶艺比赛等各种茶事活动越来越多，人们对茶艺演示的审美要求也越来越高，以往普及茶文化知识型的茶艺演示已逐渐被各种主题茶艺演示所取代。因此，在传承传统茶艺的基础上，如何编创主题鲜明、艺术感染力强的茶艺作品成为茶文化发展的需要，也是时代的需要。茶艺编创是茶艺演示的基础，优秀的茶艺编创可赋予茶艺演示旺盛的生命力。

第一节　茶艺编创的原则与途径

茶艺编创需要设计茶艺的泡饮技艺及其演示，包括茶艺环境、泡饮程序、泡饮动作、茶艺精神以及茶艺解说词。开展茶艺编创，需遵循一定的原则，通过一定的途径，才能做到有的放矢。

一、茶艺编创的原则

茶艺编创的总原则，应把握四点：科学性、简洁性、美观性、创新性。

（一）茶艺编创的科学性

茶艺的重点在于泡饮技艺，所编创的茶叶冲泡方法、品饮方法以及表演动作，应具有科学性，符合茶叶泡饮的要求。针对不同的茶叶种类，选用适宜的泡饮方法。所选择的茶器具也应具有科学性，符合茶叶冲泡、品饮的要求，符合所编创茶艺的性质。茶艺环境，包括茶艺背景、品饮环境、音乐、解说词、服装、发型等，也应具有科学性，符合编创茶艺的时代特征和茶艺的人文特征。所营造的茶艺人文氛围和体现出的茶艺精神，也必须具有科学性，符合时代特征的需要，符合社会主义精神文明的特征。

（二）茶艺编创的简洁性

茶艺泡饮的程式和表演动作应简洁，所有设计均应围绕茶叶的冲泡品饮展开，无须多余的、不必要的程式和动作，尽可能地符合茶艺精神的要求。所选用的茶器具应体现简洁，每一件用具都应在茶艺中有用处，尽可能不选用单纯装饰用或实用价值不大的器具，并尽可能实现一具多用。茶艺演示中若解说词太多，不但会分散观赏者注意力，还会破坏茶艺氛围，削弱茶艺演示的效果，难以达到精神上的共鸣，因此解说词应简洁并精练；茶艺解说词应围绕烘托茶艺的人文气氛、突出茶艺的特色展开编创，与该茶艺关联不大、次要的内容应排除，选择相关性大、有代表性的内容来讲解。茶艺背景也应简洁明了，但艺术型的茶艺演示为突出艺术性，可适当在色彩、样式、形状等方面多种多样，以加强茶艺背景的效果。

（三）茶艺编创的美观性

首先，所设计的茶艺背景应具有美观性，符合茶艺的性质要求，以容易引起观赏者心灵上的共振，有利于人文氛围的营造。其次，茶叶冲泡程序应符合美观性要求，表演动作连贯优美、耐看，符合审美要求，能充分体现出茶艺精神。此外，茶器具的搭配合理，色彩相符，以及摆放与使用均具有美观性。茶艺演示人员服装、发型、表情、眼神等，也应具有一定的美观性，可以给人带来美的享受。

（四）茶艺编创的创新性

无论是编创仿古的茶艺，或是编创现代的茶艺，均应进行创新。茶艺编创的创新应在科学性、简洁性、美观性的基础上展开，否则创新难以达到应有的效果。茶艺编创的创新，首先应在茶艺演示的形式上创新。如对仿古茶艺的表演形式，在尽可能地反映出历史原貌的基础上，运用现代意识与手段来进行演绎，以更好地体现出仿古茶艺的气氛与精神，而不应一味地拘泥于文献资料。而对现代茶艺的表演形式，除宣传发展那些具有生命力的传统形式外，还应发展新的茶艺形式，以符合时代发展的需要，并满足不同类型观赏者欣赏的需要。只有这样，才能增强茶艺的生命力，更好地影响更广的人群，真正成为人们修身养性、陶冶情操的手段。其次应创新茶艺的主题，主题是茶艺的精髓，必须根据茶艺的特性和舞台艺术的要求，结合茶叶、茶具的特点来构思，表现一定的情节，体现出一定的主题；该主题既有时代性，也有地域性和民族性，其风格应该和茶艺精神的要求相吻合，并主要通过形体动作来表现。此外，茶艺背景、茶艺音乐、茶艺解说词等配合茶艺演示的内容也应进行创新；不同风格类型的茶艺应选择不同风格的背景、音乐、用词等，以有利于茶艺气氛的制造与烘托，充分展现出茶艺主题思想。

二、茶艺编创的方法与途径

（一）茶艺编创的方法

茶艺编创的方法目前主要有两种。

1. 调查法

准备茶艺编创时还不知素材，需先进行大量的调查，对获得具有一定价值的素材提炼后进行编创。调查法可调查文献资料，包括古籍和历史文物，从中找出以往的茶事内容，以有价值的素材为线索展开编创。调查法还可深入到人们的现实生活中，调查人们的饮茶习俗以及饮茶历史传说，不同区域、不同民族均有一定特色的饮茶习俗，需要广泛进行收集。这种方法的工作量大，比较费时，带有一定的盲目性，而且有时不一定能调查获得有价值的素材。一旦发现有价值的素材，编创成茶艺后，必将具有很强的生命力，因为这些均来源于生活。

2. 命题法

先选定一个茶艺题目，然后围绕该题目搜集素材，再进行编创。如选择"大碗茶"茶艺的命题进行编创，需针对大碗茶发展的历史以及与大碗茶相关的事件来搜集素材，用以提炼和编创。这种方法目标明确，效率高，容易编创成功。但应预先选定题目，有时不一定能围绕题目搜集到有价值的素材。

（二）茶艺编创的途径

开展茶艺编创，需要寻找到合适的素材和茶艺主题，可从以下几方面着手。

1. 从茶类着手，反映茶之品质特点及历史人文内涵

中国茶叶种类众多，不但有六大基本茶类，还有再加工茶类等茶叶产品。在这丰富多彩的茶叶产品背后，融合了许多的历史、人文、传说等方面的知识，反映了中国茶科技、茶文化发展的故事。从茶类着手编创茶艺，可以通过编创把茶的品质特征及历史人文内涵表现出来，这既是对我国众多茶产品的一个好的宣传，同时也是对融合在茶产品中的历史文化进行传承。在茶艺演示发展早期，许多茶艺节目都是展示茶叶品质特征特性及品饮文化的，如《西湖龙井茶礼》《君山银针茶艺》《祁门红茶茶艺》《安溪铁观音茶艺》等，通过这些茶艺节目的传播和推广，观赏者能对茶叶基本知识、茶具知识和茶叶冲泡知识有全面的了解，同时也对推广和普及茶文化知识起到了重要作用。随着时代的发展和茶艺发展繁荣，针对茶品及其人文历史内涵为题材依然是茶艺编创的一个重要途径。

2. 从茶文化事件入手，反映茶事茶风茶俗

在几千年的中国茶文化历史发展过程中，发生了不少茶文化事件，如历代的贡茶文化，不同时期的茶人茶事，区域性的茶文化事件等，这些都是宝贵的茶文化财富，也是茶艺编创的绝佳题材。如《灵岩禅韵》主题茶艺，其背景资料是来源于《封氏闻见记》中的一段记载"南人好饮茶，北人初不多饮。开元中，泰山灵岩寺有降魔师，大兴禅教。学禅务于不寐，又不夕食，皆许其饮茶。人自怀挟，到处煮饮，从此转相仿效，遂成风俗。"通过对这段话进行茶艺编创，一方面反映禅茶文化，另一方面也将这一茶文化历史事件的作用进行阐述，因为通过灵岩寺佛教的传播，饮茶文化在北方传播开来，使"南茶"成为"北饮"，推动了茶文化和茶经济的发展。而《古道边茶》茶艺则是把四川边茶的历史、发展变迁进行展示、表达，把边茶中蕴含的艰辛、古道的崎岖艰难、而今茶区的新发展等方面的事件融合其中，展示了茶人的勤劳与茶文化的生生不息。

3. 从茶道入手，反映茶之精神内涵、社会功能

茶在发展过程中融合了儒、释、道诸家的思想内涵，历代僧侣道士、文人雅士也将他们的思想观、价值观、审美观融入到茶之中，所以茶的精神内涵可以深刻影响人及社会的发展。而茶艺的最终目的是要表现一定的主题思想，为此可从茶道入手编创茶艺。如《三教同山，茶和天下》主题茶艺就是根据武夷山儒、释、道三教共存，而茶文化又紧密融合其中，反映了千载儒释道、万古山水情的独特武夷茶文化。《大碗茶情》则通过讲述与大碗茶发展有关的历史故事及发展情况，反映一碗茶中所承载的"乐善好施，廉美和敬"的中国茶艺精神。

4. 从地域文化入手，反应地方特色茶文化

中国幅员辽阔，不同地区形成了不同的饮茶习俗，非常具有地方特色。尤其是少数民族多的省份，如云南、贵州、广西等地，不同少数民族的独特饮茶习俗中融入了

本民族的审美观和文化内涵。这些珍贵的民间茶俗，经过一定的艺术加工整理成茶艺，给人带来浓浓的民族风情和博大精深的茶文化。如白族的"三道茶"、壮族的"打油茶"、藏族的"酥油茶"、蒙古族的"咸奶茶"、土家族的"擂茶"等通过茶艺编创，可以展现不同方式的调饮，还可让人领略到少数民族风情，感受独特的地域文化，非常具有生命力。

5. 从情感入手，通过茶表现大义大爱

借助茶，表达对父母、老师、同学、朋友、社会、国家的情感，也是常见的一种茶艺编创途径。在一些创新茶艺中，如《暖心茶》就是通过茶歌颂母爱，《两岸茗香一脉情》和《功夫茶·两岸情》则是表达海峡两岸同根同源、两岸一家的情怀，《硝烟茶情》则是表达战争时期恋人之间的感情，而《紫荆寻梦》则是表达爱校爱国的大情怀。《闽茶荟萃丝路香》则是通过对福建茶产品的介绍及其传播过程，反映出闽茶在茶叶之路中所起的作用，凸显茶叶在一带一路中的地位，并紧贴时代脉搏，阐述茶在国家外交中不容忽视的作用。

总之，在茶艺编创实践中，可以借助多种途径进行。而中国博大精深的茶文化，为茶艺编创提供了丰富的素材与内涵。

三、茶艺编创的步骤

下面以调查法为例，详细介绍茶艺编创的步骤。

（一）茶艺素材搜集

针对一定区域，查阅有关史书、古籍，勘看历史古迹与文物，了解该区域以往的饮茶风俗与活动，包括茶礼茶俗等。凡有记载的，均一一分类抄录下来，注明出处。同时还可查找近代以及现代的一些文献资料，包括一些文艺节目，也一一抄录下来。同时到百姓中间去调查，了解百姓的饮茶习惯、饮茶用具、饮茶方法以及所用的茶叶种类，了解百姓的茶礼、茶俗；还可了解在百姓中间所传播的有关茶的传说，所了解到的均应一一记录下来，并且尽可能地详细，包括茶具的大小、色彩、形状以及百姓的服饰等。在进行素材收集的过程中，同时注意拍照和录视频，大量收集第一手的影像资料，供后续使用。开展茶艺素材的收集工作，是开展茶艺编创的第一步，这一步工作比较艰辛。

（二）筛选素材

对所搜集到的茶艺素材，要进行细致地分析比较，然后进行筛选提炼。找出一些具有共性的素材，然后总结出能代表这些素材的茶艺题目。初步确定茶艺题目后，再反过来重新筛选素材，将一些现在与题目相关不大或次要的素材删除，而先删去的素材中与该茶艺题目相关性较大的则重新补上，然后开始正式的茶艺编制。在进行素材的反复筛选与提炼中，可以对初定的茶艺题目进行修改和完善。

（三）明确茶艺的特色，确定茶艺精神

这是茶艺编创十分关键而且是最重要的步骤。所编茶艺能否吸引人，能否长期保持活力，关键是看其有无特色和有无精神内涵。目前不少茶艺缺乏特色，雷同严重，不利于茶艺发展。针对所筛选出的素材，进一步分析讨论后，明确计划编创茶艺的特色，突出编创茶艺的区域特色、民族特色、历史特色、文化特色等。在明确了编创茶艺的特色后，应进一步确定其精神内涵。茶艺精神是茶艺的灵魂，是茶艺编创的中心与方向。确定了茶艺精神，其他均可围绕体现或突出茶艺精神而展开，做到有的放矢，提高编创效率。若不先确定茶艺精神，茶艺编创缺乏茶艺灵魂的指导，所编茶艺难以集中体现出一种精神，会加大编创的难度，而且不易达到应有的编创效果。对编创开始时就已确定茶艺题目的，应在确定题目后就确定茶艺的特色和茶艺的精神，素材的搜集和筛选均围绕茶艺的特色和精神进行。在确定茶艺的题目、特色与精神的基础上，茶艺的主题也就基本可以确定了。在分析已有素材的基础上，还可以对原定的茶艺特色和茶艺精神进行修改，甚至全盘否定，重新来确定。因为在最初确定茶艺的特色和茶艺精神时，暂时缺少足够的素材支撑，人的主观意识影响较大；只有经过分析比较足够多的素材后，才可以最终确定茶艺的特色和精神内涵，也自然顺理成章地可以确定茶艺主题。

（四）确定茶类、配套茶器具及泡饮技艺

根据编创茶艺的主题及要反映的精神内涵，确定好所要冲泡的茶类，所确定的茶类可以是一种，也可以是多种。若单纯反映某一地方名茶的品质特点或相关人文历史，则只需选择一种茶，如《九曲红梅》茶艺的茶类就只是九曲红梅。而北京老舍茶馆编创的《奥运五环茶》茶艺，所选择的茶类囊括了六大茶类，巧妙地将六大茶类与奥运精神及会旗色彩联系起来。在确定好茶类后，相应配套的茶器具也就好确定了；一般冲泡绿茶的茶器具为玻璃茶具、青瓷茶具或细腻的白瓷茶具，冲泡乌龙茶则选择紫砂壶或盖碗茶具，而普洱茶、六堡茶等在少数民族茶艺中一般选择具民族特色的器具。

确定茶类的泡饮技艺，也是茶艺编创中比较重要的一步。结合茶类泡饮方法和茶器具，先归纳出泡饮的步骤，确定泡饮程序；然后结合泡饮每一程序的特点，制定出每一程序的要求和所应达到的效果，尤其是茶艺演示时的泡饮动作和效果。在泡饮程序中，也应注意主次分明，突出重点，并注意体现茶艺的特色和茶艺精神。在一般的茶艺中，茶叶的冲泡这一程序和茶水饮用是泡饮程序中的重点；具体到每一种茶艺，因茶艺不同，其重点有所变化。确定出茶类的泡饮技艺后，应进行泡饮的实践模拟，发现存在的问题，进行改正，完善每一程序的要求和效果。经过反复模拟，确定出比较完善的泡饮技艺，并进行规范化和标准化。

（五）确定茶艺程序

在确定了泡饮技艺后，就可开展茶艺程序的确定。根据茶艺的特色和茶艺精神，按照茶艺编创的四大原则要求，精心设计茶艺程序，包括茶艺师入场、赏茗、冲泡、献茶点等。同时，详细规定每一程序的要求、标准和应达到的效果。

（六）选配服装、发型、背景等

按照确定的茶艺特色和茶艺精神，选择与其一致的服装、发型、背景，以充分烘托并体现出茶艺的特色与精神内容，使茶艺主题突出且鲜明。

（七）编写解说词

当前茶艺一般需要配以解说词，解说词应与茶艺程序相一致，所有用词、语气等均应有助于茶艺特色和茶艺精神的烘托。解说词应精练简洁，能准确无误地传情达意，并有助于观赏者欣赏茶艺、领略茶艺精神。解说词是辅助茶艺演示的，但自身也有主次之分。解说词除与茶艺程序一致外，需与背景音乐等协调。

（八）实践与修改

初步编制的茶艺，需经过反复分析和比较，进行修改完善。除文字上修改外，更重要的是需通过实践模拟效果来修改。选择已有的茶艺师，经过培训后，完全按照所编创茶艺的要求来演示。根据演示的过程效果，找出存在的不足或缺陷，并进行修改完善，如茶器具、服装、背景、动作、音乐等。在修改过程中，注意只能加强突出所编创茶艺的特色和精神内涵，而不能损害。经过反复实践，最终确定茶艺的各项要求。只有在实践中不断完善，才能使编创的茶艺日臻完美，直至达到甚至超过原来的编创效果。

（九）茶艺编创的文本化

为使编创的茶艺便于培训、宣传与推广，有必要文字具体化，为此茶艺编创需文本化。茶艺编制的文本化可分为三大块内容：一是茶艺介绍；二是茶艺程序；三是解说词。茶艺介绍，应包括茶艺编制的目的与意义、茶艺特色、茶艺精神、茶艺主题以及茶器具、服装、发型、背景的选配、样式、规格等茶艺组成要求；使观赏者通过茶艺介绍，就大致对该茶艺有一个基本的了解。茶艺程序，指茶艺的步骤及各步骤的具体要求，应规定各步骤的动作与方法、要求及应达到的效果，包括茶艺礼仪。解说词在经过反复演示实践、修改后，也应定稿，需注明不同部分解说的语气、语调、语速等要求，以使解说有利于茶艺环境的营造。在对这些内容进行文本化的过程中，应强调主次，还应适当注明一些注意事项。茶艺编制实行文本化后，有利于茶艺的规范化、标准化。

（十）组建茶艺演示队

针对所编创的茶艺要求，筛选达到茶艺演示要求的茶艺师，正式组建茶艺队。同时，进一步严格按已定的茶艺编创文本要求，使茶艺师的动作、神态、行姿等进行统一，实现规范化；并进行长期训练，使茶艺演示达到精通熟练。这时，茶艺队才可以开始正式公开演示。在茶艺演示中如发现新问题，还需进一步修改完善。只有到这一步，茶艺编创工作才算真正完成。

第二节　茶艺编创技巧

茶艺编创是一项创新性很强的工作，需要在创作背景的基础上确立好茶艺主题，然后考虑表演人数、需要的茶品、服饰、表演用具、茶席设计、背景音乐、舞台背景等要素，再思考各要素如何选择和搭配，茶艺如何编排、解说词的编写等工作。这一切，需要编创者有系统的理念和实践经验，还需掌握一定的茶艺编创技巧。

一、茶艺主题的确立

（一）茶艺主题的类型

主题是茶艺的灵魂，是一个茶艺作品的意义所在。一个好的茶艺主题，不但给观赏者带来高雅、深邃的感觉，还能引起思想上的震撼，促进其进行深层次的思考。一个好的主题是茶艺编创成功的一半，为此在编创茶艺时首先要考虑主题。结合茶艺编创途径，茶艺主题可以分为五大类：第一类为表现茶品质特点及历史人文内涵方面的主题；第二类为茶文化事件，反映历史或现代茶业中重要的茶文化事件的主题；第三类为反映茶道、茶精神内涵方面的主题；第四类为反映不同民族、地域茶风茶俗的主题；第五类为茶情感表达的主题，以茶为载体表达对父母、老师、同学、朋友、社会、国家的情感。

（二）茶艺主题提炼的方式与途径

茶艺演示不只是茶知识的传递与表达，更在于有较好的主题与立意，以茶作为一种载体，给人带来精神上的感染与共鸣。为此在茶艺编创时，如何提炼出一个好的茶艺主题，显得非常关键。提炼茶艺主题，可以从以下几方面进行。首先，可从地域茶文化史料中挖掘提炼，能有效地传承与创新地域特色茶文化；如《灵岩禅韵》及《大碗茶情》主题茶艺都是依据山东当地的一些茶文化史料，经挖掘、提炼与升华，充分表达出这些史料的重要意义与内涵。其次，可从历史或现实中有意义的茶文化材料中提炼；以我国第一首茶诗《娇女诗》为主题编创的《娇女茶恩颂》，就融入了现代教育理念和感恩精神。第三，还可以将当地茶文化风情与儒释道精神结合进行提炼；如主题茶艺《三教同山，茶和天下》展现的是武夷山三教合一的独特文化现象。第四，还可将茶比德，将茶与有共同精神特质的事物一起体现，如《玉茶言德》是因为恩施玉露茶与玉有着温润、鲜嫩的共同特质，《竹茶会》则是茶与竹在人文内涵上有相似之处。

茶艺主题的提炼，依赖于平时有心。需要广泛收集素材，不断总结、凝练和升华，才能提炼出合适的茶艺主题。

二、茶艺各要素的确立

（一）茶品

茶艺编创时，茶品是一个基本要素，也是一个主要要素。茶品需符合茶艺主题的需要。如茶艺主题是反映茶品质特征，这时茶品的选择毫无疑问就是茶艺主题所定的茶品，如《九曲红梅》《龙井问茶》。如茶艺主题是反映茶风茶俗，茶品则需选择当地或当地民族所喝的茶类。如茶艺主题是茶文化事件或其他题材时，茶品的选择可以根据具体情况而定。在茶艺编创中，一般是只选择一种茶品，但有时可以选择多个茶品。如《五环茶》是结合奥运特色同时选择六大茶类为茶品，《锦绣潇湘》则是把湖南各地代表性的名优绿茶荟萃在一起。

（二）茶具

茶品确定后，相应地茶具就要进行搭配成茶套。茶类与茶具搭配时，可大体遵循以下原则：绿茶一般选择玻璃茶具、青瓷茶具或细腻的瓷质茶具，黄茶选用奶白杯或黄釉的茶具，红茶选用内壁施白釉的紫砂杯、白瓷、白底红花瓷、红釉瓷等，白茶选用玻璃茶具或瓷质茶具，而乌龙茶则多选用紫砂、瓷器茶具，黑茶可选用陶土和紫砂之类的茶具。在遵循茶性与茶具匹配的情况下，还需考虑茶具的色彩、质地、花纹等是否能表现和衬托茶艺主题，其艺术性能是否能为茶艺主题增光添彩。在选择茶具时，茶具必须齐全、成套，成套茶具容易呈现和谐之美，拼凑的茶具易让人感觉搭配不当。

（三）泡茶用水

一般来讲，泡茶用水选用纯净水，能较好地彰显茶的色、香、味。但为了突显文化色彩，在选择水品的时候，可考虑选择当地特色的水资源。一些名茶出产的地方往往都有好的泉水，如西湖龙井茶配虎跑水，庐山云雾茶可配江西庐山康王谷的谷帘泉水，君山银针有柳毅井，无锡毫茶配惠山泉水等。名茶名泉相得益彰，为茶艺增添文化底蕴。

（四）茶艺师的选择

在编创茶艺时，就应考虑到这套茶艺是个人演示还是多人演示，是由男茶艺师演示还是女茶艺师演示，或者男女搭配。一般在茶艺演示中选用女茶艺师比较多，也比较常见，但茶艺中选用男茶艺师演示则可以给人带来阳刚之美和稳重儒雅之感。如湖南农业大学编创的《千两茶》选用的是 3 位男茶艺师进行演示，身穿中山装，儒雅稳重，少年中国，展现千两茶的醇香，给人带来无限生机和青春的感觉。山东农业大学编创的《灵岩禅韵》以 3 位男茶艺师扮成僧人进行演示，3 位男茶艺师长相相似，演示沉稳洒脱，给人带来清新自然、空灵唯美的感觉。

（五）茶艺服饰

茶艺服饰是将服饰文化与茶艺的美学意蕴有机结合在一起，其色彩、质地、样式对茶艺主题的呈现影响非常大，因此需要服务于茶艺主题。茶艺服饰对茶艺师的身份定位起着重要作用，有利于观赏者对茶艺师身份的认同和感知以及对茶艺主题的理解。如在演示禅茶茶艺时，一般选择有形式感、比较肃穆的服饰；而在演示宫廷茶艺时，其服饰则需要雍容华贵，彰显皇家气派的服饰；文士茶的服饰则要选择风雅闲适、清丽脱俗的服饰，农家茶则选择有乡土气息的服饰，少数民族茶艺则是以民族服饰为首要选择。

（六）茶席设计

茶席是茶艺演示时呈现在观赏者视线中主体的一个事物，对观赏者视觉冲击力非常大。茶席设计涉及很多要素，有主茶具、铺垫、插花、辅助用具等，这些要素要有机结合，体现主题的同时又要兼具美感和艺术魅力。茶席要根据演示人数和主题呈现需要来进行设计，在突出茶艺主题的同时，增加美感与协调。

（七）背景音乐

背景音乐对茶艺氛围的营造和情绪的烘托起到非常重要的作用，能直接影响到茶艺演示的效果和品茶人的心境。在选择背景音乐时，需结合所演示的茶类、茶艺表现形式和周围环境以及民族习俗等来选择。

（八）茶艺编排

整套茶艺的基本要素齐全后，需对基本程序有一定的编排，应注重开头和结尾，突出高潮部分，有相对完整的表达与叙述，通过茶来讲故事，带领观赏者感受茶文化中的真善美。在茶艺编排时，一般来讲需包括泡茶的基本程序，如备具→涤器→赏茶→

置茶→温润泡→冲泡→奉茶→品饮。为了增强艺术感染力和形式感，在茶艺开场前可以适当增加一些内容，如表演一小段舞蹈等。云南农业大学的《茶和天下》表达的是文成公主入藏后带去茶以促进民族融合，开始时用一小段藏族舞蹈领引大家进入茶艺情境。山东农业大学的《谢师茶》，开始时为至圣先师——孔子行鞠躬礼并上香。也可在茶艺结尾时编排一些内容来反映茶艺主题，如《大碗茶情》中茶艺师在敬完茶后全体齐声朗诵"甘甜满碗两分银，不为赚钱只便民。清茶从不起波纹，仁义厚德天下传"，并一起展示"厚德载物"书法作品。

三、茶艺解说词

茶艺解说词是对茶艺演示过程中的沏泡、品茗程式及其茶艺精神进行表达，是茶艺编创的重要组成部分，观赏者通过解说词能更好地欣赏和理解茶艺主题和相关内容。茶艺解说词依托茶艺演示而存在，具有一般解说词的解释说明作用，可补充和帮助听众理解，语言需通俗、精练、准确、口语化。同时茶艺解说必须与茶艺演示同步进行，不仅帮助人们理解，还能起到引领、拓展和深化的作用。

茶艺解说词的内容一般应包括茶艺演示的名称、称呼、问候语以及对茶艺主题的介绍。称呼问候语因参加者不同而有所不同，以礼貌亲和为原则，但都要与饮茶的良好环境和雅致气氛和谐一致。对茶艺主题的介绍，首先应考虑观看茶艺演示的群体类别，如果观赏者是比较懂茶叶和茶文化知识的专业人士，则解说词要简明扼要，并要将表演的重点突出来；而如果是普通人士，解说词就要通俗易懂，专业术语不能太多，以免使观赏者如坠云雾里。其次，解说词的内容应是对茶艺演示的文化背景、茶叶特点、任务等进行的简单介绍，应能够使人明白此次演示的主题和内容。如陈文华教授创作的《客家擂茶表演》在演示前有一段这样的解说词："客家擂茶是流行于江西、湖南、广东等地区客家人的饮茶习俗。很早以前客家人为了躲避战乱，举族迁居到南方的山区。他们保留了一种传统的饮茶习俗，就是将花生、芝麻、陈皮、茶叶等原料放在特制的擂钵内擂烂，然后冲入开水调制成一种既方便可口，又具有疗效的饮料，民间称之为擂茶。"这段解说词简明扼要地概括了擂茶的历史、流行地点、饮用主体、制作过程等，让观赏者对擂茶有了一定的了解，又增添了对茶艺欣赏的兴趣。此外，要注意茶艺解说词的艺术性。茶艺演示有着非常强的艺术性。如果解说词太过直白，就会降低整个茶艺演示的质量，显得不够高雅。茶艺语言要有美感，要注重艺术语言的应用。在选择词语结构方面，要注意整齐对称。茶艺解说的艺术语言在选词组词时受汉民族崇尚对称和谐，重视均衡和谐的心理特点影响，表现在造句和用词上喜欢成双成对的格式。例如，台式乌龙茶的程式解说词，较多采用主谓结构的四字格：孟臣净心、乌龙入宫、春风拂面、关公巡城等。在选词上还要注意音韵柔美和谐。茶艺解说是一种有声语言，解说词应便于讲者气运丹田、语调柔美、娓娓道来。在茶艺演示中，古典诗词形式的词采，则迎合了这种功能需要。在解说词中，艺术性语言的表达是对泡煮动作要点的概括，并不是直白式的，而是采用一种简雅朴素的词语尽量让其形象化、含蓄化，但又不失茶艺程式说明的本意。

第三节　茶艺编创注意事项

茶艺编创涉及到很多方面，一个忽略的细节就会导致茶艺演示的失败，为此在编创中应尽可能尽善尽美。

一、茶艺程序编排要科学规范

科学泡茶是茶艺的基本要求。茶艺的程式、动作都是围绕着如何泡好一杯茶而设计的，其合理与否的检验标准就是看最后所泡出茶汤的质量好坏。科学的茶艺程式、动作是针对某一类茶或是某一种茶而设计的，在编创茶艺时所选用的器皿、泡茶水温、投茶方式、冲泡时间等均应有利于把茶的色、香、味充分展示出来。各类、各式的茶艺，必须具有一定的程式和规范的动作要求，以求得相对的统一和固定，这有利于科学泡好一杯茶，也有利于茶艺的推广传播。然而在茶艺编创实践中，在遵守统一规范的茶艺程式的同时，应揉入个性与特色，形成自身的茶艺风格，而不得拘泥于固定的程式与动作。唯有如此，茶艺才会多姿多彩。

二、茶艺演示技艺要实用

茶艺来源于日常生活，是泡茶和饮茶技巧的体现。因此，茶艺编创要贴近生活，与人们生活饮茶习惯和习俗相一致，反映出不同民族、不同地域的饮茶方式和习惯，符合茶自然、质朴的本质。茶艺演示技艺应围绕泡好一杯茶进行，以实用性为主。除少数专门用于表演的茶艺可追求艺术性为主外，多数茶艺的程式与动作不宜舞台化、戏剧化，更不能矫揉造作和过度夸张，应符合日常生活习惯。

三、茶艺编创要注入精神内涵

茶艺包含物质和精神层面，但不是简单的重叠和组合，它是将泡茶的技艺、规范和品饮方法与人的思想进行体验性的考察思维，强调人的物质属性转化为社会的、文化的，使茶饮清新雅逸的自然特性与人的益思修身达到哲学上的统一。茶艺通过艺术化的饮茶活动，一方面是为更好地传达茶科学、茶文化相关知识，另一方面也可借茶抒情、借茶达意，表达编创者的审美观、价值观、人生观。为此，在茶艺编创中，一定要注入精神内涵，并且是积极向上的精神内涵。有精神内涵的茶艺，才会有生命力，也才会得以传播与传承。

四、茶艺要有艺术感染力

茶艺是以饮茶为核心的综合性艺术组合，需符合美学原理。为此，茶艺程式和动作的设计以及茶艺师的仪容仪表均应符合审美的要求，一招一式都需能给人以美的享受。茶艺中的茶具、服装、音乐、道具、布景、行为、语言等，也需体现出美的元素。茶艺具有艺术性后，才会具有感染力，才能给观赏者带来情感共鸣和精神上的洗涤。

五、茶艺编创要注重传承与创新

中国茶文化能延续至今，就在于茶文化的精髓在不断地传承。在传统茶艺中，需要尊重历史尊重传统习俗，真实地反映过去的饮茶文化。无论是泡饮的程式、器具以及动作，历史上的均可以保留。如日本茶道就一直延续的是我国唐宋时期的饮茶方式，至今生命力旺盛。除外在形式，茶文化的精神内涵也需要传承，内涵历史悠久的茶艺都会有强大的生命力。对茶艺进行统一规范，也是传承的一种方式。

继承传统是创新的基础，创新又是对传统的发展。而且创新是一切文化艺术发展的动力和灵魂，茶艺也不例外。为此茶艺在传承的同时，需要进行创新。在茶艺编创时，不墨守成规，要勇于创新，与时俱进。一方面，对传统茶艺的某些方面要原汁原味地保留；另一方面，又要创造适应当代社会生活的需要、符合当代审美要求的茶艺新形式、新内容。在茶艺编创时，尤其要注重在演示技艺和主题思想方面进行创新，使演示更新颖和美观，还彰显时代特征和社会风尚。

第四节 茶艺编创实例

随着茶文化的发展，茶艺编创、茶艺比赛活动特别活跃，茶艺呈现出百花齐放的局面，极大丰富了人们对茶艺演示的需求。下面介绍几个茶艺编创实例，以更好地理解如何进行茶艺编创。

一、《灵岩禅韵》编创

《灵岩禅韵》是由山东农业大学茶学系编创，作为参加大学生茶艺技能大赛的参赛作品。

（一）创作背景

禅茶文化是茶文化的重要组成部分，古代僧人以茶助禅，以茶养性。在唐代高僧怀海所著的《百丈清规》里详细记载了佛门茶事，茶不但是佛徒的日常饮品，还是禅寺礼敬宾客和佛教仪轨中的物品。在各朝各代，禅门都是士大夫与僧侣们进行茶文化活动的重要场所。

灵岩寺，始建于东晋，距今已有1600多年的历史。该寺历史悠久，佛教底蕴丰厚，自唐代起就与浙江国清寺、南京栖霞寺、湖北玉泉寺并称"海内四大名刹"，并名列其首。其现为世界自然与文化遗产泰山的重要组成部分，是全国重点文物保护单位，国家级风景名胜区，全国首批4A级旅游区。在灵岩景区，群山环抱、岩幽壁峭；柏檀叠秀、泉甘茶香；古迹荟萃、佛音袅绕。这里不仅有高耸入云的辟支塔，传说奇特的铁袈裟；亦有隋唐时期的般舟殿，宋代的彩色泥塑罗汉像；更有"镜池春晓""方山积翠""明孔晴雪"等自然奇观。明代文学家王世贞曾评价"灵岩是泰山背最幽绝处，游泰山不至灵岩不成游也"。唐封演在《封氏闻见记》里记载"南人好饮茶，北人初不多饮。开元中，泰山灵岩寺有降魔师，大兴禅教。学禅务于不寐，又不夕食，皆许其饮茶。人自怀挟，到处煮饮，从此转相仿效，遂成风俗。"降魔师是北宗禅开创人神秀的弟子，在灵岩寺大兴北宗禅，成为北方禅学中心之一。北宗主渐修，重坐禅与持戒，灵岩寺禅僧坐禅不寐，要借茶除睡解乏。因而，在北方，饮茶首先在禅僧中流行，尔后藉禅门转而影响到北方社会各个阶层，从而导致饮茶之风的大众化、普及化。《灵岩禅韵》的创作就是根据此段历史记载，以反映灵岩寺作为北方茶文化祖庭的地位，作为饮茶之风在北方传播一个重要节点的历史事实，同时也对禅茶文化的相关知识加以展现，体现山东地区深厚的茶文化底蕴。

（二）茶艺主题及各要素的确立

1. 茶艺主题的确立

茶艺主题定为"灵岩禅韵"，意在提点茶文化发展史，而灵岩寺是"南茶北饮"最重要的一个地方，也是北方僧人饮茶习俗逐渐确立的一个地方（灵岩寺降魔大师认可僧人饮茶成为修持内容），由此形成了由僧人坐禅饮茶助修以致形成民间争相仿效的饮茶风俗，也将饮茶之风由南及北大力推广，为饮茶之风盛行全国做出了不可磨灭的贡献。以此表达现代僧人和后辈对这种精神的传承与发扬，同时反映"茶禅一味"的思想，体现对"茶禅一味"的解读。

"茶禅一味"意指佛教禅宗与饮茶历史关系密切，在茶文化的传播过程中起到了重要作用。以往，也有专门的"禅茶茶艺"，但给人的感觉往往禅意过重，给人以神秘感和距离感。故想结合地方茶文化特色和禅的内涵去表达主题，且又给人清新自然通俗易懂的感觉，重点表达茶中蕴含的静雅与佛教提倡的"静虑"，反映恬淡清静的茶禅境界和古雅澹泊的审美情趣，着重表现禅茶空灵、纯净之美，同时通过茶与禅的融合来感悟生活真谛。

2. 茶品、茶具及泡茶用水的选择

（1）茶品　在创作时，茶品的选择有三种考虑。一是选择复原的唐代饼茶，以当时当代茶品来体现主题；二是选择灵岩寺周围当地居民用小叶鼠李木叶制成的代用茶，以地方民间的特色茶品来突出地域性；三是现代种植的灵岩有机茶。经过充分考虑茶叶的滋味以及使用的方便性，最后选择使用灵岩寺周围当代茶人种植的灵岩有机茶。灵岩寺周围空气清新，土壤肥沃，无污染，是绝好的茶叶种植之地，该处生产的有机绿茶香气馥郁清幽、滋味甘醇、韵味无穷。寺庙中僧人品饮最多的茶是绿茶，如今灵岩寺的僧人们依然经常饮用绿茶，因此选用现代灵岩寺周围生产的有机绿茶更具传承之意。

（2）茶具　在选择茶具时，主要考虑质地与色彩。作为禅茶茶艺，色调应采用深色调，给人庄严、肃穆的感觉，质地要偏古朴、自然，因此考虑选择陶土茶具。在选配茶具时，选择了国内设计颇具禅意的茶具品牌"万仟堂"出品的咖啡色茶具一套，名为"一竹一石"；该套茶具壶柄和公道杯柄配以竹子，茶具造型古朴、自然，有一种风骨感。

（3）水　自古茶人对泡茶用水很讲究，若有好泉泡好茶那便是绝配。而在灵岩寺内，正好有丰富的泉水资源——袈裟泉。该泉位于转轮藏遗址东侧崖壁下，因泉旁立一形似袈裟的铸铁块而得名，为济南七十二名泉之一。泉源旺盛，泉水四季不断，为寺院主要饮用水。该处危崖峭立，袈裟伴泉，池鱼戏游，曲廊环绕，别有情趣。

3. 茶艺服饰

茶艺演示服饰选择原则之一是要衬托演示主题。因是禅茶茶艺，为此茶艺服饰选择了僧服，让茶艺师以僧人的身份泡茶，同时也让观赏者通过服饰理解茶艺演示的类型，感受演示的氛围。选用的僧服为僧人的常服，常服是僧人参与寺内杂务和"出坡"（参与农事活动）时穿的服装，常服包括海青、衫褂。在演示时选择了常服中的"衫"，颜色为灰色，款式是采用"三宝领"和旗袍的腰身襟袖搭配而制成的，纽扣在腋下的右襟边沿。这样的服饰符合僧人活动时的着装要求，也便于表明身份。

4. 茶席设计

茶艺桌选的是小矮桌，配以蒲团，让茶艺师跪坐式演示。席面上洒以雪白的细沙，并仿照日本枯山水造景的方法造景；在细沙之上，摆放主茶具，品杯个数为三个，与佛教中的"三千世界"相呼应。在矮桌前围一圈竹篱笆，营造自然、朴素的意境。桌上的插花为绿萝，插花点缀整个桌面，在朴素之中突显一份生机与活力。

（三）茶艺环境的编创与构思

茶艺环境在茶艺演示中占有重要的地位，通常是将背景、背景音乐及其他要素设计结合在一起，烘托出茶艺氛围。在编创时，着重从背景、背景音乐及相关物品选配方面来营造宁静、空灵的环境氛围，使观赏者感受到"茶禅一味"的意境。

1. 背景设计

在设计背景时，考虑到人物与环境的和谐统一，以表达修身养性的禅茶，背景的选择上需力求表达僧人身处寺庙泡茶的情景。为此，专门去灵岩寺取景，拍摄了灵岩寺正门，灵岩寺标志性建筑"辟支塔"、寺院庭院的照片等，还有著名的"袈裟泉"，还选用了一些有禅意的荷花图案及禅境的图片，让背景图片与解说融为一体，帮助观赏者领悟和理解所传达的主旨及情感。

2. 背景音乐

选择的音乐在与茶艺主题相符的同时，还要能充分传情达意，让人耳目一新。巫娜的古琴曲《茶禅一味》，古朴、自然、灵动，有琴的洒脱飘逸，再加以箫的空灵悠远，将人一下子带入到一个深远虚静、空灵淡雅的绝美意境之中，让人沉醉，如入仙境，彷如天外流水在人间流溢，缓缓地抚慰着人的心灵。因此选用了该曲，并进行剪辑以配合演示时长。

3. 其他要素

此外，为了营造空灵的禅意境界，也可在茶艺师打坐念经的桌上放置了经书、木鱼、香具等物品。香具用的是"倒流香"，倒流香点燃后，烟像流水一样从上往下流，颇具禅门熏香意境。在其旁边还放置了一处水景"方圆有度"，潺潺流水声中，同时雾化出水雾，丝丝缕缕让人神思缥缈，进入空灵意境。

（四）茶艺编排及解说词

开场白：巍巍泰山，五岳独尊，风景幽绝之处，有一座千年古刹——灵岩寺。唐《封氏闻见记》中记载："开元中，泰山灵岩寺有降魔大师，大兴禅教，学禅务于不寐，又不夕食，皆许其饮茶，人自怀挟，到处煮饮，由此转相仿效，遂成风俗。"开创了北方的饮茶之风，灵岩寺成为北方茶文化祖庭。

今天，让我们追寻降魔大师以茶助禅之遗风，静坐调息，虔心事茶，以灵岩寺中袈裟泉水冲泡灵岩有机茶，在泉甘茶香之中，体会禅的关照与感悟，茶的精清与淡洁，以平和虚静之心，来领略"茶禅一味"的真谛。

茶艺师入场，行礼后静坐，温杯洁具，赏茶，置茶，泡茶，奉茶，将泡好的茶敬献给客人。

解说："一片树叶，飘到水中，改变了水的味道，于是就有了茶。水与茶的相遇是前生的注定，水是茶的重生之地，赋予茶生命的温度与厚度，也延长了茶生命的长度，让茶获得圆满。水则因为茶，从平实到志趣高远，从无色无味到人生百味。"

茶艺师回到座位，品茶。

解说："一饮涤昏寐，情思朗爽满天地（第一口）。再饮清我神，忽如飞雨洒轻尘（第二口）。三饮便得道，何须苦心破烦恼（第三口）。"

结束，茶艺师收具。

解说："以茶悟禅，明心见性，以禅寓茶，修身养德。茶禅一味，禅茶一味，虽未尽解，若能把持一份澄明忘我之心，伴随着缕缕茶香，品尝着这天赐的甘露，定能感悟出人生的真谛！"

（五）编创总结

茶艺是传播茶文化的一条重要途径，形象生动的演示宛如一部好的艺术作品，不但带给人们真、善、美的感受，还能给人以启迪，在思想上引起共鸣，带给人们对生命、人生的深层次思考。《灵岩禅韵》茶艺的编创，一方面是对历史上茶文化题材的挖掘整理，将优秀茶文化传承发扬下去，另一方面也是展现禅茶空灵寂静之美，在佛教的智慧中感悟人生的真谛。历来人们都说茶与儒、释、道相通，茶文化是东方哲学和智慧的化身，茶禅一味带给人们很多的思考与体悟。当今时代，多元文化发展，各种信息充塞其中，怎样安住一份心，坚守自己的信念，尤其显得重要，茶中平和、安然但又不守旧的思想是当代人能寻得心灵平和的地方。不同类型的茶艺或使人怡情悦性，或富含哲理，给人们的精神生活带来丰富的粮食，也是精神文明建设的重要组成部分。各地茶文化工作者不断挖掘整理地方优秀茶文化素材，编创更多的茶艺作品，可以让茶中优秀的精神思想带给人们生活前行的力量和智慧。

二、《玉皇剑茶艺》编创

玉皇剑茶艺是由华中农业大学茶学专业与湖北省玉皇剑茶业集团联合编创的，并成为玉皇剑茶艺队最主要的茶艺演示种类。

（一）编创目的

玉皇剑茶艺的编创，是先定题目后编创的，目标性强。"玉皇剑"三个字既是茶的名称，又是商标和企业名称。编创玉皇剑茶艺，最主要的目的是宣传"玉皇剑"茶，展现企业形象和企业精神，最终目的是宏扬中国传统茶文化。

（二）素材收集

围绕编创目标，先对玉皇剑茶业集团的发展历程、产品种类和特征、企业和产品的获奖情况以及企业所处的人文环境进行了调查。

玉皇剑茶业集团地处湖北省谷城县五山镇，位于道教圣地武当山东南麓，境内崇山峻岭，树茂林幽，环境优美无污染，是玉皇剑优良品质形成的基础。五山镇的得名，是因境内有五座俊秀挺拔的山，即马鞍山、云雾山、百日山、邱家山、李家比肩而立，构成了雄丽壮观的风景而得名。而"玉皇剑"的得名，则源自于当地一个优美的传说：在很久以前，玉皇大帝云游四海，途经五山时，见这里景色宜人，胜似仙境，乃流连忘返，遗下玉皇殿、玉皇池、玉皇柳等多处胜迹。

五山镇长期生产茶叶，在众多的茶叶种类中有一种翠绿显毫、扁直似剑的茶与众不同，逐渐成为五山镇的主导产品。因其外形独特，结合五山的人文环境，被命名为"玉皇剑"；该名称不但展现出产品的特色，还反映其所代表的人文内涵。玉皇剑茶的发展，经历了由小到大、由粗放到精细、由数量到质量、由规模到效益的转变，形成了统一品牌、统一包装、统一管理的玉皇剑系列茶品。在20世纪90年代，五山镇茶业得到快速发展，成立了玉皇剑茶业集团，形成了全镇人民致富奔小康的特色产业。如今，五山镇成为全国名副其实的茶叶大镇之一。

（三）编创设计

针对以上所调查的情况，以及需编创茶艺的目的，认为以玉皇剑茶人的奋斗精神（即企业精神）作为该茶艺的精神内涵较为适宜，因此确定以"艰苦创业，改革创新，锐意进取"作为玉皇剑茶艺的茶艺精神。玉皇剑茶属于名优绿茶，其泡饮程式和茶艺程式与一般的名优绿茶大致相似。为突出玉皇剑茶艺的特色，决定以玉皇剑茶所具有的独特人文内涵赋予茶艺中。在具体的茶艺程式名称上融入地方文化，如佳茗准备称作玉皇出山，欣赏干样称作玉皇云游，净杯称作玉皇沐浴等，使其充分具有浓厚的五山人文氛围。

在编写好解说词后，偶然得知五山以前的茶人曾为玉皇剑茶吟过一首诗："激浪卷起漫天云，翩翩仙子下凡尘；云敬天青绿视野，碧海深处现翠林。"这首诗十分形象地描述了冲泡玉皇剑茶的情景，又体现了玉皇剑茶人的风采和玉皇剑茶更深层次的人文内涵。因此在修改解说词时，将这首诗加到了玉皇仙舞——即欣赏冲泡后的茶姿这一步。

在选择茶器具时，为了突出该茶艺的精神内涵，一切以"俭"出发。选用透明无花纹的玻璃杯，以3~7个为1组；不锈钢茶盘3只，1只当作泡茶用茶盘，另2只用于奉茶；小青花瓷盏20个，用于奉送干茶样和茶点；冲茶壶选用1000mL容量的小不锈钢壶，2个用于盛放开水的水瓶；茶通只选用1个茶则和1把两用的带针茶匙。茶叶罐就以玉皇剑茶业集团产品包装用的纸质茶叶筒，经适当处理后突出每个茶叶筒所装茶叶的种类名称。以上所用茶器具突出的特点是简朴、实用，与所需体现的茶艺精神相符。

在考虑背景音乐时，最初选用的是广泛流传的传统音乐，缺乏特色。后找到当地民间的二胡艺人，擅长演奏当地民间音乐小曲。经比较后，选用了几首与玉皇剑茶艺相符的当地小曲作为背景音乐,由二胡艺人现场演奏。这样,就更显得有地方特色。

在茶艺师的服装上,女茶艺师均选用传统丝绸旗袍装,略带短袖,颜色上选用带花浅白色,显得素雅大方。男解说员采用西装打领带,或浅蓝色唐装。女茶艺师的发型采取后挽成发髻,略施淡妆或不化妆。

茶艺演示时的背景为一块大绿布,上面为一行横写大字"玉皇剑茶艺",左边为竖写的茶艺精神——"艰苦创业、改革创新、锐意进取",右边为按一定比例放大的玉皇剑商标。这样的布置既符合审美的要求,又可突出茶艺精神,还可宣传玉皇剑茶业集团。整体上既显简朴,又显大方、美观。

（四）反复完善

把前面这些工作基本做完后,接下来的是开始培训茶艺队和完善所编创的茶艺。在这一步,发现问题最大的有两点:一是解说词与茶艺演示要相配;二是整个茶艺演示时间的长短。这两点只有茶艺师基本掌握茶艺的各部分操作后,开始完整演示茶艺时才能确定并改进。

在进行玉皇剑茶艺演练时,发现开场白（即致词）部分耗时过长,因此经删减后仅剩四百字左右。在玉皇出山这一步,茶艺师取茶样需时稍长,但这一步观赏性不强,解说词少;为调整气氛,将开场白中有关介绍玉皇剑茶业集团获奖的内容移到这一步。这样开场白就剩三百字左右,缩短了开场白的时间,又克服了取茶样这一步出现冷场的可能。在玉皇云游（即欣赏干样）这一步,解说词不多,但为突出茶样外形的美观,特意拉长对玉皇剑茶外形特点的介绍;这一作法,在玉皇沐浴（佳茗冲泡）和玉皇仙舞（欣赏茶姿）时也充分运用;同时还运用解说的轻重、快慢、急缓等技巧,充分调动客人的兴趣,使客人能集中精力全心欣赏茶艺中的精华。

在开始培训时,要求茶艺师讲究动作优美、速度慢,但演练中发现这样耗时较长,只适宜于在休闲的茶馆中表演,而不适合于在展览会、比赛与公共场合表演。因此专门测算出每一茶艺程式和每一操作动作所需花费的时间,再结合茶艺精华部分的需要,对一些次要的程式和操作进行精简,适当加快演示速度,缩短所需时间。对像欣赏干样、欣赏茶姿等精华部分,适当强化操作动作,延长演示时间。这样,突出了茶艺重点,有利于客人进行欣赏。经这样一修改,整个茶艺演示所需时间,由原先的十多分钟缩短为 5min 左右。同时又对解说词进行了修改,进一步精炼,也适应了这种需要。

再经过一段时间的训练后,茶艺师已基本熟练掌握茶艺演示的技巧与要求。于是开始强调茶艺师及解说员之间的相互默契与配合,同时与背景音乐的节拍、章节相配。经过这一步后,开始强调茶艺师的表情训练,这一步是茶艺训练最难的一步,也往往是一直无法完成的一步。经过强化训练后,达到了一定的要求。于是在玉皇剑茶业集团内部开始公开试演示,听取客人的意见与建议;经商讨后进一步修改完善。经这一步后,玉皇剑茶艺基本成形并成熟。

然后撰写标准的解说词、茶艺操作程式及要求、茶艺编创的介绍、目的与意义,使玉皇剑茶艺进一步规范化、标准化。撰写完后,茶艺师人手一份,要求他们进一步了解熟悉。这样，玉皇剑茶艺编创工作就基本完成。

三、《武夷茶艺》编创

《武夷茶艺》由福建省武夷山市黄贤庚于 1990 年编创，属功夫茶艺，是我国最早编创的茶艺之一，也是我国最早进行演示的茶艺之一。

（一）编创背景

1990 年初武夷山市委、市政府决定在当年 10 月初举办"首届武夷岩茶节"，指派黄贤庚编创一套岩茶品饮程序，属于命题式茶艺编创。福建省武夷山主产武夷岩茶，尤以大红袍闻名，茶文化底蕴深厚。

（二）编创设计

编创者一面翻阅大量资料，一面走访茶师茶农，经过两个多月的收集整理，终于列出了当地岩茶的冲泡品饮方法，按先后顺序列为 27 道（四字一句，共 108 字）：

恭请上座	焚香静气	丝竹和鸣	叶嘉酬宾	活煮山泉	孟臣沐霖
乌龙入宫	悬壶高冲	春风拂面	重洗仙颜	若琛出浴	游山玩水
关公巡城	韩信点兵	三龙护鼎	鉴赏三色	喜闻幽香	初品奇茗
再斟兰芷	品啜甘露	三斟石乳	领略岩韵	敬献茶点	自斟慢饮
欣赏歌舞	游龙戏水	尽杯谢茶			

这 108 字，是编创者根据武夷岩茶历史书籍记载，融合古今冲泡技巧，结合当地民间习俗，引用山水传说等进行升华，使其出之有典，含之有物。比如：

叶嘉酬宾：宋代苏轼《叶嘉传》将武夷岩茶比喻为叶嘉，意为其叶嘉美；酬宾，即以茶示客。

乌龙入宫：武夷岩茶是乌龙茶，而当地多用紫砂壶泡武夷岩茶，即把茶叶放入紫砂壶。

活煮山泉：古人云"活水仍须活火煎"，故用有焰无烟的火煮水，煮至初沸为宜。

孟臣沐霖、若琛出浴：系指冲洗壶杯，为避免字眼重复，经推敲出"沐霖"、"出浴"，既形象又含蓄。

春风拂面：以壶盖刮出壶面上的泡沫，形象为拂面。

关公巡城、韩信点兵：这两道是传统功夫茶斟茶法，关公之忠义肝胆，韩信之睿智大度，为民间所崇敬。因而此斟茶之喻，历来受饮者认同。

三龙护鼎：用拇指、食指扶杯，由中指托杯，此法既稳当又雅观，得到茶人赞同。

而兰芷、甘露、石乳、岩韵等都是武夷岩茶的历代名称，特别是"岩韵"乃武夷岩茶所独有。

为了使整个品饮艺术更好地展示于舞台，编创者将其中不便演示的 9 道程序删除，包括恭请上座、再斟兰芷、品啜甘露、初品奇岩、三斟石乳、敬献茶点、自斟慢饮、欣赏歌舞、游龙戏水。剩下的 18 道程序，经培训实操模拟后，成为可演示可观赏的《武夷茶艺》。

（三）编创体会

编创者在《武夷茶艺》编创中，总结出一些茶艺编创的经验。

1. 茶艺要有地方文化内涵

武夷岩茶历史悠久，历代文人骚客留下的众多茶文茶诗，山人的制茶活动，朝野的冲泡、品茗方式，积淀了丰富的武夷茶文化，加之当地的秀丽山水，三教相融的宗教文化等，这些都是挖掘、整理、编撰《武夷茶艺》的源泉。

2. 立足于弘扬当地茶文化和以特定茶叶为载体

近年来很多地方都编出茶艺，但很多没有地方或茶类特色。茶艺一定要有很强的针对性，如茶类不同、地方不同都要表现出来。就是同种茶类也因地方不同，其使用茶具也有差异，茶艺表现形式也有区别。武夷山、安溪、台湾虽均产乌龙茶，但因产地之异和饮者要求不同，如台湾讲究"清"，安溪注重"香"，武夷山则追求"活"，因此所表现的茶艺也有所不同。武夷岩茶因香久味厚，故不用闻香杯。如果茶艺的茶套、冲泡技法均相似，则分不清何处茶，也体现不出地方特色。

3. 茶艺编创时要出之有据

茶文化博大精深，很难做到博览通晓。但不管如何变化，茶艺都要编之有据，言之有物，听之顺理，演之成章，决不能凭空臆造，哗众取宠。茶艺也要"源于生活"，然后才"高于生活"，否则是无源之水，无本之木，叫人难以接受。在编创《武夷茶艺》时，根据品茶环境要清静高雅，故列焚香静气、丝竹和鸣。武夷山景区有古人题刻的"重洗仙颜"摩岩石刻，将它引用为浇洗壶表。因武夷山是国家重点风景区，品茗游山，相得益彰，所以用"游山玩水"，意为括去壶底茶水，以防其滴入茶杯。因岩茶独具"岩韵"，所以将品赏岩茶喻为"领略岩韵"。

4. 茶艺要坚持高雅文明格调

中国传统茶德提倡的是"人与人之和美，人与自然之和谐"，充分体现心灵美、行为美、形象美。在编制茶艺时要注重高雅、文明，不要掺杂低级趣味，或者会使人易产生歪邪联想的语言、动作，更不能为了迎合低级趣味或追求高利，歪曲、诋毁了茶的高尚情操，辱没了茶的传统美德。

四、《凤凰茶茶艺》编创

《凤凰茶茶艺》是由福建畲族歌舞团于1999年创作的，是取材于畲乡的一个生活习俗——饮蛋茶。

（一）编创背景

畲族是个历史悠久、文化内涵独特的民族，他们善良聪颖、勤劳勇敢，以大山为居。畲族自称"山哈"（"山客"之意），过着"种树还山，种青为活"的农耕生活。与祖国大家族中的其他民族一样，饮茶之风在畲族生活习俗中占据了重要地位。从畲族的"茶歌"中我们可以领略到，饮茶不是单纯的一种生活习惯，还是一整套的迎宾待客的礼节，有着特殊的民族审美价值和文化特征。

创作者之一的解忽曾长年生活在福建省屏南县，对家乡的畲族文化了解深刻。该县的甘棠乡巴地畲族自然村的村民以艾叶卧底，上搁一个完整的生蛋，用滚烫的山泉水浇熟，沏出"艾蛋茶"。艾叶可祛痧解毒避邪气，蛋可进补，故奉蛋茶又成为迎宾待客的上等礼节。每逢村中男人办大事、干重活，或身有小恙时必饮此茶。

（二）编创设计

　　要把一个普通的民族生活习俗升华到艺术创造的高度，并非简单的再现。生活虽然真实生动，但却显粗糙，许多富有文化价值或审美价值的东西会在不经意之间"流失"掉。所以，创作者必须站在特定的高度去重新审视这一民俗行为，确定其具有"永恒"性质的内涵，创作出有独立审美价值的作品来。因此，将该茶艺演示定名为"凤凰茶"，并不只是为了一个好听的名字、图个吉利。畲族人民崇尚凤凰，可追溯到该民族的产生之时，凤凰崇拜的遗风一直保留在他们的日常生活中。例如，畲族妇女的头髻叫"凤头髻"，衣饰花纹叫"凤挑"，花鞋上有"凤尾纹"，全身装束叫"凤凰装"。而在日常民事活动中，每逢喜庆，畲民总是庄重地在居屋正厅的壁上或梁上贴上"凤凰来仪"、"凤凰至此"的字条，或"凤凰朝阳"的图画。所有的这些，都说明了畲族人民已将自己的精神信仰与凤凰不可分割地联结在一起了，而凤凰正是中华民族所崇尚的真、善、美的象征。在茶艺演示中用来浇沥的红蛋叫"凤凰蛋"。蛋在中国文化中也具有深刻的象征意义，从神话学的角度上看，"蛋"与人类的繁衍有象征同构的关系。在我国许多少数民族的神话中，自然的混沌状态是一个"宇宙蛋"——一个孕育生命的大子宫。在民间，女子出嫁时，陪嫁的被服箱里塞有煮熟染红的红蛋（凤凰蛋），这与生命的观念是连在一起的。

　　通过这样的分析，编创者为茶艺演示确定了文化意蕴。与此同时，编创者也充分考虑到茶艺演示作为一门综合性艺术的美学性质。首先是道具的设置上：茶艺的茶具也应是一种礼器，整套茶具分为盆、盏、杯、壶、通、炉等，造型上设计成凤凰的各种形象与图案；凤凰精神品质高洁，故用纯银来精心打造。畲民把银看作高贵的象征，用它来塑形，很能体现畲族的审美价值。我们不妨设想一下，一个身着"凤凰装"的畲族少女用这样的茶具将"凤凰茶"恭奉在客人面前，不正是应验着畲民们喜爱的那句著名的吉语："凤凰至此"吗？再设想一下，当客人手捧银杯轻嗅，蛋香、茶香中交杂着艾叶的苦凉之气沁人肺腑，不令人心旷神怡吗？其次，在演示环节上编创者也力图尽善尽美，以能充分表现"凤凰茶"的精神实质。演示共有八个步骤，每个步骤冠以一句"茶头词"来体现其特点；并且"茶头词"必须做到形象贴切，每一句必扣一"凤"，富有诗意。简述如下：

　　（1）凤凰嬉水：这里指浅绿色的艾叶在水中涤洗，艾叶形似凤凰而取名。

　　（2）凤盏溜珠：这里指红蛋在似月牙状的白银器皿中涤洗，寓意新的生命接受大自然的洗礼。

　　（3）丹凤栖梧：指珠形物呈圆状在这里指蛋黄，艾叶又似梧桐叶，寓意凤凰在梧桐树上栖息。

　　（4）凤穴求芽：茶壶盖口喻穴，茶叶喻为芽，这里指茶叶放置于茶壶中，暗喻：凤求凰。

　　（5）凤舞银河：指茶壶的流，泻出状像天上的银河，凤凰在银河上翩翩起舞状。

　　（6）白龙缠凤：这里指壶的"流"直对"银通"下泻时水流的缠绕状而取名，暗喻二物缠绵之意。

　　（7）凤凰沐浴：滚烫的大水壶在茶杯上，下泻浇灌，似淋浴状，这里暗喻凤凰在

"凤凰池"中接受大自然的沐浴。

（8）金凤呈祥："凤凰茶"泡制完成后所呈现的景象，像一只金色的凤凰在梧桐树梢上，白云缠绕金色的太阳，相互映衬，暗喻凤凰来到人间，把幸福、吉祥无私地奉献给所有热爱生活的人们。

当地的作曲家丁献芝熟谙畲族音乐，特地为茶艺演示创作了背景音乐"银芽留芳"。该音乐取材于广泛流传在闽东、连江罗源等地的畲族传统乐曲，表现喜庆吉祥，与演示相得益彰，和谐一体，情韵盎然，更显民族特色。

当我们听着畲歌，品尝畲家茶时，定会深切感受到畲家儿女的真情厚意。畲家泡茶有多种讲究，多种方式，如"宝塔茶""皇帝茶""新娘茶""合欢茶""四大姓氏茶"等，都可以演绎出美好的"茶艺"及其他艺术作品，只是尚待于编创者的开发整理。正如畲歌里唱的那样："人情流（留）在碗中央，我郎接茶未在行，也知这茶真好吃，人情尽好水会香。"

五、《禅茶茶艺》编创

《禅茶茶艺》最先是江西画报社的陈晓潘编创的。

（一）编创背景

陈晓潘在 1993 年有感于佛教禅宗与中国饮茶历史的密切关系，而江西既是产茶大省又是南禅宗五家七宗的共同发祥地，认为应该将这一特点在茶艺活动中体现出来。于是陈晓潘深入江西及外省的寺院进行考察，虚心向各寺院的方丈们请教，并在江西省舞蹈家协会郑湘纯的帮助下，将江西佛寺禅堂中的饮茶方式加以整理、加工和艺术化，编创成功了禅茶茶艺。

（二）编创设计

禅茶是以佛教禅宗的"茶禅一味"为素材来反映古代饮茶习俗的一种茶艺形式，所要表现的不是佛教的教义和仪式，而是从茶道与禅学相通之处的一个切入点，来体现茶艺的美学价值，重点是体现与茶道精神相通的禅学思想，在演示中自然地呈现出禅意、禅思和禅气。禅茶主要表现的是我国南方山区普通尼姑庵中三位年轻尼姑以茶敬佛、以茶待客的佛门茶俗，大体上分为上供、手印、冲泡、奉茶四部分，以体现禅宗所提倡的"一日不劳，一日不食"的刻苦、勤劳、俭朴、节约之美德。

1. 上供

上供包括顶礼膜拜和焚香礼佛等仪式，在佛事活动中是一个非常庄严的过程，而且其时间也相当长。为避免使茶艺演示成为纯粹的宗教仪式，禅茶只表现了焚香礼佛部分，删略了顶礼膜拜等烦琐程序，使得演示更为精炼和雅观，更具有艺术性和观赏性。

2. 手印

手印是佛门僧侣在诵经咒文时以手指构成的各种手形。禅茶的主泡在焚香礼佛前后都有一系列手印，是艺术化了的形体动作。这些手印大多是取材于佛像的手势和敦煌壁画，至今虽尚无人能精确解释清楚其中的含义，但它极富感染力，有别于一般的茶艺表现手段，是禅茶极为重要的组成部分。禅茶在编创过程中，得到了两位中国佛教协会副会长净慧法师和一诚法师的指导。

3. 冲泡

禅宗兴盛于唐代，因此佛门禅堂中保留着唐代以前的饮茶方式，即煮茶。编创禅茶时，陈晓潘重点参考了江西云居山真如寺和河北赵县柏林禅寺禅堂中的饮茶方式。这两处寺院采用的是煮茶，只是现在煮的是散茶。而且柏林禅寺是用夏布将茶叶包扎起来后放入壶中烹煮，这是一种非常独特也非常古老的烹茶方式；禅茶采用后使其演示极富特色，引起客人的浓厚兴趣。为增强演示效果，专门使用广东省曲江县南华禅寺产的"六祖甜茶"。这种茶叶甜中带苦，苦后回甘，并具有保健疗效，但其是连梗带叶的粗茶，不适合冲泡品饮，只能是包起来烹煮，这样会增强禅茶的禅味和历史感。

4. 服装道具和布景

为体现禅宗所提倡的美德，所使用的服装道具都是力求简朴、切忌奢华，这与陆羽所强调的"精行俭德"精神也是相符合的。烧水的炭炉是江西农村曾长期使用的"南丰小泥炉"，煮茶的茶壶是农村中常用的旧铜壶，装茶杯的篮子也是农家常用的普通竹篮子。所有的服装、鞋袜、佛珠和香料都是从寺院中采购的，以加强真实感。茶艺师所穿的僧袍也经过了认真考虑，从青灰、深褐和中黄三种颜色中挑选后者，视觉效果较好。

背景道具只有一个香炉和四个铜烛台（点燃红烛），十分简单。最早演出时，还在背后挂一幅禅旗，中间只有一个大型的"禅"字。一般寺院中供佛的法器都省略掉，以减弱宗教色彩。后考虑到禅宗"教外别传，不立文字"的特点，觉得如果在室内演出，一个特大的"禅"字太过显眼，也太过直露，就改为一幅佛寺园中的风景照片（中间岩石上有一个较小的绿色"禅"字，与周围的山色很协调，并不会觉得突兀），使之更富天然情趣。但如果在露天广场或是在大型剧院中演出，远处的客人就看不清照片上的图像，仍然悬挂"禅旗"以营造禅的氛围。同时为了帮助一般客人加深对禅茶的理解，增加了一副对联，从唐诗中选集了两句："煎茶留静香，禅心夜更闲"，算是点出主题，不但有助于客人的理解，而且也可帮助茶艺师对禅茶主题的把握。实践证明，效果相当不错。

5. 背景音乐

禅茶的背景音乐自然是选用佛教音乐，但不是所有的佛教音乐拿来就可以用。目前我国的佛教音乐中有许多是采用民间小调来演唱佛经的，如《孟姜女哭长城》《苏武牧羊》《紫竹调》等；这些虽然旋律很美，但却不够庄严肃穆，也容易让人联想到其他世俗故事，都不宜用来作为背景音乐。陈晓潘几乎将所有寺庙中的音乐磁带都筛选了一遍，最后选择了广州音像出版社出版的《同心曲》。《同心曲》取材于佛教音乐，由专业音乐工作者进行改编、配器、演奏和演唱而成。乐曲一开始，先是缓缓敲起几响钟声，人们脑海中似乎浮现出佛寺的轮廓，立刻就肃静下来。然后乐队轻轻奏出优美的旋律，接着由男声合唱五声音阶的五句乐句，歌词却只有"南无阿弥陀佛"六个字；因为旋律优美深沉，反复歌唱，一点也不觉得重复、单调，配合茶艺师庄重文静的形体动作、超然物外的神情，令客人在不知不觉中进入一种空灵、静寂的禅的意境，心灵得到一次净化和升华，达到"茶禅一味"的境界，音乐与茶艺也已达到水乳交融的境地。可以说，禅茶的成功在一定程度上要归功于其背景音乐。

此外，茶艺师应先从"静"入手，尽力去理解禅宗所追求的"内心解脱""天人合一"和"物我两忘"等境界，渐渐找到感觉。在演示之前，要让自己的心入静，未出场就得全神贯注，心无旁骛，目不斜视，动作要寓动于静，不要夸大张扬，以庄重、文静、张弛有序的形体动作，超然物外、虚明澄静的神情，将客人带入禅的意境之中。无论是茶艺师，还是禅茶编创者，均需要对禅文化有所了解。

第十四章　茶艺鉴赏

第一节　茶艺美学特征

一、茶艺美学的含义

茶艺在发展过程中，融合了音乐、舞蹈、服饰、书画以及人文精神等美学特征，经过凝练和升华而形成了独特的茶艺美学。茶艺美学属于美学的一门新兴学科，是茶艺学的一个分支，也是一门理论和实践相结合的学科。茶艺美学是对茶艺的美学原理、美学法则、美学特征、审美等进行研究，以揭示茶艺美的本质，促进茶艺美的创造、传播与鉴赏升华。探讨和学习茶艺美学，不仅有利于提高对茶艺的审美能力、审美经验、鉴赏能力、美学素质、创新意识以及提升茶艺的美学思想，也有利于增强茶艺的美感或美学理想，从而促进茶艺的发展。

二、茶艺美学的组成

在茶艺演示活动中，茶艺师与观赏者共处在同一审美活动中，通过茶艺解说和茶艺演示动作，将茶艺演示中内在的茶艺精神用艺术化的语言和动作传达给观赏者。观赏者在听觉和视觉的享受中，调动全部的审美感觉，经过感知、体味、领悟，最终将茶艺外在美和内在美融化为一种精神愉悦，并实现精神升华，从而完成对茶艺演示的审美欣赏。由此可见，茶艺美学的组成主要有审美主体、审美客体、审美活动三部分。

（一）审美主体

审美主体是观赏者和茶艺师。观赏者和茶艺师需具有一定的审美能力，并有着内在的审美需要和审美追求，并在审美活动中依据自己的审美能力与审美标准进行审美。中国历代茶人将日常茶事与自己的审美活动、精神追求、人格理想紧密结合起来，使饮茶品茗具有美好的审美价值和高远的生命意义。文化修养、精神境界、生活状态、时代背景等都影响着观赏者和茶艺师对茶艺美的感受。

（二）审美客体

审美客体是茶艺本身，尤其是茶艺演示过程，是观赏者和茶艺师认知和审美创造的对象。茶是中国人心灵的故乡、精神的家园，饮茶已成为一种既高雅又通俗且普及在日常生活的活动。茶艺不仅讲究如何泡好茶，而且特别强调艺术性，有着较高的美学方面的追求，注重给人带来美好的精神感受。茶艺中的美学追求与展示贯穿于茶艺的全过程，注重内在美和外在美的统一、物质美和精神美的统一。

（三）审美活动

审美是指审美主体人对审美客体事物美的直观感受、体验、欣赏、思维和判断，人通过主观感官和大脑功能同客观事物发生审美关系，从而产生了审美活动。审美活动是观赏者和茶艺师对茶艺审美时产生的复杂的、具体的、动态的个体心理活动过程。这个过程是观赏者和茶艺师的审美能力具体发生作用的过程，也是其审美价值真正实现的过程，包括审美态度、艺术创造、美术设计等。

三、茶艺美学的特征

关于中国茶艺的美学特征，有人认为是清、淡、静、和、真，有人认为是自然之美、淡泊之美、简约之美、虚静之美、含蓄之美，还有人认为是意境之美、典雅之美、雕镂之美、理趣之美、清空之美、拙朴之美、阴柔之美、传神之美、韵味之美，甚至有人认为是阳刚之美、奇险之美等。中国茶道的内在本质是以儒家思想为核心的儒、道、佛三家思想的统一，倡导清和、俭约、廉洁、求真、求美的高雅精神。茶艺是以茶道为思想内涵，自然需要体现茶道的特征，也因此决定了茶艺美学的特征。

（一）清静

清静之美是一种柔性的美、和谐的美，也是茶艺美学的客观属性。饮茶能使人更为安静、宁静、冷静、文静、雅静，自然会使人的心情更趋于淡泊宁静、神清气爽的状态。这与儒家、道家和禅宗的审美情趣都有相通之处，都具有清、静的本质特征。"致清导和""韵高致静"，既是茶叶的特性，也是品茶艺术的特性，而且与人性中的静、清、雅、淡的一面相近。因此在茶艺中也需要展现清静，尽可能在安静的氛围中进行，茶艺动作需柔和、优美，节奏要舒缓，不宜太快，音乐不宜激昂，灯光不宜强烈。

（二）中和

"中和"即中庸之道，在对立中寻求统一并达到融合，是中国传统文化精神的核心，也是中国古代先民生存智慧的体现。饮茶具有致清导和的作用，可以调节人的心情、去除烦恼杂念，使人回归宁静平和。"中和"思想在茶艺中主要体现在两个方面：从审美主体而言，主要是人与人和、人与天和、人与物和，实现天和、地和、人和，达到天人合一的有机统一与和谐。人与人和是指和诚处世，敬爱待人。人与天和是指人与自然环境和谐相处，融为一体。人与物和是指人与茶、水、火、器等物质对象的关系搭配合理、协调。从审美对象而言，主要是茶艺诸要素的协调配合、合理、和谐。

（三）自然

自然即自然而然，自然率真，把未经人化的自然奉为美的极致。在茶艺演示中，就是不以形式的精雕细琢、着意修饰取悦于人，而从自然无为的本性达到审美的愉悦。中国茶道讲求"以自然为美"，一方面与茶本身的自然属性相关，另一方面也与道家"道法自然"的哲学思想和美学追求密切相关。产于大自然的茶拥有最纯洁、质朴的本性，烹出的茶汤也融合了来自自然的清纯与质朴。"天人合一""道法自然""顺其自然"，寄情于自然之中，感悟人与自然的相合，表达出崇尚自然，返璞归真的人生追求和审美理想。历代茶人都有意识地将这种回归自然、崇尚自由的率真本性和美好理想融入饮茶之中，并在饮茶实践中不断提升。

（四）含蓄

含蓄是指意思含而不露，耐人寻味。中国人传统的性格是内敛，讲究含蓄，反对过于直白，强调意会。古往今来，茶人们均强调饮茶环境的营造，强调在饮茶中感悟人生，实现自我修养。茶艺延续了中国传统文化的这一特点，特别注重茶艺环境，强调在茶艺演示中体现茶艺精神，使观赏者在特定氛围下，借助茶香茶味的刺激，实现联想而达到精神升华的境界。

第二节 茶艺美

茶艺美主要可以分为外在美和内在美两大类，外在美包括人美、茶美、水美、器美、茶席美、境美、技美等，内在美包括个人修养美、职业素养美、精神美等。

一、人美

人美依据对象来源可以分为茶艺师美和观赏者美，依据美的具体内容形式可以分为形体美、衣着美、行为美、语言美、气质美等。除形体美仅针对茶艺师外，其他的人美内容需要所有的茶艺参与者共同体现。

（一）形体美

茶艺师需要具备优美的体态，包括体态匀称、比例协调、五官端正等多个方面的内容。茶艺师应五官端正，脊柱正直，双肩对称，体型适中，皮肤光亮、细致、紧结，牙齿洁白整齐，手型匀整。男性要求形体结实，肌肉匀称，有力量。女性形体要求腰细，腿长，曲线优美，手指细长。发型要美，发型与茶艺主题、服装款式、年龄、头型、脸型、身材等相适应。

（二）着装美

服饰可反映出着装人的性格与审美趣味，并会影响到茶艺演示的效果。合适得体的服饰搭配，不仅能衬托茶艺演示的内容和主题，也能突出茶艺师的风度和体型。茶艺师的服饰选择首先应该适合表演者的体型和性格，特别是要和演示的茶艺主题相适应，其次就是选择合适的式样、色泽、质地和做工。茶艺师还要注意不能用有香味的化妆品，不能浓妆艳抹，不能涂有色指甲油。对所有的茶艺参与者均要求衣着干净、整洁大方，手指干净，头发清洁整齐等。

（三）行为美

行为美是茶艺参与者以实际行动所表现出来的，是心灵美的重要外在表现形式。在茶艺演示过程中，茶艺师的行姿、站姿、坐姿规范标准，茶艺礼仪到位，优美的手势能够很好地传情达意。面带微笑，眼神真切，充满热情、真诚，自然、大方。观赏者也以良好的坐姿、真诚感谢的回礼、积极鉴赏的心态来回应茶艺师的行为美。

（四）语言美

在茶艺过程中，茶艺参与者相互交流的时候，应谈吐文雅，语调轻柔，语气亲切，态度诚恳，讲究语言艺术。在茶艺交流中应注意语言规范，礼貌规范地使用欢迎语、致谢语、致歉语、告别语等，恰当地使用尊敬语、谦让语，多用"您""请""谢谢"等礼节用语。在茶艺交流中还应注意语言艺术，要准确地表情达意，吐音清晰，用词准确，还要表达自然流畅，注意音调和节奏。

（五）气质美

气质美是个人素养、情趣、性格、生活习惯和精神内涵的综合外在表现，是在长期的生活实践和一定的文化氛围中逐渐形成的。不同职业的人会有与其相适应的气质，如军人气质、艺术家气质、政治家气质等，茶人也有自己特定的气质。通过茶人的仪表、眼神、面部表情、动作、礼仪、语言等，展现出茶人良好的精神面貌和良好的素质，从而形成茶人特定的气质美。

二、茶美

茶的色、香、味、形等品质能给人以最直接的美感，是茶艺鉴赏的主体内容。

（一）茶名美

茶名如人名一样，赋予了茶叶特定的含义。中国茶产品众多，每个茶产品均对应着一个名字。茶叶的命名有着一定的规则，有以茶叶品质特征、产地、季节、原料规格、制茶工艺、制茶人、茶树品种等来命名，还有按重量、传说、典故等来命名。看到茶名，使人容易想到茶名中蕴含的自然美与人文底蕴。

（二）茶形美

茶形是指茶叶的外形。很多茶叶具有多种多样的独特外形，具有很高的欣赏价值，如针形、卷曲形、扁形、珠形等。此外，有些茶在冲泡过程当中吸水膨胀，可以表现出独特的冲泡动态美，或上或下，亭亭玉立，澄清碧绿，芽叶朵朵，如翠竹，如绿色的森林，如神话般的境界，千姿百态，美不胜收，观之赏心悦目，是一种美的享受。还有一些工艺茶，在冲泡过程中更是能表现出美的景象：绿叶丛中衬托着一朵洁白的花朵或一朵红艳的花朵，或本身就成为一朵绿绿的"绿菊花"。在茶艺表演中，特别是冲泡时，杯中轻雾飘渺，美不自胜。

（三）茶色美

茶色之美包括干茶色泽、茶汤汤色以及叶底色泽之美，但在茶艺中主要鉴赏干茶色泽和汤色之美。不同的茶类应具有不同的茶色美标准，如绿茶以绿、翠为美，红茶以红艳为美，乌龙茶以橙黄、橙红为美。不同形状的茶叶再润以银绿、嫩绿、深绿、黄绿、嫩黄、金黄、黄褐、乌黑、棕红、橙红、紫色、银白等色泽，美感倍增。一些花茶中再点缀茉莉花、桂花，使茶色更加丰富多彩。品饮鉴赏时，不同的颜色可以给人带来不同的遐想和不同美的感受。

（四）茶香美

茶香之美主要是指茶汤的香气之美，有的干茶也同样具有非常宜人的香气。绿茶呈板栗香、清香、毫香、嫩香，乌龙茶呈馥郁的花果香，红茶呈蜜糖香、花香、果香，花茶带有茉莉花香、橘子花香、栀子花香等各种天然鲜花的气息。品饮鉴赏时，要充分地领略茶水所蕴含的茶香，对乌龙茶还需细细品闻盖香。在领略茶香的过程中，易让人静下心来，使人进入茶艺境界，全心品赏茶艺。

（五）茶味美

茶味之美就是"啜苦咽甘"的美妙茶味。茶号称有"百味之美"，主要的滋味有苦、涩、甘、鲜、活等，品茶时应小口细品慢吸，配合吸气使茶汤在口腔内翻滚而接触舌上不同部位的味蕾，深切体会茶味之美。茶味刺激舌部后会给人带来独特的美感，绿茶苦后回甘，花茶鲜醇带香，乌龙茶醇厚绵长，无不给人带来独特的美感体验。而且在品饮后，要特别注意品味喉间的回味，努力达到一个综合立体的品茶感受。人生有百味，茶亦有百味，在不同的环境和心情下可以从茶中品出不同的"味"。品茶，重在感受茶的"味外之味"，品悟"茶如人生"。

三、器美

茶器主要指茶艺中盛装、冲泡、品饮茶的各式茶具。泡好茶需用适宜的器具，适宜的器具有助于茶叶品质的展现。茶具在质感、造型、色彩、功用、寓意等方面都蕴涵着丰富的美，在茶艺演示中十分讲究选择和运用器具，可以充分发挥茶艺之美。茶艺中的器之美，包括茶具的形之美和组合美两个方面。

（一）器质美

茶具的美通过其质地有不同的体现，陶土质朴，瓷器光润，玻璃通透，漆器典雅，金属雍容，竹木自然，玉石华贵等。一些器具再饰以丰富的色彩、纹样、雕刻和书画，使器具更增艺术底蕴，美感油然而生。

（二）器型美

茶具的美与其千变万化的造型密切相关，不同的器具有着不同的造型，产生了丰富的美感，如紫砂壶在"形、神、气、态"等方面均有独特的美感。不同器型的紫砂壶体现着中国传统文化精髓和中国古典美学特点，凝聚着作者独具匠心的创意和艺术灵感，有的古朴典雅，有的神韵怡人，有的灵巧妩媚，有的端庄大气。

（三）组合美

茶席上的茶套由不同的茶具搭配组合与摆设而成，是茶艺师在茶艺活动中对美的艺术创造，是茶艺演示中美的表现之一，为此必须精心挑选，合理搭配。茶具的搭配组合应与茶相映生辉，能充分展现出所泡茶的优点，充分发挥茶的茶性，充分把茶的外在美和内在美都展示出来。茶具的搭配组合应符合不同民族、不同地域、不同年龄等的饮茶习惯要求，要注意各件器物外形、质地、色泽、图案的协调与对比，注意对称美和不均齐美的综合运用，注意器物之间以及周围其他物品的协调，尽量达到和谐一致。此外，茶具的搭配组合是为茶艺演示而服务的，所以必须紧紧围绕茶艺主题，突出茶艺主题。不同主题的茶艺演示对茶具组合有不同的要求，如文士茶艺要求典雅，民俗茶艺要求朴素，宗教茶艺要求端庄，宫廷茶艺要求华丽高贵。

四、茶席美

茶席之美是物质形态和艺术形态相结合，以物质的形态为主。

（一）和谐美

一个好的茶席，无不体现出和谐之美。茶席中的茶品、茶器、背景、铺垫、插花、相关工艺品、茶点、服饰、音乐、解说等均搭配、协调，使用的色彩、空间布置、各部位的大小、高低、远近等协调一致。

（二）内涵美

每个茶席均有自己的主题，承载并传达着茶人不同的思想与情怀。不同的茶席体现出不同的生命力，也因此赋予了茶席独特的品质与风格，使茶席蕴意着独特的美学价值。茶席主题应与茶艺主题一致，对一些观赏性的茶席则是有其专有的主题。借助茶席，感受幽静和安逸，领悟与世无争、超脱世俗的宁静和洗涤尘世烦恼的淡然与祥和，追寻和感受生活的美好。

五、境美

境美是指茶艺的环境、心境、背景音乐等美。

（一）环境美

茶艺之美特别讲究茶艺的环境条件，茶人历来讲究品茗的境之美，或青山翠竹、小桥流水，或琴棋书画、幽居雅室，呈现一种天然的情趣和雅致之美。茶艺演示和品茶的环境能给人以美的氛围，引发人们更高的精神境界。茶艺环境需要与茶艺主题相匹配，以便更好地体现茶艺主题。对于不同风格的茶艺类型，要求不同的器具、服饰及景物，颜色基调和风格需统一，良好的茶艺环境有助于增强茶艺效果。

（二）心境美

在茶艺演示和品茶时，心境呈现宁静平和之美。茶人的内在心境与外界环境相吻合，达到高度一致，超越纯自然物质的效果，超越具体的器具，超越形式、时空、仪式程序，才能进入茶艺境界，品出茶的精神，涤畅精神，达到"天人合一"的境界。茶人学会入静，洁净身心，呈现忘我的境地，沉浸于美的精神享受之中，才能真正全身心地体会到茶艺的真趣。

（三）音乐美

在茶艺环境营造中，一般会配有背景音乐。背景音乐烘托茶艺环境，相互协调一致，并充分体现茶艺主题，尤其是音乐的节奏与茶艺的动作等一致，可以产生节奏美。优美的背景音乐能领引茶艺师完美地展现演示技艺，还能引导客人进入茶艺境界，感受茶艺之美。

六、艺美

艺之美主要是指茶艺的程式美、动作美、解说美。

（一）程式美

茶艺程式根据茶叶种类或演示环境的不同来编排，主要体现着"顺"之美和"贯"

之美。"顺"是整个过程要顺利流畅，"贯"是要求各个环节连续连贯。茶艺的各个程式依次展开，重点是围绕泡好一杯茶，并突出展现科学性与艺术性。同时，茶艺程式本身蕴含了丰富的文化内涵，在鉴赏时要善于发现这种美。

（二）动作美

茶艺的动作美主要表现为动作规范、细腻、开合有度、舒展自如、自然流畅，轻重缓急自然有序，有节奏感，传神达韵，并表现出一种自然圆融之美。在鉴赏茶艺演示的动作时，注意动作流畅的自然美。茶艺演示的整套动作要一气贯穿，成为一个有生命的机体，让人看了能感受到生命力的充实与强大。同时茶艺师在演示过程中，在简单的道具和动作语言中赋予深厚的内涵，把茶艺丰富的文化内涵和人文精神充分展示出来。茶艺师针对不同类型的茶艺，在演示时准确把握个性，掌握尺度，表现出茶艺独特的美学风格。通过具有丰富象征意义的肢体动作、符号语言等向客人营造出一种虚静恬淡的审美主客体环境，表达有道无仪、天人合一的品饮境界。

（三）解说美

茶艺解说带领茶人进入茶艺演示的意境中，使茶人的心灵情感融进茶艺程式的表象中，借助艺术化的解说语言领悟茶艺中积淀了社会、历史、文化的意象，可帮助客人尽快进入茶艺境界。所用的茶艺解说词崇尚对称、均衡，用词喜欢成双成对。在进行茶艺解说时，音韵的搭配讲究柔美和谐，语词的修辞讲究运用修辞丰润意象，语调抑扬顿挫，要与茶艺师演示动作的轻重疾徐以及背景音乐的快慢节拍相对应，体现出茶艺演示中极富生气与艺术感染力的节奏美。简练的解说用留白的方式做点到为止的说明，以期客人在观赏过程中综合运用耳听、鼻嗅、味尝、体感等感觉对所观物象自我感悟。

七、内在美

内在美体现茶艺的个人修养、专业素质及精神内涵，是茶艺的韵。

（一）个人修养

茶艺师在茶艺演示中，有着端庄的个人仪表，优美的操作，温柔的眼神，时时微笑的面容，处处彬彬有礼，无微不至地关心与尊重他人，处处体现出高尚的个人修养。茶艺师对人如此，对物也如此，双手取放茶艺器具，轻拿轻放，处处表现呵护，展露出丰富的爱心和平和的心态。客人在这特定的茶艺环境中，感受茶艺的熏陶，自我反思，去除杂念，净化心灵，修身养性，使自己的精神境界不断得到升华。

（二）职业素养

优秀的茶艺师无不具有良好的职业素养。茶艺师阳光、乐观、积极、敬业、用心，展现出良好的职业信念，具有良好的职业道德、正面积极的职业心态和正确的职业价值观意识。茶艺师布置的诗情画意的茶艺环境，操作如行云流水般的茶艺动作，无不展现出茶艺师具有精湛的职业知识技能。茶艺师一上场，就伴随着音乐进入茶艺境界，全身心地投入茶艺演示，如醉如痴，展现出良好的职业行为习惯。茶艺师所展现出来的职业素养，决定着茶艺所能达到的意境，也决定着客人能否进入茶艺境界。

（三）精神美

茶艺精神是茶艺的灵魂，在茶艺演示中茶艺师的技艺、解说员的茶艺说明以及茶艺环境的意境，共同传达的是一种内在的精神美。欣赏茶艺演示实则是在动静之间洞察万物玄妙、领悟人生哲理、感受人文精神，是客人无形的心理感受和情绪体验化为有形物境与物感的过程。客人应平稳心态，进入静的状态，在特定的茶艺环境氛围中，伴随着茶艺师精湛的技艺演示，融入茶艺意境，感受茶艺精神，感悟人生，实现自我升华。

第三节 茶艺的鉴赏与升华

茶艺观赏者借助视觉、听觉、味觉和触觉等对茶艺美进行感官感觉，产生感官愉悦和美感，并获得一种综合立体的心理感受而实现精神升华，这就是茶艺鉴赏。

一、茶艺鉴赏的条件

茶艺鉴赏是一种非常复杂的心理过程，对美的感知能力、理解能力和联想能力有较高的要求。美的感知能力是茶艺鉴赏的基础，需要观赏者能善于发现、捕捉到茶艺演示过程中的任何一个美的地方，如小到简单的净手和欣赏器具，大到烫杯温壶、洗茶、冲泡、封壶、分杯等过程。美的理解能力是茶艺鉴赏的核心，需要观赏者能理解行云流水般的泡茶动作和优雅如诗的品茶行为等过程，能理解到茶艺演示过程中蕴含的厚重的中国传统文化。美的联想能力是茶艺鉴赏的灵魂，需要观赏者能在感知和理解茶艺演示的基础上产生丰富的联想。

观赏者必须对外界事物保持敏锐的感知能力、超强的理解能力和丰富的联想能力，才能发现更多的美，才能提高自己的茶艺鉴赏能力。自身的知识水平、生活阅历等决定了观赏者的茶艺鉴赏能力，但通过学习是可以提高茶艺鉴赏能力的：一是需要学习了解一些相关的茶艺知识，能看懂茶艺一些过程与操作的含义；二是需要学习了解我国的一些传统文化知识，如礼仪知识；三是需要学习了解一些基本的美学知识，知道何谓美与不美。

在茶艺鉴赏中，生理感觉过程是属于鉴赏的基本层次。唯有在生理感觉过程的基础上实现内心感觉过程，这才是鉴赏的最高层次。只有进入内心感觉过程，才能进入精神升华的境界，观赏者才能真正领会到茶艺的魅力，而这取决于观赏者的鉴赏能力，特别是联想能力。

二、茶艺鉴赏的方法

对茶艺进行鉴赏，欣赏茶艺美，可以欣赏茶艺的人美、茶美、器美、茶席美、境美、技美和内在美等方面，还可以从以下几方面着手进行鉴赏。

（一）鉴赏茶艺的程式

茶艺种类繁多，不同茶艺的演示程式不一，甚至相同程式名字不一，让人最初容易摸不到头脑。然而，不同茶艺的程式虽不一样，但均是泡茶，为此茶艺的基本程式一般都具有备器、煎水、赏茶、洁具、置茶、泡茶、奉茶、饮茶等。茶艺的程式设计是围绕着最大限度地泡好一杯茶来进行的，在鉴赏中除依据茶汤好坏来辨别茶艺程式设计的好坏外，还可以注意观察不同程式之间的衔接与连贯程度。

（二）鉴赏茶艺的文化特征

茶艺无时无刻不在体现茶文化的特征，从茶艺师、茶叶、器具、服饰、音乐、茶席、背景、解说词等，甚至是地域文化、民俗文化、历史文化等。观赏者可以从这方面入手，注意观察茶艺不同组成部分反映的文化特征，以及不同文化特征之间的协调一致性等。

（三）鉴赏茶艺演示的动作

茶艺的美是由茶艺师进行演示而展现的，而茶艺师动作演示的熟练度和连贯性决定了茶艺美感体现的成败。观赏者可以注意观察茶艺师的神态、操作动作、动作的连贯性和优美度，从中感受茶艺师展现出来的动态美。

（四）鉴赏茶艺的内涵

每个茶艺演示均会有一个主题，每个主题均会体现特定的精神内涵。茶艺精神是茶艺的灵魂，也是评判茶艺演示成败的重要因素。一次完美的茶艺演示应该体现出茶艺精神，使人在观赏中能有所感悟。观赏者在鉴赏茶艺时，要注意领悟茶艺所体现的内涵，并积极从内心去感悟而升华。

以上茶艺鉴赏方法，也有助于提高茶艺鉴赏能力。然而还需要观赏者有宽容心，不要在意茶艺师在演示中可能出现的失误或不足，重点在于如何充分享受茶艺带来的美感，毕竟在有缺陷的状态下依然享受到美也是一种能力的体现。

三、茶艺鉴赏的升华

在达到一定条件的情况下，茶艺鉴赏可以实现升华。

（一）茶艺精湛

茶艺精湛是茶艺鉴赏升华的基础。首先是茶艺的主题积极向上，茶艺精神感染鼓舞人。其次是茶艺环境氛围营造的好，能很好地烘托出茶艺主题，并能感染茶人。最后是茶艺师美，茶艺技艺美，不但泡出一杯好茶，还把茶艺精神充分展现出来了，而且能够很好地吸引和感染人。

（二）茶艺观赏者

茶艺观赏者是决定茶艺鉴赏能否升华的关键。观赏者需具备一定的鉴赏能力，具有对美的感知、理解和联想的能力。观赏者还能让自己入静，抛弃日常的繁杂、焦虑与烦躁，使自己的心态安静平和，并能全身心地投入欣赏茶艺。

（三）入境

观赏者在茶艺中能否入境，是茶艺鉴赏升华的核心。茶艺师在茶艺演示过程中，借助动作和茶艺音乐的节奏，注意吸引和引导观赏者全神贯注地观赏茶艺。观赏者集中精力欣赏茶艺，随着茶艺师优美动作的牵引，伴随着茶艺音乐的节奏，感受茶艺环境氛围的感染，逐渐进入茶艺意境。观赏者在欣赏茶艺美的同时，一定要积极联想，因茶艺美的触动而感悟人生，并最终引起内心的澎湃而实现精神升华。

第四节　茶艺评价

茶艺需要演示给茶艺观赏者观赏才有价值。除观赏者单纯地鉴赏茶艺外，当前已有大量的茶艺技能大赛，需要直接评判茶艺的优缺点，以促进茶艺的完善与创新。为此，需要科学合理地进行茶艺评价，才能更加有效地促进茶艺健康有序发展。

一、茶艺评价的内容

构成茶艺的每一部分，均是茶艺评价的内容。在进行茶艺评价时，重点考量茶艺师的茶艺基本功，包括礼仪、仪容仪表、茶席布置、茶艺演示、茶汤质量等方面。

（一）茶艺师仪容仪表

茶艺师是茶艺的主体，茶艺因茶艺师而具有活力，因此茶艺师是茶艺评价中的主体内容之一。茶艺师的形体是否优美，发型是否适当，着装是否规范，行姿、站姿、坐姿是否规范标准，茶艺礼仪是否真诚到位，能否给人带来美感，是否端庄、自然和优雅，能否展现出一种气质美，妆容、服饰与主题是否契合，均直接影响着茶艺的效果。

（二）茶套配置与器具布置

茶套选择搭配得当，配置合理，可以促进茶艺的演示效果。在进行评价时，可以从器具的质感、造型、色彩、功用、寓意等方面考察，要求符合茶艺主题，质地、样式的选择符合茶类要求，器物配合协调、合理、巧妙、实用。看茶套中不同器具之间是否搭配合理，能否产生组合美。考察茶套的配制，还应看器具的摆放是否科学合理，是否与茶艺环境协调一致，对茶艺的演示与综合效果是否有促进作用。

（三）茶席的设计与布置

茶席是用于茶艺演示的平台，对茶艺效果有重要的影响，应具有和谐美和内涵美。茶席设计应有创意，形式新颖，意境高雅、深远、优美，与主题相符并突出主题。席面空间应布置合理、美观，色彩协调，突出实用性，符合人体工学。茶席设计强调主题与艺术呈现的原创性、主题的突出与情感的表达、实用性和艺术性的统一，考量布席者对相关素材的选择和布局技巧、对茶艺的理解水平及审美水平。茶席上的茶器、铺垫、插花、相关工艺品等是否搭配、协调，以及色彩、高矮、大小等是否适宜。同时，茶席应体现出一个积极的主题，以及与茶艺精神相配的精神内涵。

（四）茶艺环境的设计与布置

茶艺环境对营造茶艺氛围、突出茶艺主题和感染观赏者有着重要的作用。茶艺环境中的色彩搭配，应配色新颖、美观、协调、合理，有整体感。若设有背景、插花、挂画和相关工艺品等，应搭配合理，整体感强。需要考察茶艺背景能否产生美感，能否突出主题，突出的主题是否与茶艺主题一致。考察茶艺音乐是否符合茶艺的风格，其节奏能否与茶艺演示的动作协调一致，对茶艺氛围的营造作用如何，能否有效地引导茶艺师和观赏者进入茶艺境界。

（五）茶艺程式的设计与演示

茶艺演示的编创科学合理，程序设计科学合理。茶艺演示应行茶动作大气、自然、稳重，全过程流畅，具有艺术美感。团队成员分工合理，协调默契，体现团队律动之美。在编创中考察茶艺程式是否设计合理，是否有助于茶艺师演示动作的连贯和流畅，能否有助于泡好一杯茶。茶艺师在演示过程中，考察其动作是否熟练优美，节奏感是否强，与茶艺音乐的节奏是否合拍。同时注意考察茶艺程式或动作有无赋予特殊的含义，能否体现出茶艺的内涵。

（六）茶汤质量

茶艺师所泡的茶汤充分表达茶的色、香、味等特性，茶汤适量，温度适宜。从茶汤的色泽、香气和滋味来考察茶艺师对投茶方法、投茶量、冲泡温度、冲泡时间的把握。

（七）解说

茶艺解说需要简洁、精练、清晰，能引导和启发观赏者对茶艺的理解，具有节奏感，应能烘托茶艺氛围，给人以美的享受，体现茶艺精神。

（八）茶艺文本

茶艺文本应能针对茶艺的主题、选茶、配器等进行准确、简洁地介绍，内容阐释突出主题，文字优美精练，文本富有创意，并深刻地揭示主题、设计思路与理念。

（九）茶艺主题和创意

茶艺要求主题明确，构思巧妙，富有内涵；要求立意新颖，形式新颖，具有原创性，内容和形式都具有独特个性；应艺术性强，意境高雅、深远、优美。

（十）茶艺内涵

茶艺内涵是茶艺的精华所在，唯有体现出内涵的茶艺才具有生命力。茶艺师应在茶艺演示中展现出良好的个人修养和优秀的专业素养，才能有效地创造出茶艺美，也才能感染观赏者。茶艺精神在茶艺中应能明显地体现出来，并积极向上，还能感染人并使人实现升华。

二、茶艺评价的原则

茶艺评价的总原则，应把握六点：科学性、文化性、简洁性、美观性、内涵性、创新性。

（一）科学性

评价茶艺，首先看茶艺是否具备科学性，有无违背科学的地方。茶艺环境的营造、器具的选择与搭配、茶叶冲泡方法、茶艺程式与动作、品饮方法等均应具有科学性，符合所选茶叶的冲泡与品饮要求，符合茶艺的性质与特征。茶艺中的音乐、解说词、服装、发型等，也应具有科学性，符合茶艺的时代特征与人文特征。茶艺唯有具备科学性，才能正确地泡好一杯茶，才能有效地体现茶艺精神。

（二）文化性

茶艺是一种文化形式，具有文化的底蕴与特征。茶艺需要遵循和体现文化内涵，应符合所体现的特定文化背景。评价茶艺，需要看茶艺是否反映出一定的文化特征，所反映的文化底蕴是否科学，是否符合茶艺的性质。

（三）简洁性

茶道的内涵讲究简洁，茶艺也应遵循这一点。在布置茶艺背景时，应简洁明了，突出主要的烘托元素，在色彩、样式、形状等方面防止过于复杂或花哨。茶艺程式和演示动作应简洁，在围绕泡好一杯茶的基础上，无多余的、不必要的程式和动作。所选器具在茶艺中均有用处，少选用单纯装饰或实用价值不大的器具。茶艺解说应简洁并精练，并尽可能地少。

（四）美观性

茶艺本身就是要创造美，因此必须具有美观性。从茶艺师的仪态、茶艺背景的布置、器具的选择与搭配、茶叶、冲泡程式与动作、品饮等均需要体现出美感，具有较强的美观性。茶艺的美观性易引起观赏者心灵上的共鸣，有利于熏陶感染观赏者。

（五）内涵性

茶艺必须具有内涵，才具有生命力。茶艺的主题需要鲜明突出，并能营造出浓厚的人文氛围和体现出茶艺精神，使茶人获得精神上的感受和升华。而且茶艺的内涵需要有科学性，符合时代特征的需要，并符合社会主义精神文明的特征。

（六）创新性

茶艺需要在传承的基础上进行创新，因此必须具有创新性。茶艺创新，可以是部分创新，也可以是整体创新；可以是形式创新，也可以是内涵创新。茶艺创新应符合时代发展的需要，鼓励糅入现代科技，使茶艺具有创新性的同时具有显著的时代特征，能符合现代社会发展的需要。

三、茶艺评价的方法

（一）评价仪容、仪表、礼仪

1. 评价发型、服饰

茶艺师的服饰应大方得体，符合茶艺师气质。发型应精致，符合茶艺师形象。而且发型、服饰均与茶艺主题协调一致。如发型、服饰欠自然得体，穿着随意，明显夸张或过于休闲如袒胸衣、无袖衣、半透明衣、紧身衣、短裤或超短裙，发型散乱或突兀，与茶艺主题不相协调，则明显不足。

2. 评价形象

茶艺师应精神饱满，仪表端庄，自然得体，优雅大方，妆容适当，表情自然，演示中身体语言得当，具有亲和力。如妆容不适当，留长指甲，抹指甲油，化浓妆；神情恍惚，表情紧张不自然，眼神慌乱，或表情木讷、生硬、平淡；眼神无交流或过多交流；视线不集中或低视或仰视，缺乏亲和力，均不足。

3. 评价仪态

茶艺师的仪态自然端庄得体，动作、手势、站姿、坐姿、行姿端正大方，面带微笑，具有亲和力。如坐姿、站姿、行姿欠端正，站姿、走姿摇摆，坐姿中双腿张开或脚分开，说话举止略显惊慌，手势有明显的多余动作，均不妥。

4. 评价礼仪

茶艺师能够正确运用礼节，礼仪规范相符，谦恭亲和。如未行礼，行礼姿态不端正，或行礼手势夸张、做作或生硬，不注重礼貌用语，或礼节表达不够准确，均影响茶艺效果。

（二）评价茶席

1. 评价器具配置

茶席器具的配置突出了茶的核心主体地位，器具选配功能、质地、形状、色彩等与茶类协调，配置正确美观，器具别致，兼具实用性，符合茶艺主题。器具配置容易存在不足的地方有：器具配置不符合茶艺主题，配置不协调美观，茶具之间质地、形状不协调，茶具色彩欠协调，实用性欠缺；或配置不齐全，少选或多选茶具。

2. 评价色彩搭配

茶席配色饱和、丰满、清晰，层次分明，合理、美观、协调，有整体感，并有创意和个性，有较强的感染力，能突出茶艺主题及内涵。配色中容易存在以下不足：色彩过于鲜艳，或色彩昏暗，色彩层次不分明，搭配不美观、不协调、不合理、无创意、无个性，缺乏整体感，与茶艺主题不一致。

3. 评价茶席布置

茶席的布置应布局合理，功能完备；中心突出，层次分明；吻合主题，背景相符；席面整洁，摆放有度；整体与环境协调，色彩协调，合理、美观，有序，茶、水、具配置协调，茶具空间符合操作要求。如茶具、席面布置不协调，缺乏美感，器具摆放凌乱、不整齐，位置摆放不正确，影响操作，茶具取用后未能复位，均会影响茶艺效果。

4. 评价茶席文案

茶席文案的设计美观、协调，主题阐述简洁、准确、深刻，文辞表达准确、优美。如文案设计欠美观，主题阐述沉长，文辞缺乏美感，表达不准确，甚至表达不恰当或错误，均会产生负面影响。

5. 评价茶席创意

茶席合理，有创意，能有效地烘托茶艺主题。茶席创意不足，甚至无含义，缺乏文化底蕴，则难以体现茶艺主题。

（三）评价茶艺背景

茶艺中插花、挂画、音乐、焚香等相关艺术元素与茶艺主题吻合，搭配合理，色彩、风格一致，相得益彰，相映生辉，整体感强，具有较强的艺术性和美观性。如茶艺背景与茶艺主题吻合度低，整体感差，搭配不协调甚至错误，光线差，则会影响茶艺效果。

（四）评价茶艺演示

1. 评价茶艺程式

茶艺程序设计科学合理，符合茶性，符合茶文化的基本理念，与茶艺主题一致。如茶艺程序设计不合理，不符合茶性，顺序颠倒或遗漏，则会影响茶艺效果。

2. 评价泡茶

茶艺师的冲泡操作步骤正确合理，动作规范优雅美观，技法娴熟自如；气度从容，神情专注；动作自然适度，手法轻柔、连绵、连贯、协调，过程完整、流畅，形神具备，优美，对投茶量、泡茶水温、泡茶水量、泡茶时间把握合理；富有韵味，感染力强。茶艺师之间分工合理，配合默契，技能展示充分。如茶艺师操作步骤不合理，动作不熟练、不连贯，对泡茶条件把控不足，如冲泡水温不适宜、投茶量过多或过少、冲泡时间不到位，动作紧张僵硬或矫揉造作，不自然，有明显多余动作，出现失误如泡茶动作颠倒或遗漏、水洒出来、杯具翻倒、器具碰撞发出声音，茶叶掉落在外面、未能很好地完整完成冲泡过程，表情欠自然，协调性差，艺术感染力低，则会减弱茶艺效果。各茶艺师之间分工不合理，有闲置角色，配合不默契，衔接不够顺畅、协调，技能显示不足，也不利于茶艺效果的体现。

3. 评价奉茶

茶艺师奉茶姿势自然、大方得体、优雅端庄，表情自然，面带微笑，有亲切感；奉茶规范，顺序合理，礼仪正确，言辞恰当。如奉茶姿态不端正，奉茶次序混乱，脚步混乱，奉茶未行半蹲礼，不注重礼貌用词，缺乏表情，不利于茶艺效果的显现。

4. 评价收具

茶艺师收具规范有序，摆放合理，动作干净、简洁、娴熟，完美结束。如收具不规范，顺序混乱，缺乏条理，茶具摆放不合理，动作仓促，出现错误，有遗漏，则不足。

（五）评价茶汤质量

1. 评价茶汤品质

茶艺师所泡的茶汤应色、香、味俱佳，汤色明亮清澈，滋味鲜醇爽口，香高持久，叶底完美，达到所泡茶叶正常的品质特性。如茶汤未能具有茶正常的色、香、味品质，汤色过浅或过深、欠清澈，甚至浑浊，茶汤香不持久、特征香型不显，甚至沉闷有异气，特征滋味表现不够、滋味浓度不适合、过浓或过淡、不纯正，则影响茶艺效果。

2. 评价茶汤温度与茶汤体积

茶艺师所奉茶汤的温度适宜，茶水量适中。如茶汤温度不适宜，过高或过低；茶汤量差异明显，各杯不匀，过量或过少，影响品饮效果。

（六）评价解说

1. 评价解说词

解说词完整，包括导入介绍、茶艺程序解说、结束语，言简意赅，词美意深，有创意。解说词过多过长，缺乏新意，无节奏感，则会限制解说效果。

2. 评价讲解

讲解应准确完整，口齿清晰，语音纯正、清脆，熟练流畅，用语正确、规范，没有程序上的错误，音量适度，语言流畅婉转，富有感情，具有较强的艺术感染力。如讲解中口齿不清晰，语言表达不准确，声音音量不适，语速不自然，太快或太慢讲解，拖泥带水，缺乏艺术表达力，则讲解的效果不佳。

3. 评价协调

讲解能够与音乐节奏合拍，能与演示动作相协调一致，并能导入情节而有效地诠释茶艺，从而有效地引导和启发观众对茶艺的理解，给人以美的享受。如讲解中不协调合拍，则难以引起观众的共鸣，更难以让观众享受到茶艺美。

（七）评价茶艺文本

茶艺有文本，文本的设计美观，茶艺的背景、主题、程式等内容均具备；文案用语简练，层次明显，重点突出，美感明显。如文本设计欠美观，内容不齐全，层次不明显，重点不突出，则会影响观众对茶艺的理解。

（八）评价茶艺主题

茶艺题材应新颖，主题明确鲜明，立意新颖，富含精神内涵，具有原创性、艺术性，能充分诠释中华茶艺的底蕴。茶艺主题的意境高雅、深远，符合社会发展的主旋律，传播积极向上主基调。如茶艺的题材缺乏新颖，主题不明显，原创性和艺术性缺乏，意境不足，难以体现文化底蕴。

（九）评价茶艺时间

茶艺演示时间一般在 5~15min。茶艺师应控制好演示时间，在限定时间内顺利完成。如演示时间超时或过短，则均不合适。

（十）评价茶艺创新

茶艺在形式上或内涵上应具有创新。如茶艺缺乏创新，则生命力不足。

第十五章 茶艺训练

　　茶艺师需要展示茶叶冲泡流程和技巧以及传播饮茶知识，需经过系统训练才能胜任。茶艺训练是一项系统工程，包含茶艺师的选择、茶艺知识培训、茶艺演示技巧训练等内容，需要茶学、茶文化、美学、形体学、舞蹈、插花、鉴赏学等学科的知识。在开展茶艺训练的过程中，需把握以下原则：首先，确定分阶段的学习与训练目标。可以根据不同茶艺师职业技能等级的知识与能力要求，制定阶段性学习与训练目标，按目标进度进行。其次，加强理论与实践相结合。茶艺技能不仅仅靠训练，还依赖于理论学习，并需要更多的专业实践。多参与茶艺实践操作，在具体实践中查缺补漏，才能不断提升技能。再者，需不断创新、训练教学方法，完善和改进传统的茶艺训练教学模式，组织探索更多样的茶艺学习与训练方法。采取多证教学、资格认定教学的方式将技能学习与技能资格认定挂钩，提高茶艺学习者的学习效率与学习积极性。最后，贵在坚持。学好茶艺不是一日之功，贵在坚持不懈。需要多加强学习、训练与实践，不断熟练与深化，逐步达到人与艺浑然一体、炉火纯青的境界。

第一节　茶艺知识培训

　　茶艺师的国家职业技能标准对不同等级的茶艺师所应具备的职业技能有明确的标准与要求，不同等级的茶艺师需要拥有不同深度与广度的知识与能力。依据茶艺师国家职业技能标准，茶艺师需要具备的知识体系包括有：一是公共职业知识；二是茶文化知识；三是茶自然科学知识；四是茶艺知识；五是茶艺培训知识等。

一、公共职业知识

　　茶艺师应学习掌握一定的公共职业知识，包括职业道德、劳动安全、法律法规、卫生等方面的知识。职业道德包括职业道德的基本知识和职业守则，劳动安全基本知识包括安全生产、安全防护、安全事故申报、灯光和音响设备使用方法、安全用电常识、烧水器具的使用规程与方法、消防灭火器的操作方法、防毒面具使用方法等知识，法律、法规知识包括《中华人民共和国劳动法》《中华人民共和国劳动合同法》《中华人民共和国食品卫生法》《中华人民共和国消费者权益保障法》《公共场所卫生管理条例》以及饮食业食品卫生制度等法律法规中的相关知识，卫生知识包括食品与茶叶卫生基础知识、茶室环境卫生要求知识、茶具用品消毒洗涤方法等。

二、茶文化知识

茶艺师应学习了解相关的茶文化基本知识，主要有中国茶的源流、饮茶方法的演变、中国茶文化内涵、中国饮茶风俗、茶叶的传说与典故、茶与非物质文化遗产、茶的传播及影响、外国饮茶风俗等。茶艺师应学习了解历代著名的茶人、茶书、茶画、茶诗、茶事，应了解主要茶叶产区及其特点，应学习了解茶叶的分类、品种、名称、基本特征等基础知识，需要学习掌握茶叶主要成分、特性与功能的基本知识，应了解中国的主要名茶及其产地。同时，茶艺师应了解中国的主要名泉，还需要学习了解茶与健康及科学饮茶的关系，学习茶预防、养生、调理基本知识，了解茶与健康的关系、科学饮茶常识，了解不同季节饮茶特点、保健茶饮配制知识等。

三、茶自然科学知识

茶艺师应学习了解相关的茶自然科学知识。首先是茶树基本知识，包括茶树基本的植物学特征和生物习性。第二是茶树的栽培与繁殖，包括茶树的品种种类与特性、茶树繁殖方式与基本方法、茶树修剪种类与方法、茶园管理方法、茶园病虫害防治等知识。第三是茶叶加工，包括不同茶类的基本加工工艺与方法、茶叶再加工和深加工的基本工艺与方法，包括花茶、袋泡茶、抹茶、茶点、茶饮料、茶酒等产品的加工方法与品质特征。第四是茶叶生物化学，包括茶叶内含的主要成分种类与特性、茶叶品质形成的基本特点、茶叶营养卫生、茶叶成分的功能等。第五是茶叶审评知识，包括不同茶产品的感官品质特征、茶叶感官审评基本知识及专业术语、茶叶审评知识运用方法、茶叶品评的方法、茶叶品质及质量鉴别知识、茶叶质量检查流程与知识、茶叶标准、茶叶品质和等级的判定方法等。第六是茶叶储运知识，包括常见的茶叶储存方法、茶叶包装等。第七是茶叶销售知识，包括茶叶产销概况、茶叶销售基本知识、售后服务知识、茶商品调配知识、茶艺馆营销基本知识、不同类型茶叶营销活动与茶艺结合的原则。第八是饮茶促进人体健康的理论知识，包括茶叶活性成分的主要功能及其作用机制。

四、茶艺知识

茶艺师需要掌握的茶艺知识，主要可以分为以下几类。

（一）茶具知识

茶具知识方面，包括茶具的历史演变、茶具的种类及产地、瓷器茶具的特色、陶器茶具的特色、其他茶具的特色，泡茶器具的种类和使用方法，常用茶具质量的识别方法，名家茶器、柴烧、手绘茶具源流及特点，瓷器茶具的款式及特点，陶器茶具的款式及特点，紫砂茶具的选购知识，瓷器茶具的选购知识，不同茶具的特点及养护知识，茶具质量检查流程与知识，玻璃杯、盖碗、紫砂壶的使用要求与技巧。

（二）泡茶用水知识

泡茶用水知识，包括水质要求，品茗与用水的关系，品茗用水的分类，品茗用水的选择方法，中国名泉知识。

（三）茶叶冲泡技艺

茶叶冲泡技艺，包括茶艺冲泡的要素，不同茶类投茶量和水量要求及注意事项，不同茶类冲泡水温、冲泡时间要求及注意事项，冲泡技巧。

（四）茶叶品饮技艺

茶水品饮技艺，包括茶叶品饮基本知识，品饮要义，调饮红茶的制作方法，不同类型茶饮基本知识，茶饮创新基本原理，各地风味茶饮和少数民族茶饮基本知识。

（五）茶艺礼仪知识

茶艺师需具备茶艺礼仪知识。茶艺礼仪知识包括茶艺人员服饰、佩饰基础知识，茶艺人员容貌修饰、手部护理常识，茶艺人员发型、头饰常识，茶事服务形体礼仪基本知识，普通话、迎宾敬语基本知识，交谈礼仪规范及沟通艺术，了解宾客消费习惯，接待礼仪与技巧基本知识，不同地区宾客服务的基本知识，不同民族宾客服务的基本知识，不同宗教信仰宾客服务的基本知识，不同性别、年龄特点宾客服务的基本知识，涉外礼仪的基本要求及各国礼仪与禁忌，礼仪接待英语基本知识，特殊宾客服务接待知识。

（六）茶艺演示知识

茶艺演示知识，包括茶艺演示台布置及茶艺插花、熏香、茶挂基本知识，茶艺演示与服饰相关知识，茶艺演示与音乐相关知识，茶席设计主题与茶艺演示运用知识，茶艺演示组织与文化内涵阐述相关知识，茶艺演示编创知识，茶艺美学知识与实际运用，茶艺编创写作与茶艺解说知识，仿古茶艺演示基本知识，茶艺演示活动方案撰写方法。

（七）茶艺馆知识

茶艺馆知识，包括茶艺馆选址基本知识，茶艺馆定位基本知识，茶艺馆整体布局基本知识，茶艺馆不同区域分割与布置原则，茶艺馆陈列柜和服务台布置常识，品茗区风格营造基本知识，茶空间布置基本知识，器物配放基本知识，茶具与茶叶的搭配知识，商品陈列原则与方法，茶艺冲泡台的布置方法，家庭茶室用品选配基本要求等。

（八）茶艺销售知识

茶叶销售相关知识，包括茶艺馆经营管理知识，茶艺馆营销基本法则，茶艺馆成本核算知识，茶艺馆服务流程与管理知识，茶艺馆各岗位职责，茶艺馆庆典、促销活动设计知识，茶艺馆安全检查与改进要求，宾客投诉处理原则及技巧常识，茶室工作人员岗位职责和服务流程，茶艺馆消费品调配相关知识，结账、记账基本程序和知识，茶叶销售基本知识，茶具销售基本知识，茶叶、茶具包装知识，售后服务知识，名优茶、特殊茶品销售基本知识，茶商品调配知识，茶艺馆营销基本知识，不同类型茶叶营销活动与茶艺结合的原则，解答宾客咨询茶品的相关知识及方法、主要的茶叶产区及其主要特点。

（九）其他茶艺知识

茶艺师需了解茶席及其设计知识，包括茶席基本原理知识，茶席设计类型知识，茶席设计技巧知识，少数民族茶俗与茶席设计知识，茶席其他器物选配基本知识。茶艺师需了解茶点知识，包括茶点与各茶类搭配知识，不同季节茶点搭配方法。

茶艺师还需掌握一定的文创产品基本知识、茶事展示活动常识、茶文化旅游基本知识和茶会知识。茶会知识包括茶会类型知识，茶会设计基本知识，茶会组织与流程知识，主持茶会基本技巧，茶会的不同类型与创意设计知识，大型茶会创意设计基本知识，茶会组织与执行知识，各国不同风格茶会知识。

茶艺师还应掌握不同类型茶艺的特点，需要了解国外茶艺的相关知识，尤其是日本茶道基本知识，韩国茶礼基本知识，英式下午茶基本知识，俄罗斯茶艺等，以及茶艺专用外语知识。

五、茶艺培训知识

茶艺师在工作中需要承担相应的培训任务，故需要掌握一定的茶艺培训知识，包括茶艺人员培训知识，茶艺培训计划的编制方法，茶艺培训教学组织要求与技巧，茶艺演示队伍组建知识，茶艺演示队伍常规训练安排知识，茶艺培训讲义编写要求知识，技师指导基本知识，茶艺馆全员培训知识，茶艺馆培训情况分析与总结写作知识，茶业调研报告与专题论文写作知识。

第二节　茶艺师的设置

茶艺师的设置与安排对茶艺演示效果有着直接的影响，因此在茶艺编创时就需要考虑这个问题。一般茶艺师的设置，主要依据茶艺的类型与演示需要而定。

一、茶艺师的设置类型

当前的茶艺中，茶艺师的设置主要有以下几种类型。

（一）单人茶艺

单人茶艺指单人泡茶兼奉茶，由一个人独立完成茶艺全过程的操作。这类茶艺师的设置模式一般应用于生活型茶艺中，或根据客人要求进行简单的冲泡茶艺演示，由一人承担所有的茶艺演示操作。在茶艺馆、茶产品推销等过程中，多采用这种模式，需要的人员少，茶艺演示简洁。

（二）双人茶艺

1. 一人泡茶一人解说

茶艺演示由两人完成，一人负责泡茶与奉茶，一人专门负责茶艺解说。

2. 一人主泡一人助泡

按照分工，茶艺演示人员分为一个主泡，一个助泡。其中，担任主泡的人员，负责茶叶冲泡技艺演示；担任助泡的人员，协助主泡，负责帮忙端递沸水、茶具、奉茶或解说等。主泡与助泡二人一起，相互配合完成整体的茶艺演示。在实际中，也可以是主泡在泡茶的同时进行解说，也可以是主泡与助泡一同奉茶，由助泡端茶水，主泡献茶水给客人，也可以是由助泡一人完成奉茶与敬茶。

3. 两人主泡

两人独立进行完整的茶艺演示，分别进行茶叶冲泡、奉茶，茶艺解说则由其中一人负责完成。

（三）三人茶艺

1. 一人主泡两人助泡

三人茶艺中，有一人负责主泡，另外两人作为助泡。助泡根据主泡的要求，辅助泡茶与奉茶等过程的完成。通常由主泡位于中间，助泡站在主泡的两边。目前大多数茶艺是采用一人主泡两人助泡的模式，茶艺演示人员的人数为奇数，符合中国传统中的认为奇数的生命力最强，一边一个助泡也符合中国传统审美观点中的对称美。而且三个茶艺师，既不多也不少，不会显得单一，也不会显得紊乱，符合茶艺的内涵特征。茶艺师人数不多，也可节约茶艺队的成本。在实际中，主泡与助泡可以一同进行奉茶，由助泡端茶，主泡献茶；也可以是由两个助泡负责奉茶，主泡不参与。

2. 一人主泡一人助泡一人解说

三人茶艺中，有一人负责主泡，一人负责助泡，一人负责解说。

3. 三人主泡

三人茶艺中，可以由三人同时担任主泡，各自完成独立的泡茶、奉茶等过程，可以由其中一人承担解说任务。

（四）多人茶艺

有三个人以上参与演示的茶艺，称为多人茶艺。

1. 一人主泡两人助泡一人解说

在多人茶艺中，有一人主泡、两人助泡、一人解说。主泡和助泡均可参与奉茶，也可以由助泡独立完成。

2. 一人主泡四人助泡

在多人茶艺中，有一人主泡、四人助泡，可由其中任一人负责解说。主泡和助泡均可参与奉茶，也可以由助泡独立完成。

3. 多人主泡

在多人茶艺中，有三人以上均担任主泡，各自完成泡茶、奉茶等过程，如安溪功夫茶艺。

二、茶艺师的设置要求

（一）位置要求

在茶艺师演示时的位置安排上，以助泡距主泡后退半步为宜，这样可增加美感。茶艺师不宜站成一条线，否则显得单一，并且美感不足；而且站成一条线，助泡需平视前面的客人，眼神的余光难以看到主泡，导致主泡与助泡之间沟通配合困难；若助泡斜视主泡，显得对客人不尊重，演示效果也大打折扣。假如助泡比主泡前半步，则导致相互沟通配合更加困难。只有助泡退后半步，眼睛的余光可将主泡包括在内，主泡有何示意，可一目了然，使沟通配合顺利，而且依然可保持平视，显示对客人的尊重。

（二）茶艺队人员要求

在茶艺队人员的具体设置中，若采用一人主泡两人助泡的模式，则需招聘 5~6 人专门从事于茶艺演示，一人专职于茶艺解说，一人负责音响等后勤工作，在专职的茶艺师中选一人担任茶艺队队长。专门从事于茶艺演示的人员需多招，是考虑到会有些意外情况而有人无法上台演示，以确保茶艺随时都可正常演示。另外在进行茶艺演示时，需要茶艺师接待客人，对没有在表演前排就坐的客人，即这些无法品到茶艺师正式演示冲泡的茶的客人，需另外的茶艺师专门冲泡茶水给客人，以免冷落这些客人。

（三）茶艺队其他人员

当前茶艺在演示过程中，往往会与其他艺术形式相融合，如舞蹈、乐器、书画、插花、武术等，因此会有专业人士同时进行各项技能的演示。这些人员的安排，对营造茶艺氛围、烘托茶艺主题自然是会有突出作用，可以促进其他文化形式与茶艺的相互融合，但需要避免产生喧宾夺主、主次不分等问题。

第三节　茶艺师的仪态训练

茶艺师讲究仪态美，需要进行仪态美的训练，为此需进行站姿、坐姿、行姿、蹲姿、表情等仪态的训练，使茶艺师在举止中呈现出美好的仪表和良好的气质。

一、茶艺师站姿训练

站姿是茶艺演示中第一个引人注视的姿势，优美、典雅的站姿是发展不同质感动态美的起点和基础。良好的站姿能衬托出茶艺师美好的气质和风度，可以加强茶艺演示的美感。

（一）站姿的动作要领

标准站姿的动作要领，包括以下几方面：身体舒展直立，脊柱、后背挺直，重心线穿过脊柱，落在两腿中间，胸略向前上方提起。挺胸，腹部、臀大肌微收缩并上提，臀、腹部前后相夹，髋部两侧略向中间用力。两肩放松下沉，气沉于胸腹之间，自然呼吸。两手臂放松，自然下垂于体侧，手指自然弯曲，或双手轻松自然地在体前交叉相握。两腿并拢直立，腿部肌肉收紧，大腿内侧夹紧，髋部上提，膝部放松。两脚跟相靠，脚尖展开 45°~60° 角，身体重心主要支撑于脚掌、脚弓之上。脖颈挺直，头向上顶。下颌微收，双目平视前方，面带微笑。站累时，脚可向后撤半步，身体重心移至后脚，但上体必须保持正直。要做到以上站姿，讲究五点一线：头正；肩平，男性双臂自然下垂，女性双手虎口交叉于胸前（右手在上）；背直，挺胸收腹；提臀；双腿并拢直立；脚跟相靠；身体重心放在两脚正中；微收下颌，两眼平视前方；嘴微闭，表情自然，稍带微笑。则人挺直、舒展，站得直，立得正，棱角分明，线条优美，精神焕发。

（二）站姿的训练方法

训练站姿，一是训练站立时身体重心的位置和重心的调整，使身体正直，重心平衡，并能自然改变站立的姿势；二是训练两脚位置与两脚间的距离，并与手的位置和谐一致，使整个身体协调、自然；三是训练挺胸、收腹、立腰、收臀、身体重心上升，使身体挺拔、向上；四是训练站立时的面部表情，心情愉悦、精神饱满，通体充满活力，并能给人以感染力；五是训练站立的耐久性，能适应较长时间站立工作的需要。一般来说，标准的站姿关键要看三个部位：一是髋部向上提，脚趾抓地；二是腹肌、臀肌收缩上提，前后形成夹力；三是头顶上悬，肩向下沉。只有这三个部位的肌肉力量相互制约，才能保持标准站姿。

站姿训练时，可在一间空教室里排队站立，按照站姿的基本要求练习。由老师示范，再不断提醒动作要领，并逐个纠正。学生进行自我调整，尽量用心去感悟动作要领。练习时务必抬头挺胸、双肩放松，配合音乐的律动，还有两手必须自然地摆动。站姿每次训练应控制在 20~30min，训练时可放些优雅、欢快的音乐，用以调整心境，既可以防止训练的单调性，又可以减轻疲劳感。轻松地摆动身体后，瞬间以标准站姿站立，若姿势不够标准，则应加强练习，直至无误为止。

1. 靠墙站立训练法

靠墙训练法是借助于墙的平面来培养和训练，站立时上体挺拔，训练保持头、背、臀、脚跟四点垂直一线的良好习惯。在立正姿势的基础上，面带微笑，背靠着墙站直，全身背部紧贴墙壁，面朝前，双目平视，双腿夹紧，挺胸收腹，立腰，立背，紧臀，双肩后张下沉，下颌略回收，梗颈、头上顶，脚后跟、小腿、臀部、双肩和后脑紧贴墙壁，能体会到正确站立时身体各部位的感觉，使身体上下处于一个平面。

2. 背靠背站立训练法

背靠背站立训练法指两人一组，背靠背站立，两人的头部、肩部、臀部、小腿、脚跟紧靠，并在两人的肩部、小腿部相靠处各放一张卡片，不能让其滑动或掉下。这种训练方法可使人的后脑、肩部、臀部、小腿、脚跟保持在一个水平面上，使之有一个比较完美的后身。

3. 对镜站立训练法

对镜站立训练法指每人面对镜面，检查自己的站姿及整体形象，看是否歪头、斜肩、合胸、驼背、弯腿等，发现问题及时调整。最好能在行进中的前方放置一面落地镜，以方便检视自己所有的肢体动作。

4. 顶书站立训练法

顶书站立训练法指在头顶中心平放一本书，保持书的平衡，以检测是否做到头正、颈直。为使书不掉下去，头、躯体自然需保持平衡，否则书本将滑落下来。这种训练方法可以纠正低头、仰脸、头歪、头晃及左顾右盼的毛病。

5. 双腿夹纸站立训练法

双腿夹纸站立训练法指站立者在两大腿间夹上一张纸，保持纸不松、不掉，以训练腿部的控制能力。

6. 站立的动作训练法

（1）双脚平行站立　抬头挺胸缩小腹，双脚掌平行站立，上半身要抬头、挺胸、缩小腹。

（2）丁字步站立训练　左脚自然站立，右脚脚跟紧靠左脚足弓处成90°，称右丁字步，方向相反则称左丁字步。两臂自然下垂，两手体前交叉握，收腹，挺胸抬头，沉肩，后展肩，两腿并拢，面带微笑。训练初期采用头部负重练习效果更佳，每人拿一本书放于自己头的前部，下颌微抬，保持书本不掉下来。负重练习与不负重练习交替进行，让学习者体会两种不同的方法。

（3）两腿开立训练　两腿分开与肩同宽，双手叉腰，双肘微向前扣，或两臂体后交叉，膝关节顶直，抬头挺胸，立腰，立背，收腹，夹臀，肩下沉，后展肩，膈肌上提，重心在两腿之间。训练初期可仿效丁字步站立，头负重练习，负重与不负重交替进行练习。此练习主要训练臀、腹及上体的正确感觉。

（4）起踵立训练　为了丰富站立姿态的训练方法，起踵立也是一种非常有效的方法。丁字步站立时，两脚跟离地，以离地高为好，前脚掌着地，两腿并拢夹紧，臀部夹紧，立腰，两手叉腰，上体姿势和正确上体姿势一致，重心要稳，身体不得晃动。

（5）单腿立训练　在正确的立姿基础上，一腿支撑，另一腿屈膝上抬绷脚尖，贴于支撑腿，双手叉腰。此练习主要训练腿的挺直与控制力。

（6）前、侧、后点地训练　在基本站立姿势的基础上，双手叉腰，保持上体形态和重心的稳定性，点地时要求腿伸直，开胯，绷脚尖，前后点地时脚面要外翻，侧点地时脚面向侧，点地腿的脚尖和主力腿的脚跟保持在一条直线上。每做一个方向的点地，都是先擦地出去。此练习主要训练腿的控制能力和重心的稳定性。

（7）站姿重心转移训练　站累时，单腿可以后撤半步，身体重心可前后移动，但双腿必须保持直立，同时打开约70°，取得平衡距离，此时前脚的脚跟会对准后脚的脚掌内侧中央。左右脚前后视个人习惯而定。前脚的脚尖朝向正前方，身体重心在后脚的脚掌中央。将前脚膝盖略向后脚膝盖靠拢，让两膝间空隙变小。女性将左脚跟靠于右脚内侧后 1/3 处，身体重心可放在两脚上，也可放在一脚上，通过重心移动减轻疲劳。此练习主要训练在移动时腿的控制能力和身体的正确姿态。

（三）站姿训练中注意事项

在站姿训练中，需注意是否有歪头、斜眼、缩脖、耸肩、塌腰、挺腹、屈腿的现象，是否有叉腰、两手抱胸或插入衣袋的现象，是否有身体倚靠物体站立的现象，是否有身体歪斜、晃动或脚抖动的现象，是否面无表情，精神萎靡，是否身体僵硬，重心下沉等。

二、茶艺师坐姿训练

很多茶艺中主泡需坐在椅子上进行演示，因此需进行坐姿训练。坐姿端正，文雅，不仅给人以沉着、稳重、冷静的感觉，而且也是展现茶艺师气质与风范的重要形式。

（一）坐姿的动作要领

坐姿的基本要领：躯干竖直；双肩自然下垂；下颌内收；双眼平视，目光柔和；嘴微闭，表情自然，稍带微笑。标准坐姿的动作要领，具体包括以下几方面。

1. 走进座位

款款走到座位前，从椅子斜后方 45° 入座。如果椅子左右两侧都空着，应从椅子左边走到座位前，背向椅子。

2. 入座

无论从哪个方向入座，都应在离椅前半步远的位置立定，转身后，右脚稍向后撤半步，使腿肚贴到椅子边，以确定位置，上体正直，轻稳坐下，左脚同步跟上。坐下时，双腿自然弯曲，身体重心徐徐垂直落下，臀部接触椅面要轻，避免发出声响，臀部坐在椅子 1/2 或者 2/3 处。女性入座时，应整理一下裙边，将裙子后片向前拢一下，以显得端庄娴雅。

3. 端坐

坐下后，身体总体应端正舒展，挺胸，脊背挺直，重心垂直向下或稍向前倾，双脚跟并拢，双膝并拢或微微分开。两眼平视，下颌微收，面露自然微笑。与他人交谈时，身体略向前倾，能体现出积极与主动交流的意愿。

女性入座后，上身挺直，双肩自然平正放松，双腿并拢，脚跟靠紧，两脚尖并拢略向前伸。两臂自然弯曲，双手掌心向下，自然放在略靠近大腿根部的位置；也可右手在上、双手虎口交握，置放胸前或面前桌沿。要求上身和大腿、大腿和小腿都应当形成直角，小腿垂直于地面，双膝、双脚包括两脚的脚跟都要完全并拢。

男性入座后，上身挺直，坐正，双腿自然弯曲，小腿并拢垂直于地面。双腿、双脚也可以略分开，但以不超过肩宽为宜。可双手分开如肩宽，半握拳轻搭于前方桌沿，也可掌心朝下自然叠放于大腿上。

4. 离座

离座时要自然稳当，右脚向后收半步，然后起立，起立后右脚与左脚并齐，全程做到轻缓、无声响。在人多的场合集体入座时，为了避免相互妨碍，要做到左入左出，就是要从椅子的左侧入座离座。

（二）坐姿的训练方法

坐姿的训练主要着重于坐姿的动作方法、入座方法、离座方法、坐姿中的手、脚、身体与眼神等的协调配合。

1. 按分解动作训练

以小组为单位，按坐姿的动作要领，以走进座位、入座、端坐、离座的坐姿步骤进行分步练习。在掌握领会每个步骤的要领后，再完整地进行训练，逐步熟练。训练时，重点强调上身挺直，双膝不能分开，并注意速度适中，动作要轻且稳。

可以坐在大镜子面前，按照坐姿的要领进行自我训练，重点检查腿位、脚位、手位的姿态。在进行坐姿训练时，还可以将书本放在自己的头顶上，能够比较好地强化自己的坐姿要领。此外，注意在实际工作与生活之中，应用坐姿训练的结果。

2. 姿势比较训练

按照规范动作的坐姿，练习在高低不同的椅子、沙发，不同氛围下的各种坐姿。同时比较练习脚和腿的不同摆放，如双腿平行斜放，两脚前后相掖，或两脚呈小八字形等。比较练习双手的摆放方式，如双手叠放于一条大腿上，双手分别放在大腿上，双手放在椅子的扶手上等。无论哪种坐姿，都必须保证腰背挺直，女性还要特别注意使双膝并拢。

3. 借助音乐训练

每次坐姿训练不少于 15~20min，以保证训练效果。在进行坐姿训练的同时，配以适当的音乐进行，可以有效地减少训练的疲劳感。

（三）坐姿训练中注意事项

在坐姿训练中，需要注意克服以下不良动作：上体不直，左右晃动；猛起猛坐，或入座时慌慌张张，弄得座椅乱响；"4"字型叠腿，并用双手抱腿，晃脚尖，或腿部不停地抖动；女性双腿分开，男性双腿分开过大；双腿分开，伸得老远；把脚藏在座椅下或勾住椅腿；双手置于膝上或椅腿上；将小腿架在大腿上；落座后还不断整理服饰；将脚尖翘起来，脚尖指向他人；将双手夹于两腿之间。

三、茶艺师行姿训练

行姿是人的基本动作之一，属于人体的综合性活动，是处于动态之中的。行走姿势的好坏能反映人的健康状况、文化素养、内在气质和审美层次，能产生很强的感染力和动态美。茶艺演示入场，奉送茶样、茶水以及点心，都涉及行步，而行步则需考虑到行姿。

（一）行姿的动作要领

行姿侧重点在脚步上，总的要求是矫健、优美、匀速、协调、有节奏感，基本要点是从容、平稳、直线，男性重稳健、力度，女性重弹性、轻盈。

1. 基本行姿的动作要领

行姿是站姿的延续动作，行走时必须保持站姿中除手和脚以外的各种要领。基本行姿的规范要求是：上身挺直，头正，收腹立腰，重心稍前倾；两肩平稳，男性双臂前后自然摆动，女性双手虎口交叉于胸前；动作协调，走成直线；双目平视，收颌，表情自然平和。男性需步履稳健大方；女性需两腿靠拢行走，步伐匀称自如，轻盈，端庄，文雅。标准基本行姿的动作要领，具体包括以下几方面：

①保持正确站姿，做好起步准备。

②全身伸直，昂首挺胸，走路时要收腹。

③起步前倾，重心在前。

④脚尖朝前，步幅适中。脚尖应向着正前方，脚跟先落地，脚掌紧跟落地。脚要避免外八字、内八字，重心在前脚掌。腿的膝盖伸直，步幅为一脚距离。

⑤双肩平稳，两臂摆动。两臂自然摆动，手心向内，有节奏，摆动幅度为 30°左右。

⑥全身协调，匀速前进。行走的某些阶段，速度要匀，有节奏感，节奏快慢适当，轻松，自然，给人一种矫健轻快、从容不迫的动态美。

2. 不同行姿的动作要领

（1）直线行姿的动作要领　直线行走时，应昂首挺胸，收腹直腰，两眼平视，肩平不摇，双臂自然前后摆动，脚尖微向外或向正前伸出，行走时脚跟成一直线。

（2）高跟鞋行姿的动作要领　女性穿高跟鞋后，脚跟提高了，身体重心自然前移。为了保持身体平衡，髋关节、膝关节、踝关节要缓坡，胸部自然挺直，且要收腹，提臀，直腰，膝盖绷直，小腿也变得饱满起来，脚背曲线圆润，使行姿更显挺拔，女性的曲线美得以充分显现。行走时步幅不宜过大，膝盖不要过弯，两腿并拢，两脚内侧落到一条线上，脚尖略向外开，足迹形成柳叶状，俗称"柳叶步"。此步态要领是昂首，挺胸，收腹，上体正直，目视前方，双臂自然摆动，步姿轻盈，显示了女性温柔、文静、典雅的窈窕之美。

（3）舞台行姿的动作要领　舞台行姿犹如模特的行姿，给人以强化其肢体的美感。具有鲜明节奏感的脚步，给人以充满朝气、体态轻盈之感。

3. 行姿的动作关键

（1）站姿到位　上体正直，颈要直，抬头，下巴与平面平行，两眼平视前方，下颌向内缩，面带含蓄的笑容。腰部后收，两脚平行。肩部放松，手指并拢。

（2）迈步到位　迈步时，两腿间距离要小，膝盖伸直，脚踝自然抬起。脚尖可微微分开，但出脚和落脚时，脚尖、脚跟应与前进方向近乎一条直线，避免"外八字"或"内八字"迈步。跨步均匀，步幅约一只脚到一只半脚。上下台阶时，应保持上体正直，脚步轻盈平稳，尽量少用眼睛看台阶。迈步时，女性穿裙子或旗袍时要走成一条直线，呈现出柔和、含蓄、典雅；穿裤装时，宜走成两条平行的直线。

（3）步态到位　行走时，膝盖和脚踝都要富于弹性，步伐要稳健，步履需自然，肩膀应自然、轻松地摆动，要有节奏感。男子步履雄健有力，走平行线，展示刚健、英武的阳刚之美；女子步履轻盈快捷，快抬脚、迈小步、轻落地，走直线，展示出温柔、娇巧的阴柔之美。女性着裙子或旗袍时，使裙子或旗袍的下摆与脚的动作协调，力求表现出韵律感。

（4）用腰力走路　走路需借助腰力，以腰部为中心，适当收紧腰，身体重心稍向前倾，以腰带动脚，胯部可随着脚步和身体的重心移动而稍左右摆动。

（5）步幅适当　行姿的步幅是指行走时两脚之间的距离，即前脚的脚跟距后脚的脚尖之间的距离，一般与本人的一只脚的长度相近。而穿高跟鞋需走"柳叶步"，即步幅要小，脚跟先着地，两脚脚跟要落在同一条直线上。女性穿裙子或旗袍时，步幅一般以一脚为宜，两脚内侧要落到一条线上，脚尖略向外开。男性穿西服时，走路的步幅可略大些，一般以一脚半为宜。

（6）步位适当　行姿的步位是指行走时脚落地的位置。走路时最好的步位是两只脚所踩的是同一条直线，特别是女性走路。男性或着裤装的女性，则可以行走成两条平行线。

（7）步速适当　一般来说，男性的步伐频率每分钟约 100 步，女性的步伐频率每分钟约 90 步，如穿裙装或旗袍时可达 110 步左右。

（二）行姿的训练方法

行姿的训练内容主要是行姿动作训练，特别是行姿的步幅、步位、步速等的训练。在行姿训练时可进行摄像，然后播放录像，使训练者了解自己的步态，再在教师指导下加以纠正。经过反复训练，达到端正、轻盈、稳健、灵敏的标准。

1. 行姿动作训练

在迈出步伐前，必须先有正确的站姿，按站姿的标准要求站好。前脚跨出第一步，注意脚掌必须适当离地，不可拖曳，并注意足尖应笔直向前。后脚接着跨出，注意每个步伐的间距要一致，左右脚走在同一直线或走在两条紧邻的平行线上。行走时，双脚膝盖会轻微摩擦。

2. 行姿控制训练

（1）行姿连续动作练习

①预备姿势：收腹挺胸，开肩梗颈，沉肩；女生双脚成"V"型，男生双脚平行，成开立式，两脚间距离与肩同宽；双手叉腰，保持站立的基本形态，目视前方，面带微笑。

②动作方法：左腿屈膝，向上抬起，提腿向正前方迈出，脚跟先落地，经脚心、前脚掌至全脚落地，同时右脚后跟向上慢慢垫起，身体重心移向左腿。换右腿屈膝，经过与左腿膝盖内侧摩擦向上抬起，勾脚迈出，脚跟先着地，落在左脚前方，两脚间相隔一脚距离。迈左腿时，右臂在前；迈右腿时，左臂在前。将以上动作连贯运用，反复练习。

练习中，始终保持上体端直、收腹挺胸、开肩梗颈、目光平视和面带微笑的姿势。

（2）步幅控制训练　动作方法与行走连续动作相同。只是行走时，对步幅进行控制，一般依身高而定。

（3）步位控制训练　动作方法与行走连续动作相同。对步位进行控制训练，男生走"两点"，女生走"一条线"，一步一拍，反复练习。

（4）行姿平衡感的训练　练习平衡感是为了在行走时让背部挺直，使上体不摇晃，其他与行走连续动作相同。把一本书或者是一个小垫子，放在头顶上，视线落在前方四米左右的地方，手可以叉腰也可以自然下垂前后摆动，坚持走一段距离，休息一下再反复练习。

（5）直线行走的训练　在地上放一条宽5cm左右的带子，迈出去的脚只能让脚跟内侧碰到带子，如果踩到带子上就变成外八字了，臀部还会外翘，显得没有活力。配上节奏明快的音乐，训练行走时的节奏感。

（6）停连结合行走的训练　训练停顿、拐弯、侧行、侧后退步。

此外，还可以练习背小包、拿文件夹、公文包、穿旗袍时的行走。

3. 行走辅助训练

（1）摆臂　人直立，保持基本站姿。在距离小腹两拳处确定一个点，两手呈半握拳状，斜前方均向此点摆动，由大臂带动小臂。

（2）展膝　保持基本站姿，左脚跟起踵，脚尖不离地面，左脚跟落下时，右脚跟同时起踵，两脚交替进行，脚跟提起的腿屈膝，另一条腿膝部内侧用力绷直。做此动作时，两膝靠拢，内侧摩擦运动。

（3）平衡　行走时，在头上放个小垫子或书本，用左右手轮流扶住，在能够掌握平衡之后，再放下手进行练习，注意保持物品不掉下来。通过训练，使背脊、脖子竖直，上半身不随便摇晃。

4. 茶艺师行姿训练

一般女性采用"一字步"行走，手自然伸直摆放或双手握于胸前（左手在内，右手在外，握住手指，呈"心"形）。男性则采用自然的直线步法行走，手自然伸直摆放。在行步时，迈脚遵循"男左女右"，即男性先迈左脚，女性先迈右脚。若手是自然伸直摆放，应随步伐前后自然摆动，摆动幅度宜小不宜大，但男性摆动的幅度可适当比女性的大些。而且在行步时，除步伐自身应有节奏感外，这种节奏感还应与背景音乐的节奏相一致。只有这样，才易引起观赏者的共鸣。

在奉送茶样、茶点心、茶水时，茶艺师在行步中端着茶盘，端送的茶盘还应在同一高度水平，端送中平稳，不摇晃，茶水不会摇荡或洒漏出来。向右转弯时右足先行，反之亦然。到达客人面前为侧身状态，需转成正向面对；离开时，应先退后两步，再侧身转弯。

在进行具体训练时，播放茶艺背景音乐，先一个一个地行步训练，达到要求后再一起行走。只有多训练、常练习，才能达到应有的效果。

（三）行姿训练中注意事项

在现实生活中，一些行姿不仅有失优雅，而且显得缺乏礼仪和修养。行走时不要与他人相距过近，避免与对方发生身体碰撞。行走时不要速度过快或者过慢，以免妨碍周围人的行进。行姿应避免走内八字或外八字、弯腰驼背、歪肩晃臀、头部前伸、双手反背于背后、身体左右摇摆、或步度夸张等。女性应避免故意走"猫步"，腰部要自然摆动，不能扭捏，避免步幅过小，含胸。男性应避免含胸驼背，左右摆动，摇头晃肩，步幅散漫，低头等。

四、茶艺师蹲姿训练

蹲姿属于一种静态的姿态。

（一）蹲姿的动作要领

标准蹲姿的动作要领，包括以下几方面：左脚在前，右脚在后，抬头挺胸，向下蹲去，慢慢地将腰部放下。左小腿垂直于地面，全脚掌着地，大腿靠紧。右脚跟提起，前脚掌着地。左膝高于右膝，臀部向下，上身稍向前倾，左脚为支撑身体的主要支点。下蹲时臀部朝下，重心放于后腿上，控制好身体重心。上身保持直立，表情自然。女性无论采用哪种蹲姿，始终保持双腿并拢，臀部向下；男性双腿可稍稍分开。要做到蹲姿姿态优美，则需要做到下蹲时自然、得体、大方，下蹲时两腿合力支撑身体，头、胸、膝关节在一个角度上。

（二）蹲姿的训练方法

蹲姿训练中，需注意训练下蹲中前后脚的动作，注意上身和手在下蹲过程中的协调配合。在训练中，可以采用对镜训练或录像后观看、相互观察等多种方式。

1. 分解动作训练

以小组为单位，将蹲姿的动作进行分解，先对各个动作逐一练习，然后再连贯练习。

2. 与行姿结合训练

将行姿与蹲姿结合练习，并配合音乐进行。

3. 与拾物结合训练

蹲姿与拾物结合起来训练，完成整体动作，注意全身上下的协调与配合。

（三）蹲姿训练中注意事项

需要防止突然下蹲，蹲下的速度不要过快，尤其是在行姿转换成蹲姿时，要稍微停顿一下。需要防止离人过近，蹲下时要与身边的人保持一定的距离，与他人一起下蹲时更要注意彼此之间的距离，以防撞挤对方。在他人身边下蹲时，要侧身对着对方，切忌正面或者背面对着对方。在人群中下蹲时，应防止弯腰曲背、低头撅臀，或双腿敞开、平衡下蹲。容易出现的不良蹲姿，有身体前倾并含胸低头，双腿没有控制，重心不稳，双腿分开距离过大，臀部上翘，重心前移等。女性下蹲时，注意内衣"不可以露，不可以透"。

五、茶艺师笑姿训练

富有内涵的、善意的、真诚的、自信的微笑，如一杯甘醇的美酒，叫人流连酣畅。

（一）笑姿的动作要领

微笑的基本要领：面部肌肉放松，眼睛平视前方，嘴角微微上翘，做到心、眼神、面部三合一，展现出最自然、最亲切、最真诚、最美的微笑。

（二）笑姿的训练方法

笑姿训练需做到面容略带笑容，不出声，热情，亲切，和蔼，还做到内心喜悦的自然流露，有对镜、含箸等多种训练方法。

1. 树立微笑意识

在开始微笑训练之前，需树立微笑意识，这是开始微笑训练的基础。训练前，可以适当播放背景音乐、深呼吸、做体操等方式，使人放松，调整心情，集中注意力，培养笑意。

2. 微笑的阶段训练法

通过微笑练习，能练出迷人的微笑。笑脸中最重要的是嘴型，因为嘴型如何动、嘴角朝哪个方向，微笑也不同。

（1）第一阶段——放松肌肉　放松嘴唇周围肌肉是微笑练习的第一阶段，又名"哆来咪"练习法。面部肌肉跟其他的肌肉一样，使用得越多，越可以形成正确的移动。从低音哆开始，到高音哆，一个音节一个音节地发音，每个音大声、清楚地说三次，进行充分练习。在正确发音的同时，注意嘴型。放松肌肉后，伸直手掌温柔地按摩嘴周围。

（2）第二阶段——给嘴唇肌肉增加弹性　形成笑容时最重要的部位是嘴角，需锻炼嘴唇周围的肌肉，使嘴角的移动变得干练有生机。伸直背部，坐在镜子前面，反复练习嘴角最大地收缩或伸张。张大嘴，使嘴周围的肌肉最大限度地伸张，能感觉到颚骨受刺激的程度，并保持这种状态10s。使嘴角紧张，闭上张开的嘴，拉紧两侧的嘴角，使嘴唇在水平上紧张起来，并保持10s。聚拢嘴唇，使嘴角紧张的状态下慢慢地聚拢嘴唇，出现圆圆地卷起来的嘴唇聚拢在一起的感觉时保持10s。

（3）第三阶段——形成微笑　在放松的状态下，练习不同的微笑程度，使嘴角上升的程度一致，发现最适合自己的微笑。把嘴角两端一齐往上提，给上嘴唇拉上去的紧张感，观察不漏齿的微笑效果。也可进行咬箸训练，选用一根洁净、光滑的圆柱形筷子，横放在嘴中，用门牙轻轻咬住；把嘴角对准筷子，两边都要翘起，并观察连接嘴唇两端的线是否与筷子在同一水平线上，保持这个状态10s。依据微笑效果，确定适合自己的微笑程度，固定嘴角拉伸程度。

（4）第四阶段——保持微笑　一旦确定自己满意的微笑，需要进行至少维持该表情30s的训练。可头顶书进行训练，让头摆正，以落落大方。

（5）第五阶段——修正微笑　对镜观察微笑中存在的不足，及时进行修正。端坐镜前，调整呼吸自然顺畅，轻松心情，静心3s，开始微笑：双唇轻闭，使嘴角微微翘起，面部肌肉舒展开来；同时注意眼神的配合，使之达到眉目舒展的微笑面容。如此反复多次，不断观察修正。

（6）第六阶段——修饰有魅力的微笑　伸直背部和胸部，用正确的姿势在镜子前面边微笑，边修饰。通过反复练习，就能展现有魅力的微笑。

3. 观摩训练法

当众练习，演讲一段话，脸上保持笑容，请听众评议，然后加以纠正。观察、比较哪一种微笑最美、最真、最善，最让人喜欢、接近、回味。通过互相观摩、议论，互相交流，互相鼓励，互相分享开心微笑，能让微笑训练的效果更快提升。通过当众练习，还能使微笑规范、自然、大方，并克服羞涩和胆怯心理。

4. 微笑三结合训练

在训练时对镜练习，做各种表情，活跃脸部肌肉，使肌肉充满弹性，并配合眼部运动，使眉、眼、面部肌肉、口型在笑时和谐统一。调动感情，使微笑源自内心，有感而发。

（1）和眼睛的结合　眼睛会说话，也会笑。眼睛的笑容有"眼形笑"和"眼神笑"两种。眼睛周围的肌肉也在微笑的状态，这是"眼形笑"。面部肌肉放松，嘴巴保持自然状态，可目光中仍然含笑脉脉，这就是"眼神笑"的境界。当微笑的时候，眼睛也要"微笑"。当内心充满温和、善良和厚爱的时候，眼睛的笑容也一定非常感人。学会用眼神和客人交流，这样你的微笑才会更传神、更亲切。

（2）和语言的结合　微笑着说"早上好""您好"等礼貌用语，不要光说不笑，或光笑不说。

（3）和身体的结合　微笑要与正确的身体语言相结合，如走、蹲、坐和做手势等，做到相得益彰。

5. 微笑辅助训练法

微笑辅助训练法的主要目的是训练面部及相关部位肌肉的活动灵活，使微笑起来更自然动人的一种间接训练方法。

（1）面部按摩　在面部轻涂一层护肤霜及面霜，从脸庞的中央部分开始，向两边轻轻地按摩，一般10~15min即可。

（2）头颈部运动　站直或坐直，头颈部做左右转动、前后转动、顺反旋转运动，如此反复多次。

（3）唱歌　唱歌可以使面部的肌肉群发生有节奏的运动，还可以调整情绪。

（4）咀嚼、鼓腮、漱口　经常有意无意地重复咀嚼、鼓腮、漱口这些动作。

（三）笑姿训练中注意事项

对人微笑要发自内心，一定要自然。如果不是发自内心的笑意，笑出来反而很做作，给人虚伪的感觉。微笑还要区分场合和对象，在严肃的场合切忌喜笑颜开。在别人做错事时，要报以宽容谅解的笑意。在与别人交谈时目光要坚定，做到眉头舒展，眼神放光，这样才能给人亲切感和信任感。另外，在微笑时，尽量做到不露牙齿，不要发出声音。

六、茶艺师眼神训练

眼睛是心灵之窗，能准确地表达人们的喜、怒、哀、乐等一切情感。应学会正确地运用眼神，创造轻松、愉快、亲切的环境与气氛，有助于消除陌生感、缩短距离和确立良好的关系。

（一）眼神的动作要领

眼神的基本要领：正视交往对象的眼部，视线要与交往对象保持相应的高度，连续注视对方的时间最好在3s以内。标准眼神的动作要领，具体包括以下几方面：无论是问话还是答话等，都必须以热情柔和的目光正视对方的眼部，向其行注目礼，使其感到亲切、温暖。在目光运用中，正视、平视的视线更能引起人的好感，显得礼貌和诚恳，应避免俯视、斜视。目光的凝视区域分为三种，在实践中须注意把握：第一种为公务凝视区域——上三角区（眼角至额头）。公务凝视区域处于仰视角度，表示敬畏、尊敬、期待、服从等。看这一区域会显得严肃认真，对方也会觉得你有诚意，且会把握住谈话的主动权和控制权。第二种为社交凝视区域——中三角区（眼角以下面部）。社交凝视区域处于平视、正视的角度，表示理性、坦诚、平等、自信，能给人一种平等、轻松感，从而创造出一种良好的社交气氛。第三种为亲密凝视区域——下三角区（前胸）。亲密凝视区域是亲人、恋人之间使用的一种凝视，视线向下，表示爱护、宽容、亲昵。

（二）眼神的训练方法

眼神的训练目标是要练就炯炯有神、神采奕奕、会放电、会说话的眼神，同时学会用敏锐的眼睛洞察别人的心理。

1. 眼神基础训练法

（1）眼部动作训练　练习平视、斜视、仰视、俯视、白眼等，比较以不同方向转动眼球的效果。练习大开眼皮、小开眼皮、大开瞳孔、小开瞳孔，比较眼皮瞳孔不同开合大小的效果。练习比较眼睛眨动速度快慢的效果，练习比较目光集中程度的效果，练习比较目光持续长短的效果。

（2）眼神综合定位　尝试用不同的眼神表示愤怒、怀疑、惊奇、不满、害怕、高兴、感慨、遗憾、爱不释手等，综合锻炼眼部肌肉，形成多种丰富的眼神种类。然后将眼神各构成要素糅合在一起综合表现，注意细微的变化，以淋漓尽致地表现富有内涵、积极向上的眼神。

2. 对镜训练法

照着镜子进行训练，放松眼部肌肉，保持自然状态。面对镜子中自己的眼睛，由鼻中静静地深吸一口气，视线保持水平，眼睛略睁大。眉毛上扬，伸展眼圈周围的肌肉，确认目光是否有神。嘴唇呈微笑状，把目光换成言语，犹如在说"你好""欢迎光临"等口语来配合表达。目光集中某一物体的某一部分，再缩到某一点，反复练习，目光会变得集中，眼睛也会明亮。

3. 观摩学习

男性眼神应刚强、坚毅、稳重、深沉、锐利、成熟、亲切、自然，女性眼神应柔和、善良、温顺、敏捷、灵气、秀气、大气、亲切、自然。在生活中应学会察看别人的眼色与心理，以锻炼自己多彩的眼神。如购物时观察服务员的眼神和态度之间的关系，与亲朋好友进行目光交流时考察眼神是否与自己的思想感情相符，与擦肩而过的同学进行眼神接触时试着揣摩对方的心理，还可以与不同年龄、不同性别、不同职业、不同性格、不同情境的人交流时观察不同的眼神效果。每天坚持练习，就会使眼睛变得炯炯有神，使目光转变为传递心灵信息的无声语言。

（三）眼神训练中注意事项

俯视会使人感到傲慢不恭，斜视易被误解为轻佻。不能对陌生人长久盯视，眼睛眨动不要过快或过慢。在眼神训练中，配合眉毛和面部表情，更能充分表情达意。眼部适当化妆，可以突出刻画眼神而富有情调，如生活妆的清新亮丽可增添情趣和信心。

第四节　备具与布具训练

一、备具训练

茶艺备具主要是指茶艺演示前的器具准备及其在茶盘或茶船上的摆放，因这关系着主泡在布具时是否顺手，操作是否方便，以及器具是否合适等。因不同类型的茶艺所采用的茶套有所不同，备具的方法也就各异。

（一）备具的要求

茶具是为茶艺演示服务的，所以备具需要做到：茶具能够满足冲泡品茶的功能，既要符合演示形式，也要符合实用、便利的原则。做到这些基本要求后，就需要从美学的角度出发，考虑茶具的造型、色彩、纹饰等。

首先，所用茶具需要与茶艺整体的风格搭配，不能自成风格。瓷器、玻璃等材质的茶具，泡茶时因物理特性而不易吸收茶香，较适合冲泡风格清新的茶叶；尤其在演示绿茶茶艺时，配合玻璃器具十分便于观赏。紫砂壶冲泡茶后会留下醇厚的茶香，较适合冲泡味道低沉浑厚的普洱茶、乌龙茶等。紫砂杯上的白釉能吸收保存茶香，可用于闻香赏茶。

其次，各茶具的颜色搭配与形象造型也需要一致。茶具上釉的颜色丰富，常见的主要有灰、白、蓝、青等，可分为冷色系与暖色系。茶具颜色的选择需要与茶叶搭配统一，如白釉可以真实地反映茶叶的色泽与明亮程度。需考虑茶具之间颜色与造型的整体搭配，要避免单一，做到整体的和谐与统一。

再次，备具因茶套组成的种类、大小等不同而各有所差异。器具的准备整体上应把握茶盘或茶船上不同器具所摆放的方位，原则上应与在茶艺桌上摆放即布具的基本一致，但插花或装饰品可有所变化。留置于茶盘上的器具在准备时尽可能地与布具时的一致，以减少不必要的移动。器具的准备也应把握有层次感、有美感，便于观赏，而且有利于布具。在备具时，茶盂应放置于客人不易看见的位置。

最后，要注意茶艺演示时茶具种类要齐全，数量要足够。在茶艺正式开始之前，需清洗干净所需的器具，而且器具均已干、无水珠，其他配具也准备得当。在茶艺演示时，多由主泡用茶盘或茶船装着所需的器具端上茶艺桌，或事先将装在茶盘或茶船中的器具放在茶艺桌中间。

（二）杯泡法茶艺的备具训练

1. 器具的准备

杯泡法茶艺所需要的器具种类，主要有：

（1）主泡器　玻璃杯（含杯托）3~6只。

（2）备水器　茗炉、汤壶、暖水瓶各一。

（3）辅助器　大茶盘、中茶盘、奉茶盘各一，茶样罐（含茶叶）、茶荷、茶巾、茶巾盘、水盂、花器（含插花）、火柴、茶桌、座椅各一，铺垫若干。

2. 器具的摆放

以奉茶盘、大茶盘和中茶盘来分别摆放所需的器具。奉茶盘内放置150mL左右容量的无花无色玻璃杯3~6只，杯子倒扣在杯托上。大茶盘从左往右按序内置花器（含花）、茶样罐（含茶叶）、水盂、茶巾及茶巾盘、茶荷、茶匙，中茶盘内置古典式茗炉、石英汤壶、火柴。

名优茶多用玻璃杯泡法，多选用茶盘。因茶盘的不同，备具方法也有所不同。对方形茶盘而言，插花或装饰品摆放于盘内左边上方，茶盂放于左边居中，左边下方摆放用于盛放茶点心和赏干茶用的茶碟；中间上方的左边摆放茶叶罐，右边摆放茶筒；中间居正中和下方，摆放倒置的玻璃杯，玻璃杯杯口也可倒置于杯托上，玻璃杯数量一般为3~9只；水壶摆放于茶盘右上方，壶嘴向左侧，后面类同；右边下方可摆放用茶巾盘分开盛放着的干茶巾和湿茶巾。对圆形茶盘而言，正前方摆放插花或装饰品，左上方成弧形摆放茶叶罐和茶筒，左边摆放茶盂，盘中心摆放水壶；盘右边成弧形摆放倒置的玻璃杯，正下方摆放茶碟和分别盛放着干茶巾和湿茶巾的茶巾盘；一般尽可能地将所有需要的器具放置于盘中，如若茶盘太小无法全部装下，则可将水壶取出单独取拿。茶具在茶盘中摆放好后，为卫生起见，可用白色泡茶巾覆盖，也可不覆盖。

（三）壶泡法茶艺的备具训练

1. 器具的准备

壶泡法茶艺多是功夫茶艺，其所需要的器具种类主要因茶船的样式和泡茶具不同而有所差别。泡茶具有用紫砂壶配品茗杯，有用紫砂壶配公道杯、闻香杯和品茗杯，还有用大盖碗配品茗杯等多种。传统功夫茶艺的器具主要有孟臣罐（宜兴紫砂壶）、若琛瓯（景德镇白瓷茶杯）、玉书碨（薄瓷水壶）、潮汕泥炉。

（1）主泡器　紫砂壶一只，品茗杯四只。

（2）备水器　茗炉、汤壶、暖水瓶各一。

（3）辅助器具　大中茶盘各一，大小茶船各一，水盂、箸匙筒（含茶则、茶漏、茶匙、茶针）、茶荷、茶巾盘及茶巾、奉茶盘、茶样罐（含茶叶）、茶桌、座椅、花器（含花）等各一，铺垫若干。

2. 器具的摆放

奉茶盘放置瓷杯四只，杯子倒扣在杯托上。大茶盘内放置小茶船（含茶壶）、大茶船、茶样罐、茶巾和茶巾盘、茶荷、花器，铺垫若干。中茶盘放置陶质茗炉、提梁陶壶、火柴。

功夫茶艺的器具摆放以方形双层漏水式茶船为例，茶船左上角按顺序成横行摆放茶样罐、茶筒（有时可不需要），居茶船中上方摆放插花或装饰品。从茶船左边向右分别摆放紫砂壶、公道杯、水壶（直接放在煮水器上）。公道杯上方摆放品茗杯，右上角摆放闻香杯。在茶船居中下边，如未用茶筒时，可摆放盛茶荷、茶针的茶盘，还可放盛茶巾的小茶盘。若茶船稍小摆放不下时，水壶可放在煮水器上用个小茶盘专门盛放端出，小茶盘放在茶船右边。

中低档绿茶、花茶、红茶的壶泡法茶艺的器具摆放，对方形茶盘而言，左下角除放置点心茶碟外，可摆放盛着干茶巾的茶巾盘；盘中间放茶壶，并尽可能地靠下摆放，水壶放于盘右下角，二者的壶嘴均向左侧；盘中间上方除盘上边摆放茶样罐和茶筒外，与盘右上方一同用于摆放茶杯或茶碗；插花或装饰品依然摆放于盘右上角。对圆形茶盘而言，水壶紧挨插花于盘居中上方摆放，茶壶摆放于盘中下方，如茶壶稍大难以摆下，可稍偏向右边摆放；右边呈弧形摆放茶杯或茶碗，茶巾盘和茶碟靠盘左下边摆放。

（四）盖碗泡法茶艺的备具训练

1. 器具的准备

盖碗泡法茶艺所需的器具种类有随手泡、水盂、盖碗、公道杯、滤网、品茗杯、杯托、茶通、茶叶罐、赏茶荷、茶巾等。

2. 器具的摆放

盖碗泡法茶艺所准备好的茶具，按"前低后高"原则摆放在茶盘上。

（五）其他泡法茶艺的备具训练

1. 壶杯法茶艺的备具训练

在泡茶台底下放置一只茶盂备用，式样不限。大茶盘居中放泡茶台上，茶盘内前排中间并列摆放茶样罐、茶筒。茶盘中排左侧放小瓷茶盘，其内反扣4只品茗杯。茶盘中排靠右侧放茶船，内放茶壶。茶盘后排左边放纸茶荷，杯托放中间，右边放茶巾。小茶盘放在大茶盘右侧桌面，内置煮水器，火柴等。如果泡茶台较小，可在座位右侧放小茶几或特制炉架，搁放煮水器等。

2. 碗杯法茶艺的备具训练

在泡茶台下放一只茶盂备用，式样不限。泡茶台上居中摆放大茶盘，大茶盘内左侧放双层瓷茶盘，盖碗在右边，4 只小杯在左呈新月状环列（杯口向下）在瓷茶盘上。大茶盘内右侧前排并列摆放茶样罐与茶筒，茶筒后放赏茶碟。大茶盘内右侧后排放碗形茶船及茶巾。小茶盘竖放在大茶盘右侧桌面，内放煮水器及火柴。

3. 壶盅杯法茶艺的备具训练

泡茶台下放置一只茶盂。泡茶台居中摆放双层茶盘。茶盘内左侧前方放茶筒，后方放茶样罐。茶盘中部前方并列反扣 5 只闻香杯，中部后方放折叠茶巾一块，茶巾上横向反叠 5 只茶托，在闻香杯与茶托之间，前 3 后 2 反扣 5 只品茗杯。茶盘右侧前方反扣放滤网及茶盅，右侧后方放茶壶。另取小茶盘竖放在大茶盘右侧桌面，内放煮水器及火柴。如泡茶台较小，可于座位右侧另置小茶几或特制炉架等摆放煮水器及火柴等。

二、布具训练

布具是指将摆放于茶艺桌上的茶盘或茶船内的茶具，按一定顺序与方位一一摆放在茶艺桌上或茶盘、茶船内，准备用于茶叶冲泡。茶具摆放是否有层次，是否主次分明，是否科学合理，关系着主泡操作是否顺手方便，直接影响主泡的演示效果，同时还会影响客人对茶具对茶艺演示的欣赏，因此布具也是一项重要的基础工作。在布具中，应有条不紊，器具的拿放也体现出主次；布置好的器具符合美学要求，具有层次感，有观赏价值；主茶具易被客人所观赏到，而且茶艺师的演示动作不会被器具遮挡而影响客人观看。

（一）杯泡法茶艺的布具

主泡首先上场摆正桌椅，铺好铺垫，端上放有茶样罐等器具的大茶盘置于茶桌中间，端上奉茶盘纵置茶桌左侧。助泡端上放有茗炉的中茶盘纵置茶桌右侧，提装有温水的暖水瓶摆放在茶桌右内地面。

主泡先双手端起花器（含插花）或装饰品，放于大茶盘外的左侧顶上（茶桌左前角桌上），与大茶盘左上角稍保持一定的距离。随即将茶盂摆放于大茶盘左侧下端，大致与插花或装饰品成直线，这样可让插花或装饰品遮挡茶盂，让客人不会直接看到茶盂。然后双手提拿水壶放于大茶盘右侧下端，如水壶外面壶底无壶足，则在备具时于水壶下放置壶垫；可右手提壶，左手取壶垫，待壶垫放好后再放上水壶。接下来分别摆放茶样罐和茶筒。如大茶盘较大，可将茶样罐和茶筒分别摆放于大茶盘内左上角，并列面向客人；若茶盘较小，则可摆放于大茶盘外前侧左边，并列挨着大茶盘前侧放置。也可捧茶样罐置于大茶盘的右前侧桌上，双手端茶荷及茶匙置大茶盘的左后桌上。火柴置右盘内右侧。茶碟和茶巾盘（内置茶巾）可保持不动，但若大茶盘较小时，可将茶碟摆放于大茶盘外左侧下端或后侧左边；茶巾盘可紧挨大茶盘外右侧下端摆放或后侧右边摆放，以便于取拿。

在布具时玻璃杯一般先不动，待斟茶样赏干茶时再摆放，但可以先适当调整玻璃杯的位置或摆放形状。待赏干茶样时，按从右到左、从后到前的顺序，将玻璃杯翻正，并置于大茶盘内。若三只杯，成直线摆在茶盘斜对角线位置（左后、中、右前），或摆成品字形，或成一字形；若四只杯，摆成半圆形。

（二）壶泡法茶艺的布具

1. 壶泡法茶艺的布具

首先捧取插花或装饰品，放于茶盘左侧前端。端取茶盂放于茶盘外左侧下端，稍偏中间。提取水壶（或带壶垫）放于茶盘外右侧下端，不能紧挨茶盘，应适当保持一定的距离。端取茶巾盘，摆放于茶盘外后侧右边。捧取茶样罐、茶筒，分别摆放于茶盘外前侧左边角，紧挨着茶盘并列放置。重新调整茶杯或茶碗的摆放，或成行或成圆形或成三角形，根据茶杯（碗）的个数、大小和茶盘的空间以及美观要求而定。

2. 壶杯泡法功夫茶艺的布具

主泡先上场摆正桌椅，铺上铺垫，端上含茶船的大茶盘置茶桌中间，端上茶盘纵置茶桌右侧。助泡端有茗炉的中茶盘纵置茶桌左侧，将装有温水的暖水瓶摆在茶桌左侧内边。

茶器摆好后，主泡双手捧花器置茶桌左角，捧茶样罐置大茶盘右前侧桌上，箸筒置大茶盘左前侧桌上，茶荷及茶匙置大茶盘左后桌上，茶巾盘（内置茶巾）置大茶盘左后桌上。放置茶壶的茶船置大茶盘右侧，放品饮杯的茶船置中间茶盘的左侧，且将品饮杯翻正并置茶船内两两相接。水盂置大茶盘左后桌上。陶质茗炉置中茶盘前部，提梁陶壶置中茶盘后部，火柴置中茶盘内左侧。

（三）盖碗泡法茶艺的布具

将三套盖碗连托成三角状摆在茶盘中心位置，其盖反面朝上，近茶艺师处略低，盖与碗内壁留出一小隙。茶盘内左上方摆放茶筒。盖碗右下方放茶巾盘（内置茶巾），茶盂放在茶盘内左下方。开水壶放在茶盘内右下方，预先注少许热水温壶。

第五节　茶艺冲泡训练

茶艺中的冲泡是由取具、净具、置茶、冲泡等过程组成的，可以按动作分开训练后，再进行连贯完成的训练。需要在掌握基本手法的基础上，不断反复练习，反复琢磨、总结、提升，才能做到熟能生巧。

一、取具训练

在茶艺中，需要取放器具。

（一）取放器具手法

1. 捧取法

捧取法多用于捧取茶样罐、茶筒、花瓶等立式物件。以女性坐姿为例，搭于胸前或前方桌沿的双手慢慢向两侧平移至肩宽，双手五指并拢，向前合抱欲取的器具（如茶样罐），双手掌心相对捧住器具的基部，移至胸前，再从胸前移至需放置的位置，放下后双手收回。双手收回后，再如前状，去捧取第二件物品，直到动作完毕复位。双手伸出和取回至胸前的运动，一般为抛物线运动轨迹。

2. 端取法

端取法多用于端取赏茶盘、茶巾盘、扁形茶荷、茶匙、茶点、茶杯等。双手伸出

313

及收回动作同捧取法，端器具时双手手心向上，掌心下凹作"荷叶"状，平稳移动物件。

（二）提壶手法

提壶，需容易掌控、操作自如、手势优美才行。双手提水壶，右手为实，左手为虚，左手五指并拢护茶壶，先移至胸前，再移至右侧，放下水壶。但 200mL 以上的大型壶以双手操作，提壶与按钮由左右手分开操作；200mL 以内的小型壶单手操作，提壶与按钮由一只手操作，或另一只手同时虚护。

1. 提侧提壶手法

（1）大型壶　右手食指、中指（中指、无名指）勾住壶把，大拇指与食指相搭。左手食指、中指按住壶钮或盖，双手同时用力提壶。

（2）中型壶　右手食指、中指勾住壶把，大拇指按住壶盖一侧，提壶。

（3）小型壶　右手拇指与中指勾住或捏住壶把，无名指与小拇指并列抵住中指，食指前伸呈弓形压住壶盖的盖钮或其基部，提壶。

2. 提飞天壶手法

提飞天壶手法指右手大拇指按住盖钮，其余四指勾握壶把，提壶。

3. 提握把壶手法

提握把壶手法指握把壶即横把壶，右手大拇指按住盖钮或盖一侧，其余四指握壶把，提壶。

4. 提无把壶手法

提无把壶手法指右手虎口分开，大拇指与中指平衡握住茶壶口两侧外壁（食指亦可抵住盖钮），提壶。

5. 提提梁壶手法

提提梁壶手法指右手除中指外四指握住偏右侧的提梁，中指抵住壶盖钮或盖一侧，提壶；若提梁较高，则无法抵住壶盖，此时五指握提梁右侧，提壶。大型壶（如水壶）亦用双手法——右手握提梁把，左手食指、中指按住壶的盖钮或盖一侧；或者左手上托折叠茶巾，托于壶流下方壶底。

（三）持盅手法

1. 圈顶式盅持法

圈顶式盅的盅顶有一圈环，是盅口的地方，也是持盅的所在，一般配有盅盖。用拇指与中指夹住圈顶，食指按住盅钮，其余两指抵住圈顶下方，与拇指、中指成三角鼎立之势。还有一种无明显圈顶的盅，只是在盅口两侧或下缘加上配件以加强拿取功能，拿取方法同上。

2. 壶式盅持法

壶式盅的形式如同茶壶，有把有盖，拿取法就同提茶壶。

3. 杯式盅持法

杯式盅的杯口处有便于倒水的流，通常加有把手。以单手持把，用大拇指、食指、中指捏住盅把，无柄的杯式盅则以单手虎口分开握盅。

（四）翻杯手法

1. 翻无柄杯

翻无柄杯指右手手腕放松，五指并拢，虎口向下，手背向左（即反手），握住茶杯的左侧基部或杯身。左手位于右手手腕下方，用大拇指和虎口部位轻托在茶杯的右侧基部或杯身。双手同时翻杯，成双手相对捧住茶杯，然后轻轻放下。对于很小的茶杯如乌龙茶泡法中的品茗杯、闻香杯，可用单手动作，或左右手同时单独翻杯；即手心向下（虎口在下，反手），用大拇指与食指、中指三指扣住茶杯外壁，向内转动手腕成手心向上，然后轻轻将翻好的茶杯置于杯托或茶盘上。

2. 翻有柄杯

翻有柄杯指右手虎口向下，手背向左（即反手），食指插入杯柄环中，用大拇指与食指、中指三指捏住杯柄。左手手背朝上，用大拇指、食指与中指轻扶茶杯右侧基部。双手同时向内转动手腕，茶杯翻好轻置杯托或茶盘上。

（五）握杯碗手法

1. 大茶杯握法

（1）对无柄大茶杯，单手虎口分开，轻扶住或轻握住杯身。女性可用另一手指尖轻托杯底或轻扶杯身，并略呈兰花指状。

（2）对有柄大茶杯，右手食指、中指勾住杯柄，大拇指与食指相搭。女性可用左手指尖轻托杯底或轻扶杯身，并略呈兰花指状。

2. 闻香杯握法

闻香杯握法指右手虎口分开，手指虚拢成握空心拳状，将闻香杯直握于拳心。也可双手掌心相对虚拢作合十状，除拇指外的四指将闻香杯捧在两手间。还可用单手的大拇指和其余四指握闻香杯的杯身。

3. 品茗杯握法

品茗杯握法中男性以单手虎口分开，拇指和食指夹杯身，中指托杯底，无名指和小拇指自然弯曲并拢靠中指，此端杯法俗称"三龙护鼎"。女性以单手虎口分开，拇指和中指夹杯身，无名指托杯底，食指和小拇指伸出成兰花指状；或同时以另一手中指尖托杯底，其余四指跷成兰花指状。也可以单手虎口分开，食指、中指、无名指、小拇指自然弯曲，与拇指相扶杯，或同时以另一手中指尖托杯底。对于带杯托的品茗杯，先用右手大拇指、食指、中指连杯托端起交予左手，然后用右手如前面一样端杯。

4. 盖碗握法

盖碗握法指单手虎口分开，大拇指与中指扣在碗身中间沿两侧，食指屈伸按住盖钮凹处，无名指与小指自然搭扶碗壁。女性可用左手指尖轻托碗底，可略呈兰花指状。也可以双手将盖碗连碗托端起，然后以左手大拇指扣托沿，其余四指托之，并以右手大拇指、食指、中指三指捏盖钮；女性可将无名指、小拇指外跷成兰花指状。

（六）茶巾取法

茶巾取法指双手平伸，掌心向下，虎口成弧形，手指斜搭在茶巾两侧，双手捞起茶巾向内翻转，掌心朝上，大拇指与其余四指夹住茶巾，平放入奉茶盘。当需要用左手托壶或碗杯时，则用掌心翻转向上时，松开左手。右手就势将茶巾顺放左手掌上，用左手大拇指夹住茶巾，收到胸前，放于右侧或左侧。

二、净具训练

（一）净壶手法

1. 开盖

开盖指用左手大拇指、食指与中指拈盖钮而提壶盖，提腕依半圆形轨迹将其放于茶壶左侧的盖置（或茶盘）中。女性可采用兰花指手法。

2. 注水

注水指右手或双手提水壶，按逆时针（或顺时针）方向回转手腕一圈低斟，使水流沿圆形的茶壶口注入，然后提腕令水壶中的水高冲入茶壶。待注水量约为小壶量的1/2、中壶量的1/3或大壶量的1/4时，复压腕低斟，回转手腕一圈，并用力令壶流上扬，使水壶及时断水，然后轻轻将水壶放回原位。

3. 加盖

加盖指复盖，左手完成，按开盖顺序颠倒即可。

4. 洗壶

洗壶指双手取茶巾横覆在左手手指部位，右手三指握茶壶把持壶放在左手茶巾上。左手中指抵住壶底边，肩关节放松，肘关节下坠，双手抱球状，放松，静心。如果及时洗壶，一般壶不是很烫，可不用茶巾。双手协调按逆时针方向转动手碗，如滚球动作，茶壶向里侧，向右转，向前转，向左转，往里侧倾斜，使壶身各部分充分接触开水，涤荡冷气。对小型紫砂壶，用单手提把点钮式（即拇指、中指握住壶把，食指点于盖钮气孔上），摇荡壶身（右手持壶则逆时针）2~3圈即可；也可注水时注满小壶，则不必荡壶，片刻后直接倾出。

5. 弃水

根据茶壶的样式以正确手法持壶将水倒入茶盂、茶船或茶盅、茶杯（碗），后抖三下以沥尽水珠。茶壶在茶巾上压一下，放回原位。

（二）洗茶盅方法

温盅及滤网法与净壶手法基本一样。

1. 开盖

开盖指用开壶盖法揭开盅盖（无盖者省略），将滤网置放在盅内，注开水等动作同净壶手法。

2. 温盅

温盅指双手持盅至胸前，左手五指并拢，中指翘起托住盅底边，或食指与中指托住盅底边，右手握盅。若是传热较慢的陶质盅，则右手握盅，左手五指并拢，掌心托住盅底。双手持盅时，手臂自然弯曲成抱球状，双肩平，气沉，心静，目光专注。右手腕转动，盅口向里压，逆时针倾斜旋转盅，使沸水润洗盅的四壁。

3. 左弃水

左弃水指右手移盅至水盂上，右手连同手臂缓慢往上提，并往左翻转，使盅口朝下，水流入水盂中，肘关节下坠，右手臂在一垂直平面上。弃水毕，略停顿，抖三下，盅回正。双手收回茶盅，在茶巾上压一下，放回原处。

（三）温杯（碗）训练

1. 洗杯法

洗杯时可根据情况一手端洗一杯，也可双手端洗一杯。

（1）单手洗杯法 左右手分别张开虎口，以大拇指和食指分别捏住茶杯基部，女性的其他手指如兰花指状，男性的其他手指自然弯曲。端取茶杯，顺时针或逆时针转动手腕，使水沿杯口借助手腕的自然动作而旋转。然后将水倒入茶盂中，分别抖三下，抖尽水珠，再放置茶巾上吸干杯底水，放回原处。这种净杯手法，动作轻缓柔和，具有一定的观赏性，给客人一种顺其自然、恬淡宁静的感觉，使浮躁的心情得以缓解。

（2）双手洗杯法 注水后，用右手的大拇指和食指握住茶杯（玻璃杯）的杯身、杯把或基部，中指、无名指、小指自然向外或成弧形，左手的食指、中指和无名指或仅中指尖轻托杯底。双手握杯，两手臂放松成弧形，如抱球状。身体中正，头不偏，双肩平，放松。右手手腕转动，将水沿杯口借助手腕的自然动作，水倾至杯口，均匀地在杯内滚动；逆时针旋转三周，必须滴水不漏。然后双手移至水盂上方，准备弃水。托住茶杯，左手不动，右手手腕转动，杯口向下 45°，缓慢向外推杯，水流入水盂中。倒完时双手稍用力上下抖三下，以抖尽杯中残余的水珠。再翻转过来，在茶巾上吸除杯底水后放回原处。

2. 温大茶杯

温大茶杯指右手提水壶，左手陪衬，逆时针转动手腕，令水流沿茶杯内壁注入，约占总容量的 1/3 后右手提腕断水。逐个注水完毕后，水壶复位。注水顺序，从前排到后排，从左到右；若茶杯呈圆形或三角形摆放，则按逆时针顺序，从前端顶上一只开始，然后按双手洗杯法洗杯，洗杯的顺序则按注水顺序进行。

3. 温中茶杯

温中茶杯的手法同大茶杯，但温杯之水可由茶壶或茶盅倒入。

4. 温玻璃杯

温玻璃杯指往玻璃杯中注入 1/3 杯的沸水，以双手洗杯法净杯。若是圆筒形玻璃杯，涤荡后，右手拿杯身，杯口朝左，置于平伸的左手掌上，同时伸开右手掌，向前搓动，使杯中水在旋转中倒入水盂。或者左手托杯身，杯口朝左。右手拿杯基，旋转杯身，使杯中水在旋转中倒入水盂。轻抖茶杯三下，然后右手手腕快速回转，收回茶杯，在茶巾上压一下，茶杯放回原处。

5. 温品茗杯

温品茗杯指将品茗杯相连排成一字形或圆圈，单手提水壶（或茶盅）用往复注水法向各杯内注入开水至满，或单手提水壶依次一杯一杯注水至满，水壶复位，然后清洗品茗杯。

（1）温体积在 100mL 以上的品茗杯 双手持杯，手臂自然弯曲成抱球状，双肩平。右手大拇指与中指握杯，食指、小指、无名指弯曲，虚护杯。左手五指并拢，掌心成斗笠状，虚托品茗杯。双手手腕转动，杯口转动，水压到杯口转360°。右手持杯，移至左侧水盂上方。右手连同手臂缓慢向上提，手腕翻转，杯口倾斜，水流入水盂中。弃水毕，略停顿，抖三下，杯回正。杯收回，在茶巾上压一下，放回原处。

（2）温体积在70mL的品茗杯　右手拿茶巾，置于左手。左手持茶巾，右手取品茗杯。右手虎口成弧形，护杯，左手虎口夹住茶巾并挡护品茗杯，手臂自然弯曲成抱球状，双肩平。右手手腕转动，杯口转动，水压到杯口转360°。双手移至水盂上方，弃水。弃水毕，略停顿，抖三下，回正，用茶巾吸干杯底水，放回杯托上。

（3）温体积在70mL以下的小品茗杯　杯中注入沸水后，双手手指与拇指端杯，中指抵住杯底。双手拿起杯，同时放入另一个品茗杯中。大拇指往外推，使品茗杯转动一圈，取出，放回原位。复位后取另一杯再温，直到最后一只茶杯。最后一杯不再滚洗，直接转动手腕，让热水回转至全部杯壁，再将热水倒入水盂。这样的烫杯方法，得尽量避免烫杯时发生声音和相互摩擦。如果熟练，可以双手同时滚杯。这种温杯法类似功夫茶艺中品茗杯"狮子滚绣球"洗杯法。

也可以右手持茶夹，按从左到右的次序，从左侧杯壁夹持品茗杯，侧放入紧邻的右侧品茗杯中（杯口朝右）。用茶夹转动品茗杯一圈，沥尽水，归原位。最后一杯不再滚动，直接回转手腕，再将热水倒入水盂。还可让品茗杯装上热水放着，等到分茶入杯时，用手端杯或茶夹夹住杯壁，将烫杯的水倒掉即可。

6. 温功夫茶杯

功夫茶杯包括公道杯、闻香杯和品茗杯，一般是用烫过壶的开水和头泡茶（洗茶水）按序倒入公道杯、闻香杯和品茗杯。公道杯可按温大茶杯的方式进行。品茗杯则在翻杯时，可将茶杯相连排成一字或圆圈形，右手持壶以往返斟水法或循环斟水法向各杯内注入开水至满，壶复位。

传统的功夫茶品茗杯洗杯法称为"狮子滚绣球"，还要求洗杯中碰撞出悦耳的声音。品茗杯中注满水后，右手大拇指、食指与中指端起一只品茗杯，侧放至邻近一只品茗杯中，中指肚勾住杯脚，拇指和食指抵住杯口并不断向上推拨，使杯上之杯作环状滚动，使茶杯内外均用开水烫到；这时便能发出清脆的铿锵撞击声，使客人未饮先欲试了，此为单手"滚球"。也可双手"滚球"，双手分别以大拇指和中指拿起两个品茗杯，侧放于另两个品茗杯上，以中指抵扣杯底，拇指、食指握杯沿并迅速转动杯身，同时转动清洗，然后依序清洗，使杯清洁。复位后取另一品茗杯再温，直到最后一只品茗杯，杯中温水轻荡后倒入茶船中。洗杯动作要求连贯、流畅，洗杯熟练的则不怕烫，不熟练的则很烫手。

有闻香杯时，将沸水注满闻香杯，将品茗杯倒扣在闻香杯上，然后翻转双杯。双手掌心朝上，以拇指抵住品饮杯底两侧，食指和中指夹住闻香杯身两侧，翻转180°，使闻香杯倒立在品茗杯中，双手将品茗杯轻轻归放原位。或先松开一手，转手端接品茗杯，然后再松开另一手，或以另一手相助端接。单手或双手将品茗杯轻轻放原位。或掌心朝上，以单手拇指抵住品茗杯底，食指和中指夹住闻香杯身，翻转180°，以另一手端接品茗杯。取出闻香杯，再以"狮子滚球"洗品茗杯。

7. 温盖碗

（1）翻盖　单手用手指按住盖钮中心下凹处，大拇指和中指扣住盖钮两侧将碗盖反置碗上，近身侧略低且碗内壁留有一个小缝隙。

（2）注水　碗盖在盖钮上反放着，近身侧略低且与碗内壁留有一个小缝隙。单手或双手提水壶，按逆时针或顺时针方向回转手腕一圈低斟，使水流向盖内沿碗口注入。然后提腕高冲，待注水量为碗容量的 1/3 时复压腕低斟，回转手腕一圈并令壶流上扬而断水，然后轻轻将水壶放回原位。

（3）复盖　以右手如握笔状取渣匙或茶匙插入缝隙内，左手手背向外护在盖碗外侧，掌沿轻靠碗沿。右手用渣匙或茶匙由内向外拨动碗盖，左手大拇指、食指与中指随即将翻起的碗盖正盖在碗上。

（4）烫碗　右手虎口分开，大拇指与中指搭在内外两侧碗身中间部位，食指屈伸抵住碗盖盖钮下凹处。左手托住碗底，端起盖碗。右手手碗呈逆时针运动，双手协调令盖碗内各部位充分接触热水后，放回茶盘。

（5）倒水　右手提盖钮将碗盖靠右上侧斜盖，即在盖碗左下侧留一小缝隙。右手端盖碗平移于水盂上方，举手向左侧翻手腕，使水从盖碗左侧小隙中流进水盂。或将托碗底的左手翻转，以背托杯底，同时右手端盖碗平移于水盂上方，向左侧翻转手腕，使水从盖碗左侧小隙中流进水盂。弃水毕，略停顿，抖三下，碗回正。沿弧线收回盖碗，在茶巾上压一下，放回原处。

对碗盖不是反盖在盖碗上时，采用以下方法净具：左手食指按住盖钮中心下凹处，大拇指及中指扣住盖钮两侧轻轻提起，使碗盖左高右低悬于碗上方。右手提水壶用回转手法向碗内注水，至总容量的 1/3 后提腕断流，水壶复位的同时左手将碗盖盖好。也可单手将碗盖斜放于碗托上，然后双手提壶倒水，再将碗盖盖好。依序将各盖碗注入水后，水壶放回原处。右手虎口张开，大拇指与中指搭在内外两侧碗身中间部位，拿起茶碗交给左手，左手托住茶碗底部，空出右手。右手然后摁住盖钮，以顺时针方向旋转碗身底部三次后，将碗盖推向前方，用碗内水洗涤碗盖。弃水时，左手揭开碗盖，碗盖与碗口成 45°。左手持盖不动，右手持碗盖内壁逆时针弃水。弃水毕，略停顿，抖三下，回正。收回，在茶巾上压一下，放回原处。温毕，左手将碗盖斜放在碗托左边。

8. 温茶碗

温茶碗指提起水壶，注水 1/3 碗。双手捧起茶碗，左手掌心托茶碗底，右手虎口成弧形护住碗身。双手手腕转动，逆时针旋转一圈，水压到碗沿口。左手持碗，虎口张开，拇指与四指持碗口与碗底，弃水于水盂中，碗口与桌面垂直。弃水毕，略停顿，抖三下，回正。收回茶碗，在茶巾上压一下，双手捧碗放回原位。

9. 温茶筅

温茶筅指先在茶碗中倒入 2/3 体积的沸水。右手取茶筅，大拇指与食指持茶筅柄，其余手指自然弯曲，掌心为空。将茶筅放入茶碗中，左手五指并拢，护住碗身。右手调整持茶筅的方法，手心朝里，护立茶筅。右手持茶筅先在碗中前后划一字，再逆时针在茶碗中转一个圆，然后取出，立起，略停顿，抖三下，放回原处。

三、置茶训练

（一）开闭盖手法

1. 开压盖式茶叶罐

开压盖式茶叶罐指双手四指并拢伸直，虎口张开，伸向茶叶罐。双手四指和大拇指捧住茶叶罐（筒）身两侧，端取茶叶罐至胸前，与胸口保持一定距离。双手掌心贴住罐身，双手手指朝上移动，双手的大拇指、食指固定罐盖，同时用力向上推盖。若盖得比较紧而不易推动时，双手的大拇指、食指可边推边转动茶叶罐盖，或旋转茶叶罐盖。当其松动后，左手持罐，右手开盖。右手大拇指、食指与中指捏住盖钮，向上提盖，按抛物线轨迹将其放到茶盘中或茶桌上。如无盖钮，则右手的大拇指和食指捏住茶叶罐盖两侧，往上提，以抛物线轨迹放下茶叶罐盖。茶叶罐盖需放在盖置上，或翻过来放在茶盘中或茶桌上，不得直接放在茶盘中或茶桌上。

当取茶完毕后，左手握罐身在胸前，右手取盖盖回。右手的大拇指和食指捏住盖钮，无盖钮的捏住罐盖两侧，提起，以抛物线轨迹轻轻盖在茶叶罐上。对翻过来了的罐盖，右手的大拇指和食指捏住罐盖两侧，提起，在以抛物线轨迹移动中，中指与其他手指配合将罐盖翻转过来，再轻轻盖上。然后，右手也以掌心贴住罐身，与左手同时握住茶叶罐，同时手指往上移动；双手的手心固定罐身，以双手的大拇指、食指同时向下压，也可以是双手的食指同时向下压，盖好；对盖子与罐身比较紧的，可以边旋转边压紧。再双手以抛物线轨迹，将茶叶罐轻轻放回原处。

2. 开螺旋式茶叶罐

开螺旋式茶叶罐指双手四指并拢伸直，虎口张开，伸向茶叶罐。双手四指和大拇指捧住茶叶罐（筒）身两侧，端取茶叶罐至胸前，与胸口保持一定距离。双手掌心贴住罐身，双手手指朝上移动，双手的大拇指、食指固定罐盖，同时用力朝右旋转，直至旋开。为确认罐盖完全旋开，双手的大拇指、食指贴在罐盖两侧，朝上轻轻一顶。然后左手持罐，空出右手来开盖。也可以在双手端取茶叶罐后，左手持罐，空出右手，以右手直接捏住盖壁两侧，直接旋开。后续操作，就同开压盖式茶叶罐中一样。

当取茶完毕后，左手握罐身在胸前，右手如开压盖式茶叶罐中一样取盖盖回。当罐盖盖上后，右手也以掌心贴住罐身，与左手同时握住茶叶罐，同时手指往上移动；双手的手心固定罐身，以双手的大拇指、食指同时朝左旋转，直至旋转不动为止。也可以是左手持罐，右手捏住罐盖两侧，朝左旋紧。再双手持罐身，以抛物线轨迹，将茶叶罐轻轻放回原处。

（二）取茶样手法

1. 舀茶法

舀茶法是使用茶匙或似茶匙一样的长柄茶则从茶叶罐中舀取。左手竖握（或端）住已开盖的茶叶罐，右手放下罐盖后，以弧形提臂转腕向茶筒边，用大拇指、食指与中指三指捏住茶匙柄，或是大拇指与食指捏住茶匙柄，取出茶匙。女性右手的其余手指可以起跷成兰花指，男性的则应尽可能地自然弯曲。在右手缩回中，拇指、食指与中指三者相互配合，将茶匙翻转成匙柄朝上，匙端朝下。右手拇指与食指固定茶匙，掌心为空，茶匙尾部顶于手掌，手为放松状态。左手将茶叶罐的罐身倾斜，罐口偏向右侧，将茶匙插入茶叶罐中，手腕向内旋转舀取茶样，左手配合向外旋转手腕令茶叶疏松易取，舀出茶叶投入冲泡器中。依据茶匙中的茶叶量，可以反复舀取多次，但尽可能控制在 3 次以内。取茶毕，右手拿着茶匙，在伸向茶筒时将茶匙翻转，插入茶筒中，再将茶叶罐盖好复位。用长柄茶则舀取茶叶的方法与茶匙舀取的操作相同。此法可用于多种茶冲泡，如取条索紧细、体积小的茶叶或抹茶（茶粉）。

2. 倒茶法

倒茶法多是将茶叶从茶叶罐中倒入茶则（茶荷）中，再用茶则将茶叶倒入冲泡器中；也可以是将茶叶罐中的茶叶直接倒入冲泡器中，但实践中一般尽可能少用。使用的茶则可以是竹制或木制的半筒状茶则，可以是陶瓷制的呈三角形茶碟式的茶则，也可以是人工用纸折成的茶则。

左手横握已开盖的茶叶罐，右手握（托）住茶则柄从茶筒内取出（茶则口朝向自己）。茶叶罐的罐口凑到茶则边，左手手腕用力令其来回滚动，使茶叶缓缓掉入茶则中。视茶叶量足够后，左手缓慢端正茶叶罐，右手将茶则先放在茶盘中或茶桌上。然后右手取茶叶罐盖，与左手配合盖好，双手放回茶叶罐。双手再端取茶则，茶则口横着对准冲泡器口，将茶叶由茶则投入冲泡器中。在实践中，还可以将茶则直放在胸前的桌面上，双手持茶叶罐，茶叶罐横过来朝右倾斜，罐口凑近茶则上；呈右手在茶叶罐下面托住罐身，左手在上面，朝内旋转或来回滚动茶叶罐，使茶叶罐中的茶叶掉落到茶则中。

3. 拨茶法

在实践中，会遇见茶叶不易从茶叶罐中自然掉出来的情况，需要借助工具将茶叶从茶叶罐中拨出来，一般多用茶匙或茶针来拨茶。使用拨茶法时，可以将茶叶从茶叶罐中直接拨入冲泡器中，也可以先拨入茶则中后再倒入冲泡器中；前者不易控制茶叶量，后者更易控制。左手横握已开盖的茶叶罐，右手取茶则直放于胸前的桌面上，然后右手取茶匙或茶针。左手将茶叶罐朝右倾斜，罐口凑近茶则上方；右手持茶匙或茶针，伸入茶叶罐中，将茶叶轻轻地拨入茶则中。视茶叶量够后，右手将茶匙或茶针放回茶筒中，右手再取罐盖盖回，双手放回茶叶罐。从茶则中将茶叶倒入冲泡器中时，也会遇见茶叶容易小部分地滑落，也需要借助茶匙或茶针将茶叶从茶则中拨入冲泡器中。将茶则放到左手（掌心朝上，虎口向外）上托起，令茶则口朝向自己；或左手虎口朝上拿茶则，令茶则口朝右；茶则口均需对准冲泡器的入口；右手取茶匙或茶针，将茶叶拨入冲泡具中；拨干净后，右手将茶匙或茶针复位，再双手将茶则归位。

有时会遇见冲泡器的口较小，茶则中的茶叶会容易掉在冲泡器外面。这时，可以使用茶漏，将茶漏放在冲泡器口上。如是一次取茶，需分别倒入多个冲泡器中时，需要控制好每次分拨的茶叶量。

4. 不同茶类的取茶法

对芽叶细小、紧结的各类名优茶，可采取舀茶法取样，如名优绿茶多采用此法置茶。倒茶法适用于芽叶细小、紧结的各类名优茶，也适用于条索较大、但外形较规则的中低档茶。拨茶法适用于任何茶叶，对叶形大、弯曲、粗松的茶叶更需要采用拨茶法置茶。

功夫茶置茶的具体方法一般是先将茶漏置于壶口，然后用茶则从茶叶罐中取适量乌龙茶。对外形较粗大、长的乌龙茶，用茶匙或茶针将茶导入壶中，不应洒漏。左手端平茶则，右手拿起茶匙把茶不停地装入壶中。若所用的为条形乌龙茶，要注意把粗大的茶叶置于茶壶的出水孔一边，较细碎的茶叶放在中间或靠近壶把的一边，以防止碎茶塞住出水孔。如所用的为珠形乌龙茶，则无须分粗细，最好能加上茶漏，使置茶操作更容易，且显得隆重、高雅、艺术感强。一般置茶量占壶身体积的 1/2~2/3，然后再用茶针将壶内的茶叶整理一下，将完整的茶叶拨至壶嘴内出口处，将细碎茶叶拨至中间，并将茶叶整平。

潮汕功夫茶的传统置茶方式是将茶叶罐里的茶叶倒在一纸质茶则上，该茶则是用一张白纸折成的。倒好茶后，再拿起纸茶则倾向壶口倒入茶叶，这样可让纸上较粗的茶叶倒在壶嘴附近，较细的茶叶倒在靠后的下面。

（三）投茶方法

投茶方法有下投法、中投法、上投法三种，在茶艺演示实践中以下投法使用较多。

（四）赏茶

在茶艺演示中，一般需要进行赏茶，即鉴赏干茶。鉴赏干茶有虚、实两种方式：虚的方式是由茶艺师将茶样取放在茶则中，茶艺师在茶艺桌处将茶则中茶样倾斜着展示给客人观看，但客人仅能远观而无法细看，仅仅为观看展示而已。实的方式，则是茶艺师将茶样取放在茶则中，然后离开茶艺桌，将茶样送到客人的桌面，由客人近距离细细鉴赏；待客人鉴赏完后，再由茶艺师将茶样取完。

赏茶无论虚实，茶艺师均需要演示赏茶过程。置茶入则后，双手从两端端起茶则，手心朝下，虎口成弧形。待茶则移至胸前时，右手握住茶则。左手从上滑到下托住茶则左端，手心朝上，虎口成弧形。然后右手从上滑到下托住茶则右端，手心朝上，虎口成弧形。双手托住茶则，将茶则朝客人倾斜，以便客人能看到茶样。然后腰带着身体从右转向左，从右向左侧身，双手托着茶则同时移动，目光注视客人，请客人赏茶。完后，身体回正。身体略往前倾，眼睛凑近茶则，做出仔细观察茶样的样子；再双手把茶则略凑近鼻端，做出嗅香的样子，中间略轻轻点头，体现出对茶给予赞赏的样子，并可同时面对客人展露一下会心的微笑，让人感觉出茶叶的精美。完成这些动作后，身体坐正，右手从下往上滑，握住茶则的右端；左手从下往上滑，握住茶则的左端。双手把茶则送回，赏茶完毕。

在实践中，对舀茶或倒茶直接加入冲泡器中的，可以用茶则单独取茶来进行赏茶。

（五）摇香

在茶艺演示实践中，茶艺师置茶后往往喜欢进行摇香，以借助温具后保留的热量促使茶香部分散发，以提前鉴赏一下茶样香气的好坏。但实际中除个别品质确实差的茶样容易区别外，多数的茶在摇香后差异很细微，不易鉴别，而且摇香产生的香气与冲泡后的完全不一样。在生活茶艺演示中，茶艺师与观赏者围坐在茶艺桌边，茶艺师摇香后可以送给客人闻香，否则就仅是茶艺师自己闻香。

1. 玻璃杯摇香

玻璃杯摇香指茶艺师双手端取置茶后的玻璃杯，四指并拢，虎口张开，左右手的五指相对捏住玻璃杯杯身两侧，以抛物线轨迹移至胸前。右手手心贴住杯身上端，右手握住玻璃杯；左手顺势滑至杯底，以四指并拢托住杯底。左右手协调，以逆时针或顺时摇转玻璃杯，先慢慢摇香一圈，再快速转动两圈，茶杯回正，摇香完成。身体略前倾，双手将玻璃杯端进鼻端，快速嗅一下，双手将玻璃杯端远，做出在品味香气的样子，然后重嗅一次。一般嗅香不超过三次，且需短时间嗅，不可长时间嗅。嗅完后，左手上滑，四指和大拇指捏住玻璃杯的杯身中部；右手也下滑，如左手一样捏住玻璃杯。双手以抛物线轨迹，将玻璃杯放回。

2. 盖碗摇香

盖碗摇香中男性双手的食指、中指并拢，虎口张开，与大拇指同时端住盖碗碗身，剩余的三指卷自然弯曲。女性双手以食指和大拇指张开，端住盖碗碗身，其余四指可呈兰花指。盖碗以抛物线轨迹移至胸前，左手顺势滑到碗底，五指分开贴住盖碗下端，呈凹状支撑着盖碗。右手上滑，以食指按住盖钮，或食指按在盖钮上、中指和大拇指捏住盖钮两侧。左手手腕顺时针旋转，右手配合，带动盖碗也顺时针摇转。一共旋转三圈，回正，右手大拇指、食指和中指捏住盖钮，朝胸前方向打开一小缝隙。身体略倾斜，双手持盖碗凑近鼻端，快嗅一下，感觉香气品质。每嗅完一次，碗盖盖正。最多可反复快嗅三次，然后双手将盖碗以抛物线轨迹放回，完成摇香。

除双手持盖碗摇香外，也可以单手持盖碗摇香，或左右手同时单手持盖碗摇香。以右手单手持盖碗摇香为例：伸出右手，大拇指、食指和中指分别叉开，以抛物线轨迹放到盖碗上。大拇指和中指分别捏住盖碗碗沿两侧，食指的指尖按在盖钮顶上，提起盖碗，以抛物线轨迹移至胸前。右手手腕逆时针旋转，带动盖碗逆时针摇转，共旋转三圈。嗅香时，可双手协同操作，也可右手持盖碗先放下，将碗盖左侧打开一点小缝，然后右手再端起盖碗嗅香。

3. 紫砂壶摇香

对一些功夫茶艺中的小紫砂壶，也可以来摇香，但一些体积较大的壶则不再适合来摇香。置茶后，盖上壶盖后，用右手的大拇指、食指和中指钩住壶柄，左手的大拇指、食指和中指捏住盖钮或食指按住盖钮。以抛物线轨迹端取茶壶至胸前，右手手腕逆时针旋转，左手配合，带动壶逆时针摇转。摇香时注意壶嘴保持朝着左边，不得对着客人和自己。摇三圈，左手的大拇指、食指和中指捏住盖钮，朝胸前方向打开一小缝隙。身体略前倾，双手持壶凑近鼻端，嗅香如前面一样。嗅香后，左手把盖盖好，双手以抛物线轨迹将茶壶放回。

也可以单手持壶摇香，以大拇指和中指捏住壶柄，食指指尖按住盖钮或盖身。以手腕腕力逆时针旋转，带动茶壶逆时针摇转。摇三圈后，还需双手协同来嗅香。

四、冲泡训练

（一）几种泡茶方式

1. 斟

斟是稳稳地注水。手提水壶，往盖碗里注水，水流均匀，沿碗壁逆时针旋转一圈或几圈，注水至需要的量时收水。适用于注少量水温润一下茶叶，或对水温要求不高的茶叶，或原料比较细嫩的茶叶。

2. 高冲

高冲是一次冲水，在高处收水，水的冲击力较大。手提水壶，对准泡茶器中心从最高处往下注水，水流均匀，注水至需要的量时在高处收水。适用于原料比较成熟的茶叶，外形比较紧结或卷紧的茶叶，或需要快速出汤的茶叶，或用壶作为泡茶器，以便高冲时水不外溅。

3. 定点冲

定点冲是由高到低上下三次或一次，水的冲力大。右手提水壶，对准玻璃杯的杯壁，从高处往下注水，水流均匀，注水至需要的量时在低处收水。上述动作反复三次，茶叶会在容器内快速上下翻动，以使茶的可溶性物质快速溶出，茶汤浓度杯内上下一致。适用于需要快速出汤，或需要均匀茶汤浓度。

4. 泡

泡时水的冲击力小，茶汤柔和。手提水壶，从低处往下注水，水流均匀，水注紧贴着容器的壁逆时针旋转一圈，注水至需要的量时在低处收水，适用于原料细嫩的茶叶，或需要使茶汤口感柔和。

5. 沏

沏时水的冲击力更小，注水温柔，水壶离冲泡器比泡更近。右手提水壶，左手持盖碗，水流先慢慢淋在盖碗内壁上，再慢慢流入盖碗中。适用于盖碗泡茶，需要快速使水温下降，原料细嫩的茶叶。

（二）常见的注水手法

1. 单手回转冲泡法

单手回转冲泡法指右手提水壶，用手腕逆时针回旋，令水流沿茶壶口（碗杯口）内壁冲入茶壶（碗杯）内。

2. 双手回转冲泡法

如果水壶比较沉，可用双手回转冲泡法冲泡。双手取茶巾置于左手手指部位，右手提水壶，左手垫茶巾部位托在壶流下方壶底。右手手腕逆时针回转，令水流沿茶壶口（茶杯口）内壁冲入茶壶（杯）内。

3. 凤凰三点头冲泡法

凤凰三点头冲泡法指用双手或单手提水壶高冲低斟反复 3 次，寓意为向来宾三鞠躬以示欢迎。高冲低斟是指右手提水壶靠近茶杯（茶碗）口注水，再提腕使水壶提升，此时水流如高山流水，接着仍压腕将水壶靠近茶杯（茶碗）继续注水。如此反复 3 次，恰好注入所需水量即提腕断流收水。常用于杯及盖碗冲泡。

4. 回转高冲低斟注水法

壶泡法、乌龙茶冲泡时常用回转高冲低斟注水法，先用单手回转法，右手提水壶注水，令水流先从茶壶壶肩开始，逆时针绕围至壶口，提高水壶令水流在茶壶中持续注入，直至七分满时压腕低斟（仍同单手回转法）。水满后，提腕令水壶壶流上翘断水。淋壶时也用此法，水流从茶壶壶肩——壶盖——盖纽，逆时针打圈浇淋。

5. 高冲回旋低斟注水法

高冲回旋低斟注水法指先高提水壶令水流从茶壶口（碗杯口）侧注入，然后用回旋注水法低斟，注入所需的水量后提腕断流收水。

6. 回旋低斟高冲注水法

回旋低斟高冲注水法指先用回旋注水法低斟，然后高提水壶令水流从茶壶口（碗杯口）侧注入，注入所需水量后提腕断流收水。

7. 高冲低斟注水法

高冲低斟注水法指先提高水壶令水流从茶壶口（碗杯口）侧注入，然后渐渐压腕低斟，注入所需水量后提腕断流收水。

（三）不同茶叶的冲泡方法

1. 名优茶冲泡手法

对采用上投法冲泡的，右手单手执壶或双手执壶先采用凤凰三点头直接注开水入杯中七分满左右，然后置茶入杯，双手捧杯左右轻轻摇荡，将水润湿茶叶，让其慢慢沉降下去；也可加水至五六分满时，置茶入杯，轻轻摇荡润湿茶后，再采用凤凰三点头手法将水加至七分满左右，这步对凤凰三点头的注水量要求控制较严，否则极易加水超过七分满。采用中投法冲泡的，右手单手执壶或双手执壶直接注水入杯约 1/3，然后置茶入杯，双手捧杯轻轻摇荡，待茶叶全部润湿后，采用凤凰三点头手法加水至七分满左右。对采用下投法的，多采用浸润泡，先置茶入杯，提举茶壶将水沿杯壁逆时针方向旋转一周（回旋斟水法）冲入杯中，水量约占杯身 1/4，为 50mL 左右；右手轻握杯身基部，左手托住茶杯杯底，运用右手手腕将茶杯逆时针方向轻轻转动，左手轻搭杯底做相应运动，以使茶叶进一步浸润，然后采用凤凰三点头的手法冲泡至七分满左右。

2. 盖碗茶冲泡手法

盖碗茶冲泡手法指先置茶入碗，右手提冲水壶，向碗内以逆时针方向倾倒两周后，提壶冲泡，壶高度 20~30cm，加水至 2/3 容量，左手立即加盖。有讲究的还需要洗茶，实际上相当于浸润泡；置茶入碗后，向碗内以逆时针方向沿碗壁冲水两周，控制水量大致可淹过茶叶；然后双手左右两侧捧碗，左右摇荡或逆时针摇荡片刻；右手虎口张开，捏住碗前后两侧的基部，左手取盖盖上并按住盖纽；放置于茶盂上方，右手手腕左倾，让茶碗侧倾使碗中茶水滤入茶盂，逐渐加大倾斜程度以滤尽茶水，然后再抖三下，放置于茶盏上；左手揭盖，右手提壶朝左侧的碗壁上以凤凰三点头的手法冲至七分满，这样可使粘在碗左壁上的茶叶冲入碗中，然后左手盖盖。功夫茶艺中采用盖碗冲泡的手法同上。

3. 乌龙茶的壶泡法冲泡手法

乌龙茶壶泡法的冲泡甚为讲究，置茶入壶后，右手提起水壶，沿壶边逆时针低冲2~3圈，使水满过茶叶，左手盖上盖，水壶复位；右手单手执茶壶或左手按住盖钮、右手握住壶柄，左右或逆时针摇荡；随即将洗茶水倒入茶盅或品茗杯中，抖尽壶中水滴，放回原处；左手再揭盖，右手提水壶先沿茶壶口回转一圈，而后以"悬壶高冲"的手法将沸水注满至壶口，左手用盖刮去壶口泡沫，并淋洗壶盖，然后盖上盖，再右手执水壶用沸水淋洗茶壶身。悬壶高冲时，水壶嘴先对准茶壶口，先低后高，高约距茶壶半尺（20~30cm），水注要流畅，成圆流线型，并保持均匀而有力度，不可断续，不可急迫；淋壶时需放低水壶嘴，回旋冲洗壶身，以免沸水四溅；三个动作应如行云如流水，一气呵成。在进行洗茶时，有的是注水满茶壶，用盖刮沫后，滤去茶水再冲泡，但注满水既浪费水，还浪费茶叶有效成分，主张以满过茶叶的注水量为宜。在冲泡时，冲水时不能直注壶心，以免冲破"茶胆"。每次往壶中注水时，可只冲泡一边，依次四边冲遍。

4. 绿茶、花茶、红茶的壶泡法冲泡手法

冲泡绿茶、花茶、红茶时，先置茶入壶，双手取茶巾放在左手手指部位（左手手心向上），右手提水壶，左手用茶巾托茶壶底，右手用逆时针的回旋手法向茶壶内注入开水，约为总用水量的1/4，水壶复位时左手放下茶巾并盖好茶壶盖。右手握茶壶把，左手托茶壶底，逆时针转动茶壶，进行浸润泡，20~60s后茶壶复位。左手揭盖，右手提水壶，先沿壶口逆时针回旋低斟一圈，顺势提腕将水高冲入壶，近满时复压腕低斟至满。若需洗茶，则在浸润泡时及时将水滤出，再加水冲泡。

（四）醒茶训练

在饮茶中，凡较细嫩的茶叶均不需要醒茶，而叶子较大的茶和紧压茶则一般需要进行醒茶。醒茶的目的是湿润茶和洗掉可能存在的灰尘等，为此在醒茶时需把握快速短时的原则。置茶入冲泡器后，右手取水壶，左手放桌上或协助右手倒沸水入冲泡器中，倒水量以完全淹没茶叶为准。右手放下水壶后，有盖的冲泡器需盖上盖，然后双手端取冲泡器，逆时针摇转两圈，及时将茶水沥出，并沥尽，抖三下。然后双手将冲泡器在茶巾上压一下，放回，即完成醒茶操作。

（五）冲泡训练

1. 冲泡时的动作要领

在冲泡时，应掌握的动作要领是：头正身直，目不斜视；双肩齐平，抬臂沉肘。一般用右手提水壶冲泡，左手半握拳自然搁放在桌上，左手也可以协助右手提水壶。

2. 提前审评茶叶的感官品质

要冲泡好一杯茶，需要先了解该茶叶的品质特性，为此需要先进行茶叶感官审评。通过感官审评，了解茶叶的香气、色泽、滋味强度等，确定该茶叶的优点与缺点。针对该茶的感官品质特征，预先提出适宜的冲泡条件，如茶水比、冲泡水温、冲泡时间、冲泡次数等，以充分展现出该茶的品质优点，同时尽可能地掩盖该茶的品质缺点。

3. 练习不同冲泡水温、时间、次数、茶水比

在已熟练捧取或端取相关器具的基础上，分别练习净具、置茶、冲泡手法。再结

合已知冲泡茶叶感官品质的基础上，分别尝试以不同茶水比、冲泡温度、冲泡时间、冲泡次数的茶水质量，分析总结出适宜的冲泡条件。

在掌握冲泡技巧的基础上，针对不同的茶叶种类，需要有相对应的冲泡条件，才能有效地冲泡出该茶最佳的品质。也因此，对每一款茶在充分泡好前，均需要提前冲泡摸索最佳的冲泡条件。

熟能生巧，唯有多练习，注意总结，才可以泡好每一杯茶。

第六节　奉茶与品茗训练

奉茶与品茗是十分讲究的，正确的奉茶与品茗训练是提高茶艺师水平的重要组成部分。

一、斟茶训练

对一些用壶泡法、大盖碗法冲泡的茶水，需要进行斟茶入杯，即分茶。斟茶的目的是使茶水分离，同时分茶入杯，供客人品饮。

（一）斟茶要领

斟茶需把握几个原则：一是每次斟茶需尽可能沥尽茶水；二是分茶时，一般小杯以斟八九分满为宜，大杯以斟六七分满为宜；三是分茶后的每杯茶水浓度需尽可能一致。

功夫茶艺中斟茶，应做到"低、快、匀、尽"。"低"，壶口嘴贴着盅面斟茶，切不可过高；高则香味散失，增生泡沫。"快"，是为了保持茶香味和茶汤温度。"匀"，循回往返多次分茶或用公道杯，使每杯的茶汤浓度一致，同时每杯的茶水量相对一致。"尽"，不留余水在茶壶中，要滴尽茶壶中的茶水。

（二）斟茶方法

就壶泡法和碗泡法而言，斟茶分斟茶入盅、斟茶入杯两种方法。

1. 斟茶入盅法

斟茶入盅法是将泡好的茶汤一次全部斟入茶盅内，茶汤在茶盅内混合一致，便可接着持盅分茶入杯。

对有闻香杯的功夫茶艺，待滴尽壶中茶水于公道杯后，双手捧起公道杯轻轻摇荡，然后以低斟手法分注于闻香杯内，各杯茶量以七八分满为宜，放回公道杯。然后左手捏住闻香杯中部，提起。右手捏住品茗杯，翻转过来盖在闻香杯上。右手大拇指托在闻香杯底部，食指放在品茗杯的杯底上，捏紧，然后快速翻转过来；也可右手手心朝上，食指与中指夹住闻香杯，大拇指压住品茗杯，固定手腕，垂直上下快速翻转；使闻香杯朝上，品茗杯朝下，双手将其放在茶托一端。

为使客人取出闻香杯较方便，翻转后宜将闻香杯侧于品茗杯中，而不宜仍直挺竖立于品茗杯中，否则因大气压的作用使客人拔出闻香杯时费力且易荡出茶水。

2. 斟茶入杯法

斟茶入杯法是将泡好的茶汤直接斟入所需的茶杯内。由于先斟的浓度偏淡，后斟的浓度偏浓，所以必须用平均分茶法或往复斟茶法方能达到浓度相对均匀。

平均分茶法是分来回两次将茶汤斟于数个茶杯内。如一次斟茶四杯，按翻杯顺序向杯内低斟入茶水，则第一杯先斟茶 1/4 量，第二杯先斟 2/4 量，第三杯先斟 3/4 量，第四杯一次斟好；接着往回斟，将每杯补足，也就是第三杯补 1/4，第二杯补 2/4，第一杯补 3/4。如此，最淡的加上最浓的，次淡的加上次浓的，使每杯的浓度接近平均。

往复斟茶法是持壶（盏）不停地来回斟，如功夫茶艺中关公巡城、韩信点兵这样可以将茶汤浓度斟平均。在功夫茶艺中，将四个茶杯排成方型，杯口相连，将茶壶底沿茶船或茶盘边缘迅速运行一圈，盖碗则用食指抵住盖钮、大拇指和中指、无名指捏住碗两侧沿茶盏边缘迅速运行一圈，放置茶巾上，让茶巾吸干壶（碗）底余水。然后将蕴育好的茶汤，来回低斟于各品茗杯中，最后几滴精华用力搅动分滴入杯，使各杯茶汤浓度均匀一致。提茶壶斟茶时，需用大拇指和中指夹住壶把，食指则轻轻按住壶盖；等到"韩信点兵"时，食指把壶盖轻轻推开一点，这样茶汤就可滴干净了。但来回多次显得烦琐，茶汤也易挂在杯壁，泼出杯外。不管采用哪种方法斟茶，斟茶时应注意不宜太满。

分茶时应留足时间让茶汤流干滴尽，不要过于急迫。茶壶均不要倾斜得太厉害，如超过了 90° 会造成逼迫的感觉。斟茶的最后还要抖三下，以尽可能地使茶汤滴尽。对泡的绿茶，为避免叶底闷黄，分茶完毕，茶壶复位后，左手将壶盖揭开放盖置上，等待第二次冲泡。

二、奉茶训练

奉茶包括第一道茶的端杯奉茶和第二道茶以后的持盅奉茶或持壶奉茶。在奉茶时，可以由主泡冲泡好后，只由助泡奉送，也可以由主泡带领助泡一同奉送，但只由主泡一人捧茶。当一人泡茶时，则奉茶均由主泡完成。

（一）端茶训练

主泡分好茶时，双手握于胸前，头先向右侧转，向右边助泡致意，略点下头，眼睛看着助泡，示意准备奉茶；然后头向左侧转，略点下头，眼睛看着助泡，示意左边助泡准备奉茶。两位助泡同时起步，一同走至茶艺桌两侧，同时转过身，面对主泡侧面，侧对茶艺桌。

先右边的助泡端过奉茶盘，轻放于主泡右边的桌面或双手低端于主泡右边；主泡双手端起茶杯，在茶巾上轻擦一下，然后置于杯托上，再双手端起杯托，按一定顺序或形状摆放于奉茶盘内。同样，主泡将茶杯带杯托端放于左边助泡的奉茶盘内，注意左右两边助泡放同等数量的茶水。

放置好后，主泡伸出右手向右边助泡示伸掌礼，头右转微点，并行注目礼，示意送茶；然后主泡收回右手，伸出左手向左边助泡示伸掌礼，头同时左转微点，并行注目礼；示意送茶。主泡也可在每端完一个助泡的茶杯时就示礼，助泡也同时予以还礼。助泡在主泡示礼的同时，点头行注目礼，然后同时端起奉茶盘至胸前，后退两步，左转身，站立。端奉茶盘时，身体为站姿，肩关节放松，双手臂自然下垂，小臂与肘关节平，端奉茶盘的高度以舒服为宜；双手虎口张开，四指托住奉茶盘，奉茶盘离身体的距离为半拳。主泡也随之起身，走在左边助泡的前面，三人排成一列。主泡在前面，助泡用手端着奉茶盘紧跟其后，步履轻盈，按规定步调配合音乐一同起步走向客人。主泡也可以在端茶给助泡后，不离座，由助泡将茶奉送给客人。

如是主泡一人奉茶，待泡好茶时，主泡将泡好的茶一一端放在奉茶盘中杯托上，排列方式同布席时茶杯排列一样。然后主泡起身，端起奉茶盘，离座，左转身，端送往客人。

（二）送茶训练

奉送茶水的茶艺师在距离客人一米的位置停住。若是侧对客人时，还需同时转身，一齐走近客人桌前。主泡的手要先向客人示意行礼，然后从助泡的奉茶盘中，双手端起杯托与茶杯，按客人顺序先后奉送茶。给客人献茶时，要将茶杯举高与眉平齐，并弯腰献茶。奉完茶，伸出右手，五指并拢，手掌与杯成45°，示意请或请用茶。受茶者点头微笑表示谢意，或答以伸掌礼。茶杯可以端给客人手中，由客人亲手接茶，也可以端放在客人面前的桌上。待奉送完面前的客人时，主泡和助泡同时后退两步，行鞠躬礼，再转身离开。客人点头微笑表示谢意。如奉茶盘中还有茶没奉送完，则还需继续行走到其他客人面前，继续奉送茶水。

如仅是助泡奉送茶，则助泡在行走到客人面前时，需注意分开距离，努力使茶水同时均匀地奉送给客人。助泡双手端着奉茶盘走到客人桌前时，若桌面较宽，可将奉茶盘放于客人桌面中间，双手捧杯，按客人顺序先后奉送茶。每奉完一个客人，分别对右边的客人伸右掌礼，对左边的客人伸左掌礼，同时点头行注目礼，示意请客人品茶。若客人桌面较小，奉茶盘又不大，助泡则可用左手托住奉茶盘底部，以右蹲姿用右手端杯送茶，右手示礼请客人品茶。客人点头微笑表示谢意，或答以伸掌礼。主泡一人奉茶时，也如上面一样进行奉送。当端送完全部茶水后，助泡将奉茶盘翻转，侧置于身体一侧。男性翻转奉茶盘时，双手握住奉茶盘短边中间，奉茶盘靠身体左边，奉茶盘面与身体平行，奉茶盘最低一角离身体一拳距离，奉茶盘靠身体右边亦同。女性翻转奉茶盘时，双手握住奉茶盘对角，置于身体右边，奉茶盘面与身体平行，奉茶盘最低一角与身体一拳距离，奉茶盘放于身体左边亦同。然后助泡后退两步，向客人行鞠躬礼，客人回礼。助泡再转过身，齐步走回原先的位置，放下奉茶盘。

（三）奉茶注意事项

第一道茶一般是在茶艺桌上泡好茶，再分茶入杯，然后才以奉茶盘端杯奉茶。但也有事先将空杯子分发到客人面前，这时就以持盅奉茶的方法奉茶。如果大家促膝而坐，且坐着就可以拿到杯子，茶艺师就坐在原位请客人逐次端取，或起立站在原位，端起奉茶盘请客人端取，不必离席。但如果大家采取分坐式，就必须端起奉茶盘到每位客人面前奉茶。奉茶时可由助泡端奉茶盘站在客人前侧，双手端杯置客人面前，并行伸掌礼，而客人则用右手行伸掌礼进行答谢。也可以由客人自行端取，尽量减少茶艺师接触杯口的机会。若无杯托，客人单手直接端杯；若有杯托，客人单手连杯托端起。若是较大的茶杯，则客人双手端杯。端走一个杯子后，考虑到奉茶盘上剩下杯子摆放的美感与下一位客人端取的方便性，需要在离开客人面前后，将茶杯的位置重新调整一下。

奉茶盘摆放与使用时，若盘子有明显的方向性，如盘面有一幅画，让正面朝向自己。若盘子无方向性，但盘缘有镶边，镶边的接缝点应让其朝向自己，也就是让完整的一面向着客人。

奉茶时要注意先后顺序，先长后幼，先客后主。同时，在奉有柄茶杯时，一定要注意茶杯柄的方向是客人的顺手面，即有利于客人右手拿茶杯的柄。杯子若有方向性，如杯面画有图案，使用时，不论放在茶艺桌上或是摆在奉茶盘上，都让正面朝向客人。客人端取杯子后，一面欣赏茶汤的色泽，一面将正面调向外方，此后闻香、品饮以及将杯子送回茶艺师，都是正面朝向前方。

在上茶的时候，应该眼、耳、口等配合使用。切记一般不要一只手上茶，不能使用左手。茶艺师的手指不能接触到茶杯口，奉茶动作需要连贯、自然。

三、品茶训练

（一）品茶要领

品茶是需要用心的，要细细品啜，徐徐体味，从茶的色、香、味、形得到审美的愉悦与精神的升华。品茶不单单仅靠味觉辨别茶味，还与嗅觉、视觉乃至心理等协同作用，以感觉茶的香气，察觉茶的滋味，并促成与茶形色相关的联想。

品茶讲究四到："眼到""舌到""鼻到""心到"。"眼到"，即眼睛要细赏茶姿，细察茶色；"鼻到"，即用鼻子细闻茶香；"舌到"，啜茶入口，用舌头细辨茶味；"心到"，即静心享受茶带来的美感，全心体验精神上的感受，在茶艺氛围中进入心灵的境界。

（二）玻璃杯品饮方法

在品饮前，茶艺师献茶时行礼，客人需以点头微笑、叩指礼或伸掌礼回礼；茶艺师离开时行礼，客人也需以点头微笑或伸掌礼回礼。品茶的顺序，一般是先闻香，再察形、察色，后辨味。因所用的茶具不同，品茶方法也有一定的差异。

对用玻璃杯泡的茶，客人用双手四指并拢，与大拇指成叉，虎口张开，分别端住茶杯中部两侧，以抛物线轨迹端至胸前。右手上滑，大拇指和食指、中指捏紧玻璃杯上端，虎口与杯身保留一点距离。左手下滑至杯底，手掌伸直，以四指指尖或食指和中指的指尖托住杯底。身体略前倾，双手将玻璃杯上端凑近鼻端，细闻茶香，需快速短时细嗅，可反复三次，充分感受茶香。然后身体回正，双手将玻璃杯端远，以玻璃杯上端与眼睛齐平，观赏茶姿和茶色。在品饮前，右手手腕逆时针旋转，左手配合，使杯中茶水适当摇荡，以均匀上下茶水浓度。再将玻璃杯端近嘴边，将玻璃杯逐渐倾斜，使茶水缓慢流入嘴中，注意控制流入嘴中的茶水量，需小口品饮。嘴巴微缩，以吸气方式让茶水在口中上下旋转，细辨其味，慢慢咽下，注意感受喉间因茶水带来的回甘。细细品味后，再继续品饮剩余的茶水。

（三）盖碗品饮方法

用盖碗品饮中，闻香、观色、啜饮等动作均要舒缓轻柔。对于盖碗泡的茶，右手以抛物线轨迹伸到盖碗处，大拇指在碗托上，食指与中指在碗托下，三指捏住碗托，以抛物线轨迹端至胸前。也可以是双手同时捏住碗托，将盖碗连托端取至胸前。将碗托交给左手，左手以中指、无名指和大拇指拿住碗托，食指摁住碗边；或以左手四指托碗托，大拇指扣碗托；或左手食指与中指成剪刀状托底，拇指压住碗托。右手大拇指、食指及中指捏住盖钮，将朝向人这边的碗盖倾斜地打开一条小缝。身体略前倾，双手将盖碗连托端至凑近鼻端，将盖碗左右平移，嗅闻茶香。然后身体回正，接着右手顺势揭开碗盖，观赏茶姿与汤色。右手再用碗盖由内向外轻轻撇开上浮茶叶2~3次，可使茶水浓度上下均匀，然后用盖将茶叶推向前方成45°角，压住上浮茶叶；盖碗呈内低外高斜盖在碗上，朝内的方向碗盖与盖碗留有一小隙。右手虎口分开，大拇指和中指分搭盖碗两侧碗沿下方，食指轻按盖钮，提盖碗向内转90°，从小隙处小口啜饮；右手的虎口朝向自己，这样饮茶时手掌会将嘴部掩住，显得高雅。

男性可单手只持盖碗，右手将盖碗先交给左手端住碗底。右手取碗盖，朝内打开一小缝隙，移至鼻前时闻香。然后右手将碗盖向外推，靠里侧留出一小缝。右手大拇指压盖，中指托住碗底，固定盖碗，品饮法同前面。也可用右手大拇指和中指夹住盖碗，食指抵住盖钮，无名指和小指自然紧靠中指。

（四）茶杯品饮方法

1. 无柄品茶杯品饮方法

对无柄杯茶水，双手端起杯托，以抛物线轨迹移至胸前。左手端住杯托，右手虎口张开，以大拇指和食指或大拇指和食指、中指一起捏住杯身；也可以是大拇指和中指、无名指捏住杯身，食指弯曲跷起高于杯口，起遮挡的作用。端起茶杯，先嗅香，观汤色，再小口品饮。右手虎口略朝里，将茶杯端至嘴边，逐步倾斜茶杯，小口分次品饮，注意让对面看不到嘴为度。品饮完茶汤后，再闻杯底香。也可以不端杯托，以右手直接只端取茶杯品饮。

2. 有柄小杯品饮方法

茶艺师在献茶时，需将茶杯柄放在客人的右手边。右手以拇指、食指、中指捏住杯柄持杯，移至胸前，端起凑近鼻端嗅香，然后观茶汤色，再小口分次品饮。品饮完后，再闻杯底香。女性可辅以左手指托茶杯底，男性可单手持杯。

3. 双杯（闻香杯、品茗杯）品饮方法

对带闻香杯的乌龙茶品饮，左手护杯，右手逆时针轻旋闻香杯，略倾斜着轻轻将闻香杯往上提起，同时将闻香杯口沿品茗杯壁轻刮一下。然后右手将闻香杯翻转过来，倾斜着直接将杯口凑近鼻端，细闻杯中留香，由远及近闻香三次。或右手掌握闻香杯，左手抱右手一同端送闻香杯。或用双手手掌握闻香杯，搓动着闻香杯往鼻端送，杯口倾斜朝上，细闻茶香。闻完香后，右手或双手将闻香杯放回杯托左侧。偶尔会有茶水依然在闻香杯中，需要客人自己将闻香杯中的茶水以翻转的手法转移到品茗杯中。

然后采用"三龙护鼎"的手法端起品茗杯，右手中指托于杯底，拇指和食指端住杯身，虎口略朝里，可用左手托杯托。举杯近鼻端，用力嗅闻茶香，接着将杯移远欣赏汤色，最后举杯分三口缓缓喝下。茶汤在口腔内停留一阵，用舌尖两侧及舌面舌根充分领略滋味，慢慢体察茶味，然后慢慢咽下。饮毕，用双手掌心将品茗杯捂热，令香气进一步散发出来，再握杯闻杯底香。也可单手握杯，将品茗杯夹在虎口部位，来回转动嗅闻香气。

四、续茶训练

续茶是奉茶的组成部分，续茶时机以不打扰客人交谈为宜，切记不能等到茶叶见底再续水。

（一）分茶水的续水法

在茶艺演示中，有将茶泡好后倒出茶水分给客人品饮。这类续水则需续泡好的茶水，一般可直接分倒入客人原先品饮的品茶杯中。

1. 合坐场合的续水法

在促膝而坐的场合，茶艺师可直接持壶倒于客人的杯内，或将泡好的茶倒于茶盅后倒于客人的杯内。倒完茶，若有茶汤从茶盅或茶壶嘴滴下，可用茶巾将茶盅或茶壶有水滴的地方擦一下；若倒茶时有茶水滴落到客人的桌面上，拿茶巾擦干。

2. 分坐场合的续水法

在分坐式的场合，茶艺师需将茶盅或茶壶置于奉茶盘上，并准备一方茶巾，端着奉茶盘出去奉茶。

（二）置茶泡饮的续水法

若是直接在碗或杯中置茶冲泡后奉送给客人品饮时，茶艺师可持水壶直接往客人品饮的碗或杯中续水，即持壶续水。通常一杯茶或一碗茶，可续水两次。

1. 盖碗续水法

当客人盖碗中只剩 1/3 左右茶汤时，茶艺师持水壶走到客人面前，行礼后，用左手大拇指、食指、中指拿住碗盖盖钮，将碗盖提起并斜挡在盖碗左侧，右手提水壶用回转高冲法向盖碗内注水，然后复盖，水壶归位。

2. 玻璃杯法续水

当客人的茶杯中只剩 1/3 左右茶汤时，茶艺师持水壶走到客人面前，行礼后，右手提水壶以凤凰三点头或高冲低斟法注水。续水毕，水壶归位。

（三）续水注意事项

茶艺师在续水时，可备一只小水盂。遇到客人的茶杯中尚留有茶汤时，询问还需要喝一杯茶吗。如对方说不要了，就不要倒茶了；如对方说要，则需将杯内剩下的茶水倒入水盂，然后再斟上一杯新茶。如果是围坐在一桌子上泡茶、喝茶，而且桌子上就有水盂，则可直接将剩下的茶汤倒入水盂，周到的客人可以自行先将杯子清理干净。如换了茶冲泡，则需换杯后重新奉茶。潮汕一些地方饮用功夫茶时，需将饮茶者的品茗杯全部收回，清洗一遍后，重新分茶奉茶，而不是直接续水。

五、收具训练

品茶结束了，需要进行收具。收具工作主要是由茶艺师来完成，但客人也可以同时进行协助。

（一）收杯碗

茶艺师需先收客人桌前的杯碗。在茶艺师开始收具前，客人需喝尽茶水，不想喝尽时可将剩余的茶水倒入水盂中，并清理桌面上的杂物，以方便茶艺师收具。如无水盂在桌上时，客人则仅需把杯碗摆好即可。茶艺师端上奉茶盘、水盂和茶巾，走到客人面前，行礼示意后，开始收具。可把奉茶盘放在桌上，将杯碗中的茶水倒入水盂中，用茶巾擦去杯碗外掉出的茶水滴。同时，用茶巾擦去桌上可能掉落的水滴和茶叶，收捡桌面上的杂物，清理干净桌面。然后端盘示意，离开。

（二）收茶艺桌上器具

收完客人处的器具后，即可收茶艺桌上的器具。需注意干湿分类，注意将要清洗的和不清洗的器具分开。原则上按布具的顺序反过来，将茶艺桌上不需清洗的器具放在干净的奉茶盘或茶船中，将要清洗的器具放一起。同时将茶艺桌清理干净，并摆放整齐。

（三）清洗器具

将要清洗的器具搬到可清洗的地方，将茶壶、杯碗一一清洗干净。用干净的干茶巾擦干水，再将这些器具放到消毒柜中进行消毒备用。待器具冷却后，开始备具，做好用于下一场茶艺演示的准备。

第七节　茶艺礼仪训练

茶艺礼仪主要是靠自觉修养练习而成的。要达到良好的茶艺礼仪修养，必须以学识为基础，有一定的学识修养、悟性和一定的理念，对各种礼仪举止内在含义有感悟能力，并应以自觉为桥梁，接受一定的理论和实践的专门训练，自觉地用心学习、研究、感悟、实践各种礼仪规范和程序，同时还应以真诚为原则。茶艺礼仪训练的方法很多，可因人、因时、因地自行掌握。

一、茶艺礼仪训练的要点

要达到茶艺礼仪训练的效果，需注意以下三点：

（一）注意茶艺礼仪训练的系统性

要有效地开展茶艺礼仪训练，首先需要学习系统性的茶艺礼仪相关知识，受训者需从形体礼仪、装扮礼仪、迎客礼仪、泡茶礼仪、敬茶礼仪、送客礼仪等方面全面了解，以掌握系统的茶艺礼仪知识，从理论上提升对茶艺礼仪的认识与知识的掌握。其次，需要强化茶艺礼仪理论知识到茶艺礼仪训练实践之间的互动性，茶艺礼仪理论知识转化为茶艺礼仪实践才有生命力，借助理论知识有效地指导训练实践，训练实践反过来完善和丰富理论知识，实现二者之间良好地互动与促进。最后，茶艺礼仪需要全面系统训练；单一的茶艺礼仪要全面训练，如迎客礼仪训练需练习在不同茶艺场景中迎客的礼仪程序、行为动作及其规范，并注意预防在迎客中可能出现的不规范礼仪动作或礼仪用语；同时，在实践中往往不同茶艺礼仪先后或同时连在一起进行，在训练好单一的茶艺礼仪动作时，需强化练习不同茶艺礼仪同时或先后进行，使不同茶艺礼仪之间连贯、自然，保证不同茶艺礼仪同时产生礼仪效果，实现礼仪效果最大化。

（二）讲究茶艺礼仪训练的直观性

茶艺礼仪训练要达到较好的效果，除加强理论知识学习掌握外，必须强化训练其直观性。一是展示茶艺礼仪图片；在茶艺礼仪训练时，通过多媒体等方式展示茶艺礼仪图片，尤其是礼仪的细节动作，可以让学习者直观地了解完成茶艺礼仪的过程与动作。二是观看茶艺礼仪示范片；在茶艺礼仪训练时，可以观看专门为茶艺礼仪训练录制的一个个茶艺礼仪动作训练过程，并包含有礼仪动作解说，可以让学习者观看到连贯的茶艺礼仪动作及其完成要求。三是茶艺礼仪现场示范；在茶艺礼仪训练时，可以由教师或茶艺师现场做茶艺礼仪示范动作，有助于提高学习者的兴趣并有更直观地了解。

（三）重视茶艺礼仪训练的实践性

茶艺礼仪的实践性很强，在训练时需要加强学习者的实践训练。一是学习者分步骤学习茶艺礼仪，在学习掌握好茶艺基础礼仪后开展更高层次的训练，逐步熟练和提升。二是角色扮演学习法；学习者尝试分别扮演茶艺演示中不同的角色，根据茶艺要求安排担任主泡、助泡、解说、客人等不同角色，学习不同角色所需的茶艺礼仪的技能，在实际操作中通过真实的体验来达到学习的提升。三是观察学习；学习者之间相互观察茶艺礼仪训练的情况，相互指出训练中存在的不足和改进方式，这是提升训练效果的有效方式。同时，可以通过观看茶艺演示的视频或现场演示，观察了解茶艺演示中茶艺礼仪的正确做法，及时讨论观看中发现的缺点与改进措施，从观察中提升对茶艺礼仪相关知识的掌握与熟练。此外，还可以在现实生活中，观察周边人们的礼仪实施情况，供自己借鉴和学习。

二、化妆训练

茶艺师的化妆需清新淡雅，宜着淡妆，忌浓妆艳抹，不要佩戴夸张首饰，不可涂抹香水、香粉、指甲油等有刺激性气味的化妆品。下面具体介绍一下简单的化妆过程。

（一）化妆的器具

简单化妆所需的化妆品有贴合自己肤质的水乳液、粉底（粉底液、粉饼或遮瑕膏）、眉笔或眉粉、睫毛膏、眼影、眼线笔（眼线液或眼线膏）、腮红、唇彩或口红。简单化妆所需的化妆工具有眼影刷、睫毛夹、腮红刷。

（二）化妆的步骤

1. 洁脸护肤

化妆前的第一步要进行洁脸护肤。先用洗面奶洗脸，洗净擦干后，再涂抹适合自己肤质的水乳。涂抹水乳时可以用手心轻轻拍打脸部，让乳液能够充分吸收，这样才能更好地保护皮肤，同时也能更好地上妆。干性皮肤者可以使用滋润型的保湿面霜或者妆前乳涂于面部，而油性皮肤者需选择比较控油补水的。在涂妆前乳前，先涂防晒霜。妆前乳只要用手指点涂在全脸，均匀的推开，使妆前乳能够完美的覆盖到整个脸部即可。

2. 打底妆

打底妆即打粉底或用遮瑕膏，主要作用是均匀面部肤色，这一步需因人而异，可以根据自己的肤质和喜好选择使用。如果面部有很多痘印、暗疮、雀斑者，可以先用比自己肤色暗沉一些的遮瑕膏轻轻点在需遮瑕的部位，再用手指慢慢点散晕开，最后再根据遮瑕程度选择是否再上粉底。在使用遮瑕膏时切记不要用手直接涂抹，而是轻轻的拍打晕开，这样才能与周围皮肤完美融合。肤质不是很好者，也可打点粉底（粉底液或粉饼），用干净的手指沾取少量粉底液，分别点在额头、鼻梁、脸颊和下巴处，轻轻将粉底液推开涂匀；如使用粉饼，只要用粉扑沾取适量均匀地扑在脸上就可以了。肤质好的，可以不需这一步。日常妆的粉底要薄而透。

3. 化眼妆

日常妆眼睛的重点是眼线和睫毛。

（1）画眼影　日常妆的眼影面积不用很大，颜色上可以根据自己的肤色或服装来选择。画眼影时，最好是使用专业的眼影刷，用一个眼影盘，以浅色的打底，再涂上深色的，以塑造层次感。选择同一色系不同深浅的色调，从眼睑下方贴近睫毛根部一直到上方，从深到浅来上眼影，要有一个渐渐消失的过程。下眼影也是要贴着睫毛根部画，从外眼角开始慢慢过渡到内眼角，颜色的重点在外眼角上。这样就能塑造出深邃的感觉，并且还能让眼睛增大，变得有神。

（2）画眼线　画眼线也要贴着睫毛根部开始画，一般是由内眼角画到外眼角，宽度和长度根据自己的眼型来定。眼线的边缘不要画的很明显，日常妆的下眼线可不画。

（3）画眉毛　东方人的眉色通常是棕色、咖啡色和灰色，需选用最接近自己眉色或发色的眉笔。画眉毛可用双头眉笔和眉粉。先用眉笔画出眉毛的整体轮廓，再用眉粉填充，这样画出的眉毛就比较自然。先画眉尾，后画眉头。眉头处颜色一定要淡和自然柔和，然后由浅入深到眉尾，眉尾加重，眉毛上方虚下方实，这样可使人更有精神更有神采。

（4）刷睫毛　夹睫毛要分成三次来进行，第一次夹睫毛根部，之后夹睫毛中部，最后夹睫毛的尾端，使睫毛以很自然的弧度向上弯曲。然后使用睫毛膏来刷睫毛，睫毛刷呈"之"字型从睫毛根部慢慢往上刷，可以多刷几遍，让睫毛看起来浓密。下睫毛也用同样的方法，可多刷几遍。

4. 定妆

定妆其实就是怕出油脱妆。用粉刷沾取少量散粉在全脸扫一遍，干性皮肤可以只在T区定妆，而对于容易出油的则要对全脸进行定妆。

5. 涂腮红

想要看起来气色好，就要用腮红。腮红的颜色要根据肤色、眼影颜色或服装来定，一般根据妆容选择淡粉色或淡桔色。腮红的打法主要有团式和结构式两种，涂抹或刷时要遵循少量多次的原则。对着镜子微笑，在颧骨的部位上腮红。

6. 涂唇妆

唇妆是化妆的结尾工作，根据整个妆容、服装和自己的喜好选择唇彩或者口红涂抹。清纯学生更适合粉嫩颜色的唇彩，都市丽人则选择口红更为合适。唇色深的女性最好选颜色比较粉的唇彩，唇色浅的女性则反之。涂抹唇彩或口红的时候，只涂抹中间的部位，再用手指慢慢往外擦，就会很自然，还不易掉色。

（三）发型设计训练

影响发型的设计主要有头型、脸型、五官、身材、年龄，其次有职业、肤色、着装、个性嗜好、季节、发质、适用性和时代性等。针对以上因素，分别尝试比较不同发型的效果，确定发型与不同因素之间的吻合度，建立快速有效确定发型的原则与方法。同时，结合不同风格类型的茶艺，设计有针对性的发型，分析比较对茶艺主题的烘托效果。

三、着装训练

用自己的审美情趣，塑造个性的、美好的服饰形象，从而为综合形象增添魅力。茶艺师的着装以整洁、大方、自然为好，并吻合茶艺主题。

（一）色彩搭配训练

衣着均有色彩，为此需先了解色相，可以区分红、黄、蓝三原色，知道间色、复色、调和色等。同时，需了解色性，能熟练掌握不同色彩的色性，如色彩的缩扩、远近、冷暖、轻重。应了解不同色彩搭配法，如统一法、点缀法、对比法、呼应法、超常法等，熟悉不同色彩搭配法的优缺点和适合场景。在实践中，可以亲自尝试不同色彩的调和，感受调和色的效果。

（二）合体搭配训练

衣着搭配中有合己原则，需结合个体的性别、性情、身材、身份、喜好等特征搭配服装。在实践中，身材对衣着的搭配影响较大。可结合不同身材，训练不同的衣着搭配，并进行相互比较，确定不同身材适合的衣着搭配。一般，上身优势下身不足时，宜搭配上紧下松的衣着；上身不足下身优势，宜搭配上宽下收的衣着；上下不足腰部优势，宜搭配露脐收腰的衣着；上下匀称没有不足，可搭配各种款式的衣着；上下不足肥胖宽大，宜搭配筒状宽松的衣着。服饰的完整性应有全面、整体的考虑，不能把上衣下裳、穿鞋戴帽、衬里外套等做分开的选择与搭配。如在款式上，上衣宽大，必下裳长瘦；裙、裤宽长，必上衣短小、紧束。又如在色彩上，无论是统一色还是非统一色，都要给人以一种完整的感觉。可以尝试不完整的衣着搭配，分析比较搭配后的效果。

（三）合时搭配训练

衣着搭配中有合时原则，即衣着搭配需符合时代、季节、场合等特征。在泡茶过程中，服装的颜色、式样需与茶艺环境相协调。茶艺师着装秉承着简洁、大方、大气、素雅的原则，可以选择旗袍等中式服装。在对服饰的选择与搭配上，无论是面料、款式、色彩、搭配，还是做工，都要考虑从茶艺主题出发。针对不同主题的茶艺搭配不同的衣着，分析比较不同衣着对茶艺主题的烘托效果，确定常见的茶艺可搭配的衣着类型。

（四）合理搭配训练

衣着搭配中有合理原则，即衣着的款式、颜色搭配得体，符合规则。在茶艺中的色彩运用，有加强色、衬托色和反差色三大类，衣着的色彩需与茶艺中的茶席、茶艺器具、插花等的色彩相互协调统一。可以尝试以不同色泽的衣着来配不同色彩的茶席、器具等，观察比较相互之间的色彩协调性，确定较适合的搭配方式与方法。在衣着自身的款式、色彩等方面，进行不同的搭配，观察比较搭配效果。同时，还需注意衣着与鞋子之间的搭配。

四、行礼训练

（一）礼节知识的学习

在开展行礼训练之前，需提前学习礼节知识，了解不同情况下合适的行礼方式，掌握行礼的规范与标准，还需学习相关的茶规知识，为有效地开展行礼训练提供基础。

（二）行礼动作训练

常见的行礼有鞠躬礼、伸掌礼、叩指礼、注目礼等。可以相互行礼练习，注意观察行礼的效果，看身体不同部位相互之间配合的情况，看行礼动作是否到位，提出改进的地方。如在行鞠躬礼时，可以用不同鞠躬幅度来行礼，分析比较行礼的效果。

五、用语训练

在茶艺过程中，茶艺师须做到语言简练，语意正确，语调亲切，使饮者真正感受到饮茶也是一种高雅的享受。

（一）掌握礼貌用语

熟记礼貌用语，如"您好""请""对不起""谢谢""再见""早上好""晚上好""请坐""请留步""请您慢走""请走好""多谢您""不用谢"。掌握不同礼貌用语的环境场合，树立时刻需礼貌用语的意识。

（二）用语训练方法

需熟练掌握口语技巧，学会在各种场合灵活运用礼貌用语。在具体训练时，可以即兴主题演讲、绕口令、特定情境模拟等方式进行强化。

1. 基本功训练

（1）语气准确　要求喜怒哀乐表达到位，社交场合亲切、柔和、顺耳、可信。

（2）语音甜脆　要求口齿清楚、字正腔圆，发音正确，音质好，有磁性。

（3）语调优美　要求节奏感、音乐感；重点突出，停顿恰到好处；时而如淙淙流水，时而如奔泻瀑布；富有感染力。

（4）语义深刻　要求充满激情，确切表达思想情感。

（5）语速适中　要求有快有慢，富有起伏，引人入胜，扣人心弦。

2. 礼貌用语训练

"您"字随口，"请"字当先。以不同声音、不同强调、不同体态来说礼貌用语，比较用语的效果。

3. 语境模拟训练

可以在多人配合下，模拟奉茶、敬茶、迎客、送客等场景下，结合其他礼仪，练习使用礼貌用语，观察比较存在的不足，提出改进措施。

4. 克服不良讲话习惯

在现实生活中，常会存在抢话、粗话、口沫横飞、手势夸张、心不在焉、口头禅等不良习惯，需要在练习中有意识地进行克服改正。

第十六章　茶艺实践

第一节　杯泡法茶艺

一、杯泡法茶艺的基本步骤

名优绿茶、黄茶、白茶、红茶、花茶等因原料细嫩、做工精良，用无色无纹的透明玻璃杯冲泡，可充分欣赏其汤色和叶姿之美，具有较高的欣赏价值，下面以名优绿茶为例介绍杯泡法茶艺的基本步骤。

名优绿茶杯泡法茶艺的流程为：备具备水→上场→布具→取茶赏茶→温杯→置茶→润茶摇香→冲泡→奉茶→示饮→收具。

（一）备具备水

每次茶艺结束后，均需要把用过的器具洗净、擦干或沥干，保证每次茶艺开始之前器具均很干净卫生。在茶艺开始时，根据茶艺的需要配置器具。名优绿茶杯泡法茶艺所需的器具，一般选用玻璃杯（3只）、水壶（1只）、茶叶罐（1只）、杯托（3个）、茶通（1套，含1个茶荷、1只茶匙、1个茶筒）、茶巾（1块）、茶盘（1个）、奉茶盘（1个）、水盂（1只）。

器具在茶盘上的放置原则是先左后右，前低后高，即左前为茶荷，左后为茶筒，茶巾在盘中后，水盂在盘右前，水壶在盘右后。三个玻璃杯倒扣在杯托上，放于茶盘右上至左下的对角线上，水壶放在右下角，水盂放在左上角，茶叶罐放于中间玻璃杯的前面，茶荷叠放在茶巾上，放于中间玻璃杯的后面。煮水至沸腾，倒入热水瓶备用。泡茶前先用少许开水温壶，再倒入煮开的水备用。

杯泡法茶艺的配具如表 16-1 所示。

表 16-1　　　　　　　　　　　　杯泡法茶艺的配具

器具名称	数量	质地	容量或尺寸
玻璃杯	3	玻璃	容量：200mL
玻璃杯托	3	玻璃	直径：120mm
茶叶罐	1	玻璃	直径：80mm，高：160mm

续表

器具名称	数量	质地	容量或尺寸
水壶	1	玻璃	容量：1200mL
茶通	1	竹制	1个茶荷，长：145mm，宽：55mm；1只茶匙，长：165mm；1个茶筒
茶巾	1	棉质	长：300mm，宽：300mm
水盂	1	玻璃	容量：600mL
茶盘	1	木质	长：300mm，宽：200mm

（二）上场

茶艺师身体放松，挺胸收腹，目光平视。双手端盘，肩关节放松，双手臂自然下垂。茶盘高度以舒服为宜，离身体半拳距离。右脚开步，直角转弯，向右转90°面向客人。身体为站姿，两脚并拢紧靠凳子，脚尖与凳子的前缘平齐。右蹲姿，右脚在左脚前交叉，身体中正，重心下移，双手向左推出茶盘，放于茶桌上。双手、右脚同时收回，成站姿。右入座，右脚向前一步，左脚并拢，左脚向左一步，右脚并拢，身体移至凳子前，坐下。行坐式行礼，以腰为中心身体前倾15°，停顿3s，起身。

（三）布具

从右至左布置茶具，移水壶。先捧水壶，右手握提梁，左手虚护壶身，意为双手捧壶表恭敬，从里至外沿弧线放于茶盘右侧中间。移茶荷，双手手心朝下，虎口成弧形，手心为空，握茶荷，从中间移至右侧，放于茶盘后。移茶巾，双手手心朝上，虎口成弧形，手心为空，托茶巾，从中间移至左侧，放于茶盘后。移茶罐，双手捧茶罐，从两杯缝间，沿弧线移至茶盘左侧前端，左手向前推，右手为虚。移水盂，双手捧水盂，从两杯缝间，沿弧线移至茶盘左侧，放于茶罐后，与茶罐成一条斜线。翻杯，右上角杯为第一个，依次翻完。行注目礼，正面对着客人，坐正，略带微笑、平静、安详，用目光与客人交流。

布具完毕，3个玻璃杯在茶盘对角线上。茶巾与茶荷放于茶盘后，以不超过茶盘左右长度线为界。茶叶罐与水盂在左侧，在茶盘的宽度范围内。水壶置于茶盘右侧中间。

（四）取茶赏茶

捧茶叶罐，移至胸前，开盖，向里沿弧线放下罐盖。右手持茶匙，虎口为弧形，掌心为空，缓缓将罐内茶叶拨入茶荷内。完毕后，将茶匙搁于茶巾上，茶匙头部伸出，合盖，放回茶罐。右手手心朝下，四指并拢，虎口成弧形，握茶荷。接着左手握茶荷，成双手握茶荷。左手下滑托住茶荷，右手下滑拖托住茶荷，成双手托住茶荷。赏茶，腰带着身体从右转至左，将茶荷倾斜着展露茶叶给客人欣赏，目光与客人交流，完毕放回。

（五）温杯

右手提水壶，先沿弧线收回至胸前，再向前推出，逆时针注水至杯子的1/3处，依次注完 3 个杯子，放回水壶。双手捧起玻璃杯，手腕转动，温杯，使水润洗整个玻璃杯，再将水轻柔地倒入水盂。玻璃杯底压一下茶巾，吸干水渍，放回杯托上。

（六）置茶

左手拿已开盖的茶叶罐，右手取茶匙。可用茶匙直接取茶置杯中，依序每杯投茶 2 ~ 3 克，依杯的大小而定。也可用茶荷中赏茶后的茶叶置入杯中，则在赏茶前需将 3 杯的茶量拨入茶荷中，再从茶荷中将茶叶均匀分拨入茶杯中，用茶匙或茶针拨茶。

（七）润茶摇香

提水壶斟水润茶，以逆时针回旋斟水法依序注水至杯中 1/4 处，要求水柱细匀连贯。注水毕，将水壶放回原处。右手轻握杯身基部，左手托住茶杯杯底，运用右手手腕逆时针旋转茶杯，左手轻搭杯底做相应运动，称作摇香。此时杯中茶叶吸水，开始散发出香气。

（八）冲泡

提水壶以一定温度的水，用定点注水法、回旋注水法或凤凰三点头手法冲泡，冲水至玻璃杯 2/3 处，将水壶放回原处。待茶叶冲泡一定时间，使茶汤达到合适的饮用浓度时再奉茶。

（九）奉茶

将茶杯以适合的位置摆放在奉茶盘中，双手端起奉茶盘，至胸前。起身，从左边出，端至客人前，行礼。客人回礼，左手托奉茶盘，右蹲姿，奉茶。伸出右手，示意"请"，行奉中礼，客人回礼。后退一步，行奉后礼，客人回礼。转身，移动奉茶盘内杯子，使杯子整齐排布在茶盘中，重心平稳，端至另一位客人前，继续奉茶。如客人坐于泡茶席，则可直接端杯奉茶。

（十）品饮

奉茶完毕，收盘，回至泡茶席。从左侧或右侧进入，放下茶盘，入座。在泡茶席示范饮茶，带领客人观色、闻香、品饮。在实践中，当客人的茶杯中只余 1/3 左右茶汤时，需要续水。

（十一）收具

品饮结束，将客人的茶杯收回。在泡茶席上进行收具，原则上先布的具后收回，放回茶盘原来的位置上，做到干湿分开。收毕，端茶盘，起身，左脚后退一步，右脚并上，行鞠躬礼，端盘退回。

二、《泰山女儿茶》茶艺

《泰山女儿茶》茶艺由山东农业大学茶学系黄晓琴创编。

（一）茶艺编创背景

泰山为五岳之首，"泰山女儿茶"为泰山特产之一，也印证了名山出名茶的说法。此茶艺的编创是融合泰山文化及"泰山女儿茶"的品质特点编创而成，将"泰山女儿茶"的传说故事及泰山与茶有关的自然、人文知识有机结合在一起，应将"泰山女儿茶"的品质特点适当展示，并表达出"以茶待客"的礼仪和以茶祝福的美好祝愿。茶艺师由温婉的女性担任，仿若"泰山女儿茶"传说故事中的采茶少女。

（二）茶艺流程

开场白→佳人献姿（赏茶）→鲤鱼翻身（翻杯）→圣水沐霖（洗杯）→天女散花（投茶）→风华初展（润茶）→佳人起舞（冲泡）→捧香敬客（奉茶）→品啜鲜爽（品茶）→收杯谢客（谢茶）

（三）器具选配

选配的器具有玻璃杯（3只）、玻璃杯托（3个）、玻璃随手泡（1个）、玻璃水盂（1只）、玻璃茶叶罐（1只）、茶通（1套，含1个茶荷，1个茶筒）、奉茶盘（1个），插花（1个）。

（四）茶席设计

茶席设计中，桌面铺垫选用蓝色，上面再以淡蓝色和白色桌旗叠铺，以凸显层次感和衬托茶具，同时也表达出蓝天白云的感觉。3只玻璃杯以三角形形式放在茶席中心位置，突显主茶具的位置，左右两侧分别摆放茶叶罐、茶通、茶荷、奉茶盘、烧水壶、水盂等，以取用方便和茶席美观为原则进行布置。茶具以透明的玻璃材质为主，意在彰显绿茶的清新与雅致。右侧摆放一盆插花以点缀茶席，增加其生动性，插花以松枝为主枝，与泰山松相呼应。

（五）服饰及背景音乐

1. 服装

茶艺师服饰选用淡蓝色立领中式茶人服，端庄而雅致，色调与整个茶席的色调协调一致。茶艺师发型为经典盘发发型，显得温婉沉稳，与泰山的厚重相呼应。

2. 音乐

背景音乐选用古筝经典名曲《高山流水》，其表达的高山流水之意与泰山人文自然景观相契合，其行云流水的韵律让人心旷神怡，自然而然联想到泰山的宽广与博大。

（六）茶艺演示与解说

尊敬的各位来宾：

大家好！欢迎来到美丽的泰山！"五岳独尊"的泰山为世界文化与自然双遗产，钟灵毓秀的泰山孕育了许多珍宝，被列为"泰山四宝"之一的泰山女儿茶以其独特的色、香、味尤为大家所喜爱。今天，我们为大家献上泰山女儿茶茶艺演示，让大家领略这从明清时期款款走来的佳茗。

（1）第一道，佳人献姿（赏茶） 传说，明清时期，泰山女儿茶皆由妙龄少女采摘，精心制作而成，于是便有了这美好的名字。如今，经泰山云雾孕育的女儿茶，外形卷曲成螺，白毫披覆，青翠隽秀，如佳人般清丽可人。

（2）第二道，鲤鱼翻身（翻杯） 中国古代神话传说中"鲤鱼翻身"跃进龙门可化龙升天而去。我们借助此手法，祝福在座的各位家庭和睦，事业发达。

（3）第三道，圣水沐霖（洗杯） 自古好山有好水，泰山是"山有多高，水有多高"，在泰山玉皇顶上有"圣水井"一口，此乃历代帝王登山封禅饮用之水。今用取自圣水井里的水来温杯泡茶，尽享泰山帝王之气。

（4）第四道，天女散花（投茶） 将2~3克的茶投到玻璃杯中，这簌簌落下的女儿茶，仿若天上的仙女散下的花瓣，美不胜收。

（5）第五道，风华初展（润茶） 向玻璃杯内注入少许热水，经过泉水的浸润，沉睡已久的女儿茶渐渐苏醒，散发出醉人的板栗香。

（6）第六道，佳人起舞（冲泡） 采用凤凰三点头的手法注水至七分满，是为了让来宾欣赏茶舞，让茶叶更好地散发茶性，同时也表示对宾客的敬意。山泉高冲，使女儿茶找到了她的本真，挥起绿袖，尽情舞蹈。

（7）第七道，捧香敬客（奉茶） 佳茗在手，似春染杯底，风起绿洲，清茶一盏，敬献给在座的各位嘉宾。

（8）第八道，品啜鲜爽（品茶） 一杯好茶就是一杯好山好水，山青水绿的泰山孕育出了泰山女儿茶的鲜爽、甘醇，饮之如饴，让人沉醉。

（9）第九道，收杯谢客（谢茶） 缕缕茶香，杯杯情深，五岳独尊的泰山欢迎五湖四海的朋友常来登泰山，品泰山女儿茶，期待下次相逢，谢谢大家！

三、白毫银针杯泡法茶艺

白毫银针杯泡法茶艺由山东农业大学茶学系黄晓琴编创。

（一）茶艺编创背景

白毫银针为白茶中的极品，因其由单芽加工而成，用玻璃杯泡能彰显其原料的细嫩，具一定的观赏性。本茶艺结合白茶起源传说故事、白毫银针品质特点编创而成，重点表达白毫银针"香飘九畹清若兰，幽薄芳草得天真"的品质特点，给人带来淡雅纯真的感觉。茶艺师由纯真质朴的女性担任，与白茶恬淡的气质相契合。

（二）茶艺流程

茶艺流程包括：开场白→净手上香（焚香）→芳华初展（赏茶）→洁具清尘（温杯）→银针落盘（投茶）→雨润白毫（润茶）→水乳交融（冲泡）→捧珍献客（奉茶）→共品鲜爽（品饮）。

（三）器具选配

选配的器具有玻璃杯（3只）、竹木杯托（3个）、随手泡（1个）、玻璃水盂（1只）、茶叶罐（瓷质1只）、茶通（1套，含1个茶荷，1个茶匙，1个茶筒）、茶巾（1块）、奉茶盘（1个）、小插花（1个）。

（四）茶席设计

设计的茶席中，桌上铺垫及桌旗以素雅的色调为主，主茶具以对角线形式摆放在茶席中心位置。竹编的杯垫、竹制茶荷的选用，都意在与白茶天然、本真的品质特点相呼应。随手泡选用了提梁式莺歌烧随手泡，在于提升整个茶席的质感。茶席上还配置了香插作焚香用，以表达对传说故事中发现了白茶的"太姥娘娘"的敬意。茶席插花以白色鲜花为主花，也意在与白茶的品质特点相呼应。整个茶席营造出一种素雅而又有质感的氛围，凸显白茶简约而又不简单的品质内涵。

（五）服饰及背景音乐

1. 服饰

茶艺师服饰选用白色点缀绿色小花的茶人服，素雅而又清新，与整个茶席的格调一致。茶艺师发型为经典盘发发型，显得整洁利落。

2. 音乐

背景音乐选用巫娜的古琴曲《茶禅一味》，此曲琴箫合奏，带有禅意，给人带来清心、静心之感，道法自然之感，也正如白毫银针给人带来自然、本真的感觉。

（六）茶艺演示与解说

尊敬的各位来宾：

大家好！今天我为大家带来白毫银针茶艺演示，请欣赏！

白茶，是六大茶类中最古老、最自然、最健康的茶叶，素为茶中珍品。其不炒不揉的工艺更是保存了茶之本真，有"香飘九畹清若兰，幽薄芳草得天真"之称。为便于观赏，茶具通常以无色无花的直筒形透明玻璃杯为佳，便于从各个角度，将杯中茶的形与色、变幻和姿态尽收眼底。

（1）第一道，净手上香（焚香） 以无尘洁净之手，点燃清香一炷，以示对发现了这种"仙草"的太姥娘娘的敬意。

（2）第二道，芳华初展（赏茶） 白毫银针芽头肥壮、满披白毫，洁白似银钩，纤细若绣针，柔嫩如雀舌，素有茶中"美女"之美称，"银妆素裹"之美感。

（3）第三道，洁具清尘（温杯） 为了让白毫银针之色、香、味尽情展示，我们选用无色透明的玻璃杯，并再用热水清洗一遍，更显白毫银针之冰清玉洁之品质。

（4）第四道，银针落盘（投茶） 将适量白毫银针茶投入杯中，一眼望去，簌簌下落的茶叶如银针落盘，松针铺地。

（5）第五道，雨润白毫（润茶） 用少量热水温润白毫银针茶，让其在杯中慢慢氤氲香气，慢慢舒展身姿。

（6）第六道，水乳交融（冲泡） 再用凤凰三点头的手法冲泡，清亮的水柱激活了银针，水与茶交融在一起，银针上下交错，望之有如石钟乳，蔚为奇观。那一番"满盏浮茶乳"的清香妙境，令人心旷神怡。

（7）第七道，捧珍献客（奉茶） 一杯清甜馥郁的白毫银针茶已泡好，这来自大自然中的珍品，敬献给在座的各位。

（8）第八道，共品鲜爽（品饮） 白毫银针茶毫香馥郁，滋味鲜爽清甜，汤色杏黄明亮，轻轻啜饮，令人心旷神怡，它的甘甜、清冽，不同于其他茶类，让我们共同感受、细细品味。

今天的白茶茶艺演示到此结束，谢谢各位嘉宾的观赏，让我们以茶会友，期待下一次的美妙重逢。

第二节　盖碗泡法茶艺

盖碗，也称三才杯，是由盖、碗、托三部分组成的，分别象征着"天、地、人"，暗含天地人合一之意，材质大多为景德镇的青花、粉彩。古人认为茶是天涵之，地载之，人育之的灵物，盖碗亦然，反映了中国器之道的哲学观。

一、盖碗泡法茶艺的基本步骤

盖碗可泡绿茶、花茶、红茶、乌龙茶、白茶等，四川以及北方习惯用盖碗品饮茉莉花茶。下面以红茶为例介绍盖碗泡法茶艺的基本步骤。

红茶盖碗泡法茶艺的流程：备具备水→上场→布具→取茶赏茶→温具→置茶→摇香闻香→润茶→冲泡→沥茶分汤→奉茶→示饮→收具。

（一）备具备水

提前洗干净器具，备好水。红茶盖碗泡法茶艺选用内壁白色的红色盖碗、茶盅与品茗杯，器具外壁色泽与红茶汤色同为暖色调，协调一致。具体选配的器具有盖碗（1只）、茶盅（1只）、品茗杯（3只）、杯托（3个）、茶荷（1只）、茶壶（1只）、茶叶罐（1只）、茶盘（2个）、茶巾（1块）、水盂（1只）。

小茶盘内，三个品茗杯倒扣在杯托内，形成"品"字形，茶荷置于茶巾上、品茗杯之后，于小茶盘下方。大茶盘内的左边放小茶盘，右下角放水壶，右上角放水盂，盖碗、茶盅依次放于中间。各器具在茶盘中均为固定位置。

红茶盖碗泡法茶艺的配具如表16-2所示。

表 16-2 红茶盖碗泡法茶艺的配具

器具名称	数量	质地	容量或尺寸
盖碗	1	瓷	容量：150mL
茶盅	1	瓷	容量：250mL
品茗杯	3	瓷	容量：70mL
杯托	3	玻璃	直径：120mL
茶叶罐	1	玻璃	直径：80mm，高：160mm
茶荷	1	竹制	长：145mm，宽：55mm
水壶	1	紫砂	容量：780mL
茶巾	1	棉质	长：300mm，宽：300mm
茶盘	2	木质	小：20cm×28cm，大：50cm×30cm
水盂	1	玻璃	容量：600mL

（二）上场

茶艺师身体为站姿，放松，舒适。上手臂自然下垂，端盘上场，右脚开步，目光平视。茶盘高度以舒服为宜，与身体有半拳的距离。走至茶桌前，直角转弯，右脚向右转90°，面对客人，身体为站姿。双手端盘，双脚并拢，脚尖与凳子的前缘平，并紧靠凳子。右蹲姿，右脚在左脚前交叉，身体中正，重心下移。双手向左推出茶盘，放于桌面中间位置，双手、右脚同时收回，成站姿。行鞠躬礼，双手松开，紧贴着身体，滑到大腿根部，双手臂成弧形，头背成一条直线，以腰为中心身体前倾15°，停顿3s，身体带着手起身成站姿。右入座，右脚向前一步，左脚并拢，左脚向左一步，右脚并拢，身体移至凳子前，坐下。

（三）布具

移水壶，右手握提梁，左手虚拖右手手臂，提起后沿弧线放于右侧茶盘旁。移茶罐，双手捧茶叶罐，沿弧线移至茶盘左侧前端，左手向前推，右手为虚。移茶荷，双手手心朝下，虎口成弧形，手心为空，握茶荷，沿弧线放于大茶盘右后方。移茶巾，双手手心朝上，虎口成弧形，手心为空，托茶巾，沿弧线放于身前。移小茶盘，双手端起茶盘，放在左侧桌面上，两个茶盘的下边缘呈水平。移品茗杯，双手托杯托，将品茗杯移至大茶盘前方，成一字排列，依次翻杯。茶荷与茶巾放于茶盘后，以不超过茶盘长度为界。布具完成，行注目礼，正面对着客人，坐正，面带微笑，用目光与客人交流。

（四）取茶赏茶

捧取茶罐，开盖，取茶，取茶毕，合盖，放回原处。赏茶，双手托茶荷，手臂成放松的弧形，腰带着身体从右转至左。

（五）温具

右手揭开碗盖，从里往右侧，沿弧线，插于碗托与碗身之间。提壶注水至1/3碗，将壶放回原处，加盖。双手捧碗，转动手腕，温盖碗。温碗毕，左手托碗，右手持碗盖，碗左边留一条缝隙，将水倒入茶盅中。端起茶盅，转动手腕温茶盅。温茶盅毕，将茶盅中的水依次注入品茗杯中。依次双手捧起品茗杯，转动手腕，让水充分浸润品茗杯内壁。弃水，杯底在茶巾上压一下，放于原位。

（六）置茶

揭开碗盖，碗盖插于托与碗身之间。左手拿起茶荷，右手拿茶匙，将茶叶快速投入盖碗，投茶毕，茶荷放于原位。

（七）摇香闻香

双手托起盖碗，右手拇指压住碗盖，四指并拢托碗底，于胸前水平摇荡三次，让茶在热气的呼唤下慢慢醒来。先侧面呼气，将盖碗的盖子面向自己向上打开一条约15°的缝隙，再闻香，切忌不要往盖碗里呼气。

（八）润茶

左手揭盖，右手提壶，向碗中注入少许热水，但要保证将每一片茶叶浸泡。合盖，将茶壶沿弧线放回原位。用右手拿起盖碗，逆时针旋转一圈。

（九）冲泡

开盖，右手提壶，向碗内注水，加盖。

（十）沥茶分汤

待冲泡1min左右，右手移碗盖，盖碗左边留出一条缝隙，沥茶汤入茶盅。盖碗口垂直于茶盅口平面，待水基本不滴时，上下抖三下。盖碗压下茶巾，放回原位。端茶盅，压一下茶巾，依序低斟茶汤入品茗杯，至七分满。茶盅压一下茶巾，放回原位。

（十一）奉茶

端杯托，将品茗杯放置奉茶盘内。端起奉茶盘，起身，转身，右脚开步，向客人奉茶。端盘至客人前，端盘行奉前礼，客人回礼。换成左手托盘，右蹲姿，右手端杯托，送至客人伸手可及处，行奉中礼，客人回礼。起身，左脚后退一步，右脚并上，行奉后礼，客人回礼。转身，移动盘内的品茗杯，至均匀分布，移步到另一位客人正对面，再奉茶。

（十二）品饮

奉茶完毕，收盘，回至泡茶席。从左侧或右侧进入，放下茶盘，入座。在泡茶席示范饮茶，带领客人观色、闻香、品饮。

（十三）收具

品饮结束，将客人的品茗杯收回。在泡茶席上进行收具，从左至右收具，器具返回的轨迹为"原路"，最后移出的器具最先收回，并放回至茶盘原来的位置上。收毕，端茶盘，起身，左脚后退一步，右脚并上，行鞠躬礼，端盘退回。

二、《暗香暖意》茶艺

《暗香暖意》茶艺由武夷学院裴煜编创并演示，此茶艺为"2014全国大学生茶艺大赛"金奖作品。

（一）茶艺编创背景

1. 茶品选择

茶品选择金骏眉，金骏眉采自武夷山桐木关的崇山峻岭，制作极其精细，是茶中精品。其外形俊秀，色泽乌润显金毫，汤色金黄透亮，滋味甜醇甘爽，具有天然花果蜜香，受人喜爱，极适宜冬日饮用。金骏眉的"眉"与梅花的"梅"同音。"不要人夸颜色好，只留清气满乾坤"，梅花，其花朵秀美，香气清雅，自古是高洁的象征，同是主人喜爱之花。金骏眉、寒梅两相呼应，都映衬了主人的心境。

2. 设计意境

纤纤玉指抚瑶琴，炉火初红照暖心。万里飞来骏眉情，清雪烹茗暗香来。

3. 创意思想

冬雪初寒，扫雪煮茶，三两素花，配一盏暖茶。实乃冬日之妙趣也。收到远方友人寄茶与我，欣喜不已。佳茗，最宜清雪烹茶。寻觅清雪之时，又偶遇冬梅盛放之景，体悟草木之间的至清至美。

悠悠岁月，茶香氤氲。寒冷的冬日里，大家围在暖暖的茶炉边，手中擎一盏甘醇温润的骏眉红，静静地煮雪、品茶、寄情、谈心。花味渐浓，茶味渐醇，共同饮尽红尘，只待邀陪明月，面对朝霞。

几只红梅疏影横斜，在素白如雪的布衬下，于一片苍茫中洋溢着春意盎然。白瓷瓯搭配骏眉红，任暗香浮动，云水过往。金色与红色席布衬托，增添了冬日里的温馨烂漫。忆武夷桐木寄情，闲情偶寄，暖意融融。梅之高洁，茶之真味，且让我们慢慢斟酌，感恩。

4. 演示人员

茶艺演艺人员为主泡一人，为优雅女性。

（二）茶艺流程

入场→行礼→备茶→取茶→赏茶→润茶（即冲第一道茶汤）→闻香→冲第二道茶

汤→温杯→赏汤、分汤→熄火奉茶→品茶、谢客

（三）器具选配

选配的主器具为白瓷盖碗（1只），玻璃公道杯（1只）、白瓷品茗杯（4个）、白瓷杯托（4个）、茶叶罐（1只）、茶荷（1个）、酒精炉（1个）、玻璃提梁壶（1只）、瓷水盂（1只）、奉茶盘（1个）、插花瓶（1个）。

（四）茶席设计

茶席设计中，需显出茶人的气节与品质。茶席铺垫采用叠铺形式，最下层底铺选用大块的白色底布，上面再叠以金色和红色窄块席布，纯洁中又增添出冬日的温情，与红茶相呼应。茶具选择全套白瓷盖碗与品茗杯，最能呈现金骏眉茶品的品质，配以玻璃公道杯，以赏其金黄透亮的茶汤。茶叶罐选用白瓷罐配以红色罐盖，玻璃提梁烧水壶佐以黑色古典茗炉，并佐以酒精灯，似古代的炉火，给冬日里增添一点温暖，映衬围炉煮雪烹茶之意境。插花选用白色的梅瓶，插以几枝红梅，梅花的"横、斜、疏、瘦"的线条美给人以自然、新丽、疏朗之感，提升了整个品茗意境，也给萧瑟的冬天增加一丝暖意。

（五）服饰及背景音乐

1. 服装

茶艺师身穿纯白色茶服，象征女子的纯洁不染，同时与冬雪、傲梅相呼应。头上装饰一两枝红梅，起到提亮服饰的作用，也与主题相呼应。

2. 音乐

音乐可选用古筝曲《云水禅心》、哈辉《茶香》。

（六）茶艺演示与解说

1. 入场

（1）入场背景　武夷九曲溪、玉女峰风光，古琴曲引入。

（2）入场独白　冬日晴暖，早间收到千里之外的友人寄茶于我，欣喜不已，便随手取了竹篮，出去寻觅清雪烹茗。怎知晓又偶遇冬梅盛放之际，忍不住采撷三两枝桠，梅花瓣撒落，七八片翩翩起舞，惊喜带回。

（插花）一抹浅浅的红，一缕幽幽的香。体会草木之间的至清至朴。

（起身）纤纤玉指抚瑶琴，炉火初红照暖心。万里飞来骏眉情，清雪烹茗暗香来。

2. 行礼（移茶巾、翻杯）

背景音乐选用《云水禅心》：三两素花，配一盏暖茶。请允我以茶为友，与茗邀约，静坐聆听我这杯中茶的故事。

3. 备茶

我是一片树叶，盛满诗样的芳华来到你的面前。武夷茶人赋予了我一个灵雅的名字——金骏眉，我有梅的灵性。

4. 取茶

我生于武夷山桐木骏岭之上，集山川之灵气，汇日月之精华，每当谷雨时节，或者寒风冷雨，我都翘首以盼，静待茶人灵动的手在曲折攀岩中把我精心采撷。

5. 赏茶

近观。我条索紧秀、隽茂。色泽金，黄，黑相间，一个个芽头鲜活灵秀。形似伊人清婉俊秀，一眉嫣然。

6. 润茶（冲第一道茶汤）

我虽出生尊贵，却有红梅傲雪的性格。唯有高温沸水的磨炼中，果甘甜，花幽香。

7. 闻香

独特的高山雅韵，似花似蜜，又透着温暖的薯香，圆柔而悠长。

8. 冲第二道茶汤，温杯

（冲泡第二道茶汤，在候汤的过程中用第一次润茶的水温洗品茗杯并倒掉。此处无解说。）

9. 赏汤、分汤

汤色橙黄明亮，晶莹剔透，宛如白雪晶莹里的一点红于沧海之中洋溢着春意盎然。

10. 熄火奉茶

悠悠岁月茶香悠悠，原来是一杯茶让我们相遇，在寒冷的冬日里，手中擒一盏温润甘甜的骏眉红，任暗香浮动，暖意浓浓。

11. 品茶、谢客

背景音乐哈辉《茶香》响起，直至茶艺结束。

三、《花香茶韵》茶艺

《花香茶韵》茶艺由吴雅真编创。

（一）茶艺编创背景

1. 创意思路

《花香茶韵》茶艺创编于2015年米兰世博会期间。在世博会的中国茶文化周上，为更好地宣传介绍福州茉莉花茶，福州文教职业中专为福建某茶企特意编排了这个有着浓郁福州风情和茉莉芬芳的花茶茶艺。

福州，茉莉之都，茉莉花茶的发祥地之一，油纸伞的故里，一座文化底蕴深厚的古城。将福州的元素与茉莉花的元素通过舞台形式进行演绎，向世界奉上一杯芬芳的茉莉花茶。此茶艺的舞台背景用了传统的福州四合院，五位婀娜的女子穿着一袭嫩绿色长裙，打着茉莉镶嵌的油纸伞，从院门中款款走出，翩翩起舞，一下子将人带入到美丽的福州。再次打开院子的大门，跳舞的女子回到院内，出现三位淡雅的女子，身着白色的衣裙，整齐的盘发，优雅地演绎着茉莉花茶的冲泡。表演服饰的颜色保留了茉莉花的白色和绿色，茶具选择了白色的盖碗，背景音乐选用《好一朵茉莉花》的旋律。此茶艺中，茶具、泡茶台、音乐、服装、配饰等搭配和谐，与主题相呼应；茶艺师动作柔美，气质温婉，与茉莉花茶及东方女性的气质相符。茶艺活动中搭配的舞蹈也恰到好处，与茶艺相得益彰，共同表达福州茉莉花茶的主题。

2. 茶品

茶品为福州茉莉花茶。

3. 演示人员

演示人员包括三位茶艺主泡，五位舞蹈辅助人员，皆为女性。

（二）茶艺流程

入场→焚香→布具→煮水→取茶赏茶→温具→投茶→蕴香→冲泡候汤→奉茶→品茶→续水→收具→谢礼

（三）器具选配

器具选配有白瓷盖碗（9只）、瓷质茶叶罐（3只）、提梁陶瓷水壶（3只）、白瓷水盂（3只）、黑色托盘（3个）、古典中式茶桌（3张）。

（四）茶席设计

福州是一座有着近两千年历史的古城，茉莉花、茉莉花茶、油纸伞、福州古民居都是福州元素的代表。

茶席设计极其简约，演示台以传统的福州古院落为演出背景，经典的中式朱红色长条桌，配以经典白瓷盖碗冲泡茉莉花茶，古朴的深色陶瓷壶煮水器，白瓷镶花纹的椭圆形茶叶罐置于茶桌前方的几案上，视野显眼，即凸显出此次冲泡的茶品——茉莉花茶，又起到装饰和提升席面的立体感效果。茉莉花的元素还通过茶艺师的服装、头饰与油纸伞装饰体现，并通过音乐加强渲染。

（五）服饰及背景音乐

1. 服装

三位主泡服装为中式上衣下裙，白色绸缎镶以绿色纹边，衣服采用传统中式立领上身，长裙盖至脚踝，能够很好地显示出东方女性秀美的体态，头发统一高高盘起并戴以白色的茉莉花环，整体着装效果显出东方女性的纯洁、秀丽、端庄、温婉。五位辅助人员服装采用淡绿色连体长裙，头扎传统长辫，辫子上戴有茉莉花装饰，打着镶有茉莉花与绿叶的油纸伞，也显得淡雅美丽，女性的婀娜彰显无疑。女孩们皆显得纯洁、美丽、芬芳，与茉莉花茶的品质极其吻合。

2. 音乐

以传统名乐《好一朵茉莉花》作为背景音乐，贯穿整个茶艺表演，前期使用其音乐旋律，从奉茶到谢茶阶段则配以此歌曲，整体渲染氛围热烈，表现效果极佳。

（六）茶艺演示与解说

茶艺演示全过程中没有配解说，而是借助《好一朵茉莉花》的音乐进行情感传达。

1. 入场

五位姑娘穿着一身嫩绿色长裙，打着镶着茉莉花与绿叶的油纸伞，从一座福州院落里走来，踩着轻盈的步子（垫着脚尖），在《好一朵茉莉茶》的背景音乐里，翩翩起舞，婀娜多姿，温婉动人。一段轻盈的舞蹈之后，姑娘们再次退回到院落屋内。随后院落的大门徐徐打开，三位端庄的茶艺主泡正式亮相。

2. 焚香

焚点香熏，让环境中萦绕着丝丝缕缕的淡雅花香，可以有效地调动人的嗅觉感官，使身心松弛。

3. 布具

将茶盘中的器具有序地进行摆放。

4. 煮水

选用清洁的矿泉水、纯净水或自来水，将水装入煮水壶中，煮至二沸（95℃左右），停止煮水，以待用。

5. 取茶赏茶

用茶则将茉莉花茶从茶叶罐中取出，移置于茶荷中，请宾客欣赏干茶。

6. 温具

将碗盖斜扣在右侧碗托上，右手提起水壶按逆时针手法向碗中注入 1/2 的水量，水壶复位，提起碗盖盖住茶碗。右手提起盖碗，左手托住盖碗底部，逆时针转动盖碗 2～3 圈，按从前到后、先左后右的顺序，依次完成三个盖碗的温杯，然后将水弃于水盂中。

7. 投茶

左手持茶荷，右手持茶匙，将茶叶轻轻地拨入每个盖碗中。投茶量按茶水比 1∶50 的比例，一般每杯投 2～3g。

8. 蕴香（又称摇香、醒茶）

向杯中冲入 1/3 的开水，温润茶叶，端起盖碗，使盖、盏、托不分离，轻轻转动盖碗，使茶叶苏醒，香气漫出。

9. 冲泡候汤

用凤凰三点头技法向碗中冲水至七八分满，盖上碗盖，静候 2min 左右，使茶叶充分吸水舒展下沉，尽显茶味茶香。

10. 奉茶

将泡好的茶一一放入奉茶盘中，端向客人。双手端茶托，按长幼、主次顺序奉茶给客人，并行伸掌礼示意，客人点头微笑或行叩手礼致谢。

11. 品茶

双手将盖碗端至嘴前，左手端茶托，右手揭盖闻香，并持盖向外拨去浮叶观色，将盖一侧斜放在碗口，留出一小缝隙，嘴与虎口正对啜饮。

12. 续水

当品饮者茶杯中只余 1/3 左右的茶汤时，就要注意提壶续水了。否则继续饮用，余汤浓苦，下一泡茶汤则淡而无味。一般茉莉花茶可续水 2～3 次。

13. 收具

品饮完毕，将盖碗收回，所用茶具进行收拾整理。

14. 谢礼

三位茶艺师与五位舞蹈辅助人员在《好一朵茉莉花》歌曲中，踩着轻快的舞步共同上前向观众行礼。完美谢幕。

四、《沱茶情缘》茶艺

《沱茶情缘》由西南大学紫韵茶艺社编创。

（一）茶艺编创背景

1. 茶品

茶品选择重庆沱茶。

2. 茶艺主题

自古重庆就有"城门多，寺庙乡，茶馆多"之说。如今，现代的气息充斥着生活，盖碗茶已离我们渐渐远去。一起去寻觅那些老茶馆的踪影，在闹市中，做最美的孤独坚守者，寻找最原汁原味的重庆。茶馆面积很小，茶客也不多，大多是周边的老邻居。茶馆的老板是一位高龄老太太，由于年事已高，每位前来喝茶的人都主动端茶，搬桌椅找位置坐下。来这里坐一坐，十八梯的老街坊就能把最市井的重庆生活摆给你听。沱茶，老茶客喜欢的茶叶，便宜，口味重，随着时光的推移，沱茶时代慢慢消亡，故以沱茶为背景展开。沱茶的步骤烦琐却很特殊，放大进行表演，让大家更加熟悉沱茶。

3. 演示人员

演示人员包括评书人1人、茶馆老板娘1人、茶馆服务员2人、山城挑夫1人、古筝伴乐1人、茶艺师2人、沱茶制作过程表演人员2人，共10人。

（二）茶艺流程

舞台出现挑夫与老板娘及其服务人员共四人。服务员呼唤挑夫帮忙抬今天采购的沱茶，挑夫并回答，四人在舞台上表演一段场景。接着来到舞台中心，屏风打开，茶馆开门，评书继续讲评，两人表演泡沱茶全步骤。舞台侧面两人则表演取沱茶过程（因为沱茶的外形特征，需要蒸软敲散，故设计一个情节讲述从沱茶买回来进行蒸软，敲散，晒干的过程）。泡茶结束，评书人说天黑了大家休息好了回家，表演结束。

茶艺流程：开场白→入场→净手、入座、行礼→温杯洁具→赏茶投茶→温润泡→冲泡→敬茶→品茶→收具→谢礼。

（三）器具选配

茶艺器具选用青花瓷盖碗（12只）、提梁壶（2只）、茶盘（2个）、青花瓷水盂（1只）、茶荷（2个）。

（四）茶艺背景

老重庆存在一种娱乐休闲地点，就是茶馆。劳苦工作之后，山城人喜欢到茶馆进行休息，喝一杯茶，听一讲评说，舞台便由说书人拉开序幕。

（五）服饰及背景音乐

1. 服装

舞者着秧歌服，说书人穿长袍马褂，主泡和副泡为采茶服。

2. 音乐

全程个人古筝伴奏《梅花三弄》。

（六）茶艺演示与解说

1. 开场白

评书人在茶馆里说书：

三峡传何处，双崖壮此门。

入天犹石色，穿水忽云根。

猱玃须髯古，蛟龙窟宅尊。

羲和冬驭近，愁畏日车翻。

2. 入场

人员入场，伴随着舞蹈。

屏风打开，挑夫走进茶馆听评书。

说书人："……欲知后事如何，且听下回分解！哟，来客了！你们来得正是时候，还有表演瞧嘞！"

3. 净手、入座、行礼

说书人（蒸茶）："咱们这茶馆一天无空座，四时有香茶。茶是什么茶呢，是沱茶。'沱茶'长得有点像北方的窝窝头，又像没有蒂的蘑菇，俯视像包子，仰视又像瓷碗，可谓'远近高低各不同'。'士庶用皆普茶也，蒸而团之'，散茶蒸制，压缩体积，便于携带，蒸散即可冲泡，因而在馆里沱茶最受欢迎。"

说书人（选具）："这茶具也颇有讲究，盖为天，托为地，碗为人，茶道即人道，人道即自然道，只有天地人'三才合一'，方能共同化育出茶的精华。虽然这沱茶产于云南，但它早已融入了重庆人的生活，就得用盖碗方能体会它的韵味。"

4. 温杯洁具

分别向 5 个盖碗中注入五分水，温杯后将水倒入水盂。

说书人："盖碗讲究温杯洁具。闲上山来看野水，忽于水底见青山。这盖碗用开水烫洗后，青花白底，洁净清然，一尘不染，富有灵气。"

5. 赏茶投茶

打开杯盖，助泡端上茶荷和茶匙，主泡往盖碗中置沱茶。

说书人："千秋同俯仰，唯青山不老，如见故人。沱茶为黑茶，蒸散后的沱茶外观显毫，外形紧结，色泽褐红，更有独特的陈香。他不仅是陪伴人生的好茶，更是相伴一生的朋友。"

6. 温润泡

注三分水，作为醒茶，轻摇盖碗后将茶水倒入水盂。

说书人："楚天千里无云，露华洗出秋容净。低斟水，快出汤，醒茶韵。"

7. 冲泡

高冲水至七分。

说书人："浮香绕曲岸，圆影覆华池。高冲水，三点头，敬宾客。茶者，水之神；水者，茶之体。河水香茶，青花盖碗，浮光掠影，暗香潜藏。"

8. 敬茶

助泡端上茶盘，与主泡一起到台前奉茶。

说书人："坐，请坐，请上坐；茶，敬茶，敬香茶。"

9. 品茶

奉茶后回座，主泡品尝自己冲泡的茶。

说书人："色艳、味浓、耐泡而味醇是重庆沱茶的特色。鲜开水泡的茶，浓汁沉在碗底，用茶盖来调节茶味，轻刮茶味淡些，重刮则茶味大些，喝时不必揭盖；放正则密封防止茶味外溢，侧放则散热凉得快些，半扣半闭则浮叶不会入口，茶水徐徐沁入口中。金船瓷杯，慢拂盖碗，好不惬意。就像这茶馆，来不请，去不辞，无束无拘方便地；烟自抽，茶自酌，说长说短自由天。"

10. 收具

主泡、副泡从容收理茶具。

说书人："有道是：结庐在人境，而无车马喧。问君何能尔？心远地自偏。采菊东篱下，悠悠见南山。山气日夕佳，飞鸟相与还。此中有真意，欲辩已忘言。"

11. 谢礼

主泡、副泡起身恭敬谢礼，退场。

说书人："偶然相聚。最是人间堪乐处。八方有客。渝州茶馆座上宾。预知新作如何，且听下回分解。"

第三节　壶泡法茶艺

壶泡法茶艺中的茶壶可大可小，但因功夫茶艺的特别，多用小壶冲泡。

一、壶泡法茶艺的基本步骤

壶泡法可以用于多种茶叶的冲泡，尤其是乌龙茶的冲泡。功夫茶艺大多用小壶泡，台式功夫茶艺用小壶双杯（小壶、品茗杯和闻香杯）。小壶质地可以是陶、瓷、金属等，选用收口、深腹的壶以聚香；品茗杯以内壁白色为佳，便于观汤色；闻香杯为圆柱状、稍高、收口，用来闻香。功夫茶艺一般喜用紫砂器具，下面以台式功夫茶艺为例介绍壶泡法茶艺的基本步骤。

台式功夫茶艺的流程为：备具备水→上场→布具→取茶赏茶→温具→置茶→醒茶→冲泡→分汤→翻杯→奉茶→示饮→收具。

（一）备具备水

事前生好炭炉，或电炉打开煮水开关，或酒精炉点火，放于右边备茶台上或放于右边桌面上，水壶先放于炉上煮水，茶盘放在左侧桌面上。称茶叶 5 克，放入茶罐，备用。

功夫茶艺所需的器具有双层茶盘（1 个）、紫砂壶（1 只）、紫砂闻香杯（5 只）、紫砂品茗杯（5 只）、紫砂杯托（5 个）、茶荷（1 只）、茶匙（1 只）、茶巾（1 块）、紫砂随手泡（1 个）、小茶盘（1 个）、茶叶罐（1 只）。

5 个品茗杯与 5 个闻香杯倒扣，分三排，摆成倒三角形放于小茶盘中间前部，杯托叠于小茶盘上，放在茶盘中间内侧，茶荷置在茶巾上，放在小茶盘尾部，茶罐放于小茶盘左上角。茶壶、茶盅放在双层茶盘中间，酒精炉底座放在双层茶盘右上角，水壶放于双层茶盘右下角。

壶泡法茶艺的配具如表 16-3 所示。

表 16-3		壶泡法茶艺的配具	
器具名称	数量	质地	容量或尺寸
双层茶盘	1	木制	长方形，下层内设 35cm × 45cm 贮水盘
小茶盘	1	木制	尺寸：20cm × 28cm

器具名称	数量	质地	容量或尺寸
紫砂随手泡	1	紫砂	容量：780mL
紫砂壶	1	紫砂	容量：250mL
紫砂闻香杯	5	紫砂	25mL
紫砂品茗杯	5	紫砂	25mL
紫砂杯托	5	紫砂	长：105mm，宽：55mm
茶荷	1	竹制	长：145mm，宽：55mm
茶匙	1	竹制	长：165mm
茶叶罐	1	玻璃	直径：80mm，高：160mm
茶巾	1	棉质	长：300mm，宽：300mm

（二）上场

茶艺师身体为站姿，两脚并拢，表情自然。双手端盘，茶盘高度以舒服为宜，肩关节放松，双手臂自然下垂。右脚开步，走至桌子旁，向左转90°，面向客人，双脚并拢，右脚上前一小步，左脚跟上并拢，脚尖与凳子的前缘平，身体紧靠凳子。左蹲姿，左脚在右脚前交叉，重心下移，身体中正。双手向右推出茶盘，放于桌面上，双手、左脚同时收回，成站姿。行鞠躬礼，双手贴着身体，滑到大腿根部，头背成一条直线，以腰为中心身体前倾15°，停顿3s，身体带着手起身成站姿。右入座，右脚向前一步，左脚并拢，左脚向左一步，右脚并拢，身体移至凳子前，坐下。

（三）布具

移底座，双手捧起底座，移至右上角。移茶壶，双手提起茶壶，向里移动，放于底座上。移小茶盘，双手端起小茶盘移至双层茶盘的左侧，两茶盘边缘呈水平状。移茶罐，双手捧茶叶罐，走从里向外的弧线，移至茶盘左侧前端，稍靠外，左手向前推，右手为虚。移茶荷，左手手心朝下虎口成弧形，手心为空，握茶荷，移至右下方。移茶巾，双手手心朝上，虎口成弧形，手心为空，托茶巾，将茶巾放于胸前。移杯托，双手手心朝下，虎口成弧形，手心为空，将杯托移至左下方。茶荷、茶巾、杯托在双层茶盘下方呈一条直线。依序翻闻香杯，放于茶盘左上方五个闻香杯似五片花瓣形成一朵"花"。依序翻品茗杯，放于茶盘右下方，五个品茗杯似五片花瓣形成一朵"花"。

布具完成，行注目礼，目光与客人交流。

（四）取茶赏茶

双手将茶罐捧于胸前，开盖。换右手握茶罐，左手握茶荷，右手转动茶罐倒茶入茶荷。取茶毕，左手先放下茶荷，换成左手持罐，右手取盖盖上，双手放回茶罐。双手取茶荷，取至胸前，换成双手捧着茶荷，以腰带动上身，从右向左赏茶，目光与客人交流。

（五）温具

　　打开茶壶盖，壶盖走从里往外的弧线。壶盖放在闻香杯上，将闻香杯作盖置用。提水壶，走从外至里的弧线，移动至茶壶上，注水至满，水壶放回，加盖。提起茶壶，温壶的水依序分入闻香杯，继续将水依序分入品茗杯，水量均各约 1/2 杯。多余的水弃掉，茶壶压下茶巾放回。将闻香杯和品茗杯中的水依次倒于茶船，均压下茶巾，放回。

（六）置茶

　　打开茶壶盖，搁于闻香杯上。双手拿取茶荷至胸前，换成左手握取茶荷，右手取茶匙，用茶匙将茶拨入茶壶中。置茶毕，分别放回茶匙和茶荷。

（七）醒茶

　　提起水壶，注水入茶壶，注满至水漫出。取盖刮沫，水壶淋盖，盖上。右手食指按住盖纽，大拇指和中指捏住壶柄，倾斜茶壶，将壶水往复注入闻香杯中，最后抖尽。茶壶在茶巾上压一下，放回原位。

（八）冲泡

　　打开壶盖，提壶高冲。至水将溢出壶面时，盖上壶盖。在待茶浸泡过程中，将闻香杯中的洗茶水倒掉。

（九）分汤

　　待茶泡好时，提茶壶将茶汤往复注入闻香杯中。将茶壶放回原位，品茗杯依次盖到闻香杯上。

（十）翻杯

　　右手食指与中指夹住闻香杯杯身基部，大拇指按在品茗杯底，向内翻转手腕，令品茗杯在下，左手轻托品茗杯底，放回茶托右侧，右手手指向内呈逆时针运动，将闻香杯放在茶托左侧。端起杯托，放入小茶盘中，其余四杯动作重复操作。

（十一）奉茶

　　起身，左脚向左边开步，右脚并上。左脚后退一步，成右蹲姿。右手在前，左手在后，端起茶盘。转身，端盘至客人前，行奉前礼，客人回礼。左手托茶盘，右蹲姿，端杯托，送至客人伸手可及处。伸出右手，行奉中礼，客人回礼。起身，后退一步，行奉后礼，客人回礼。转身，离开客人的视线，移动盘内杯子，至均匀分布，向另一位客人奉茶。

（十二）品饮

　　奉茶完毕，收盘，回至泡茶席。从左侧进入，或从右侧进入，放下茶盘，入座。在泡茶席示范饮茶，带领客人观色、闻香、品饮。

（十三）收具

　　品饮结束，将客人的茶杯收回。在泡茶席上进行收具，从左至右收具，器具返回的轨迹为"原路"。最后移出的器具，最先收回，并放回至茶盘原来的位置上。收毕，端茶盘，起身，左脚后退一步，右脚并上，行鞠躬礼，端盘退回。

二、《外婆的茶》茶艺

　　《外婆的茶》茶艺由武夷学院江萍萍编创与演示。

（一）茶艺编创背景

1. 创意思路

大四毕业季的浮躁与迷茫，常使作者内心不安。向往小时候外婆为她遮风挡雨，想念小时候外婆泡的那杯香醇的茶汤。作者以此为创作灵感，借《外婆的茶》为题，怀念外婆，同时感悟外婆借茶告诉作者的人生道理。

2. 创作说明

《外婆的茶》茶艺是为参加全国大学生茶艺大赛而创作的作品。该茶艺主题与大学生的实际状态紧密结合，毕业季时有迷茫有不安需要他人的鼓励与指导。作者的外形比较甜美乖巧，似那种听话懂事的邻家小妹，茶艺的角色设计也与作者的个人气质相匹配。

3. 茶品选择

茶品选择了武夷岩茶——老丛水仙。老丛水仙是一款很有底蕴的茶品，与外婆的茶相得益彰。

（二）茶艺流程

入场、敬茶→赏干茶→温壶→第一泡→候汤→奉茶→品茶→谢茶。

（三）器具选配

茶具突出朴实的特点，主茶器为200mL老朱泥紫砂壶，配以陶制公道杯、品茗杯。茶艺演示桌尺寸为120cm×60cm×75cm。

（四）茶席设计

整体设计以朴素为基调，整体色彩较沉显质朴，似作者小时候在乡下院子里与外婆一同品茶的场景。茶席铺垫选择自然的棉麻布材质，以土白色和土红色奠定整体色彩，再以一古朴的木板作为茶船，上方盛放茶具。茶叶选用了老丛水仙，此茶采制于60年以上的水仙茶树，此茶外形虽条索粗大不够紧实美丽，但泡开后却兰香四溢，同时茶汤柔润，韵味悠长，如外婆对作者的爱意。茶具选用古朴的老朱泥紫砂壶，和陶制公道杯、品茗杯，茶点选用乡村常见的花生、大枣，用大大的陶罐装着，如外婆的朴实大方，插花以乡村山野间的兰花，既素雅又返璞。一个四方桌凳让人联想到与外婆坐在一起喝茶聊天的场景，背景选以乡家小院为照片，儿时的气息更是迎面而来。

（五）服饰及背景音乐

1. 服装

服饰选择蓝底碎白花套装。

2. 音乐

音乐选择《绿野仙踪》（箫和钢琴合奏）和《外婆的澎湖湾》节选。

（六）茶艺演示与解说

时光如流水，岁月本无声，对于迷茫未来，彷徨不安。"一打咧"（武夷山语：喝茶啦）。一个喊声打断我的思绪，曾几何时，我的外婆也温柔地唤我喝茶。

1. 入场、敬茶

我的外婆对茶很尊敬。她常说："山水是上天赐给武夷山的礼物，岩茶是老祖宗留给我们的宝贝，要珍惜，要感恩。"

2. 赏干茶

外婆的家住在武夷的大山里，那有几块岩石、几弯清流，还有一片茶山。每逢采茶季，她背着茶篓，一手牵着我，去茶山采茶。看，这乌褐起霜不平整的茶条就像外婆布满老茧的双手，温暖、坚毅，一路扶持着我成长。

3. 展示紫砂壶、温壶

小时候，我曾偷偷地打开茶壶，感受几缕清芬。可外婆总不允许调皮的我碰她的宝贝。她说，壶中有乾坤。紫砂壶质朴，武夷茶浓郁，相得益彰。

4. 冲泡第一道茶汤

外婆的一生都在与茶相处，沸水如时光，时间长了便是一味浓香。静心感受，才能泡出茶最真的滋味。

喜欢看外婆将开水倒入茶壶里的那一刻，像是一种仪式。小时候总是觉得很神奇，水与茶在壶里融合，就变出了醇香的滋味。

5. 候汤

等一个人回家，等一杯茶浓郁。每每回家，外婆早就准备了好茶，等着我，盼着我。等待是用心的，不能着急，也不可懈怠，这样，才能收获惊喜，茶汤也更为珍贵。

6. 奉茶

我记忆里外婆最开心的时候，就是与人一同品茶的时候。小时候的我并不明白，而现在慢慢懂了。茶应与人分享，才有双倍的幸福。

7. 品茶

外婆不许我大口饮茶，引导我细细品啜，不要辜负每道茶。人生如茶，多几许或浓，少几许或淡，无论是浓烈或者清淡，都要去细细的品味，苦乐都是一种回甘的滋味。

8. 谢茶

外婆要告诉我的道理，全都融在了茶事里，每当我困顿时，泡一道外婆的茶，便逐渐明朗、豁然。外婆给我的爱就在茶里，句少，味长。我知道，未来的路还很远、很长，我会怀着一颗善心，静心品味生活。

三、《最浪漫的事》茶艺

《最浪漫的事》茶艺由武夷学院霍达编创。

（一）茶艺编创背景

1. 创编思路

作者受到歌曲《最浪漫的事》中的歌词启示"我能想到最浪漫的事，就是和你一起慢慢变老，一路上收藏点点滴滴的欢笑，留到以后，坐着摇椅，慢慢聊；我能想到最浪漫的事，就是和你一起慢慢变老，直到我们老得哪儿也去不了，你还依然把我当成手心里的宝……"，为两位金婚老人编创了此茶艺。作者将普洱茶的后熟过程与夫妻一起变老的过程相结合，在时间的魔法下，普洱茶从最初的苦涩变得醇和柔顺，夫妻也从最初的磨合变得默契。经历了风雨岁月，普洱茶露出其质朴的本质，夫妻也明白了爱情的本质，简单质朴才是真，平凡相守才是爱。

2. 茶品

茶品选择了陈年普洱生茶。

3. 演示人员

演示人员包括男性主泡一名，女性助泡一名；客串演员两名，一男一女。

（二）茶艺流程

开场表演→赏茶、取茶→洁具→投茶、润茶→泡茶→品茶→结束。

（三）器具选配

主茶器选择紫砂壶。

（四）茶席设计

茶席整体基调温暖，按日常家中客厅的场景布置。选用长方形的中式桌椅，辅以红棕色与黄色的席布，选用简单的日常功夫茶具，紫砂壶配若深小杯。桌上摆放着一家人的幸福合照，还有一盆粉色康乃馨，同时还散放着老人的眼镜、未织完的毛衣等，播放着轻松的音乐。桌上的小摆件与音乐将家的温暖氛围进一步烘托出来。

（五）服饰及背景音乐

1. 服装

男士着深色唐装。女士着彩色丝绒旗袍，戴金丝老花眼镜。

2. 音乐

音乐选择古琴曲《高山流水》、歌曲《最浪漫的事》。

（六）茶艺演示与解说

本茶艺采用旁白解说形式。

1. 客串表演

在一个春暖花开，生机盎然的时节，男孩和女孩相恋了，男孩送给心爱的女孩一饼普洱茶，对女孩许下了一生的承诺：我希望当我们年老的时候，共同品味这饼茶，追忆我们一同走过的美好岁月。

谁静悄悄地守着一砖一饼，从少年到白头？谁在风烛残年，只和它默默对视，像无语的交谈？

2. 茶艺师出场

子在川上曰：逝者如斯夫！古人吟唱惜时如金。曾经的青年已经变成了迟暮的老人，今天是他们的金婚纪念日。

3. 赏茶，取茶

他们共同打开那饼珍藏了多年的普洱茶，这是他俩爱情的见证。经过时间的洗礼，茶叶包装已经褪色，就如他俩褪去的容颜，普洱茶也已经不再墨绿油润，色泽变得黑褐灰润。

4. 洁具

当初女孩被男孩的稳重吸引，男孩倾慕女孩的清秀温婉。男孩喜欢喝茶，尤其爱好普洱；女孩本不喝茶，但她喜欢看男孩泡茶，欣赏他泡茶时的专注。渐渐地，女孩也开始喝茶，两人都成了普洱茶迷。

5. 投茶和润茶

几十年的习惯一如既往，今天还是男孩泡茶，女孩则在旁边静静地观看，偶尔帮帮男孩。时间，摧毁了女孩美丽的容颜，打败了男孩挺直的腰板。时间，也培养了他俩的默契，各自收敛了曾经的锋芒毕露，懂得谦让、包容与珍惜对方，懂得生活的艺术与爱的艺术。

6. 泡茶

风雨五十载，他俩相携着共同走过人生的最好年华。经历了岁月沧桑，普洱茶露出其质朴的本质，他俩也明白了爱情的本质，即经得起时间的考验，平凡质朴才是真。（备注：泡茶时，背景音乐《最浪漫的事》响起。）

7. 品茶

时间犹如那沉默的平凡的制茶人，默默地参与了创造，普洱茶少了一份最初的苦涩，多了一份醇和，变得厚重、质朴，让人亲近。在光阴的手掌里，一切都显得自然而平实。

8. 结束

看着两位老人喝茶的身影，似乎看到了他俩从品着普洱聊着憧憬到现在品着陈普聊着往事，看到了他俩一路携手走过的沧桑岁月。

第四节　调饮茶艺

调饮茶是指在茶汤中加调味品（如甜味、咸味、果味等）、营养品（主要是乳类，其次是果酱、蜂蜜、芝麻、豆子等）及花草茶等食物调配共饮的方法，又称加味茶。国内的茶调饮是以少数民族为主体的，其饮用方法具有强烈的民族、地域和时代的特点，不过少数民族地区的汉族也会有调饮的习惯。国外的调饮则是以英式下午茶、美国冰红茶等为雏形，注重口感与营养功能性，在不断发展变化中。

一、调饮茶的发展历史

茶的利用最早是从中药过渡到调饮，再从调饮过渡到清饮，因此茶调饮历史悠久。陆羽在《茶经》中曾记载有"葱、姜、枣、橘皮、茱萸、薄荷与茶煎煮"的茶汤，可以算是调饮茶的始祖。在欧美，人们酷爱冷饮，对茶也不例外，人们除了在红茶水中加入冰块，还常常加入柠檬等水果调味，使冰红茶滋味更加丰富，更受人欢迎。而国内调饮茶在年轻群体中的走热，泡沫红茶与珍珠奶茶功不可没。1983 年第一杯泡沫红茶出现，1987 年将台湾小吃粉圆加到奶茶中成就了第一杯珍珠奶茶。从此，泡沫红茶与珍珠奶茶自出现就很快成为时尚茶饮的标志，并风靡亚洲，带动了年轻茶饮市场的火热。之后国内及亚洲其他国家街边开始出现各种奶茶、茶饮快消店，如一点点、喜茶、CoCo、快乐柠檬、乐乐茶、鹿角巷等。茶叶的创新饮法进入了一个新的春天，创意调饮进入更多人的视野。

二、不同茶类的调饮

我国是茶叶之乡，茶品类众多，所有的茶类都可以试制调饮。不同的茶类又因有其自己的品质特征，故在调饮制作时又呈现出不同的风格。因此，调饮茶的茶叶来源丰富，茶具美丽多样（除了中式茶具，还有民族茶具、西式茶具等），冲泡方式众多（有冷饮、热饮），茶汤滋味丰富迷人，茶艺风格多样。

（一）绿茶的调饮

绿色，芽叶细嫩，形美色翠，香气清雅，滋味爽口。因此，在进行绿茶调饮时，要充分考虑到绿茶的特性，凸显出绿茶清爽的口感与清新的气质。摩洛哥人喜欢在绿茶中加入少量薄荷，使绿茶清热解暑的功能更大发挥，同时香气更加清新，汤色更加翠绿，不失在炎热夏天中的一种选择。夏日，绿茶中加入少量金银花、菊花、枸杞、荷叶是常见的选择，此外，青柠或青梅、百香果、青苹果等水果与冰块的搭配也极为不错。若是担心滋味酸或苦涩，可以加入一些冰糖、蜂蜜进行调味。

（二）乌龙茶的调饮

乌龙茶是中国的特色茶类，花果香馥郁，滋味鲜醇爽口。乌龙茶口感介于绿茶和红茶之间，既有绿茶的清香，也有红茶的甘醇。乌龙茶较绿茶而言，香气更高、滋味更浓，可以与更多食材调制，滋味也更加丰富浓郁。

在选择搭配时，要充分利用乌龙茶迷人的花果香。如利用金萱乌龙迷人的奶香，在夏秋季节添加上草莓酱、冷冻杨梅、蜂蜜、冰块，茶汤香味在金萱乌龙的奶香中加上莓果清清甜味，让人有一种夏日午后在户外树荫下野餐的感觉，如空气中的青草气息，赏心悦目之极。利用铁观音的兰香与鲜爽，在夏季加上雪碧、荔枝、柠檬与冰块，一份赏心悦目又芳香四溢的美味冰饮即可制作出来，初闻是那香甜甜的荔枝味，饮下回味却是那兰香与音韵。在秋冬季节，不妨在岩茶茶汤中加入桂花或桂圆，使茶汤更加香郁醇甜。此外，大红袍中加入黑糖、牛乳，制成一杯黑糖奶茶，不仅有浓郁的奶香，品饮起来醇厚润滑，茶香四溢，温暖滋补。

（三）黑茶的调饮

黑茶因其香气较低，而滋味又醇和，也容易与其他食材搭配。通常人们喜欢用一些鲜花与黑茶搭配，以弥补黑茶香气的不足。根据不同的季节与需要，人们可以搭配不同的花果，如果春夏搭配青柑、陈皮、菊花，秋冬搭配玫瑰、枸杞、桂花等。如果想要调制安神茶，则用黑茶搭配茉莉花、桂花、薰衣草、艾草等；想有助清肠减肥，人们常喜欢加入荷叶、山楂。

（四）红茶的调饮

红茶，在六大茶类中发酵最重，浓度最高，包容性最强，调饮品类最丰富。红茶调饮滋味可酸如柠檬，辛如桂皮，甜如蜜糖，润如牛乳，丰富美味。以红茶为基础茶，可调制多种饮料，不仅有加牛乳的奶茶，有加水果的柠檬冰红茶，也有加香料如生姜的姜茶，甚至还有加朗姆酒的红茶酒等，十分丰富，浪漫迷人。

三、调饮茶艺的基本步骤

（一）冰茶茶艺

冰茶受到了人们广泛的喜爱，也逐渐形成了一套完整的冰茶配制技艺。

1. 备具

调配冰茶，需要配置茶盘（竹、木）、冲泡壶、冷却壶、水壶、茶杯、小匙、小匙收纳筒、冰块缸、茶叶罐、茶巾、大茶盘、杯托等器具，还需要 5～10g 红茶（花茶或乌龙茶也可）。

在泡茶台居中位置摆放大茶盘。大茶盘内左边放四套玻璃杯具，呈两两方阵且杯子反扣杯托内；大茶盘内右侧前方摆放冷却壶；冰块缸放冷却壶后方。取小茶盘纵向放在大茶盘右侧，盘内前方靠右摆放开水壶；中间靠左放置泡茶壶，茶壶其后放茶匙、茶巾盘（包括茶巾）；茶盘内右侧下角放茶叶罐。摆放完毕覆盖上泡茶巾备用。

2. 备水

调配冰茶，需要 100mL 冰块和纯净水或矿泉水。将水装入干净容器，急火煮水至沸腾，冲入热水瓶备用。泡茶前先用少许开水温热水壶，荡涤后将弃水倒入水盂，重新向开水壶内注入热水。现制冰茶需要快速冷却，因此泡茶水温应比常规冲泡略低。一般，绿茶用 50～60℃水温冲泡；红茶与花茶用 70～80℃水温冲泡；乌龙茶用 80～90℃水温冲泡。预先将开水从保温瓶中注入水壶凉汤，有助于降低水温。

3. 布具

分宾、主入座后，茶艺师揭开泡茶巾，将茶巾折叠并放在冲泡台右侧桌面；双手捧茶样罐，将其移放到大茶盘左侧前方桌面；将冰块缸置于大茶盘内右下角；依次将四只品茗杯翻正，并将小匙搁放在杯柄一侧的托碟上；将冷却壶移到小茶盘内右侧中间部位，左手揭开盖子，右手取冰块缸附近的小匙夹取冰块放入冷却壶备用（大约需要 100mL 体积的冰块），夹毕左手加盖。

4. 置茶

左手打开泡茶壶盖置于茶盘上，右手取出滤胆。然后双手捧茶叶罐，开盖，用茶匙取出茶叶放入滤胆中，茶叶罐复位。

5. 冲泡

右手提起水壶，用回旋注水法向泡茶壶内注水，约 400mL，水壶复位静置。

6. 倒茶

右手提泡茶壶柄，左手持茶巾托壶底，两手腕反方向运动，旋转茶壶数次，加速茶叶有效成分析出。然后将茶汤倒入预置冰块的冷却壶中，倒毕将泡茶壶放至开水壶后边。

7. 冷却

右手握冷却壶壶把，左手托壶底，双手腕反方向运动旋转茶壶数次，令茶汤与冰块晃动，加速冰块溶化及均匀茶汤浓度。完成后将冷却壶放大茶盘左侧中间位置，静置。

8. 分茶

在每只茶杯中夹放 2～3 块冰块，然后用右手提起冷却壶把，左手持茶巾托底，将冰茶依前右、前左、后左、后右的顺序倒入茶杯，每杯约倒总容量的七成满即可。

9. 奉茶

用双手将杯中泡好的茶依次敬与来宾。茶艺师行伸掌礼请来宾用茶，接茶者宜点头微笑表示谢意，或答以叩指礼。注意将茶递给来宾时应将茶杯转动180°，使得杯柄在来宾的右侧，便于对方握拿。

10. 品饮

左手轻扶茶碟，右手取小匙逆时针搅动茶水，令茶与冰块充分混匀，然后提起小匙在品茗杯内壁上沿处略微停顿，使小匙上的茶汤滴尽后再取出，取出后仍将其置于杯柄一边。右手握杯柄端起茶杯（女士应用左手轻托杯底），先闻香、观看汤色，然后小口啜饮，让茶汤在口腔中翻滚，细细品味茶汤的滋味。

11. 净具

冲泡结束之后，应当将所用茶器具归放原位，对未使用完的冰块归放冷藏柜，以便下次使用。对茶壶、茶杯等使用过的器具一一清洗。

（二）泡沫红茶茶艺

泡沫红茶的诞生，源自于鸡尾酒调制的启发。用调酒器摇晃红茶，同时添加奶粉、果糖、冰块等，使这一红茶冷饮既保留了传统茶香，又冰爽甘甜，味美香醇。而且茶叶中含有茶皂素，茶汤经过摇晃后会产生泡沫，卖相、风味俱佳，泡沫也就成了这款新茶饮的显著特点，故取名"泡沫红茶"。"泡沫红茶"于1983年正式推出市场，由于风味独特、清凉爽口、现买现调，再加上当时流行的吧台式经营方式，很快被年轻人所接受和喜爱，并风靡台湾，之后传播到大陆及其他国家，现也成为新式茶艺的时尚茶饮一族。

泡沫红茶的调制，要先煮出较高浓度的茶汤，另外结合不同材料的特色，将其搭配在一起之后再加入冰块并摇晃均匀，等茶汤中泡沫出现之后，一杯美味的泡沫红茶就制作完成了。泡沫红茶制作简单，易学易上手，下面所列步骤为泡沫红茶的主要制作程序。在不同的地方，人们还可以根据饮茶习惯，将红茶更换为绿茶、乌龙茶等茶品，按照同样的步骤制作泡沫绿茶、泡沫乌龙等。

（1）泡茶　将两袋红茶包或5～10g红茶以150mL沸水冲泡5min，浸出浓浓的茶汤。

（2）加冰　在调酒杯内放入1/3～1/2的冰块。

（3）加料　在调酒杯内按顺序加入两汤匙的可可粉和蜂蜜。此时一定要按照顺序添加材料，如果顺序出错，经过摇晃制作出来的饮料可能会影响口感。

（4）倒茶　将已经冷却至常温的茶汤倒入调酒杯中。

（5）打泡　茶叶因含有丰富的茶皂素，故茶汤通过摇晃容易起泡。盖上调酒盖迅速摇动，摇晃三十次左右就会有丰富泡沫出现。

（6）装杯　将调制好的饮料倒入玻璃杯内，小心地让泡沫浮在表面，使之看起来美味清凉、爽口爽心。

（7）品饮　在杯中放入一根粗吸管，这样一杯冰爽可口的泡沫红茶就算制作完成了。

四、《邂逅》调饮茶艺

（一）茶艺编创背景

1. 茶品选择

红茶是世界上消费量最大的一种茶类，最早创制于福建省武夷山市（古称崇安县）。小种红茶是我国最早的红茶，它外形条索紧结、色泽乌润有光、汤色红亮、香气带松烟香。小种红茶，茶性温和，加入牛乳后香气不减，浓浓的奶香与红茶的松烟香相得益彰，滋味浓醇爽口，混合后的茶汤色泽绚丽。本次调饮茶艺中，选用正山小种与有机纯牛乳，加入适量的方糖就好比在水一方的才子与佳人相聚。

2. 主题阐述

红茶，产自东方，却香飘西方。红茶性情温和，包容性强，可与多种食物调配，调出的饮品多姿多彩，风味各异，深受世界各地的人们喜爱。红茶与牛乳，它们相隔一方，一种是东方的生活茶饮，一种是西方人的生活餐品，两者不期而遇，就如同才子佳人的相遇，形成一段佳话，不仅惊艳了味蕾，还留住了时光，成就了世界的经典饮品。借红茶调饮，将东西方的茶艺方式进行融合尝试，抒发对精致闲适生活的向往、热爱。

（二）茶艺流程

煮水候汤（煮水）→温热牛乳（煮奶）→流云拂月（温杯）→岁月留香（赏茶）→纤手播芳（投茶）→玉泉高冲（冲水）→浸润红茶（润茶）→注奶入杯（将牛乳倒入茶杯中）→分杯敬客（将茶汤倒入茶杯中，使茶与乳融合）→礼敬宾客（奉茶）→闻香品味（品茶）→敬杯谢客（谢客）

（三）器具选配

器具选配有白瓷茶壶（欧式）、带把瓷质茶杯（欧式）、玻璃公道杯、烧水壶（欧式）、奶锅、奶罐、茶盘或水盂、茶荷、茶匙、糖罐、小匙、茶巾、奉茶盘、茶点盘。

（四）茶席设计

茶席设计使用欧式茶具、欧式下午茶茶点（左上角）、鲜艳明亮的花束烘托出主题气氛，圆形茶席搭配上白色蕾丝桌布、红色欧式印花桌旗（欧式印花）。茶艺女主人着白色或粉色现代蕾丝长裙，突出主人的优雅与时尚，同时与浪漫的《邂逅》主题相呼应。

（五）服饰及背景音乐

（1）服装　茶艺师女性一名，着白色或粉色现代蕾丝长裙。

（2）音乐　钢琴版纯音乐《在水一方》。

（六）茶艺演示与解说

解说：古人说，茶是涤烦子，又是忘忧君。有茶的时光，一切烦忧，都会烟消云散。牛乳，香浓丝滑，纯洁而美好，被西方人所喜爱。而今日，我们将一同感受东方的小种红茶，与西方纯洁牛乳的美丽邂逅。

1. 煮水候汤

此刻，我们的心明显静了许多，雅室静谧，清淡犹存。我们选用了欧式茶壶烹煮着甘泉之水，等待着活水将小种红茶洗礼。

2. 温热牛乳

瞧！这纯洁无瑕的牛乳，细心看去真是格外纯净，温润如翩翩少年。这位才子倘若想与小种佳人相遇，那便得将自己温热。牛乳升温，虽汤色纯白依旧，可内质却得到了升华。轻轻抚嗅，奶香扑鼻而来。

3. 流云拂月

"温杯"看似无足轻重，却作用多多，不仅有利于茶具的升温，更有激发茶香、醒茶的作用。这一步骤，也像是在洗涤我们内心的浮尘，静候这一期一会的茶事。

4. 岁月留香

小种红茶，经岁月之叠加，方得如今之灵气。自然馈赠我们一份茶礼，祖辈们为之传习千年，收获了岁月之嘉许。此刻，大家欣赏到的便是小种红茶，色泽乌润，条索紧结，姿态优雅从容，它正等待着，与沸水的不期而遇。

5. 纤手播芳

将小种红茶送到白瓷茶壶之中，轻轻拨动，一叶两叶，清晰可现。内心期待着，它片刻后与水的邂逅，会碰撞出怎样的花火。

6. 玉泉高冲

小种红茶，遇上沸水的热情，正在慢慢苏醒。看！经玉泉高冲，它正在壶里舞蹈，姿态婀娜。

7. 浸润红茶

将壶盖盖上，让它在壶里缓缓苏醒。我们一同等待片刻，让茶中物质充分浸出，这茶汤色艳、香郁、味浓，即便加入牛乳后仍旧能保持自身的香气与滋味。

8. 注乳入杯

时光流转，终于等到了让我最欢喜的时刻，温热好的牛乳散发出浓浓奶香。将它盛出倒入精致的茶杯中，每一步都是如此美妙。

9. 分杯敬客

俗语有云"茶倒七分满，留有三分情"。茶，遇水舍己，而成佳饮。至此，调饮茶艺更是让人心生欢喜，小种红茶性情温和，熬制好的牛乳洁白温润。茶汤与牛乳相互融合，加之蜜糖，相得益彰，共同温润出令人难以忘怀的美味。

10. 礼敬宾客

杯中的茶汤，是茶与牛乳的融合，似才子与佳人的相遇相知。它承载的是东西方文化的互鉴与融合。

11. 闻香品味

品饮奶茶，奶香茶香交融，口感温润如玉。时光荏苒，春荣秋枯，四季不停流转，无论是在哪一个节气，小品一口奶茶，自然会怡然自得，感受到分外的温暖与生活的甜美。

12. 敬杯谢客

这场期待已久的邂逅，带给我们无限的美好。今日，我们品尝到了奶茶的甜蜜滋味，享受到邂逅带给我们的温馨浪漫。读一本书，饮一盏茶，赏一轮月，观一盆花，只要有心，生活中处处是美好的邂逅。愿今后，我们能够邂逅更多的美好，把生活过得像奶茶般甜蜜芬芳，有滋有味。

第五节　民俗茶艺

我国有 56 个民族，不同民族的饮茶风俗不一，均可挖掘演示。

一、烤茶茶艺

（一）烤茶文化

烤茶是将茶叶加热烤炙后再冲泡饮用的喝茶方式，也称"百抖茶""雷响茶"，流行于我国云南、贵州、四川以及缅甸和越南的一些地区。很多地区的藏族、纳西族和普米族制茶的第一步也经常是取出砖茶，敲碎后放入烤茶罐烘焙。烤茶的器具各民族各地有所差异，有用瓦片、陶土罐、芭蕉叶、纸、竹筒等，也有用夹子夹茶放于火源上方烤的，在此主要介绍用陶土罐的烤茶方式。

烤茶的历史悠久，与"炙茶"和"焙茶"的叫法一致。唐代茶圣陆羽在所著的《茶经》五之煮中记载了唐代及唐代以前的饮茶方式"凡炙茶，慎勿于风烬间炙，熛焰如钻，使炎凉不均。持以逼火，屡其翻正，候炮出培塿状，虾蟆背，然后去火五寸，卷而舒则本其始，又炙之"。烤好的茶叶一般及时烹煮饮用，《茶经》中也提到一时用不完的茶叶可以储存在纸囊中，短时间内不会流失精华。烤茶增加茶味、提高茶香，唐代及唐代以前新茶也是先烤再泡，宋代以后的烤茶多是为了去除陈味、杂味。

烤茶方式可以被传承，和烤茶罐的传承息息相关。茶罐多为侧把、鼓腹、沿有流口的夹砂陶或土陶罐，全国各地出土的古代陶器常见这种造型。制作烤茶罐的材料一般是就地取材，在当地烧制，所以各地的烤茶罐质地有所不同。在贵州的威宁县出产的烤茶罐颇为讲究，它用埋藏于地底三米以下的"观音"土加乌沙等作原料，经几十道工序加工成型，再用经历了上千年前的岁月，至今仍保留沿用的"堆烧"工艺高温烧结而成。因此，造就了这种茶罐能耐高温，保香透气不透水，特别是在经受温差巨变时毫发不损，能与火保持良好的协作友好关系。烤茶罐的大小有一拳、三到四拳，一次烤茶能供十来人饮用不等。

民间烤茶多用火塘、火盆，以炭火或柴火为火源，随着时代的发展，家庭烤茶为了方便，也可见用微波炉、电磁炉烤茶的。

（二）烤茶茶艺的步骤

1. 备具

火源准备是重点。用炭火最佳，提前用质朴的陶土盆或铁盆烧火。火源燃烧正常后，再抬到行茶的位置。也有用电炉的，但缺乏民间质朴的韵味。器具需要简约朴素，陶土材质为佳，选用烧水壶、陶土罐、茶碗、茶叶罐、茶巾等器具。

2. 布具

在炭火盆中间架起烧水壶，烤茶人坐在小椅子或方凳上，边上放一簸箕，摆放烤茶罐、茶碗、茶叶、茶巾等。

3. 烘罐烤茶

烤茶选用的茶叶各地有所不同，在云南普遍用大叶种晒青绿茶。在贵州的威宁县生产的乌撒烤茶，原料是小叶种茶树鲜叶，加工工艺中就有烤的工艺，饮用时也可先烤再泡，香气、滋味更好。烤茶的陶土罐先洗干净，放在火塘边缘，或从火塘中拨出一些炭火另起一堆作为烤茶用，也有的将茶罐放在三脚架或铁丝网上。

烤茶的方式有两种，一种是茶罐烤干后，放入茶叶，待茶罐温度上升，不时拿起茶罐轻抖几下，其目的是使茶叶受热均匀。前期频率低，随着烤茶罐热度的上升不断提高抖罐的频率。至于间隔时间和烤茶时间，完全取决于烤茶人对罐内茶的香气、色泽、抖茶时发出的声音等方面的判断。还有一种方式是先将罐烤到底部微红，放入茶叶即刻离开火源不停地抖动，视茶叶炙烤程度决定是否继续烘烤。烤茶的程度，以色泽焦而不枯、香气明显锅巴香、抖茶时发出清脆的沙沙声为宜。

烤茶制作时先烤再煮，滋味浓酽，投茶不宜多。以一拳大的烤茶罐为例，投茶3~5g即可。小罐可一人一罐，搭配一茶碗，自烤自饮增加参与的乐趣。为了避免烤茶罐的侧把烫伤手，抖茶时可以用布包裹住罐把进行。烤茶罐用完后须立即洗净，用烤茶的余火烤干。

4. 冲水拂沫

待茶叶烤好，便将开水注入烤茶罐中。由于此时罐体温度很高，注水时发出"嘭"的一声轻响，所以烤茶也经常被称作"雷响茶"。同时茶汤表面泛起白色的泡沫，此时可用专用的竹片或木片刮去浮沫。

5. 分茶品饮

分茶时，一般把茶汤直接倒入土碗中。为了倾倒均匀，也会采用巡回斟茶的方式。现代人喝烤茶时，也有先倒入公道杯中，再分杯饮用的。

6. 续水煮茶

喝完后第一道茶，可往罐中注入开水重新煮茶，继续分杯饮用。一罐烤茶一般可煮3道。

7. 收杯净具

待大家品茶尽兴后，收取茶杯等器具，结束饮茶。

（三）《乌撒八步烤茶》茶艺

《乌撒八步烤茶》茶艺由蔡定常、郑道芳、陶勇编创。

1. 茶艺编创背景

（1）编创的缘由　乌撒是贵州省威宁县的古称。这里是彝族先祖居地，素有饮烤茶的习惯。根据现存于贵州省博物馆的《2005年中国十大考古发现》之一威宁中水汉墓群鸡公山文化遗址，证实了乌撒烤茶具有3000多年的历史文化。至今在威宁当地的农村，很多家庭还在运用烤茶的饮茶方式，但已濒临失传。为了使这种独特的烤茶法得以传承，以弘扬我国博大精深的民族文化，作者从2004年开始挖掘整理，并走访当地民间还在沿袭的茶罐烧制现场和这种方式饮茶的百姓，获得了很多资料，从而编撰了乌撒八步烤茶法。

（2）创意思想　乌撒烤茶3000多年在威宁这片土地上留传至今，古朴而原生态的场景布置，充满神秘色彩的人物演绎，把人们带到古时的乌撒，享受茶就着洋芋、苦荞的慢生活。《乌撒八步烤茶》一方面介绍乌撒烤茶文化历史，另一方面对乌撒烤茶进行宣传，从而达到传播文化，传承文化的意义。

（3）演示人员　主泡3人，1人为年长的男士，另外2人为面容爽朗的青年男女各1位。助泡为2位年纪轻一些的女性。

2. 器具选配

器具选配有小砂罐、烧水壶、火盆、陶碗或陶杯等。小砂罐为烤茶、泡茶的器具，为纯的砂器，高 10～12cm，直径 5～6cm，口沿有或无溢口，正好装一杯水。烧水壶为提梁式的铜壶或铁壶，火盆为传统炭火盆或改良的炭火盆。每个泡茶席上各 1 个。支架由三根枯木枝做成，用于炭火盆上悬挂烧水壶，改良的炭火盆则不需要支架。陶土碗或陶杯用来喝茶，视喝茶人数决定数量。竹片用于刮去茶汤的浮沫，篾匾用于奉茶和盛放器物。桌子用于放置器具，小椅子用于泡茶人员就坐。

3. 茶席设计

茶艺设三个泡茶席。舞台背景图为彝族的火把节照片。舞台的中后方放置古老泡茶场景的茶席，传统的炭火盆，枯木枝支起的三角支架悬挂着古朴的烧水壶在火盆的正上方，火盆边上放一篾匾，上面盛放着烤茶罐、茶叶、陶土碗一个、陶质水盂等，年长的泡茶人在此席演绎古老的民间烤茶；所有的器物均为灰黑等暗色调，无不显示古朴而又带点神秘的韵味。舞台前方左右两边放置有茶桌，青年泡茶男女用现代改良的炭火盆来演绎现代的民间烤茶，炭火盆放在茶桌前方两端，其上分别放置烤茶罐和烧水壶，其中间放置请火神时燃烧的烛台，其余器物则在使用的过程中由助泡于茶桌后方取出递与主泡。整个茶席设计彰示乌撒烤茶文化的古老、传承和演变。

4. 服饰及背景音乐

（1）服饰和头饰　年长的茶艺师身着布摩服饰。彝族的布摩，相当于汉族的法师，他上知天文、下知地理，在本民族中享有至高无上的威望。在此设计布摩泡茶，一方面是展示当地文化，另外一方面也体现茶在人们心中的地位。青年主泡均身着彝族节庆服饰，表达对烤茶这件事情的重视。同时也和古朴的器物产生视觉的跳跃，让人仿佛看到乌撒烤茶在青年一代传承的希望。两名助泡身着彝族日常服饰。三个主泡头饰均为彝族的包头，即用布巾包裹头部的一种头饰，两名助泡则佩戴质地较轻盈的彝族头饰。

（2）音乐　选用具有民间乡土气息的纯音乐。

5. 茶艺演示与解说

（1）入场　彝族是乌撒土地上最古老的民族，彝族与茶共生、以茶为伴，在长期的生活实践中与茶结下了不解之缘。他们"宁可三日无米，不可一日无茶"。他们所创造并世代传承的"乌撒烤茶"制作工艺及其品饮方式堪称茶文化的活化石。

乌撒烤茶最典型的烤制方式就是"乌撒八步烤茶法"，简称"乌撒八步"。

（2）请火神、茶神　火是彝族先民崇拜的圣物，煨水、烘罐、煮茶都离不开火，烤茶前要把火神、茶神请到茶桌上。

（3）乌撒八步之第一步　夜郎布阵（布具）　八步烤茶所用器具主要有火盆、炭火、烤茶罐、土水壶等，烤茶前的器具准备与排列犹如当年夜郎王临战时排兵布阵，天地风云、龙虎鸟蛇，阵容严整。古夜郎国是汉代以前我国西南最大的方国，人多地广、兵强马壮，曾因王问汉使"汉孰与我大"而传为千古佳话。

（4）乌撒八步之第二步　奢香沐火（烘罐）　烘罐动作优雅，好似奢香沐火，仪态万千。彝族先民认为火是能够净化一切的神物，茶罐经过火的沐浴更加洁净，受热均匀。把茶叶放在火上转三圈，有洁净之意，同时萃出茶香。

（5）乌撒八步之第三步　鹤舞高原（烤茶）　高原泽国威宁草海是鸟的王国，黑颈鹤是这里最珍稀的鸟种。烤茶时为了避免罐中茶叶焦煳，要不停地抖动茶罐。茶罐上下翻飞，真看乃鹤舞高原。

（6）乌撒八步之第四步　凤饮龙泉（冲水）　龙泉是威宁八景之一，冲水时为了让水质鲜嫩，茶艺师会上下左右回旋斟水，好比凤饮龙泉。

（7）乌撒八步之第五步　草海飞雪（拂沫）　冬天的草海，雪花漫天飞舞，美轮美奂。拂沫时茶沫飞散的瞬间，恰似草海飞雪。

（8）乌撒八步之第六步　落隐煨茶（煮茶）　明代太孙皇隐居乌撒双霞洞期间，人称落隐秀才。每日申时，太阳照进双霞洞，秀才即生火烤茶自饮。看到茶罐在炭火上煨煮，怎能不让人浮想联翩？仿佛落隐再世，再现秀才煨茶。

（9）乌撒八步之第七步　布摩施法（分茶）　彝族的布摩，相当于汉族的法师，他上知天文、下知地理，在本民族中享有至高无上的威望。出茶分杯好似布摩施法，法无定法，播撒甘露，润泽世人。

（10）乌撒八步之第八步　索玛奉茶（敬茶）　在彝族语言中杜鹃花叫索玛花，索玛是彝家对少女的美称。彝族人民热情好客，凡有贵客临门，都是由家中的索玛向尊贵的客人奉上一杯香茶，以示欢迎。

烤出来的第一杯茶要先敬火神，敬茶神。第二杯茶由彝家的索玛向尊贵的客人奉上。

乌撒烤茶汤色杏黄、豆香馥郁、滋味甘醇，是乌撒厚重历史、古朴民风、憨厚人格的具象表现。尊贵的客人，请喝了这杯茶吧！

二、白族三道茶茶艺

"三道茶"，顾名思义指的是喝三碗茶，这三碗茶所选的原料不同，味道也不同。首碗是最基本的茶汤，烤茶至香气外散后注入开水，其味苦；次碗在茶汤中加入糖进行调味，味道十分香甜；末碗称"回味茶"，除了放糖之外还要加入其他调料。三道茶：一苦，二甜，三回味，蕴含着"先苦后甜，值得回味"的哲理。自明代始三道茶就成为云南白族待客交友的一种饮茶礼仪。

（一）白族三道茶茶艺的步骤

1. 备具备水

三道茶的器具选配为白族木架染红的铁火盆、铜制烧水壶、木制中小型托盘（圆形、长方形、六角形均可，以红色和黑色两种颜色的油漆漆成）、陶制小砂罐、放原料的大瓷碗8个（放有小调羹）、三脚架、覆钟形白瓷茶杯及小盏各数十套，还需准备木炭、各种配料和清洁的天然水。

事先将铁火盆或者烤茶专用的火炉放于泡茶台下。将茶盘、茶具一一放在茶台的相应位置上；大茶盘内右侧前排并列摆放茶叶罐与茶筒，茶筒后放茶荷及相关调料；大茶盘内右侧后排放碗形茶船及茶巾。备好具后，盖上大茶巾。

2. 布具

待到宾客落座后，主泡者将盖在茶具上的大茶巾揭起并折叠，再置于茶台右侧。

将小陶罐搁放在炉上预热，同时将铜茶壶也一并放置。将茶盘中的白瓷茶盅一字排开，摆放整齐。

3. 取茶赏茶

取茶叶罐和茶荷，用茶匙将罐中的茶叶取出并放入茶荷中，将茶匙插入茶筒，盖好茶叶罐并复位。双手捧起盛满茶叶的茶荷递给另一位助泡人员，助泡人员应双手托捧茶荷，送至宾客处，请宾客们欣赏干茶外形及色泽等。

4. 烤茶与煮茶

先将小陶罐在火炉上烘烤，待烤至发热时，将茶荷里的茶叶取适量倒入陶罐中。继续将盛有茶叶的小陶罐放在火炉上烤制，一边烤，一边摇晃和抖动陶罐，使罐中的茶叶缓慢、均匀受热。待茶叶烤至焦黄、散发出焦香味时，冲入准备好的沸水，这时陶罐内的茶汤开始沸腾，故加水时应缓慢，防止陶罐中的茶汤溢出来。同时罐中会发出劈啪声，稍后再冲入沸水，再煮沸一会儿即可。

5. 分茶

将煮好的茶分别斟入半圆形排列的茶杯中，均只倒至半杯满。白族同胞认为："酒满敬人，茶满欺人"，基于这种风俗，给宾客倒茶时每次斟茶半杯。

6. 敬第一道茶——苦茶

第一道苦茶，又名雷响茶，是茶叶被烘烤得微黄之时注入沸水，茶罐里隆隆作响，犹如响雷，故名。这一道茶味苦香高，茶味浓酽。

由助泡人员手捧茶盘，主泡者按长幼辈分，依次敬茶示礼。品茶时，宾主同饮。主泡与客人都分到茶汤后，主泡举杯说"请"，这时客人们也应该双手举杯说"请"，然后大家一起慢慢品味喝完杯中茶。

7. 泡第二道茶——甜茶

第二道甜茶，则加上核桃片、乳扇（为一种特制的薄片干酪）、红糖末，冲上滚烫的茶水，香甜无比。

原料由主泡者向宾客介绍展示，请助泡人员将第二道茶所用原料送至宾客欣赏。在烤茶的基础上，向陶罐内加入切碎的乳扇、各配料后，再加入沸水，稍煮至微沸，再分倒入茶杯内。重复前次奉茶礼节。

8. 泡第三道茶——回味茶

第三道回味茶，用蜂蜜加上花椒、姜片、桂皮末，冲上茶水，其味甜麻香辣，回味久长。置茶于陶罐中抖烤，烤至焦香，加入沸水后，再向陶罐内加入切碎的姜丝、花椒、桂皮和适量蜂蜜，稍煮至微沸后，再分倒入茶杯内。也可以在出汤后，再调入蜂蜜搅匀。重复前次奉茶礼节。

（二）白族三道茶茶艺演示与解说

白族三道茶茶艺演示时，伴以白族民间与茶艺相适应的诗、歌、乐、舞，为宾客品茶过程烘托心灵感应、情感交流的艺术气氛。

白族是我国55个少数民族之一，也是云南特有的少数民族。白族祖先创造了他们特有的民族文化，经后人的传承发展，更加灿烂、辉煌、独具一格。大理是曾经的茶马古道重镇，三道茶是大理白族人民的一种茶俗文化。南诏时期，三道茶已作为一种宫廷茶艺用于招待各国使臣，也被视作招待使臣的最高待遇。如今三道茶作为白族特有的茶俗，充满了人生哲理，是对美好生活的祝愿与期待。

（1）"一苦"是第一道"清苦之茶"　水煮沸腾，在火炉上烤茶。一边烤，一边摇晃、抖动陶罐，使罐中的茶叶缓慢、均匀受热。等到烤至陶罐内发出"啪啪"声，闻到香味，即注入开水煮沸。将煮好的茶汤注入茶杯，双手献给客人，以表尊敬和欢迎。第一道茶色如琥珀，焦香扑鼻，滋味苦涩，故而称为"清苦之茶"，寓意："要想成功，先要吃苦"。一般只斟茶半杯，客人需一饮而尽。

（2）"二甜"是第二道"甘甜之茶"　先用小砂罐做好烤茶汤，再将事先准备好的白族特有食品——乳扇，连同红糖、核桃片放入茶盅，将煮沸的茶汤倒入茶盅，七分满即可。这道滋味香甜的茶，寓意着："苦尽甘来"。

（3）"三回味"是第三道"回味之茶"　用之前的煮茶方法将茶水煮沸，在茶盅内放入炒熟的芝麻、核桃仁、花椒粒、桂皮末等原料，加适量蜂蜜，斟茶至六七分满。喝茶时需轻轻摇晃茶盅，使配料和茶汤混合均匀，再趁热喝下。最后一道"回味茶"五味俱全，回味无穷，寓意着人生要多回味、多体会。

白族三道茶是云南大理白族地区特有的茶俗，白族人民视三道茶为敬献贵宾最高礼遇。品"三道茶"，悟"真、善、美"。最后再次祝愿各位到大理来旅游的宾朋，放下一颗忙碌的心，来领略感受这里诗情画意的美景；愿我们三道茶的思想精神能给您带来生活启迪，祝各位朋友心想事成，万事如意！

三、擂茶茶艺

"擂茶"是一种古老的饮茶方式，由古代的盐茶和粥茶等吃茶方式发展而来，是客家人特有的茶俗，现流传于闽、赣、粤、湘、台等客家人居住的地方。"走东家，串西家，喝擂茶，打哈哈，来来往往结亲家"，客家人用歌声唱出了擂茶是他们"客来敬茶"的待客礼俗。

（一）备具备水

制作擂茶时，人们会选用传统的专用制作工具，有僻鼎、擂钵（盆）、木盆、木棍、木碗、木构等，其中最主要工具是擂钵和擂棍。擂柱取材于樟、楠、枫、茶等粗杂木，削成长短2~4尺（1尺≈0.33m）不等，上端刻环沟系绳悬挂，下端刨圆便于擂转。擂钵是一个内壁布满辐射状沟纹而形成细牙的特制陶盆，呈倒圆台状，各种直径大小的均有，直径约25cm为多。僻鼎是用于烧水或煮茶的锅，旧时称之为鼎。木盆用于盛放擂茶汤，木构用于搅拌擂茶，木碗用于盛放擂茶招待客人；木构、木盆、木碗等是木制的，一般直接将木挖开而制成。除擂棍与擂钵外，其他都为辅助工具，可根据需要而增减。

（二）备料

制作擂茶需要准备很多种原料，有茶叶、花生、芝麻、米、黄豆、橘皮和盐，有时也加入草药。茶叶除传统茶叶外，还可以用代用茶。加用药草，则随季节气候不同而有所变换，如春夏湿热常用艾草、薄荷、细叶金钱、笋菜等鲜草，秋季风燥多选金盏菊或白菊花，冬天寒冷可用肉桂或竹叶椒。现在制作擂茶时，除茶叶外，通常再配上炒熟的花生、芝麻、米花，再加入些姜、食盐、胡椒粉、薄荷等。提前烧好沸水，可装于水壶中。

（三）擂磨

将茶叶和多种配料放入擂钵内，先加入少量的开水，以利于研磨得更细。左手协助或者用腿夹住擂钵，右手或双手紧握擂棒，以其圆端沿擂钵内壁成圆周频频擂转，使各种原料相互混合擂碎，擂得越细越好。差不多擂好的时候，加入几片薄荷叶，这是为了增加香气。一钵擂茶大概需 15min 可以研磨好，磨好的糊状物称之为"擂茶脚子"。

（四）冲水分茶

把适量的热开水慢慢地倒入研磨好的"擂茶脚子"中，同时用木构（或捞瓢、篾子）迅速搅动，一边倒一边搅拌。待搅匀后，擂茶散发出浓烈的香气，用勺子舀入碗中，即可奉茶饮用，人称"一家煮茶百家香"。根据季节、天气的不同，可以制成不同滋味；如夏季加白糖用凉水调饮，冬天加热开水冲饮。

（五）饮用

一钵钵香喷喷的客家擂茶端上来后，就可以享用了。品饮时，配上客家炒米和米花糕，或者虾米炒青菜等配菜。

四、酥油茶茶艺

酥油茶在藏族人的生活当中占据着极为重要的地位，藏区人民的一日三餐中都须与茶相配。根据原料种类和用量的不同，酥油茶会呈现出多样的滋味，但总体的是涩中带甘、咸里透香。

（一）备具

酥油茶的制作需选配煮茶罐、茶壶、打茶筒、木质茶碗、托盘等器具。

（二）备料

酥油茶的主料为茶叶、酥油，配料有核桃仁、芝麻、花生仁、生鸡蛋、盐等。茶叶一般选用康砖茶、金尖茶或者普洱茶。

（三）制备茶汤

先将紧压茶打碎投入煮茶罐内，加水在壶中煎煮 20～30min，使茶汁浸出。滤去茶渣，得热茶汁。

（四）打酥油茶

将热茶汁倒入打茶筒，再加入适量的酥油、盐等。可根据需要和个人爱好，加入核桃仁、芝麻、花生仁、生鸡蛋等，然后盖上打茶筒。

用手握住直立于打茶筒中能上下移动的木棒，上下搅动，轻提、重压，不断上下舂打，使茶与其他配料充分融合，水乳交融。当打茶筒内发出的声音由"咣当、咣当"转为"嚓、嚓"声时，意味着酥油茶打好了。

（五）加热酥油茶

将打好的酥油茶倒入煮茶壶中，加热。

（六）分茶

将煮好的茶均匀分入木碗中，每碗分七分满。

（七）敬茶与品茶

浓茶敬客，请客人品饮酥油茶。客人边喝酥油茶，边吃糌粑，慢品细咽。每喝一碗酥油茶，都要在碗底留下少许，一方面表示对主妇打茶手艺的赞美，一方面表示还要继续喝，这时主妇会再来斟满。当不想再喝时，就把碗中的酥油茶一饮而尽，或者把剩下的少许茶轻轻泼在地上，表示已经喝好了，主妇就不会继续添茶。如果不想喝，就不要动茶碗。如果喝了一半不想再喝，主人添满茶后先放着，等告别时一饮而尽，这样才符合藏族的礼节。

五、油茶茶艺

聚居于黔东北、湘西、鄂西一带的苗族有喝油茶的习俗，有的地方一天要喝三餐油茶，早上起来劳动之前先喝油茶再出工，中午收工回来吃午饭之前先喝油茶，晚餐也必须先来一晚油茶再做饭。客人进家不送开水不备茶，而是煮油茶招待。"一日不喝油茶汤，满桌酒菜都不香"，可见油茶在苗族生活中的重要性。除苗族外，土家族、侗族等少数民族也有饮用油茶的习俗。

（一）备具

制作油茶，需选配火塘、铁锅、锅铲、白瓷碗、小瓷勺、木质托盘等器具。

（二）备料

制作油茶，需要茶叶、煮后晾干的玉米、由糯米蒸熟晾干制成的阴米、粉条、花生米、黄豆、一种米面薄饼（团散）、切丁的豆腐干等原料，调料需要茶籽油、姜丝、大蒜、胡椒、花椒、食盐等。

（三）油炸

用茶油分别炸好玉米、阴米、花生米、黄豆、团散、豆腐干丁、粉条等，分装入碗中备用。

（四）炒茶

将茶油放入锅中，加热至锅内的油表面开始冒出青烟时，放入适量茶叶和花椒。不断翻炒，炒至茶叶颜色发黄、发出焦香的时候，即可倾水入锅。

（五）煮汤

在水中再放入姜丝，加热煮汤。待茶汤煮至初沸时，点入一点冷水；再沸时，加入盐、胡椒、大蒜等佐料，用汤勺搅拌均匀；再沸，油茶即煮好了。

（六）分茶

油茶煮好后，用汤勺将锅中茶汤连同佐料，倒入盛有油炸食品的碗中，舀茶约八分满。也有将油炸食品倒入锅中，搅拌均匀后，再来分茶。

（七）敬茶

取茶盘盛放煮好的油茶汤，由主妇用双手端盘送出。每碗放一只调匙，彬彬有礼地敬奉客人。

（八）品茶

苗族吃油茶，有连吃四碗的规矩，每碗代表一季，有四季富足，平安之意。做客苗族吃油茶，吃了第四碗，若不再想吃，应该把碗叠起来放好。否则，主人会认为还想吃，再奉上第五碗。

第六节　其他茶艺

茶艺种类众多，在此再介绍宗教茶艺和长嘴壶茶艺两种代表性茶艺。

一、宗教茶艺

（一）道茶茶艺

道茶茶艺的全过程，行茶者必须做到心静如水，无喜无忧，以达到"无为""忘我""心神合一"的境界。

茶具及材料包括：茶碾、茶矾、茶斗、茶拨、茶托、炭炉、茶洗、茶罐各两套，茶巾、香炉、观音瓶各一个，柳叶两小枝。

1. 莲步入场

（1）操作　入场。

（2）解说　行茶者缓缓走近茶桌，每一步路为脚掌一半的距离，要心无杂念。

2. 天地人和

（1）操作　行礼。

（2）解说　道茶茶礼中，代表乾道的行茶者抱拳礼为左手抱右手，代表坤道的行茶者为右手抱左手，行道教问候礼。

3. 静笃复根

（1）操作　调息。

（2）解说　古往今来，高道羽士都把"静"作为茶道修习的必经大道。行茶者闭眼调息，营造出祥和平静的品茶氛围，并随着清幽古雅的琴曲凝神悟道，神入茶境。

4. 普洒圣水

（1）操作　洒净。

（2）解说　行茶者持观音瓶于三指之上，再用柳枝蘸圣水向中、左、右方向点洒甘露。道教法式里的撒净含普洒圣水，扫除万秽、普渡众生之意。

5. 天人合一

（1）操作　晾汤。

（2）解说　道茶茶礼运用太极的方式气运丹田，煮水晾汤。道茶茶礼中所用泡茶之水，为道观里所取的井水，井水清香洌甜犹如甘露，相传饮之可祛病御疾。

6. 日月同辉

（1）操作　温杯。

（2）解说　行茶者同时用左右手将沸水注入盖碗中，取名日月同辉是因为在行茶礼过程中用到双壶、双盖碗，双茶漏、双公道杯，犹如日月同时闪耀光辉。双手泡茶，是道茶茶礼的亮点之一。

7. 双龙入宫

（1）操作　投茶。

（2）解说　行茶者将同时冲泡两种不同的茶叶，利用温差、手法等将两种不同的茶叶在相同的时间里冲泡出最佳品质。

8. 上善若水

（1）操作　洗茶。

（2）解说　美好的品质就像水，水利万物而不争，处众人所恶，所以接近于道。道，无所不在。茶中有道，道中有茶，用水洗茶可以使茶洁净无尘，悟道修心可以使心中洁净无尘。

9. 涵盖乾坤

（1）操作　泡茶。

（2）解说　道法无所不在，小小的茶杯中也蕴藏着博大精深的道法和玄机。

10. 道法自然

（1）操作　净杯。

（2）解说　人法地，地法天，天法道，道法自然。道法自然是道教修身养性的最高境界，也是中国茶道的终极追求。

11. 双龙出海

（1）操作　出汤。

（2）解说　道法无边，润泽众生，杯中升起的热气，使人如"醍醐灌顶"，从迷茫中彻底觉悟，让人如沐春风，心生善念。

12. 有无相生

（1）操作　入杯。

（2）解说　"无何有之乡"是庄子的名言。什么都没有就称为无有，但这里蕴含着很重要的一种价值观。"有、无相生""有"以"无"为基础，"天下万物生于'有'，而'有'生于'无'"。

13. 三清胜境

（1）操作　敬神。

（2）解说　第一泡茶汤献给道教最高神——三清。敬神是庄严的道教仪式的一部分，道茶茶礼里加入了道教斋醮仪式的庄严、肃穆、神圣与神秘，把信众的情感带入到神秘的神仙世界。冲泡时所用道教手印代表行茶者最虔诚的状态，让行茶者的心意上达天地，达到天人合一的状态。

14. 偃溪水声

（1）操作　分茶。

（2）解说　分茶细听偃溪水声，斟茶之声犹如偃溪水声可启人心智，助人悟道。行茶者以虔诚的心境分茶，使茶真正具有"道"的含意。

15. 大美无言

（1）操作　静坐。

（2）解说　天地有大美而不言，四时有明法而不议，万物有成理而不说。"大美无言"这道程序，旨在引领客人对前边的程序进行细细回味。

16. 福泽万物

（1）操作　置盘。

（2）解说　道教徒是神的使者，行茶者将受过三清福泽的圣水，放置盘中，准备敬献给客人。道教认为人与宇宙万物是互相感应的，感应的基础是人和万物都有灵性，而茶正是大自然恩赐的"珍木灵芽"，品饮道茶就是在自然的饮茶之中默契天真，妙合大道，达到大智大慧、大彻大悟。

17. 福寿康宁

（1）操作　奉茶。

（2）解说　品茗道茶讲究的是宁静祥和的气氛，以茶喻理，以茶悟道，使我们的心境达到清静、恬淡、寂寞、无为状态，心灵仿佛随着茶香弥漫，与自然万物融合在一起，升华到"无我""悟我"的境界。

18. 谢茶收具

（1）操作　收具。

（2）解说　谢茶所用道教手印为行抱拳礼，道茶茶艺的每一种手印，都是一种语言，它传递的是道与茶，天与地、地与人和谐相生的关系。让我们以茶结缘，以茶会友，祝大家福寿康宁，逍遥此生！

（二）佛茶茶艺

饮茶自古在佛教中就具有重要的地位和作用，并形成了天下茶规，有着严格的饮茶仪式。

茶具及材料包括：佛壶、佛铃一把，佛盏若干，茶碾、茶盂、茶矴、茶斗、茶巾、茶拔、茶托、炭炉、茶洗、茶罐、香炉、木鱼（磬）、观音瓶各一个，竹叶一小枝，蒲扇一小把。

1. 莲步入场

（1）操作　入场。

（2）解说　佛茶中有禅机，佛茶的每道程序都源自佛典，启迪佛性，昭示佛理。"焚香引幽步，酌茗开净筵"，在平和悠扬的佛乐声中，演示者双手迭起，放在胸前，缓缓走近茶桌。古代称莲为花中君子，名列众花之首，其花未开时包着花蕾的叶片为青绿色，称为青莲，与"清廉"同音，含内心清廉之意，与中国茶德"廉"字居首相呼应。禅堂中的观音菩萨是佛国众菩萨的首席，也是端坐于莲花台上，可见莲字有其特别含意。演示者走到案几拐弯处应走直角，佛家认为无方不圆，即不以规矩，不成方圆，要修到功德圆满，需要行走有方，拜佛有礼，行走坐卧，皆是佛理。

2. 达摩面壁

（1）操作　静坐。

（2）解说　达摩面壁是指禅宗初祖菩提达摩在嵩山少林寺面壁坐禅的故事。演示者面壁时助手可伴随着佛乐，有节奏的敲打木鱼或磬，进一步营造祥和肃穆之气氛。主泡应指导客人随着佛乐静坐调息。静坐的姿势以佛门七支坐为最好。所谓七支坐法，就是指在静坐时肢体应注意七个要点：

①双足跏趺也称为双盘足。如果不能双盘也可用单盘。左足放在右足上面，称作如意坐。右足放在左足上面称作金刚坐，开始习坐时，有人连单盘也做不了，也可以

将双腿交叉架住。

②脊梁直竖，使背脊每一个骨节都如算盘珠子叠竖在一起。

③左右两手环结在丹田下面，平放在胯骨部分。两手手心向上，把右手背平放在左手心上面，两个大拇指轻轻相抵。这称作"结手印"，也称作"三昧印"或"定印"。

④左右双肩稍微张开，使其平整适度，不可沉肩弯背。

⑤头正，头稍微向后收拢，前腭内收而不低头。

⑥双目似闭还开，视若无睹，目光可定在座前七八尺处。

⑦舌头轻微舔抵上腭，面部微带笑容，全身神经与肌肉都自然放松。

在佛乐中保持这种静坐的姿势约半分钟。静坐时应配有坐垫，坐垫厚两、三寸，如果配有椅子，也可正襟危坐。

3. 焚香礼佛

（1）操作　焚香。

（2）解说　播放《赞佛曲》《心经》《三皈依》等梵乐，让幽雅平和的佛乐声，把客人的心牵引到虚无缥缈的境界，让他们烦躁的心灵逐渐平静下来。演示者右手抽香，左手三指在前，右手三指在后，持香在灯上点燃，二指夹香，双手顶礼，以香头点绕小圈，焚香行礼。

4. 普施甘露

（1）操作　洒水。

（2）解说　演示者取柳枝放观音瓶中，左手竖掌于胸前，右手持观音瓶于三指上，静默片刻，再用柳枝蘸水向左、右、中点洒甘露。

5. 丹霞烧佛

（1）操作　煮水。

（2）解说　在调息静坐的过程中，一名助手手执蒲扇，开始生火烧水，称之为丹霞烧佛。丹霞烧佛典出于《祖堂集》卷四。张源《茶录》"火候"中说："烹茶要旨，火候为先。炉火通红，茶瓢始上。扇起要轻疾，待有声稍稍重疾，新文武之候也"。"丹霞烧佛"时要注意观察火相，从燃烧的火焰中感悟人生。

6. 法海听潮

（1）操作　候汤。

（2）解说　佛教认为"一粒粟中藏世界，半升铛内煮山川"。小中可以见大，从煮水候汤听水的初沸、鼎沸声中，人们会有"法海潮音，随机普应"的感悟。茶门如佛门，它永远对所有人温柔地敞开着，但要悟道就得付出不平常的功夫。茶是宽容的，也是苛刻的；既是平等的，也是孤傲的。一期一会之中，看你结出何等缘分？

7. 法轮常转

（1）操作　洗杯。

（2）解说　法轮喻指佛法，而佛法就在日常平凡的生活琐事之中。洗杯时眼前转的是杯子，心中动的是佛法，洗杯的目的是使茶杯洁净无尘，礼佛修身的目的是使心中洁净无尘。佛是茶的升华，茶是佛的禅心。佛要清除人类心灵的杂尘，洗杯则是洗净茶具上的污垢，在转动杯子洗杯时，或许可以心动悟道。

8. 香汤浴佛

（1）操作　烫壶。

（2）解说　佛教最大的节日有两天，一是四月初八的佛诞日，二是七月十五的自恣日，这两天都称"佛欢喜日"。佛诞日要举行"浴佛法会"，僧侣及信徒们要用香汤沐浴太子像（即释迦牟尼佛像），用开水烫洗茶壶称之为"香汤浴佛"，表示佛无处不在，也表明"心是即佛"。

9. 佛祖拈花

（1）操作　赏茶。

（2）解说　"佛祖拈花"微笑典出于《五灯会元》卷一。据载，世尊在灵山会上拈花示众，是时众皆默然，唯迦叶尊者破颜微笑。世尊曰："吾有正法眼藏，涅槃妙心，实相无相，微妙法门，不立文字，教外别传，付嘱摩柯迦叶。"这里借助"佛祖拈花"这道程序，向客人展示茶叶。

10. 菩萨入狱

（1）操作　投茶。

（2）解说　地藏王是佛教四大菩萨之一。据佛典记载，为了救度众生，救度鬼魂，地藏王菩萨表示："我不下地狱，谁下地狱""地狱中只要有一个鬼，我永不成佛"，投茶入壶，如菩萨入狱，赴汤蹈火，泡出的茶水可振万民精神，如菩萨救度众生，在这里旨在形容茶性与佛理相通。

11. 漫天法雨

（1）操作　冲水。

（2）解说　古人云："佛是觉悟的众生，众生是未悟的诸佛"，而迷与悟，惑与觉只在吾人方寸之间，佛法是使人转迷成悟、离苦得乐的法门，而茶古称甘露，入口苦涩却滋味回甘，其中感觉在于自我品味体验，外人难以明示，仿佛只可意会，而不可言传，这也正符合佛教转迷成悟、离苦得乐之说，可见"佛茶一理""佛茶一味"很有道理。

12. 万流归宗

（1）操作　洗茶。

（2）解说　茶本洁净仍然要洗，追求的是一尘不染。五台山金阁寺有一副对联，"一尘不染清静地，万善同归般若门"。

13. 涵盖乾坤

（1）操作　泡茶。

（2）解说　"涵盖乾坤"的意思是佛性处处存在，包容一切，万事万物无不是真如妙体，在小小的茶壶中也蕴藏着博大精深的佛理和禅机。禅宗本有"因缘"之说，人来到世上原本就是生命个体与世界整体的一种结缘，而人生在世能够主动做一件事情就是"结缘"，而喝一杯茶是一种茶缘。从茶人角度而言，缘分本就是一杯茶，生命伊始，茶在土壤里生根、发芽、开花，这杯茶泡出我们的喜怒哀乐和情感的酸甜苦辣。缘来缘散缘如水，对一个真正懂得结缘真谛的人而言，因为懂得茶的芳香，禅的魅力，所以一杯茶在手，人缘、茶缘、善缘、法缘、佛缘尽在其中。

14. 偃溪水声

（1）操作　分茶。

（2）解说　"偃溪水声"典故出于《景德传灯录》卷十八。有人问师备禅："学人初入禅林，请大师指点门径。"，师备禅师说："你听到偃溪水声了？"来人答："听到。"，师备便告诉他："这就是你悟道的入门途径。"禅茶茶艺，讲究壶中尽是三千功德水。

15. 普渡众生

（1）操作　敬茶。

（2）解说　禅宗六祖慧能有偈云："佛法在世间，不离世间觉，离世求菩提，恰似觅兔角。"敬茶意在以茶为媒，让客人从茶的苦涩中品出人生百味，达到大彻大悟、大智大慧，故称之为"普渡众生"。敬茶的顺序：第一杯茶敬佛，第二杯敬师、敬兄、敬宾客。客人接受献茶时，端坐平视，行合十礼，而是不用手去接茶。茶要放在桌上等演示者举杯向宾客示意时才可端杯品尝。

16. 五气朝元

（1）操作　闻香。

（2）解说　"三花聚顶，五气朝元"是佛教修身养性的最高境界，"五气朝元"即做深呼吸，尽量多吸入茶的香气，并使茶香直达颅门，反复数次，这样有益于健康。把"禅"字拆开来看，就是"单纯的心"。好好地品一杯茶，就进入一种非常单纯的状态，那里面有很深刻的禅意。

17. 曹溪观水

（1）操作　观色。

（2）解说　曹溪水喻指禅法。观赏茶汤色泽称之为"曹溪观水"，暗喻要从深层次去看"色是空"，同时也提示，"曹溪一滴，源深流长"（《塔铭九卷》）。净慧法师的《生活禅开题》中云："从自然现象来说，满目青山是禅，茫茫大地是禅；浩浩长江是禅，潺潺流水是禅；青青翠竹是禅，郁郁黄花是禅；满天星斗是禅，皓月当空是禅；骄阳似火是禅，好风徐来是禅；皑皑白雪是禅，细雨无声是禅……"禅无处不在，唯有在生活中保持一颗平常的心，所谓"平常心是道"，才能活在当下，专注于自己要做的事。

18. 随波逐浪

（1）操作　品茶。

（2）解说　"随波逐浪"典故出于《五灯会元》卷十五，是"云门三句"中的第三句。云门宗接引学人的一个原则，就是"随缘接物"，自由自在的去体悟茶中百味，对苦涩不厌憎，对甘爽不偏爱，只有这样品茶才能心性闲适、旷达洒脱，才能从茶水中品悟出禅机佛礼。佛教讲究功德圆满，主张清心寡欲，明心见性。品茶悟道，在苦涩而又甘醇的茶味里感受百虑不生，心如圣水的境界，体会平心静气、沉凝养性的意趣。

19. 圆通妙觉

（1）操作　回味。

（2）解说　"圆通妙觉"即大悟大彻，即"圆满之灵觉"。品了茶后，对前边的十八道程序，再细细回味，便会有"有感即通，千杯茶映千杯月；圆通妙觉，万里云托万里天"之感。乾隆皇帝登上五台山菩萨顶时，曾写过一联："性相真如华海水，圆通妙觉法轮铃。"那是他登山的体会，也可以是品佛茶的绝妙感受，"性相真如杯中水；圆通妙觉烹茶声"，佛法佛理就在日常最平凡的生活琐事之中，佛性真如就在人们自身的心灵深处。

20. 禅定谢礼

（1）操作　谢茶。

（2）解说　饮罢了茶要谢茶，谢茶是为了相约再品茶。谢茶所用佛法手印为：以左膝托左手（膝为盘坐状），掌心向上，右手同左手一般，重叠于左手之上，两拇指指端相抵。佛茶的手印，传递的是茶与佛、佛与僧的关系。

"茶禅一味"，茶要常饮，禅要常参，性要常养，身要常修。中国前佛教协会会长赵朴初先生讲得最好："七碗受至味，一壶得真趣，空持百千偈，不如吃茶去。"

二、长嘴壶茶艺

长嘴壶茶艺是中国茶艺的奇葩。长嘴壶俗称"长流壶"，壶长有一尺、两尺、三尺至三尺六不等。最早玩壶者俗称"茶倌"，在茶楼酒肆中，茶倌们用长嘴壶为客人掺茶续水、滴水不漏。历经多年，勤劳聪慧的茶人们更是将这一技法与中国的舞蹈、武术等元素融会贯通，从而形成了技艺精湛而独具特色的表演。随着社会的发展，长嘴壶从最早的实用性发展到现在的可观赏性，从最开始的技术层面延伸到现在的艺术层面。长嘴壶茶艺不仅可以和中国盖碗茶艺相结合，还可以单独施展。目前全国长嘴壶爱好者越来越多，在此以重庆市经贸中等专业学校的长嘴壶茶艺为例来介绍。

（一）备具

长嘴壶区别于其他器具，在于它不仅有很好的实用性，更有很强的可观赏性，因此有"一壶走天下"之说。可单独选用长嘴壶，也可以配用盖碗、玻璃杯等器具。

（二）服装与音乐

1. 服装

初学者在学习长嘴壶演示之前，更应注重的是形体的训练，因此在学习时多以有弹性或宽松衣服为主，演示时可以根据需求选择体现阳刚的功夫类表演服或者是飘逸类古装服饰。

2. 音乐

长嘴壶演示是动静结合的。在演示过程中的移动，身体高低层次的变化，弓步、马步都算是演示的一部分，开始可以选择一些自己熟悉的节奏感比较强的音乐，也可慢慢地去选择一些舒缓的音乐。借助不同的音乐，达到长嘴壶演示可以随着不同的音乐而舞动的效果。长嘴壶茶艺常选用的音乐有《中国功夫》《男儿当自强》《铁血丹心》《醉拳》《高山流水》《冰菊物语》等。

（三）预备式

两足左右开立，距离与肩同宽，脚尖皆朝前。身体自然直立，右手持壶，壶杆直立，左手背于身后，眼睛平视前方。

（四）第一式：白龙过江

（1）立正，右手持壶，壶杆直立，左手背于身后，两足左右开立，距离与肩同宽，眼睛平视前方。

（2）提右腿，脚尖朝下，右腿弓步，膝盖前不过脚尖，左腿绷直。手上动作不变。

（3）续水时，以后颈为支撑点，右手持壶向上，壶杆置于脖子后方，右手拿壶右边胳膊打直。上身保持中正。眼观壶尖方向。

（4）收水时右手持壶往下，壶嘴朝上壶放置右跨旁，眼睛平视前方。

（5）立正，回到第一步的姿势。

（五）第二式：高山流水

（1）立正，右手持壶，壶杆直立，左手背于身后，两足左右开立，距离与肩同宽，眼睛平视前方。

（2）两脚呈前后，上身挺直不动，左手拿壶杆约靠近壶嘴1/3处，壶尖斜向上朝正前方，右手反扣壶把，壶身放于后脑处。

（3）重心放于左腿成正弓步，右手上移胳膊打直，壶尖朝下，上身中正，眼观壶尖方向。

（4）重心后移由左腿转移至右腿，身体下坐，长壶随身体后移。

（5）重心由右腿转移至左腿，转移时长嘴壶做收水状态，壶尖朝上，壶身放置右肩处。

（6）立正，回到第一步的姿势。

（六）第三式：怀中抱月

（1）立正，右手持壶，壶杆直立，左手背于身后，两足左右开立，距离与肩同宽，眼睛平视前方。

（2）右手持壶，壶尖和壶杆、壶身从左肩绕到右边，同时右脚往右边迈一步，呈右弓步，左手环抱壶杆，右手往右上方打，左手变掌，壶杆放置于左手肘关节处，左手弯曲贴着壶杆。

（3）收水时，右手持壶下移，左掌贴着壶杆不动做支撑点，壶身置于右跨旁即可完成收水。

（4）立正，回到第一步的姿势。

（七）第四式：大鹏展翅

（1）立正，右手持壶，壶杆直立，左手背于身后，两足左右开立，距离与肩同宽，眼睛平视前方。

（2）左手大拇指在下、四指在上捏住壶杆，右手拇指朝下捏住壶柄，掌心向外，反抓壶柄。

（3）壶底向上旋转，壶杆从右边腋下移至右边肩膀后。

（4）左脚往前迈一步身子往前倾，双手向后上方张开，两肩平行，壶尖从右边肩膀上出来。

（5）收水时，双手从左右两边往中间聚拢，同时呈左腿正弓步，身体前倾。

（6）收水完成后，立正，回到第一步的姿势。

（八）第五式：玉龙扣月

（1）立正，右手持壶，壶杆直立，左手背于身后，两足左右开立，距离与肩同宽，眼睛平视前方。

（2）左手大拇指在下、四指在上，捏住壶杆，右手拇指朝下捏住壶柄，右脚同时往右跨一步，成右弓步，壶尖朝上，壶身放置于身体右侧。

（3）右手提壶往上，左手捏壶尖处，壶尖指向左下方，上身中正，弓步不变，眼睛盯着壶尖方向看。

（4）收水时，以左手拿壶位置为支撑，壶身移至身体右侧跨旁。

（5）收水动作完成后，立正，回到第一步的姿势。

（九）第六式：乌龙入宫

（1）立正，右手持壶，壶杆直立，左手拿茶杯放置于身体左侧腰部，两足左右开立，距离与肩同宽，眼睛平视前方。

（2）右腿往右边迈一步成右弓步。

（3）右手持壶往右上方抬起，左手拿茶杯手臂伸直，向左前方向下倾斜，壶杆从脖子后面挨着左手拿杯向左下方伸展，壶尖指向茶杯方向。

（4）收水时，右手拿壶往下移，壶放置于身体右跨旁，壶杆直立。左手拿茶杯收回，放置左侧腰间。

（5）立正，回到第一步的姿势。

（十）第七式：游龙戏水

（1）立正，右手持壶，壶杆直立，左手拿茶杯放置于身体左侧腰部，两足左右开立，距离与肩同宽，眼睛平视前方。

（2）右腿往右边迈一步成右弓步，右手提壶，左手拿茶杯放置左侧腰间。

（3）左手拿杯向左前方向下倾斜，右手持壶往上抬，以额头右侧为支点让壶杆在额头上旋转一周，右手持壶向右后方延伸。壶尖朝左前方向下倾斜，弓步不变。

（4）收水时，右手持壶向右后方拉伸，然后收水。壶垂直置于右手。

（5）立正，回到第一步的姿势。

（十一）第八式：金鸡独立

（1）立正，右手持壶，壶杆直立，左手拿茶杯放置于身体左侧腰部，两足左右开立，距离与肩同宽，眼睛平视前方。

（2）右脚往前迈一步，左脚往上抬，成90°，脚尖朝下，手上动作不变。

（3）左手拿茶杯放于左腿膝盖上，然后左手捏住壶尖处，右手拿壶，壶立于身体右侧。

（4）右手上抬，左手捏壶尖往左下方使壶倾斜倒水。

（5）收水时，右手拿壶往下，左手抬壶尖，即可完成收水。

（6）收水完成后，立正，回到第一步的姿势。

（十二）第九式：反弹琵琶

（1）立正，右手持壶，壶杆直立，左手背于身后，两足左右开立，距离与肩同宽，眼睛平视前方。

（2）右手持壶，壶杆从左边肩膀以后颈为支撑点绕到右边肩膀。

（3）提左脚，左手、右手同时握住壶柄，壶向左上方移动同时左弓步，壶尖朝右下方指。

（4）收水时，双手握壶向下收水，壶杆直立放置于身体左侧。

（5）收水完成后，立正，回到第一步的姿势。

（十三）第十式：百鸟朝凤

（1）立正，右手持壶，壶杆直立，左手背于身后，两足左右开立，距离与肩同宽，眼睛平视前方。

（2）右手持壶以颈作为支撑点，从右肩膀绕到左肩然后再从身后绕过，左手大拇指向下拿住壶杆，身体向右旋转90°，左脚在前右脚在后，右脚落脚点在左脚后面，右手反抓拿壶放于右跨旁，左手捏壶杆1/3处。

（3）左弓步，左手捏住壶尖，右手弧线向上握使壶杆贴于左肩，上身挺直不动。

（4）收水时，左腿由弓步变直，重心由左腿转移至右腿，右手提壶随身体重心后移。

（5）左右手往前的同时左手捏住壶尖往上推。重心由右腿移至左腿，呈左弓步。

（6）收水完成后，立正，回到第一步的姿势。

（十四）第十一式：战龙在野

（1）立正，右手持壶，壶杆直立，左手背于身后，两足左右开立，距离与肩同宽，眼睛平视前方。

（2）右脚向前迈一步，右手持壶，通过手腕翻转，壶杆由靠着右肩前方变到右肩后方再回到右肩前方。

（3）左脚呈90°抬起，脚尖朝下，右腿打直，左手向后伸直，左手食指和中指打直，其他手指弯曲。

（4）壶杆放在左腿上，右手臂自然弯曲。整个壶杆平行于身体，壶尖朝下。

（5）收水时，右手茶壶向后上方移动，以左腿为支撑点，壶身向下收水。

（6）收水完成后，立正，回到第一步的姿势。

（十五）第十二式：神龙摆尾

（1）立正，右手持壶，壶杆直立，左手背于身后，两足左右开立，距离与肩同宽，眼睛平视前方。

（2）右手持壶使壶从左肩绕到右肩，左脚向前迈一步呈正弓步，身体稍稍往前倾，右手持壶，壶杆直立，壶身放于右跨旁。

（3）壶杆以颈部为支撑点，右手上移打直，壶尖朝前下方。即为倒水。

（4）收水时，右手拿壶往右下方移。弓步不变。

（5）收水完成后，立正，回到第一步的姿势。

（十六）第十三式：苏秦背剑

（1）立正，右手持壶，壶杆直立，左手背于身后，两足左右开立，距离与肩同宽，眼睛平视前方。

（2）右手持壶，通过右手腕翻转，壶杆由壶杆由靠着右肩前方变为右肩后面，左脚往前迈一步成正弓步。

（3）身体往前倾以背为支撑点，壶杆贴着背，右手拿壶往上抬，即为倒水。

（4）收水时，右手拿壶往下移，即为收水，弓步不变。

（5）立正，回到第一步的姿势。

（十七）第十四式：春风拂面

（1）立正，右手持壶，壶杆直立，左手背于身后，两足左右开立，距离与肩同宽，眼睛平视前方。

（2）左手拿壶杆，右手反抓壶柄，上身中正，目视前方。

（3）右手手腕旋转，壶底从外出向上翻转，壶杆从右腋下移到右肩后方，左脚向前一步呈正弓步。

（4）左手从左肩上去捏壶嘴处，以左手为支撑点，右手向上移，右边胳膊抬起打直。

（5）左腿由正弓步慢慢伸直，右腿靠上来，右脚脚尖着地。

（6）壶随身动，腰部慢慢向左后方弯下。

（7）由左手带动，壶、身体一起上移。

（8）立正，回到第一步的姿势。

（十八）第十五式：龙转乾坤

（1）立正，右手持壶，壶杆直立，左手拿茶杯放置于身体左侧腰部，两足左右开立，距离与肩同宽，眼睛平视前方。

（2）左脚向左迈一小步，右脚紧跟左脚从左脚后方移至左脚左边，左手端杯，手臂打直指向左下方。

（3）右手持壶，壶身上移，右边胳膊打直，以后颈为支撑点，壶尖指向茶杯。

（4）左手稍稍上移，右手持壶向右移动然后收水。

（5）立正，回到第一步的姿势。

（十九）第十六式

（1）立正，右手持壶，壶杆直立，左手背于身后，两足左右开立，距离与肩同宽，眼睛平视前方。

（2）身体往后转，双手抱住壶柄，身体往后仰，能看到茶杯即可，保持稳定。

（3）双眼盯着杯子，双手提壶往上，壶尖朝向茶杯。

（4）收水时，身体向往右旋转，右手拿壶迅速下压收水，时刻保持身体平行。

（5）立正，回到第一步的姿势。

第十七章 海外茶艺

茶文化在全球传播发展，也形成了各具特色的茶艺，尤其是在亚洲国家。

第一节 日本茶道

日本茶道是在茶室内完成的，有一套严格而繁杂的规则，内容涉及点茶道具、点茶技法、烹饪小点、建筑、书法绘画、竹木漆器及其他技艺，讲究营造一种区别于日常生活的特殊氛围，利于主客之间在心灵上交流。日本茶道是日本传统文化的结晶，又是日本人生活的规范，更是日本人心灵的寄托。

一、日本茶道的组成

（一）日本茶道场所

日本茶道举办的场所分为茶室和茶庭两大部分，也有把泡茶的室内和室外（茶庭）合起来称为茶室，有的还单设茶厨。日本有三大著名茶室，分别是待庵（妙喜庵茶室）、如庵、密庵。

1. 日本茶室

日本茶道的"茶室"，又称"本席""茶席""草庵"，为举行茶道的场所，多起名为"某某庵"的雅号。日本的茶室一般用竹木和芦草编成，房顶用稻秸铺成，地面铺设榻榻米，布局极其小巧雅致，结构紧凑，看似简陋实则非常讲究。在茶室的入口有水缸，客人用水瓢洗手、漱口后，才能从一扇独特的小口进入茶室；茶室入口一般非常狭小，只可一人俯身膝行入内。茶室内部分为客、炉踏、点前、床间等专门区域，由点茶席、客席、地炉、壁龛、小入口、茶道口窗、天棚等部分组成。茶室中间设有陶制炭炉和茶釜，炉前摆放着茶碗和各种用具，周围设主、宾席位以及供主人小憩用的床等。点茶席为主人进行点茶技法表演的地方，为一张榻榻米或一张台目榻榻米。客席是指客人的坐席，可以是一张榻榻米或几张榻榻米大小。地炉连接点茶席和客席，设置在点茶席之外的称为"出炉"，设置在点茶席之内的称为"入炉"。壁龛一般设在正客席的后面，为框床式，壁龛的地面铺有榻榻米，正面墙（称为"太平墙"）上钉有挂挂轴的钉子。小入口是茶室中供客人进出的出入口，一般高为66cm、宽为63cm，其上方设有窗户，其门由三块板组成，其中一块的大小是另外两块的一半，门的内侧有三根横梁。茶道口是茶室中供主人进出的出入口，设在点茶席一边，一般高约 170cm、宽约 67cm，人可以直立进出。给仕口是给客人上怀石料理等时用的出入口，设在客席一边，一般高约 133cm、宽约 67cm。茶室的窗一般有"下地窗""连子窗""突上窗"三种类型，下地窗是在一个由竹棍和苇茎结成的固定架上涂上墙灰而成，在涂墙灰时故意空出一块不涂；连子窗是用木条及竹棍为材料制成的带棂子的窗户，可以开得较大，用于茶室的大面积采光；突上窗是开在天棚上的窗户，打开时要往上推开，用木棍或竹棍撑起。室内右侧设置"水屋"，即茶室的厨房，用来放煮水、沏茶、品茶的器具和清洁用具。床间挂名人字画，其旁边配置竹制花瓶，瓶中插花，插花品种视四季而有不同。

日本茶室的种类繁多，大小不一，大于四张半榻榻米的茶室称作"广间"，小于四张半的称作"小间"。日本茶室大多有四张半"榻榻米"大，视为标准茶室，9~10m^2，最多可招待客人 5 名，最理想的是仅招待客人 3 名。

2. 日本茶庭

茶庭即露地，指茶室外附带的庭院，是人们通往茶室的必经之路，为日本茶道场所的另一重要部分。茶庭分为外茶庭和内茶庭，其间由中门隔开，设有等候室、小茅棚、飞石、叠石、关守石、石水盆、雪隐、尘穴、石灯笼等。等候室是客人们聚集会合之处，设在外茶庭；等候室明净简朴，有取暖用的火盆、烟具；设有壁龛，壁龛处有简单的字画；客人们在此换上新的白布袜，整顿好服饰，放好随身物品；随后还要喝一小碗温开水，平静一下内心。外茶庭和内茶庭都要设一个小茅棚，供客人等候和休息；客人在等候室准备就绪后，便依次前往外茶庭的小茅棚，等候主人的迎接；茶事的前半部分"初座"完毕后，客人要退席到内茶庭的小茅棚休息 15min 左右。茶庭内的植树非常讲究，只能用于举行茶事，不能作为休息游戏等场所，常绿树木遮掩住它的大部分，基本不留空地，只现出一条条小路和一些必不可少的设施。茶庭的布置，每一物都有特定含义，如用幽曲石径代表山间小路，低矮松木寓指森林，而竹筒敲石与蹲踞式的洗手钵意在让人联想到山泉。"露地"目的在于让茶者净心怡神，为饮茶创造一个清净、高雅的文化环境。

（二）日本茶道的器具种类

日本茶道的器具可以分为四大类：接待用具、茶席用具、院内用具、洗茶用具。接待用具包括壁龛装饰器具、壁龛处悬挂的轴字、轴画、吸烟用具、茶碗。茶席用具包括茶道用具、怀石料理用具等。院内用具包括草履、圆形座墩、院内用柄杓、手桶水屋（茶室隔角洗茶器处）等。洗茶器用具包括铜锣、水壶、茶巾盆、圆竹刷、茶巾、柄杓等。接待用具和茶席用具是同客人直接见面的器具即鉴赏物品，通常作为茶具。而院内用器具和洗茶器用具则是消费品，常是作为杂器为人使用的。

（三）茶庭用具

茶庭用到的器具主要有白袜、草鞋、木屐、斗笠、圆坐垫、水桶、水勺。每次茶事时，客人们在等候室内换上新白袜，步入茶庭后，要换上草鞋，下雨天则换上木屐，还要戴斗笠。稻草编的圆坐垫放在茶庭小茅棚中，供客人等候时使用。水勺与水桶均用原木做成，做工精细。水桶是主人要向石水盆中加水时用来提水的器具，水勺放在石水盆处供客人舀水漱口、洗手。

（四）怀石料理用具

日本茶道中的怀石料理主要是一汤三菜以及小菜、米饭和酒类，不同的菜肴要选择与各自协调的器具来盛。怀石料理用具主要有食案（托盘）、饭碗、酱汤碗、炖菜碗、清汤碗、饭器和饭勺、锅巴汤壶和汤勺、招待圆盘、招待长盘、凉菜碟、酒壶、酒杯、杯台、烤鱼盘、酒菜盘、劝菜钵、咸菜钵（腌菜钵）、中节箸、两尖箸、尾节箸及饭箸等，主要为黑色漆器，要求风格文雅，手感柔软。

（五）添炭用具

添炭用具有茶室用炉、炭斗、羽帚、火箸、香与香盒、灰器、灰匙、炉灰、釜环、釜垫等。

1. 茶室用炉

茶室用炉有地炉和风炉两种，地炉在十一月到四月之间使用，风炉在五月到十月之间使用。茶室地炉通常为分离式，呈四方形，边长约 42.4cm，由一个木箱和一个炉缘组成。茶室风炉种类有很多，按形状分为眉风炉、面取风炉、琉球风炉等，按材质分为唐铜制风炉、铁制风炉、陶瓷制风炉、土制风炉木制风炉等。

2. 炭斗

炭斗用于装炭，多为竹编，内部贴有一种涂了黑漆的保护纸，有圆的、方的、多角形的。

3. 羽帚

羽帚为一种用白鹤、天鹅等的羽毛做成的清扫工具。每次添炭技法表演要用羽帚进行三次清扫，使炉缘始终保持干净。

4. 火箸

火箸是添炭时用来夹炭的筷子，风炉用的为纯铁，地炉用的下半部分是铁、上半部分是木。

5. 香与香盒

在炉内需加香，以消除炭臭味。香盒用于装香，有木、陶瓷、贝类、金属等材质。风炉使用较干的白檀、伽罗等香木切成小片的"木香"，一般用木制香盒。而地炉使用由香木、蔚香等多种香粉调合成较湿的"练香"，一般用陶瓷香盒。

6. 灰器

用于盛炉灰的器具。

7. 灰匙

用来舀炉灰的器具。

8. 炉灰

在生炭火前，炉中先要垫上炉灰。每次添炭前，要先往炉中撒湿润的炉灰，以免添炭时炉灰飞扬。

9. 釜环

釜环是用于移动茶釜的器具，一般为铁制不封口的圆环。使用时，将其套在釜耳上就可提起茶釜。

10. 釜垫

釜垫用于垫茶釜，有藤编和纸质两种。纸釜垫用于初炭表演，藤编釜垫则用于后炭表演。

（六）日本茶道的茶具

不同的日本茶道流派使用的茶具不同，有"和物"（日本）、唐物（中国）、高丽物（朝鲜）之分，在此按抹茶道和煎茶道两种茶道方式来介绍。

1. 抹茶道茶具

抹茶道即点茶道，其茶具主要有茶釜、釜盖承、浓茶罐、浓茶罐袋子、薄茶盒、清水罐、水盂、水勺茶刷、茶勺、茶巾、绢巾、茶碗、茶具架。

（1）茶釜与釜盖承 茶釜一般为铁制，一般按产地和年代来区分，种类很多。一般地炉用茶釜较大，风炉用茶釜较小。釜盖承用于放置茶釜盖以及水勺，有竹、铜、陶瓷等材质。

（2）浓茶罐与袋子 浓茶罐是用来装浓茶茶粉的陶瓷器具，形状较小，分为肩冲浓茶罐、茄子浓茶罐、文琳浓茶罐等。浓茶罐袋子用来装浓茶罐，里外两层丝绸，中间加一层棉，尤其是外层要用有名的丝绸面料。

（3）薄茶盒 薄茶盒用来装薄茶茶粉，形状像枣子，分为"大枣""中枣""小枣"三种。薄茶盒以木制漆器为主，正统颜色为黑色。

（4）清水罐与水勺 清水罐用来装清水，有金属制、陶瓷制和木制三种。水勺用来舀热水和清水，由柄部和勺部组成。使用水勺时，右手拿水勺，左手扶住，使勺部正对自己，称为"镜水勺"。

（5）水盂 水盂用于盛装洁具和温具等产生的废水，有陶瓷、木质、金属等材质，形状有"鱼饵筐""瓢箪"等。

（6）茶刷 茶刷用于点茶时搅拌用，为竹制品。

（7）茶勺 茶勺用于将茶粉从薄茶盒和浓茶罐中舀出至茶碗中，以竹制为主。茶勺都有配套的竹筒用来装放，竹筒上写明茶勺的名字和作者名。

（8）茶巾 茶巾用来擦茶碗的白麻布，一般长约30cm，宽约15cm。

（9）绢巾 绢巾用来擦拭薄茶盒、茶勺等茶具的彩色方巾，一般长为28cm，宽为26.4cm，颜色有紫色、红色、茶色等。男子多使用紫色绢巾，女子多使用红色绢巾，年纪大的多使用茶色绢巾。

（10）茶碗 茶碗用于点茶和饮茶，种类非常多，可按产地和形状区分。

（11）台子 台子用于摆放茶具，四根柱子，上下两层，上层摆放浓茶罐、薄茶盒等，下层摆设清水罐、污水罐、水勺、风炉、茶釜等。

2. 煎茶道茶具

（1）凉炉和砂铫 凉炉为煮水用具，多为椭圆形或为筒形白泥陶制品，内胆或圆或方或八角形，大小随季节、礼法而不同。用时炉膛内放炭，上坐砂铫。砂铫是煮水器，多为用白泥或红泥烧制的陶器。

（2）急须 急须是形似中国宜兴紫砂壶的泡茶器皿，多为陶瓷制品，分为侧提壶和握把壶。

（3）茶碗、茶托和碗筒 茶碗又称"茗碗""茶盏""茶钟""磁碗""啜香"，用于饮茶的器皿，多为陶瓷制品，口径一般为 4~5cm。茶碗内壁多为白色，外部常绘有各色花草图案和诗文，一套茶碗由五个组成。茶托又称"托子""茶台""纳敬""飞阁"，放置茶碗的垫底器具，材质有银、锡、铜、竹、木等，形状有圆形、椭圆形、船形、菱形、正方形等，一套茶托由五个组成。碗筒用于放茶碗，以竹、藤编制品居多。

（4）晾汤碗和泡瓶　晾汤碗与泡瓶配套使用，造型低矮、大口、无盖、有流，用于将开水晾至 60℃，以适应玉露茶对水温的要求。泡瓶又称"宝瓶""方瓶"，如盖碗一样，但造型更加低矮、底部宽、口部有滤网，主要用于泡制玉露茶。

（5）茶具敷和瓶床　茶具敷是用来搁置茶道具的垫子，多为棉、麻、毛制品，以长 90cm、宽 60cm 的为多，以素色为主。瓶床又称"急须台""铫座"，用来放置急须、砂铫、泡瓶的垫子，多为竹、木、藤、金属等制作。

（6）水注　水注又称"水指""水滴""水罐""水次""注子"等，用于注清水入砂铫一般为陶瓷制品，有瓜式、筒形、四方形、桃形等样式。

（7）洗瓶　洗瓶是装清洗茶碗、急须用清水的瓶子，多为铜制或陶瓷制品。

（8）滓盂和建水　滓盂又称"滓方""茶滓入"，盛放茶渣等的器皿，多为陶瓷制品，带盖。建水又称"纳污"，盛温茶碗、清洗急须的废水，多为金属或陶瓷制，带盖。

（9）茶心壶　茶心壶又称"茶入""茶壶"，用来盛装茶叶的容器，形式多样，材质有锡、陶瓷、竹、木等多种。

（10）仙媒　仙媒又称"茶合""茶则""茶量"等，用于从茶罐中量取茶叶入急须的器具，长 12~15cm，以竹制为主，表面多刻有花鸟山水及诗文。

（11）袱纱、茶巾、预备巾和巾盒　袱纱是用于擦拭茶心壶和仙媒的棉织或绢织物。茶巾是用以抹拭茶碗的棉织物。预备巾用于抹干盆、碗上附着的水滴。巾盒又称"巾筒""茶巾筒"放置茶巾的器皿，带盖的称"巾盒"，不带盖、呈直筒形的称"巾筒"。

（12）炭斗和火斗　炭斗又称"炭取"，用于放置凉炉用炭的篮子，为竹制或藤制品，直径一般不超过 20cm。火斗用于运送炭火，为陶制或铜制。

（13）扇子和炉屏　凉炉起火用扇子，多为竹编或藤编，也有少量木制或纸制品。炉屏又称"结界"，置于炉前用于装饰的屏风，多为竹制或木制，表面有时有图案或文字，高度和长度一般不超过 30cm 和 90cm。

（14）盆　盆是摆置茶具的盘子，用竹、木、金属、陶瓷等制成，类似芭蕉叶的大型盘子为"叶盆"，细长盘子为"一文字盆"。

（15）香炉、香盒、线香立、线香筒　香炉主要为焚香用器具，香盒是指盛香之容器，线香立是用于插线香的香炉，线香筒是放置线香的容器。以上器具有大、小、方、圆，长短不一，材质有铜、铁、锡、石、陶瓷等。

（16）茶柜、文库、提篮、器局、棚　茶柜是收置一套煎茶道具的容器，一般为木制、带盖、低矮圆筒形。文库又称茶箱，也是煎茶道具的收纳容器。提篮用于放置煎茶用具及茶罐等，可携带外出泡茶，多为竹编、有盖。器局用以放置泡茶用具及茶样罐的木柜，内分格或安放小抽屉。棚是用于摆放茶具的架子，多为桐木制品。

（17）茶盘、茶具台　茶盘、茶具台用于泡茶的盘子和桌子。

（七）日本茶道的茶叶

除北海道外，日本各地都适宜种茶，茶叶产量最高的依次是静冈、鹿儿岛、三重县，著名的品牌有茨城县的"久慈茶""猿岛茶"、爱知县的"西尾茶"、埼玉县的"狭山茶"、静冈县的"静冈茶"、三重县的"伊势茶"、京都府的"宇治茶"、福冈县的"八女茶"、鹿儿岛县的"萨摩茶"等。日本生产的茶叶主要是绿茶和黑茶两种，尤以绿茶为主，平时主要饮用的是煎茶、茎茶和焙茶三种绿茶。

1. 绿茶

日本绿茶按档次分为玉露茶、煎茶、番茶、碾茶，按时间分为一番茶、二番茶、三番茶。

（1）玉露茶（Gyokuro）　玉露茶是日本茶中的极品，属于煎茶的一种。采摘遮荫鲜叶，经蒸青、揉捻、烘干加工而成细长的茶叶。该茶的叶色深绿，富含游离氨基酸，涩味较少，甘甜柔和，圆滑芬芳。

（2）煎茶（Sencha）　煎茶是最基本的日本绿茶，是日本人最常喝的茶，产量约占日本茶的八成。采自茶树顶端的鲜嫩茶芽，经蒸青、揉捻、烘干加工而成煎茶，外形挺拔如松针，色泽墨绿油亮，茶香清爽，滋味带少许涩味，回甘悠长。一般煎茶的蒸制时间约为 30s，超过 30s 的称作"深蒸煎茶"，其苦涩味会比一般煎茶少。通常以煎茶为原料，再经过煎、烘、炒、揉卷等各种不同方式加工成各式日本绿茶。

（3）番茶（Bancha）　番茶是档次较低的绿茶，以春茶采摘茶芽后剩下的较粗大的叶片和茎梗以及夏秋鲜叶为原料，蒸汽杀青后晒干或烘干，再将茎梗分拣出来。番茶的颜色较深，茶味偏浓重。

（4）碾茶　碾茶是采用遮荫的鲜叶为原料，经蒸汽杀青后直接烘干，再将茎叶分离。碾茶一般不直接饮用，而是作为抹茶的原料茶。

（5）粉茶　粉茶是制作煎茶过程中产生的茶叶碎末，多用来做茶包或平时的茶饮。

（6）茎茶（Kukicha）　茎茶即茶梗，是在玉露及煎茶加工过程中，筛选出茶梗部分（茶茎或叶柄）的茶叶（但仍有些部分茶叶在内）。茎茶通常只能冲泡一次，茶味较重，但味清爽。

（7）抹茶（Matcha）　抹茶是以碾茶为原料，切碎后以石臼碾磨成微小细腻的粉末。抹茶兼顾了喝茶与吃茶的好处，也常用于茶道，还用于日本料理和果子。

（8）焙茶（Hojicha）　焙茶又叫烘焙茶，是将煎茶或番茶再经过烤箱烘焙，使茶叶产生一种厚重的特殊芳香茶味，具有泥土及坚果味，且咖啡因较低，呈淡棕色，茶汤的颜色也变成茶色（棕色），无苦涩味，最适餐后饮用。

（9）玄米茶（Genmaicha）　将糙米炒成有特殊的米香味与甘甜味的玄米，然后将煎茶或番茶与玄米混合即成玄米茶。

2. 黑茶

日本黑茶主要有阿波番茶（Awaban cha）、碁石茶（Goishi cha）和富山黑茶（Bata bata cha）三种，主要以厌氧发酵而成的，以干态的形式销售，主要用于煮饮，也可用于煮粥等。

（1）阿波番茶　阿波番茶也称为"阿波晚茶"，所用鲜叶多是以采完第一轮后的鲜叶，如夏季和秋季的鲜叶，或者是在早冬或早春修剪的枝叶，少部分是利用在煎茶加工中分选出的大叶片为原料。所采鲜叶先在大锅里煮，然后用机械揉，再放入一个缸或桶里进行乳酸菌发酵，发酵时间需一个月以上，然后晒干。

（2）碁石茶　所用鲜叶相对比较粗老，如修剪叶。鲜叶经汽蒸杀青后，摊晾去除水分，然后用打叶机去掉茶枝茶梗，仅留下叶片。叶片堆放于室内进行好氧发酵，然后又进行厌氧发酵，再切块晒干即成。

（3）富山黑茶　富山黑茶又称"巴答巴答"茶，加工方法类同于碁石茶，只是好氧发酵改为在木桶中进行。

二、日本茶道的种类

日本茶事活动的种类繁多，古代有"三时茶"之说，即按三顿饭的时间分为早茶、午茶、晚茶。现在则有"茶事七事"之说，即早晨的茶事、拂晓的茶事、正午的茶事、夜晚的茶事、饭后的茶事、专题茶事和临时茶事，此外还有开封茶坛的茶事、惜别的茶事、赏雪的茶事、一主一客的茶事、赏花的茶事、赏月的茶事等。而茶会有简单茶会和正式茶会两种，正式茶会还分为"初座"和"后座"两部分。日本具体的饮茶方式，主要分为两种：一种是抹茶道，以点茶法饮用抹茶；另一种是玉露茶道和煎茶道，二者的程序和手法类同，只是选用的茶不一样。

三、日本茶道的程式

（一）抹茶道程式

抹茶道多用于正午茶事，是最正式的茶事，用时以两小时为标准。

1. 茶事邀请

每一次茶事都有特定主题，如婚嫁、新年、成人、乔迁等。主人在决定举行一次茶事后，要先定好正客，然后选择其他客人。茶事的客人分别称为正客、次客、三客、四客和末客。定好客人后，主人要向客人发出邀请函，上面写明举行茶事的原因、时间、地点以及客人名单，以便让客人们事先对这次茶事有个大体的了解。

2. 前礼

收到主人发出的茶事邀请函后，次客等陪客要前往正客家中致谢，而正客则要代表全体客人向主人表示感谢，这在茶事中称为"前礼"。

3. 茶事前准备

为了配合茶事主题，主人要事先定好适当的茶具和怀石料理的菜单。在举行茶事的前几天，主人将茶室、茶庭打扫得一尘不染。到了距茶事开始还有 30min 时，主人或称为"半东"的主人助手在门前和茶庭的地面上洒上水，并用抹布把客人要经过的石头上的水擦去，等待客人的到来。

主人腰间别有一块绢巾，绢巾的别法有严格的规定。首先，用右手从怀中取出折成八等份的绢巾，将绢巾放在左手掌上。接着，打开一层绢巾，用右手拿住右上角放开左手，拿住三角形绢巾的下端，将双手放平。然后，将绢巾向外折叠一下。最后将叠好的绢巾别在腰带上，其中女性别在腰带上方，男性则别在腰带下方。

　　4. 初座

　　前半部分的茶事称为初座，初座包括迎付（主人迎接客人）、入席（客人入席）、叙礼、初炭（初次添炭技法表演）、怀石（茶食）、果子（茶点心）等过程。

　　（1）迎付　客人在茶事前15min到，先进入等候室，在此检查一下服饰有无凌乱，并换上新的袜子，不用的物品则用包袱布包好放入等候室备有的杂物箱中。等候室中备有烟盒，壁龛中挂有字画。客人在等候室中坐定后，半东为每一位客人送上一碗温开水，让客人缓和一下紧张的心情。喝完温开水后，客人要穿上草鞋，从正客开始依次移位至室外茶庭的等候室。茶庭由中门将其隔为"外茶庭"和"内茶庭"，供客人等待用的小茅棚在外茶庭，设有长凳，备有烟盒和与客人人数相当的圆形草坐垫。客人依次坐下，一边观赏茶庭的景色，一边等待主人的迎接。

　　茶事中主人前往外茶庭迎接客人称为"迎付"。主人从茶室中出来，来到内茶庭，在称为"蹲踞"的石水盆中加入新水，并将水桶拿回厨房（日语中称为"水屋"），然后主人到中门处迎客人。看到主人到中门后，客人们一起起立行至中门，双方互行默礼。客人按次序进入内茶庭，到蹲踞处用石盆中的水以清身心。第一勺水先洗左手，再洗右手；第二勺水先倒一些在左手，用来漱口，勺中剩下的水则用来冲洗水勺柄；冲洗完毕后，将水勺放回原处。然后，把一个干净的手绢，放入前胸衣襟内，再取一把小折扇，插在身后的腰带上，稍静下心后，便进入茶室。

　　（2）入席　客人应邀入茶室时，由主人在门口敬候，跪坐门前表示欢迎。客人入席时，首先由正客打开茶室小入口的门。客人依次坐于入口处，先行一礼，然后膝行而入，进入后将草鞋脱下放在茶室之外。客人进入茶室后，即刻来到壁龛前拜看。拜看壁龛时，要将扇子放于膝前，先行一礼，其后开始细细观看壁龛墙上所挂的字画。壁龛的挂轴是茶室中最为重要的道具，其种类繁多，有禅僧的墨迹、茶人所写的信、绘画等，挂轴的内容要表现出当天茶事的主题。拜看挂轴时，除观赏外，更要细细体会其中的含意。拜看壁龛后再行礼，然后再拜看一下点茶用的炉。拜看炉完毕后，客人按次序坐定，由末客将茶室入口的门关上，关门时轻轻发出声响。

　　（3）叙礼　主人听到客人入席后关门的声音，便打开茶道口进入，与客人互行一礼，然后入座。主客面对而坐，而正客须坐于主人上手（即左边）。主人从正客开始与每一位客人叙礼。客人将扇子放在前面，对主人的盛情邀请表示感谢。之后，正客代表客人们向主人询问等候室中所使用的烟盒、挂轴等道具以及茶室中的挂轴、炉的情况，主人一一作出回答。

　　（4）初炭　叙礼后，主人退出，去"水屋"取风炉、茶釜、水注、白炭等器物，而客人可欣赏茶室内的陈设布置及字画、鲜花等装饰。待主人拿炭斗和灰器等再入茶室，跪于榻榻米上生火煮水，开始表演添炭技法。客人此时要围近主人以观赏，添炭结束客人再依次回位。

　　茶道用炭精致得像古老的工艺品，使用之前还要擦洗晾干。为了保持茶室清洁，主人点炭前先往地炉里撒一层湿润的茶灰，这种灰据说是在夏季三伏天用茶水搅拌，手工揉制而成，大小颗粒均匀，撒灰的次数、动作与方位有明确的规定。为了使烧水的火候恰到好处，不同规格的炭的摆置方法和位置都有严格的规定。主人遵照一定的顺序与位置，将形状大小不同的炭一件一件地放进炉里，开始点炭。这个过程中，主人一再地用羽帚清扫地炉，最后打开一个香盒，往炉里放进一团薰香。整个过程中，客人们围着地炉，静静地欣赏主人的表演。最后，正客先请求拜看香盒，主人应允，欣赏完香盒后，主客之间展开问答；内容不外是客人夸奖这是一个好香盒，让自己大饱眼福，主人谦虚一下；客人称赞盒上的图案非常有趣，令人爱不释手，主人说谢谢您的夸奖。

（5）怀石　初炭结束后，主人再次退出并端出食案，和客一同食用。喝浓茶之前，必须先吃一顿简单的饭菜，这种饭菜称为"怀石料理"。怀石料理的基本菜谱为一汤三菜以及小菜、米饭和酒类，一汤三菜为酱汤、凉拌菜、炖菜、烤鱼，小菜中有八寸（一种下酒菜）腌菜、追加菜、劝酒菜等。

主人端来酒壶和酒杯，主人敬客人酒。待客人喝完酒之后，主人端来盛着米饭的饭器给客人添饭，客人要把饭器里的米饭全部吃完。吃完米饭，主人再次端上茶食的主菜——墩菜。吃完墩菜，客人开始欣赏茶具。主人再次斟酒，斟完酒之后便上一道烤鱼，之后再上一道菜。在主人为客人加第三碗酱汤时，客人谢绝。主人会再次端入酒和一些小菜，供客人食用。所有的东西都吃完以后，客人们会拿出怀纸将餐具擦净，并拿起筷子在离食案 5cm 左右直接放下，并发出啪的响声，示意主人已经用餐完毕。

主人收案，并端上点心。抹茶味道比较苦，在吃茶之前要吃点甜点心。喝浓茶之前吃的点心称作"主果子"，又称作"生果子"，大多有豆馅，主要有米粉豆包、小豆羊羹、葛冻等。取主果子时，首先怀着感谢的心情轻轻接过点心盆，其次从怀中取出怀纸放在膝前，拿起筷子，然后左手轻轻扶住点心盆，右手用筷子将最上面的点心夹到怀纸上，用怀纸的一角将筷子擦拭干净。最后，将筷子放回点心盆，传给下位客人。客人用完点心后，依次前往茶庭的小茅棚处休息。

至此，茶事的前半部分"初座"完毕。

5. 中立

客人在小茅棚的圆形草坐垫上坐下，等候再入席，这大约为 15min 的休息，称为"中立"。主人在这段时间撤去装点心的盘子，给茶釜盖上盖子，为茶事的后半部分"后座"做准备。

6. 后座

后半部分的茶事称为后座，包括点浓茶、后炭、点薄茶等过程。

（1）点浓茶　主人整理好茶室后，拿来茶碗，与浓茶罐放在一起，再拿来装废水的水盂，鸣锣招呼客人回茶室，客人听到锣声再次进室入座。坐定后，主人出现与客人行礼，并开始点浓茶。主人解开装浓茶罐的袋子，拿出浓茶罐。

在沏茶之前，主人要擦拭所有茶具。擦拭之前，主人从腰里拿下白色的绢巾，仔细打量一番，折成三角形，再折小，然后开始擦拭茶罐。擦完茶罐后擦茶勺，横擦一次，竖擦两次。接下来擦清水罐，最后擦茶碗。用水勺舀一些热水到茶碗中，清洗茶刷，废水倒入水盂中；然后用绢巾擦干，擦三圈半，最后将茶碗的正面转向自己一方。

用茶勺将浓茶罐中的茶粉舀二三勺置入茶碗，在碗中倒入少量的沸水，用竹笼拌抹，再添入少量的水将茶点匀成粥状，再加水至碗 3/4，直至茶汤泛起泡沫为止。

主人双手将点好的浓茶茶碗与绢巾，送到相邻的榻榻米上。敬茶时，主人用左手掌托碗，右手五指持碗边，按顺时针方向旋转茶碗两圈，将碗上的花纹图案对着客人，跪地后举起茶碗，须举至与自己额头平齐，恭送至正客前。此时，客人首先向主人行鞠躬礼，以示感谢。

饮时可一碗由每人轮流品饮，也可各人饮一碗。当轮流品饮时，正客取来茶碗和绢巾，用绢巾托着茶碗喝浓茶；喝完后，用绢巾将自己喝茶的唇印擦拭干净，将茶碗递给次客。次客依样喝完，再递给末客。要小口品茶，当末客饮到最后一口时，要饮出声音，以表示味道好。饮毕，末客将茶碗按逆时针方向转两圈，递回给主人。

等到末客喝完浓茶后，正客向主人请求拜看茶碗，其他客人也依次拜看茶碗和绢巾。然后正客再向主人请求拜看浓茶罐、茶勺、装浓茶罐的袋子，主人将浓茶罐进行认真地擦拭，连同茶勺、装浓茶罐的袋子摆在相邻的榻榻米上，正客上前取来依次拜看，拜看完毕后还给主人。然后正客代表客人就拜看过的茶道具一一向主人加以询问，主人一一回答。主客之间问答完毕，茶事中最主要的步骤"点浓茶"便告结束。随后主人可从里侧门内退出，客人自由交谈。

（2）后炭　点完浓茶后，在点薄茶前要添次炭，这次添炭就称为"后炭手前"。后炭的技法和初炭时大致相同，同时用湿茶巾擦茶釜以免温度过高。

（3）点薄茶　后炭后，主人端出烟盒和点心盒，这时端出的点心主要为"干果子"。喝薄茶之前吃的点心称作"干果子"，主要有干糖粉点心、小糖块和脆饼干等。取干果子时，同样怀着感谢的心情轻轻接过点心盘，从怀中取出怀纸放在膝前，左手轻轻扶住点心盘，用右手的大拇指和食指取点心，放在怀纸上。然后，将右手的大拇指和食指在怀纸的边角上擦干净，再将点心盆传给下位客人。

然后主人拿来清水罐、茶碗和装薄茶茶粉的薄茶盒，再拿来水盂。主人将绢巾从腰上取下折好，先用左手拿起薄茶盒，右手拿绢巾放在盒盖上，接着用绢巾擦拭盒盖，先由左往右擦外侧的一边，再由左往右擦靠近自己的一边。然后将绢巾盖在盒盖上，由里往外擦拭，再擦一下薄茶盒的对面部分。最后，右手折好绢巾，左手放下薄茶盒。将薄茶盒和茶勺擦拭干净后，用水勺舀茶釜里的热水倒进茶碗中，清洗茶刷，倒掉废水。

主人用茶勺将薄茶盒中的茶粉舀入主茶碗中，倒入约 100mL 的热水，左手扶碗，右手点茶。点好薄茶后，放在相邻的榻榻米上。正客取回主茶碗，喝薄茶。正客拜看完主茶碗，将其递给次客。主人在替茶碗中点好薄茶，呈给次客。次客将主茶碗放回原处，取回替茶碗，喝薄茶，喝完后将替茶碗递给末客。主人在主茶碗中点好薄茶，呈给末客。末客将替茶碗放回原处，取回主茶碗，喝薄茶，依次类推。全部客人喝茶完毕后，正客对主人说："请结束点茶吧"，并向主人要求拜看薄茶盒、茶勺。主人将薄茶盒、茶勺放在相邻的榻榻米上，撤下水盂，客人依次拜看薄茶盒、茶勺。拜看完毕后，正客代表客人就薄茶盒、茶勺向主人询问。主人回答后，撤下薄茶盒、茶勺。至此，"点薄茶"结束。

7. 送别

点薄茶结束后，主人入席，从正客开始依次互致离别之礼。客人致礼完毕，再次拜看一遍壁龛和炉，然后从茶室小入口退出，由末客关上门。在客人拜看壁龛和炉时，主人要退出茶室，听到关门声后再次入室，打开茶室小入口的门，主客最后互行一礼，主人目送客人。客人回到室外等候室，整理衣装，取出存放在杂物箱中的物品，然后回去。

8. 后礼

茶事结束之后，客人们要写书信向主人表示感谢，有时附上包土特产作为礼品，这称为"后礼"。

9. 茶会记

茶会记分为"自会记"和"他会记"两种，自家记录自家茶会情况的称为"自会记"，受别人邀请记下别家茶会情况的称为"他会记"。茶会记记录的内容包括时间、壁龛、装饰、器具、供餐等方面，极为详细，甚至包括主客交谈内容，有的还加入了笔者对茶会的评价。对于每一次茶事来说，茶会记是不可缺少的一环。日本茶道有《松屋会记》《天王寺屋会记》《今井宗久茶道记书拔》《宗湛日记》四大著名茶会记。

（二）煎茶道程式

煎茶会的气氛更加轻松自由，一般分为前席、正席、副席、小馔席、挥毫席五个部分。

1. 前席

前席的作用是迎客。客人进入前席后，由主泡献上称作"香煎"的非茶之茶，如"樱花茶"（樱花盐腌制品）、"兰花茶"（兰花盐腌制品）等。前席中一般还设有展览席和花木盆景席，供客人欣赏。

2. 正席

正席是煎茶会最关键部分。当正席准备好后，客人们就会应主泡邀请从前席移至正席，并在主泡的引导下依次坐在红毯上。之后，助泡端上湿点心，接着主泡开始沏泡玉露茶，包括温具、洗杯、入茶、冲水、斟茶等。主泡一次只沏泡五碗茶，其余的客人由助泡供茶。斟完茶后，客人们慢慢品茶，包括观色、闻香、尝味等，分两三口喝完。品完茶后，客人们便可以吃点心。客人们一边欣赏点心的外形，一边聆听主泡对点心雅号的解说。品尝完点心后，主泡和助泡又会为客人斟上些许白开水。客人们在饮用完开水后，便开始欣赏手中的茶碗和茶托，继而离座欣赏主泡的茶道具。

3. 小馔席

客人们离开正席后，会在主泡或助泡的引导下来到小馔席，享用"普茶料理"。煎茶道料理的原料多选用面筋、腐竹、芝麻酱、香菇等，多用炸、炒、煲汤、浇汁等烹调方法，多采用众人围坐在一张桌子上用餐的合餐制。

4. 副席

客人在用完餐后，往往会在庭院休息片刻，然后进入副席。与正席中所用玉露茶不同，副席所用茶往往是煎茶、焙茶或番茶。主泡与助泡在完成泡茶、奉茶之后，客人们会在首席客人的示意下一起行礼品茶。品茶结束后，便享用点心。用完点心后，助泡会手持茶壶为客人们斟上第二次茶，客人们在饮完后会观赏主泡的茶具，并向主泡询问与茶具有关的问题。

5. 挥毫席

客人们在离开副席之后，往往被请进挥毫席。挥毫席里备有笔墨纸砚及常用的诗集、印章等物，主客可以即席赋诗，也可随兴作画。作品不论优劣，皆挂在墙上供主客欣赏。退席时，客人们分别带回他人的作品以作纪念。

四、日本抹茶道茶艺

抹茶道使用的是抹茶。里千家的茶盘式点茶法手法与普通点茶法相同，其特别之处是用一只直径 30cm 的圆形低沿茶盘，置入茶碗、茶筅、茶杓（匙）、茶样罐（枣）、茶巾等茶具，在盘中较小的空间中即可轻松愉快地点茶。

（一）备具

在泡茶席左前置煮水炉，上搁铸铁水壶，将水壶盖向前略倾斜，使壶口有一小隙。取直径 30cm 的低沿圆茶盘一只，盘内左上置茶样罐、中下置茶碗，碗底置折叠好的小茶巾，上直斜置茶筅，筅把露在碗外朝自己，与茶筅平行纵搁茶匙在碗口上，匙把朝自己。

（二）布具

两手端起茶盘行至茶席入口处，跪坐后将茶盘置身右侧，行跪式真礼。起立，端茶盘前进至近煮水炉时下跪，将茶盘置煮水炉后。复回准备间，左手握拿水盂左侧（日本称水盂为"建水"）出场，入席后在茶盘正后面跪坐，将水盂放在自身左侧。双手端茶盘侧转身面对客人，放下茶盘，左手取水盂置左膝横侧。双手置大腿根正坐。右手从杯中取出小扇置自己身前，向客人行跪坐真礼。礼毕，右手将小扇移置自己身后。

（三）擦拭茶样罐及茶匙

左手取下腰间的大茶巾，双手折叠好后右手持巾。左手握取茶样罐，右手持巾擦拭，左手握茶样罐复位。将大茶巾在水盂上方抖散，以抖落灰尘。重新折叠茶巾，右手将茶巾置左手掌，右手取茶匙，夹入茶巾中，两手前后抽动，擦拭茶匙。右手将茶匙斜搁于茶盘右侧，匙把露在盘沿外。左手仍持大茶巾，手心朝上，手背搁于左腿上。

（四）清洗茶筅及茶碗

右手持筅把，沉腕将茶筅倒立在茶样罐右侧，与之平行，再从碗中取出小茶巾置茶匙右上侧。左手将大茶巾交给右手，右手隔大茶巾将水壶盖盖好，手心向上仍持茶巾收回，手背搁在大腿上。左手握水壶提梁，右手将大茶巾搭在壶盖上，双手提壶倒水入茶碗（约小半碗）。右手手心向上持巾收回至自己右大腿上，左手握提梁将水壶置炉上。右手大茶巾交给左手，置于茶碗左侧盘中。左手虎口押着碗沿，右手取茶筅入碗清洗，清洗后复位。右手端起茶碗换到左手，将水倒入水盂中。右手取小茶巾擦拭茶碗一周后，将小茶巾叠放在碗底，右手把茶碗放入茶盘复原位。右手从碗中取出小茶巾，复原位。

（五）点茶

右手托持茶匙把，边向身边收，边请客人用茶点，同时准备点茶。

1. 投茶注水

左手握取茶样罐，右手将托持茶匙转动手腕成无名指和小指捏住茶匙，用大、食、中三指开启茶样罐的盖，将盖置茶碗右后侧。用茶匙取 2 匙抹茶置茶碗，每次置茶后，提拿匙把在碗右沿轻轻击打，使匙上粘着的抹茶粉落入碗中。右手仍握住茶匙将茶样罐盖好，左手持罐复原位，右手将茶匙复位。右手取大茶巾，左手持水壶把提至胸前，右手用大茶巾压住壶盖，倒 80℃左右温水约 20mL 入碗，壶复位，右手将茶巾复位。

2. 调膏

左手扶碗左沿，右手取茶筅点茶。用茶筅在碗中搅动，使抹茶与水融合，称为调膏。

3. 击拂抹茶

继续往茶碗中加温水 40 ~ 60mL，用茶筅击打茶汤，至茶沫起。

（六）奉茶敬客

点茶完成后，双手捧起茶碗，自我品饮或将抹茶奉送给客人。右手端茶碗置身右侧，正对第一位客人面前。跪坐行真礼，请客人用茶。同时由助泡将在准备间点好的茶一一奉给其余客人。

（七）收具、洁具

将茶碗从身右侧收回置茶盘中，清洗茶筅和茶碗，擦拭茶匙及茶样罐，将茶盘中茶道具回复备具时原状。掀开水壶盖，斜搁壶口。将大茶巾折成三角形，用左手将其插入腰带中。将煮水器端至茶盘后，取水盂回准备间，复出将茶盘端入准备间。在入席处转身，面对客人跪坐，将茶盘置身右侧，行跪式真礼后，端茶盘起立再入准备室。

第二节　韩国茶礼

韩国茶礼源于禅宗，旨在庆祝并品味生活中的简单事物。韩国人将茶礼视为日常生活中放缓节奏、放松身心的一种方式。

一、韩国茶礼的组成

（一）茶具

1. 茶壶

茶壶用于泡茶，材质有金、银、铜、玉、陶瓷等，多用带把的陶质手把壶，茶艺馆及家庭中一般多用白瓷横柄茶壶。一般配置两个茶壶，一个装热水一个装冷水。每次使用过后，即刻用开水冲洗，再用茶巾擦拭干净。

2. 熟盂

熟盂又称为量水器，用于晾置沸水至适宜温度，再用于泡茶，材质与茶壶相类似。有时也从茶壶中将茶汤倒入熟盂，类似公道杯的功能，用于分茶。

3. 茶盏与茶托

茶盏亦称茶杯，分装茶汤供人饮用，茶艺馆及家庭中一般用白瓷杯，也有用鎏金黑色茶盏。茶托用于放茶盏，材质有瓷、木等，但为防止与茶盏碰撞时的噪声，最好是用木制，其形状有圆形、三角形、四角形、莲花形、树叶形等。

4. 茶叶罐

茶叶罐用于盛放干茶，一般为肚圆形的小瓷缸。

5. 茶匙与茶则

茶匙和茶则一般均为竹制品，用于盛茶入茶壶，也偶有木制或银制品。要求精确盛茶时，一般使用茶则。

6. 茶巾

一般茶巾需两块。一块茶巾用于擦拭茶壶，用于垫托取熟盂和水壶，用于在倒茶前将残留在茶壶或熟盂底部的水擦干，还可以用来擦拭滴落桌面的茶水。一块茶巾专用于清洁喝完茶后的品茗杯。茶巾一般为吸水性强的棉麻制品，为正反两色，女性用红色，男性用蓝色。

7. 茶床

茶床用于搁置茶壶、熟盂、茶盏等泡茶用具，形状较为规整，大小适中，高度较为矮小。

8. 茶桌布

茶桌布用来盖住茶床及茶具，其大小盖过茶床即可。茶桌布颜色应以朴素为佳，冬天最好使用棉布，夏天最好使用麻布，传统的茶桌布为里蓝外红。与茶巾一样，男性使用蓝色面朝上，女性使用红色面朝上。

9. 茶盘

茶盘分泡茶盘和奉茶盘，材质多样，多为木质或者竹制。泡茶盘放置茶壶和茶盏，奉茶盘用于放置茶盏奉送。

10. 退水器

退水器用来盛放废水。

11. 煮水器

煮水器为生铁炉和陶壶。

（二）茶叶

韩国种植与饮用的茶大多为绿茶。韩国茶叶按采摘时间分为一期茶、二期茶、三期茶和四期茶四种；一期茶多在谷雨时期采摘，呈芽叶状，叶面上有白色绒毛；二期茶是在谷雨后采摘，多用来制作绿茶；三期茶中咖啡因含量低，饮用起来更有清韵；四期茶则茶叶较老，多制作成茶粉饮用。按发酵程度，分为全发酵茶、半发酵茶、不发酵茶和后发酵茶，韩国饮用最多的是半发酵茶和发酵茶。按制作方法，可以分为炒茶、蒸制茶、发酵茶、饼茶、粉末茶和粉碎茶。

除了常规的山茶科原料制作的茶叶，韩国还有一些特殊的代用茶。这些代用茶里不放茶叶，但可以放几百种其他材料。这些代用茶不是用开水冲泡，而是将原料长时间浸泡、发酵或熬制而成，不是加糖就是加蜂蜜，以甜为主。代用茶比较常见的有五谷茶，如大麦茶、薏米茶、玉米茶、玄米茶等；药草茶，有五味子茶、百合茶、艾草茶、葛根茶、麦冬茶、人参茶、当归茶、桂皮茶等；水果茶，包括大枣茶、核桃茶、莲藕茶、青梅茶、柚子茶、柿子茶、橘皮茶、石榴茶等；蔬菜茶，有茄子茶、辣椒茶、萝卜茶等。

二、韩国茶礼的种类

韩国的茶礼种类繁多，各具特色。如按茶礼使用的茶叶类型区分，有"饼茶法""钱茶法""叶茶法"几种。按茶礼的功能与人群区分，有雪松行茶礼、成年茶礼、佛堂献茶礼、高丽五行茶礼等。

（一）雪松行茶礼

雪松行茶礼由韩国茶道协会创立，是主人邀请爱茶人士在茶室等地品茶的一种茶礼。雪松行茶法实用，茶礼严肃，但与佛堂茶礼之类仪式感强的茶礼相比较轻松。

雪松行茶礼遵循七项法则。一是尊重茶艺精神，并将茶艺精神融入茶礼的各个环节：如开始泡茶时最先用茶巾轻压茶壶盖，这一过程是将陆羽《茶经》中指出的茶器腹部守中的中和或者中庸的茶道铭记在心之意。二是重传统，温故而知新：雪松行茶礼是在整理陆羽《茶经》、草衣禅师的《茶神传》、百丈怀海的《禅院清规》《百丈清规》《朱子家礼》《梵音集茶礼》《佛教衣食集》等文献的基础上所创立的。三是重礼节：雪松行茶礼非常尊重礼节，拜礼可以细分为草礼、行礼、拜礼、真礼等，不同性别也有所不同，用以培养尊敬他人、奉献精神的茶礼。四是尊重科学：雪松行茶礼对投茶量、水温、泡茶时间、茶叶贮藏方法等均有明确的要求。五是尊重法度：应自然、便利，遵守秩序。六是保持清洁：保持自身的清洁以及场所、茶具等的清洁。七是讲求和谐之美：茶人身心融一，使得茶、茶具、水、客人的气氛和谐。

雪松茶礼的步骤主要有：客人入座，用水瓢盛开水至熟盂，熟盂的开水倒入茶壶。茶壶中的水倒入茶杯，转两次茶杯后，再将水倒进退水器中。再次将开水倒入熟盂，搁置至适宜的温度。泡茶者右手拿着茶巾，左手先后拿起茶壶、茶杯拂拭干净并归位。等熟盂中的水冷却至一定温度时，取适量茶叶放进茶壶中，再将熟盂中的水倒入茶壶泡1~3min。待泡好后，将茶水倒入茶杯，交给奉茶者。奉茶者从泡茶者处接过茶杯以及事先准备好的茶食，放在茶盘上，走向客人，致礼后再敬茶。客人向奉茶者答礼后，品尝茶水与茶食。待客人品尝好茶水与茶食后，奉茶者收回茶杯并行礼。

（二）成年茶礼

在韩国，古时成人礼是指女子15岁、男子20岁，如今韩国成人礼是在青年人的19周岁生日或者成年日（五月的第三个星期一），家长为年轻人着成年服装，男子戴冠、女子配簪，宣告成年，其意义在于培养受礼者的社会责任心和义务感。

由司会主持成人茶礼仪式。首先是父母及宾客入场，并且相互致相见礼。接着司会和助手同时入场，再接着由会长献烛、副会长献花。之后，受礼者着传统礼服进场，向父母致礼、向宾客致礼，面朝大门站立。受礼者跪拜宾客两次，宾客答拜一次。拜礼后，家长为受礼者梳发，并插上发簪。这时，由司会致成年者祝辞，然后由侍者将茶奉给宾客，宾客将茶赐给受礼者。受礼者喝茶后向客人拜礼4次。受礼者向宾客宣誓成年的责任与义务，并行礼2次，宾客答拜受礼者。受礼者再次拜父母，父母答礼，仪式宣告完毕。

（三）佛堂献茶礼

韩国茶道协会每年在法国寺、崇烈寺等地进行佛堂献茶、果、香仪式，特别是每年新茶上市时都会举行向佛堂献供新茶仪式。其程序主要有：泡茶者先向佛进献香后，向佛祖跪拜3次；献花，并再跪拜3次。献茶中宜用高脚茶杯，摆放茶桌时不可正对佛像。然后将茶桌布收起叠好，放在茶桌正右边。将开水倒入熟盂中，用倒入的水清洗茶壶与茶杯，最后倒入退水器。再将开水倒入熟盂中搁置至泡茶适宜温度，等待时用茶巾擦干茶杯。茶壶中置入新茶后，将熟盂中的水倒入茶壶泡茶。将茶水注入高脚茶杯后，将其放在茶盘上，奉茶者双手举高茶盘和眼睛齐平，走向佛殿，交由住持。住持接过茶杯，向佛坛敬茶，合掌，拜礼3次。仪毕，奉茶者把佛坛上的茶水、茶食分给观礼者品尝。

（四）高丽五行茶礼

高丽五行茶礼是韩国为纪念神农氏而编排出来的一种献茶仪式，是高丽茶礼中的功德祭礼，气势庄严，规模大。高丽五行茶礼是国家级献茶仪式，为韩国最高层次的茶礼以及传统礼仪之一，表现了高丽茶法、宇宙真理和五行哲理，充满了诗情画意和独特的民族风情。

高丽五行茶礼中的五行包含十二个方面：

（1）五方，即东、西、南、北、中；

（2）五季，除春、夏、秋、冬四季外，还有换季节；

（3）五行，即金、木、水、火、土；

（4）五色，即黄色、青色、赤色、白色、黑色；

（5）五脏，即脾、肝、心、肺、肾；

（6）五味，即甘、酸、苦、辛、咸；

（7）五常，即仁、义、礼、智、信；

（8）五旗，即太极、青龙、朱雀、白虎、玄武；

（9）五行茶礼，即献茶、进茶、饮茶、品茶、饮福；

（10）五行茶，即黄色井户、青色青磁、赤色铁砂、白色粉青、黑色天目；

（11）五之器，即灰、大灰、真火、风炉、真水；

（12）五色茶，即黄茶、绿茶、红茶、白茶、黑茶。

在高丽五行茶礼中，设置祭坛、屏风、祠堂、五色幕、茶圣神农氏的神位与茶具。所有参与茶礼的人都有严格的入场顺序，一次参与者多达五十余人。入场式开始，由茶礼主祭人进行题为"天、地、人、和"合一的茶礼诗朗诵。这时，身着灰、黄、黑、白短装，分别举着绘有图案的红、蓝、白、黄旗帜的四名旗官进场，站立于场内四角。随后依次是两名身着蓝、紫两色宫廷服饰的执事人，高举着圣火（太阳火）的两名男士，两名手持宝剑的武士入场。执事人入场互相致礼后分立两旁，武士入场要作剑术表演。接着是两名中年女子持红、蓝两色蜡烛进场献烛，两名女子献香，两名梳长辫、着淡黄上装、红色长裙的少女手捧着青瓷花瓶进场，另有两名献花女则将两大把艳丽的鲜花插入青花瓷瓶。三十名佳宾手持鲜花，以两行纵队沿着白色地毯，向茶圣炎帝神农氏神位献花。这时，"五行茶礼行者"共十名妇女开始进场，皆身着白色短上衣，穿红、黄、蓝、白、黑各色长裙，头发梳理成各式发型均盘于头上，成两列坐于两边；用置于茶盘中的茶壶、茶盅、茶碗等茶具表演沏茶；沏茶毕，全体分两行站立，分别手捧青、赤、白、黑、黄各色的茶碗向炎帝神农氏神位献茶。献茶时，由五行献礼祭坛的祭主，一名身着华贵套装的女子宣读祭文，祭奠神位毕，即由十名五行茶礼行者向各位来宾敬茶并献茶食。最后由祭主宣布"高丽五行茶礼"祭礼毕，这时四方旗官退场，整个茶祭结束。

三、韩国茶礼的程序

叶茶法是绿茶散茶的饮法，是现今韩国应用最广泛的一种接待宾客的茶礼，通常称为"接宾茶礼"。下面以叶茶法为例，介绍韩国茶礼的程序。

（一）备具

取长方形高脚大茶盘一只，或取八角形盒式大茶盘一只，茶盘左侧纵向反扣三只茶杯。茶盘中列，前放茶样罐，后横放茶匙一把，把手朝右；再放盖置一只，最后放握把茶壶一把。茶盘右前放熟盂一只（相当碗式茶盅，此处专为晾水用），后面放杯托三只和退水器一个，在茶壶与杯托之间放折成方形的茶巾。备具毕，上覆红蓝双面泡茶巾，女士用红色面巾、男士用蓝色面巾。

（二）迎客

宾客光临时，主人必先站在门口恭迎，并以"欢迎光临""请进""谢谢"等语句迎宾，引客至房内。由主人先进入茶室后，站在东侧，向来宾再次表示欢迎，请客人进入茶室，年长者优先。进入房内，客人从茶室西侧走向北侧的恰当位置，坐西面东，主人坐东面西，相互致跪式礼。

（三）布具

在跪式茶席右侧上方置煮水炉，上搁银或铁质水壶，在煮水器后放一把清水壶，其后左侧置熟盂一只。茶盘置坐席居中位，在茶盘左侧纵放奉茶盘一只和退水器一个。客席布置可以设在泡茶席对面，也可在泡茶席的左前方，使客人侧对泡茶席。双手揭泡茶巾，按一定规矩折叠后置熟盂右侧。将茶盘中茶托端至大茶盘外后右侧，将茶巾移至原茶托处，将茶杯自前至后一一翻正。

（四）温壶

摆放好茶具后，先收拾、折叠茶巾，将茶巾置茶具左边。然后将烧水壶中的开水倒入茶壶，温壶预热，再将茶壶中的热水分别平均注入茶杯。

（五）冲泡

再将开水倒入熟盂中，冷却到泡茶适宜温度。主人打开茶壶盖，左手将茶叶罐拿到胸前，右手打开盖子搁置在茶床一角，后用右手持茶匙，用茶匙取出一定量的茶叶投进茶壶。根据不同的季节，采用不同的投茶法。一般春秋季用中投法，夏季用上投法，冬季则用下投法。投茶量为一杯茶投一匙茶叶，每杯用茶量为 $1 \sim 1.5g$，3 人壶投茶量为 $3 \sim 4.5g$。投茶后，一切归位。将熟盂中已降温的开水冲入茶壶，茶与水之比为 $1 : 50$，静置 $2 \sim 3min$。

（六）温杯

在等待茶叶冲泡静置时，进行温杯。手取茶巾交给左手，左手用茶巾抵住杯壁，双手顺时针旋转茶杯一周，将水弃入退水器，左手顺势用茶巾按住杯口下侧，以免余水挂杯壁。

（七）分茶

茶快泡好时，先倒出自饮的一杯，以观冲泡程度。确认茶壶中茶泡好后，用往复分茶法分茶，按自右至左的顺序分三次缓缓注入杯中，每次每杯倒1/3，茶汤量以斟至杯中的六、七分满为宜。倒茶时，以右手拿茶壶，左手扶袖或轻压茶壶盖子。

（八）敬茶

将茶杯置茶托上，放于奉茶盘中，由助泡端奉至客席。主人随至客席，亲自端茶给客人。从主人的右手长者开始敬茶，右手举茶托，左手把住右袖口，恭敬地将茶捧至来宾前的茶桌上。

（九）品茶

主人奉完茶后，再回到自己的茶桌前，捧起自己的茶杯，观色、闻香，然后对宾客行"注目礼"，口中说"请喝茶"，而来宾答"谢谢"。主人待客人观色、闻香后，一起同饮。喝茶时右手拿茶杯的中部，左手托起茶杯，喝茶不能发出声音。

（十）品茶食

茶果是与茶相伴食用的水果或糕点，主人一般提前准备放在一旁。由助泡将茶果奉给客人，并按顺序收回茶杯。客人可品尝各式糕饼、水果等清淡茶食。

（十一）续茶

客人在食用茶果的间隙，主人备第二泡茶。过程与第一泡茶相同，根据客人的意向可续两三次。

（十二）送客

当品茶结束时，宾主双方跪坐行礼，宾客致谢意告辞，主人送行。客人离开时，主人应送到门外，出房的顺序与进房的顺序相反，年幼者先出，年长者后出。

（十三）收具

客人离去后，主人先回泡茶席。助泡将茶具收回泡茶席，主人一一将茶具放入大茶盘，然后挖去壶中茶渣，清洗茶壶；又将清水壶中的水注入各茶杯，按润杯法清洗茶杯等器具。清洗擦干茶具，将茶巾和茶托复位入茶盘后，取泡茶巾盖在大茶盘上，并归位。

第三节　英国下午茶

英国下午茶最初只是在家中用高级、优雅的茶具来享用，后来渐渐演变成招待友人欢聚的社交茶会，进而衍生出各种礼节。如今的英国下午茶形式已简化不少，被用来指午餐和晚餐间的甜点和饮料，喝茶、喝咖啡，甚至到麦当劳喝杯巧克力饮料，也属于下午茶的范畴。传统正宗的下午茶依然非常讲究，但只在昂贵的酒店（如

Ritz）、高档的咖啡馆里才能品尝到。虽然下午茶已经简单化，但是茶的正确冲泡方式、喝茶时摆设的优雅、丰盛的茶点这三点则被视为下午茶的传统而继续流传下来。英国下午茶成为一种简便的饮食方式，对品茶的环境、茶具、茶点的讲究以及程序的规定都很独特，充满了高贵和典雅的气息，并成为英国人的一种生活方式和一种文化形态。

一、英国下午茶的组成

（一）茶具

标准的英式下午茶对于茶桌的摆饰、食具、茶具、点心盘等都非常讲究，全套装备通常为高档银器。如今越来越多的下午茶场合，选择了陶瓷茶具，尤其是高档骨瓷。一套完整的下午茶茶具，包括茶壶、茶斗、茶杯、杯碟、茶匙、点心碟、刀、叉、三层点心瓷盘、果酱架、糖罐、奶盅瓶、三层架、用以泡茶计时的沙漏等。

（1）茶壶　两人壶、四人壶或六人壶，视招待客人的数量而定，多为瓷器。

（2）茶杯　正统红茶茶杯，杯口圆而宽广，可将红茶优雅的香气扩散出来。

（3）茶匙　置于托盘的右上方，以左斜度的角度摆放，与杯子成 45°。

（4）糖罐　和广口鲜奶瓶大小差不多的砂糖罐，通常有盖子，盛装砂糖，用于添加砂糖于茶水中。

（5）奶盅瓶　又叫广口鲜奶瓶，放置新鲜的冰牛乳，用于加入茶水中。

（6）点心盘　有两种点心盘，一种是用于盛装点心供客人选用的三层点心瓷盘，另一种是七寸个人点心盘（点心碟）。

（7）奶油刀　涂果酱和奶油专用。

（8）叉　吃蛋糕的专用叉。

（9）碗　放茶渣的碗。

（10）滤匙　用于过滤茶渣。

（11）托盘　端茶品用。

（12）桌巾　蕾丝手工刺绣制品。

（13）托盘垫　蕾丝手工刺绣制品。

此外，在摆设时可利用花、漏斗、蜡烛、照片或在餐巾纸上绑上缎花等。

（二）点心

正统的英国下午茶的点心是用"维多利亚式"的三层点心瓷盘盛装。最上层是甜食，放蛋糕及水果塔以及几种小甜品等精美甜点，以精致为主。中间层是咸甜结合的点心，放传统英式点心松饼（Scone）或培根卷（Bacon roll），搭配奶油和果酱一起食用，其他还放有泡芙饼干或巧克力；松饼是先涂果酱，再涂奶油，吃完一口，再涂下一口，不要蘸着吃。最下层是咸食，放三明治、手工饼干等咸味食物，可以是夹着小黄瓜、蛋或者烤牛肉的细长三明治，也可以是夹杂鱼子酱的牛角面包（Canapé）。这个点心盘的内容不论如何变化，英式松饼、果酱和手工饼干都是必不可少的。传统的英国下午茶中必有黄瓜三明治、熏三文鱼三明治、松饼配果酱及奶油，而小黄瓜三明治则是英式贵族的代表茶点。

（三）茶叶

英国人喝茶非常讲究，一天的不同时间需饮用不同的茶。在清晨，为了帮助提神，他们热衷于喝味道较为浓烈的印度茶，或干脆喝一种混合了印度茶、斯里兰卡茶和肯尼亚茶的"伯爵茶"，并添加上牛乳制成芳香四溢又营养丰富的奶茶。午后吃点心时，他们喜欢喝芳香甘美、颜色雅致的中国祁门红茶，并以此来冲淡奶油蛋糕或水果蛋糕的油腻。下午茶时，则需体现优雅，故往往选择含印度茶和中国茶，并用"佛手茶"加以熏制的色泽深沉的混合茶。而在晚间，他们又转而迷恋一种经过特别发酵和松木烟熏，并取名为"拉巴桑茶"的中国茶（正山小种茶）。英国人普遍认定，从不同品牌和不同种类的茶中，可以汲取更为丰富多样的营养物，而且还可在不同的时刻或场合发挥最为积极的健身或健心作用。

因此在英国下午茶中，常用的红茶一般有四种：伯爵茶（Earl grey tea）、早餐茶（Breakfast tea）、大吉岭茶（Darjeeling tea）、阿萨姆茶（Assam tea）。前两种茶属于调配茶，后两种茶为单一红茶。

伯爵茶据说来源于一位清朝官员给格雷伯爵的赠礼，是在中国武夷山的正山小种茶里添加了佛手柑，茶香中透露出佛手柑的清冽，越品越香，非常有层次感。由伯爵茶改良而来的仕女茶（Lady grey tea），则在加入佛手柑的同时融入了柠檬、橙皮等水果香料，因而带有清新的果香，茶的浓度一般要低些，口感更清淡，更适合女孩子。

英式早餐茶是以不同产地的红茶以一定比例拼配而成的，往往包括印度阿萨姆茶（取其浓度）、锡兰茶（取其滋味）和肯尼亚茶（取其色泽）。其中阿萨姆茶味道重但是缺少香气，而锡兰茶滋味不够厚重，那么将这两种茶拼在一起就可以弥补双方的不足，再加上肯尼亚茶调味，成就了这一香味浓郁、口味也厚重的经典茶。

大吉岭茶的干茶呈褐黄色，汤色橙黄，香味极浓郁、芬芳高雅，上品尤其带有麝香葡萄味，口感淡雅、细致柔和，被誉为"茶中香槟"，在英国更被看作是上好茶叶的代表。

阿萨姆红茶，产于印度东北部的茶叶，茶叶外形细扁，色呈深褐，汤色深红稍褐，带有淡淡的麦芽香、玫瑰香，滋味浓，是冬季饮茶的最佳选择。

除了这四种经典红茶以外，一般也会有大量的草本茶（Herbal tea）和水果茶（Fruit tea），如茉莉、菊花等。

二、英国饮茶的种类

英国人每天"Teatime"的次数非常多，但英国人喝茶比较定时，大多数英国人习惯于每天"三餐两茶"，即三餐和早茶、下午茶。英国有一首"当时钟敲响四下时，世上的一切瞬间为茶而停"的民谣，即使有天大的事也得等喝完了下午茶再说，这是雷打不动的规矩，可见"Teatime"（饮茶时间）对英国人生活的重要。

（一）英式早茶

英国人清晨刚一睁眼，不待洗漱，就要在床头享受一杯早茶，即 Early morning tea，又称之为"睁眼茶"。早茶以一杯红茶、几片小饼干为主，聚浓郁与清新为一体，茶水色泽鲜亮、口感出色。若是有客人，一般来说会给客人一杯早茶，这是帮助客人清醒的最好方法之一。同时在早茶期间，主人与客人还可以进行交流，对于客人的就寝情况进行关心。在英国，早茶具有重要地位。早餐时再来一杯早餐茶，即 Breakfast tea，为一两杯香浓奶茶，通常与早餐中的面包、黄油搭配。

（二）英式上午茶

英式上午茶（Morning tea）也是英国人的一种饮茶习惯，又被称为"公休茶"。英国公私机关、企业都规定一天有两次公休茶时间，分别为上午茶（Morning tea）和下午茶（Afternoon tea）。上午茶一般在上午 11 点左右，相当于亚洲的上午 10 点钟，英国人称之为早上 11 点的便餐或者说"喝一杯"。无论上班与否，英国人都会为自己安排"上午茶"，时间约为 20min，是工作间隙的一种休息方式，用以松弛身心并提提神。由于一些因素的限制，上午茶最简单，多选比较浓烈的红茶，配一点点糕点与水果。

（三）英式下午茶

英式下午茶（Afternoon tea）是英国茶文化的主要载体，英国茶文化凭借英式下午茶享誉世界。下午茶是最为讲究的，选取最精致的茶具、高档的茶叶、精心准备的点心，体现了对贵族生活的向往与追求，也是英国人典雅生活的一种方式。饮茶的节奏由女性来控制，体现出英国茶文化中特有的女性主导性。下午茶主要分为 Low tea 和 High tea 两种。Low tea 是上流社会在下午 4 点享用的下午茶，器具和茶点等极为讲究。High tea 一般指晚饭前的茶点，多以肉食为主，通常是在下午 5 ~ 6 点食用，盛行于普通大众。有些人还在中午吃饭时喝午餐茶，下午 2、3 点喝午后茶。

下午茶是英国人最具特色的饮茶习惯，也是英国各个阶层固定的习俗。在英国的饮食场所、公共娱乐场所等地，都有供应午后茶。在英国的火车上备有茶篮，里面有茶、面包、小点心、牛乳、柠檬以及糖等，供旅客饮午后茶用。多数英国的咖啡厅也会供应茶，通常是袋装的红茶和各种果茶。有些地方还会提供瓷杯、瓷壶，满足英国人的饮茶需求。英国下午茶甚至还衍生出像网球茶等多种形式。

（四）英式晚茶

夜晚临睡前，全家人会在客厅喝"睡前茶"。男士有时喝淡酒，女士与儿童多喝奶茶、果味茶等，围着火炉或闲聊或看书，茶尽人欢互道晚安。

此外，英国还有名目繁多的茶宴（Tea party）、花园茶会（Tea in garden）以及周末远足的野餐茶会（Picnic tea）。

三、英国下午茶的程序

（一）英国下午茶的传统程序

英国传统用于交友待客的英式下午茶会，依然非常讲究，有十分考究的礼仪，对于饮茶时间、环境、茶具，甚至是饮茶者的穿着，都有着严格的规范。

1. 邀请客人

一场正式的下午茶会需提前一个月开始准备，提前邀请客人，给客人充分的时间安排、准备。英国人通常以发请柬的方式邀请他人参加茶会，但因为英国人含蓄的性格，请柬上会写明主人何时在家请光临的字样，而避免直接写明茶会。邀请函写好后，加盖家族徽章方能寄出，客人则需要在收函 40h 内给主人答复。

2. 布置

上流社会的下午茶茶会属于正式的社交场合，因此从茶叶选购、茶具配置、茶点制作到环境布置、音乐伴奏、穿着打扮、礼仪应对等，均需要提前精心准备，非常讲究。重点要着重准备三个方面：一是环境；多选择优雅舒适的环境，如家中的客厅或花园，请客的主人都会以家中最好的房间招待客人。二是点心；需提前准备好丰盛的冷热点心，点心需要非常精致和高档，要由女主人亲手调制。三是精美器具与茶叶；选择高档的细瓷杯碟或银质茶具，器具全都银光闪闪，晶莹剔透，甚是精美，配上中国宜红茶、大吉岭红茶。此外，还有四季鲜花盆景，并播放悠扬轻松的古典音乐，营造出环境的优雅与高贵。

下午茶所需的茶杯、糖罐和奶缸都要在客人到来前全部准备就绪，而茶壶则要在客人就座之后才能拿上桌。英式下午茶的餐点和茶水的分量都要准备比参加人数多一人份的，比如两人的下午茶就准备三人份的茶点。桌上一般需要摆 2 个茶壶，一壶装茶水，而另一壶装热水，这是为了照顾每个人的喜好，如果觉得茶太浓了可以加点热水调淡。正统的英国茶杯为上宽下窄型，摆放时将杯耳朝右，并附上茶匙。茶匙必须放在杯耳下方成 45°，把手朝向身体。因为英式下午茶喝的是红茶，所以茶叶过滤器就成了必不可少的工具，使用过滤器也成为最能体现英式下午茶优雅姿态的动作。在下午茶会上，餐巾的用法跟在西餐厅用餐时的用法一致。餐巾必须在自己的大腿上折成相对的小三角，放于大腿上，并只能用小三角的位置来擦拭嘴角。现在餐巾也是对折放于大腿，用餐巾内侧来擦拭嘴角。用来放置茶具的木托盘铺着蕾丝巾，可为下午茶注入华丽的气氛。

3. 品尝点心与饮茶

参加下午茶会的男士必须身穿正式的燕尾服，女士必须身穿豪华的礼服，头戴礼帽。当宾客围坐于大圆台前面，主人就吩咐侍女捧来放有茶叶的宝箱，在众人面前开启，以示茶叶之珍贵。英式下午茶点心的食用顺序是由下往上吃，遵循味道由淡到重、由咸至甜的法则。先品尝带点咸味的三明治，让味蕾慢慢品出食物的真味，再饮几口芬芳扑鼻的红茶；然后再吃涂抹上果酱或奶油的松饼，让些许的甜味在口腔中慢慢散发，最后食用精致甜腻的水果塔。

（二）英国牛乳红茶茶艺

1. 备具

选用英式骨瓷彩色茶具，茶壶、糖缸、奶缸和小碟各 1 个，带托有把茶杯 2 套。花瓶、茶样罐、大茶匙、西式滤网和糖夹各 1 个，小茶匙 2 把，开水壶、水盂各 1 个，均选用金属制品。茶巾为棉制品。取大茶盘 1 只，内放小茶盘 1 只，然后置入以上茶具，可以叠放，以先取之物放在上面和近处，以方便布具操作。

2. 备水

将新鲜水注入沸水壶中煮沸。用刚煮沸的水先温壶，重新冲入沸水，使水壶中的沸水保持高温。

3. 布具

在泡茶台中央区左侧前放开水壶，水壶左后侧置水盂，水盂后置茶巾。在中央区右侧靠桌子前沿处放花瓶，与水壶齐平处放茶样罐，右后放盛有西式滤网、糖夹和大茶匙的小碟。在中央区正前放糖缸，右侧前置奶缸，在糖缸与奶缸中间的后面置茶壶，左侧前、后斜放2套茶杯（反扣），使全部茶具呈蝴蝶状排列。将小茶盘置于小碟左侧，大茶盘靠在桌脚边。

4. 出场

用轻松的步伐走至泡茶台侧，双手拉裙两侧，双脚交叉下蹲，头向前俯行宫廷礼，然后走到泡茶台中间。

5. 温具

温壶是东西方都要求的泡茶程序，英国一年大半时间寒冷，预热可以很好地防止茶壶破裂。以渐歇的方式温壶和温杯，避免水温变化落差太大，导致茶叶味道的变化。冲入约200mL开水，转动茶壶使开水接触壶内壁各部分，然后将水倒入杯中。转动茶杯后，弃水。

6. 置茶

选用锡兰红茶，2杯茶需投茶5.5g。

7. 冲泡

英式下午茶遵守的第一条规矩是：不用过烫的开水泡茶，为的是避免沸水使茶叶中的营养物分解、破坏，此外他们还害怕温度过高的茶水会刺激口腔并引发健康问题。由此他们习惯于将刚刚煮沸的开水置于水壶中，冷却上几分钟后再冲泡茶叶。将略凉的沸水缓缓注入茶壶，约2杯水量，为360～380mL。

8. 分茶

英式下午茶还有一个特点，尽量不让茶水在壶中停放过久，即在将热水冲入茶壶后仅几分钟，便马上把茶水注入茶杯中，此举的用意在于尽快使得茶水与茶叶两相分离。英国人认为冲泡过久，茶叶有可能会泡出有害人体健康的成分。为此，冲泡时间为2～3min，中间用匙入壶口轻轻搅拌，使茶汤浓度均匀，然后及时分茶。在茶杯上加滤网，分茶入杯，约七分满。也因此，英国人喝到的茶水往往比我们的要清淡得多。

9. 加糖及乳

英国人多数很喜欢喝奶茶，还有些人喜欢在奶茶中加一些糖。可根据客人的口味，加入糖及鲜乳。在分茶时，因茶具的不同，加乳和加茶的先后顺序也有不同。若是骨瓷杯，则先倒入冷牛乳后再倒红茶，普通茶杯则可先倒茶再倒牛乳或柠檬。茶和牛乳一共加至杯中大约七成满时，用茶匙前后轻轻移动搅拌，千万不要直接转圈，搅拌的动作不要过大，也要避免茶匙碰到杯壁发出声响。搅拌后茶匙上沾到的茶液应轻靠在杯沿上，让其自然滑落，然后将茶匙放到托碟上。

10. 品饮

喝茶时直接端起茶杯，托碟留在桌子上。除非是没有桌子来放置托碟，才可以左手拿住托碟，右手端起茶杯。如果茶杯没有杯柄，则大拇指放在正下方，食指和中指放在正前方，直接端起茶杯，小指可以微微翘起以保持平衡和稳定。如果茶杯有杯柄，传统拿杯时不可以把手指穿过杯子柄勾着，而是要用大拇指、食指和中指轻轻捏着茶杯把儿，微微抬起小指。不过如今也可以选择把手指伸进杯圈来饮茶。把杯子送到嘴边，喝完后要先将杯子放入托盘，再放回桌上。在喝茶的时候不要吃点心，在吃点心的时候不要喝茶。在将点心完全咽下去的时候，才可以端起茶杯喝茶。在吃点心或跟别人聊天时需将茶杯放下，要喝的时候再端起茶杯。喝茶时小口饮用，因为茶水较烫。

11. 收具

与备具相近程序，将茶具收至大茶盘中。行宫廷礼，取回茶具整理，结束。

第四节　俄罗斯茶艺

俄罗斯人把饮茶当成一种交际方式，并把饮茶作为三餐外的垫补或往往就替代了三餐中的一餐，常伴以大盘小碟的蛋糕、烤饼、馅饼、甜面包、饼干、糖块、果酱、蜂蜜等茶点，以茶、食共进，饮茶方式独特。

一、俄罗斯茶艺的组成

（一）茶具

俄罗斯茶具十分考究、漂亮，一般由茶炊（самовар）、茶壶、茶杯、杯托、茶碟、茶匙、糖块捏夹、糖棒等组成。其中茶壶放在茶炊上方用以蒸煮茶水，茶杯放在杯托上，再放在茶碟上。茶匙用来称量茶叶，糖块捏夹用来夹取糖块，糖棒是饮茶时用来搅拌糖块的小棒子，茶炊是俄罗斯特有的传统煮茶工具。

俄罗斯茶艺有的喜欢用中国陶瓷的茶具，有的喜欢用玻璃的茶具，但俄罗斯的传统茶具是罗蒙诺索夫工厂生产的网格花纹的青花瓷茶具。历史上俄罗斯喝茶的茶杯类似于今天领奖的奖杯，但俄罗斯的能工巧匠在陶瓷和金属上分别作画，画的内容多为动物花鸟，在喝茶时可以欣赏茶具上精美的图案，也是俄罗斯茶文化的重要组成部分。如今俄罗斯所使用的茶具类似于我国的暖水瓶，但是内部结构有较大的差别。

（二）茶炊

茶炊是俄罗斯的特色茶具，是18世纪随着茶叶传到俄罗斯而出现的。由于俄罗斯冬天十分寒冷，普通的茶具很难保持茶水温度，而茶炊可以做到。俄罗斯人最习惯用茶炊煮茶喝，俄语中有"没有茶炊不能算饮茶"的说法，可见茶炊在俄罗斯人心目中的地位。

茶炊类似中国古代的火锅，外形和带盖子的锅差不多，多由银、铜、铁等各种金属原料和陶瓷制成。茶炊可以烧泡茶所需的热水，也可以煮茶。茶炊的内部有一金属制的中空导管，在其中燃烧木炭，以便煮沸茶炊中的热水。热水锅炉上方有导管，可使锅炉中的蒸汽直通茶炊上方放置的小茶壶，并加以蒸煮，如此便可煮出浓郁的红茶。炉膛外面的龙头，直接放烧煮的开水。

18世纪中下叶才出现了真正意义上的俄罗斯茶炊。在当时，有两种不同用途的茶炊：茶壶型茶炊和炉灶型茶炊。茶壶型茶炊的主要功能在于煮茶，也经常被卖热蜜水的小商贩用来装热蜜水，以便于走街串巷叫卖且能保温。炉灶型茶炊的内部除了竖直筒外，还被隔成几个小的部分，用途更加广泛：烧水煮茶可以同时进行。到 19 世纪中期，茶炊基本定型为三种：茶壶型（或也称咖啡壶型）茶炊、炉灶型茶炊、烧水型茶炊（只用来烧开水的茶炊）。茶炊有大有小，从容纳几升水到几十升水的都有。茶炊的外形也多种多样，有球形、桶形、花瓶状、小酒杯形、罐形，以及一些呈不规则形状。在俄罗斯，生产茶炊最著名的产地是图拉。

在俄罗斯，茶炊是每个家庭必不可少的器皿。但如今，在现代俄罗斯的城市家庭中出现了用电茶壶代替茶炊的趋势，更多时候茶炊只是起装饰的作用。但每逢重大节日，现代俄罗斯人一定会把茶炊摆上餐桌，亲朋好友一家人围坐在茶炊旁饮茶。只有这样，节日的气氛和人间的亲情才能够得以充分体现。在外出旅行郊游时，俄罗斯人常常喜爱摆上茶炊喝茶。

（三）茶叶

俄罗斯产茶非常少，主要靠进口。在俄罗斯享有盛誉的茶是印度红茶、锡兰红茶以及中国的茉莉花茶。俄罗斯人酷爱红茶，有趣的是红茶在俄语是"чёрный чай"，直译为"黑茶"。除红茶外，俄罗斯还喜欢产自中国的青砖茶。俄罗斯人普遍偏爱红茶，但在西伯利亚的一些民族传统嗜好是绿茶。

（四）点心与配料

俄罗斯人在饮茶时食用的点心，主要有蛋糕、烤饼、馅饼、甜面包、饼干、巧克力等。俄罗斯人喜欢在茶水中添加的配料，主要有糖块、果酱、蜂蜜、柠檬片、牛乳、炼乳等。

二、俄罗斯饮茶的种类

茶对俄罗斯人来说非常重要，是俄罗斯人必不可少的饮品。大部分俄罗斯人都很喜欢喝茶，小孩也喝茶，每天都喝茶，并且一天会喝茶很多次。在日常生活中，俄罗斯的茶可以根据一日之内的饮用时间分为早茶、日茶、晚茶，如同一日三餐一样。此外，俄罗斯人早饭以后喝茶，午饭以后也喝茶，睡觉之前也喝茶。

（一）早茶

早茶在俄罗斯人日常生活中有着重要的功能，可以称之为早晨的"第一缕阳光"。一方面，早晨阳光照在俄式茶具——茶炊上，铜制的茶炊反射出柔和的晨光，把早晨第一缕阳光洒在餐桌周围。另一方面，每天早晨喝早茶的时候，全家人温馨地围坐在餐桌旁饮茶、交谈，早茶就像早晨第一缕阳光一样，使睡意未消的人们完全清醒过来，准备开始一天的工作。

（二）日茶

日茶通常是在午休时间伴随着午饭一起饮用的，因此是悠闲、放松、休息的象征。如果午饭是在室内吃的，那俄罗斯人就会选择在室外喝茶。呼吸着室外新鲜的空气，靠在高背椅上，喝着茶，使人精神放松、心情愉悦。俄罗斯的许多机关、企业、学校、厂矿通常在上午 10 点和下午 4 点分别定有饮用上午茶和下午茶的时间。

（三）晚茶

晚茶是在夕阳时分或太阳落下后饮用。茶具周围又恢复了早晨的温暖，冒着热气的茶炊里散发出茶的阵阵香味。人们一边喝着茶，一边不紧不慢地闲聊着，冬季的寒冷和白天的疲惫全都被驱除了。

在俄罗斯，饮茶几乎是宴会或晚餐的必备项目。事实上，宴会和晚餐由两部分组成，第一部分有食品、酒；第二部分有茶和甜食。在宴会和晚餐上，一般会用到正式礼仪中的"茶具"。在喝茶的时候，可以用勺取糖（粒状或精制），或者用刀把蛋糕切成薄片，并可以提供牛乳或奶油。柠檬切成的薄片、黄油巧克力、果酱和蜂蜜可以放在玻璃或水晶小瓶内。另外，还可以将朗姆酒或白兰地添加到茶中。当饮茶的时候，每个人都可以用勺子（或镊子）往自己的杯子加调味品、糖和其他东西。在俄罗斯的下午茶，没有任何主题，可以自由交谈。单独的茶会安排不需要复杂的准备工作，完全可以遵照前面的方法将糖果、糕点和其他点心送到饮茶的桌上，也可以根据相互熟悉的程度调整茶会的安排标准。俄罗斯这种茶会，可以定期或不定期安排在休息时间或者工作场所举行。

三、俄罗斯茶艺的程序

俄罗斯人喝茶习惯先在茶壶中泡好茶，之后再倒入杯中，兑水冲至一定浓淡再喝。茶叶通常只泡一次，用后就倒掉，下一次喝茶时要重新放入茶叶冲泡。

（一）备具

俄罗斯饮茶的茶具十分漂亮。茶碟很别致，喝茶时习惯将茶倒入茶碟再放到嘴边喝。俄罗斯人最习惯用茶炊泡茶喝，尤其是老年人更为喜欢。

（二）布具

在茶桌表面盖上一个漂亮的布，可以是明亮的白色，也可以漆成不同的颜色。茶具应放在彩色桌布上，和漂亮的茶炊相互映衬。围绕茶炊，可以放一些杯子。另外，可以配一个糖碗、柠檬盘、水果盘，分别盛放糖果、柠檬和其他水果以及纸巾。

（三）温壶

温壶指将干净的茶壶用沸水涮一下，使其快速地晾干，是俄罗斯较为传统的沏茶操作方式之一。

（四）置茶

一般选用瓷茶壶泡茶叶，茶叶用量根据喝茶人数而定，一般一人一茶勺的量。

（五）冲泡

将沸水冲入茶壶中，倒满，上盖，然后用一个做成各种母鸡或俄罗斯大妈形状的套子罩在茶壶上，以利于保温。俄罗斯人泡的茶，特别浓。

（六）倒茶

冲泡 3～5min 后，将茶壶里沏好的浓茶，给每人杯中倒入适量。然后端到茶炊前续白开水，使杯中浓茶水稀释，浓淡根据客人的喜好而定。喝茶的时候，必须保证茶炊中的水始终都是开的。

（七）加配料

俄罗斯人更喜欢喝甜茶，喝红茶时习惯于加糖、果酱、柠檬片，有时也加牛乳、炼乳、蜂蜜、香草等配料。有些地方习惯加盐，如雅库特人就在茶里加乳和盐。俄罗斯人喝柠檬茶的方法是把柠檬切成很薄的片，泡入茶中，再加入一小块砂糖。在红茶中添加果酱，使红茶中充满果香，同时利用水果中的果酸去除红茶中的涩味。

（八）饮茶

俄罗斯人喝茶比较讲究，不仅要有茶杯，还要有茶托。连用玻璃杯喝茶，也要把杯子放在金属套内。俄罗斯人饮甜茶，主要有三种方式：第一种是把糖放入茶水里，用勺搅拌后喝，这种方式最为普遍。第二种是将糖咬下一小块含在嘴里喝茶，不能吞下去，慢慢品尝甜味，这块糖要用来喝下五六杯茶，这种方式一般多为老年人和农民接受。第三种是看糖喝茶，既不把糖放入茶水里，也不含在嘴里，而是看着或想着糖喝茶；这种方式其实常常是指在缺糖的情形下，喝茶人意念当中想着糖，就似乎能品到茶里的甜味；这种"口中无糖，心中有糖"的喝法，很有"望梅止渴"的感觉。在18、19世纪的俄罗斯乡村，人们喜欢把茶水倒进小茶碟，而不是倒入茶碗或茶杯；手掌平放，托着茶碟，用茶勺送一口蜜进嘴里后含着，接着将嘴贴着茶碟边，带着响声一口一口地吮茶，这种喝茶的方式俄语中叫"用茶碟喝茶"。有时用自制果酱代替蜂蜜，喝法与拌蜜茶一样。

（九）吃点心

俄罗斯人除了喜欢喝甜茶，"茶点"也都是甜的。在饮茶的时候，在餐桌上摆上大盘小碟的蛋糕、烤饼、馅饼、甜面包、饼干、糖块、巧克力、果酱、蜂蜜等"茶点"。用以佐茶的面点有薄饼、馅饼、小扁平白面包、小面包圈或是小干面包圈，当然做法最简单的辅食是面包加黄油。在俄罗斯，还有专为喝茶而做的一种"饮茶饼干"。

第十八章　茶会举办

第一节　茶会的历史与发展

　　茶会在古代就已出现，并早已发展成熟。作为一种聚会形式，茶会是饮茶风气兴盛的产物，并推动了饮茶生活的多样化。茶会是茶文化发展中的有机组成部分，但在不同的历史阶段中呈现出不同的时代特征。在历朝历代，均有众多文人骚客参与茶会的发展过程，让茶会充满浓郁的文化气息与美学内涵。

一、茶会的萌芽

　　魏晋南北朝时期，以竹林七贤、兰亭曲水流觞雅集为代表的文人聚会已蔚然成风，但此时饮茶还未普及，文人们以饮酒为主。然而雅集的要义与后世的茶会一脉相承，例如对环境的选择，多半在山水清静之所；与会者的身份，有相同旨趣者参与；诗词酬唱与泼墨挥毫成为雅集的点睛之笔，并往往留下名篇佳作。此时文人聚会的形式，为茶会的出现做好了铺垫。根据史料记载，在此时期已开始出现以茶待客的做法。《宋录》载："新安王子鸾、豫章王子尚，诣昙济道人于八公山。道人设茶茗，子尚味之，曰：'此甘露也，何言茶茗？'"史料中不仅表现以茶待客，还有品茶之乐趣，有后世的茶会韵味在其间——主人专门准备与客人用心品尝。

二、茶会的兴起

　　唐代是中国古代茶文化的成熟阶段，也是茶会的兴起阶段。与茶相关的所有文化形态在唐代有如百花齐放，形成了一个完整而繁荣的格局。"茶会"也叫"茶宴""茶集"，广泛见于唐代的茶诗题之中，如钱起的《过长孙宅与朗上人茶会》和《与赵莒茶宴》、武元衡《资圣寺贲法师晚春茶会》、鲍君徽《东亭茶宴》等。这些茶诗中记载了唐代文人茶会的基本面貌，表现了文人墨客在品饮好茶的过程中神游物外、身心俱欢的独特况味；而且表明这些聚会因种种缘由而举行，如新茶初到、好友久别重逢，或有特殊的品茗环境。

　　《与赵莒茶宴》以清新淡雅的文风为我们留下了一个唐代文人茶会的美好画面："竹下忘言对紫茶，全胜羽客醉流霞。尘心洗尽兴难尽，一树蝉声片影斜。"既承袭了六朝时竹林聚会的雅趣，凸显品茶环境之幽，又传递出对旷世好茶——紫笋茶的喜爱与欣赏，品茶使人静心，故而呈现出对世界的细腻映照，自在圆融。《资圣寺贲法师晚春茶会》侧重写茶会的环境与感受："虚室昼常掩，心源知悟空。禅庭一雨后，莲界万花中。时节流芳暮，人天此会同。不知方便理，何路出樊笼。"僧侣与文人一起品茶的佳话，在唐代很普遍，而远离市井喧器的寺院往往成为茶会的理想之所。借茶之清思，悟人生之困惑，是寺院茶会产生的效应。从古代传承下来的上巳节曲水流觞活动，在唐代文人的参与下，演变出了"曲水茶宴"；吕温在《三月三日茶宴》序中细致描摹了一场秀丽和煦的春日茶会情景："三月三日，上巳禊饮之日也。诸子议以茶酌而代焉。乃拨花砌，憩庭阴。清风逐人，日色留兴。卧指青霭，坐攀花枝。闲莺近席而未飞，红蕊拂衣而不散。乃命酌香沫，浮素杯，殷凝琥珀之色；不令人醉，微觉清思。虽五云仙浆，无复加也。座右才子南阳邹子、高阳许侯，与二三子顷为尘外之赏，而曷不言诗矣。"其中对茶汤的描写，凸显了唐代茶会的品质。而茶会中的以诗言兴更是推进了茶会的氛围。

唐代茶会，是以文人为主体的多元文化集合体，其中既有文人寄情山水的情怀，更有文人参与饮茶艺术创作的新风貌，构建了古代茶会敦厚的底蕴。

三、茶会的盛行

宋代饮茶之盛，可谓空前绝后，上至王公贵胄，下至布衣平民，"咸以雅尚相推"，宋徽宗自豪地称此"可谓盛世之清尚也"。

茶会在宋代普及的形式，一是宫廷茶会。以皇帝为主导的豪华茶会，从赵佶的《文会图》中可见一斑。二是文人茶会。南宋刘松年的《撵茶图》完整呈现了以点茶技艺为主体的文人茶会，其中器具分工明确，秩序井然，而挥毫与观书的现场则呈现出浓郁的文化氛围。三是宋代最盛行的斗茶会。斗茶会起源于福建建安北苑贡茶选送的评比，后来在社会中风靡开来，成为整个宋代社会的风尚。刘松年的《斗茶图》《茗园赌市图》，呈现了宋代斗茶会浓郁的民间气息。斗茶会一斗茶品，二斗点茶技艺高低，既有游戏性质，更有技术性，其盛行表明茶会不仅是文人与贵族的专享，老百姓也可以享受茶会的乐趣。四是仪式严谨的佛门茶会。发端于唐代的佛门茶会，是茶助清修的独特属性在佛教文化中的自然契合，饮茶的仪式性成为佛门茶会在构建中的重点。宋代宗赜的《禅苑清规》中，对于"茶汤会"有清楚细致的规定，使得饮茶成为佛门共修的一种独特形式。其中，最著名的佛门茶会当属径山寺茶会，有严格的程序礼法，并相沿数百年。

宋代茶会的普及，是饮茶真正生活化的表现，每个阶层的人以适合自己的方式参与茶会，推动了宋代茶文化的兴盛。

四、茶会持续发展

明代社会最盛行的茶会依然是文人茶会。以江南的文人为代表，以惠山为中心，文人们留下了唯美淡雅的诗画以及茶文章，呈现着明代文人茶会的精致。其中最有代表性的就是文徵明、唐寅的茶画与题画诗，还有朱权《茶谱》、许次纾《茶疏》、陆树声《茶寮记》等茶书茶文中，皆留下了关于明代文人茶会的空间特性与仪礼、内涵等方面的细致描写。

文徵明的茶画留下了节令茶会的文化气息。《惠山茶会图》描绘的是正德十三年（1518年）清明时节文徵明同诸好友一起在惠山的二泉亭举行清明茶会的场景。画风既是山水，更是故事，将文人寄情山水又崇尚名泉文化的基调细腻展现，是茶会与时令文化结合的精彩结果。另有《品茶图》，展现的是明代独有的茶会空间——茶寮，在青山绿水之间，结庐而居，举办茶会的功能齐全，并能完整地感受人在自然之中品茶的惬意。其题画诗云："碧山深处绝纤埃，面面轩窗对水开。谷雨乍过茶事好，鼎汤初沸有朋来。"诗有画境，呈现出一场别开生面的山中谷雨茶会，好茶好景，再来佳客，是为人生快事。文人对于时空的敏感，是其折射在茶会中的精神，品好茶，赏好景，会佳客，一切都自然而完整。

而围着惠山转的文人不止一二，以竹炉的设计、制作、观赏、使用为中心的竹炉茶会、诗会，是明代有别于任何一个时代的独特茶会风格。竹炉被文人们称为"苦节君"，形制多样，其出现大大提升了茶会的精神内涵，文人们写了许多诗文记录竹炉茶会的印象。当时著名的画家王绂专门画了一幅《竹炉图卷》，学士王达作序，留下了惠山茶会又一精彩的面貌。

明代的文人茶会，呈现着文人回归自然、朴素内敛的饮茶风貌，追求归隐的趋势，也预示着古代茶会逐渐失去往日辉煌。

随着时代的变迁和社会的没落，茶会在清代的文人群体中基本没有亮点，仅在乾隆年间有乾隆皇帝主持的"三清茶宴"，但并未普及与传承。此后的历史中，茶会便不再是社会上人们喜闻乐见的聚会了。茶会的兴衰，其实也是社会兴衰的折射。

五、现代茶会

进入20世纪80年代，伴随着我们国家社会经济的发展，茶文化开始复兴，作为茶文化综合表现形式的茶会也逐渐兴起。以品茶交谊为主的茶席茶会，随着现代功夫茶艺与"茶席设计"的结合，越来越受到人们的欢迎。进入21世纪后，茶会更是成为现代人的一种颇具品味的茶生活形态，也成为不少茶叶品牌展示产品与品牌文化的新方式。无我茶会由蔡荣章于1989年在我国台湾创立，1990年发展成国际无我茶会，此后成为一种在国际范围内常态性的茶人聚集方式，以其精俭的理念，受到现代人的喜爱。1990年也是在台湾，由前天仁茶艺文化基金会秘书长林易山创立了四序茶会，将中国传统文化中"天人合一"精神融入到茶席与茶会的内涵中，以严密的体系传递中国的茶文化内涵。从古代延续下来的曲水流觞茶宴也在当代得到了弘扬与发展，现代版曲水流觞成为人们喜闻乐见的游兴方式。

总而言之，随着改革开放中茶文化事业的复兴，茶会以众多的形式逐渐在国内外推行，并越来越受到人们的重视。

第二节　茶会的功能

茶会作为以饮茶为中心的特定时空的集会方式，具有其独特的功能。

一、推动茶知识的普及

茶会上，人们最重要的事情是品茶。一场茶会，总是会有一定的规模，少则十人以内，多可上千人，有的不定期举办，有的则是遵循一定的时间规律举办。细致挑选适宜的茶类，可以是一类茶，也可以同时是许多类茶。在茶会中以各种方式展现茶的历史、产地、品质特性，并由专业的泡茶人士冲泡、讲解，成为许多人认识茶的重要渠道。茶叶的外形之美、内质之美，在泡茶的过程中徐徐展现，人们可以随着泡茶的过程，感受干茶的外形、色泽与香气，以及每一道茶汤的色、香、味，甚至欣赏茶叶泡完之后的叶底。而茶叶的外形与内质，来源于产地、栽培方式、树龄与采制工艺。一片小小的芽叶，浓缩了天地人对茶之品性的塑造。茶会品茶的过程，以体验与倾听相结合，还可以与其他品茶者交流探讨，能获得比较丰富的茶叶知识。茶叶知识的普及，是人们能更好地接触茶、选择茶、享受茶的重要前提。

二、促进茶文化的推广

茶会的载体是茶席和茶空间，茶席的呈现以及茶空间的综合布置其实是设席者对茶的文化内涵挖掘的过程。当参加茶会的来宾入场，看到已经准备好的美好雅致的茶席共同构成的茶空间时，其对茶的认识就会超越日常饮茶。每一个茶席上的器物，都表现出泡茶的需要以及茶的风格和美学特性，其材质、造型、色彩与综合格调都呈现着茶的文化属性。所以参加茶会时，体验到的不止是茶，还有泡好茶所需的器物、水质、技艺、精神面貌、和谐美好的环境等；享受一杯茶的同时，享受的还有在其过程中眼睛看到、耳朵听到和心灵触动到的种种美感和愉悦。如此，茶便从一般的农产品升华为文化，实现满足社会的物质与精神的双重需求。

三、提高个人修养

本质上，茶会是古老的客来敬茶习俗的提升。客来敬茶之敬，是一杯茶所传递出来的中国人最朴素与纯洁的情感，是礼仪之邦的重要基石。茶会的举办，核心是主人以茶待客，主人之敬意表现在精心的准备、周到的迎送、诚恳的表达、细致的举手投足，让人有"宾至如归"之感，如此的仪礼是茶会的润滑剂。应邀而来或者慕名而来的客人，从提前了解茶会基本信息开始，到与会的守时，遵守茶会的秩序与约定，让泡茶与品茶融合，营造出茶会友善、融洽的氛围。茶会中无处不在的礼仪，对与会者有很好的感化和教化作用，传播的是有利于社会和谐的现代文明，对于构建社会主义和谐社会有巨大的现实意义。

四、促进不同文化元素的融合

茶会在过去的发展过程中，因茶自有的亲和力，与众多传统文化元素自然地融合在一起。古代文人墨客开创了茶与墨、与诗、与画、与曲、与花、与香等诸多领域的结合，营造出茶会浓郁的文化气息。现代茶会的举办中，最有生命力的茶会往往也会融入独特的文化元素，甚至可以融入现代高科技，以增添茶会的活力。茶会已成为不同文化元素融合的平台，将促进不同文化元素的结合，有利于文化的创新与发展。

五、成为一种美好的生活方式

社会发展的最终结果，就是让普通百姓过上美好的生活。而茶会中，力求自然和谐，所有的要素都是美好的；除了茶本身的滋养，更有众多文化成分的熏陶，在特定的时空中启人心智，引人遐思，会带给体验者诸多美好的感受。茶会是一种健康、积极、美好的聚会方式，经常性举办高质量的茶会，为人们提供了一种美好生活方式的选择。

六、促进文化的交流与融合

中国茶文化影响世界广且深。从唐代开始，中国茶文化就开始传播全球，并影响至今。随着我国改革开放，与国外的交流与联系更加密切，茶文化自然成为最好的媒介。在国外开办的孔子学院，以及我国全力打造的一带一路，茶文化均发挥出积极的作用。习莫东湖茶叙，把茶会推向高潮，更凸显出茶会的功能作用。茶会，不但可以成为国与国之间文化交流的媒介，还可以促进全球文化的融合，更可以促进世界的和平。

七、创造经济价值

在现代社会生活中，茶会可以是一种非常好的产品展示平台。一是借助茶会，展示茶叶、茶具等相关产品以及企业的经营理念。通过对产品的直接体验，让品牌特色与品牌文化深入人心，从而获得更好的产品与品牌认知度与认可度，创造出可持续发展的经济效应。二是茶会本身以产品的方式被消费，产生直接的经济效应。人们参加茶会需付费，茶会可以直接产生经济效益。一场精心筹划与组织的茶会，包含了物质与精神双重的品质，成为现代人体验与消费茶文化的新选择。

总之，茶会以其特有的体验过程，促进了茶叶本身、与茶相关的物质与文化知识的直观普及，其中蕴含的礼仪文化又促进了人与世界和谐相处，也给人们体验美好生活创造了空间。在中国走向世界的和平之路上，茶会成为展示民族文化自信、传递民族文化内涵的重要渠道。

第三节　现代茶会的类型

从历史上传承下来，到现代社会中融入新的时代元素进去，茶会形成了多种类型。按照茶会的性质以及目前已有的成熟模式与社会普及度来划分，现代茶会的基本类型有坐席式茶会、游走式茶会、户外茶会、流觞式茶会、无我茶会、仪轨式茶会；这些茶会都有完整的策划体系、文化背景、举办要领，在社会上的推广面也比较大，应用比较广泛。

一、坐席式茶会

坐席式茶会指茶会为客人提供专门的座位，用于茶会中较长时间舒适地品茶交流。在人数较多的茶会，会设置多个茶席，每个茶席设置一定数量的座位，保证对应数量的客人同时品茗。

从品茶交流本身的特性来说，人们更倾向于舒适而惬意的品茶环境，固定的座位显得很重要。因而，在现代社会中，品鉴目的明确的茶会，即侧重茶汤体验的茶会，一般都会选择坐席式。在坐席的基础上，按照茶会的目的，又可以细分出以下类别。

（一）名茶主题品茗会

名茶主题品茗会一般是以某种名茶品鉴为目的，或者系列相关茶品的品鉴。经过周密的准备，依托一定的场地，邀约或吸引爱茶人士前来参与。茶会重点凸显对茶的品鉴与交流，知识性与体验性兼具，适用于产品推广和专业交流。

（二）文化主题品茗会

文化主题品茗会以一定的地域文化和传统节日文化或者艺术形态相结合，呈现明显的文化特性。从茶类的选择到茶席的设计，从场地布置到流程的导引，从客人邀约到品茗后活动，都扣紧某一文化主题，茶会具有很强的仪式感和感染力。如四海一壶茶地域茶会，以地域文化为载体，通过主题茶席呈现浓郁的地域风情；二十四节气茶会，以茶会解读节气文化；端午节茶会、七夕茶会、中秋茶会、重阳茶会、新年茶会等具有浓厚的传统文化气息；茶与乐的对话、茶与书的对话、茶与画的对话等，在对话中挖掘茶的内涵，增加艺术表现的空间。这种文化类型的茶会，是当代社会人们喜闻乐见的茶会形式，内容丰富而主题鲜明，在品茶中领会文化的魅力，是传承与体验民族文化的有效途径。

（三）茶汤作品欣赏会

茶汤作品欣赏会也叫纯茶会，以泡茶、奉茶、品茶为茶会的核心。该茶会有专业的茶艺师进行设席与泡茶，有严格的流程，席间基本不进行语言交流，重在感受茶汤创作的过程与体验茶汤之美。

（四）茶话会

茶话会以茶为媒，以茶会友，借助茶会的平台，搭建人们交流与联谊的平台。人们围坐一起，边品茶边交流。茶话会一般针对非专业人士，以及初见面的人士，为增进交流的氛围而举办，茶的比重相对较弱，交流性质比较明显，如入学茶话会、新年茶话会、两岸青年茶话会等。

坐席式茶会的优点是可以在固定的座位品尝较完整的茶汤，并较舒适地体验茶会的全过程。从维护茶会秩序的角度来说，一般坐席式茶会中不主张随意随时换座。坐席式茶会一般会按照时长设置场次，可以分两场或者三场。每位客人有机会到两个或三个茶席品茶，可以在会前抽签或者由司仪指挥休息时间时自行换座。坐席式茶会的缺陷就是无法将会上的茶席与茶均体验一遍。

二、游走式茶会

当游走式茶会的茶会规模较大，且茶会的目的偏向交谊性质时，在会场设置较多数量的茶席，但不设置座位，各茶席同时供应茶汤。客人可以在游走式茶会的会场中自由走动，品尝各种茶汤，并与其他茶友交流。游走式茶会很适合氛围宽松、场地宽阔的情况，如大型学术研讨会的欢迎茶会和间歇茶会、公司或机构的周年庆典或者年会、大型茶文化活动的开幕茶会等。

游走式茶会的优点就是茶友不受座位的限制，可以自由地品尝现场的所有茶汤，并可以与其他茶友广泛交流。其缺点是品茗杯的准备与使用都会给主办方带来较大的困扰，并且现场的供水与供茶的条件要比较理想，否则人流量较多，较难满足茶汤需求。此外，茶会的秩序相对不容易掌控。

三、户外茶会

户外茶会是人们携带精简的泡茶用品，到亲近大自然的地方，泡茶，品茶，体验天人合一、物我两忘的境界。按照与会人数的多少，可以选择在宽广的草坪，也可以选择在幽静的林间，可以是家人，也可以是朋友。大自然的景致、声响、气息都是最好的茶境，人们可以盘腿、可以跪坐。若是在庭院里，亦可携带简便的桌椅，以舒适的方式亲近大地，放牧心灵。茶会的流程自然不刻意，乘兴而来，尽兴而返。如梅花茶会、杜鹃茶会，以花期营造茶境，在品茶中体验花开花落的美妙时光。

四、流觞式茶会

流觞式茶会是历史上"曲水流觞"活动的延续与发展。借助缓慢的水流，人们列坐水畔，手持茶杯，待羽觞将茶汤顺水送至面前，各自取饮，其间还有现场的吟诗作赋泼墨挥毫等文化活动助兴。

五、无我茶会

无我茶会是人人泡茶、人人奉茶、人人品茶的茶会形式。茶会严谨、有序，以最精简的茶具，遵循"七大精神"，让每个与会者在茶会中放空自我与找寻生命美好。

六、仪轨式茶会

仪轨式茶会是有着既定严格的茶会结构，以中国古代优秀的传统文化为背景，茶人们在茶会中实现群体修行的茶会形式。以四序茶会为代表，融合茶席、泡茶、奉茶、品茶、香道、花道、挂画、音乐、解说等诸多内在统一的艺术形态，将茶与五行哲学、四季二十四节气的变迁有机结合，令与会者产生深刻的文化共鸣。

第四节　茶会的策划

为了保证一场茶会有序而温馨地进行，达到甚至超过预期目标，围绕着"处处为他人着想"的原则，需预先对茶会进行有效地设计与规划，以便在会前进行周密的准备。一般需要从以下几方面进行考虑，最后形成完整的茶会策划方案。

一、茶会目的

茶会目的引导我们依照其性质思考茶会的需要，因茶会的性质决定了茶会的需要，可以依此梳理各项要准备的工作。人们举办茶会，多数有其目的性。目的不同，茶会的性质也不同，呈现的茶会格调也不一样。通常人们举办茶会的目的可以分为以下几种。

（一）为庆祝

如某些重大的节日，包括传统节日、国庆节、元旦、劳动节等，有鲜明的庆祝色彩。也可以是公共的纪念日，如建立城市的周年等；或者私人的纪念日，如生日、毕业周年纪念、结婚纪念等。

（二）为追思

在一些特定的日子，如清明节、端午节、国难日等，追思共同的人。某些特别值得纪念的人，如伟人、先人、某一领域的独特贡献者等。

（三）为游兴

在中国传统文化中，有些特别的出游活动可以很好地融入茶会的内容，如上巳节的户外曲水流觞、清明节的踏青、中秋节的户外赏月、重阳节的登高等。

（四）为社交

以社交为主要目的的茶会，多用于产品或品牌的推广，借助茶会的方式吸引众多的消费者现场体验，以增进了解与信任。亦有纯社交的茶会，为结识朋友而进行。

（五）为修习

为修习的茶会是为表现大自然的运行规律而创作的特定形式的茶会，庄严、缜密，富有启发性，抑或促人自我成长。

（六）纯茶会

纯茶会是以品茶和识茶为目的的茶会，没有其他任何项目的加入，直入品茶的主题。

二、茶会的类型

根据茶会举办的目的，选择适宜类型的茶会。

三、茶会参与的对象

茶会的性质与参与的对象有密切的联系。按照茶会中对饮茶的关注度以及茶会的综合效果（是否圆满、和谐、融洽、有序等），大概可以把与会对象的身份分为以下几种。

（1）茶专业人士　指从事茶业时间较长的人士，对茶有较深入的认识，对茶文化有较浓厚的情感。

（2）社会上的爱茶人士　虽是非茶专业人士，但他们喜爱茶与茶文化，喜欢品茶和参与各种茶文化活动中。

（3）潜在的爱茶人群　有些人虽然对茶接触不多，但喜欢传统文化，有意愿学习与亲近茶文化，比如很多青年学生。依据茶会性质，明确参与对象，提前邀约，对茶会规模的掌控有直接的影响。然而，有时因举办茶会的目的，不限制与会者的身份。

四、茶会的规模

茶会的规模，是按照茶会要达到的目的，以及可能具备的举办条件而设定的，如供茶能力、场地特性、其他相关的接待条件等。一般可以分为以下几种规模。

（1）超大型茶会　这种茶会的人数达数百人甚至上千人，如国际无我茶会经常有"千人无我茶会"，对茶会举办方的工作就提出了很苛刻的要求。

（2）大型茶会　茶会人数为 60 ~ 200 人，是不少机构可以胜任并且在统筹规划完整之后可以顺利举行的。

（3）中型茶会　茶会人数为 20 ~ 60 人，往往是特别精致的品茗会，以及重要的接待；有理想的举办茶会场所时，适合选择这种规模。

（4）小型茶会　茶会人数在 20 人以内，一般的泡茶空间可以容纳，家庭茶会也可以，举办的难度相对最小。

茶会客人数的确定直接决定了茶会的供茶方式，即需要准备多少茶席，需要邀请多少茶艺师现场设席泡茶，以及选择什么场地适合举办茶会。

五、茶会的场地

茶会的场地，即举办茶会的地方，包括了举办茶会所需要具备的一些特殊条件，如宜茶的环境，含水电供应、空气、光线、植物、声响等。一般分为以下两种情况。

（一）室内

室内举办茶会不易受天气的制约，相应的水电桌椅设施比较齐备。大型茶会可以利用高级的酒店、大型的展馆、体育馆等，中小型的茶会可以利用茶艺教室、会议室、茶馆厅堂、茶室等。

（二）户外

在交通比较便捷的地方，风景秀丽，场地空旷，借助旅行式泡茶法举行户外茶会，可以是超大型茶会的很好选择。千人无我茶会一般都提前勘察好户外场地，如华中农业大学狮子山广场、台北中正纪念堂外面的广场、浙江大学紫金校区的大草坪等。

六、茶会举办时间

茶会的举办时间尽可能考虑与会者的方便，一般选择人们比较有空参与的时间与时段，如节假日、周末，当然也可以是举办方定的特定时间。茶会也经常作为大型文化活动的一部分，比如学术研讨会期间的特色活动，文化节的一个环节等，举办时间就需配合主办方的需要。

七、茶会的工作人员安排

在确定了茶会规模与场地之后，举办茶会的相关工作就需要有序安排并推进。根据茶会举办时各个环节的需要，一般可以做以下分工。

（一）宣传与联络工作

在茶会准备和举办中，有大量宣传与联络工作需要做，需适当多安排人员负责。在宣传工作方面，需结合现代媒体的传播途径，制作质优形美的茶会预告与邀请函，以及相应的与会凭证如品茗券、签条等；在茶会中有些需制作一些相关的背景知识或文化的介绍，供参会人员了解；茶会后，需及时撰写稿件进行宣传报道。在联络工作方面，茶会前需确定邀请的对象与邀请方式，邀请函需提前三天送至茶艺师和参会茶友手中，确认与会并及时登记；茶会当天需有迎宾与会场导引，需进行来宾登记、抽签（坐席式茶会确定座位）、洁手净心（茶汤作品欣赏会和其他强调仪式感的茶会）。相关工作人员需提前熟悉茶会的细节，给客人宾至如归的感觉，有助茶会的顺利进行。

（二）泡茶工作

确定好茶会需要设置的茶席数量，邀约相应的茶艺师，并提前做好准备工作。按照主办方的需求，准备泡茶需要的用品，以及配合主办方安排好工作进度，比如提交个人信息、熟悉场地、提前熟悉茶会用茶、制作茶谱、现场试摆茶席、按茶会的性质进行现场泡茶等。

（三）场地工作

茶会场地需要规划与布置，需设置报到区、入场区、茶席区、茶会准备区、茶艺师休息区、来宾物品存放区等。茶会前布置好所有茶席电源、线路，检查茶席用水水质，以及热水供应。

（四）茶艺师助理

助理需与茶艺师提前对接，协助茶艺师于茶会前设席、备水，于茶会中场协助其整理茶席、备水等。

（五）现场司仪

现场司仪需提前了解主办方的需求，准备好茶会导引词，在茶会前到现场熟悉设备。司仪在茶会中需掌控进程并提示，语言表达需干脆清楚。

（六）摄影人员

摄影人员在茶会前，主要拍摄场地工作的细节，记录场地工作的重要性与值得学习的地方，拍摄茶会场地布置后的完整面貌、茶席静态照片、主题区照片以及其他准备好的相关独特的场景照。在茶会中，摄影人员主要拍摄茶会的流程，包含整体场景和特写；如客人入场、茶艺师入场、本场茶会的专属品茗证、茶艺师的泡茶、品茗者的品茶、茶汤、叶底、茶会中主客交流、品茗后活动等。在茶会后，摄影人员主要拍摄茶会合影、场地恢复中值得记录的细节等。茶会的影像，在会后需及时整理，打包发给需要的人员；或者在网络上存放，公布链接与下载方式，需要的人可以自行下载。

茶会中的其他工作，可根据茶会的具体情况酌情安排。茶会的琐碎工作较多，需要事先明确工作内容并具体落实，才能确保茶会现场的有序开展。

八、茶会成本的估算与筹措

茶会的举办，需要依托很多物质的成本，事先估算才能让物品和人员及时到位。茶会成本大体包括以下几点。

（1）场地费用，为场地租借费和场地布置所需要的物品如花材、挂画、条幅等购买费；

（2）人员费用，为负责茶会各个项目的工作人员的劳务费、交通费、伙食费和住宿费等，对茶会志愿者则需预算交通费、伙食费和住宿费等，具体根据茶会的实际情况来预算；

（3）茶叶、茶具、茶食与用水费用，这些可以由茶会统一采购，也可以让茶艺师自行准备，但费用则包含在人员费用上；

（4）纸质材料费用，含制作邀请函、入场券、签条、指示牌、海报等费用；

（5）纪念品费用，根据茶会实际情况来设置。

作为茶会的主办方，必须先确定了经费，才能有效推进茶会的举办。茶会经费的筹措途径主要有：一是由举办方自身筹集资金；二是向相关业务机构申请获批经费；三是获得相关单位或企业赞助的经费；四是茶会自身收费来开支。

九、茶会的流程设计

茶会有别于其他集会的地方，因饮茶需有节制才有益于身心健康，所以茶会的时长会有所限制。以人们普遍接受的茶量程度，以及审美的持续时间来看，茶会的总长控制在两小时以内比较适合，太长时间的茶会容易让人疲劳。

茶会流程设计为所有茶会参与者包括工作人员与茶友提供了准备的重要依据，并能确保各方在茶会中有序推进。因类型不同，茶会流程的设计也有所区别。

1. 坐席式茶会的流程

因为有座椅和专门的泡茶人员，又考虑到喝茶的完整性，不宜随意走动，以免扰乱茶会的秩序，所以坐席式茶会流程设置成若干环节：报到→（抽签）→观摩茶席与会场，联谊→（对号）入座→茶会上半场→中场休息→茶会下半场→（品茗后活动）→合影留念，结束。每个环节的时段根据茶会总长度来设定，以茶会泡茶为主体。

2. 游走式茶会的流程

游走式茶会没有固定座位，客人可以携带固定的品茗杯在各茶席间自由品茶交流。一般流程如下：报到，领取品茗杯并登记→观摩茶席与会场，联谊→茶会品茗交流→归还品茗杯，结束。游走时间也不宜过长，以一个小时以内为宜。

3. 流觞式茶会的流程

流觞式茶会是文化色彩与参与性都很强的茶会形式，一般是与会人员轮流泡茶，依次上台表演，流程设计如下：报到→（抽签）→观摩会场，联谊→（对号）入座→茶会第一轮供茶，同时第一轮节目表演→茶会第二轮供茶，同时第二轮节目表演……→合影留念，结束。供茶的次数与时长依据与会人数来设定。

4. 无我茶会的流程

无我茶会是与会者自带旅行茶具，按事先约定泡茶道数，联谊时间较长，泡茶的时间在半个小时以内。其流程为：报到→抽签→对号入座→设置茶席→观摩茶席与会场，联谊→茶会泡茶、奉茶、品茶→品茗后活动→合影留念，结束。

5. 仪轨式茶会的流程

每种仪轨式茶会有自己既定的流程，一般遵照执行即可。

十、茶会的余兴节目安排

茶会虽以品茶为主体，但也是很重要的文化活动。对于一年四季在各种节日背景下举办的主题茶会，相关文化活动的合理融入，会成为茶会的点睛之笔。为了保证茶会的完整性，一般采用"茶会 + 文化活动"的方式，在茶会策划时按照主题烘托的需要提前准备余兴节目。一般的余兴节目可以在茶会前导入，在中场休息时作为氛围的切换，在茶会后段作为延伸，有音乐、香道、书法、朗诵等浓郁艺术氛围的形式。余兴节目表现形式应富有美感，自然雅致，长度适中，不喧宾夺主，力求格调与茶会一致，并有效烘托和延伸茶会，让人有余音绕梁之感。品茶时用心于茶，欣赏艺术时专注于艺术，如此才会让人们印象更深刻。

十一、茶会公告事项

在茶会的基本信息都确定之后，可以制作一份表格式的"公告事项"。茶会公告事项包含茶会名称、茶会时间、地点、主办方、与会人士、茶会流程与注意事项、茶会负责人与联系方式，提前发布在相关平台，或者通过海报呈现。茶会公告事项让与会人员事先了解茶会的相关注意事项，便于在茶会中主动配合，有助于茶会秩序的掌控，保障茶会的顺利进行。

十二、茶会总结报道

一场成功的茶会，是现场感觉美好、难忘，宾主尽欢，画面和谐。专门的摄影人员拍摄了珍贵的茶会过程镜头，事后由擅长文字的人记录茶会，编制成图文并茂的文案，即时发布于相关的平台，让更多的人分享、了解茶会的信息。同时将涉及单个茶会人员的照片，做好标记，一一打包发送给参会个人收藏。

第五节　茶会举办的要领

举办一场茶会，能否实现既定目标，则取决于以茶为中心的关键要领是否能做到位。

一、茶会的供茶能力

对于一场茶会来说，喝到了什么茶，喝到了多少茶，经历了怎样的喝茶与交流过程，结束后回想起来是不是觉得对茶文化的喜爱与认识又加深了一些，是茶会的重大使命，也是评判一场茶会水平高低或成功与否的重要依据。

茶会的供茶能力主要取决于以下方面。

（一）茶会的茶艺师

茶艺师是掌席人，在茶会举办中有主控茶席的能力，包括选茶、择器、择水、布置茶席空间、看茶泡茶等。在泡茶过程中，依赖于茶艺师引导客人进入茶文化的独特意境中。茶艺师专业的素养、恰当的礼仪，让人们在品茗中获得真善美的体验。茶艺师应能根据茶会的特性设置茶席，并在茶会有限的时段中泡好每一道茶，以最快的速度为客人奉上一杯美味的茶汤，并能恰到好处地引导客人对茶与茶文化关注。

（二）茶会的供茶方法

茶会上的泡茶方式与茶会的性质有直接关系。例如曲水流觞茶会，就适合个人旅行式的简便泡茶法或者浓缩式的简便兑茶法，从上游统一分段供应茶汤。而无我茶会是采用多人的旅行式简便泡茶法。对室内的正式茶会，无论是游走式或是坐席式的茶会，都比较倾向于表现出茶的完整面貌，尤其是茶汤在不同阶段的层次感，为此以功夫茶泡法更适宜。使用壶或者盖碗等泡茶器具，按照得当的冲泡方法，一道道去呈现茶的风格特性，这在茶会中是最好的选择，并且有利于人们在整个过程中增进关于茶的认知。按照茶席上的客人数量，决定使用泡茶器具的容量大小。一般一席在6人以内，可使用200mL左右的小壶或者盖碗；一席超过6人，但在12人以内，可使用400mL的大壶进行冲泡。

（三）茶会的热水供应

热水的供应是茶会上供茶能力的重要环节，供茶速度与供茶的质量都与热水的准备直接相关。尤其是对于较长时间的坐席式茶会和游走式茶会，热水供应是保障茶会顺利举行的重要前提。统一供应热水，可以缩短烧水的等待时间，有时茶艺师可以不需要准备烧水设备。

一般较大型的茶会，都要在备水区准备大功率的烧水桶，以满足茶会前煮水器和保温壶盛热水的需要，以及茶会进行中随时补充热水。一般煮水器在茶会开始前，应装上热水，保温壶也装上热水，在茶会开始时根据茶类的需要再将水加热升温至所需。

每个茶席的热水量，按照泡茶器物大小与泡茶方法的需要进行准备。煮水器（1L左右）至少要装六分满的热水，加上一个1.5L的保温壶，一般小壶连续泡半个小时是够用的。若是400mL的大壶，则需要准备两个保温壶。中间水不够时，由茶艺师助理用保温瓶及时补充。

（四）茶会用茶的准备

茶会的用茶需要注重品质，并有一定的欣赏价值，才能让参会者在茶会中对茶产生较难忘的印象。茶会用茶，可以表现出集中的主题鉴赏，为某类茶，甚至某种茶，或者某个系列的茶，这一般针对较专业的人士。茶会用茶也可以是各种茶的体验，甚至六大茶类都有，这主要针对非专业的人群以增加对茶的认知。

茶会用茶的准备，主要包括以下方面：

（1）主办方统一供应　一般与主办方的茶品宣传或者品牌塑造有直接联系。需要提前一段时间将茶样交与茶艺师试泡并熟悉其特点，以便茶会中更好地表现茶与宣传茶。

（2）茶艺师自行准备　一般是特殊邀约有一定影响力的茶艺师，他们愿意在茶会上分享自己熟悉的好茶。茶艺师以自己最熟悉的方式展现茶各个阶段的特性，带给茶友完整而深刻的认识，从而提升茶会的内在质量。

（3）茶友现场分享　某些特殊的茶会，侧重茶品交流，爱茶人士自带茶叶到现场进行冲泡体验。

茶会用茶的量，主要依据茶会上茶席的供茶方式与茶会的时间。一般茶会上的供茶，要求速度快，但时间适当。两个小时以内的茶会，可以按照泡茶的方法来推算须准备的茶叶量。

（五）茶会的品茗杯

品茗杯是客人参加茶会必须有的器物，让每位客人在茶会第一时间品尝到茶汤。茶会上的用杯，有以下几种情况：

1. 由举办方统一提供茶杯

由举办方统一为参会者提供品茗杯，参会者于入场处登记个人信息并领取。在茶会结束后，作为纪念品的品茗杯可由参会者直接带走，非纪念品的品茗杯则须回收至"杯子回收处"并登记确认。这种情况多见于大型的"游走式茶会"，便于大家带着杯子四处品茶交流。有时茶会每席需单独供应品茗杯，而且一般需要准备两场茶会所需杯量，这多见于坐席式茶会中；茶艺师所准备的茶杯，对于品赏某种茶有独特的用途，故而需要使用特定品茗杯，而且茶席上的专属品茗杯也有助于提升茶会中茶席的美观与秩序。

2. 茶友自备品茗杯

一般需在茶会公告事项中提前告知参会者，由参会者自备品茗杯参加茶会。这种方式可以减少主办方在来宾数量太多时的工作量与物资，形成茶会的品茗杯多样化风格，扩宽品茗杯的欣赏视野。参会者自备品茗杯一般不限制茶会的性质，各类茶会均适用。其缺点是破坏了茶席的完整性，不一定是某种茶最佳的承载器皿，并会造成来宾的困扰，如其没有比较理想的品茗杯，或者容易遗忘。

出于茶会的整体美感和茶汤品质的呈现，以及环保的考虑，不主张使用一次性纸杯和塑料杯。

二、茶会氛围的营造

茶会的本质是"人会"，传递出恭敬与友善的精神，因此带给宾主的空间与细节的美化显得很重要。

（一）茶会的场地布置

茶会场地空间的布置是为了便于茶会的进行，并营造出某场茶会特有的空间特性，以产生较强的感染力。按照茶会性质的不同，场地布置也有各种风格。例如，依季节或者时令，茶会的空间便可以借由植物、书法、绘画的装置，呈现特有的时空，让人们感受到美与珍惜。无论哪种茶会，其基本的空间特点都应该是舒朗有序、宁静祥和、美好温馨的，在人们步入会场时能感受到有别于其他场所的细腻温雅，令人不由升起敬意，才有助于增添人们对茶会的喜爱。

（二）茶会的音乐应用

出于缩小情感距离的需要，人们会在茶会中应用音乐，因为与主题相宜的音乐会有烘托茶会氛围的作用。茶会上音乐的应用主要表现在以下方面：

（1）茶会进行的同时播放音乐，以音乐作为背景衬托茶会气氛　人们在参加茶会时身心会有所关注，音乐的加入会引起听觉的关注。这时要特别选择旋律感较弱、情感色彩较弱的背景音乐，并且音量较低，似有若无，既让人感觉轻松自在，又维护了泡茶、品茶的氛围。

（2）茶乐分离　在茶会前，来宾进场时播放与茶会主题风格契合的音乐，带给来宾特殊的情境。但在茶会进行中则不放音乐，让人安心品茶。在茶会中场休息时，又使用某段合适的音乐，让人轻松舒适。茶会结束前，有专门的品茗后音乐欣赏，最好是现场的演奏或演唱，有强烈感染力，起到对茶会的有机延伸，从而烘托了茶会的整体主题氛围。

（3）茶即乐　以泡茶过程的茶、水、器的有机碰撞而形成独特的声响为乐，静心"听茶"，是为茶会上独特的音乐欣赏形式。

选用音乐与否，取决于茶会的性质以及主办方对茶会的把控能力。

（三）茶会的茶食应用

茶食是为佐茶之食物，最初是在较长时间的饮茶活动中，为避免因茶的助消化导致人体的过度饥饿感，其作用类似点心。随着饮茶艺术的精致化，不仅茶、茶器、水、操作流程要兼顾实用与美感的双重要求，茶食也要兼具实用与美感，以及宜茶性。因此，茶食又有增进茶会的氛围与质感的独特作用。恰到好处的茶食，是茶会主人以及茶席主人良好的个人修养的重要组成部分。

茶食供应可以分为统一供应和分散供应两种方式。统一供应是在茶会会场设置茶食供应区，在茶会进行中由茶友自行取用；统一供应一般应用在较大型的交谊型茶会，如餐前茶会、公司年会或者庆祝茶会中。分散供应是茶会进行到某个环节，按照预定计划分席供应茶食；由专门的工作人员同时呈上主办方备好的统一茶食，或由各个茶席的茶艺师自行事先按照所泡茶的特性准备好特色茶食。

茶食的使用需得当，包含宜茶、美观、可口、卫生，考虑客人的方便，又维护茶席的整洁，所以提倡一人一份。品尝完茶食后，将相关物品收好，继续品茶，如此便能很好凸显茶会中茶的地位。有茶食适时的增色，可为茶会加分。

三、茶会的礼仪

茶会表现出最重要的人文内涵是"客来敬茶"，借由一杯茶传递出人与人之间的亲和、恭敬之心，因此茶会的礼仪便成为茶会举办成功与否的关键。礼仪贯穿在茶会的方方面面。

（一）客人的邀请

从确定举办茶会，确定与会人员的身份开始，茶会传递出的礼仪就存在了。人们赴会的心情，来自对方的诚意。而客人的与会数与配合度，则直接决定茶会的成败。邀请客人的方式有如下几种。

1. 书面邀请

制作专属的茶会邀请函，于茶会前至少三天送达本人手中，以便其确定茶会时间是否有其他事情干扰。书面邀请一般是针对长辈或者前辈或领导，并留下联系方式以便对方确认。

2. 电话邀请

可以是直接在合理的时间（非休息时间）致电，表达邀约者的身份、茶会的基本情况、期待其与会的心情，确认或待确认是否参加。

3. 邮件邀请

在邮件中有茶会的相关信息，包含时间、地点、流程、注意事项等，设置回执，以便确认。

4. 口头当面邀请

一般是比较熟悉的人，而且距离较近的情况。

5. 海报或者公众号统一邀请

一般是游走式茶会，较不限制人数的情况。

（二）茶艺师的邀请

茶会的茶艺师是茶会供茶能力的核心，其专业程度决定了茶会的基本质量。对茶艺师的邀请，也是属于茶会礼仪的重要部分。通过正式的邀请，让茶艺师内心对待茶会的态度也更认真慎重，有助于保障茶会的顺利进行。邀请茶艺师的方式，也主要有书面邀请、电话邀请、邮件邀请、口头当面邀请等。在邀请时，需附上茶艺师需在茶会上承担的工作事项，以便其在茶会前做好相应的准备工作。

（三）茶会的进退场

茶会在准备就绪之后，接下来就是举办的过程了。进退场是茶会有序进行的基本礼仪，包括茶艺师和参与者的进退场。

1. 茶艺师进场

从茶会的形式上来说，茶艺师的入场有两种情况：一种是准备就绪后，在茶席旁准备好迎接宾客；这种方式比较亲切，但缺点是尚未开始茶会泡茶，不容易保持站时自然放松愉悦的状态，而且容易干扰拍照的完整性。第二种是准备就绪后，茶艺师到后台休息区静坐等待；待宾客先入席，由司仪导引茶艺师有序入场，行礼，入座，开始泡茶；这种方式使大家更有期待值，更能体现茶艺师的功能，增进茶会的仪式感。

2. 茶艺师退场

茶会若是分半场，则半场到时，茶艺师主动行礼，退场，由茶艺师助理协助茶席的整理与器物的清洁。茶会结束时，也是茶艺师主动行礼，先退场，然后宾客离席。

3. 客人进场

作为茶会的宾客，在应邀参加茶会时，一定要提前了解茶会的基本信息，细阅茶会公告事项，做好心理准备，不迟到，不早退，以配合茶会的完整氛围。客人应提前10min到会场，尽量轻装到会，不携带很多物品，服从茶会的安排，按时进行抽签、观摩茶席、入座等。客人尽量不要提前太长时间到场，以免造成主办方工作上的麻烦。若茶会抽签，一定要对号入座，避免给其他人造成麻烦。不要在现场喧哗，也不要去触碰别人的器物，带着欣赏与等待的心情，观摩后落座。

4. 客人的退场

茶会进行的过程中，没有特殊的事情，客人尽量不要离席，跟着茶艺师一起感受一泡茶的完整品饮过程，尊重茶艺师的劳动。半场或者整场茶会结束时，客人应主动向茶艺师致谢，等茶艺师退场之后，再退场。或根据茶会的实际安排，有序退场。茶会结束后，不要在会场停留太久，避免干扰场地清洁整理。

（四）茶艺师的礼仪

茶艺师是茶会的核心，客人在茶会上的多数信息都来自于茶艺师。为此，茶艺师应邀到茶会泡茶，需有主动担当与全身心投入的意识，提前为茶会做好充分准备。整场茶会的有序进行，依赖于茶艺师构思缜密的茶席。茶艺师需选择茶（或者主办方提供但事先已熟悉过的茶）、水、适宜的水温与水量、供茶量、泡茶器具，还需为茶会氛围特意规划和营造温馨雅致的茶席空间，甚至把客人的座椅都细致调整至最舒服的距离与位置等。诚如古人所言："茶已熟，菊正香，赏秋人来不来？"而这一切，依赖于茶艺师的提前准备。

茶会的特别之处，在于人们可以近距离感受茶汤沏泡的过程，而茶艺师进入视野的那一刻起，带来的应该是期待，以及凝聚力，把随缘而入席的茶友们，以自信而愉悦的分享心态，友好地维系在一起，营造出独一无二、回味无穷的茶会品茗时光。为此，茶艺师需要有美好的心态与健康的身体，才能更好地促进与茶友们的交流。

茶艺师礼仪的直接表现，也在于交流之中：一是与客人的交流；通过表情、眼神与语言传递，表情愉悦，眼神诚恳，语言温和恰到好处，让客人觉得可亲可敬。二是与茶的交流；看茶泡茶是一种本事，能专注地感受茶在当下的状态，量身定制适合的泡茶相关要素，能听到茶的每一次律动和变化，这是极富吸引力的；一位自己不爱茶的人，是无法把茶的美好传递给别人的。三是与器物的交流；眼随器走，器手相连；娴熟而庄重的手法，传递着茶艺师的涵养，让人会跟着一起细细感受每一样器物的不寻常；当茶汤轻轻地端起再放至每位客人最方便的位置时，人们能感受这杯茶所承载的茶的美好、人的美好、时空的美好。

（五）茶友的礼仪

茶会中的宾客，称为茶友，古时也称"茶侣"，这是一个特别的称呼，既是茶之友，与茶为友，也是共同饮茶的伙伴。人们常常把参加一场用心准备的茶会作为一种重要的养心途径，就是因为可以在经历茶会的过程中，发现一个更完善的自己，收获一份更美好的友情。为此，茶友有责任和义务一起维护和守护茶会的清净和纯洁，努力做一个相处愉快的人，期待再见的人。当茶友认真感受茶会，配合主办方时，茶会充满圆融、友好。当茶友无视茶会的仪式感，不尊重主办方的劳动时，茶会的氛围不和谐、喧哗。茶友要做到守时、自律，努力不给别人带来麻烦；尊重茶会的秩序，不喧哗，未经别人同意不要触碰茶席上的物品；尊重茶艺师，不要在茶艺师认真泡茶的过程中使用手机或者与其他人闲聊；注意仪态与茶会氛围的和谐，有符合茶会的妆容；会主动致谢，会恰到好处地赞赏。茶友作为茶会的主要构成部分，决定着茶会的整体氛围。

（六）茶会饮茶与品尝茶食

参加一场茶会，品茶是重要的目的。从茶会本身来说，品尝茶汤与茶食也很注重礼仪，表现出个人的修养与对别人的尊重。

茶会上的茶，一般都很注重品质与欣赏价值，茶艺师的水平也是值得期待的，所以当茶汤泡好时大家都很想快点尝尝滋味。但出于礼貌，当茶艺师在依次为各位客人奉茶时，先拿到茶汤的人不要直接品饮，可以先观汤色闻香，等到茶艺师举杯示意，大家再一起品饮。品茶时不要对茶汤有太多的批评，甚至表现出不悦的神色，要有一种接纳和欣赏的平和之心，会有益于茶会的氛围融洽。品茶后，主动将杯放在方便茶艺师分茶汤的位置。茶会结束时，主动将茶杯送回最初的位置，保持茶席的美观。

茶会上的茶食是佐茶所用，一般量比较少，一人一份，会按照茶会的安排适时送上来。茶食一般尽可能每人单独有承装的器物，并配上纸巾、小竹签等。茶食量少但很精致，客人应该用心去感受茶食中的滋味。客人吃完茶食后，有食碟时应主动将茶食碟归位，保持茶席桌面的整洁；用专门的小纸篓回收纸巾等废物，但最好是客人主动放垃圾口袋中并自行带走，以减少茶艺师的工作量。最后，客人应对茶食表示赞赏和感谢。

（七）茶会上人与人交流的原则

茶会是人们以分享茶为主体的聚会形式，通过饮茶传递"以茶会友"的理念，可见在茶会进行中人们可以有很好的交流。但一场优质的茶会，一定不是人声鼎沸、混乱嘈杂的聚会，而是有序和谐的高品质社交，让人们不虚此行。如何进行茶会交流，是关系茶会质量的重要问题。

茶会如何才能不沦为闲聊的过程，取决于对茶的关注度。对于以品鉴名茶为目的的茶会而言，尽量不要有过多的语言交流，尤其是与茶无关的交流。所以茶艺师的语言要经过仔细地组织，适当导引客人；在每一个泡茶的流程中，传递关于茶的基本信息，语言温和、简约、表述准确、有美感；客人的提问或者对茶的感受，也应该在不干扰泡茶的情况下，恰好地表达。

大型的茶会上茶席众多，每个茶席既是独立的空间，也是整场茶会的有机组成部分。所以，语言交流的内容、交流的方式与交流时音量的大小都应该有所克制，否则就会削弱茶味，降低茶会的质量。即便是茶话会和游走式茶会，交谈的过程也需要控制音量和考虑整体的氛围。

第六节　典型茶会案例

一场成功的茶会，在于完整的策划、有序的分工与准备工作的推进以及现场的合理引导与组织。从实践的角度来说，茶会本身的立意，茶会所呈现的艺术性、文化性与仪式感，对于与会人员是最具吸引力的。所以，往往要结合某些特定的主题，提前规划好所有相关的项目；其中，邀约具有一定影响力和口碑的茶艺师，选择某些具有独特欣赏价值的好茶，规划具有特别韵味的茶会流程，都会成为某次主题茶会的亮点。一场成功的茶会，是把对茶的理解与喜爱，通过独具匠心的构思，在系统的合作分工中，综合展现茶的文化与艺术内涵的过程。

一、坐席式茶会之文化主题品茗会——"四海一壶茶"品茗会

"四海一壶茶"品茗会是由漳州科技学院茶学院策划与举办的。

（一）茶会的宗旨

茶是一种神奇的饮料。因为茶，让原本陌生的人们可以瞬间成为朋友。因为茶，让远在他乡的人们每每想念故乡。"四海一壶茶"，正是要以茶会的方式，来诠释一杯茶的文化与情谊，从而缔造一份美好的跨越地域、年龄、身份的独特情缘。

（二）茶会举办的时间、地点

（1）茶会举办时间　2016 年 11 月 7 日上午 9：00—10：30。

（2）茶会举办地点　漳州科技学院茶学院系馆 503 茶席茶会展演厅。

（三）茶会规模

茶会共设置 6 个茶席，每个茶席坐 5 位茶友，总共 30 人。

（四）茶会形式

本次茶会为坐席式茶会。

（五）茶会准备

1. 茶艺师准备

邀约有地区代表性且擅长泡茶设席的茶艺师 6 名，以下为工作事项：

（1）茶席　按照提前设定的茶席数，决定邀约与会人数。1 位茶艺师加 5 位客人为 1 席，共设 6 个茶席。茶席的主题是"故乡的茶"，每席配以不同产区的茶，以故乡的茶来诠释对故乡的理解，呈现故乡的文化、故乡的风土人情。

（2）茶叶　每个茶席为一个省份的茶，一个茶席配 2 种茶。茶席的准备见表 18-1。

表 18-1　　　　　　　　　　　　　　　茶席准备

茶席名	茶艺师	茶叶	茶席主要用品
故乡的茶——湖北	陈嘉磊	绿茶	白瓷盖碗组、白色桌布、天蓝色桌旗
故乡的茶——福鼎	李玟	白茶	白瓷盖碗组、银灰色桌布、绛红桌旗
故乡的茶——福建	杨茜	乌龙茶	紫砂壶与白瓷杯、藏蓝色桌布、竹编桌旗
故乡的茶——山西	孙楠	黑茶	红色凝香壶组、麻本色桌布、深红色桌旗
故乡的茶——山东青岛	黄靖贻	红茶	蓝色兔毫壶组、浅蓝色桌布、浅灰色桌旗
故乡的茶——湖南	王晓婷	黑茶	荷花盖碗组、黑色桌布、茶染桌旗

（3）茶谱　制作茶谱，茶谱上包括以下主要内容：茶席主题（故乡的茶）、茶会时间、茶品、主要茶器、泡茶方法（泡茶顺序、泡茶水温、泡茶时间等）、茶食、故乡情怀等。

2. 茶艺师助理

邀约确定茶艺师助理 6 人，协助茶艺师会前布席与茶会中相关事务。

3. 茶会的场地布置

安排 8 人负责茶会的场地布置，向心式、主题区布置、水电布置。

入场处设置来宾等待时休息区，20 把椅子排列整齐；然后是抽签报到处。茶会的主体是 6 个地域主题的茶席，布置时茶艺师位置在内、客人位置在外，呈对称并有向心感。6 席的中间为本场茶会的主题区，布置 6 只小盖碗，放置 3g 对应方位的茶席用茶与主题插花。茶会准备室的旁边设置茶艺师休息区。

4. 入场方式及准备

安排 2 人负责，采用抽签式对号入座，提前准备好签条、抽签桶等。

5. 茶会司仪

安排 1 人负责，需朗诵茶会引子——《聚散总关茶》，导引茶会进程。

聚散总关茶

程艳斐

当这片土地　　茶已熟菊正香

你　　还在彼岸

追随着那一缕悠然的茶梦

乘一叶扁舟

你飘然而至

你来了

从此　　茶园成为渲染你生命最神奇的风景

从此　　茶汤成为滋润你灵魂最甘美的汁液

从此

关于茶的一切

成为你人生版图中　　每一个浓墨重彩的圈点

你走了

带着满身茶香

驾一叶扁舟

驶向另一个彼岸

如沐千年的霞光

找寻一个有茶在召唤的位置

落脚后　　开出淡雅的茶花

走进了茶香

你便融入了茶香

谁能解出这　　行将一世的情缘

或浓或淡

或浅或深

聚散　　总关茶

6. 茶会摄影与报道

安排 1 人负责，负责现场摄影与活动后报道的撰写与发布。

（六）茶会流程

（1）9：00—9：10 抽签、观摩茶席、拍照、收起手机、入席；

（2）9：10—9：15 茶会引子（《聚散总关茶》），茶艺师依次唤醒五湖四海之各类茶；

（3）9：15—9：45 茶会上半场（行礼、品泉、品五道茶汤、赏叶底）；

（4）9：45—9：55 中场休息、换场；

（5）9：55—10：25 茶会下半场（行礼、品泉、品四道茶汤、用茶食、品最后一道茶）；

（6）10：25—10：30 品茗后活动；

（7）茶会结束，合影留念。

（七）茶会公告事项

茶会公告事项如表 18-2 所示。

表 18-2 **"四海一壶茶"品茗会公告事项**

茶会名称	"四海一壶茶"品茗会	
茶会形式	坐席式	
地点	茶学院 503 茶席茶会展演厅	
时间	2016 年 11 月 6 日上午 9：00—10：30	
茶会主办方	2015 级茶文化专业	
茶友	2015 级茶文化专业、授课老师	
茶会流程		
时段	内容	备注
9：00—9：10	茶友抽签、观摩茶席、入席	背景音乐《潇湘水云》
9：10—9：15	茶会引子（《聚散总关茶》）	音乐止，司仪朗诵
9：15—9：20	茶艺师手持煮水器入场，依次唤醒碗中茶叶	茶叶遇沸水而缓缓苏醒，茶香缭绕
9：20—9：45	品茗上半场	（行礼、品泉、品五道茶汤、赏叶底）
9：45—9：55	中场休息，茶友离开茶会场地	音乐起止（《故乡的歌谣》）
9：55—10：25	品茗下半场	行礼、品泉、品四道茶汤、用茶食、品最后一道茶
10：25—10：30	品茗后活动	古筝独奏

温馨提示

1. 着适宜茶会的服装，大方得体为宜，最好是中式服装。

2. 提前 10min 到场，放置物品，身心轻松。

3. 茶友不带手机进场，有专人摄影。

4. 茶友要认真阅读茶会的约定，并服从茶会工作人员的安排。

5. 茶会开始，有司仪导引。

（八）茶会中的注意事项

1. 器具

器具应是茶艺师熟悉的、好用的器具，同时搭配合理。

2. 水

水要求水质可靠，水温适宜，水量足够。

3. 茶

茶与茶席相宜，茶艺师熟悉茶的特点、了解茶的来历，可以展示干茶与叶底。

4. 泡茶

保持茶席的秩序与洁净，泡茶时不言，不泡时茶艺师适当引导介绍。

5. 礼仪

茶会中请着正式服装，守时。

（九）茶会经验

主题茶会的最大特点，是茶会中的所有内容都与主题相关，从品的茶到茶席的风格，到茶会空间的布置，再到细节的呈现（如主题签条）与茶会流程的设计，都力求掌握在主办方的手中，茶会中的不同角色都清楚知道自身的职责与使命。

"四海一壶茶"品茗会是以地域文化为主题的坐席式茶会。茶会依托全国各个省区的不同文化背景，一席一地，或以当地的代表性茶为主，或选取与当地文化契合的某类茶，营造出文化色彩鲜明而茶味浓郁的品茶空间。泡茶的人精心准备了茶席，场地布置具有向心力。茶席有序摆放，中间是渲染主题的插花，茶席上还有若干盖碗，里面放着 3g 代表不同地域的茶叶。这些茶席各具特色，囊括了各大茶类，也展现了中国饮茶地域的辽阔。闽东的白茶，淡雅清新，质朴无华，白毫银针与白牡丹，静静地诉说着太姥山的传奇。武夷山的岩茶，直言"千载儒释道，万古山水茶"，紫砂壶里酝酿着岩骨花香。诠释青岛的大海文化，选择了当地的红茶，这是随着大海走得最远的茶类，也是最具包容性的茶类，蓝色的渐变釉彩壶组，呈现出席主心中的故乡。湖北的恩施玉露，秉承古老的工艺，把绿茶的特质保存到了极致，蓝天白云间，白瓷盖碗里，细嫩的茶芽在热水中舒展，呈现给人们惊喜的"玉露"。山西人用 99 年的老普洱，诠释古老的晋地文明，黄土高原的浑厚，煤炭的丰饶，晋商走西口的魄力，红色凝香壶如不熄的火苗，象征着文明的延续与新生。湖南的黑茶，一席莲意青花瓷，与渐变的茶染桌旗一起，引领有缘的茶人走进神秘的潇湘大地。

茶会的流程顺畅、合理，有仪式感而不刻意，实在而不失品味。同学们精心制作了签条，体现"四海一壶茶"的专属性，大家抽签决定座位。在观摩完茶席后，大家自觉收起手机再入茶席，如此全场的注意力集中了许多。司仪为茶会带来了"引子"——一首为学茶的四海学子们所写的现代诗《聚散总关茶》，四周宁静。茶艺师依次起身，到茶席上注水"唤醒茶"。伴随着司仪和缓的节奏，茶席上茶香袅袅，茶香轻扬，一种别样的情怀霎时在每个人的心中产生。那是来自五湖四海的茶，在同一个时空被"唤醒"，茶的气息交融在一起，构筑一个以茶为核心的聚会。用心泡茶与用心品茶，交织着茶会的主旋律。每一席的茶艺师都准备了两种茶，并在品茶的后期准备了茶食。印象最深刻的是山西同学准备的苦荞茶，极具地方特色，用玻璃大壶提前泡好，在两种茶品完后，为每位茶友奉上一杯浓郁而温度适宜的苦荞茶，真的别有一番风味，再配上北方特有的山楂制品，对茶友可谓贴心之至，以至于让不少抽签到此席的同学在茶会后感叹想家了。倩玲在茶会结束前的一曲古筝独奏《女儿情》，因为用心的弹奏，让茶会更回归于一种温馨与美好的氛围。

这场茶会举办得圆满、融洽，茶文化气息浓郁，主题凸显，其中周密的策划与有序的跟进起到了重要的作用。

二、纯茶会——茶道艺术家新年茶汤作品欣赏会

茶道艺术家新年茶汤作品欣赏会是由漳州科技学院茶学院策划并举办的。

（一）茶会宗旨

茶道艺术家是指懂得什么是茶道的艺术内涵，能够将茶汤泡得很好并将茶汤作为一件艺术作品展现给人们享用的茶艺师。新年茶汤作品欣赏会，正如新年音乐会为爱乐人呈现最高雅的音乐艺术一样，将为茶友呈现最纯粹的茶汤之美与茶道艺术，献上新年的美好祝愿。"茶道艺术家新年茶汤作品欣赏会"是以欣赏茶道艺术家的泡茶、奉茶与茶汤作品为主，享受茶道艺术之美，享受泡茶专家精心创作的茶汤作品的茶会形式。12位茶学院的老师把每个人对茶的积淀、热爱，通过茶汤作品发表的方式，向社会展示匠心独具的茶学精神，并共同探索茶会举办在当代茶文化产业中的独特功能。

（二）茶会形式

本次茶会为坐席式茶会。

（三）茶会举办的时间、地点

（1）茶会举办时间　2018年12月28日19：00—21：00。

（2）茶会举办地点　漳州科技学院茶学院系馆501茶席茶会展厅。

（四）茶会规模

茶会设12个茶席，每个茶席7位宾客，共邀请84位宾客，其中校内34名，校外50名。

（五）与会方式

在茶学苑公众号发布茶会信息之日起，预约报名。届时凭茶会入场券入场，其中校内免费，校外人士每人费用150元。

（六）茶会人员安排

（1）茶道艺术家共12人。

（2）茶会工作人员

茶会筹备秘书2人（负责茶会报名事宜、实训室借用与茶会物品协调）、茶道艺术家助理12人、宣传组7人、场地组2人、司仪1人、来宾物品管理2人、摄影组2人。

（七）茶会工作内容

1. 茶道艺术家的工作内容

茶道艺术家依七位茶友设席，自行选择茶品，自备所需茶器，制定专属茶谱，设

计专属茶食。拟于 12 月 19 日晚 19:00—20:30 于茶学院系馆 501 进行场地熟悉与交流，届时邀请蔡荣章老师和天福茶博物院院长现场指导，并与茶会时每席助手对接。12 月 28 日下午设席与彩排。

2. 宣传组的工作内容

宣传组需收集茶道艺术家的个人简历与照片，做成茶会预告并提前十天于茶学苑公众号发布，进行茶会宣传与接受报名。制作茶会入场券与签条、报到处桌牌、来宾物品存放处桌牌、茶道艺术家休息区指示牌、茶会准备区指示牌，以及茶会当日的现场登记，分发入场券，洁手净心，摄影与照片整理，茶会后的报道。

3. 场地组的工作内容

场地组开展茶会场地的规划与布置，包含报到区、入场区、茶席区、茶会准备区、茶道艺术家休息区、来宾物品存放区。茶会前布置好所有茶席电源、线路，检查茶席用水水质，以及热水供应。

4. 茶道艺术家助理的工作内容

茶道艺术家助理于 19 日晚与茶道艺术家对接，协助茶道艺术家于会前设席、备水，于茶会中场协助其整理茶席、备水。

5. 茶会司仪的工作内容

茶会司仪事先熟悉茶汤作品欣赏会主持词，现场主持并掌锣。

茶会司仪的主持词主要包括以下内容。

（1）茶会开始时

各位来宾，茶会即将开始，请大家就坐。

"茶道艺术家茶汤作品欣赏会"以欣赏茶道艺术家的泡茶、奉茶、与茶汤作品为主，会上不闲聊、不拍照、不用手机。我们设有专人拍照，照片可以联系主办方取得。

茶道艺术家走到席上时，请席上的茶友起身欢迎。结束时把杯子放回，也向茶道艺术家行礼致谢。

谢谢。

（2）下半场开始时

各位来宾，下半场的茶会即将开始，请大家就坐。

（3）茶会结束时

各位来宾，今晚茶道艺术家与我们每一位品茗者共同创作了两场茶道艺术作品。茶会就要结束，请茶道艺术家到会场的前台来，让我们以热烈的掌声表示我们的感谢。

接下来请 ××× 教授颁发"受邀证书"给每一位茶道艺术家。

再一次谢谢茶道艺术家，也谢谢 ××× 教授。

今晚的茶道艺术家茶汤作品欣赏会到此结束，谢谢大家的光临，也谢谢各位工作人员的辛苦。

6. 来宾物品管理的工作内容

来宾物品管理人员负责代物牌的制作（一式两份），茶会前物品存放区的布置，茶会前物品寄存登记，茶会结束后物品归还。

（八）茶会流程

茶会流程如表 18-3 所示。

表 18-3 　　　　　　茶道艺术家茶汤作品欣赏会程序表

时间	内容
19：00—19：30	报到、抽签、存物、洁手、进场、参观、入席
19：30—20：05	四声锣，茶会上半场：赏茶、品三道茶、用茶食、品第四道茶、品泉、赏叶底、欣赏茶谱
20：05—20：20	一声锣，上半场结束，休息
20：20—20：55	四声锣，茶会下半场：赏茶、品三道茶、用茶食、品第四道茶、品泉、赏叶底、欣赏茶谱
20：55—21：00	一声锣，下半场结束，茶道艺术家上台接受感谢，颁发茶道艺术家受邀证书，茶会结束

（九）茶会经费预算

1. 茶会支出

茶会支出主要是宣传制作费、场地布置费和劳务费，共计支出 5260 元，见表 18-4。

表 18-4 　　　　　　　　茶会支出清单（元）

项目	支出金额（元）	收入金额（元）	盈亏（元）
入场券	150		
签条	30		
茶道艺术家劳务费	400×12=4800		
茶会指导费	200×2=400		
茶道艺术家邀请证	40		
花材	60		
海报	30		
合计	5260	150×50=7500	2240

2. 收入

茶会对校外人员每位收取 150 元，共计收取 7500 元。

（十）与会者注意事项

（1）着正式场合服装，妆容淡雅、清爽。

（2）遵守茶会的时间，可提前 10min 报到、寄存、抽签；若茶会已开始，迟到者需抽签后等待中场休息方能进场，以免干扰茶会秩序。

（3）请茶友吃完茶食后，将茶食用纸放入口袋，自行带走。

（十一）茶会经验

明确茶会的性质，并严格按照茶会的特性进行策划与跟进，是这场茶会取得圆满成功的重要原因。茶道艺术家的定位，是 12 名国家二级茶艺技师以上的茶学老师。在茶会前进行系统的茶会性质说明与现场交流，使每位茶艺师对自己的角色认识完整，接下来的茶席准备目的明确。茶会限制总人数，采用多方位宣传并报名的方式，保证与会客人数，并提前公告茶会相关事宜，让与会者做好准备，对茶会的现场秩序维护有重要的作用。茶会的细节较多，所以分工明确，责任到人，在规定时间内完成每项准备工作，为茶会的顺利进行做了很好的铺垫。

在茶汤作品欣赏的过程，还有以下值得借鉴的地方：

（1）一是流程的简约　没有主持人述说太多的知识、太多不相干的信息，而是简单准确的提示与导引；锣响是仪式的重要方式，四声锣开始，有力、流畅、大气磅礴；一声锣休息与结束，干脆利落。

（2）二是泡茶的环境本身　茶席上所有的器物都是为创作茶汤准备的，没有任何多余的装饰；大量的留白，凸显泡茶的主体。

（3）三是茶道艺术家的创作过程　在专属的泡茶台上，和缓地呈现茶的各个时期的面貌，动作庄重而流畅，专注于泡茶的过程，等待茶浸泡的时候，心与茶同在；那份肃穆感，令人动容，不觉跟着他一起静心等待。当茶汤以他最熟悉的感觉呈现在品茗杯之后，茶道艺术家的神情充满了自豪与喜悦；他稳妥地将茶汤依次奉献给座上的茶友，示意大家一起品饮、感受；他仿佛是席上的指挥，大家都跟着他一起徜徉在茶香四溢、茶味甘醇的世界里，浑然忘我。

（4）四是品茗者在茶会上的等待与配合之美　与音乐会有区别的地方，是茶汤作品欣赏会中的观众也属于茶汤作品创作过程的一部分。茶道艺术家在设计创作流程时，在赏茶、闻香的环节中，在奉茶与品饮时，在品尝茶食与欣赏叶底时，都是与品茗者共同完成的。当他们静心等待、有序传递、认真欣赏、仔细观察，他们的心与茶道艺术家的心都凝聚在了茶席上的茶里，一起随着泡茶而跳动，一起欢欣、一起喜悦，充满幸福的神采。

（5）五是茶会中的物之美　在茶汤作品欣赏会上，每一样物品，都是有生命感的；茶叶、器物、水、每道茶汤、茶食、叶底，都是茶会过程的一个形态，精心的选择与搭配，呈现出的和谐、圆融、自在，带给品茗者巨大的愉悦感。

（6）六是茶性俭的原则　在恰当的时间，呈现恰到好处的茶汤与茶汤量，在意犹未尽时，留下念念不忘的回响。

（7）七是细节呈现出茶会简约中的精致与严谨　从客人入场前的物品存放与管理，到抽签和洁手净心，到茶会开始前的现场气氛，以及对茶道艺术家的身份塑造，都让茶会充满了特殊的庄严与隆重。

三、游走式茶会——秋水长天茶宴

秋水长天茶宴是由漳州科技学院茶学院 2016 级茶艺与茶叶营销专业策划与举

办的。

（一）茶会主旨

以茶会友、以茶结缘，在季节的流转中，我们踏入了深秋，一个宜"品"茶的时候。秋水长天，是最辽阔的胸怀与视野。一年一度，我们设席，迎接所有爱茶的新朋友和老朋友，愿茶香四溢，成为今秋天鹅山最难忘的一个夜晚。有你，有我，有每一位爱茶人最真诚和会心的微笑。

（二）茶会形式

本次茶会为游走式茶会。

（三）茶会规模

茶会设 12 个茶席，面向全校茶文化爱好者，规模在 300 人左右。

（四）茶会举办的时间、地点

（1）茶会举办的时间　2017 年 10 月 17 日 19∶15—21∶00。

（2）茶会举办的地点　漳州科技学院茶学院系馆 5 楼茶席展演厅。

（五）茶会工作安排

1. 茶会人员安排

（1）茶会总负责人　共 1 人。

（2）协助调度人员　包括场地负责人共 6 人、水电负责人共 4 人、负责外联与迎宾预算共 4 人、宣传报道负责人共 2 人、茶会进程负责人共 2 人。

2. 场地组工作内容

（1）任务　茶会会场的策划与现场指挥、茶会主题区的设置。

（2）完成时间　10 月 12 日下午，完成并公布茶会会场的规划图（含茶席位置、品茗杯领取区、主题区等）；10 月 17 日下午，完成茶会主题区的设置，包括主题挂画、大型插花等氛围渲染。

（3）茶会场地清洁时间　10 月 17 日下午 16∶00—16∶30。工作人员为场地人员。

（4）茶会场地布置时间　10 月 17 日下午 16∶30—17∶00。工作人员为场地人员，其中水电组的人员负责检查水质与布线。

（5）备水时间　10 月 17 日下午 17∶00—17∶30。工作人员为水电人员。

3. 茶席组工作内容

茶席组包括茶席负责人（兼茶艺师）以及协助人员，信息搜集完成时间为 10 月 11 日晚。

茶席组工作任务包括以下几点：

（1）茶品的寻找与确定，泡一壶自信的茶汤；

（2）茶席设计与规划　茶席的实用与美感的有机结合；

（3）茶艺师的服装准备。

4. 联络组工作内容

对外联络人有 4 人，工作任务有嘉宾邀请函的制作（10 月 12 日完成）、茶会邀请（10 月 13 日完成）、海报制作与张贴（10 月 16 日前）。

5. 宣传组工作任务

宣传组负责摄影、报道等工作，有 2 人，工作任务有微信公众号茶会预告（10 月 12 日起）、摄影（10 月 17 日晚）、公众号茶会报道（10 月 18 日）。

（六）茶会流程

（1）19:15—19:30 茶席观摩时间（期间可以拍照、轻声交流，但不泡茶、不奉茶）；

（2）19:30（锣响 1 声）—21:00（锣响 2 声）茶席泡茶交流时间（茶友自带品茗杯）；

（3）21:00—21:40 茶会结束，场地复原，茶具归还。

（七）茶会注意事项

1. 器具

选择茶艺师熟悉的、好用的器具，器具需搭配合理的。

2. 水

水质应可靠，水温适宜，水量足够。

3. 客人"品泉"

备好装水器皿，注意适口水温。

4. 茶

所选茶与茶席相宜。茶艺师熟悉茶的特点，了解茶的来历，可以展示干茶与叶底。

5. 茶点

在茶会后期统一供应。

6. 泡茶

茶会全程保持茶席的秩序与洁净，泡茶时不言，不泡时茶艺师应适当引导介绍。

7. 礼仪

茶艺师应主动与茶友问候、介绍和告别。

（八）茶会经验

与坐席式茶会相比，游走式茶会的自由度更高，就像爱茶人士共赴一场茶的盛宴。所以，在茶会的结构上，应凸显出茶会的亮点，并提前至少一周对外公告，让大家闻之趋向。在场地的设计上，大型茶会空间的回型设计，让人流众多也会很有方向。茶艺师的邀约与工作要求以及茶会流程的熟悉，都提前做了充分的准备，所以整场茶会分量足，并承袭一年一度的传统，给人们留下了期待的空间。茶会吸引了广大师生和茶叶爱好者到现场品茶交流，氛围热烈而和谐。

"秋水长天"的主题下，年轻的茶艺师们以适宜季节的茶品，借由独立的茶席表现了秋之味与情怀。各种乌龙茶和白茶，带来芬芳而清雅的秋意，台湾乌龙"秋波盈盈舞绿舟，凉风习习寄乡愁"；大红袍"清溪流过碧山头，空水澄鲜一色秋"；政和白茶"秋风何冽冽，白露为朝霜"；蜜香乌龙"无由持一碗，寄与爱茶人"。更有红茶"一席红绸迎新来，秋水长天共一色"，生普"回首一片，秋水长天"。茶里有诗的意境，馨香四溢时，诗意萦怀；诗歌里也浸润着茶的精神，起承转合之间，茶韵弥漫。行走在茶会中，仿佛经历了一次秋的洗礼。

第十九章 无我茶会

无我茶会是我国当代茶文化发展中形成的茶会形式之一，已成为世界主要饮茶地区通行的一种茶会形式。

第一节 无我茶会发展历程

"无我茶会"最初是由蔡荣章在 1989 年于我国台北创设，并于 1990 年 5 月 26 日在台北市陆羽茶艺中心正式提出。

一、无我茶会产生的背景

20 世纪 80 年代，现代茶文化先在我国台湾开始复兴，各种茶文化形式在不断尝试中出现并发展。在这样的氛围中，台湾茶界开始热衷于茶席的设置和茶会的举办。但原有的茶活动聚会方式都是少数人泡茶，多数人为客来饮茶，而多席共泡时各席之间交流甚少，全场无法达到相同的气氛，并且原有的茶活动聚会方式很难大规模举办。为此，需要一种能够人人泡茶、人人奉茶、人人喝茶的茶会方式，并让众人一起感悟茶道，这就是无我茶会出现的根源。

二、无我茶会的内涵

蔡荣章这样解释"无我"的内涵：无我茶会是一种茶道思想、一种茶会形式的名称，无我应被解释为"懂得无的我"，"无"中才可以生"有"，无我的无也不是"空"、不是"忘记我"、不是死亡，而是有如光线的无，乃由七彩融合而成，纷杂的生命色彩借"茶"将之纯化为无，创造一个茶道理想国。在"无"与"有"之间，我们只说抛弃了这个，建构了那个，但事实上，新的"有"也可以抛弃的。我们要掌握自己，掌握自己下一秒钟的新生命，自己希望新生命是怎样的就建构那样的"有"，新的"有"要在"无"的土壤上才能生长。"无"的观念很重要，"无"的作用很重要，它可以改变命运，可以重新塑造命运。无我茶会就是体认"无"的茶会，"我"只是作为主体，作为对"无"的衡量标准，"无我"不要连在一起作为一个词汇解释。"无我茶会"通过"为别人泡茶，别人为你泡茶"的形式，使人们步入"清静"的境地。

三、无我茶会的形式

无我茶会既是一种茶会形式，更是一种表现茶道的有效形式，有着自己独特的完成方式。无我茶会过程中，需人人自备茶具、茶叶、泡茶用水，抽签决定座位，相互席地围成圈来泡茶和赠饮，事先约定泡茶杯数、泡茶次数、奉茶方法，做到人人泡茶、人人奉茶、人人喝茶。倘若约定每人泡茶四杯，其中三杯需奉给左邻右舍的三位茶友，依同一方向奉茶（向左或向右），一杯留给自己，这样每人都有四杯茶可以喝。如此喝完约定的泡数（如规定泡三道），收拾好自己茶具，即结束茶会。席间不语，以精俭的内容营造出无限丰盈的茶世界。

此外，无我茶会已经形成了自己特有的文化载体，有会旗、会歌、护照等。无我茶会的会旗是七彩虹旗，象征着多彩而和谐的世界；无我茶会有会歌；无我茶会的护照，以印章的形式，记录茶人的茶道历程。无我茶会的指导老师，需通过严格的理论与实操考试后，获得资格认证才能上岗。

四、无我茶会的标志

无我茶会的会旗以彩虹为标志，七彩并列，围成一个椭圆形，中间留出空白的圈圈。无我茶会所说的无就是中间的空白，那是七彩融合后的无，而不是圈外空无一物的无。这个椭圆形是七彩圆体倾斜30°自体旋转，依照一定轨道运行，是宇宙的自然规律，体现出变化与规律相济的道理。

五、无我茶会之美

无我茶会在方式与具体实施等方面，体现出四美：一是朴素之美；无我茶会中的茶具不限种类和型制，但必须简便，多为简便的旅行茶具，其他的用具也需朴实而沉稳。二是平凡之美；无我茶会席地而坐，报到、抽签的地方以"无形"为尚，茶会进行方式简单无奇：依抽签为序就座，自备茶具、茶叶，单边奉茶，茶后聆听音乐，收拾茶具，结束茶会，一切在平凡中进行，从平凡中显隽永。三是和谐之美；大家抽签后在对应位置布置茶具，有身份尊贵或年长者依然排队抽签就座，不为例外；奉茶时，按照事先的约定进行，每个茶友相互之间皆是恭敬有加，彬彬有礼。四是律动之美。与会者从抽签报到、找座位摆具、茶具观摩、回座泡茶、起身奉茶、行礼受茶、细心品饮、再泡再奉，最后静坐赏乐、收回茶杯、整理茶具、合影留念，无人指挥，也没有主持，整个茶会的进行就有如一出戏剧、一场舞蹈表演，一切在自动完成；既有深厚的内涵，又有完美的形式。再加上程序、礼节的要求，无我茶会是精致的，更是要求精益求精的。

六、无我茶会的推广

1990年5月26日蔡荣章在台湾陆羽茶艺中心第一期"陆羽茶道教室师资研习

班”上，正式提出了无我茶会的纲要，并首次进行了实验性无我茶会。经过连续多次实验性无我茶会，逐步完善并基本确立了无我茶会的架构。无我茶会第一次正式的公开举办，是在 1990 年 6 月 23 日台北市第十三届泡茶师颁证典礼中，由 70 名泡茶师参与进行的。台湾茶人积极推广无我茶会，利用茶文化交流的机会向日韩茶友介绍这种茶会形式，1994 年 8 月 7 日成立了中华国际无我茶会推广协会。因无我茶会需要较大的空间，初期的无我茶会往往在寺庙佛堂或禅修道场举办。

"无我茶会"的参加者逐渐增多，并日趋国际化。自 1990 年 5 月在台湾首次举行"无我茶会"以来，"无我茶会"的形式受到广泛的赞誉，其参与人数也从首次的 60 人发展到几百人甚至上千人参加。无我茶会不仅在中国的台湾、香港以及大陆地区得到认同，在日、韩、新加坡、美国等地也成为一种兴起的茶文化活动，而且每两年轮流在一个地区举办一次国际无我茶会。1990 年 12 月 18 日在台北市十方禅寺的禅修道场举办了第一次国际无我茶会，有来自中国、日本、韩国 70 多位茶友参加。1991 年 10 月 17 日在福建省武夷山慢亭峰举行了第二届国际无我茶会，有来自世界各地的茶人百余位参与。第三届国际无我茶会 1992 年在日本京都举办，参加人数 250 人；第四届国际无我茶会 1993 年在韩国汉城举办，参加人数 300 人；第五届国际无我茶会 1995 年在福建省武夷山市举办，参加人数 300 人；1997 年第六届在中国台湾，参加人数 1000 人；第七届 1999 年在杭州；第八届 2000 年在日本；第九届 2004 年在新加坡（因为"非典"，向后推迟了一年）；第十届 2005 年在武夷山；第十一届 2007 年在北京；第十二届 2009 年在美国；第十三届 2011 年在中国台湾；第十四届 2013 年在韩国；第十五届 2015 年在杭州；第十六届 2017 年在中国台湾；第十七届 2019 年在安溪。除了举办无我茶会，"中华国际无我茶会推广协会"在各地设置有无我茶会指导教师与茶艺老师，从事定点与非定点式的教育与训练。

国际无我茶会的顺利推进，是当代茶文化发展的一种可喜的现象，饮茶在世界各国人们的心中已经成为一种很好的生活方式。无我茶会以其精俭和包容的独特形式，使泡茶、奉茶与喝茶跨越了语言、国家与文化的界限，成为凝聚全人类对健康美好生活的共同追求。每一次的国际无我茶会，千人茶会的盛况，打破了饮茶的种种局限，产生了重大的影响，并且伴随着无我茶会的不断推广，促进了不同地区的人与人、不同地域的茶文化之间直接的交流与互动。

第二节　无我茶会的理念

"无我茶会"的诞生，是为反省心灵提供空间，充实精神，探求生活本质，并促进人与人之间和谐平等。为此，无我茶会在发展中形成了自己独有的形式，并蕴含了其独特的精神理念："无尊卑之分""无报偿之心""无好恶之心""求精进之心""遵守公共约定""无地域流派之分""培养默契，体现群体韵律之美"。

一、无尊卑之分

无我茶会围成圈泡茶，没有年龄和身份的界限，大家抽签决定座位。无论什么身份的人来参加茶会，均需遵循茶会的规则，长辈和晚辈、老师与学生、领导与员工、官员与市民等均以抽签决定座次，无尊卑之分。事先谁也不知道会坐在谁的旁边，谁也不知道会奉茶给谁喝。所以身边的茶友，可能是一位小朋友，可能是老师，也可能是官员。而且席地而坐，不但简便，亦没有桌椅的阻隔，缩短了人与人之间的距离，使之更为坦然亲切。在这个时空里，所有人都是茶友，没有高低贵贱之分，只有一份平常心。

二、无报偿之心

在泡好茶后，无我茶会中大家依约定都朝同一个方向奉同样杯数的茶。如事先约定泡四杯、向左奉茶，则大家都要奉三杯给左邻的三位茶友，最后一杯留给自己，同时喝右边奉过来的三杯茶。在围成圈、首尾相连的情况下，乍一看，你永远喝不到来自得到你茶汤的人为你奉的茶，因为是来自另一方向的三位茶友为你奉的茶。同一方向奉茶是一种"无所为而为"的奉茶方式，我奉茶给他，并不因他奉茶给我，这是无我茶会提倡"放淡报偿之心"的一种做法。无报偿之心，付出了却得到另一种收获，给人一种特殊的心理体会。

三、无好恶之心

无我茶会强调分享的重要性，所泡的茶都是茶友自己带来的，在公告事项上面会注明茶"种类不拘"，因此人人会带自己熟悉和有把握泡好的茶，每人喝到的数杯茶可能都是不一样的茶。茶友们事先不知道会喝到什么茶，所喝的茶不受个人日常的喜好限制，无我茶会就是要提醒人们放淡好恶之心。个人不喜欢的东西并不就是坏的东西，绿茶、乌龙茶、红茶等各种茶有各自不同的色香味与茶性，我们应平等尊重它们，安心地品味每一杯茶的真实感觉，没有好坏的评价，而是为这样一份缘分而感恩。

四、求精进之心

在无我茶会过程中，核心是将自己泡好的茶汤分享给身边的茶友。想想茶友们品尝到自己所泡的好茶汤时，表露出那会心的微笑和赞赏的满足感，是多么令人快乐。为此，要将茶泡好，并保持一份求精进之心，这是无我茶会内在的品质要求。事先要有足够的练习，泡茶前做好充分准备，开始泡茶后就不准说话，努力专心把茶泡好。无我茶会中会为自己留一杯茶，品饮时注意了解茶汤品质，以便下一道茶时调整冲泡条件，使茶汤品质更好。当喝到分享到的又苦又涩或淡而无味的茶时，以宽容的心接纳，同时反省是不是可以把自己的茶泡得更好。

五、遵守公共约定

茶会间大家依事先的约定（即公告事项）进行各项进度，不设司仪，无须指挥。公告事项将茶会进行中的各种细节与应变方法都清楚地包含在内，在茶会前几天就会通过各种渠道发布给每位与会者，让大家在会前就对茶会的细节清晰明了，并遵照执行。这实际上也是对事情充分准备的一种方式，每个人都可以做得很好。为此，参会者需提前知悉茶会的细节，会中自觉遵照执行，静心操作，养成很好的自律习惯。当每个人都可以做得很好的时候，一切自然而然。

六、无流派与地域之分

无我茶会面向全世界的爱茶人士，尊重每一位茶艺师，不分流派、地域、民族、国别等。在无我茶会中，可以用不同的茶具和茶叶，可以穿不同的服装，可以说不同的语言，可以是来自不同国度或地域的人，还可以按自己的方式来泡茶。只需要遵照茶会公告事项，所有的爱茶人士均可以参加到茶会中交流与学习，努力泡好茶，并把茶奉给抽签遇到的认识或不认识的茶友。如此可以把更多的人包容到无我茶会中，让更多的人感受到无我茶会的独特氛围，也展现出茶文化的巨大包容性。

七、培养默契，体现群体律动之美

无我茶会在开始泡茶后，就不可以说话了。在整个泡茶、奉茶和品饮过程中，参与者在宁静的氛围中进行操作，相互默契配合，有序地完成，而以围圈的方式行动有一种特别的律动之美。茶友们专注泡茶，期间观察左右茶友的进度，尽量保持一致。在奉茶时，与茶友的一个眼神、一个微笑、一个点头，都可以让对方会意并且感动。在这个过程中，可以突出感受到无我茶会特定空间的氛围，达到一种无声胜有声的境界，创造人与人、人与环境融为一体的感觉。

第三节 无我茶会的准备与实施

无我茶会以简洁高效的方式凸显茶会的主旨。在茶会工作中，工作内容包含茶会人数掌控、公告事项的完备、场地勘察与会前快速布置、签条准备与现场报到准备，所有的与会者熟悉茶会规则并熟悉公告事项，在茶会进行中一切都依靠自觉意识进行。其中很特别的是，工作人员既是茶会组织者，也是茶会的参与者。

一、会前准备

（一）选择举办无我茶会的时机

因目的与需要的不同，无我茶会可以有不同的举办时机。

（1）为训练　为了茶文化课程，举行无我茶会的教学。

（2）为时节　提醒人们注意时节的变化。

（3）为喝茶　只为自己和大家一起喝茶。

（4）为享受茶道　享受无我茶会的茶道之美。

（5）为庆祝　庆祝结婚、庆祝周年、庆祝节日。

（6）为追思　为纪念某某人、某某事。

（7）为了呈现茶道艺术　将无我茶会视为一件作品，呈现给参加的人、呈现给大地。

（8）定时举办　某个地方每周五晚上会有一场无我茶会。

（二）拟定无我茶会的名称

除练习性的无我茶会外，为便于称呼和点出该次无我茶会的主题，每次的无我茶会都可以拟定一个名称。名称要从举办无我茶会的动机着手思考，如为提醒人们春天的到来，可在绿叶新生的枫树林下举办"新叶迎春无我茶会"；为让茶友体会天亮时刻，可举办"破晓无我茶会"。茶会名称不宜冠上公司、机关、单位、政党、事件、厂商茶名、茶叶产区等，甚至专为某一类茶而举办无我茶会也是不适当的，但纪念性无我茶会可以冠上所要纪念的人名。有这些约定，是为了避免无我茶会沦为广告的手段。

（三）人员与工作的分配

无我茶会在茶会中虽是人人自主泡茶，但要保证茶会的顺利开展，还是需要有人进行组织。无我茶会组织人员分为两部分：一部分是会前筹备人员，需要提前确定茶会时间、地点、规模、名称等内容，还需要勘探茶会场地，提前制定茶会公告内容，提前联络组织参会人员，告知茶会公告内容等。第二部分是茶会举办时的工作人员，一般在无我茶会的"公告事项"中，会有"工作分配"一项，既让工作人员知道自己的职责，也让大家感谢他们的辛劳。"工作分配"有主办单位、召集人、场地组（负责座位的安排、座号牌制作、座位标示图设置、场地指引、音响等设施）、会务组（负责报到、对时、抽签、分发对外奉茶杯、在无我茶会护照上盖活动戳章等）、联谊组（负责与会人员的相互认识、媒体人员的接待）、生活组（照顾与会人员，尤其是远地来者的餐宿、交通、健康等问题，现场的秩序、安全）、记录组（负责摄录像、茶会记录）、品茗后活动（负责品茗后活动的安排）、会后活动（会后合影与会后活动安排）。

会务组要掌握报名者的姓名、工作单位与电话，而且在临近会期时还要逐个核对。如果有识别证，确认后就可以分发给个人，以减轻茶会当天报到时的工作量。如果是收费的无我茶会，尽量要求报名时缴费，缴费后就发给识别证。

无我茶会的工作人员最好都由与会茶友担任，做完事就一起参加茶会。但是大型无我茶会，需要专任人员担任录像，或需全程设置服务台以应急需，或需要维持秩序人员，只好找专人负责。

为掌握各项会前的准备工作，将各项工作写成一张检查表（表19-1），逐项核对，以免遗漏。

表 19-1　　　　　　　　　　　　　无我茶会工作检查表

序号	项目	检查	备注
1	场地规划		
2	公告事项填发		
3	会前说明会举办		
4	音响		
5	各种标示（茶会名称、会场指标）		
6	人数、座位掌控（人数预估）		
7	表演者的座位与奉茶		
8	号码牌制作		
9	场地界标		
10	座位标示图		
11	报到处名册		
12	号码签与签名条		
13	对时用钟		
14	识别证分发		
15	场地配合事项		
16	茶友接待与联谊效果		
17	品茗后活动的搭配		
18	会后活动		
19	会后收拾		
20	合影时宣布、解说事项		
21	下雨时应变措施		
22	纪念性无我茶会的奉杯位图		
23	对外奉茶杯子		
24	宣传单发放		
25	解说员的协调		
26	会场秩序		

二、场地的选择与规划

（一）地点选择

　　无我茶会以其精俭的方式，呈现人与自我最近距离的感知，在场地的选择与准备上，只要能让人人参与其中，没有特殊的要求。既可以在室内进行，更可以在户外进行。无论室内还是户外，按照与会人数，选择足够容纳的空间即可。

（二）场地勘察

无我茶会的场地要有适当的空间，能让大家围成圈即可。在室外进行无我茶会更是要席地而坐才好，为了席地而坐，就应该选择有草坪或铺石板、刷水泥的地方。有些地方虽然中间有些曲折或隔断，但只要人能走过，彼此能够相面，多点坎坷也无妨。若是地形特殊，无法形成头尾相连的圈，或是头尾相距很远，也可以调整为头尾茶友少泡几杯或少喝几杯，这样无我茶会依然照样可以进行。

能够在幽静与风景优美的地方举办无我茶会最好，但是有几个状况可例外：其一是为了推广，必须选择人多的地方举行，配合解说，让更多的人了解何为无我茶会。其二是为了训练大家的定力，挑选热闹的地方举办；如能在喧闹之处静心泡茶，其他任何环境都能定下心。其三是为了特定目的所举办的无我茶会，如到养老院奉茶、为某个纪念日举办活动，就只能迁就既有的环境。

在决定场地前，要实地勘察场地，确定下列事项。

（1）茶会场所的席位安排方式与容纳人数规模。

（2）人员走动的路线规划，报到处的设置地点。

（3）若需扩音设备，音箱、主机的放置地点及音效考虑　大型茶会，且会中安排有声响式"品茗后活动"，或在有围观群众的场合，希望通过解说让大家了解无我茶会时，必须设置扩音设备，使在场的人能清楚地听到品茗后的音乐或其他声音，以及解说的内容。

（4）与会人员的抵达方法及停车问题。

（5）厕所等其他配套设施　在野外举办无我茶会，如果附近没有公共厕所或住家借用厕所，主办单位就必须准备临时的设施，如租用"移动式临时厕所"。若是在深山中，只好在适当的地方开沟，事后再行处理复原。无我茶会的人力物力都尽量精简，且以保护环境、维护自然生态为优先考虑。

（6）非与会人员的走动路径与干扰的可能性　若是在公共场合举办，因位于人流必经之处，在会场周围要留出明显的走道供人们通过，而且以较醒目的物品作为座位号码牌，或以其他方法标示出会场的范围，否则来往的人们会不自觉地穿越会场。

（7）若是夜晚无我茶会，公共照明设备的亮度控制　如果是在夜晚举办无我茶会，要求每人自备照明设备，还需要有公共的照明设备，以确保茶会时的安全。但场地的公共照明不能太亮，否则无法体现夜晚星星点点的效果，会削弱茶会的氛围。

（8）会后全体合影的地点。

（9）若有会后活动，则活动地点的选择。

（10）茶会名称的标示大小以及放置，会场的指标放置位置等　相熟友人相约举办无我茶会时，可以不需要标示任何茶会名称，但是如果有某些目的的无我茶会，在会场上有个茶会名称则更具纪念性。把茶会名称放在能够进行茶会摄像或拍照的位置，如圈中心点的地方双面标示是个很好的考虑。

（11）下雨时的应变方案　在户外举办时，如遇到不良天气，对小型茶会或参会的是熟悉的朋友，可以临时换地方或延期举办。若是大型对外公开的茶会活动，最好在组织时就拟定好遇上下雨时的第二方案，如在附近选定可避雨的场所，或者告知顺延至何时。

（三）席位的设计

无我茶会的场地需要空旷的地方，以能让大家围成圈来泡茶。这里说的围成圈并不一定是圆形，四方形、长方形、多边形皆可，只要头尾相接成连续性的一圈即可。只有两人时，这一圈就是两人对坐。无我茶会原则上席地而坐，不需桌椅。除非因为地面不宜或是个人不便席地泡茶，否则以席地为宜。室内无我茶会可以是桌椅式，一人一席；也可以是席地式的，但要求首尾相连。户外的无我茶会人数众多时，可以围成两圈甚至三圈。

（四）席位空间计算

席地而坐的无我茶会，每个人的活动空间需要经过合理的计算，既精俭又自如。按照使用的需要，以泡茶为中心，包含的空间如下：一块坐垫，前方是泡茶区与奉茶区，后方是放鞋区与站立区，右边是放置茶具袋区。这样的空间，大概是前后1.6m，左右0.8m。左右侧相邻两人的空间要空出0.4m作为走道，如果场地实在太小，可以仅留一边作为走道，左侧的人从左边出去奉茶，右侧的人从右边出去奉茶。每个座位前方，还要空出0.8m以上作为别人奉茶的空间。当无我茶会围成两圈或三圈时，两圈之间的距离不能少于0.8m，否则奉茶会太拥挤。两圈在设计位置时也可以错开，不要正对着，这样比较宽松。

（五）席位人数计算

茶会时要充分考虑茶会参与人数和场地的大小是否合适。场地的大小决定了无我茶会所能容纳的人数。有了个人的空间大小，比较方便大概测算一个场地可以容纳的与会人数。最简单的方法是量一下要排座位的那圈的长度，然后除以1.2m或者1m，得到的结果就是一圈可以容纳的人数；前者为可以宽松地入座人数，后者为较为紧凑的人数。若是准备排成两圈或多圈，则要考虑场地的深度，前后每人需要1.6m的前后位置，加上座位前方0.8m的奉茶空间。若是正圆圈的队形，只要知道直径，用直径乘3.14，就可以大约算出圈的长度，也就得出一圈能容纳多少人，最后累加每圈的人数。

（六）场地标示

确定了举办无我茶会的场地之后，要对场地进行标示。首先是使用号码牌确定茶艺师的位置，以便茶会参与者对号入座。数字醒目，放置在每个茶艺师坐垫前缘的中心点，这样可以确保大家布置好茶席后整个茶会的形状依原来的计划。号码牌的排列方向一般按照茶会约定的奉茶方向安排，以便于人们能跟着号码牌的次序行事。若约定向左奉茶，号码牌依顺时针摆放；若向右奉茶，则逆时针摆放。

号码牌可以是反复使用的结实的立体物品，做到不被风吹走，又可避免闲杂人员走动，茶会结束时统一收起。号码牌也可以是某次无我茶会的专属纪念品，依会前说明，茶会后由茶艺师带回。号码牌摆置时，如果多个圆圈，注意引导大家泡茶时是朝着同一个圆心，即向心坐。有纪念品时，也可以把号码标示在纪念品上。

如果是在公共场合，有茶会之外的人走动，在会场内以非常醒目的号码牌，提醒人们不走进会场，以免破坏茶会的秩序。在茶会中，有外人围观的情况下，为了保证茶会的完整性，可以事先准备一根绳子，围出一个范围，高度不超过膝盖为宜，提醒人们不要越过绳子进去茶会围观。

举办大型的无我茶会时，为了场地布置的方便，也为了与会者找到座位的方便，需要设计茶会标示图，并分区，这样工作人员在摆放大量号码牌时，可以依分工快速进行。将标示牌放在茶会抽签区，可以引导与会者快速对号入座，缩短找号码的时间。

有特殊意义的无我茶会需要有主题招牌，如母亲节无我茶会、迎春无我茶会等，在布置场地时，可以放置在会场的中心，这样拍照时更容易完整入镜。招牌可以写两面，这样从不同方向都可以拍到主题。

设置品茗后活动的环节，或者有大量围观群众时，需要借助对外解说让更多人了解无我茶会的性质与意义，需要音响设备，在场地布置时需要考虑它的位置，要求不破坏会场的美感，又可以有和谐的音量，并让大家都听得清楚。解说人员和表演者的位置，以不干扰无我茶会整体画面为原则，而表演者是茶会的一部分，不应该另外设表演区。

为避免座位不够或空位太多，在座位规划时，尽可能安排一些备选的座位，部分座位可以视情况增减，不影响队列。而多圈式的座位安排也是调整座位最容易的，内圈随时可以增加或取消，而且内圈座数较少时，调整间距作小幅度增减也比较容易。

（七）制作场地规划图

50 人以上的大型无我茶会，在勘察完场地后，最好画一张"场地规划图"。场地规划图即场地的平面图，在平面图上规划出适当的队形，还包括音乐欣赏时表演者的位置、解说员的位置、报到位置、音响主机与喇叭设置的地点等。这张规划图还可以作为正式茶会时，放在报到处，方便大家找座位的"座位标示图"。

三、制作茶会公告事项

无我茶会不设司仪，席间不语，凭借的是一份完整的茶会公告事项。"茶会公告事项"除各项"工作分配"外，需写明茶会的名称、时间、地点、人数预估、以及泡茶上的要求（如泡几杯、泡几种茶、每种茶泡几道）、奉茶方法（奉茶对象，是否奉茶给围观的人）、就座方式、品茗后活动、会后活动、茶会进行的程序，以及雨天的应变方案。茶会进行的程序包括"时间"的设定，而"程序"通常包括：工作人员开始布置会场、与会人员开始报到入席、茶具观摩与联谊开始、开始泡茶、品茗后活动开始、收拾茶具、合影、会后活动开始、会后活动结束。

为此，需事前制定茶会公告事项，在召集参会人员时就提前告知茶会公告内容（表 19-2），以便参会人员了解并提前做好准备。在茶会现场，也需摆放茶会公告事项，方便参会者随时了解。

表 19-2　　　　　　　　　　　　　**无我茶会公告事项**

茶会名称			
时间			
地点		雨天地点	
人数要求		泡几种茶	
泡几杯茶		每茶泡几道	
奉茶方法			
其他约定			
品茗后活动			
会后活动			
茶会程序		工作分配	
（时间：××）	工作人员布置会场	主办单位	
（时间：××）	与会人员报到入席	召集人	
	"茶具观摩与联谊"	场地组	
（时间：××）	开始泡茶	报到组	
最后一道茶喝完	"品茗后活动"	抽签组	
	收拾茶具	联谊组	
	合影	生活组	
（时间：××）	"会后活动"开始	记录组	
（时间：××）	"会后活动"结束	品茗后活动	
		会后活动	
"会前说明会与泡茶练习"			
时间			
地点			
指导老师			
负责人	联系电话		E-mail

四、与会者的准备

与其他茶会不同的是，无我茶会人人泡茶，人人奉茶，人人喝茶，所以每位与会者都需要有参与无我茶会所需要的器具和心态。在茶会前，先熟悉无我茶会的流程、基本规则，做好无我茶会所需要的准备，这样才能很好地享受无我茶会本身的乐趣。

（一）器物准备

无我茶会需参加者自备茶具，包括茶壶或茶碗、茶杯、茶盅、茶盘、茶巾、热水瓶、茶叶、手表、计时器等。无我茶会是人人泡茶，茶具、茶叶和泡法并无限制，由参加者自定。但无我茶会以"精俭"为原则，在茶具的准备上以"旅行用茶具"为准备原则，只要能泡茶、奉茶、品茶的基本器具足矣。茶席简约，不刻意装饰，无泡茶之外的其他东西干扰，并且方便携带，不刻意使用名贵的器物，无攀比之心，只有在于把茶泡好的当下之心。

无我茶会若是席地而坐的，则需要准备一个坐垫。为方便携带，坐垫可以考虑可折叠的，摊开后坐垫的大小要足够与会者盘坐或跪坐。跪坐不便的人员，可以携带简便可折叠的小马扎。如果用壶泡法，则需要准备茶壶、茶盅和茶杯，事前可将茶叶提前放入干燥的茶壶中。如果使用抹茶，则需要茶碗、茶筅、茶杓、茶入等；以茶碗点茶的茶友只需要点一道茶即可，可以点好一碗奉一碗，也可以点完三碗（约定泡茶四杯）一次性奉出去，回来再点一碗给自己。无我茶会要人人奉茶，所以要准备公告事项中所约定的杯子数量，还要有奉茶盘和在第一泡茶杯已奉出去后，第二泡奉茶所需的茶盅或抹茶的茶碗。无论使用哪种泡法，都必须要热水，所以装好合适热水的保温瓶是必备的，尽量选用方便出水的。泡茶需要控制时间，因此计时器也是需要的。泡茶巾一条，放置泡茶的物品以及作为奉茶的位置，可以是包壶巾直接作为泡茶巾。茶汤有可能滴落，所以茶巾也最好备一条，以保持茶席的整洁并在茶会后做品茗杯的初步清洁。另外，应该准备一条可以铺在地上放置茶具的地铺。以上的器具在出行前，都要做仔细的打包处理，然后按照主次和类别放在品茗袋（茶具袋）或篓筐中。品茗袋最好是双肩包，在户外泡茶时行走比较方便。若是刚下完雨，或是刻意体验雨中泡茶之乐趣，为了防止衣服和物品受潮，在地面上要铺设一层足够大的"地衣"，即防水布，以简洁大方为宜。

（二）茶叶准备

无我茶会的茶不在乎哪个等级的茶叶，但是要求品质正常。首先看公告事项上有什么约定，原则上是"种类不拘"或有大类的约定。在一些特定的情况，主办单位会指定特种茶类。比如"早春无我茶会"为迎春而开，公告事项上可能会要大家都带绿茶来。或者是某场为纪念某人的无我茶会，此人与某种茶有特殊的缘分，于是主办方要求大家都带这种茶。参加无我茶会是抱持分享之心，所带茶叶一般是自己喜爱的茶叶。但考虑到使用保温壶装热水，无法保障足够高的水温，在茶类的选择上还需考虑水温的适宜性。

茶叶的量，依公告事项所需泡茶的次数，以及茶具的大小和茶叶的品质情况决定。除了抹茶必须要装在茶入或茶罐中现场取用外，其他的茶叶都可以提前放入主泡器中，无须另携茶叶罐。将茶叶装入茶壶时，要保证壶是干燥的，茶具袋里也没有异味；在茶会前装入的时间也不要太久，应该是茶会当天出门前放入的。

若是茶会要求泡两种茶，在不"去渣、清洗、再放第二种茶"的情况下，我们则要多准备一把装好茶的壶，茶杯则不用多备。第一种茶和第二种茶冲泡之间大概会安排一段休息或其他活动，在换茶时直接换冲泡器具即可。另外，茶会必须是有茶，不宜使用非茶的饮料。

（三）着装准备

参加无我茶会的着装要符合茶会的主题与性质，且要方便就坐和泡茶。无我茶会多数是席地泡茶，对于茶艺师的服装鞋袜有特别的要求，以期在泡茶奉茶时可以从容自如。衣服要宽松、得体，领口不要低，女性的裙子要过膝。领带等饰物要固定，防止泡茶时撞到器物。泡茶时跪坐，需要脱掉鞋子，鞋子脱在坐垫后，奉茶时需要穿起，不能用手协助操作，所以一定要选择方便穿脱的鞋，泡茶奉茶才能很从容。还要注意袜子的颜色与薄厚，要穿不透明的袜子，不要光脚，否则显得不得体。

（四）茶食准备

所谓茶食，是指喝茶间搭配的小点心。不是所有无我茶会都需要准备茶食，根据主办方在公告事项上的要求来定。若是茶会有安排茶食享用，与会者就要准备茶食与供应的设备。茶食以简便、宜茶为原则，味道不宜过强、过咸、过辣、过酸，分量适当，吃了不需吐渣或不宜咀嚼。携带的茶食份数，奉几杯茶就准备几份。若茶会还需奉茶给围观的来宾，则依照公告事项的约定携带额外的茶食。放置茶食的器皿，可带两个小盘子，为求简便，可用两张纸巾代替，一张铺在奉茶盘放茶食，另一张放在泡茶区适当位置，便于他人奉茶时放茶食。若取食需要竹刀之类的器物，则另行准备。

（五）水的准备

要保证茶会中泡茶用水的水温和水量。考虑到多数保温壶在旅途中的保温效果会下降，要尽量把水烧至最高温时装好，尽量用质量可靠的保温壶。同时考虑所准备的茶叶的品质特性来选择泡茶水温，如名优绿茶则需低些温度的水冲泡。依据所需要奉茶的人数以及奉茶的次数，可以计算出总的茶汤量，而水量务必多于茶汤总量，才能在泡茶时游刃有余。

（六）思想准备

参加无我茶会的目的与心情，是与会者在事先要准备好的。无我茶会的初衷，就是归于无的我，能在其中体会无尊卑之分、无报偿之心、无好恶之心、求精进之心等茶道内涵，并享受无须指挥、静默不语的团体律动之美，便是无我茶会对于净化人心、提升人们修为的重要作用。

所以，参加无我茶会者，需要有与会的积极进取心。为了更好地达到以上的与会目的，还需做好以下准备：熟悉茶会的规则，准备完善茶会的道具，熟练泡茶技艺，并让自己坐立自如，找到适合的且能良好泡茶的坐姿。最重要的是在茶会座位抽签时随遇而安，在茶会奉茶时有分享的胸襟，在茶会进行时要纵观全场，感受庄子"至人无己，神人无功，圣人无名"境界，让自己成为茶会的有机组成部分，自觉融入茶会的律动之中，才能真正享受这大道至简的茶会形式，体会无我之美。

（七）夜晚无我茶会的特殊装置

夜晚无我茶会有很特别的氛围，其中一个营造氛围的手段，就是人人自备照明用灯。在准备时要有以下基本要求：便于携带，安全无虑；燃料是符合各种安检要求的；个性化，每人自己设计准备；要有防风的功能；灯光的亮度要能很好地服务于泡茶；灯光使用的持续时间要足以维持一场茶会，包含联谊、泡茶和品茗后活动，至少在一个半小时以上。

五、茶会报到

（一）抽签入场的设计

在入会场口设置数个抽签点，与会者先抽签。抽签是抽座位的号码签，用以决定每人的泡茶位置，一般以小纸片写上编号折成小方块放进签袋即可。号码签可以制作得有纪念性，会后可留作纪念。在大型无我茶会可设多处抽签的地方以节省时间，签名的方式可改为在"号码签"旁设签名条，签名条同时搭上座位号，签完名后将签名条依编号贴成一份签名簿作为该次"茶会记"的一部分。若拟不做"茶会记"，签名条可以省略。如果有携带幼儿一起参加无我茶会的，三岁以上可独立泡茶并有能力照顾自己参与的，可以单独抽签入座；若是尚需要大人协助的，主办方可以制作一些"母子签"，由大人抽取。这些"母子签"是连续两个号码的座位签在一起的，只适合携带幼儿时使用。若有一些不便蹲坐的茶友，可以自备或使用主办方准备的折叠桌椅，座位要并排在一起，可以避免给席地而坐的茶友带来不便。这些情况都需要事先报备，由工作人员集中保管。

（二）报到

按照公告事项，与会者提前半小时到茶会举办地办理报到手续。无我茶会的报到手续包括注册、对时、抽签与签名，或加上在无我茶会护照上盖戳章。注册是查明与会者是属于事先报名还是现场报名，需不需要缴费，然后发给识别证。为了更好地掌控茶会的人数，一般采取会前报名的方式，以便布置现场时号码牌的准确。签到时最好与名单一致，然后抽签。如果有无我茶会的护照，现场准备了专属印章，则持护照进行盖章纪念。如果约定奉茶给围观者，还要发给一定数量一次性杯子或作为纪念品的特质杯子。报到的时候，在注册处旁放一个钟。这些手续力求简便，可省略的步骤尽量省略。工作人员在茶具观摩与联谊时间过半时，停止报到抽签工作，收起无人入座的号码牌。

（三）无我茶会的会前说明会

会场事先如安排有开幕式，则等待开幕式开始，待开幕式结束后进行布席入座。在举办无我茶会之前，为让每位参加者都充分了解茶会进行的方式和精神所在，往往会召开一个会前说明会，特别是对第一次参加的人员在举办前安排一次说明会和演练是非常有必要的。

主办单位事先应将注意事项书面通知所有与会人员，刊登在公告事项上，内容包括举办的梯次、时间、地点、主持的"无我茶会指导老师"。会前说明会除口头解说外，要能够实际演练。茶具可要求受训者自备，或由训练单位借用，但茶会举行时就必须自备了。

六、布席

（一）布席备具

与会者报到结束后，携带泡茶物品对号入座，进行布席。大型无我茶会在抽签处会有场地规划图，对照图可以较容易找到座次。每个座位旁标记有号码，与会者找到座位后，需将抽到的纸号码放在座位旁，以示正确无误，然后开始布置茶席。

如果地面潮湿，先铺设防水布，正前方中心对着原先放好的号码牌，接着放置坐垫，然后脱鞋，跪坐下来，将号码牌收起。如果号码牌是纪念品，就摆置在茶席合适的位置一起展示。开始摆设茶具，在坐垫号码前铺放茶巾，坐垫前是泡茶区，放主泡器。泡茶区前方是奉茶区，放奉茶盘，奉茶盘上的品茗杯倒扣，以防止观摩时间人员走动有灰尘的干扰。泡茶区侧面放保温瓶，若是在户外，防止风大吹翻保温瓶，可以将高挑的保温瓶拧紧放倒，顺便压住泡茶巾一侧，泡茶区另一侧则放整理好的茶具袋。如果是夜晚无我茶会，准备好的小夜灯也放置在茶席上，以能很好地照明泡茶器具为原则，方便美观即可。

（二）茶具观摩与联谊

茶席布置完后，距离茶会泡茶还有一段时间，中间与会者们可相互进行茶具观摩与联谊。在泡茶前进行茶具观摩与联谊的时间依情况而定，一般在 10～30min。可以为自己和茶席拍照纪念，茶会进行之后除了摄影师就都不可以拍照了。然后可以去观摩其他茶席，会会老友，不过要自己留意茶会的时间。观摩其他茶友的茶具时，要注意一些基本的礼仪，走路要轻，以免带来很多的灰尘；别人忙着摆置茶席时，不要干扰他；欣赏茶具时，不要触碰它，既不卫生也不安全；留意距离泡茶时间不久，主动回到座位上，静心准备好开始茶会。如果是一群相交甚深的老友，茶具观摩与联谊也可以改为静坐，以让心情得以平静，再开始茶会。如是不相熟的茶友，茶具观摩与联谊则可主要是观摩茶具；主办方也可以安排一些协助联谊的工作人员，在联谊时段引导茶友们相互认识，尤其有来自不同国家的与会者。

七、泡茶与奉茶、品茶

（一）泡茶杯数与泡茶次数

主办方在约定"杯数"与"泡数"时，要考虑茶会当天的天气和活动量。如天气热，活动量大，可以增加杯数与泡数；如是冬日室内活动后，则可以减少杯数与泡数。在无特殊情况下，一般泡茶不超过四杯。

（二）奉茶次序与方法

泡完茶后，将茶倒在茶杯里，用奉茶盘端出去奉茶，奉茶时将茶杯放在被奉者"泡茶区"前端的"奉茶区"。一般是将"奉茶区"分为四等份（如果约定泡四杯茶），奉第一位茶友时，将杯子放在被奉者的奉茶区左边第一个位子上，奉第二位茶友时，将茶杯放在他的奉茶区左边第二个位子上，奉第三位茶友时，将茶杯放在他的奉茶区左边第三个位子上，第四个位子上放置的是他自己的茶杯。这里的第一位茶友指的是公告事项约定的奉茶方向的第一位，如约定"奉给左邻三位茶友"，则从茶艺师的左边算起分别是第一位、第二位和第三位。奉茶时，不论被奉者是否在座位上，茶杯都由茶艺师端放到奉茶区。如果正遇到别人来奉茶，被奉者应该等别人奉完茶后，行完礼，才起身出去奉茶。原则上奉茶时端着奉茶盘起身，从自己的左侧走到圈内奉茶，因为右侧放置着茶具袋。但是若因场地太小，左侧空间不够时，从右侧出去也无妨。遇到无法蹲下的茶艺师，被奉者应自己端取茶杯。第二道茶是持盅奉茶，被奉者端起空杯放到茶艺师奉茶盘上，茶艺师倒好茶后，被奉者将杯子端下来。收杯子时，被奉者将杯子送回不便的茶艺师的奉茶盘上。如果遇到走路不便的茶友，可以由他左边或右边的茶友代劳。

若需要奉茶给不泡茶的品茗后活动的表演人员，或者少数围观的来宾。人数只有几个的话，可以安排附近的茶友，指定几位茶友多泡一杯给哪位奉茶。如果人多的时候，需要提供一些杯子给茶友，并事先嘱咐加奉一杯给这些特定人。

若是某些特殊的无我茶会，大多是有特定的对象需要强调或者纪念，这种奉茶的象征意义大于实质。一般只奉第一道给这个对象，第二道以后的奉茶只对其他茶友或来宾。第一道奉茶给这个对象时，大家排队奉茶，也表达了崇敬或追思等意。喝完最后一道茶后，也可安排歌颂、追忆之类的作为品茗后活动，以加强纪念效果，也可以只是静坐或听一段音乐。收杯时，先收奉给特定对象那一杯，再收其他的杯子。

（三）品茶的次序和方式

无我茶会不设指挥与司仪，一切按照事先的约定来做，但进行间需照顾彼此，保持进度差不多。

无我茶会不止器具简便，泡茶方法亦是简便，省略了很多烦琐的泡茶流程。茶会时间到，直接揭开壶盖，注入热水，用心感受泡茶。第一道茶汤是端杯奉茶，事先把茶均匀分到品茗杯中，观照一下周围的进度，跟大家尽量保持一致的行动，起身奉茶。

奉茶的方向和人数按照公告事项约定，将茶杯放在邻座的奉茶区，一般是泡茶器的前方。奉茶时无须按照顺序，可以奉给约定内的任意一个人。比如左邻第一个前面刚好有其他茶友奉茶，就可以去后面的其他合适的地方先奉茶。每个人都这样遵循，杯子的位置就很有条理，每位与会者都向一个方向顺次奉出约定的杯数，然后会得到来自另一个方向的约定杯数的茶汤，与自己泡出的茶汤杯数一样。

奉茶的礼仪，因为无我茶会席间不语，别人为你奉茶时，等待他放稳茶汤起身，对视行礼，不用说"谢谢"，在奉茶途中遇到茶友也是行礼，简洁的礼仪带给每个人浓浓的情谊。如果前面都有其他茶友在奉茶，就在旁边略等待，不要挤在一起奉茶。对外奉茶时，将茶汤装在一次性纸杯中，给附近围观人员时，也不用说"请喝茶"，行礼，微笑，双手奉上茶汤即可。

奉完茶回到座位上，等到别人奉来的茶到齐，就可以一起开始品茶了。但如果有的人实在非常慢，担心影响整场茶会的进程，也担心茶汤太凉，可以不等，已有的茶汤先品。无我茶会是一种很娴静的喝茶方式，所以应该慢慢地喝，悠哉地享受茶汤与茶会的情境。品茶时，心情是放松、舒缓的，慢慢品，认真品。来自不同茶友分享的不同茶汤，静静地感受当下最真实的茶汤滋味。同时在品尝自己的茶汤时，确定是否把茶泡好了，因为一杯可口的茶汤，是足以带给宁静的人幸福与满足感的，以求精进之心品尝与体味茶汤。考虑到茶友继续奉茶时的方便与心情，一般要把茶汤喝尽。

继续冲泡第二道茶汤，以茶盅奉茶。泡好茶后，观察一下自己的速度与周围茶友的速度，既不要太快，也不要太慢，尽量在茶会中同时做同一件事，以体现群体律动之美。将茶盅与茶巾放在奉茶盘上，端稳后，起身，穿好鞋子，从方便的一侧出去奉茶。如果右邻茶友刚好来给自己奉茶，则站好，等待其往茶杯中分好茶后，起身，互相行礼，再出去奉茶。奉茶时，往第一道自己奉与友邻的品茗杯中分茶汤，以七分满为原则。若指定对外奉茶，则在分茶给约定的人员之后，走向围观区，将茶汤再分与围观者，并能留出自己的一杯，以便确认是否把茶泡好。约定泡三道或者四道，后面的操作方法都同于第二道。但因为无我茶会携带的水有限，而且每一次奉完茶都会喝到总数不变的茶汤，所以一般不会泡很多道。

（四）茶会间的茶食

若安排茶食，在公告事项中的"茶会程序"中要写明在第几道茶后供应茶食。供应茶食时，先取出放置茶食的纸巾或茶食盘；一张铺在泡茶区的被奉茶区，作为别人供应茶食的地方；一张铺在自己的奉茶盘上，放置供应给别人的茶食。若设计有奉茶给围观的来宾，则茶食的供应也应该准备来宾的份量；在供应给茶友和自己后，再供应给来宾。茶食供应后，将纸巾或茶食盘收起来，按照约定继续泡茶，若有未吃完的茶食可以用纸巾包起来放入茶具袋带回。一般在享用过茶食后，最好再安排一道茶。若是主办方没有安排茶食供应，一般不准备茶食，但是如果茶艺师认为茶食是自己茶的一部分，茶要与茶食一同品尝才能显现茶味的话，可以在奉茶时同时供应茶食。

八、品茗后活动与茶具收拾

品茗后活动是在茶会约定泡茶次数结束后，一般有清唱、器乐弹奏、诗歌吟唱、朗诵等具体形式，以延续茶会中的美好氛围。表演人员最好是参与茶会的茶友，而且以席地而坐来表演为好，这样一切显得自然、随心。品茗后活动时间不宜很长，控制在 3min 左右。

品茗后活动结束后，不必鼓掌，大家自然地开始收拾茶具，准备结束茶会。无我茶会是简便的泡茶法，不用现场清洁泡茶器具，所以在最后倒茶时，尽量滴干，茶盅里的茶汤也尽量倒干。把自己用过的杯子用茶巾或者纸巾擦拭一下，放在被奉茶的位置等茶艺师收回。自己也起身去收回奉给友邻的品茗杯，手持空的奉茶盘出去，不必按顺序。收杯时，若被奉茶茶艺师在座位上，收完杯要相互行礼致意。若自己正要起身出去收杯，恰好别人前来收杯，应该稍候，等对方收完杯子，行礼致谢后再离开。收杯时，若对方还在喝茶或擦拭杯子，可先收拾其他几杯。若有对外奉茶，收杯时也可以顺便将茶友手上的一次性纸杯收回，不一定是自己奉的那一只。

打包茶具，要有次序，注意器具的安全，将茶具装进茶具袋。最后收拾坐垫和地衣，还要仔细检查周围的环境，是否有遗留东西，及时清理，务必使环境不受干扰，保持着原来的样貌，这是无我茶会的追求。座位上的号码牌和抽签时的号码签如果是纸片或纪念品，收拾茶具时一并收起来装入茶具袋。如果茶会使用统一的号码牌需要回收，此时可以主动将号码牌送回回收处，减少工作人员的辛苦。

九、茶会结束

收拾完茶具，若没有安排集体合影，就算结束；如果安排了，就拍完照后结束茶会。若有公共设施需要茶会后收拾，原则上还是由负责该项工作的茶友负责收拾。大家在离开会场时，与认识的、不认识的茶友都应该打招呼，以愉快轻松的心情，慢慢回味，这是从无我茶会中走出来的新的认识自我、认识世界的感觉。

此外，"主办方"为单位时，可将无我茶会做成"无我茶会记"，内容包括公告事项、签名簿与重点照片或录像。原有的公告事项可以加以修正、补充后作为茶会记录的基本资料，签名簿则是将签名条以座次粘贴而成。将"无我茶会记"邮寄给每位参加茶会的茶友，供茶友们留作纪念。

参 考 文 献

［1］蔡荣章.茶艺与茶道［J］.农业考古，1991（2）：36.

［2］蔡荣章.茶席·茶会［M］.合肥：安徽教育出版社，2011.

［3］蔡荣章.现代茶道思想［M］.北京：中华书局，2015.

［4］蔡荣章.无我茶会［M］.北京：北京时代华文书局，2016.

［5］蔡荣章.技术与艺术构成的茶道［J］.茶道，2016（12）：114.

［6］蔡荣章.茶道艺术为何定位在泡茶、奉茶、品茶［J］.茶道，2017（1）：88.

［7］柴奇彤.中国茶文化之茶艺、茶礼、茶道［J］.中国食品，2009（18）：46-47.

［8］陈丹妮."三教同山，茶和天下"主题茶艺作品编创理论［J］.大众文艺，2016（11）：253-254.

［9］陈洪华.茶点之论［J］.四川烹饪高等专科学校学报，2007（2）：8-10.

［10］陈洪华.中国茶点的搭配艺术［J］.烹调知识，2007（2）：4-5.

［11］陈静.试论中国茶道的类型［J］.农业考古，2008（5）：163-171.

［12］陈龙.中国茶艺茶道［M］.北京：电子工艺出版社，2014.

［13］陈美伴，许玫.茶艺之茶艺表演编创浅谈［J］.广东茶业，2018（2）：14-16.

［14］陈寿宏.中华食材［M］.合肥：合肥工业大学出版社，2016.

［15］陈伟亮.中国茶道的哲学内涵探讨［J］.福建茶叶，2019（4）：133-134.

［16］陈文华.茶艺·茶道·茶文化［J］.农业考古，1999（4）：7-14.

［17］陈文华.论当前茶艺表演中的一些问题［J］.农业考古，2001（2）：10-25.

［18］陈文华.论中国茶道的形成历史及其主要特征与儒、释、道的关系［J］.农业考古，2002（2）：46-65.

［19］陈文华.《台湾茶艺观》序言［J］.农业考古，2003（2）：301-303.

［20］陈文华.论中国的茶艺及其在中国茶文化史上的地位——兼谈中日茶文化的不同发展方向［J］.农业考古，2005（4）：86-92.

［21］陈文华.中国古代茶具鉴赏［M］.南昌：江西教育出版社，2007.

［22］陈文华.中国茶艺学［M］.南昌：江西教育出版社，2009.

［23］陈文华.中国茶艺的美学特征［J］.农业考古，2009（5）：78-85.

［24］陈文华.中国茶艺的美学特性［J］.农业考古，2010（2）：66-70.

［25］陈文华.中国茶艺馆往何处去？——中国茶艺馆三十年反思［J］.农业考古，2010（2）：78-86.

［26］陈文华.浅谈唐代茶艺和茶道［J］.农业考古，2012（5）：84-94.

［27］陈香白.论中国茶道的义理与核心［J］.中国文化研究，1994（3）：81-86.

［28］陈香白，陈再粦."茶艺"论释［J］.农业考古，2001（2）：30-32.

［29］陈小平.茶艺服务技术［M］.成都：西南交通大学出版社，2014.

［30］陈新宇.背景音乐在茶艺表演中的运用［J］.福建茶叶，2016（12）：97-98.

［31］陈曦.论中国传统文化对日本茶道的影响［J］.郑州轻工业学院学报，2015（4）：69-72.

［32］陈鑫，谷林润.我国茶艺服饰艺术特性与发展趋势［J］.福建茶叶，2018（6）：93.

［33］陈学娟，单虹丽.论舞台茶艺创作中主题的提炼与表现［J］.茶叶，2015（4）：227-231.

［34］陈杖洲.如何配置茶艺用具［J］.农业考古，2003（4）：157-158.

［35］陈杖洲.茶艺用具简述［J］.茶报，2004（2）：42-42.

［36］陈志达，陈玉琼.插花艺术在茶艺表演中的运用［J］.茶叶通讯，2015（3）：44-47.

［37］陈子叶.论中国茶艺的人文精神［J］.农业考古，2015（5）：22-26.

［38］陈宗懋.中国茶叶大辞典［M］.北京：中国轻工业出版社，2001.

［39］陈宗懋，杨亚军.中国茶经［M］.上海：上海文化出版社，2011.

［40］谌晓煜."茶德"的理论探索［J］.农业考古，1998（2）：23-27.

［41］谌晓煜.论"中国茶德"的思想特色［J］.农业考古，1999（2）：15-17.

［42］程启坤，姚国坤.从传统饮茶风俗谈中国茶德［J］.中国茶叶，1990（6）：27-29.

［43］程启坤，姚国坤.关于茶德的讨论［J］.农业考古，1991（2）：17-18.

［44］戴高诺.茶叶应该这样卖［M］.北京：中国经济出版社，2017.

［45］单虹丽，陈学娟，张敏，等.浅议茶艺的自然美和人格美［J］.中国茶叶加工，2016（2）：9-83.

［46］单虹丽，唐茜.茶艺基础与技法［M］.北京：中国轻工业出版社，2020.

［47］丁俊之.凤凰单丛及其茶艺［J］.茶叶机械杂志，2001（1）：30-32.

［48］丁伟.浅谈日本茶道［J］.剑南文学（经典教苑），2012（9）：175.

［49］丁文.中国茶道［M］.西安：陕西旅游出版社，1998.

［50］丁以寿.中国饮茶法源流考［J］.农业考古，1999（2）：120-125.

［51］丁以寿.中国茶道发展史纲要［J］.农业考古，1999（4）：20-25.

［52］丁以寿.中华茶艺概念诠释［J］.农业考古，2002（2）：139-144.

［53］丁以寿.新世纪中华茶艺发展问题的思考［J］.茶苑，2005（2）：41-42.

［54］丁以寿.中华茶艺［M］.合肥：安徽教育出版社，2008.

［55］丁以寿.茶艺［M］.北京：中国农业出版社，2014.

［56］董德贤.中国茶道的本质及茶文化的发展［J］.茶业通报，1996 18（2）：46，封三.

［57］堵茜，朱海燕.试论茶艺编创原理——以《武陵红·寄乡愁》主题茶艺为例

［J］.茶叶学报，2019 60（2）：88-92.

　　［58］段红，彭明瀚.《百丈清规》与禅门茶事［J］.农业考古，1996（12）：264-266.

　　［59］范春梅.新创茶艺的创新思路与实践应用分析［J］.广东茶业，2017（4）：20-22.

　　［60］范增平.探求茶艺的根本精神［J］.农业考古，1991（4）：67.

　　［61］范增平.中华茶艺学［M］.北京：中国画报出版社，2001.

　　［62］范增平.茶艺美学论［J］.广西民族学院学报：哲学社会科学版，2002，24（2）：58-61.

　　［63］范增平.台湾的茶艺文化［J］.农业考古，2003（4）：291-297.

　　［64］范增平.茶艺活动带来的好处［J］.中国茶叶，2003（6）：34.

　　［65］范增平.生活茶艺馆［M］.长春：吉林科学技术出版社，2004.

　　［66］范增平.中华现代茶艺的形成与发展［J］.广西职业技术学院学报，2019，12（3）：13-20.

　　［67］方健.唐宋茶艺述论［J］.农业考古，1997（4）：176-187.

　　［68］方颖.浅谈品茶艺术与情趣［J］.茶叶，2017（1）：58-60.

　　［69］付鑫慧.中国茶艺中的道家美学思想［J］.美与时代：美学（下），2019（8）：53-55.

　　［70］符江红.云南少数民族茶艺表演作品编创探索［J］.玉溪师范学院学报，2017，33（7）：40-44.

　　［71］龚永新.中国茶道的内涵拓展与宽泛定义探析［J］.中国茶叶加工，2015（3）：68-71.

　　［72］龚永新.当代茶艺勃兴的价值基础及茶艺创新发展对策［J］.农业考古，2016（2）：73-77.

　　［73］龚永新.基于闽南人饮茶习俗探研中华茶艺特性及利用［J］.茶叶，2016（4）：202-205.

　　［74］谷静敏，高雁南.茶文化与茶艺［M］.北京：国家行政学院出版社，2013.

　　［75］关剑平.茶与中国文化［M］.北京：人民出版社，2001.

　　［76］管宛嫦.茶艺表演主题创新浅探［J］.艺术科技，2017，30（6）：406-407.

　　［77］郭芳，詹珊，李阳.形体礼仪训练［M］.哈尔滨：东北林业大学出版社，2004.

　　［78］郭红全.不同风格茶艺背景中的书法艺术［J］.福建茶叶，2017（10）：84-85.

　　［79］郭雅玲.茶艺类型与特色［J］.福建茶叶，1997（1）：71-73.

　　［80］郭雅玲.茶道与茶艺简释［J］.茶叶科学技术，2004（2）：40.

　　［81］郭雅玲.乌龙茶茶艺表演艺术探讨［J］.福建茶叶，2004（2）：48-49.

　　［82］郭雅玲.茉莉花茶品饮与保健［J］.福建茶叶，2005（4）：42-43.

　　［83］郭雅敏，徐南眉.大型茶文化活动中的茶艺演出［J］.茶报，2003（3）：40.

参考文献

［84］海葆.简论现代茶艺美学［J］.上海茶叶，2005（1）：37-38.

［85］海葆.茶艺的投茶艺术［J］.上海茶叶，2005（3）：40.

［86］海葆.茶艺的冲泡艺术［J］.上海茶叶，2005（4）：41.

［87］韩莹.浅析茶艺师的基本素养培养［J］.今日财富：金融发展与监管，2011（11）：260.

［88］何国松.图观茶天下.茶具［M］.北京：北京工业大学出版社，2011.

［89］何环珠，苏成家.乌龙茶的茶艺美学价值研究［J］.神州，2018（34）：36.

［90］何云.别具风味的恭城打油茶［J］.烹调知识，2007（6）：17-18.

［91］何志丹.茶文化的符号学解读及其在环境设计［D］.长沙：湖南农业大学，2009.

［92］贺益娥.茶馆发展演变和现代茶馆经营策略研究［D］.长沙：湖南农业大学，2009.

［93］宏庸.中国传统茶艺基本类型［J］.旭峰茶话，1988（1）：3-9.

［94］洪威雷，李乾瑞.说品茶论优雅［J］.北京劳动保障职业学院学报，2015，9（4）：66-68.

［95］胡长春.浅谈对中国茶道的若干认识和理解［J］.农业考古，2010（5）：84-90.

［96］黄华涛.海外饮茶风情茶艺拾掇：Ⅳ.茶酒［J］.茶叶，1993，19（2）：58-59.

［97］黄婧.茶艺的表演艺术及历史背景浅析［J］.现代企业教育，2012（11）：175.

［98］黄木生.中国茶艺［M］.武汉：湖北科学技术出版社，2013.

［99］黄小伟.茶艺的历程［J］.茶叶，2001，27（1）：16-17.

［100］黄晓琴，张丽霞，李智，等."灵岩禅韵"主题茶艺编创实践［J］.中国茶叶加工，2016（1）：69-73.

［101］黄晓琴，张丽霞，李智，等."大碗茶情"茶艺作品的主题提炼与表达［J］.中国茶叶加工，2017（3）：48-51.

［102］黄毅青.韩国茶道与缓慢美学［J］.武夷学院学报，2012，31（1）：72-74.

［103］黄友谊.试析茶艺［J］.茶报，2004（2）：40-41.

［104］黄友谊.茶艺分类浅探［J］.茶报，2004（4）：41-42.

［105］黄友谊.茶艺分类浅探（续）［J］.上海茶叶，2005（1）：39-40.

［106］黄友谊.试论茶道的定义［J］.茶业通报，2006（1）：37-39.

［107］黄玉梅.多样化的茶类与不同茶具的搭配［J］.农业考古，2010（5）：127-129.

［108］季毅.背景音乐对茶艺表演的影响和作用［J］.福建茶叶，2016（11）：109-110.

［109］贾丙娟.浅析茶艺师应具备的基本素养［J］.贵州茶叶，2008（1）：26-27.

［110］贾红文.中国茶道在不同时期包含的精神奥义［J］.农业考古，2016（5）：

72–75.

［111］姜爱芹.茶道、茶艺、茶艺表演［J］.中国茶叶，1999（3）：36–37.

［112］姜春红.茶艺技能训练［M］.长春：吉林人民出版社，2015.

［113］姜天喜，邓秀梅，吴铁.日本茶道文化精神［J］.理论导刊，2009（1）：111–112.

［114］江用文，童启庆.茶艺师培训教材［M］.北京：金盾出版社，2008.

［115］金裕信.韩国的茶道精神［J］.农业考古，1998（4）：27–29.

［116］静清和.茶席窥美［M］.北京：九州出版社，2015.

［117］孔祥学.关于茶艺的哲学思考［J］.福建茶叶，2017（9）：93–94.

［118］寇丹.茶艺初论［J］.农业考古，1997（4）：55–58.

［119］寇丹.谈"主题茶艺"［J］.农业考古，2001（2）：26–32.

［120］赖功欧.由艺而达道——现代茶艺散论［J］.农业考古，2002（4）：109–112.

［121］劳动和社会保障部中国就业培训技术指导中心.茶艺师基础知识［M］.北京：中国劳动社会保障出版社，2004.

［122］乐天.青海藏族饮食文化［J］.青海民族研究，1995（4）：102–104.

［123］李春华.茶艺饰品设计中油画元素的应用探讨［J］.福建茶叶，2017（7）：98–99.

［124］林东波.刍议茶艺表演背景音乐的选择和创作［J］.福建茶叶，2011（5）：47–49.

［125］李洁.海派文化的根源发展及其文献研究［J］.兰州学刊，2010（4）：215–217.

［126］李骞，白碧珍，陈丽敏.茶艺表演的主题表达——以《遇见老白茶》主题茶艺表演为例［J］.广东茶业，2019（2）：26–28.

［127］李琼音.茶文化在现代茶馆环境设计中的渗透与应用研究［M］.长春：东北师范大学，2007.

［128］李荣建，宋和平.礼仪训练［M］.上海：华中理工大学出版社，1999.

［129］李瑞文，郭雅玲.不同风格茶艺背景的分析——色彩、书法、绘画在不同风格茶艺背景中的应用［J］.农业考古，1999（4）：102–106.

［130］李思颖，谭艳梅，张俊.浅谈茶艺表演中的解说词［J］.云南农业科技，2009（3）：6–10.

［131］李伟，李学昌，范晓红.中国茶艺［M］.太原：山西古籍出版社，2006.

［132］李晓雪.论日本茶道的起源、形成发展及其现状［J］.湖北广播电视大学学报，2012，32（3）：77.

［133］李雪峰.中国茶艺的美学意义探析［J］.福建茶叶，2017（10）：93–94.

［134］李玉杰.茶器、茶席、茶境的现代设计美学构建［D］.南京：南京林业大学，2015.

［135］李远华.第一次品乌龙茶就上手［M］.北京：旅游教育出版社，2016.

［136］练蓓蓓.主题茶艺编创要点及实例——以主题茶艺《无问西东》为例［J］.天工，2019（4）：160.

［137］廖步岩.茶艺的美学鉴赏［J］.科教导刊：电子版，2015（11）：108.

［138］林水德.茶艺表演浅谈［J］.福建茶叶，2000（S1）：46.

［139］林伟秋.浅谈岭头单丛茶的品饮技艺［J］.广东茶业，2004（6）：34-35.

［140］林治.中国茶道［M］.北京：中华工商联合出版社，2000.

［141］林治.中国茶艺［M］.北京：中华工商联合出版社，2000.

［142］林治.中国茶艺集锦［M］.北京：中国人口出版社，2004.

［143］林治.中国茶艺学［M］.北京：世界图书出版公司，2011.

［144］Linda Gaylard.茶叶百科［M］.北京：电子工业出版社，2016.

［145］刘伯军.怎样开好茶艺馆［M］.北京：金盾出版社，2006.

［146］刘佳.刍论茶艺表演中的美学特征［J］.福建茶叶，2018（4）：78.

［147］刘静.我国茶艺服饰艺术的现状、特性与开发思路［J］.福建茶叶，2016（3）：130-131.

［148］刘军丽.四川茶艺的起源、发展与美学特征［J］.四川戏剧，2016（8）：70-73.

［149］刘丽枫.略论中国茶道的内涵［J］.赤峰学院学报：汉文哲学社会科学版，2010（12）：88-89.

［150］刘明华.说说茶道插花［J］.中国花卉盆景，2013（1）：28-29.

［151］刘培瑜.中国传统建筑装饰元素在现代茶馆设计中的运用研究［D］.青岛：青岛理工大学，2013.

［152］刘勤晋.茶文化学［M］.北京：中国农业出版社，2007.

［153］刘勤晋.普洱茶鉴赏与冲泡［M］.北京：中国轻工业出版社，2009.

［154］刘三平.茶艺的艺术性及美感体验［J］.中共成都市委党校学报，2004，11（1）：76-78.

［155］刘盛龙.感悟茶艺表演［J］.农业考古，2004（2）：154.

［156］刘望微.服饰美学［M］.北京：中国纺织出版社，2019.

［157］刘伟华.传承与创新规则与自由——兼论创新茶艺之本质与内涵［J］.农业考古，2019（5）：51-57.

［158］刘项育.韩国茶礼及其现代价值［J］.饮食文化研究，2006（2）：81-85.

［159］刘湘松.宋代茶艺——分茶［J］.茶叶机械杂志，2001（2）：34-35.

［160］刘小煌.中华茶艺在茶文化产业中的作用及价值研究［D］.福州：福建农林大学，2018.

［161］刘笑非，段克勤."和、敬、清、寂"的日本茶道［J］.北京林业大学学报，2003（2）：78-80.

［162］刘晓光，刘舰海.茶艺的美学鉴赏研究［J］.辽宁科技学院学报，2012，14（3）：100-102.

［163］刘燕霞.韩国茶文化中的五行茶礼［J］.茶：健康天地，2009（8）：54-55.

［164］刘影童.当代中国茶文化服饰的设计研究［D］.郑州：郑州轻工业学院，2015.

［165］刘岳耘.苏轼茶诗的文化品格（下）［J］.茶叶，2016（4）：212-217.

［166］刘钟瑞.浅谈茶艺表演中的技艺和气质［J］.农业考古，2006（2）：102-103.

［167］卢常艳."新时代中国红"茶酒调饮创新茶艺编创实践［J］.广东茶业，2019（3）：15-18.

［168］卢祺义.海派茶艺的特质与特性［J］.农业考古，2006（5）：106-107.

［169］卢祺义.再议海派茶艺（二则）［J］.农业考古，2007（2）：59-60.

［170］鲁苏.新颖独创茶点心——广州流茶茶艺城茶点风采［J］.广东茶业，2002（3）：15.

［171］陆机.国粹图典茶艺［M］.北京：中国画报出版社，2016.

［172］陆留弟.中国茶艺和日本茶道——试论中日茶文化的异同［J］.茶报，2002（1）：40-41.

［173］陆留弟.中国茶艺与日本茶道——三论中日茶文化的异同［J］.茶报，2003（1）：38-39.

［174］陆留弟.茶艺的三大特征［J］.茶报，2004（3）：35-36.

［175］陆留弟.中国的传统茶艺［J］.茶报，2004（4）：38-39.

［176］罗际鸿.书法作品对茶艺境界之影响［J］.东南大学学报：哲学社会科学版，2018，（A02）：14-19.

［177］罗庆江."中国茶道"浅谈［J］.农业考古，2001（4）：339-341.

［178］吕为华.中国茶道哲学思想初探［J］.福建茶叶，2017（3）：235-236.

［179］马嘉善.中国茶道美学初探［J］.农业考古，2005（2）：53-57.

［180］马守仁.茶艺美学漫谈［J］.农业考古，2005（4）：96-98.

［181］慢生活工坊.鉴茶泡茶品茶从入门到精通［M］.福州：福建科学技术出版社，2015.

［182］孟方，张晓明，张丽.浅谈茶艺表演中服饰传达的意境和气质［J］.福建茶叶，2016（2）：97-98.

［183］孟涛，邹勋.湖南黑茶茶艺［J］.贵州茶叶，2011，33（1）：51-54.

［184］闫文亭.中国茶德儒家精神的研究［D］.长沙：湖南农业大学，2016.

［185］欧惠算，王维生.浅析茶艺表演作品编创的思路与实践［J］.广东茶业，2019（1）：19-23.

［186］庞卡.茶艺表演的配乐研究［J］.福建茶叶，2017（7）：95-96.

［187］彭阳洋.关于中国茶艺美学特性的思考［J］.青年文学家，2014，（36）：154.

［188］朴秀美，屠幼英.韩国茶道的变迁史［J］.茶叶，2018，44（1）：42-45.

［189］齐学东.道家美学思想与茶艺之美［J］.福建广播电视大学学报，2015（4）：19-22.

［190］齐学东.茶艺形式美研究［J］.福建广播电视大学学报，2016（4）：91-96.

［191］乔木森.用茶席设计和谐的生活［J］.农业考古，2006（2）：106-108.

［192］乔木森.茶席设计［M］.杭州：浙江大学出版社，2016.

［193］覃红利，覃红燕.表演型茶艺解说的美学分析［J］.湖南农业大学学报（社会科学版），2004，5（5）：85-87.

［194］覃红燕，施兆鹏.茶艺表演研究述评［J］.湖南农业大学学报：社会科学版，2005，6（4）：98-100.

［195］邱族周，邱尚周.茶文化与当代室内空间设计［J］.家具与室内装饰，2007（12）：38.

［196］阮浩耕，王建荣，吴胜天.中国茶艺［M］.济南：山东科学技术出版社，2007.

［197］申江.茶艺美学论谭［J］.上海茶叶，2007（1）：36.

［198］申文.茶艺与茶具艺术［J］.上海茶叶，2005（4）：43-44.

［199］申文.茶艺的表演艺术［J］.上海茶叶，2007（1）：35.

［200］沈培和.茶道表演评析［J］.中国茶叶，2000，22（5）：20.

［201］沈甫翰.生活茶艺［J］.农业考古，2007（5）：91.

［202］施元旭.中国茶艺的美学特征［J］.中国茶叶加工，2011（3）：46-48.

［203］施兆鹏，黄建安.茶叶审评与检验（第四版）［M］.北京：中国农业出版社，2010.

［204］石洁琼.江南茶馆设计研究［D］.杭州：浙江农林大学，2010.

［205］石洁琼，俞益武.江南茶馆建筑风格与外部空间形态［J］.农业考古，2010（2）：23.

［206］石燕萍，吴小燕，彭翠英.三江油茶技艺初探［J］.南方园艺，2017，28（2）：51-55.

［207］史景宵.茶艺文化中的绘画艺术［J］.福建茶叶，2016（12）：326-327.

［208］舒曼."禅茶一味"综述［J］.农业考古，2013（5）：222-230.

［209］宋晓维.试论茶艺表演中背景音乐的选择［J］.广东茶业，2013（3）：34-37.

［210］宋晓胤，杨晓，陈玉琼，等.茶艺配乐选择创新尝试——引入新世纪音乐［J］.中国茶叶，2014（5）：38-39.

［211］唐咸明.晚清民国以来桂东北地区打油茶习俗探析［J］.桂林师范高等专科学校学报，2014，28（4）：96-100.

［212］佟杲.茶艺表演欣赏［J］.茶：健康天地，2011（10）：33.

［213］童启庆.影像中国茶道［M］.杭州：中国农业出版社，1995.

［214］童启庆，寿英姿.生活茶艺［M］.北京：金盾出版社，2002.

［215］童启庆，寿英姿.习茶［M］.杭州：浙江摄影出版社，2006.

［216］汪根发.中国"现代茶艺学"初探［J］.茶世界，2003（7）：30-32.

［217］王春华.日本茶道的演变历程［J］.茶业通报，2012（3）：127-128.

［218］王存礼，姚国坤．实用茶艺图典［M］．上海：上海文化出版社，2000.

［219］王芳，刘宝顺，陈百文，等．武夷岩茶冲泡和品饮技艺的研究［J］．福建茶叶，2017（5）：16-18.

［220］王鸿燕．茶艺元素在现代服装设计中的发展与应用［J］．福建茶叶，2016（5）：120-121.

［221］王欢．茶文化漫谈［M］．南昌：江西人民出版社，2014.

［222］王建平．茶具清雅 – 中国茶具艺术与鉴赏［M］．北京：光明日报出版社，1999.

［223］王建树．背景音乐在茶艺表演中的应用与选择［J］．福建茶叶，2016（5）：128-129.

［224］王建荣，赵燕燕，郭丹英．中国茶具百科［M］．济南：山东科学技术出版社，2008.

［225］王柯平．旅游美学纲要［M］．北京：旅游教育出版社，1997.

［226］王玲．中国茶文化［M］．北京：九州出版社，2009.

［227］王秋墨．中国顶级茶馆设计图鉴［M］．北京：中国轻工业出版社，2007.

［228］王绍梅．茶道与茶艺［M］．重庆：重庆大学出版社，2011.

［229］王绍梅，宋文明．中国茶艺美的赏析［J］．福建茶叶，2011（5）：50-52.

［230］王杉．湘茶茶艺的特征与创新研究［D］．长沙：湖南农业大学，2016.

［231］王秀伟．韩国茶道的变迁［J］．福建茶叶，2018（12）：426.

［232］王旭烽．解析茶与茶德［J］．茶博览，2015（8）：62-64.

［233］王业强．漫谈"茶艺"与"茶道"［J］．蚕桑茶叶通讯，2005（1）：36-37.

［234］王永泰，温怀平．凤凰茶畬山情—浅谈凤凰茶茶艺的创意［J］．福建茶叶，2000,（增刊1）：38-39.

［235］王禹翰．茶道常识全知道［M］．沈阳：万卷出版公司，2013.

［236］文琼．四川长嘴壶茶艺的开发优势与策略研究［J］．农业考古，2014（2）：101-105.

［237］文怀．泡沫红茶的由来［J］．浙江林业，2000（1）：27.

［238］吴玲，江静．日本茶道文化［M］．上海：上海文艺出版社，2010.

［239］吴建华．茶艺表演过度"包装"引发的思考［J］．福建茶叶，2018（12）：113.

［240］吴晓蓉．谈几例茶艺表演主题创意文化内涵的认识与思考［J］．广东茶业，2012（5）：14-16.

［241］吴雅真．俭、清、和、静——中国茶礼所思所想［J］．福建茶叶，2004（3）：44.

［242］吴洋嘉．韩国茶文化的历史及现状［J］．当代韩国，2002（3）：13-17.

［243］吴振铎．茶艺的定义与发展目标［J］．茶的文化、养生、贸易，1993（1）：28-29.

［244］吴振铎．中华茶艺的基本精神［J］．农业考古，1993（2）：44.

［245］夏兵，孙达，何欣蝶，等．中国茶文化多维魅力下的茶道礼仪［J］.农产品加工（上），2015（19）：63-64、67.

［246］夏涛．制茶学：第3版［M］.北京：中国农业出版社，2016.

［247］肖京子．茶艺表演服饰的研究［D］.长沙：湖南农业大学，2011.

［248］晓燕．公共关系礼仪教程［M］.南昌：百花洲文艺出版社，2004.

［249］邢湘臣．徽州茶道拾趣［J］.农业考古，1997（2）：104-105.

［250］熊杰．茶道的礼仪表现及其精神内涵探析［J］.福建茶叶，2017（3）：398-399.

［251］谢萍娟．浅谈安溪茶艺的欣赏［J］.福建茶叶，2001（4）：44.

［252］谢燮清．碧螺春茶艺八咏［J］.农业考古，2006（2）：104.

［253］谢燮清，章无畏，汤泉．洞庭碧螺春［M］.上海：上海文化出版社，2009.

［254］徐馨雅．零起点茶艺全书——识茶鉴茶品茶一本通［M］.北京：中国华侨出版社，2016.

［255］徐彦文．亲历日本茶道表演［J］.上海茶叶，2010（2）：40.

［256］许远伟．茶艺表演中的背景音乐研究［J］.福建茶叶，2016（2）：95-96.

［257］薛彦景．茶艺表演中的背景音乐结构分析［J］.福建茶叶，2017（2）：99-100.

［258］杨立峰，宋露菊，王业强．概论儒、道、释三家茶道精神［J］.茶业通报，2019，41（2）：93-96.

［259］杨丽华．杭州西湖景区茶馆的分布及其空间形态的研究［D］.杭州：浙江大学，2007.

［260］杨清霖，陈玉琼．茶艺表演中的创新元素［J］.广东茶业，2015（5）：32-34.

［261］杨胜伟．恩施玉露［M］.北京：中国农业出版社，2015.

［262］杨文，李捷．中国茶艺基础教程［M］.北京：旅游教育出版社，2013.

［263］杨晓华．茶文化空间中的茶席设计研究［D］.杭州：浙江农林大学，2011.

［264］杨学军．茶人老杨教你识茶、泡茶、品茶［M］.北京：中国纺织出版社，2016.

［265］杨学富．茶艺［M］.大连：东北财经大学出版社，2015.

［266］杨远宏，张文．白族三道茶茶艺表演初探［J］.德宏师范高等专科学校学报，2007，（2）：13-15.

［267］姚国坤，胡小军．中国古代茶具［M］.上海：上海文化出版社，1998.

［268］姚国坤．图说中国茶文化［M］.浙江：浙江摄影出版社，2008.

［269］姚松涛．喝茶泡茶一步入门［M］.杭州：中国纺织出版社，2011.

［270］叶岚．闻香［M］.济南：山东画报出版社，2014.

［271］叶娜，王魁．茶艺表演中的背景音乐研究［J］.音乐时空，2014（22）：115.

［272］叶志霞．浅谈茶艺表演中的背景音乐［J］.福建茶叶，2015（2）：50-51.

［273］于观亭．浅谈茶道（茶艺）的目的与基本原则［J］.茶报，2003（4）：39.

［274］余婷婷 . 茶艺的配乐之美［J］. 广东茶业，2009（5）：35–37.

［275］余彦焱 . 中国历代茶具［M］. 杭州：浙江摄影出版社，2013.

［276］余悦 . 中国茶韵［M］. 北京：中央民族大学出版社，2002.

［277］余悦 . 中国茶艺的过去、现在和未来 – 为中韩茶文化交流会而作［J］. 农业考古，2002（4）：11–13.

［278］余悦 . 儒释道和中国茶道精神［J］. 农业考古，2005（5）：115–129.

［279］余悦 . 中国茶艺的美学品格［J］. 农业考古，2006（2）：87–99.

［280］余悦 . 中国茶艺的流变与流派——在日本东京演讲提要［J］. 农业考古，2008（5）：146–156.

［281］余悦 . 对中国茶艺几个问题的理解——在日本福冈讲课提纲［J］. 农业考古，2011（2）：55–63.

［282］余悦 . 中华茶艺（上）——茶艺基础知识与基本技能［M］. 北京：中央广播电视大学出版社，2014.

［283］余悦 . 中华茶艺（下）——茶席设计与茶艺编创［M］. 北京：中央广播电视大学出版社，2015.

［284］余志平 . 安溪茶艺——独特的闽南功夫茶［J］. 饮食科学，2001（5）：32.

［285］虞华 . 武夷岩茶的保健作用与品饮［J］. 福建农机，2008（1）：39–40.

［286］羽渐 . 茶艺表演中的音乐运用［J］. 茶报，2004（4）：43.

［287］玉笛 . 典雅的韩国茶礼［J］. 旅游纵览，2004（8）：47.

［288］袁鲁荣，袁鲁燕 . 当前茶艺表演主题创作及审美生成机制［J］. 福建茶叶，2018（12）：492.

［289］张大为 . 关于中国茶道的几个问题［J］. 茶世界，2003（1）：21–22.

［290］张佳 . 现代茶馆环境设计中应注意的问题［J］. 福建茶叶，2016（6）：116–117.

［291］张建立 . 日本茶道浅析［J］. 日本学刊，2004（5）：92–103.

［292］张杰 . 论中国茶道和茶道精神［J］. 茶叶通讯，2001（4）：37–39.

［293］张凌云 . 茶艺学［M］. 北京：中国林业出版社，2011.

［294］张谦德，袁宏道 . 瓶花谱 瓶史［M］. 北京：中华书局，2012.

［295］张晓明，孟方，张丽 . 茶艺表演服饰设计要"创意"更要"创艺"［J］. 福建茶叶，2016（2）：106–107.

［296］张星海 . 中华茶艺技能大赛的实践创新与发展思考［J］. 中国茶叶，2014（11）：18–19.

［297］张秀英 . 如何撰写高水准茶艺解说词做好高品质解说［J］. 河北旅游职业学院学报，2016，21（4）：89–90，95

［298］张琰，吴懿 . 茶艺和茶具艺术的研究［J］. 福建茶叶，2016（6）：284–285.

［299］张志锋 . 现代茶室的环境设计研究［J］. 福建茶叶，2017（8）：71.

［300］章文峰 . 茶百戏：复活的千年茶艺［M］. 福州：福建教育出版社，2013.

［301］章柏平，黄子轩 . 传统茶艺设计创新——以潮汕工夫茶为例［J］. 艺术品鉴，

2017（11X）：139-140.

［302］赵琳，王开香．基于"娇女诗"为主题的茶艺编创思路分析——以全国职业技能大赛获奖作品《娇女茶恩颂》为例［J］．福建茶叶，2017（8）：83.

［303］赵天相."中国茶德"汇辑［J］．农业考古，2003（4）：147-148.

［304］赵艳红．茶文化简明教程［M］．北京：北京交通大学出版社，2013.

［305］赵英立．中国茶艺全程学习指南［M］．北京：化学工业出版社，2008.

［306］郑荔．近代饮茶的三种茶艺方式［J］．茶：健康天地，2011（5）：33.

［307］郑万生．关于茶俗表演的再加工［J］．农业考古，1993（2）：46-47.

［308］郑文佳．从茶艺的基本精神谈起［J］．茶叶科学技术，2000（3）：39-40.

［309］中国茶叶博物馆．图说中国茶艺（中国茶叶博物馆茶艺集锦）［M］．杭州：浙江摄影出版社，2005.

［310］周爱东．茶馆经营管理实务［M］．北京：中国商业出版社，2007.

［311］周佳灵．主题茶会中的茶席设计研究［D］．杭州：浙江农林大学，2016.

［312］周洁琳．中国茶艺的文化意韵与阐释［J］．农业考古，2000（4）：111-112.

［313］周洁琳．对茶艺的一点哲学思考［J］．农业考古，2002（2）：145.

［314］周军．茶艺背景音乐的创作方式探究［J］．福建茶叶，2016（7）：118-119.

［315］周磊．中国茶艺馆文化的兴起及设计研究［J］．福建茶叶，2018（3）：81.

［316］周琴．我国茶艺服饰艺术现状与发展研究［J］．福建茶叶，2017（2）：95-96.

［317］周颂．韩国茶礼［J］．茶：健康天地，2010（9）：84.

［318］周潇潇．详解调饮茶艺表演创意新思路——以《高脚杯中的中国红》为例［J］．贵州茶叶，2017，45（3）：52-57.

［319］周文棠．茶道［M］．杭州：浙江大学出版社，2003.

［320］周文棠．茶艺馆文化艺术氛围的形成［J］．茶叶，2003（1）：54-55.

［321］周文棠．茶艺表演的认识与实践［J］．茶业通报，2000，22（3）：47-48.

［322］周新华．茶文化空间概念的拓展及茶席功能的提升［J］．农业考古，2011（2）：23.

［323］周新华，潘城．茶席设计的主题提炼及茶器择配［J］．农业考古，2012（5）：109-112.

［324］周新华．茶席设计［M］．杭州：浙江大学出版社，2016.

［325］周智修．试论少儿茶艺［J］．中国茶叶，1996（3）：23.

［326］周智修，徐南眉．浅谈茶艺表演［J］．中国茶叶，1999（6）：34-35.

［327］周智修．习茶精要详解（上册）［M］．北京：中国农业出版社，2018.

［328］周智修．习茶精要详解（下册）［M］．北京：中国农业出版社，2018.

［329］周卓鹏．浅析日本茶道与中国茶文化的区别［J］．四川烹饪高等专科学校学报，2011（5）：22-24.

［330］朱飞云．关于茶俗、茶艺、茶道界定问题的探讨［J］．普洱，2006（3）：

39–41.

［331］朱海燕，王秀萍，米文龙 . 论"千两茶"茶艺表演环境的设计［J］. 福建茶叶，2011（2）：54–56.

［332］朱红缨 . 茶文化学体系下的茶艺界定研究［J］. 茶叶，2006（3）：176–178.

［333］朱红缨 . 中国茶艺规范研究［J］. 浙江树人大学学报：人文社会科学版，2006，6（4）：96–99.

［334］朱红缨 . 关于茶艺审美特征的思考［J］. 茶叶，2008（4）：251–254.

［335］朱红缨 . 论茶艺的生产方式［J］. 茶叶科学，2012，32（2）：155–159.

［336］朱红缨 . 茶艺文化溯源及现代意义［J］. 中国茶叶加工，2017（3）：42–47.

［337］朱迎迎 . 中外插花艺术比较研究［D］. 南京：南京林业大学，2008.

［338］朱永兴，周巨根 . 中国茶艺鉴赏［J］. 中国茶叶加工，2009（1）：48.

［339］朱振霞 . 韩国茶文化的历史及现状研究［J］. 福建茶叶，2016（4）：322–323.

［340］郑培凯，朱自振 . 中国历代茶书汇编校注本（上册）［M］. 香港：商务印书馆（香港）有限公司，2014.

［341］郑培凯，朱自振 . 中国历代茶书汇编校注本（下册）［M］. 香港：商务印书馆（香港）有限公司，2014.

［342］庄晚芳 . 中国茶德［J］. 农业考古，1991（4）：33.

［343］卓敏，吴晓蓉 . 茶艺表演作品编创的理论与实践剖析——以 2010 年广东省冠军茶艺《玉茶言德》为例［J］. 农业考古，2012（5）：113–117.